国家出版基金项目
NATIONAL PUBLICATION FOUNDATION

生物安全风险防控与治理研究丛书

环境生物安全

主　编　朱永官
副主编　杨云锋　苏建强

科学出版社 | 山东科学技术出版社
北　京　　济　南

内 容 简 介

本书在“大健康”理念的框架下，由环境生物安全和健康领域内的国内知名专家依据各自的专业特长编写而成。书中首先以“大健康”为切入点，阐述了环境生物安全的内涵和外延；随后以生物多样性为重点，分析了自然环境变化情景下和全球变化脆弱区的环境生物安全问题；接着进一步对土壤环境、水环境、大气环境、室内环境的生物安全逐一进行全面介绍；最后重点阐述了新兴生物污染物和有害生物的防控，并结合主要的环境生物监测与诊断技术，总结了环境生物污染的暴露与风险评价策略，明确了环境生物安全管理的基本原则和政策法规依据。

本书可为环境科学、生命科学、公共卫生、全球变化等领域的科研人员提供重要参考，也可为环境生物安全管理机构和政策制定者提供科学理论和决策依据。

图书在版编目 (CIP) 数据

环境生物安全 / 朱永官主编. -- 北京 : 科学出版社 ; 济南 : 山东科学技术出版社, 2025. 6. -- (生物安全风险防控与治理研究丛书). -- ISBN 978-7-03-081281-0

Ⅰ. X505

中国国家版本馆 CIP 数据核字第 20256J0N94 号

责任编辑：罗 静 王海光 赵小林 / 责任校对：宁辉彩
责任印制：肖 兴 / 封面设计：无极书装

科学出版社和山东科学技术出版社出版
北京东黄城根北街 16 号
邮政编码: 100717
http://www.sciencep.com
北京中科印刷有限公司印刷
科学出版社发行 各地新华书店经销
*
2025 年 6 月第 一 版 开本：787×1092 1/16
2025 年 6 月第一次印刷 印张：27 1/2
字数：649 000

定价：298.00 元

（如有印装质量问题，我社负责调换）

《环境生物安全》编委会

主　编　朱永官

副主编　杨云锋　苏建强

编　委（按姓氏汉语拼音排序）

安新丽　陈伟强　邓　晔　丁军军　郭　雪

计慕侃　鞠　峰　唐鸿志　吴庆龙　夏　雨

杨　军　要茂盛　张大奕　赵梦欣

参　编（按姓氏汉语拼音排序）

柴娟芬　常佳丽　陈晗施　代天娇　党梦园

杜少娟　杜雄峰　冯　凯　巩三强　金　磊

李　彪　李化炳　刘勇勤　柳燕贞　罗安琪

梅承芳　彭　玺　尚占环　史小丽　王　尚

王　伟　王建军　王伟伟　吴　波　吴林蔚

吴志强　邢　鹏　徐丝瑜　姚彦坡　曾　巾

张　璐　张　婷　张文静　张于光　郑云昊

周丽君　周艳艳

丛 书 序

习近平总书记反复强调，安全是发展的前提，发展是安全的保障。党的二十大报告指出，要完善国家安全法治体系、战略体系、政策体系、风险监测预警体系、国家应急管理体系，健全生物安全监管预警防控体系。当今时代，人类社会的发展正面临着诸多威胁，而生物威胁无疑是其中最为突出和严峻的挑战之一。从 2001 年美国炭疽邮件生物恐怖袭击事件，到 2003 年的严重急性呼吸综合征（SARS）重大疫情，再到后续一系列如禽流感、甲型 H1N1 流感、埃博拉出血热、寨卡病毒病、非洲猪瘟、新型冠状病毒感染、猴痘等重大疫情的暴发，不仅给民众的生命健康带来了严重危害，更引发了持续的社会动荡，对全球政治、经济、安全、科技、文化格局等产生了深远影响。与此同时，外来有害生物入侵、食品安全等问题长期存在，而生物技术的飞速发展在为全球经济社会带来新机遇的同时，也带来了滥用风险以及新的伦理问题。传统生物安全问题与新型生物安全风险相互交织，使生物安全风险呈现出范围广泛、危害巨大、影响深远、意识形态浓厚等诸多新特点，进而成为国际社会高度重视的治理主题，已成为 21 世纪迫切需要国际社会高度重视的重大安全问题。

2021 年 4 月 15 日，《中华人民共和国生物安全法》正式施行，这一具有里程碑意义的法律，为我国生物安全治理和能力建设奠定了法律基础。该法构建了生物安全风险防控的基本框架，从防控重大新发突发传染病、动植物疫情，到生物技术研究、开发与应用安全管理；从病原微生物实验室生物安全管理，到人类遗传资源与生物资源安全管理等多个维度，全方位地助力我国生物安全防控与治理体系不断完善。在国际舞台上，生物安全问题是全球性挑战，迫切需要各国携手合作、共同应对。习近平总书记提出的“全球发展倡议”“全球安全倡议”，以及构建“人类卫生健康共同体”“地球生命共同体”等理念，为我国积极参与国际生物安全治理提供了行动指南，其“坚持共同、综合、合作、可持续的安全观”的治理理念具有很强的全球共识价值，对维护世界和平与安全、促进人类文明进步具有重要意义。

我国政府历来重视人民生命健康安全，习近平总书记强调“坚持人民至上、生命至上”。十八大以来，党和政府高度重视生物安全工作，把生物安全纳入国家安全战略体系，生物安全治理成效突出，生物安全科学研究与能力建设取得显著进步，为战胜百年不遇的新冠疫情发挥了重要支持保障作用。在此背景下，科学出版社紧扣国家发展与安全协调大局所需，精心组织我国生物安全领域资深专家和一批优秀一线研究人员，坚持“四个面向”的国家战略，坚持“时代性、科学性、系统性”的内在要求，立足“高层次、高水平、高质量”的学术精品定位，分工合作，全面梳理和研究生物风险威胁的发展趋势与治理策略，彰显了“生物安全风险防控与治理研究丛书”所肩负的时代责任。丛书全面介绍了国内外生物安全形势的现状与趋势，聚焦生物风险防范和威胁应对，内容兼具知识性、经验性、启发性、可鉴性和前瞻性，是生物安全领域研究与实践高度结合的产物。丛书系统反映了我国在生物安全领域的风险威胁来源演化，总结了生物安全建设的历程与经验，展望了未来的治理路径，对于促进我国生物安全理论研究与学科发展、提升国家生物安全治理水平、推动生物安全能力建设、加强国际合作交流以及构建我国生物安全领域知识体系，都将发挥不可替代的作用。相信本丛书将延续科学出版社此前相关经典著作的学术影响力，在国际上成为生物安全领域研究成果汇辑出版的首创之作，为全球生物安全事业贡献中国智慧和中国方案。

最后，希望这套丛书能够成为广大读者了解生物安全知识、推动生物安全事业发展的重要参考，也期待更多的有识之士投身于生物安全领域的研究与实践，共同为维护人类的生命健康和全球的安全稳定而努力。

丛书编委会

2025 年 3 月

前　言

环境生物安全领域涵盖生物所导致的社会、经济、人民健康及生态环境危害或潜在风险及其防范、管理的战略性和综合性措施。该领域肇始于 20 世纪 70 年代，最初主要关注生物技术的使用对人类和环境生态造成的潜在风险。1992 年，联合国环境与发展大会通过了《21 世纪议程》和《生物多样性公约》两份纲领性文件，专门强调了生物安全对全球环境和发展的重要性。随着全球社会经济的快速发展，全球范围内环境生物安全风险环节和不安定因素增加，食源性和动物源性新发、突发、再发传染病疫情频繁暴发，波及的范围不断扩大，扩散速度持续上升，人们也逐渐认识到绝大部分传染病来源于环境生物，尤其是以往认知极为匮乏的环境微生物。因此，近年来各国研究者逐渐将环境生物安全的研究侧重于环境微生物和人群健康之间的联系，开展了环境微生物的来源、组成、迁移传播、健康效应、风险评估和防控策略等一系列研究，逐渐将环境生物安全的概念和内容系统化、全面化。目前，环境生物安全整合了人类、动物、植物、微生物和环境健康，采用交叉学科方法来解决与野生动植物、人类及生态系统健康相关的问题，旨在阐明几个主要的与生物安全相关的社会与环境挑战：气候变化、城镇化、集约化农业、全球人口流动、技术能力丧失，以及公众对农药与疫苗的抵制等，最终服务于国家政策、立法和社会科学发展。

环境是人类生存和健康的重要基石，环境生物安全是人类可持续发展的重要保障。近年来，环境生物安全问题已成为全球、全人类面临的重大生存和发展问题。然而，环境潜在生物安全风险来源复杂，影响因素多；环境生物污染转移途径多，传播方式复杂，使得全球面临着严峻的环境生物安全威胁。人类活动导致的森林被毁坏、高强度集约化的农业生产、不安全的野生动物管理和消费、对自然的过度和不合理开发不仅破坏了生态环境，也增加了新发传染病的风险。环境是生物-人群相互作用最为强烈、最为复杂的场所。从生态系统健康角度出发，急需对环境生物开展系统研究，加强环境生物安全风险防控和治理体系建设，有效治理外来物种入侵、转基因生物环境安全性管理、微生物环境安全性管理等重大环境生物安全问题，从而精准预防传染性疾病的发生与扩散。

21 世纪以来，全球已暴发了多起突发公共卫生事件，凸显了“人类-动物-环境”的大健康理念在解释和应对全球卫生风险方面的重要性，大健康理念可满足当前国家安全、人群健康、现代生物技术管理和生态环境压力应对等多个方面对生物安全的需求。本书在大健康理念的框架下，由环境生物安全和健康领域内的国内知名专家依据各自的专业特长编写而成。书中首先以“大健康”为切入点，阐述了环境生物安全的内涵和外延；随后以生物多样性为重点，分析了自然环境变化情景下和全球变化脆弱区的环境生物安全问题；接着进一步对土壤环境、水环境、大气环境、室内环境的生物安全逐一进行全面介绍；最后重点阐述了新兴生物污染物和有害生物的防控，并结合主要的环境生物监测与诊断技术，总结了环境生物污染的暴露与风险评价策略，明确了环境生物安全管理的基本原则和政策法规依据。本书可为环境科学、生命科学、公共卫生、全球变化等领域的科研人员提供重要参考，也可为环境生物安全管理机构和政策制定者提供科学理论和决策依据。

本书共十五章。第一章由朱永官、安新丽、苏建强撰写，第二章由丁军军撰写，第三章由唐鸿志、尚占环、王伟伟撰写，第四章由常佳丽、赵梦欣撰写，第五章由郭雪、张于光、代天娇、吴波、巩三强撰写，第六章由张大奕、张文静、柴娟芬撰写，第七章由吴庆龙、邢鹏、王建军、史小丽、曾巾、李化炳、周丽君、李彪、杜少娟撰写，第八章由张婷、要茂盛、郑云昊、徐丝瑜撰写，第九章由周艳艳、苏建强撰写，第十章由鞠峰、张璐、姚彦坡、吴林蔚撰写，第十一章由计慕侃、刘勇勤、吴志强撰写，第十二章由邓晔、王尚、杜雄峰、冯凯、彭玺撰写，第十三章由夏雨撰写，第十四章由金磊、罗安琪、杨军撰写，第十五章由王伟、党梦园、陈晗施、梅承芳、柳燕贞、陈伟强撰写。全书由朱永官、杨云锋、苏建强统稿、定稿。

本书在撰写过程中得到了国内许多同行的支持和帮助，对此我们表示衷心的感谢。环境生物安全领域发展迅猛，每年有大量的新成果涌现，加之作者水平有限，书中难免有不当之处，敬请读者批评指正。

朱永官

2024 年 8 月

目　录

第一章　环境生物安全导论

第一节　“大健康”框架下的环境生物安全

一、大健康、全球健康和星球健康

随着全球化进程的推进和全球范围内传染病的肆虐，全球健康（global health）理念日益受到关注。全球健康是全人类的健康，旨在促进改善全人类健康、保障健康卫生公平。全球健康理念重视跨国界和地域的健康卫生问题，故应积极探寻相关卫生问题的决定因素及其解决方法。

由于全球公共健康体系和社会公共设施的不断完善，生活在贫穷线以下的人口比例不断降低，平均预期寿命大幅提高——全球健康水平得到极大提升。然而，社会发展伴随着人类对环境的过度开发利用，由此引起的全球范围的生态环境的改变导致了前所未有的环境和生态后果。目前，科学家提出的地球的九个相互关联的“行星边界”，人类已经突破了其中六个，分别是气候变化、生物圈完整性的丧失、土地系统变化、生物地球化学循环改变（如氮磷循环等）、化学品和塑料等新污染物的不断引入及淡水资源过度开采。

针对人类未来可持续发展的问题，《柳叶刀》期刊于 2015 年组织全球专家进行探讨，并发布了关于星球健康（planetary health）的专题报告。星球健康主要探讨人类健康与自然生态环境之间的相互关系。星球健康的理念是：人类的健康和福祉与星球系统有着密不可分的联系，人类需要保护自然生态环境的完整性，以确保人类的长期健康与繁荣。星球健康把人类健康置于人和自然系统中，一方面，人类面临的诸多健康风险来自可改变的环境本身，而这些环境因素很大程度上是由人类自身导致的；另一方面，星球健康理念也关注人类赖以生存的自然系统、系统中的生物物种和它们之间的相互作用。

自古以来，生物因素带来的安全问题是人类面临的巨大挑战。历史上由细菌和病毒引起的传染性疾病大暴发，造成了全球大量人口死亡。21 世纪以来，随着全球一体化进程的推进，快速城市化、集约化养殖、全球贸易和旅行等因素加剧了健康问题的复杂性。人类和动物中抗生素不加节制的使用，造成了抗生素耐药细菌和抗生素耐药基因在环境中不断扩散，严重威胁着公共卫生安全。例如，2010 年印度新德里报道的“超级细菌”就是由抗生素对携带有耐药基因的致病菌无效而引发的。

新发传染病的不断暴发使人们意识到未知病原体可能在任何时间、地点，从任何动物源中暴露、感染、传播和扩散，威胁地球上所有个体和群体的健康、福祉以至社会稳定。单方面管理和控制这些新发传染病带来的健康风险是不可能的，需要动物卫生、人类卫生和环境卫生部门的充分合作，制定全球战略，针对病原体进行有效的早期预警和快速反应，并迅速、高效、透明地共享相关信息，才能应对新发传染病带来的重大的、广泛的健康威胁，如微生物耐药性。由此，“大健康”（One Health）理念应运而生。

二、“大健康”的内涵

“大健康”理念关注生态系统、生物多样性与人类健康和福祉之间的联系，强调人类健康、动物健康和环境健康紧密相连。2009～2019 年，世界卫生组织（World Health Organization，WHO）宣布过 5 次“国际关注的突发公共卫生事件”，分别为 2009 年的甲型 H1N1 流感疫情、2014 年的野生型脊髓灰质炎疫情、2014 年西非的埃博拉疫情、2015～2016 年的寨卡疫情和 2018 年刚果（金）的埃博拉疫情。这些由潜在动物源性病毒引发的人类公共卫生危机凸显了“大健康”理念在解释和应对全球卫生风险方面的重要性。回顾人类在医学和公共卫生领域取得的一些重大进步，如疫苗接种、食品安全等，大多基于“人类-动物-环境”的整体健康理念。

尽管关于“大健康”的描述和定义在各种表述中不尽相同，但其本质上都是希望通过跨学科、跨部门和跨国家（地区）的协作交流及行动实现人类、动物和环境的协调发展与共同健康。目前，国际上“大健康”理念在应对、管理和预防人兽共患病暴发等方面已被广泛接受。例如，埃塞俄比亚公共卫生研究所在美国疾病控制和预防中心的援助下，于 2016 年 4 月成立了技术工作组，从而加强了动物卫生、人类卫生和环境卫生部门的合作，在“大健康”理念的引导下，埃塞俄比亚制定了危害国家生物安全的病原体和毒素清单。越南在与联合国粮食及农业组织（Food and Agriculture Organization of the United Nations，FAO，简称联合国粮农组织）、世界卫生组织（WHO）、世界动物卫生组织（World Organization for Animal Health，WOAH）、世界银行（World Bank）等国际机构合作的基础上，建立了由农业和农村发展部、卫生部和财政部组成的领导小组，运用“大健康”理念，形成了针对甲型 H5N1 流感病毒多管齐下的疾病控制方法，在预防和应对新发传染病和促进区域生物安全方面取得显著成效。新西兰于 2007 年发布了《保护新西兰：新西兰生物安全战略》报告，指出适应和改变以应对新威胁是必要的，良好的生物安全成果依赖于运用“大健康”理念和负责生物安全的不同政府机构之间的合作。“大健康”理念在公共卫生和动物卫生领域的实践已有数十年历史，并得到了高度广泛的认可。2022 年 10 月，联合国粮农组织、联合国环境规划署（United Nations Environment Programme，UNEP）、世界卫生组织和世界动物卫生组织共同发起了一项新的“大健康”联合行动计划，旨在创建一个整合系统和能力的“大健康”框架，以便更好地预防、预测、监测和应对健康威胁。

三、生物安全的定义

国际上尚无广泛认可的生物安全的统一定义，其内涵有狭义和广义之分。

狭义的生物安全包括两个方面：①以病原微生物为主的安全防护与管理措施，保护实验室人员免受感染，防止病原微生物等实验材料的意外泄漏，保证病原微生物不被有意窃取或滥用等，从而避免其所带来的危害；②对现代生物技术的研究、开发和应用的管理措施，以及转基因生物体的利用与转移，使其符合科学伦理规范，防止转基因生物体滥用带来的食品安全和生态安全等问题。

广义的生物安全是指与生物有关的人为或非人为因素对国家和区域社会、经济、人群健康及生态环境所产生的危害或潜在风险，以及对这些危害或风险进行防范与管理的战略性和综合性措施。相关生物因素包括自然界中天然的生物因子、转基因生物和现代生物技术。广义的生物安全涵盖了传染性疾病、生物武器和生物恐怖、食品安全、微生物实验室安全、现代生物技术安全，以及转基因生物生态安全的部分内容，以满足当前国家安全、人群健康、现代生物技术管理和生态环境压力应对等多个方面对生物安全的需求。

第二节　环境生物安全的内容

一、环境生物安全的研究范畴

健康是促进人类全面发展的必然要求，是经济社会发展的基础条件。1948 年 WHO 指出，健康不仅是没有疾病和不虚弱，而且是身体上、心理上和社会上的完好状态和完全安宁。联合国也将“良好健康与福祉”作为 17 个可持续发展目标之一，明确提出“确保健康的生活方式，促进各年龄段所有人的福祉对可持续发展至关重要”。影响人类健康的因素有很多，包括生物、环境、个人遗传、卫生服务等，近年来持续暴发的传染病和疫情不断警示人类重新审视与环境的关系。生态环境是人类赖以生存与可持续发展的前提和基础，是人类及其周围各种自然因素的总和。良好的自然环境是人类健康与福祉的先决条件和基石，生态系统服务可为人类提供清洁空气、水源和食物。然而，随着人类活动的加剧，从森林破坏、高密度污染型农业实践到不安全的野生动物管理和消费，人类的不当活动、对自然的过度和不合理利用破坏了这些服务功能，增加了新发传染病的风险，最终使得人类健康受到严重威胁。人类健康系统是一个包括人、其他生物和环境健康相互关联的概念，即人的卫生健康与动物、植物、真菌、细菌、病毒及气候环境都是相互关联的。这一关联性首先表现为生物与环境对人类卫生健康的影响，其次表现为人类活动加剧了疾病的传播。人类近年来的多种传染性疾病，如莱姆病、艾滋病、寨卡病毒病、疟疾、埃博拉病毒病、严重急性呼吸综合征（severe acute respiratory syndrome，SARS）等，都是人类与环境之间相互作用的结果。因此，构建人类卫生健康共同体的前提是正确认识和处理人类、生物、环境的平衡与共存关系，保障环境生物安全。

与生物安全研究内容类似，环境生物安全侧重环境生物带来的对人类健康、经济和生态环境的潜在风险和危害，以及相应的防控措施，相关生物因素包括自然界中天然的生物污染物、转基因生物和现代生物技术，但更聚焦环境方面的内容，包括人为和非人为因素导致的生物污染向环境的释放，人群通过多种环境介质（包括空气、土壤、水体及食品等）暴露于生物污染物的健康风险，以及对生物污染物的监测、减排和灭活等综合性管理措施。环境生物安全涵盖了人、其他生物、环境之间的相互联系与相互作用，因此，急需在“大健康”框架下深入认识自然与人类健康方方面面的各种联系，统筹管理人类健康、动物健康和生态环境健康，以应对生物多样性丧失、疾病风险和不良健康的共同驱动因素。

人类发展进程带来的生态退化、环境污染、气候变化，以及密切接触野生动物等行为，使得环境中动物、植物和微生物等的组成及其多样性发生剧烈变化，因此，环境是生物-人群相互作用最为强烈、最为复杂的场所。从生态系统健康角度出发，对环境生物开展系统研究将有利于环境生物安全风险防控和治理体系建设，从而提前预防人群传染性疾病的暴发。围绕环境生物安全，其研究范畴可扩展为：①制定标准化的环境生物样本采集和分析流程，搭建生物安全实验操作平台，建立基于复杂样本前处理、遗传信息无偏差收集、集合新技术新方法分析手段、大数据处理与挖掘、高效智能甄别遗传信息的集成化技术方案；整合组学数据和大数据分析技术，构建环境生物遗传信息图谱和公共数据库。②围绕水-土-气环境圈层，针对不同环境介质及环境生物污染，明确环境中生物污染的来源、分布规律、传播途径，探明不同环境介质生物污染的共性与个性特征及其对人为活动的响应。③从环境与人为活动相互作用的宏观层面解析微生物污染在环境空间和载体的复杂网络传输路径，明确传输节点生物污染的赋存、传输方向和传输通量，明确关键传输点和传输路径，揭示生物污染传输流动的机制。④识别环境病原生物的人群暴露途径，构建病原生物传播预警模型，评估生物污染健康风险，并提出防控对策，形成系统完备的“实验-监测-大数据”的综合平台，为国家生物安全防控提供科技支撑。未来还应加强环境生物污染研究与疾病控制和临床队伍的合作，在早期监测、诊断、预防、控制、治疗全链条联合攻关，构建环境生物安全风险防控和治理体系。

二、环境生物污染的特点

与物理、化学污染不同，引发环境生物安全问题的生物污染具有以下鲜明的特点。

1. 环境生物污染来源复杂，影响因素多

生物污染来源复杂，可能来自环境本身存在的生物污染、转基因生物在环境中的释放、生物技术本身有缺陷及传染病传播。环境中存在的生物污染主要包括动物污染（有害昆虫、寄生虫、原生动物、水生动物等）、植物污染（杂草是最常见的污染植物，还有某些树和海藻等）、微生物污染（病毒、细菌、真菌等）、生物毒素及其他生物活性物质。随着人类活动加剧，环境污染也日趋加剧，未经处理的生活污水、医院污水、屠宰污水、工厂废水、未经无害化处理的垃圾和人畜粪便，排入水体或土壤，使得水、土环境中的虫卵、细菌和病原菌数量增加，威胁人体健康；同时，大气中的飘浮物和气溶胶等也可导致空气污浊，病菌、病毒大增，进而影响人体健康。在近年报道的新发和烈性传染性疾病中，多数为人兽共患病，已知有 200 多种动物传染病和寄生虫病可以传染给人类，而家养动物与野生动物均可为人兽共患病病原生物提供宿主、媒介和生态环境。

随着分子生物学技术的不断发展，遗传工程技术广泛应用于环境生物体遗传物质的加工、敲除、屏蔽或外源基因导入，从而改变生物体的遗传特性，获得人类希望得到的性状。这些经过基因修饰的生物进入环境后，与环境中的其他生物相互作用，会发生基因逃逸或基因漂移等现象。例如，与野生生物杂交可能获得具有新的遗传性状的杂交后代，打破中间屏障，破坏原有物种资源，危害人类赖以生存的自然环境，增加了环境生物安全风险溯源的难度。由于各类新的生物技术深度融合，生物技术谬用的威胁加剧。合成生物学研究中有大量来自病毒、致病性细菌和真菌的强毒力基因元件，且被设计和使用的毒性基因元件与调控元件的数目也从少数几个跃升为几十个、上百个，乃至整个基因组的重新设计和编辑改造。人工设计合成的病毒的致病力和传播力将更强，具有低致死、高致病、易传播、难追溯特性的生物因子出现的可能性大增，这将诱发出现更多颠覆性、极难防控的技术。如果缺乏有效管控或被恶意谬用，这些人工合成生物体可能会对生态环境平衡、公共卫生安全乃至国防安全造成威胁。此外，许多因素如环境生物自身的生物属性、自然因素和社会因素等都会影响环境生物进而引发人类安全风险。例如，砍伐森林、修建水坝、滥用抗生素等人类活动会造成生态环境的改变，引起新发传染病的发生和传播；病原微生物可以获得对抗生素的耐药性、产生毒素的能力，还可以通过基因突变由弱毒株变为强毒株；全球气候变暖改变了虫媒的地区分布，提高了虫媒繁殖的速度与侵袭力，缩短了病原体在人体外的繁殖时间，导致了亚热带流行的传染病北移，使原来没有亚热带传染病的地区出现了新疫情。

2. 环境生物污染转移途径多，传播方式复杂，呈现全球化

相较于环境物理、化学污染，环境生物污染是有生命的、可复制与可繁殖的污染，环境生物可以逐步适应新环境，不断增殖并占据优势，具有高度的流动性和可转移性。环境生物通过各种环境媒介进行传播扩散，具有多样化的转移传播途径。目前，已被识别出的水传播病原微生物超过 140 种，可通过饮水传播、水依赖传播，以及与水相关的生物携带传播等方式导致传染病的发生和流行。近年来全球频发的极端降雨事件，给水体的生物安全保障带来了极大威胁，未经处理的污水溢流极大地增加了环境水体、饮水管网、地表路面及低层建筑中病原微生物的暴露风险。未经处理的粪便、垃圾、城市生活污水、饲养场和屠宰场的污物等是土壤生物污染的主要来源，然后通过土壤—植物—动物—人体之间的食物链，使有害生物得以传递，从而威胁人类健康。空气中的微生物多数借助土壤、人类、动植物、气溶胶和水滴传播。其中，大气飘浮物，以及患者、病畜等的排泄物和喷嚏、咳嗽等分泌物所携带的微生物可以通过气体吸入直接进入人体，危害人类健康。此外，抗生素耐药基因等新型环境生物污染物以微生物作为生物载体，在不同环境介质中传播；也能通过基因水平转移在不同生物种属间传播，使得更多临床菌株具有耐药性甚至多重耐药性，威胁人类公共健康。现代社会发达的全球贸易和交通、人口及物品快速流动、社会经济生活迅猛发展，导致环境生物安全风险既可能来自国内，也可能源于国外，人与人之间、人与动物之间的接触概率和频率也明显增加，使得新发和烈性病原体传播速度快，波及范围广，易造成全球流行，且更加难以预测环境生物污染转移途径。

3. 环境生物污染易引发社会恐慌

由环境生物（尤其病原微生物）引发的疾病通常具有隐蔽性强、潜伏期长、传播速度快、形成原因复杂、突发性和致病性强等特点，人类对于新型致病生物引发的传染病的生物学特征、传播因素和传播规律缺乏足够的认识。这些环境生物引发的传染疾病的不确定性及其给人类社会带来的风险，可造成人类社会的生存性焦虑与本体性恐惧。国际交流日益频繁，给环境生物引发的传染病的迅速传播带来了便利条件，加剧了新发传染病的大范围流行。同时，当前全球针对传染病的防控处于劣势，公共卫生资源和基础设施较为匮乏，普遍缺乏传染性病原检测能力。这些复杂的不利因素严重影响了人类的资本结构、社会心理、市场信心、外贸、消费、投资、政治等，也给新发传染病防治措施的制定带来了严峻挑战。目前信息化社会快速发展，极为普通的事件也能形成群体事件，有烈性传染特征的疫情流行往往会迅速引起社会与民众的大规模恐慌。因此，为了有效预防和控制环境生物安全问题引起的恐慌，生物安全与防范常识和专业知识的教育应纳入国防教育、公共卫生和医疗专业人员在校培训和继续教育。防控环境生物安全应集技术培训、演练评估、咨询帮助于一体，通过构建多部门组织、多种媒体配合的专业防范救援队伍和民间救援力量组成的多层次知识教育培训系统，促进重点城市的防范和应对演练，磨合部门间、组织机构间的协作机制并形成检验预案，从而有效限制恐慌蔓延，提高综合应对能力。

三、环境生物安全的重要意义

1. 维护环境生物安全管理，提升传染病防控能力

环境生物安全包括环境重大新发或突发传染病、生物技术谬用、环境特殊生物资源流失、环境细菌耐药性（超级细菌）、外来物种入侵等内容。针对环境生物安全面临的问题和风险，尤其是新型环境生物引起的感染性疾病，分析环境生物引发疾病的来源、风险、传播途径及扩散机制，厘清环境生物安全背后的科技、社会和生态问题，认清环境生物安全引起的经济、社会影响，发展建立相应的防控管理措施，构建相应的防控体系，制定相应的法规体系，将有助于增强环境生物防御风险意识、提高生物防御单位防风险能力、做好生物防御准备工作、建立迅速响应机制和促进生物事件发生后的恢复工作、提升人类对传染性疾病的防控预警能力，进而有效规避环境生物带来的潜在风险。

2. 促进国家安全的防控体系构建，提升国家生物安全治理能力

生物安全是国家安全的重要内容，也是国家安全的重要组成部分，对人民健康、社会稳定、经济发展及生态环境等具有不可估量的影响，并与粮食安全和生态安全紧密相关。2020 年 2 月 14 日，习近平总书记在中央全面深化改革委员会第十二次会议上强调“要从保护人民健康、保障国家安全、维护国家长治久安的高度，把生物安全纳入国家安全体系，系统规划国家生物安全风险防控和治理体系建设，全面提高国家生物安全治理能力。”环境生物安全研究聚焦环境生物给人类健康带来的危害，同时也聚焦环境生

物影响人群健康的风险评估及相应的防控措施，这些都是生物安全的重要组成内容。针对环境生物安全开展相关研究将增强生物安全预防和应对风险的能力，有效减少生物安全风险对人民生命健康造成的现实或者潜在的危害，有助于国家生物安全监测系统的完善和生物安全风险防控体系的建立，进而提升国家生物安全治理能力。

3. 推进国际生物安全合作，构建人类命运共同体

环境生物安全是全球性问题。全球化趋势导致国家、地区之间的界限弱化，国际社会日益成为一个你中有我、我中有你的“命运共同体”，因此传染病越发不受国界束缚，一旦暴发将对全球人类生存构成严峻挑战。面对全球环境生物安全的复杂形势及其引发的社会、经济与健康等问题，没有任何一个国家可以在发生突发公共卫生事件时独善其身。在经济全球化的背景下，一国发生的生物安全危机很可能迅速波及全球，从而危及国际社会整体。面对这些安全危机，国际社会只能“同舟共济”“共克时艰”。在西方传统的治理理论与实践遭遇挑战、部分发达国家维护全球生物安全的意愿与能力持续降低的背景下，基于人类命运共同体的理念，消除全球范围内不断加剧的突发重大传染病、生物技术谬用、生态危机等生物安全威胁，进而实现全球生物安全治理，是建设持久和平、普遍安全、共同繁荣、开放包容、清洁美丽世界的内在要求。世界各国积极并共同参与全球生物安全问题治理，将有助于推动人类卫生健康共同体、人与自然生命共同体、地球生命共同体的建设。

第三节　环境生物安全的研究历程、现状和发展态势

一、环境生物安全研究的发展历程

20 世纪 70 年代早期，DNA 重组技术首次在美国问世，在全球科学界引起了巨大反响。科学家对基因重组技术的应用产生了较大争议，由此，“生物安全”一词被提出。1975 年，阿西洛马会议召开，与会者强烈建议建立相应的规则和防护措施以应对遗传工程技术的使用对人类生命和环境带来的潜在风险。因此，在相当短的时间内，相关专家紧急制定了遗传工程技术在实验研究中的安全使用规则。随着全球遗传工程技术的快速发展与应用，20 世纪 80 年代转基因技术越来越多地用于农作物，90 年代早期，中国首先在大田生产中种植抗黄瓜花叶病毒的转基因烟草，开创了转基因作物商业化的先河，遭到其他国家烟草公司的强烈反对。许多环境生态学家开始呼吁关注遗传工程生物进入环境后对环境生态造成的影响。1983 年，Frances E. Sharples 提出应从环境生态学角度评估携带新基因型的转基因生物带来的环境风险。1989 年，美国科学家 James M. Tiedje 等认为通过遗传工程方法培育的生物不能只关注相关的遗传工程技术，也应评估它们进入环境后在环境中的存活与繁殖、与其他生物的相互作用、对生态系统功能的影响等。随后，1993 年，美国奥杜邦学会学者 Edward P. Bruggemann 首次提出转基因生物的环境安全（environmental safety）问题。此后，越来越多的研究关注转基因生物的环境生态安全问题。1992 年，联合国环境与发展大会通过了《21 世纪议程》和《生物多样性公

约》两份纲领性文件，专门强调了生物安全对全球环境和发展的重要性。2002 年，由法国科学出版社（Édition Diffusion Presse Sciences，EDP Sciences）和国际生物安全研究学会（International Society for Biosafety Research，ISBR）发起，学术期刊 *Environmental Biosafety Research* 创刊。同年，中国政府也将转基因技术/生物相关的环境生物安全的研究及评估研究工作纳入 863 计划、973 计划及国家自然科学基金等科研计划中。在这一阶段，环境生物安全的研究主要侧重基因重组工程技术及相关产物（侧重转基因植物）进入环境后对环境及其生态系统造成的影响与风险，然而环境中存在大量的细菌、真菌、病毒、原生生物、动物等其他生物，针对环境中其他生物对生态环境的影响的研究涉及较少，尤其环境生物对人类健康的影响研究更为缺乏。

随着社会经济的快速发展，全球范围内环境生物安全风险环节和不安定因素不断增加，食源性和动物源性新发、突发、再发传染病疫情频繁暴发，波及的范围持续扩大，扩散速度持续上升，人们也逐渐认识到人群传染病的根源绝大部分在环境，因此，环境生物安全研究的内涵与外延也不断扩展。与害虫、杂草、转基因动物或植物等宏观生物相比，人们对环境微生物安全认知远远不足，甚至不清楚其在环境中的传播途径、扩散机制和潜在风险。因此，各国研究者近年来逐渐将环境生物安全的研究侧重于环境微生物和人群健康之间的联系，开展了环境微生物污染物的来源、组成、迁移传播、健康效应、风险评估和防控策略等系列研究。例如，最近的研究表明，纽约城区的家鼠是致病细菌和病毒的潜在储库，家鼠粪便中检测到 36 种病毒，其中 6 种是新病毒，同时也携带 4 种可引起人类肠道感染疾病的细菌。澳大利亚墨尔本附近的水鸟携带 27 种病毒，包括 2 种多宿主病毒（禽类冠状病毒和甲型流感病毒）及 1 种新型轮状病毒。城区大气中潜在的病原微生物比例显著高于城郊和农村，生活污水和城市水体中存在多种病原微生物和耐药细菌。研究也表明，城市地铁环境存在较多的耐药微生物，其与城内和城际交通流量可能影响了人类皮肤菌群和耐药菌群组成。中国城市污水中已检测到大量抗生素耐药基因的存在，全国污水处理厂的进水中普遍存在一个核心的抗生素抗性组；污水处理工艺并不能完全去除污水中的耐药基因，它们可能随着出水排放或污泥农用进入下游环境，进而随着食物链等途径进入人体，危害健康。城市海滨浴场中也检测到肺炎克雷伯菌（*Klebsiella pneumoniae*）、产气荚膜梭菌（*Clostridium perfringens*）和棘阿米巴（*Acanthamoeba* spp.）等病原菌，它们多与世界卫生组织公布的优先考虑耐药性病原菌名单有关。关于环境微生物与人类健康之间的关系研究，目前主要侧重在以下几方面。首先，研究者关注与人类健康相关的微生物功能基因（如抗生素耐药基因）在环境中的组成、丰度、来源及传播；其次，除了环境病原微生物，研究已开始侧重于在微生物组的层面上解析环境微生物多样性与人类健康的关系，以期从中发现有益人类健康的指示微生物；再次，环境微生物多样性影响人类健康的机制得到深入研究，比如环境微生物暴露与人体免疫反应，并利用流行病学数据建立微生物暴露和人类健康的关系；最后，分析并提出恢复或重建环境微生物多样性的调控措施，使其向有益于人类健康的方向发展。

随着环境生物安全的研究发展，各国政府逐渐将环境生物安全的概念内容系统化、全面化。英国政府采用政策引导的、由上而下的策略，提出国家健康计划（National Health

Program)，其中包括开展可持续性及转型计划（Sustainability and Transformation Plan）。2008 年，澳大利亚检疫与生物安全政府部门提出“同一生物安全”（one biosecurity）的概念，将生物安全整合了人类、动物、植物和环境健康，旨在阐明几个主要的与生物安全相关的社会及环境挑战：气候变化、城镇化、集约化农业、全球人口流动、技术能力丧失及公众对农药与疫苗的抵制等。2017 年 12 月，澳大利亚农业部和水资源部在悉尼举行了“2017 环境生物安全会议”，提出《国家生物安全响应协议》，并建议建立国家优先考虑的环境入侵害虫和疾病的列表。澳大利亚农业部还组建了城郊环境生物安全网络（Peri-Urban Environmental Biosecurity Network，PEBN），2020 年 10 月，澳大利亚国家生物安全委员会批准并发布了 168 种应优先考虑的环境入侵害虫、杂草及相关疾病列表。2012 年，西澳大利亚生物安全委员会提出生物安全的分支——环境生物安全，并给以明确的定义：环境生物安全是指对自然环境、社会服务设施的风险管理，以及害虫和疾病发生与传播的风险管理。自然环境包括自然陆地、内陆水体和海洋生态系统，以及这些生态系统的组成部分、自然和物理资源；社会服务设施包括环境的社会、经济和文化，如旅游、基础设施、文化遗产及国家形象等。一些高校研究机构成立环境生物安全相关的研究中心及机构，如澳大利亚莫道克大学（Murdoch University）的 Chad Hewitt 教授发起并成立了生物安全与大健康中心（Centre for Biosecurity and One Health），旨在认识健康、生物安全和环境之间的联系。该中心的研究内容包括大健康、抗生素耐药性、环境与生产系统的生物安全、媒介传播或水传播疾病、流行病学、食品安全和动物传染性疾病等。其采用交叉学科方法来解决与动物、植物、人类及生态系统健康相关的问题，最终服务于国家政策、立法和社会科学发展。热带北昆士兰地区是生物安全的研究热点地区，澳大利亚詹姆斯•库克大学（James Cook University）为应对当前和未来当地、国家和全球范围的环境生物安全挑战，设立了多个研究中心，包括生物安全与热带感染疾病研究中心、热带生物多样性与气候变化研究中心、热带环境可持续科学中心、可持续性水产渔业中心及热带水体生态系统研究中心等。我国的朱永官院士等也提出要重点关注城市环境生物安全，认为应在大健康框架下重点关注城市环境生态系统中环境生物对人群健康、经济和生态环境的潜在风险和危害，并制定相应的防控措施。然而，目前国际上还未有广泛认可的系统的环境生物安全研究体系、研究范畴、监测系统和数据库，以及相应的安全风险防控和治理体系。

二、国际环境生物安全现状与态势

目前全球仍然面临着严峻的环境生物安全形势。

1. 环境病原微生物污染严重危害人类健康

随着全球气候变暖、城镇化进程加速、环境污染加剧、经济贸易全球化，环境病原微生物污染带来的各种环境生物安全问题日趋严峻。水体、空气、土壤不仅是这些病原微生物的重要生存环境，也是它们的传播介质。例如，生活污水、医院污水、动物粪便及大气飘浮物和气溶胶等含有丰富的有机质，刺激致病性大肠杆菌、军团菌、肺炎链球菌、棘阿米巴等病原微生物的生长，然后通过污水排放、有机肥农用或大气扩散将这些病原微生物传播扩散，人们可通过直接接触、摄入或吸入环境中的病原微生物，引发消化系统、呼吸系统和皮肤病变的感染与暴发。据世界卫生组织估计，在全球每年数以亿计的食源性疾病患者中，70%是由于食用了各种致病性微生物污染的食品和水。全球每年因微生物污染问题带来的经济损失为65亿～350亿美元。疟疾通过幼虫滋生于水中的蚊子而传播，是致命的个体传播疾病，全球每年约有5亿人被感染，其中270万人死亡。每年由水污染引起的痢疾的发病率也达到了40亿人次。此外，环境污染导致耐药基因这一新型生物污染物在全球范围内广泛分布并快速扩散，耐药基因不仅可以在细菌亲代和子代间稳定遗传，还可以通过水平基因转移使人类致病菌从环境细菌中获得耐药性，造成临床耐药菌株的不断增加。联合国环境规划署将抗生素耐药基因列为六大新兴环境问题之首，微生物耐药性已成为全球最严峻的公共卫生危机之一，得到各国政府的高度重视。

2. 转基因生物和转基因食物备受关注

目前，全球有种植面积近40万km^2的转基因作物，主要是大豆、玉米、棉花和油菜。市场上有近4000种转基因食品，预计每年的转基因生物产值在100亿美元以上。美国转基因玉米占据总种植面积的1/3，转基因大豆和棉花超过了总种植面积的1/2。尽管转基因生物及转基因食品具有解决粮食短缺问题、减少农药施用、增加食物营养等优点，但也会对环境中的昆虫等动物造成伤害，影响周边植物的生长，使昆虫、病原体等在演化中增加了抵抗力或形成新的物种，导致原有物种遗传多样性丧失，破坏了原有生态系统的平衡。此外，转基因生物在环境释放后可能导致基因水平转移，影响环境生态系统和非靶标生物，并产生新的抗性害虫或者杂草，甚至新型病原微生物，从而引发生态环境安全问题，如英国Pusztai事件、康奈尔大学斑蝶事件、加拿大“超级杂草”事件和墨西哥玉米事件等。此外，转基因食品安全问题也带来了许多社会政治、经济、贸易及伦理等问题。

3. 外来物种入侵带来严重的生态环境危害

全球国际贸易、旅行和交通的快速发展，造成了生物在全球范围内的迁移与入侵，破坏了河流、山川等的自然边界作用。20世纪80年代以来，外来生物入侵对各国经济造成了巨大危害，严重威胁着当地的生物多样性和人畜健康，成为实现国家生态安全战略性目标的绊脚石。外来物种可以通过与本地物种杂交、捕食或者竞争等过程占据生态位，竞争资源并侵占栖息地，进而导致生态系统生物多样性降低和生态环境退化。此外，外来物种在新的栖息地会由于缺少天敌而大量繁殖或者使本地物种的天敌增强，导致农、林、畜牧业受到损害，一些携带病原菌或寄生虫的外来物种甚至可以直接威胁人类健康。

为应对环境生物安全带来的相关问题，各国积极推进生物安全体系和防御能力建设。美国、英国、俄罗斯、澳大利亚、新西兰和巴西等国家已经发布了生物安全相关的政策与法规。1992年，联合国环境规划署发起了《生物多样性公约》和《卡塔赫纳生物安全议定书》，敦促缔约国保护生物多样性，实现生物多样性及其遗传资源的可持续利用，并积极处理生物安全的环境问题，合理解决环境与贸易问题，从而使各国最大限度地降低生物技术对环境和人类健康可能造成的风险。

自“9·11”恐怖袭击和炭疽杆菌恐怖信件事件发生以来，美国政府也针对生物武器、生物恐怖主义和生物技术滥用等颁布多项法规、政策及管理办法，并于 2002 年将流行病和生物恐怖威胁防控纳入国家安全行动计划。2018 年，美国政府签署了第一个国家生物安全防御行动计划，目的在于全面解决自然的、蓄意的、偶发性的生物威胁。此外，美国政府还建立了生物安全防御指导委员会来监管和协调 15 个联邦政府科研机构和情报组织来评估和防御美国面临的生物威胁。基于生物风险管理的基本知识，生物安全防御行动计划清晰地提出了五个目标：增强生物安全防御风险意识；提升生物安全防御部门预防风险的能力；充分准备生物安全防御工作；建立快速响应机制；促进生物事件后社会、经济和环境的恢复能力。生物安全防御行动计划的主旨在于，通过美国政府的合作建立更为有效的生物威胁防御和响应办法，同时与国际合作者、工业、学术团体、非政府机构及私人团体等共同开展生物安全防御工作。

为了配合协调自然的、偶发的、蓄意的生物风险应对工作，英国政府于 2018 年也发布了第一个生物安全行动计划，提出帮助其他国家建立公共卫生系统，提升公共卫生管理能力，以防外来生物风险影响英国。这一行动计划从四个方面介绍了英国政府的当前能力和未来计划，包括生物风险理解、防御、检测和响应，强调英国政府将全力保护英国及其利益免受重大生物安全风险的影响。2019 年 1 月，英国政府发布《解决抗微生物药物耐药性 2019—2024：英国五年国家行动计划》，警示未来超级病菌可能会给公共健康带来致命威胁，并提出了应对微生物耐药性的关键途径。

2018 年澳大利亚政府任命了第一批环境生物安全首席行政长官（chief environmental biosecurity officer，CEBO），他们的职责是联合农业、水资源和环境部门及州政府、工业、非政府组织、个人及团体，共同加强环境生物安全，提升公众环境生物安全意识。2019 年澳大利亚 CEBO 委员会发布了改变和加强澳大利亚环境生物安全体系框架。

2019 年 6 月，日本也发布了《生物战略 2019——面向国际共鸣的生物社区的形成》，展望“到 2030 年建成世界最先进的生物经济社会”，提出要加强国际战略，并重视伦理、法律和社会问题。

三、国内环境生物安全现状与态势

我国是发展中大国，面临着更为严峻的环境生物安全威胁，环境生物安全治理体系和治理能力亟待加强。我国目前主要面临的环境生物安全问题与国际上环境生物安全的主要焦点问题基本相同，具体如下。

1. 环境中生物入侵威胁与生物多样性破坏

我国幅员辽阔、地貌复杂多样、环境生态系统丰富，容易受外来物种的入侵，是世界上遭受生物入侵危害最为严重的国家之一。生物入侵对我国生态环境和农业生产造成了极大危害，而且随着气候变化、国际贸易等的发展不断加剧。我国外来物种入侵的严峻形势主要存在四个特点：①入侵物种发生种类多。截至 2018 年底，入侵我国的外来物种有近 800 种，已确认入侵农林生态系统的物种有 638 种，其中植物 381 种、动物 179 种、病原微生物 78 种；在世界自然保护联盟（International Union for Conservation of Nature and Natural Resources，IUCN）公布的全球 100 种最具有威胁的外来入侵生物中，我国占据 51 种。②入侵物种分布范围广。我国 31 个省（自治区、直辖市）有入侵生物危害发生，入侵生物几乎分布于所有自然或人工生态系统；外来物种在东南沿海首次发现的几率较高。③入侵生物危害严重。据统计，外来入侵物种在我国每年造成直接经济损失逾 2000 亿元，其中农业损失占 61.5%。加拿大一枝黄花、美国白蛾、福寿螺等外来入侵生物通过竞争排斥本地生物，改变了群落结构，降低了当地环境生态系统的生物多样性。④入侵生物传播途径复杂。目前，生物入侵的传播途径通常包括三种：有意引进、无意引进和自然传入。其中，无意引进是较为常见的入侵方式，人类进行贸易、运输、旅游等人为活动均可导致生物入侵，海洋垃圾、空气中的飘浮物随洋流和大气循环漂移扩散，也会无意识携带外来物种入境。跨洋或跨国轮船运输的压舱水、季风环流等都可能携带入侵生物。目前的鉴别技术很可能不足以识别潜在外来物种，从而导致物种入侵。

我国通过多年摸索，对外来入侵物种的生物安全管理有了深刻的认识，颁布了《中华人民共和国农业法》《中华人民共和国种子法》《中华人民共和国环境保护法》《植物检疫条例》《中华人民共和国森林法》《中华人民共和国进出境动植物检疫法》等 18 部涉及外来入侵物种管理的法律和条例。目前，全国人民代表大会制定的《中华人民共和国生物安全法》已将外来入侵物种防控纳入其中。农业农村部会同生态环境部、国家林业和草原局积极推动出台《外来入侵物种管理办法》，并研究制定了《中国第二批外来入侵物种名单》。农业主管部门牵头组织各省份开展外来入侵物种调查，建立中国外来入侵物种数据库，建立天敌防控基地，开发入侵物种检测技术与方法，组织开展集中灭除行动，多管齐下减少入侵生物的危害和扩散。然而，我国外来入侵生物防控依然面临一些主要困难。例如，缺乏长效投入机制和监测预警网络，综合治理与应急控制能力不足，对非法引进、随意丢弃、网络平台交易等行为的管理缺乏充足的法律依据。

2. 环境微生物污染问题突出

在我国快速城市化、人口快速流动、人口老龄化及现代医疗实践等多方面因素的影响下，环境污染问题日益突出，加剧了环境中微生物污染的发生及其向人群传播扩散的潜力，主要体现在以下几方面。①环境微生物污染导致的食源性疾病是我国较为突出的公共卫生问题之一。《中国食品安全发展报告（2019）》指出，我国微生物污染问题仍然突出，微生物污染是我国第一大食品安全风险。副溶血性弧菌和沙门氏菌污染是我国微生物食源性疾病感染最常见的死亡原因，在肉类和蛋类中沙门氏菌污染造成的居民住院和死亡数量最多。我国沿海地区因食用副溶血性弧菌污染的海产品导致的疾病感染也频繁暴发。1976 年，我国辽宁农村因大雨使粪窖满溢污染深井，饮水受到病毒污染，导致病毒性肝炎暴发，其中甲型肝炎患者多达千余人。1988 年，上海居民由于食用自江苏启东沿海采集的、已被甲型肝炎病毒污染的毛蚶，暴发了大规模甲型肝炎，患病人数超过

30 万。②动物源媒介传播疾病频繁发生。随着经济水平的提高，人们对动物食品的需求也在增长，全球新发感染性疾病主要源自于野生动物，其中 60%为人兽共患病。动物源性病原体跨越物种屏障，通过人与动物的相互作用引发新发感染性疾病的出现与传播。1997 年，我国香港发现全球首例人感染高致病性禽流感 H5N1 病例，随后人禽流感 H5N1 疫情在东亚、东南亚和北非等地发生，引起较高的病死率。2002 年，我国暴发的 SARS 疫情造成了重大人员和经济损失，野生动物果子狸被认为是 SARS 病毒的中间宿主。2009 年，我国禽流感 H1N1 大规模暴发造成超过 15 万人感染，842 人死亡。2013 年，我国上海首次发现由新型 H7N9 禽流感病毒引起的急性呼吸道传染病，该病毒导致数百人发病并引发较高的病死率。随着人类活动的加剧，集约化养殖、家养宠物养殖、与野生动物频繁接触使得人兽共患病在人群的患病概率逐渐增加。③环境耐药性及耐药病原菌感染急剧增加。我国是世界上抗生素生产与使用大国，环境抗生素耐药性问题更为严峻。英国韦尔科姆基金会的一份报告称，到 2050 年，中国细菌耐药性问题每年有可能造成 100 万人早亡，并将付出 20 万亿美元的代价。2015 年，我国科学家报道了一个可使细菌对多黏菌素（polymyxin，最后一道抗菌防御抗生素）产生高度耐药性的新耐药基因（*MCR-1*），该基因广泛存在于中国南方的猪和患者的肠杆菌科细菌中，包括具有流行可能性的菌株。此外，我国是全球继印度之后第二大感染肺结核传染病的国家。自 2000 年之后，多重耐药结核病和广谱耐药结核病已成为我国严重的公共健康问题。2004 年，我国约有 14 万多重耐药结核病例发生，占据全球耐药结核病例的三分之一。目前，在临床医疗上已多次报道多重耐药病原菌引起的感染性疾病，严重危害我国人民的生命健康。④新兴或再兴传染病层出不穷。由于生态环境的恶化，大量病原微生物滋生，人群对病原体的易感性增强，高度致命的新发或再发感染性疾病不断增加，如埃博拉出血热和艾滋病及古老疾病的新型抗药形态已成为世界各地公共卫生面临的主要挑战。我国自 1985 年发现首例艾滋病患者以来，报告的病例人数和死亡人数迅速增长。全国法定报告传染病数据显示，2015 年我国因艾滋病死亡的人数为 12 755，死亡率为每百万人中约 9.4 人，是我国当年报告死亡率最高的传染病。

自从 2002 年 SARS 暴发以来，我国政府及相关职能部门高度重视环境生物安全管理体系的建立，从政府层面陆续规划并系统实施了长期行动计划，初步建立了环境生物安全管理的框架体系。这一框架包括一系列涉及我国部门、组织和科研院所的法律、法规和标准。针对水环境微生物污染问题，早在 1993 年国家技术监督局就发布了《地下水质量标准》（GB/T 14848—1993），规定了总大肠菌群和细菌总数作为微生物监测指标；2002 年，国家环境保护总局和国家质量监督检验检疫总局发布了《地表水环境质量标准》（GB 3838—2002），将粪大肠菌群纳入微生物监测指标；2006 年，卫生部会同各有关部门完成了对 1985 年版《生活饮用水卫生标准》的修订工作，并正式颁布了新版《生活饮用水卫生标准》（GB 5749—2006），将微生物检测指标由 2 项增至 6 项，包括总大肠菌群、耐热大肠菌群、大肠杆菌、菌落总数、贾第鞭毛虫、隐孢子虫等，其中隐孢子虫、贾第鞭毛虫等指标在 WHO、欧盟水质标准中还不常见；2022 年 3 月，《生活饮用水卫生标准》（GB 5749—2022）由国家卫生健康委员会提出并归口，经国家市场监督管理总局、国家标准化管理委员会批准发布，于 2023 年 4 月 1 日实施，该标准将耐热大肠菌群的微生物指标去除，添加了肠球菌、产气荚膜梭菌检测指标。为应对我国细菌耐药性问题，国家卫生计生委、发展改革委等 14 个部门联合印发了《遏制细菌耐药国家行动计划（2016—2020 年）》，农业农村部也制定了《全国遏制动物源细菌耐药行动计划（2017—2020 年）》和《全国兽用抗菌药使用减量化行动方案（2021—2025 年）》。然而，目前制定的环境微生物的标准主要参考发达国家，缺乏中国环境生态相关数据支持。由于中国与其他国家的水生生物结构存在差异，仅参考他国的环境基准来制定中国的微生物标准，缺乏科学依据。同时，我国目前对监管体系的建立主要集中在医院环境，还缺乏大气、水体、土壤及城市等环境的病原体、耐药病原菌及其感染疾病的完整监管体系和完善的环境微生物污染安全评估体系。

3. 转基因生物对生态环境危害风险难以预估

自 1996 年以来，我国已有 6 种作物共 26 项转基因品系通过商品化生产审定，1998 年我国各类转基因作物种植面积 1500 km^2，1999 年超过 2 万 km^2，2000 年仅转基因抗虫棉就达 5 万 km^2。中国转基因抗虫、抗病毒、品质改良农作物和林木已有 22 种，转基因技术在动物和微生物方面也都有涉及。转基因棉花、大豆、马铃薯、烟草、玉米、菠菜、甜椒、小麦等都已经进行了田间试验，其中转基因棉花已大规模商品化生产。目前，国内外关于转基因生物风险评估的研究都已表明，转基因生物通过基因逃逸与其野生亲缘种间进行基因流动，且转基因生物进入土壤环境后会影响土壤生物多样性。转基因生物的外源基因可以通过根系分泌物或作物残渣进入土壤生态系统，土壤中的特异性生物功能类群及土壤生物种类、生态过程和土壤肥力可能因此发生变化。在转基因棉田里，棉铃虫的一类天敌寄生蜂的种群数量大大减少；昆虫群落、害虫和天敌亚群落的多样性和均匀分布都低于常规棉田。尽管转基因生物向周边近缘生物发生基因漂移的频率较低，但是基因漂移的复杂性、环境及其时空的不确定性使得转基因生物对生态环境的危害风险难以估量。

我国转基因相关的法律法规所规范的对象主要是农业转基因生物。我国较早在法律层面提出“转基因”相关概念，可以追溯到 2000 年的《中华人民共和国种子法》（该法提出了“转基因植物品种”）和《中华人民共和国渔业法》（该法提出了“转基因水产苗种”）。此后陆续出台了《中华人民共和国农业法》（2002 年修订，该法提出了目前普遍采用的“农业转基因生物”概念）及《中华人民共和国畜牧法》（2005 年颁布，该法提出了“转基因畜禽品种”）等法律。这些法律只对相关的转基因品种在选育、试验等过程提出较为笼统的“进行安全性评价”“采取安全控制措施”的要求。在标注方面也仅要求对转基因种子“用明显的文字进行标注”。2001 年国务院公布了《农业转基因生物安全管理条例》，将农业转基因生物进行了定义，对研究、试验、生产、加工、经营，以及进口与出口的要求及相关经营许可做了相应的规定。农业部于 2002 年连续发布了《农业转基因生物安全评价管理办法》《农业转基因生物进口安全管理办法》《农业转基因生物标识管理办法》三个配套管理办法，标志着我国对农业转基因生物主要环节的法律体系基本建立。《农业转基因生物安全管理条例》和三个配套管理办法后续进行了多次修订，是我国农业转基因生物领域的重要法规，与具有较高位阶的各个部门法及其他相关规定一起构成了我国现行的转基因生物的基本管理制度。然而，目前我国针对转基因技术对生态环境的影响及其风险评估的研究还主要集中在转基因作物，较少评估转基因动物及微生物对生态环境的影响，因此，全面系统的转基因生物安全性数据库急需建立，转基因技术应用对生态环境影响的长期追踪与监控体系也急需进一步完善和改进，同时监控管理的公众参与度、透明度，以及对公众正确的舆论导向和相关安全性宣传教育也有待加强。

四、环境生物安全研究展望

环境是人类健康生存的重要基石，环境生物安全是人类可持续发展的重要保障。目前，环境生物安全问题已成为全人类面临的重大生存和发展问题，环境生物安全也正成为全球合作和大国博弈的重要议题，因此，需要强化环境生物安全基础研究，加强生态建设与环境保护，提升环境生物安全防控治理能力，推进国际环境生物安全可持续发展。

1. 强化环境生物安全基础研究

“大健康”的框架体系整合了生物学、生态学、公共健康和社会发展等多个领域，研究环境中多种因素对植物、动物、微生物的影响，以及环境生物对人类健康的影响，并提出可能的有效调控措施。具体研究内容包括三点：①探明不同环境介质中生物的分布特征，尤其是与人类健康相关的潜在病原生物和耐药基因，鉴别潜在病原生物/有益生物组成，解析环境生物污染溯源和跨物种传播，研发环境生物安全快速检测溯源新技术；②深化环境生物与人类健康的关系研究，分析生物污染暴露途径与风险，结合公共健康数据统计研究环境生物暴露和人体健康关系，完善环境生物安全评估体系；③提出环境生物安全调控措施，构建环境生物安全基础数据共享，恢复或重建环境生物，使其向有益于人类健康的方向发展。

2. 加强生态建设与环境保护

随着全球经济的快速发展，环境与生态问题日益凸显，严重威胁着全球环境生物安全。随着全球气温不断升高、海平面上升、森林面积不断缩小、土地荒漠化日趋严重和环境污染日益加剧，生态环境遭到破坏，这导致环境生物安全问题更加恶化，人类的生存环境面临巨大威胁。生态文明建设要求人与自然、人与人、人与社会和谐共生，互相促进，全面发展，实现持续繁荣。这是人类实现环境生物安全可持续发展的前提条件，关系到人类社会的长久生存。因此，必须建立相应的环境保护制度，保护环境生物多样性，合理开发环境资源。

3. 提升环境生物安全防控治理能力

在国际态势发展的新形势下，应深刻认识环境生物安全建设的重要性和紧迫性。在国家生物安全风险防控和治理体系建设的框架下，应提升对环境生物安全问题进行预防性、预见性治理的能力；发展环境生物安全突发性事件监测预警技术；搭建环境生物安全应急信息平台；构建环境生物安全早期检测、快速预警与高效处置一体化应急决策指挥平台；提高环境生物安全问题应急管理技术水平；强化环境生物引起的突发疾病防治技术能力建设。

4. 推进国际环境生物安全可持续发展

环境生物安全关乎全球各国人民的生命健康，环境生物安全相关的风险因子扩散和传播没有国界，应以全球视野、人类命运共同体视野规划与推进全球环境生物安全治理，强化环境生物安全与疾病控制和临床医学领域的合作，加强环境生物安全相关政策制定、风险评估、应急响应、信息共享、能力建设等方面的双边、多边合作交流，携手应对日益严峻的环境生物安全挑战。

（朱永官　安新丽　苏建强）

参考文献

陈方, 张志强, 丁陈君, 等. 2020. 国际生物安全战略态势分析及对我国的建议. 中国科学院院刊, 35(2): 204-211.

黄翠, 汤华山, 梁慧刚, 等. 2021. 全球生物安全与生物安全实验室的起源和发展. 中国家禽, 43(9): 84-90.

刘标, 薛达元. 2000. 国际生物安全现状与我国的生物安全对策. 农村生态环境, 16(1): 34-37.

刘杰, 任小波, 姚远, 等. 2016. 我国生物安全问题的现状分析及对策. 中国科学院院刊, (4): 387-393.

石长华. 2022. 试述国门生物安全面临的挑战和对策. 口岸卫生控制, 27(1): 35-38.

吴展. 2021.《生物安全法》正式施行: 重要意义、主要内容与未来前瞻. 口岸卫生控制, 26(1): 10-14.

张伟华. 2021. 我国生物安全防控和治理体系研究. 农村经济与科技, 32(11): 12-14.

Hawkes C, Ruel M. 2006. The links between agriculture and health: an intersectoral opportunity to improve the health and livelihoods of the poor. Bulletin of the World Health Organization, 84(12): 984-990.

Hulme P E. 2020. One Biosecurity: a unified concept to integrate human, animal, plant, and environmental health. Emerging Topics in Life Sciences, 4: 539-549.

Ivanov V, Stabnikov V, Stabnikova O, et al. 2019. Environmental safety and biosafety in construction biotechnology. World J Microbiol Biotechnol, 35(2): 26.

Lu B R, Sweet J. 2010. Challenges and opportunities in environmental biosafety research. Environmental Biosafety Research, 9(1): 1-3.

Neumayer E. 2024. The WTO and the environment: its past record is better than critics believe, but the future outlook is bleak. Global Environmental Politics, 4(3): 1-8.

Nordmann B D. 2010. Issues in biosecurity and biosafety. International Journal of Antimicrobial Agents, 36(Suppl. 1): S66-S69.

Rappert B. 2009. Biosecurity. London: Palgrave Macmillan.

Wang X L. 2021. A retrospective on the intellectual adventures of think tanks in biosecurity before and after the COVID-19 pandemic outbreak. Journal of Biosafety and Biosecurity, 3(2): 155-162.

Zhu Y G, Zhao Y, Zhu D, et al. 2019. Soil biota, antimicrobial resistance and planetary health. Environment International, 131: 105059.

第二章　生物多样性

大健康框架强调生物多样性与人类健康之间的联系（Wang et al.，2024）。生物多样性是人类生存的物质基础，更是人类社会可持续发展的重要保障。生物多样性通过保障生态系统服务，包括提供食物、清洁的水和空气、调节气温与降水、减少自然灾害（如洪水）的影响、降低传染性疾病传播风险、提高心理健康、增强体内微生物群落健康等方式影响人类的健康（Wall et al.，2015）。同时，人类通过工农业生产、改变土地利用方式等活动对生态系统施加压力。进入“人类世”时代，人类对生态系统服务的需求加速，多项指标超出了地球的物理界限，带来了生物多样性丧失和人类福祉减少等重大问题。

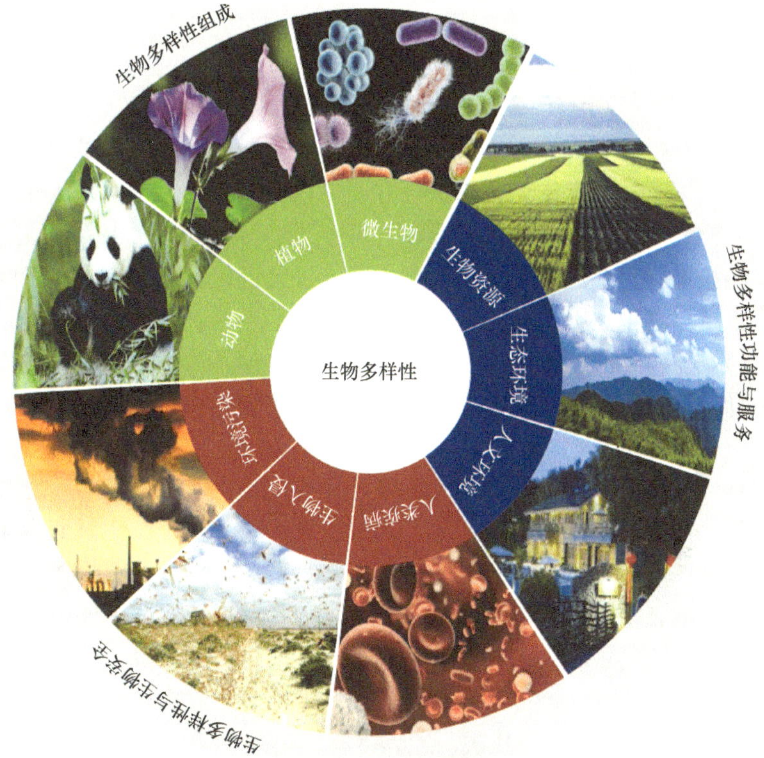

图 2-1　本章摘要图

第一节 生物多样性概述

一、生物多样性的定义

生物多样性是特定环境中所有生物体基因变异的总和（Wilson，1999）。特定环境既可以是一块林地，也可以是一片森林、一个池塘或一片海洋的生态系统，特定环境还可以是一个政治单位，比如一个洲或一个国家。它是地球上所有生命的变异，包括动物、植物、微生物和它们所拥有的基因，以及它们与生存环境形成的复杂的生态系统（Maclaurin and Sterelny，2008）。生物多样性这一概念内涵十分广泛，包括多个层次或水平。根据《生物多样性公约》的划分，生物多样性包括遗传多样性（又称基因多样性）、物种多样性和生态系统多样性三个层次（袁建立和王刚，2003）。一些学者将生物多样性划分为四个层次，包括遗传多样性、物种多样性、生态系统多样性和景观多样性（马克平等，1995；马古兰和麦吉尔，2019）。

二、生物多样性的内涵

1. 遗传多样性

遗传多样性是指一个群体内不同个体或种内个体之间遗传变异的总和。遗传多样性均发生在分子水平，种内遗传变异的来源主要包括突变、重组和染色体畸变，其中突变是所有生物多样性产生的根源。自然界中的突变经过自然选择，积累形成变异；一些中性突变通过随机过程整合到基因组中，形成了丰富的遗传多样性。遗传多样性具体体现在以下几个水平：种群水平、个体水平、组织和细胞水平及分子水平（沈浩和刘登义，2001）。自然界中，个体生命的有限性导致其特定分布格局的种群成为进化的基本单位，所以遗传多样性不仅包括遗传变异高低，也包括遗传变异分布格局，即种群遗传结构上的差异（Nevo，1988）。

遗传多样性的研究具有重要的理论和实际意义。首先，物种或种群的遗传多样性高低是自然选择的产物，是其生存（适应）和发展（进化）的前提。一个物种或种群遗传多样性越高，对环境变化的适应能力就越强，越容易扩展其分布范围并开拓新的生存环境。大量实验证据表明，种群中遗传变异的大小与其进化速率成正比，因此对遗传多样性的研究可以揭示物种或种群的起源与进化历史，也能为进一步分析物种进化潜力和未来命运提供重要数据支撑，尤其对深入研究稀有物种或濒危物种的成因和发展具有重要意义（沈浩和刘登义，2001）。其次，遗传多样性是保护生物学研究的核心之一。了解种内遗传变异的大小、时空分布及其与外界环境的关系，就可以采取科学有效的措施来保护遗传资源，尤其是对珍稀濒危物种保护方针和措施的制定，都有赖于我们对物种遗传多样性的认识（张大勇和姜新华，1999）。最后，对遗传多样性的认识是生物各分支学科重要的背景资料。遗传多样性的研究加深了人类对于生物多样性起源和进化的认识，尤其加深了对微观进化的认识，为动物、植物和微生物的分类、进化研究提供了有益的资料，进而为动植物及微生物育种和遗传改良奠定了基础。

2. 物种多样性

物种多样性即物种水平的生物多样性，是指一个地区内所有物种的总和。物种多样性是生物多样性最直观的体现，一般意义上提到的生物多样性方面的问题，就是指物种多样性，如多样性的丧失及成因、多样性的保护等（马克平，1993）。我国是世界上生物多样性最为丰富的国家之一，拥有复杂的陆地生态系统和海洋生态系统。据《中国生物物种名录》2023 版公布的结果，中国现有植物 47 100 种，动物 69 658 种，真菌 25 695 种，原生动物 2566 种，色素界生物 2381 种，细菌 469 种，病毒 805 种，其中特有物种比例很高。在全球 36 个生物多样性热点中，“西南山区”热点几乎全部（超过 98%）位于中国境内，“喜马拉雅”（33%）、“中亚山脉”（29%）和“印度-缅甸”（15%）热点部分位于中国境内。总体而言，中国的生物多样性远高于其他任何同纬度国家（Mi et al.，2021）。同时，我国也是生物多样性受威胁程度较严重的国家。根据《中国生物多样性红色名录》统计，我国陆生高等植物受威胁物种占比 10.39%，脊椎动物受威胁物种占比 22.02%，大型真菌受威胁物种占比 1.04%。物种多样性研究以物种为单元，探讨物种多样性的时空分布格局，从进化与系统发育的角度认识物种多样性的形成、演化及维持机制等。此外，物种的濒危状况、灭绝的速率及成因、物种的有效保护与可持续利用等都是物种多样性研究的内容（周红章，2000）。物种多样性研究有不同的侧重点，其中生态学研究以群落为单元分析物种多样性组成，侧重于认识物种多样性的生态学功能及属性；系统分类学研究强调的是物种多样性的自然选择、适应进化的生物学属性；生物地理学侧重于在不同空间尺度上分析物种多样性的分布格局、成因及其变化规律；保护生物学则强调物种多样性丧失及成因、物种的有效保护与可持续利用等。

微生物作为分布最为广泛的生命形式，具有丰富的物种和遗传多样性，并以高度的变异性适应不同的生境。每克土壤中数以亿万计的微生物，是地球关键元素循环的引擎，作为生态系统的重要组成部分，微生物是土壤圈、水圈、大气圈及生物圈物质与能量交换的纽带，在人类和地球生态系统的维持中发挥重要的生态功能（朱永官等，2022）。由于高达 99%的微生物物种及其功能还未探索，故微生物被称为“地球暗物质”。近年来，随着高通量测序技术的指数式发展，人们打开了微生物神秘的“黑匣子”，微生物多样性研究尤其是多样性的形成与维持机制成为地球科学的研究热点。其主要包括：①微生物多样性的理论与认知，即微生物分类、微生物的数量及多样性测度、微生物遗传多样性及其代谢多样性的测度与评价；②微生物多样性的起源与演化，即微生物是如何起源和演化的，以及微生物的地理分布格局及其驱动机制、不同生境中微生物多样性的演替规律及其环境驱动机制；③微生物多样性的共存机制，包括不同生境下微生物主导的物质转化规律与生命活动规律，历史进化因素和当代环境条件对微生物分布的贡献在不同生态系统类型下有何异同，以及是否存在统一的理论能够准确描述微生物多样性的共存与维持机制（朱永官等，2017）。

3. 生态系统多样性

生态系统多样性是指生物圈内生境、生物群落和生态过程的多样化及生态系统内生境差异、生态过程变化的多样性。生态系统多样性研究内容主要包括以下几个方面（张全国和张大勇，2003）。①生态系统的组织化水平，主要包括组成和结构两个方面。以种类组成为基础的生物群落或生态系统多样性的测度，主要有丰富度指数、均匀度指数、物种多样性指数、物种相对多度分布格局等；以空间和营养结构为基础的生物系统多样性研究，主要包括格局分布模式、食物网模型、生态位测度等。②生态系统多样性的变化，主要包括空间和时间两个方面，空间方面即生态系统多样性调查与编目，时间方面即生态系统多样性的动态监测。③生态系统多样性的维持和变化机制，主要包括生态系统的动态变化或演替规律及影响因素、生态系统多样性与稳定性之间的关系、生态系统稳定性维持机制，以及人类干扰对生态系统稳定性的影响等方面。

生态系统多样性充分体现了生物多样性研究最突出的特征，即高度的综合性，主要表现在：①生物多样性研究是基因到景观乃至生物圈的不同水平研究的综合。例如，濒危物种的保护已经不再仅仅局限于在物种水平上保护有限的个体，而是从基因、细胞、种群等不同水平去探索物种濒危机制，从生境或生态系统水平上考虑保护措施。②生物多样性研究是不同类群或不同学科研究的综合。例如，生态系统多样性维持机制的研究，不仅注重生态环境对系统稳定性的影响，更注重不同生物类群的作用及其相互之间关系对系统稳定性的影响。

4. 景观多样性

景观多样性是指景观单元在结构和功能方面的多样性，它反映了景观的复杂程度（傅伯杰，1995）。根据研究内容，景观多样性包括斑块多样性、类型多样性和格局多样性（傅伯杰和陈利顶，1996）。①斑块多样性侧重于研究景观中斑块的数量、斑块面积大小及斑块形状等，单位面积上斑块数量反映了景观的完整性和破碎化程度，对于物种的散布和迁移有重要意义；斑块面积则反映了物种的多样性和生产力水平；斑块的形状对于物质和能量的迁移具有重要影响。②类型多样性主要考察景观中类型的丰富度和复杂度，对于物种多样性有重要影响。类型多样性与物种多样性的关系不是简单的正相关，通常呈正态分布。③格局多样性多考虑不同景观类型的空间分布、斑块间的空间关系和功能关系，其在景观设计、规划和管理方面发挥重要意义。近年来，景观多样性的研究越来越受到人们的重视，特别是在景观格局和生物多样性的保护、生境的片断化对生物多样性的影响、人类活动对景观多样性的影响和景观规划与管理等方面引起了广泛的关注（陈利顶等，2014；Fahrig et al.，2019）。

三、生物多样性的度量

除了上述生物多样性的定义与层次，还有一些相关的常见概念，比如物种丰富度、物种均匀度、物种多样性指数、功能多样性等。

1. 物种丰富度

物种丰富度是生物多样性研究中最早涉及的概念，是指在一个群落中出现的全部物种数目。作为一种传统的生物多样性评估手段，物种丰富度具有很大的直观性及不完整性，是一种粗糙的评估多样性水平的方法。然而，由于它的易测量性，人们仍然常用物种数目，即物种丰富度来表征生物多样性（马克平，1994）。

传统丰富度调查多基于形态学监测，随着分子生物学技术的发展，环境 DNA（eDNA）技术成为一种基于分子的生物多样性高效监测手段。具体来说，DNA 作为遗传信息存在于生物的每个细胞中，当个体在所处环境活动时，其所夹带的 DNA 将散落到环境中，经由环境样本采集、DNA 提取、高通量测序及序列比对流程，即可获取环境样本中 DNA 所属物种的分类学信息，据此可研究生态环境中各物种多样性程度（Bohmann et al.，2014）。与传统形态学生物监测方法相比，eDNA 生物监测具有采样简单、效率高、对生物和环境破坏性小、样本检测灵敏度高、成本低等核心优势，已广泛用于河流、湖泊、河口、湿地、海洋等生态系统的生物多样性调查中。

2. 物种均匀度

均匀度是指群落中不同物种的多度，如生物量、盖度或其他指标分布的均匀程度。常用的均匀度指数包括 Pielou 均匀度指数、Sheldon 均匀度指数及 Heip 均匀度指数等（马克平和刘玉明，1994）。

3. 物种多样性指数

多样性指数是度量生物多样性高低及空间分布特征的数值指标，是反映物种丰富度和均匀度的综合性指标。目前研究较多的是 α 多样性（群落内或生境内的生物多样性）、β 多样性（群落间或生境间的生物多样性）和 γ 多样性（地理区域的生物多样性）（马克平，1994）。

α 多样性用于测量群落内生物种类数量及生物种类间的相对多度，反映了群落内物种间通过竞争资源或利用同种生境而产生的共存结果，常用香农-维纳指数（Shannon-Wiener index）和辛普森指数（Simpson index）表征。β 多样性用来表示生物种类对环境异质性的反应，度量时空尺度上物种组成的变化。不同生境间或某一生境梯度上的生物种类组成的相似性差异越大，β 多样性越高。相似（相异）指数目前应用最为普遍，包括用于二元数据的 Sørensen 指数和 Jaccard 指数，用于数量数据的 Bray-Curtis 指数及它们的各种变形（陈圣宾等，2010）。γ 多样性在应用中可以认为是景观水平多样性的测度，即不同地点的同一类型生境中物种组成随着距离或地理区域的延伸而改变的程度。γ 多样性与 α 多样性具有相同的特征，只是应用的尺度不同（贺纪正等，2013）。

4. 功能多样性

功能多样性是指影响生态系统功能的群落中所有物种及有机物的功能特征值及其变动范围，强调的是特征值的差异性（陈又清，2017）。因此，功能多样性的研究是建立在对有机体的功能特征进行测定的基础上。功能特征是在漫长的进化过程中形成的，是有机体的本质特性，如物理的（如植株高度、大象的头宽）、行为上的（如种子扩散特征、觅食搜索范围）、物候上的或节律上的（如植物开花时间、昆虫成虫期时长）等。

有机体功能特征的测定比物种数量的统计要困难得多，然而，由于它充分考虑了物种的功能作用，克服了物种多样性指数以“有无和多寡”来同等对待每个物种的缺陷。因此，功能多样性指数与生态系统功能之间具有更强的相关性，测定较小数量或范围内的功能特征比鉴定群落中的所有物种更有意义（陈又清，2017）。对微生物而言，功能多样性是微生物多样性研究的一个重要内容，近年来发展起来的基因芯片技术及宏基因组测序技术，为我们提供了丰富的微生物功能信息，可以用于深入研究微生物功能多样性。研究表明，微生物功能多样性较物种多样性更能表征生态系统的功能过程（Louca et al.，2016；Ma et al.，2019）。

四、生物多样性的价值与意义

生物多样性是地球生命经过漫长历史进化的结果，是生命支撑系统，是所有生命系统的基本特征，包括所有植物、动物、微生物及所有的生态系统及其形成的生态过程（苏宏新和马克平，2010b）。生物多样性是人类可持续发展的基础和前提，它不仅直接为人类提供物质资源，还为人类提供生态、环境服务，具有难以估量的直接和间接价值。

1. 生物多样性与生态系统功能

生态系统功能是指生态系统作为一个开放系统，其内部及其与外部环境之间，所发生的能量流动、物质循环和信息传递的总称。这个概念是以“生态系统”为中心的，如光合作用、呼吸作用、分解作用、互利共生性、竞争性和捕食性，这些过程通过食物网传递能量和营养物质，是生态系统结构和过程之间的相互作用。由于物种之间存在复杂的相互作用，生物多样性的变化可以通过生物途径，如物种个体生理生态特性来直接调节生态系统过程，也可以通过非生物途径，如改变有限资源的可获得性、微生境小气候等来调控生态系统功能（苏宏新和马克平，2010a）。

生物多样性与生态系统功能（biodiversity and ecosystem functioning，BEF）之间的关系是生态学研究关注的热点之一。早期，相关的研究主要集中在生物多样性对生态系统生产力的影响，大量生物多样性实验的证据表明，物种多样性与生产力呈正相关关系（Tilman et al.，2001；Hooper et al.，2005）。与此同时，研究者发现，在自然生态系统中，种间作用、群落和生态系统间的反馈都需要较长的时间，而多数实验因其时间短，往往无法捕捉到这些作用，从而低估了生物多样性对生态系统功能的作用（Cardinale et al.，2007；Reich et al.，2012）。比较有代表性的工作有生态气候室实验（Naeem et al.，1994）、Cedar Creek 野外实验（Tilman et al.，2001）、微宇宙（microcosm）实验（Naeem and Li，1997）、美国加利福尼亚州草地实验（Hooper and Vitousek，1997）、欧洲草地实验（Hector et al.，1999）等。其中多数实验结果认为，植物多样性与群落生产力呈正相关关系，植物多样性越高，生态系统稳定性和抗入侵能力等也越强。随着生物多样性方法的细化和深入，仅仅用物种多样性及群落组成作为衡量群落多样性的指标已经远远不够。生态学家开始探索功能属性对生态系统功能的影响。相关研究结果表明功能多样性是解释多样性影响生态系统功能的关键，生物多样性通过群落内物种间功能特征的差异性对生态系统功能产生实质性的影响（McGill et al.，2006）。

在全球范围内，随着气候变化和人类社会活动的加剧，生物多样性正以惊人的速度丧失。特别是最近几十年，史无前例的生物多样性丧失已经给生态系统带来巨大的压力和挑战，生物多样性丧失会导致生态系统的功能降低，如生产力下降、养分循环失衡、传粉能力下降等（徐炜等，2016）。美国自然保护协会指出，世界上大约有 30%的植物和动物正在面临灭绝，生物多样性锐减对生态系统的功能、生态系统稳定性及人类社会的影响也成为学者研究的热点（Hooper et al.，2005）。

2. 生物多样性与生态系统服务

生态系统服务是人类从生态系统中获得的各种惠益，包括各类生态系统为人类所提供的食物、医药及其他工农业生产原料，也包括支撑与维持地球的生命支持系统，如调节气候、生物地化循环与水文循环、土壤形成与保持、生物防治和净化环境等（文志等，2020）。

探讨生物多样性与生态系统服务关系，其实质是探讨生态系统中物种数量、物种质量、物种间亲缘关系，以及生物与环境相互作用等如何影响生态系统服务（文志等，2020a）。早期的生物多样性与生态系统服务关系研究集中在分析物种多样性作用（张全国和张大勇，2003）。具体来说，物种多样性对生态系统服务的影响，是物种数量问题，包括物种种数、物种组成、群落中优势物种与稀有物种的相互作用，以及与物种数量有关的生态系统结构属性和过程如何影响生态系统服务供给。近年来，功能多样性和系统发育多样性也被认为影响显著（Chillo et al.，2018）。功能多样性对生态系统服务的影响，是物种质量（用功能性状表征）问题，包括群落中优势功能性状、物种功能性状的互补性、功能性状多样性、功能性状在群落空间的分布格局，以及与功能性状有关的生态系统结构属性和过程如何影响生态系统服务；系统发育多样性研究侧重于物种之间的进化关系和进化上的独立性，其中进化关系的远近不仅直接影响群落内功能性状的分化程度，还与物种形成机制存在密切关联（Steudel et al.，2016）。因此，群落物种区系的组成、起源和演化也会影响生态系统服务。

生态系统服务间存在密切的相互关系，包括权衡、协同或兼容。其中，权衡是指某些类型生态系统服务的供给因其他类型生态系统服务消费增加而减少的情况；协同是指两种及两种以上的生态系统服务的供给同时增加或减少的状况；兼容则是指生态系统服务间不存在明显的作用关系。生物多样性是维持生态系统服务协同或权衡的基础。例如，农业生态系统中，植物多样性的增加既可提高水文调节服务，又可提高碳固定能力（Swinton et al.，2007）；森林生态系统中，植物功能多样性在土壤肥力与防侵蚀两者权衡中起关键调节作用（Pastur et al.，2018）。正因为如此，群落中生物多样性的变化会导致生态系统服务间相互关系的变化，例如，植物群落中功能多样性的提升增加了土壤肥力与防侵蚀服务间的相关性。在特定生态系统中，生物多样性与生态系统服务权衡或协同的关系并不是固定不变的，其与环境因子关系密切，例如，干旱强度会改变生物多样性对生态系统服务权衡或协同的影响程度。

五、生物多样性与人类健康

人类社会的发展进步始终依赖于生物多样性。从原始社会的崇拜自然、依赖自然，到农耕社会的利用自然、改造自然，到工业社会的征服自然，再到现代社会的人与自然和谐共生，人类始终在生物多样性大环境的滋养下成长，并以此创造出璀璨的人类文明。随着现代科技的发展进步，人类利用自然、利用生物多样性的能力越来越强，“需求决定论”也反向说明了人类越来越需要和依赖自然，依赖生物多样性。随着人口的增多，人类对美好物质和精神生活的需求日益增加，粮食需求的逐年扩大，能源消耗的持续扩张，生态旅游的火热兴起，人类的需求已深深地捆绑于对生物多样性的依赖中（肖如林等，2022）。

自新冠（COVID-19）疫情发生以来，人类健康、生物多样性与野生动物的关系再次引起重视。新冠疫情的暴发绝非偶然，随着全球化的推进、国际贸易的快速发展及生态环境的改变给病毒带来了很多“溢出”的机会（廖菊阳等，2021）。早在 1996 年，WHO 于《世界卫生统计报告》中就指出“全球正处于传染病危机暴发的边缘，没有一个国家能幸免于此，也没有一个国家能对此感到安心”。近年来，关于生物多样性与人类健康的研究日益增多，已成为生物多样性保护与研究的重要方向之一。大健康作为一个新的理念框架，是推动人类健康、动物健康和环境健康三者统一的跨领域协作和交流的新策略（Zhu et al.，2020）。

1. 生物多样性变化影响病原体的消长

生物多样性变化通过改变寄主和载体的组成与丰度影响寄生虫或病原体的行为，从而进一步影响疾病的传播。目前，已有不少研究表明，生物多样性的增加可以降低疾病传播的可能性（Keesing et al.，2010；Rohr et al.，2019），即稀释效应假说，该现象因其在公共卫生与生态保护上的双赢作用引起极大的关注。用于解释稀释效应的两种机制包括：易感宿主控制（susceptible host regulation）机制和接触减少（encounter reduction）机制。易感宿主控制机制是指多样性群落中的弱宿主通过种间的竞争或捕食关系降低宿主丰度，从而降低疾病风险；接触减少机制指的是弱宿主的存在减少了强宿主与媒介的接触率，从而控制病原传播（Keesing et al.，2006；Romanelli et al.，2015）。以北美莱姆病研究为例，因森林破碎化导致斑块中生物多样性降低，进而导致种群中莱姆病的强宿主“白足鼠”的密度升高，增大了莱姆病传播风险；而在多样性高的群落中，一些鼠类可以通过消灭蜱虫减少传播媒介，进而减少莱姆病的传播风险。越来越多的研究表明，生物多样性升高减少了疾病传播的风险，这种“稀释效应”现象在不同的病原体类型、宿主类型及生态系统中均有发现，包括西尼罗脑炎、汉坦病毒肺综合征、黑麦草的真菌锈病等（Ostfeld and Keesing，2000；Naeem et al.，2009；Suzán et al.，2009）。

2. 新发传染病与人类干扰

20 世纪以来，新发传染病（emerging infectious disease，EID）事件逐渐增多，新发

传染病具有不可预测性、高发病率、病例暴发性增长和社会影响重大等特征，会严重损害公共卫生安全与民众生命健康，并带来巨大的经济和社会损失。Kate E. Jones 团队统计了 1940～2004 年发生的 300 余起新发传染病事件，显示人兽共患病占较大比例（占 EID 的 60.3%），其中大多数（71.8%）起源于野生动物，如严重急性呼吸道病毒感染、埃博拉病毒病等（Jones et al.，2008）。在城市化和全球化程度更高的现代社会中，相互联系的全球系统既促进了野生生物传染病的扩散，又增加了传染病成为区域或全球流行病的可能性。Kate E. Jones 团队研究分析了全球范围内 6801 个生态系统和 376 个宿主种类，范围从森林到农田再到城市，结果表明，随着自然景观向城市景观的转变，生物多样性普遍下降，携带可感染人类疾病的物种数量增加，其中包括 143 种哺乳动物，如蝙蝠、啮齿类动物和各种灵长类动物（Gibb et al.，2020）。这些发现表明，人类对土地利用方式的改变正在促进人兽共患病在人、牲畜和野生动物宿主之间相互传播，这将增加未来疾病暴发和大流行的机会。

由于病原体的传播极具隐蔽性，到目前为止，新发传染病在感染人类之前，还从未被成功预测过。近期研究表明，主要新发传染病的出现都与人口密度密切相关，说明疾病的出现主要是由人为活动变化推动的，比如农业、旅行路线、贸易的扩大及土地使用方式的变化。源自野生动物的人兽共患病病原体的出现与人类密度和野生动物生物多样性的全球分布密切相关，利用空间显示模型预测新发病未来可能发生的热点区域，结果显示我国南方地区是可能的高风险区域（Morse et al.，2012）。未来新发病热点区域图的绘制为更好地分配全球资源以预防新出现的传染病或迅速应对疫情提供了数据支撑。

3. 新发传染病与气候变化

气候变化的主要特征为地表温度持续升高，海平面上升，降水模式发生改变，极端天气的发生频率和严重程度不断增加（刘起勇，2021）。气候变化可通过影响病原体的繁殖能力和生存时间、传播媒介或中间宿主的时空分布，以及造成生态系统失衡和影响野生动物栖息地，从根本上改变传染病的传播规律与流行特征。新型病原体的频繁出现，很可能是气候变化破坏了数万年来物种共同进化的自然过程，使病原体加速变异进而感染新的宿主，甚至脱离自然环境进入人类社会。

气候变化所驱动的温度升高和降水增多会加速病原体的繁殖和变异，增加病原体入侵宿主的概率，并可能影响宿主种群的疾病传播模式（Chen et al.，2011）。在加拿大，升高的温度和随之而来的病媒繁殖促进了虫媒疾病的流行，温暖潮湿的春季和炎热的夏季也为西尼罗病毒（West Nile virus）传播媒介的繁殖提供了理想的天气条件。另外，气候变化正在改变病媒生物和宿主种群的活动范围，数量庞大的哺乳动物种群正被迫迁移到较凉爽的地区，它们身上携带超过 1 万种可感染人类的病毒，而这种史无前例的全球物种大迁移造成的不同动物之间新的接触将完全重组动物病毒网络，大大提高病毒“溢出”（传染到其他物种，包括人类）的概率，对人类健康造成影响（Olival et al.，2017）。Colin Carlson 的最新研究成果也证明了这一点，气候变化、栖息地遭到破坏迫使动物迁徙，以及人与动物之间的接触增加，导致病毒外溢不断增加且已经在发生，并将在未来 50 年内加速。该研究估测，未来几十年中，不同物种之间将会有大约 30 万次首次相遇，发生约 15 000 次病毒进入新宿主的溢出效应事件，甚至可能更多。到 2070 年，气候变化可能成为跨物种病毒传播的主要驱动因素（Carlson et al.，2022）。最后，气候变化会对野生动物的栖息地产生重要影响，尤其是影响其食物和水源，可能增加种群聚集或栖息地范围改变，使得野生动物的栖息地与人类居住地出现重叠。有证据表明，近年来出现的新发传染病与野生动物有非常大的关联，人类和野生动植物频繁接触，易感人群被病原体感染的风险将会增加。

第二节　生物多样性保护现状、行动、挑战与展望

生物多样性是衡量一个国家生态环境质量、生态文明程度、国家竞争力的重要标志，其保护工作是全球共识。中国是全球生物多样性最为丰富的国家之一，中国始终将生物多样性保护作为国家生态文明建设的重要内容，将其作为践行绿色发展理念的有效载体。生物多样性保护不仅是一个科学问题，也是一个重要的政治问题。

2021 年 10 月，中共中央办公厅、国务院办公厅印发了《关于进一步加强生物多样性保护的意见》，并发出通知，要求各地区各部门结合实际认真贯彻落实。该文件指出，深入贯彻习近平生态文明思想，立足新发展阶段，完整、准确、全面贯彻新发展理念，构建新发展格局，坚持生态优先、绿色发展，以有效应对生物多样性面临的挑战、全面提升生物多样性保护水平为目标，扎实推进生物多样性保护重大工程，持续加大监督和执法力度，进一步提高保护能力和管理水平，确保重要生态系统、生物物种和生物遗传资源得到全面保护，将生物多样性保护理念融入生态文明建设全过程，积极参与全球生物多样性治理，共建万物和谐的美丽家园。

2024 年 1 月，新华社发布《中共中央 国务院关于全面推进美丽中国建设的意见》，该文件指出，建设美丽中国是全面建设社会主义现代化国家的重要目标，是实现中华民族伟大复兴中国梦的重要内容。加强生物多样性保护，强化生物多样性保护工作协调机制的统筹协调作用，落实“昆明-蒙特利尔全球生物多样性框架”（简称“昆蒙框架”），更新中国生物多样性保护战略与行动计划，实施生物多样性保护重大工程。到 2035 年，全国自然保护地陆域面积占陆域国土面积比例不低于 18%，典型生态系统、国家重点保护野生动植物及其栖息地得到全面保护。

生物多样性是人类赖以生存和发展的基础，是地球生命共同体的血脉和根基，为人类提供了丰富多样的生产生活必需品、健康安全的生态环境和独特别致的景观文化。我国生物多样性保护已取得长足成效，但仍面临诸多挑战。

一、我国生物多样性调查与保护现状

1. 我国生物多样性调查

中国是世界上生物多样性最为丰富的国家之一，其生物多样性具有如下明显的特点：物种极其丰富、特有属种繁多、区系起源古老、经济动植物资源丰富、生态系统丰富多彩、空间格局复杂多样。根据《中国生物物种名录》2023 版公布的数据，我国现有

植物 47 100 种，动物 69 658 种，真菌 25 695 种，原生动物 2566 种，色素界生物 2381 种，细菌 469 种，病毒 805 种。其中，高等植物、哺乳类、鸟类、鱼类等的物种数量均位于世界前列。

中国幅员辽阔，复杂的地理条件和气候因素造就了多样化的生态系统类型（武建勇等，2013）。中国森林生态系统具有高度的多样性，几乎囊括了世界所有的森林植被和群落类型，包括热带雨林、热带季雨林、常绿阔叶林、常绿落叶阔叶混交林、落叶阔叶林、针阔叶混交林、北方针叶林。根据国家林业局（现为国家林业和草原局）第八次全国森林资源清查（2009—2013 年），中国森林面积约 2.08 亿 hm^2，森林覆盖率 21.63%，森林资源总量位居世界前列（国家林业局，2014）。

中国草地与荒漠生态系统类型丰富，其中草地包括草甸草原、典型草原、荒漠草原、高寒草原等，荒漠包括草原化荒漠、土砾质荒漠、沙质荒漠、高寒荒漠等。中国草地与荒漠孕育着丰富的物种，已探明的植物物种数有 257 科 1660 属 8875 种，分别占中国陆地植物科、种的 65.9%、25.8%，建群种、优势种和常见重要物种高达 4100 余种（陈昌笃等，2000）。

中国海洋生态系统主要有渤海、黄海、东海和南海 4 个生态系统区，拥有的海洋生态系统类型包括河口、滨海、珊瑚礁、红树林、海草床、海岛等。中国海洋与海岸生态系统的生物多样性非常丰富。据统计，中国近海物种记录有 22 629 种，比 20 世纪 90 年代的统计结果增加了 5118 种（薛达元和张渊媛，2019）。

2. 我国生物多样性保护现状

中国 1992 年加入联合国《生物多样性公约》以来，“生物多样性”这个词语逐渐为国人所知，生物多样性保护也成为各级政府规划和主流化工作内容。特别是党的十八大以来，在建设生态文明过程中，实施了超大规模的保护行动、工程措施与政策法规建设，生物多样性带来的福祉也逐渐被社会认可，理解和保护生物多样性已开始成为全社会的自觉行动（任海和郭兆晖，2021）。

多年来，我国积极推动生物多样性保护工作。2011 年，成立了由国务院副总理任主任、23 个国务院部门组成的“中国生物多样性保护国家委员会”，统筹推进生物多样性保护相关工作；完善各项法律法规和政策体系，立法革除滥食野生动物陋习，颁布和修订了《中华人民共和国生物安全法》《中华人民共和国环境保护法》《中华人民共和国野生动物保护法》《中华人民共和国动物防疫法》等多部与生物多样性保护相关的法律法规；出台了多项政策措施，明确将“生物多样性丧失速度得到基本控制，全国生态系统稳定性明显增强”确立为生态文明建设的主要目标之一，为生物多样性保护工作提供政策保障；制定实施生物多样性保护战略计划，将生物多样性纳入经济社会发展、生态保护修复和国土空间相关规划，成为国务院各相关部门和地方政府的重要工作内容（魏辅文等，2021）。

我国生物多样性相关研究得到快速发展。我国在中国科学院设立了中华人民共和国濒危物种科学委员会；中国科学院还成立了中国科学院生物多样性委员会，建立了战略生物资源平台和多个种质资源库，牵头建立了中国植物园联盟，并创建了《生物多样性》

杂志。自20世纪60年代起，我国开展了全国范围内生物资源的调查、评估与监测研究，《中国植物志》《中国动物志》和 *Flora of China* 等志书陆续出版。20世纪80年代起，建立了中国生态系统研究网络（CERN）、中国生物多样性监测与研究网络（SinoBON）和中国生物多样性观测网络（China BON）等多个生物多样性和生态系统监测网络。基于调查和监测结果，开展了国家物种受威胁状况评估，先后发布了《中国植物红皮书》《中国濒危动物红皮书》《中国物种红色名录》《中国生物多样性红色名录》。随着国家在科学研究领域投入的增加，我国科学家在生物多样性的起源、演化与维持机制及生态系统服务与功能、物种及生态系统响应全球变化机制、物种濒危机制等保护生物学领域取得了重要进展，为生物多样性及濒危物种保护相关决策提供了强有力的科技支撑（Huang et al.，2021；Mi et al.，2021）。

中国深度参与国际交流与合作，认真履行生物多样性相关国际公约，是最早签署《生物多样性公约》的国家之一。中国作为联合国《生物多样性公约》第十五次缔约方大会（COP15）主席国，积极推动"昆蒙框架"在国内落实，向国际社会宣传习近平生态文明思想，展示我国生物多样性保护成效，呼吁社会各界积极参与生物多样性保护事业（卢燕，2023）。同时，牵头推进"基于自然的解决方案"（Nature-Based Solution），倡议成立"一带一路"绿色发展国际联盟，先后与100多个国家开展交流合作，实施一大批生物多样性合作项目，将全球目标纳入国家层面实施，推进生物多样性保护议题纳入国家高层外交活动，助力实现全球生物多样性保护主流化，在国际履约中的角色由追随者和重要参与者转为积极贡献者（秦天宝，2021）。

二、生物多样性保护战略行动与重大工程

为保护生物多样性，过去几十年来，中国政府已实施了大规模的保护行动、工程措施与相应的政策与法规制度，并已取得显著成效。

1. 就地保护

自1956年广东鼎湖山自然保护区建立以来，中国已经建成以自然保护区及国家公园为主体，风景名胜区、森林公园、湿地公园、地质公园、海洋特别保护区、农业野生植物原生境保护点（区）、水产种质资源保护区（点）等类型为补充的生物多样性保护体系（高吉喜等，2019），保护地总面积超过200多万平方公里，约占陆地国土面积的20%，超额完成联合国《生物多样性公约》设定的"爱知目标"（到2020年保护地面积达到17%）。2019年6月，中共中央办公厅、国务院办公厅印发《关于建立以国家公园为主体的自然保护地体系的指导意见》，标志着我国自然保护地建设正式进入全面深化改革阶段。2021年10月，我国正式设立三江源、大熊猫、东北虎豹、海南热带雨林、武夷山等第一批国家公园（赵文飞等，2024）。就地保护网络体系的建立有效地保护了中国 90%的陆地生态系统类型、85%的野生动物种群类型和65%的高等植物群落类型，以及全国20%的天然林、50.3%的天然湿地和30%的典型荒漠区（薛达元和张渊媛，2019）。

2. 迁地保护

中国已建立 200 多个植物园，收集保存了 2 万多种植物；建立了 230 多个动物园和 250 处野生动物拯救繁育基地；建立了以保护原种场为主、人工保存基因库为辅的畜禽遗传资源保种体系，对 138 个珍稀、濒危的畜禽品种实施了重点保护；加强了农作物种质资源收集保存库的设施建设，收集的农作物品种资源不断增加，总数已近 50 万份；2007 年，中国西南野生生物种质资源库在中国科学院昆明植物研究所建成，目前已搜集和保存了 1.2 万多种野生生物种质资源。

3. 重大生态工程

中国重大生态工程主要有以下几种。①林业生态工程，包括“天然林资源保护工程”“三北防护林”体系建设工程、野生动植物保护及自然保护区建设工程、三江源生态保护和建设工程、塔里木河流域综合治理工程、京津风沙源治理工程、退耕还林还草工程、退牧还草工程、草原沙化防治工程、石漠化治理工程、水土流失治理工程等（邵全琴等，2017）；②生态建设和环境保护示范工程，包括生态示范区建设工程、污染物控制与环境治理工程；③生物资源可持续利用工程，包括野生动植物的人工繁（培）育工程、生态农业工程、生态旅游工程、生物产业工程等。

4. 政策与法规措施

在政策方面，中国已经确立了生物多样性保护的重要战略地位，完善了生物多样性保护相关政策、法规和制度，并推动生物多样性保护纳入国家、地方和部门相关规划，还加强了生物多样性保护能力建设，促进生物资源可持续开发利用，鼓励科研创新和知识产权保护，推进生物遗传资源及相关传统知识的惠益共享，提高应对气候变化、外来种入侵、有害病原体和转基因生物安全的能力，增强公众参与意识，加强国际交流与合作等（张渊媛，2019）。

在法规方面，从中央到地方，多层次、多部门法律法规的颁布和实施，对我国生物多样性的保护和管理具有重要的监督和规范作用。粗略统计，目前我国已颁布实施的涉及生物多样性保护的法律共 20 多部、行政法规 40 多部、部门规章 50 多部。我国不仅制定实施了《中华人民共和国森林法》《中华人民共和国草原法》《中华人民共和国野生动物保护法》《中华人民共和国海洋环境保护法》等法律，还于 2014 年修订了《中华人民共和国环境保护法》，不断加大生态系统保护力度。党的十八大以来，我国还修订了《中华人民共和国自然保护区条例》《风景名胜区条例》，为自然保护区、风景名胜区等重要生态系统区域的保护和管理提供了更为充分的依据。

在国家规划方面，继 1994 年发布《中国生物多样性保护行动计划》后，我国于 2010 年发布了《中国生物多样性保护战略与行动计划（2011—2030）》，2024 年又发布了《中国生物多样性保护战略与行动计划（2023—2030 年）》（简称《行动计划》），明确了我国新时期生物多样性保护战略部署、优先领域和优先行动，为中国生物多样性保护设计了蓝图。《行动计划》提出新时期生物多样性保护战略，其中生物多样性保护涉及四个优先领域：生物多样性主流化、应对生物多样性丧失威胁、生物多样性可持续利用与惠益分享、生物多样性治理能力现代化。每个优先领域包含 6～8 个优先行动，涵盖法律法规、政策规划、执法监督、宣传教育、社会参与、调查监测评估、保护恢复、生物安全管理、生物资源可持续管理、生态产品价值实现、城市生物多样性、惠益分享、气候与环境治理、投融资、国际履约与合作等，共计 27 个优先行动。到 2030 年，至少 30%的陆地、内陆水域、沿海和海洋退化生态系统得到有效恢复，至少 30%的陆地、内陆水域、沿海和海洋区域得到有效保护和管理，以国家公园为主体的自然保护地面积占陆域国土面积的 18%左右，陆域生态保护红线面积不低于陆域国土面积的 30%，海洋生态保护红线面积不低于 15 万 km^2。

三、生物多样性保护的挑战

在取得保护成就的同时，中国的生物多样性也面临着威胁。人类干扰导致的生物栖息地丧失、生境破碎化、资源过度利用、外来物种入侵、环境污染和气候变化等外部因素，再加上生物自身繁育障碍，使得中国生态系统退化和生物多样性丧失。中国森林面积的 72%、草场的 85%、湿地的 75%处于不同程度的退化中。据 2020 年生态环境部与中国科学院联合发布的《中国生物多样性红色名录》，中国共记录有野生高等植物 39 330 种，脊椎动物 4767 种。其中极危、濒危和易危三个等级的物种为受威胁物种，是红色名录中最受关注的类群，也是优先保护的重点对象。本次评估结果显示：共有 4088 种高等植物为受威胁物种，占比 10.39%；有 1050 种脊椎动物为受威胁物种，占比 22.02%。2018 版《中国生物多样性红色名录 大型真菌卷》对我国已知的 14 511 个大型真菌物种名称进行整理、核对和订正，确认了 9302 个物种。其中受威胁大型真菌 97 种，占评估物种总数的 1.04%。

1. 人工造林物种单一，影响生物多样性健康发展

我国由于造林初期过分强调造林速度，大量运用如杉木、杨树、马尾松等树种进行单一树种造林。至 2013 年纯林面积已约占人工林面积的 85%，占我国森林面积的 28%，并形成南方“杉”家浜，北方“杨”家将的林业现状。人工纯林短期内可能会迅速改善区域内的生态环境，但长期来看可能会引发碳储量下降、土地生产力下降、病虫害增加等生态危机（Zhang et al.，2020）。此外，单一纯林可能会对动物多样性和森林生物多样性造成危害（Hua et al.，2016）。我国当前选用的大多数造林树种为速生树种，其生长速度快但生命周期较短，平均 20～30 年后生长量会急剧下降，胸径生长会逐渐减弱，林业产出及生态稳定性不可持续。多物种混交林在造林效果上也被证实比纯林更好，能够实现生物多样性保护和减缓气候变化的双重功效（Huang et al.，2018）。

2. 不同类群保护投入差异大，发展不均衡

野生动植物保护、自然保护区建设和天然林保护等生态工程的实施，使得部分林地生物，特别是特有物种和狭域分布物种的数量得以恢复。但部分物种如大型食肉动

物的分布区萎缩，种群数量没有得到有效维持（Li et al.，2020）。不同类群物种受保护比例和保护投入差异显著，哺乳动物栖息地受保护比例相对较高，而两栖和爬行动物栖息地的受保护比例较低（Xu et al.，2017）；对水生物种，特别是海洋物种的保护投入更加有限，许多物种仍面临灭绝的风险。例如，长江超过30%的鱼类面临灭绝的威胁（Mei et al.，2020）。海洋保护地建设虽取得了一定的成效，但仍存在诸多问题，亟待加强。虽然我国早在2010年就提出建立跨国保护区的优先行动，并在我国与俄罗斯、蒙古国边境，以及西南边境开展了跨境合作，但跨境保护网络建设同样亟待加强（魏辅文等，2021）。

3. 自然保护地体系有待优化

尽管我国保护地数量和面积逐年增加，保护地面积提前完成了“爱知目标”，但是，我国早期的野生动植物保护及保护地建设以抢救性保护为背景，重数量轻质量，部分保护地本底资源不清，范围划定不够科学合理，交叉重叠和保护空缺同时存在（黄宝荣等，2018）；自然保护地存在土地权属乃至边界不清、破碎化和孤岛化、缺乏总体发展战略与规划等问题（欧阳志云等，2020）；全球范围内普遍存在保护地网络连通性差等问题（Ward et al.，2020）。此外，保护地体系过于追求面积指标，而忽视了生态系统完整性和过程连续性。现有自然保护区网络对哺乳动物和鸟类栖息地的保护关键区域覆盖比例小于20%；而对两栖和爬行动物的栖息地，以及生态系统服务功能的关键区域覆盖比例则更低（Xu et al.，2017）。

4. 生物多样性监测数据共享和整合分析需加强

自20世纪80年代起，我国建立了中国生态系统研究网络（CERN）、中国生物多样性监测与研究网络（SinoBON）和中国生物多样性观测网络（China BON）等多个生物多样性和生态系统监测平台，形成了覆盖全国的针对动物、植物、微生物等多种生物类群的专项监测网络。自成立以来，各监测平台为科普、教育、科研、生产与保护等各领域提供了多样化的信息服务与决策支持，也为我国生物多样性及重要生物资源的保护管理和有效利用提供了科技支撑（冯晓娟等，2019）。但由于建设与参与单位广泛，各监测网络的元数据格式、管理和运行机制各具特点，缺乏大尺度生物多样性信息的融合、集成和深度分析。我国针对生物多样性的监测与研究应顺应“多营养级交叉、大数据整合”的国际态势，加强监测数据的整合管理与共享，以及跨学科的交叉研究。

四、生物多样性保护展望

1. 推广中国智慧和中国方案，加强公约协同增效

我国生物多样性保护主流化、生态保护红线、生态修复重大工程和生态效益评估等举措，不仅为我国在生态治理方面积累了宝贵经验，也为全球生物多样性保护和可持续发展提供了优质和可借鉴的中国方案。我国应以《生物多样性公约》第十五次缔约方大会和“一带一路”倡议为契机，积极推广中国智慧和中国方案（魏辅文等，2021）。在

履行《生物多样性公约》过程中，要积极推进公约间的协同效应，加强不同公约之间的联系，包括《联合国可持续发展目标2030》《联合国气候变化公约》和“联合国生态系统恢复十年”行动计划（2021—2030）等。在具体行动方面，根据《全球生物多样性展望》，在土地和森林、可持续农业、可持续食品体系、可持续渔业和海洋、城市与基础设施、可持续淡水、生物多样性的大健康等方面实现转变。特别是新冠疫情全球暴发后，人们认识到野生动物、生物多样性和人类健康的关系紧密。中国需在国家层面上建立生物多样性国际履约的协同战略，充分发挥多学科融合的优势，在大健康框架理念的指导下，将气候变化、生物多样性保护、国土空间规划及公共健康整合考虑，增强生物多样性保护与公共健康的联系，将预警与干预措施前移，减少疾病暴发带来的社会经济成本，在保护自然的同时，保障人类福祉（任海和郭兆晖，2021）。

2. 拓宽资金机制，加强顶层设计

将生物多样性保护融入中国经济社会发展各方面和全过程，建立生态补偿、转移支付及利益分享的政策机制，明确生物多样性在生产、生活空间中的地位，打通自然保护成果与经济利益的转化渠道，拓宽生物多样性保护的资金机制，激发企业和公众自下而上的保护热情，实现多方参与的生物多样性全面保护。加强顶层设计，由抢救性保护向系统性保护转变，要在以国家公园为主体的自然保护地体系建设过程中，补充建立迁地保护体系，探索为绿色发展提供战略生物资源支撑的可持续利用模式，实现发展与保护由消长权衡关系进入协同共生关系、生态环境效益与社会经济效益共赢。

3. 强化野外台站建设、大数据平台建设

野外科学观测研究站是开展生物多样性、资源环境和生态系统保护科学研究的重要基础设施，我国应在现有野外观测站的基础上，围绕我国生物多样性热点和敏感区域，统筹规划国家重点野外科学观测试验站的布局，逐步完善野外观测站网络，大尺度整合监测数据。将无人机、小型卫星低空遥感、热红外遥感和卫星数据等新技术与传统的监测方法相结合，建立大数据平台。同时应推进生物多样性信息的即时共享、深度挖掘和可视化呈现，为生物多样性决策管理的定量化、精细化和智能化提供支撑；加强野外观测站观测仪器、设施的建设，提高野外观测站的观测与研究能力；整合多学科力量，结合新技术与新方法，开展濒危物种与栖息地，以及生物多样性长期观测研究，加强濒危物种成因与机制研究，制定合理的应对策略。

4. 加强外来入侵生物和野生动物疫源疫病研究与防控

外来生物入侵作为一种健康风险和生态风险，对我国生物安全造成了极大挑战。面向国家防控外来物种入侵的重大战略需求，应加强外来物种的入侵过程、生态危害、快速演化和预警防控等科学问题研究，将传统领域与后基因时代技术相融合，构建起稳固与完善的生物入侵防控工程系统。

鉴于约70%的人类新发突发传染性疾病与野生动物密切相关，严重威胁野生动物和人类的健康，应建立更加完善的陆生野生动物疫源疫病监测体系，统筹开展病原微生物本底调查，加强病原体感染、致病机制、传播途径、传播能力等研究，研发切断跨物种传播的关键技术、疫病早期预警与风险防控技术，建立野生动物流行病学调查及公共卫生预警防控体系，筑牢国家生物安全、公共卫生安全、生态安全屏障（魏辅文等，2021）。

第三节 生物资源的开发与利用

一、生物资源的概念与特点

生物资源是指生物圈中对人类具有一定经济价值的动物、植物、微生物有机体及由它们所组成的生物群落。生物资源包括基因、物种及生态系统三个层次，对人类具有一定现实和潜在的价值，它们是地球上生物多样性的物质体现。自然界中存在的生物种类繁多、形态各异、结构千差万别，分布极其广泛，平原、丘陵、高山、高原、草原、荒漠、淡水、海洋等都有生物的分布，无论是两极–40℃以下的严寒，还是 70～80℃的山间温泉，都有生物的踪迹。目前已经鉴定的生物物种有 174 万余种，据估计，在自然界中生活着的生物有 2000 万～5000 万种（娄治平等，2012）。它们在人类的生活中占有非常重要的地位，人类的一切需要如衣、食、住、行、卫生保健等都离不开生物资源。

生物资源是具有生命的有机体，是生物长期进化的产物，它具有与其他资源不同的特性（赵建成和吴跃峰，2002）。第一，任何生物物种在自然界中都不是单独存在的，而是与周围环境形成一种系统关系，即个体离不开种群，种群离不开群落，群落离不开生态系统，生物资源具有结构上的等级性。第二，生物资源具有更新性，即通过繁殖而使其数量和质量恢复到原有的状态。例如，草原可以年复一年地被用来放牧、割草；森林在合理砍伐下，可为人类提供木材和林副产品；动物资源可为人类提供肉、毛皮、蛋、医药、粪便等。生物资源的更新都有一定的周期，其时间因种而异，如松鼠、狐等中、小型哺乳类的更新周期为 3～4 年；猞猁等的更新周期为 9～11 年；池塘生态系统中的浮游植物在代谢最旺盛时，更新周期仅为 1 天；草本植物的更新周期约 100 天；而乔木的更新周期可达几十年甚至上百年。在正确管理下，生物资源可以不断地增长，人类可以持续利用；如果管理不当，破坏了生物资源生长发育的基础，或者利用强度超过了其可更新能力，生物资源的数量就会愈来愈少，质量愈来愈差，继续下去，必将导致生物资源的退化、解体，以至灭绝。第三，生物资源虽属于可更新资源，但其更新的能力有一定限度，并不能无限制地增长下去，即生物资源具有有限性。随着人口的增加，人类生活水平的提高，对生物资源的利用逐渐加剧，加之其他诸多方面的因素，适合生物栖息的环境愈来愈小，使得一些生物资源濒临灭绝。生物资源的有限性，要求人类必须遵循客观规律，在开发利用生物资源时，按照生物资源的特性，既要珍惜有限的生物资源，使其能够得到充分利用，创造出最大的经济效益，又要认识生物资源耗竭的条件，掌握其负荷极限，正确处理好人类与生物资源之间的“予取关系”，使生物资源能够持续地为人类造福。

二、生物资源开发利用的历史与现状

1. 动物资源在畜禽业的开发利用

畜禽遗传资源是维持生物多样性的重要条件，也是实现畜牧产业可持续发展的基础。丰富的畜禽遗传资源可以培育优良畜禽品种，改进畜禽品种性能和市场竞争力。随着近几年新动物品种不断涌现，畜禽的生产量及性能也随之提高，因此，畜禽遗传资源是动物遗传资源开发利用的丰富宝库，对畜禽品种资源的保存和利用具有一定的理论和现实意义。

我国具有独特的气候、地形地貌和海拔梯度，悠久的历史孕育出了众多的地方品种和类群，是世界上家养动物品种和类群最丰富的国家之一。第三次全国畜禽遗传资源普查工作自 2021 年开展，截至 2021 年底，我国已查清摸实 948 个畜禽品种及分布，鉴定优质特色新种质资源 18 个，国家家畜基因库抢救性保存种质资源遗传物质 5 万份。我国畜禽具有多胎多仔、耐粗饲、可入药、肉味丰美等特色，故对我国甚至世界畜禽遗传资源的改良起着不可替代的作用（王芬露和孙泽祥，2013）。例如，法国本地猪杂交了我国具有高繁殖性能的太湖猪后，其产仔数遗传改良进程提前了半个世纪。

虽然我国畜禽资源丰富，但保护工作却显得十分不足，如一些资源只保种不开发，市场竞争能力弱，导致保种效果不理想；而另一些资源则相反，只注重改良却忽视保种，导致一些资源濒临灭绝。有调查显示，近 30 年来我国已灭绝的地方猪种有 9 个，濒临灭绝的 30 个；灭绝地方鸡种 4 个，濒临灭绝的 11 个。这种趋势随着近年大量引种和集约化程度的提高而进一步加剧，估计至少有 30%的畜禽遗传资源处于灭绝的高度危险之中（李建江等，2013）。

要实现遗传资源保护与开发的良性发展，必须正确处理好品种改良与资源保护的关系，既要加快畜禽品种改良的进程，又要防止优良地方品种资源的流失。近年来，不少地方已将开发地方品种资源作为发展地方特色产业的主要抓手，满足不同层次的市场需求，这既可以让农民致富，也保护和发展了地方品种。通过加大畜禽遗传资源保护的投入，完善畜禽品种资源保护场、保护区和基因库保种机制，鼓励和支持当地政府和畜禽资源场根据市场需求，因地制宜有序利用畜禽资源，打造高档品牌产品，才能真正变资源优势为经济优势。

2. 植物资源在林业的开发利用

我国林业生物资源丰富，拥有 8000 多种木本植物、2000 多种陆生野生动物、3 万多种野生植物、1000 多种珍贵经济树种，具有巨大的开发潜力（朱太平等，2007）。近年来，国家十分重视林业生物资源的开发。例如，竹藤植物具有适应性强、分布广、生长快、产量高、强度大、纤维性能好等特点，是优良的可持续利用的速生资源。通过工程化技术手段，增强其应用性能，可替代或部分替代木质资源，从而减少木质资源的消耗，缓解我国对木质资源的需求。近 10 年，竹藤产业迅猛发展，显著提高了农民收入。通过加强林业废弃物、砍伐加工剩余物及竹藤资源的资源化加工利用，不仅大大地带动了山区经济的振兴，全国每年还可带动 4500 万林农就业，相当于农村剩余劳动力的

37.5%（陈绪和，2007）。因此，发展生物资源在调整农业产业结构和促进当地农村区域经济发展中发挥着举足轻重的作用。

林业资源保护是林业发展的重要内容之一，但目前我国林业资源保护和开发利用现状不容乐观。我国林业资源存在利用率低、森林覆盖率低及人均占有水平低等问题，加上林业资源分布不均，大多分布在生态环境良好及人口密度较低的地区，导致开发利用不合理，造成了生态环境恶化，水土流失比较严重。林业产业在经济发展中起着重要作用，家具制造、餐饮及造纸、建筑等行业的发展都与林业产业有密不可分的关系，但是传统的林业产业发展具有能耗高、循环利用率低及资源浪费严重等缺点。因此，为了提高对林业资源的保护力度，需改变传统的先破坏后治理的模式（贾殿坤，2020）。

在林业产业发展过程中，可将科技手段作为改善林业资源发展的主要方式。因此，需要林业资源管理部门引进先进的林业新技术、新手段，如优良的种植方法与种植品种开发试验点，通过科技工作人员的努力探索与研究，把适合林业的先进种植技术应用到林地，促使林业资源更加多元化。坚持以“科技兴林”为原则，积极种植适合市场的林业新品种，切实使林业资源以科学为支撑，生产出更多、更好的符合市场的新产品。在对森林资源进行管理和维护的过程中，加强林业信息化建设，技术人员可以根据数据清晰掌握森林资源的现状。林业工作人员还可以根据数据信息制定合适的开发方案，并采取有效措施解决林业资源开发过程中出现的问题，有效推进林业的综合发展。

3. 微生物资源在农业的开发利用

微生物作为一种宝贵的资源，与农业的关系十分密切，它在土壤肥力的提高和保持、营养元素的转化、作物病虫害的防治、畜禽病害的防治、发酵饲料的制作、自然环境的保护、农副产品的加工和综合利用等方面起着极其重要的作用。随着动植物资源的不断开发与破坏，乃至耗竭，以及环境污染的日益加重，微生物资源的开发利用将为农业的可持续发展开辟一个新的途径。微生物资源在农业中的开发主要包括以下几个方面。

1）微生物肥料是将某些有益微生物经人工大量培养制成的生物肥料，又称菌肥。其原理是利用微生物的生命活动来增加土壤中氮素或有效磷钾的含量，或将土壤中一些作物不能直接利用的物质转换成可被吸收利用的营养物质，或提供作物的生长刺激物质，或抑制植物病原菌的活动，从而提高土壤肥力，改善作物的营养条件，提高作物产量。根据其功效大致可分为以下几类：增加土壤氮素和作物氮素营养的菌肥，如根瘤菌肥、固氮菌肥、固氮蓝藻等；分解土壤有机质的菌肥，如有机磷细菌肥料综合性菌肥；分解土壤难溶性矿物质的菌肥，如钾细菌肥料、无机磷细菌肥料；刺激植物生长的菌肥，如抗生菌肥料；增加作物根吸收营养能力的菌肥，如菌根菌肥料（王素英等，2003）。

2）微生物农药是指应用生物活体及其代谢产物制成的防治作物病害、虫害、杂草的制剂，包括保护生物活体的助剂、保护剂和增效剂，以及某些杀虫毒素和抗生素的人工合成的制剂。由于化学农药对环境和人畜的巨大危害，无公害、无污染和无残留的生物农药已是解决当前农业生态环境问题的重要手段之一。微生物农药主要包括微生物杀虫剂、农用抗生素、微生物除草剂三大类。微生物杀虫剂均为有害昆虫的致病微生物，通过人工生产和施用这些微生物农药，使害虫感染疾病而死亡，以达到消灭害虫的目的。微生物杀虫剂主要包括细菌制剂，如苏云金芽孢杆菌、青虫菌等；放线菌制剂、真菌制剂，如白僵菌、霉菌制剂和病毒制剂等。其中，以苏云金芽孢杆菌及其产生的晶体蛋白制作的细菌杀虫剂是研究最深、应用最广泛的微生物杀虫剂。其作用机制是依靠其所产生的伴孢晶体、外毒素及卵磷脂等致病物质引起害虫肠道等病症而使昆虫死亡。病毒杀虫剂的研究和开发利用起步较晚，其基本原理是由病毒感染种群并引发病毒流行病传播，使害虫持续感病死亡，达到调节害虫种群数量、减轻危害的目的。农用抗生素主要是应用微生物的代谢产物即提取其中抗生素来防治农作物病害，如链霉素、土霉素、灰黄霉素、放线酮、灭瘟素等（张丽萍和张贵云，2000）。

3）微生物饲料包括微生物发酵饲料、微生物活菌制剂和饲用酶制剂等几类。发酵饲料是利用人工接种微生物或饲料本身存在的微生物，将青饲料、粗饲料及少量的精饲料或其他废弃物质置于一定温度、湿度和通气条件下，通过微生物的作用，使饲料中不易消化吸收的成分，转化为容易消化并适合家畜口味的营养料。例如，利用植物秸秆、壳类、木屑、糠渣、畜禽粪便等发酵成饲料。微生物活菌制剂是一种通过直接饲喂来改善畜禽肠道微生物菌群平衡，且对动物肠道有益的活微生物饲料添加剂，它具有促生长、除疾病、除臭气等功效。饲用酶制剂饲料是通过微生物活细胞所分泌的具有特殊能力的生物催化剂，将植物细胞壁破坏，增强动物对植物细胞内营养物质的吸收，使饲料中难以消化吸收的大分子营养物质，分解为小分子，易于吸收，从而提高饲料的利用效率（张以芳，2001）。

4）微生物食品是利用有益微生物加工生产出来的一类无害化营养保健类食品。利用微生物发酵酿酒、制醋、制酱等在我国已有悠久的历史。驯化或人工栽培某些野生真菌可供人类食用，食用真菌可分为野生及栽培两大类。在我国，典型的栽培食用真菌有：利用稻草培植的草菇、利用牛马粪生产的蘑菇及在山间阔叶林木上人工栽培的香菇等。利用微生物开发医疗保健品，也有较为广阔的发展前景。例如，利用真菌与昆虫间的寄生关系可生产冬虫夏草等名贵药材。利用有益微生物生产可供人类引用的制剂，可改善肠道微生物菌群组成，调控人体代谢（章家恩和刘文高，2001）。

三、生物资源开发展望

生物资源在保障和协调国家生态文明、经济发展、人民健康和生物安全方面具有重要的战略价值。生物资源是自然资源的有机组成部分，丰富的生物多样性和良好的生态环境是国家和区域可持续发展的必要基础。生物资源是生物经济可持续发展的重要基石，粮食、农业和畜牧业遗传资源的持续稳定供应是保障人民温饱的基本条件，利用生物体（动植物、微生物和酶、细胞等）的功能生产有用物质，或利用优化生产工艺的生物技术驱动的产业已经成为国民经济行业的重要组成部分。生物资源的保护开发利用是国家主权权利和核心利益的重要组成，可有效防治外来有害生物物种入侵，防控灾难性生物事件风险与防御生物恐怖威胁，是维护国家生物资源主权与生物安全的现实要求。

我国生物资源开发与利用需在以下几个方面继续加强。

一是统筹规划，推动资源开发利用。充分考虑生物资源的最优利用和持续利用问题，制定我国生物资源开发利用的整体规划；加快推进生物资源保护与利用的国内立法进程；建立综合管理与协调分工的生物资源管理体制，包括成立专门的国家生物遗传资源管理部门，并建立相应的配套机构，形成以专门机构为主导、多部门联合工作、中央到地方统一行动的管理机构体系。

二是突破短板，强化原始创新能力。进一步加强和鼓励生物资源的科学研究，提高对资源及相关传统知识的利用能力；建立健全生物遗传资源监测体系，积极发展相关监控和鉴定技术、工具，用于支撑生物资源监测体系；研制和建立符合现代化资源保存和利用需求的标准规范、质量控制体系，突破一批生物资源研发的关键核心技术，提升生物资源的保存能力和利用水平。

三是聚焦重点，加快支撑平台建设。推动建设统一的“生物种质资源中心”，作为全国植物、动物、微生物等生物种质核心资源的国家级备份库，以应对不可预知的生物安全危机；在科技资源共享服务平台现有资源与有效服务机制的模式和基础上，不断完善种质资源保存体系，分类建设国家级生物种质资源库，加快生物资源信息的电子化与数据库化建设。

（丁军军）

参考文献

陈昌笃, 薛达元, 王礼嫱, 等. 2000. 中国生物多样性国情研究. 环境科学研究, 5: 51.

陈利顶, 李秀珍, 傅伯杰, 等. 2014. 中国景观生态学发展历程与未来研究重点. 生态学报, 34: 3129-3141.

陈圣宾, 欧阳志云, 徐卫华, 等. 2010. Beta 多样性研究进展. 生物多样性, 18(4): 323-335.

陈绪和. 2007. 创新与合作我国竹藤产业迈向现代化的“发动机”. 中国林业产业, (3): 29-30.

陈又清. 2017. 功能多样性: 生物多样性与生态系统功能关系研究的新视角. 云南大学学报(自然科学版), 39: 1082-1088.

冯晓娟, 米湘成, 肖治术, 等. 2019. 中国生物多样性监测与研究网络建设及进展. 中国科学院院刊, 34(12): 1389-1398.

傅伯杰. 1995. 景观多样性分析及其制图研究. 生态学报, 15: 345-350.

傅伯杰, 陈利顶. 1996. 景观多样性的类型及其生态意义. 地理学报, (5): 454-462.

高吉喜, 徐梦佳, 邹长新. 2019. 中国自然保护地 70 年发展历程与成效. 中国环境管理, 11: 25-29.

国家林业局. 2014. 第八次全国森林资源清查结果. 林业资源管理, (1): 1-2.

贺纪正, 李晶, 郑袁明. 2013. 土壤生态系统微生物多样性-稳定性关系的思考. 生物多样性, 21: 411-420.

黄宝荣, 马永欢, 黄凯, 等. 2018. 推动以国家公园为主体的自然保护地体系改革的思考. 中国科学院院刊, 33: 1342-1351.

贾殿坤. 2020. 我国林业资源保护与开发利用现状分析. 现代农业科技, (2): 140, 148.

李建江, 李明霞, 王英杰. 2013. 我国畜禽遗传资源面临问题及保护策略. 西北民族大学学报(自然科学版), (4): 25-29.

廖菊阳, 裴男才, 刘艳, 等. 2021. 生物多样性与人居健康交互关系综述. 生态科学, 40: 231-240.
刘起勇. 2021. 气候变化对中国媒介生物传染病的影响及应对: 重大研究发现及未来研究建议. 中国媒介生物学及控制杂志, 32: 1-11.
娄治平, 赖仞, 苗海霞. 2012. 生物多样性保护与生物资源永续利用. 中国科学院院刊, 27: 359-365.
卢燕. 2023. 我国生物多样性保护硕果累累. 绿色中国, (9): 8-15.
马古兰 A E, 麦吉尔 B J. 2019. 生物多样性: 测量与评估前沿. 韩博平, 官昭瑛, 杨阳译. 北京: 科学出版社.
马克平. 1993. 试论生物多样性的概念. 生物多样性, 1: 20-22.
马克平. 1994. 生物群落多样性的测度方法: Ⅰα 多样性的测度方法(上). 生物多样性, 2: 162-168.
马克平, 刘玉明. 1994. 生物群落多样性的测度方法: Ⅰα 多样性的测度方法(下). 生物多样性, 2: 231-239.
马克平, 钱迎倩, 王晨. 1995. 生物多样性研究的现状与发展趋势. 科技导报, 13: 27-30.
欧阳志云, 杜傲, 徐卫华. 2020. 中国自然保护地体系分类研究. 生态学报, 40: 7207-7215.
秦天宝. 2021. 中国履行《生物多样性公约》的过程及面临的挑战. 武汉大学学报(哲学社会科学版), 74: 95-107.
任海, 郭兆晖. 2021. 中国生物多样性保护的进展及展望. 生态科学, 40: 247-252.
邵全琴, 樊江文, 刘纪远, 等. 2017. 重大生态工程生态效益监测与评估研究. 地球科学进展, 32: 1174-1182.
沈浩, 刘登义. 2001. 遗传多样性概述. 生物学杂志, 18: 5-7.
苏宏新, 马克平. 2010a. 生物多样性和生态系统功能对全球变化的响应与适应: 进展与展望. 自然杂志, 32: 344-347.
苏宏新, 马克平. 2010b. 生物多样性和生态系统功能对全球变化的响应与适应: 协同方法. 自然杂志, 32: 272-278.
王芬露, 孙泽祥. 2013. 国内外畜禽遗传资源保护与利用的研究进展. 浙江畜牧兽医, 38: 12-14.
王素英, 陶光灿, 谢光辉, 等. 2003. 我国微生物肥料的应用研究进展. 中国农业大学学报, 8: 14-18.
魏辅文, 平晓鸽, 胡义波, 等. 2021. 中国生物多样性保护取得的主要成绩、面临的挑战与对策建议. 中国科学院院刊, 36: 375-383.
文志, 郑华, 欧阳志云. 2020. 生物多样性与生态系统服务关系研究进展. 应用生态学报, 31(1): 340-348.
武建勇, 薛达元, 赵富伟, 等. 2013. 中国生物多样性调查与保护研究进展. 生态与农村环境学报, 29: 146-151.
肖如林, 王新羿, 高吉喜. 2022. 生物多样性的价值及其与人类社会关系分析. 环境影响评价, 44(3): 1-4.
徐炜, 马志远, 井新, 等. 2016. 生物多样性与生态系统多功能性: 进展与展望. 生物多样性, 24(1): 55-71.
薛达元, 张渊媛. 2019. 中国生物多样性保护成效与展望. 环境保护, 47: 38-42.
袁建立, 王刚. 2003. 生物多样性与生态系统功能: 内涵与外延. 兰州大学学报(自然科学版), 39: 85-89.
张大勇, 姜新华. 1999. 遗传多样性与濒危植物保护生物学研究进展. 生物多样性, 7: 31-37.
张丽萍, 张贵云. 2000. 微生物农药研究进展. 北京农业科学, 18(4): 22-24.
张全国, 张大勇. 2003. 生物多样性与生态系统功能: 最新的进展与动向. 生物多样性, 11: 351-363.
张以芳. 2001. 微生物饲料的应用现状及前景. 中国饲料, (3): 12-13.
张渊媛. 2019. 生物多样性相关传统知识的国际保护及中国应对策略. 生物多样性, 27(7): 708-715.
章家恩, 刘文高. 2001. 微生物资源的开发利用与农业可持续发展. 土壤与环境, 10: 154-157.
赵建成, 吴跃峰. 2002. 生物资源学. 北京: 科学出版社.
赵文飞, 宗路平, 王梦君. 2024. 中国自然保护区空间分布特征. 生态学报, 44(7): 2786-2799.

周红章. 2000. 物种与物种多样性. 生物多样性, 8: 215-226.
朱太平, 刘亮, 朱明. 2007. 中国资源植物. 北京: 科学出版社.
朱永官, 陈保冬, 付伟. 2022. 土壤生态学研究前沿. 科技导报, 40: 25-31.
朱永官, 沈仁芳, 贺纪正, 等. 2017. 中国土壤微生物组: 进展与展望. 中国科学院院刊, 32: 554-565.
Bohmann K, Evans A, Gilbert M T P, et al. 2014. Environmental DNA for wildlife biology and biodiversity monitoring. Trends in Ecology & Evolution, 29: 358-367.
Cardinale B J, Wright J P, Cadotte M W, et al. 2007. Impacts of plant diversity on biomass production increase through time because of species complementarity. Proceedings of the National Academy of Sciences of the United States of America, 104: 18123-18128.
Carlson C J, Albery G F, Merow C, et al. 2022. Climate change increases cross-species viral transmission risk. Nature, 607(7919): 555-562.
Chen I C, Hill, J K, Ohlemüller R, et al. 2011. Rapid range shifts of species associated with high levels of climate warming. Science, 333: 1024-1026.
Chillo V, Vázquez D P, Amoroso M M, et al. 2018. Land‐use intensity indirectly affects ecosystem services mainly through plant functional identity in a temperate forest. Functional Ecology, 32: 1390-1399.
Fahrig L, Arroyo-Rodríguez V, Bennett J R, et al. 2019. Is habitat fragmentation bad for biodiversity? Biological Conservation, 230: 179-186.
Gibb R, Redding D W, Chin K Q, et al. 2020. Zoonotic host diversity increases in human-dominated ecosystems. Nature, 584: 398-402.
Hector A, Schmid B, Beierkuhnlein C, et al. 1999. Plant diversity and productivity experiments in European grasslands. Science, 286: 1123-1127.
Hooper D U, Chapin F S, Ewel J J, et al. 2005. Effects of biodiversity on ecosystem functioning: a consensus of current knowledge. Ecological Monographs, 75: 3-35.
Hooper D U, Vitousek P M. 1997. The effects of plant composition and diversity on ecosystem processes. Science, 277: 1302-1305.
Hua F Y, Wang X Y, Zheng X L, et al. 2016. Opportunities for biodiversity gains under the world's largest reforestation programme. Nature Communications, 7: 12717.
Huang G P, Ping X G, Xu W H, et al. 2021. Wildlife conservation and management in China: achievements, challenges and perspectives. National Science Review, 8: nwab042.
Huang Y Y, Chen Y X, Castro-Izaguirre N, et al. 2018. Impacts of species richness on productivity in a large-scale subtropical forest experiment. Science, 362: 80-83.
Jones K E, Patel N G, Levy M A, et al. 2008. Global trends in emerging infectious diseases. Nature, 451: 990-993.
Keesing F, Belden L K, Daszak P, et al. 2010. Impacts of biodiversity on the emergence and transmission of infectious diseases. Nature, 468: 647-652.
Keesing F, Holt R D, Ostfeld R S. 2006. Effects of species diversity on disease risk. Ecology Letters, 9: 485-498.
Li S, McShea W J, Wang D J, et al. 2020. Retreat of large carnivores across the giant panda distribution range. Nature Ecology & Evolution, 4: 1327-1331.
Louca S, Parfrey L W, Doebeli M. 2016. Decoupling function and taxonomy in the global ocean microbiome. Science, 353: 1272-1277.
Ma X Y, Zhang Q T, Zheng M M, et al. 2019. Microbial functional traits are sensitive indicators of mild disturbance by lamb grazing. The ISME Journal, 13: 1370-1373.
Maclaurin J, Sterelny K. 2008. What is Biodiversity? Chicago: University of Chicago Press.
McGill B J, Enquist B J, Weiher E, et al. 2006. Rebuilding community ecology from functional traits. Trends in Ecology & Evolution, 21: 178-185.
Mei Z G, Cheng P L, Wang K X, et al. 2020. A first step for the Yangtze. Science, 367: 1314.
Mi X C, Feng G, Hu Y B, et al. 2021. The global significance of biodiversity science in China: an overview. National Science Review, 8: nwab032.

Morse S S, Mazet J A K, Woolhouse M, et al. 2012. Prediction and prevention of the next pandemic zoonosis. The Lancet, 380: 1956-1965.

Naeem S, Bunker D E, Hector A, et al. 2009. Biodiversity, ecosystem functioning, and human wellbeing: an ecological and economic perspective. Oxford: Oxford University Press.

Naeem S, Li S B. 1997. Biodiversity enhances ecosystem reliability. Nature, 390: 507-509.

Naeem S, Thompson L J, Lawler S P, et al. 1994. Declining biodiversity can alter the performance of ecosystems. Nature, 368: 734-737.

Nevo E. 1988. Genetic diversity in nature: patterns and theory//Hecht M K, Wallace B. Evolutionary Biology. Berlin: Springer: 217-246.

Olival K J, Hosseini P R, Zambrana-Torrelio C, et al. 2017. Host and viral traits predict zoonotic spillover from mammals. Nature, 546: 646-650.

Ostfeld R S, Keesing F. 2000. Biodiversity and disease risk: the case of Lyme disease. Conservation Biology, 14: 722-728.

Pastur G M, Perera A H, Peterson U, et al. 2018. Ecosystem services from forest landscapes: an overview// Perera A, Peterson U, Pastur G, et al. Ecosystem Services from Forest Landscapes. Cham.: Springer: 1-10.

Reich P B, Tilman D, Isbell F, et al. 2012. Impacts of biodiversity loss escalate through time as redundancy fades. Science, 336: 589-592.

Rohr J R, Civitello D J, Halliday F W, et al. 2019. Towards common ground in the biodiversity—disease debate. Nature Ecology & Evolution, 4: 24-33.

Romanelli C, Cooper D, Campbell-Lendrum D, et al. 2015. Connecting global priorities: biodiversity and human health: a state of knowledge review. Geneva: World Health Organization/Secretariat of the UN Convention on Biological.

Steudel B, Hallmann C, Lorenz M, et al. 2016. Contrasting biodiversity—ecosystem functioning relationships in phylogenetic and functional diversity. New Phytologist, 212: 409-420.

Suzán G, Marcé E, Giermakowski, J T, et al. 2009. Experimental evidence for reduced rodent diversity causing increased hantavirus prevalence. PLoS One, 4: e5461.

Swinton S M, Lupi F, Robertson G P, et al. 2007. Ecosystem services and agriculture: cultivating agricultural ecosystems for diverse benefits. Ecological Economics, 64(2): 245-252.

Tilman D, Reich P B, Knops J, et al. 2001. Diversity and productivity in a long-term grassland experiment. Science, 294: 843-845.

Wall D H, Nielsen U N, Six J. 2015. Soil biodiversity and human health. Nature, 528: 69-76.

Wang F, Xiang L L, Leung K S Y, et al. 2024. Emerging contaminants: a One Health perspective. The Innovation, 5(4): 100612.

Ward M, Saura S, Williams B, et al. 2020. Just ten percent of the global terrestrial protected area network is structurally connected via intact land. Nature Communications, 11: 4563.

Wilson E O. 1999. The Diversity of Life. New York: W. W. Norton & Company.

Xu W H, Xiao Y, Zhang J J, et al. 2017. Strengthening protected areas for biodiversity and ecosystem services in China. Proceedings of the National Academy of Sciences of the United States of America, 114: 1601-1606.

Zhang J Z, Fu B J, Stafford-Smith M, et al. 2020. Improve forest restoration initiatives to meet Sustainable Development Goal 15. Nature Ecology & Evolution, 5: 10-13.

Zhu Y G, Gillings M, Penuelas J. 2020. Integrating biomedical, ecological, and sustainability sciences to manage emerging infectious diseases. One Earth, 3: 23-26.

第三章　生物多样性丧失对环境生物安全的影响

图 3-1　本章摘要图

第一节　大型生物物种、遗传和基因多样性资源的流失

一、大型物种生物多样性丧失及其对生态系统和环境的影响

（一）大型动物生物多样性丧失对生态系统和环境的影响

数亿年来，大量的大型动物是陆地和海洋的显著特征。然而在过去几万年里，许多大型动物在大片地区基本消失，且被评估为实际或功能性灭绝。在 2021 年 9 月 4 日世界自然保护联盟（International Union for Conservation of Nature，IUCN）评估的 138 374 个物种中，38 543 个物种有灭绝的威胁。人类活动的不断加剧导致栖息地丧失，近年来仍不断有大型动物被评估为灭绝。例如，2019 年 IUCN 将有中国淡水鱼之王的白鲟（*Psephurus gladius*）评估为灭绝。因为人类生活与生物多样性问题紧密交织在一起，所以这些物种灭绝会对生态功能、景观结构、环境安全和生态系统服务等方面产生一系列的影响。

1. 大型动物丧失对生态安全的影响

2020 年，生物多样性和生态系统服务政府间科学政策平台（IPBES）发布的一份对于流行病和人兽共患病的评估报告表明，在过去的几十年里，70%的新发病和许多的流行病都是人兽共患病，并且在大型鸟类和兽类等野生动物中约有170万种病毒存在，其中至少有50万种可以感染人类。因此，对土地的肆意开发，以及野生动物贸易和消费等行为都会对野生动物及其寄生微生物之间的互动产生扰动，并增加人类与病原体之间的接触，进而产生一系列的生态风险。此外，随着一些大型物种的灭绝，一些更容易繁殖和存活的物种如老鼠和蝙蝠等所携带的危险病原体则有更大的机会传播到人类。

2. 大型动物丧失对景观结构的影响

景观结构也会受到大型动物丧失的影响，大型食草动物的物种多样性与灌木、草本及乔木的景观组成有关。当大型食草动物丧失时，一些适口性较高的树种则更加容易存活、扩张，进而影响整个区域的景观构型异质性。

3. 大型动物丧失对环境安全的影响

自然界中许多大型动物都是食物链中的顶级捕食者，如虎、狼、狮子等。大型捕食者通过下行效应维持整个食物网的稳定性，而它们在自然界中的灭绝则会带来环境安全等问题。例如，初级消费者生态位扩张引发一系列物种入侵和粮食安全等问题。除此以外，最近的研究也表明大型动物能通过觅食、践踏等行为来改变森林的林分结构进而控制火灾。随着人类活动的加剧，在干燥环境中大型动物的损失会增加草本燃料负荷并引发一系列的火灾事件。例如，大型食草动物能够通过啃食作用形成不同的植被带，而这些可燃程度不同的植被带则成了天然的防火墙。同时大型动物在寻找食物的过程中，其更强的活动能力也使得一些地表的木质可燃物被带到地下，这也在一定程度上降低了火灾的风险。

4. 大型动物丧失对生态系统的影响

大约一半的植物的种子是由动物传播的，而种子传播是脊椎动物提供的最普遍的共生功能，因此种子传播的共生关系遭到破坏是大型动物区系丧失最直接的后果之一。一些大型动物物种如南美洲嵌齿象的灭绝，不仅切断了其共进化关系，影响了植物的繁殖，同时还造成了植物远距离传播能力的丧失，这对植物的种群扩散至关重要。此外，大型食草动物能通过高消耗、破坏及践踏来降低植物的初级生产力并重新塑造栖息地结构，而这一类行为可以保持草本植物和木本植物之间的竞争平衡，因此大型食草动物的丧失会对区域植被组成的原有平衡产生影响。除与植物相关的生态系统服务有关外，大型动物还与土壤碳库和养分库有关，研究表明随着人类放牧活动的加剧，野生大型食草动物的丧失会加剧放牧活动对土壤碳和养分库带来的负面影响。

（二）大型植物生物多样性丧失对生态系统和环境的影响

大型植物的生物多样性对于粮食安全十分重要。根据联合国粮食及农业组织（FAO）的报道，自20世纪以来，由于全球农民将多个当地品种替换成基因统一的高产品种，约 75%的植物遗传多样性已经丧失。在已知的 3 万～25 万种可食用植物中，只有 150～200 种被人类使用，其中仅仅 3 种——水稻、玉米和小麦就贡献了人类从植物中获得能量的近 60%。生物多样性是人类粮食生产的生物保险，正是作物的多样性使得人类的粮食体系得以保持健全和韧性，有能力抵御气候及生物灾害。

目前，世界人均粮食产量比 30 年前高出 17%，足以养活全球 70 亿人口。在所有生态系统服务中，粮食生产在近代人类历史中保持持续上升的趋势。然而人们逐渐意识到，农业生产力的提高往往伴随着对农业种质资源的负面影响，并危及未来的生产潜力。因此，保护植物多样性对维持生态系统服务功能及减少农业损失至关重要。

大型植物在自然界中通常能够为一些动物提供食物资源和栖息地，这一类植物物种的丧失可能会伴随着一些动物物种的丧失并影响整个生态系统稳定性。由于大型植物物种在生态系统中占据较大的生态位，一些大型植物物种在抵御外来植物入侵和病虫害防治方面也有重要作用。例如，大型植物物种更丰富的原始森林比退化森林更耐火、耐旱，并且更能抵御生物入侵和病虫害。人们在生态修复的过程中也逐渐意识到使用单一的植物种类会造成修复后的植被更脆弱，而多植物种类组合能使修复后的植被拥有更高的稳定性和抵抗力。

（三）气候变化、人为猎杀、非法贸易造成的大型动物丧失与影响

《地球生命力报告 2020》指出，从 1970～2016 年哺乳类、鸟类、两栖类、爬行类和鱼类种群规模平均下降了 68%。另外，脊椎动物种群数量较 1970 年平均减少了 2/3 以上，说明物种灭绝速度在加快（Almond et al.，2020）。从地域上看，拉丁美洲和加勒比地区的降幅最大，脊椎动物的种群数量平均下降了 94%；非洲和亚太地区的哺乳动物、鸟类、鱼类、两栖动物和爬行动物的种群数量也大幅减少，分别下降了 65%和 45%；欧洲和中亚的种群数量下降了 24%；而北美的种群数量平均下降了 33%（Almond et al.，2020）。据评估，全球有超过 40 000 个物种面临灭绝，哺乳动物占 26%，两栖动物占 41%，爬行动物占 21%。野生哺乳动物只占全球哺乳动物总生物量的 4%，且从人类文明发展至今，已有 83%的陆地野生哺乳动物和 80%的海洋哺乳动物灭绝（钱存华和王鑫，2019）。地球上第六次物种大灭绝的时代已经来临，目前认为气候变化和人类过度猎杀两种假说可以解释全球尺度的大型动物灭绝事件。

1. 气候变化造成大型动物丧失

气候变暖是导致大型动物在晚更新世及全新世灭绝的主要原因，如猛犸象及寒冷地带犀牛在气候变暖过程中快速灭绝（万辛如和张知彬，2017）。哥斯达黎加蒙特维德云雾森林中的金蟾蜍因全球变暖和环境污染，于 1989 年灭绝。霍尔德里奇蟾蜍是哥斯达黎加雨林地区特有物种，于 2008 年 10 月宣布灭绝，全球变暖是该物种灭绝的主要原因。

2. 人为猎杀和非法贸易造成大型动物丧失

人类为了自身利益，直接对野生动物的屠杀和猎取造成种群数量减少的幅度是惊人的。哺乳动物是被贩运的动物种类中最多的群体，其次是爬行动物。以货币计算，2014

年非法贸易占动物贸易总额的比例为25%～70%（13.2亿～370亿美元）。对大象的非法贸易占主导地位，其次是被用于医药的穿山甲。西班牙比利牛斯山羊因过度猎杀导致其数目急剧减少。弯角大羚羊曾经是北非很常见的大型哺乳动物，人类为了取其皮毛和羊角而进行过度猎杀和非法贸易，加上栖息地的丧失，最终导致该物种灭绝。另外，斯比克斯金刚鹦鹉主要生活在巴西巴伊亚州，其灭绝的原因也是人为过度猎杀与非法贸易。2009～2014年，坦桑尼亚境内的大象个体数量下降了60%，1999～2015年东南亚10万只猩猩消失（钱存华和王鑫，2019）。犀牛同样是非法野生动物贸易的牺牲品，在20世纪60～80年代，北部白犀牛已经大量消失，到1984年，仅剩下15头；截至2003年4月为30头，其后有6头被杀，4只新出生（宋述芹，2018）。西部黑犀牛曾广泛分布在非洲中西部的草原，也是人为过度猎杀导致其彻底灭绝。苏门答腊虎生活在印度尼西亚苏门答腊岛上，是世界上体型最小的虎种之一。在非法贸易中，一张完整的苏门答腊虎虎皮可以卖到两千美元。在非法贸易的利益驱动下，人类对其进行肆意捕杀，苏门答腊虎的数量急剧减少。世界野生动物基金会的调查显示：1998～2002年，每年至少有50只苏门答腊虎死于偷猎者的枪下。

中国濒危物种主要分布在西南和华南地区，包括云南、四川、广西等地，而中部和东北部受威胁物种数量相对较少。哺乳动物、两栖动物和爬行动物受到威胁的比例较高，平均比例分别达到11.64%、11.05%和10.72%（Lu et al.，2020）。中国东部季风区现存大型动物不超过20种，目前已知的消失在晚更新世的大型动物有17种。圣水牛是中国特有种，曾在全新世早中期广泛分布于南北方，但在晚全新世迅速灭绝，可能和宗教祭祀活动有关。华南虎因农业开垦导致森林和湿地生境丧失而灭绝。高鼻羚羊因其羚羊角被认为是名贵药材而遭到长期猎杀，目前在中国的野生种群已经灭绝（滕漱清等，2021）。

3. 影响后果

1）物种消亡会影响人类生存。《地球生命力报告 2018》认为生物多样性与人类命运息息相关，一旦野生动植物在自然界衰退或灭绝，人类的食物和药品供应，甚至是全球金融稳定都会受到影响，最后人类也逃不过大自然的惩罚（钱存华和王鑫，2019）。当某一物种消失后，它在生物圈中所扮演的角色也一并消失，其作用也许能被其他物种代替。这种替代可能会造成其他生物在地球生态链中功能的改变，进而会影响到整个地球生态链的稳定（宋述芹，2018）。总之，物种灭绝可能会导致生态系统功能降低。

2）动物区系丧失的生态后果包括对其他动植物丰度、组成和生态的连锁影响，以及受影响生物类群对生态功能的影响。从功能、系统发生和物种水平的角度来看，动物丧失模式差异很可能导致保护优先级方面的重大差异。大型动物丧失会导致系统多样性和功能多样性显著下降（Young et al.，2016）。

3）动物丧失会对遗留物种的行为产生强烈影响。例如，大型掠食性鱼类的系统性衰退改变了小型鱼类的觅食行为，包括它们从避难所到觅食地的距离和时间。较大种子捕食者（以及此类种子捕食者的捕食者）的丧失导致雨林啮齿动物的食物生态位发生了变化（Galetti et al.，2015）。动物丧失似乎也具有诱发其他物种及其同伴生理变化的能力。例如，在非洲稀树草原中，大型草食动物的选择性丧失导致小型啮齿动物免疫功能发生变化，部分原因可能是它们种群密度增加（Young et al.，2016）。

4）当种间相互作用强烈时，一个物种灭绝可能会引发生态或进化后果。例如，大型掠食者流失通常可促进小中型捕食者的种群增长，例如，非洲大型捕食者种群下降后狒狒的数量得到增加（Taylor et al.，2016）。同样，巨型食草动物丧失往往会导致小型啮齿动物和食草动物的系统性增加。

5）对生态系统功能和服务影响。大型动物减少或灭绝可以通过营养级联、种子扩散和扰动等关键生态过程对景观多样性及生态系统服务产生影响，从而间接改变了生态系统的基本结构和功能，并对生态系统稳定性产生了深远的影响（Ripple et al.，2014；滕漱清等，2021）。大型植食性动物与大型肉食性动物带来的下行营养级压力对塑造生态系统结构和动态具有重要作用。大型植食性动物通过采集、踩踏、迁徙等物理作用影响植被的生物量、空间分布和种子扩散距离等诸多方面。例如，亚洲象、棕熊、黑熊、爪哇犀等可通过体内或体外传播将植物种子传播到 10 km 以外的地方。而大型肉食性动物通过直接或间接的途径提供生态系统服务，帮助维持哺乳动物、鸟类、无脊椎动物和爬行动物的丰度或丰富度。犀牛等大型动物的灭绝，不仅导致生物多样性下降、供游客观赏的景观消失，还影响其他生态系统功能，如食腐动物补给、疾病动态、碳储存、河流形态和作物生产。维持或恢复大型食肉动物种群是维持多样化生态系统结构和功能的重要手段（Ripple et al.，2014）。

6）有研究表明，动物的物种丰富度和丰度会影响生态系统的碳循环（Schmitz et al.，2018）。大象践踏植被，推倒树木，并不断为森林创造“开口”，为生长速度缓慢的植被留出生长空间，由此形成生长速度更慢、密度更大的植被群落特征，且象群数量减少间接导致森林碳储量降低（Berzaghi et al.，2019）。由于人类活动的影响，动物种群或种类极速减少，甚至消失。研究发现，灵长类动物消失，地上储碳量将减少 2.4%。以水果为食的大型动物减少，也会造成类似影响（Chanthorn et al.，2019）。

（四）栖息地破坏、污染导致的大型动物物种丧失及其影响

1. 重要大型动物丧失

大型动物一般指成年个体体重不低于 45 kg 的动物（Malhi et al.，2016；Stuart，2015）。在过去 40 年中，地球生物多样性降低了 68%，由于过度捕捞、破坏性做法和气候变化，世界上 60%以上的珊瑚礁濒临灭绝。过度消费、人口增长和集约化农业导致野生动物数量急剧下降。物种灭绝的速度正在加快，目前有 100 万物种受到威胁或濒临灭绝。土地和海洋利用导致的栖息地的丧失和退化，以及环境污染是生物多样性面临的最大的威胁（Almond et al.，2020）。

灰柄杜克叶猴（*Pygathrix cinerea*，别名灰腿白臀叶猴）于 2015 年被评估为《世界自然保护联盟濒危物种红色名录》的极度濒危物种，自然栖息地的破坏是对该属物种的主要威胁。例如，在越南，由于中部和南部地区在战时遭受的破坏，加上战后人口快速

增长的压力，以及咖啡、橡胶和腰果等经济作物的大面积种植需求，导致森林砍伐现象不断加剧。低海拔的大部分森林被清除，再加上农业用地、水电站建设和道路建设，灰腿白臀叶猴的栖息地遭到严重破坏。此外，它们被猎杀作为食物、传统的“药物”（如“猴子香膏”），并作为宠物出售。

中国犀牛是三种野生犀牛（印度犀、苏门犀、爪哇犀）种群的统称，即亚洲现生种。中国犀牛曾广泛地分布在我国大部分省份，栖息地在接近水源的林缘山地，但由于人类活动和对林地的过度开发，它们的栖息地逐年减少，再加上它们头部的犀角物用和药用价值极高，使它们从远古时代便受到人类的大肆猎杀，且被捕杀数量越来越多，最终于20世纪初在中国几乎绝迹（聂选华，2015）。生存环境的急剧恶化是加速中国犀牛走向灭绝的罪魁祸首。

大单角犀牛（*Rhinoceros unicornis*，别名印度犀）在2018年被评估为《世界自然保护联盟濒危物种红色名录》的易危物种，现仅存于印度和尼泊尔。大单角犀牛在20世纪初濒临灭绝，主要原因是冲积平原草原广泛发展为农业用地，导致了人与犀牛的冲突且更易被猎人捕杀。大单角犀牛的栖息地生境质量严重下降，主要原因是：①外来植物严重入侵草原，影响了一些当地种群；②由于林地侵占和山洪淤积，草原和湿地栖息地的范围有所减少；③家畜放牧。

苏门答腊犀牛（*Dicerorhinus sumatrensis*，别名苏门犀）于2019年被评估为《世界自然保护联盟濒危物种红色名录》的极度濒危物种，目前仅存于印度尼西亚。非法木材森林产品、道路开发等人为干扰和偷猎是该物种急剧减少的主要原因。

爪哇犀（*Rhinoceros sondaicus*）于2019年被评估为《世界自然保护联盟濒危物种红色名录》的极度濒危物种。该物种目前仅存在于印度尼西亚，其面临的主要威胁是：伐木导致栖息地破坏，人类入侵和棕榈树物种大面积种植抑制了犀牛食用植物的生长。此外，由于医药产业对犀牛角及其产品的过度需求，爪哇犀遭到大面积捕杀。

普氏原羚（*Procapra przewalskii*）于2016年被评估为《世界自然保护联盟濒危物种红色名录》的濒危物种。现仅存于中国青海地区，而在中国甘肃、内蒙古、山西和宁夏地区已灭绝。由于栖息地丧失和破碎化、迁徙障碍（山脉、湖泊、沙漠、铁路、公路、人类住区、牧场）(Li et al.，2013)，以及人类扩张和过度放牧，草原恶化、家畜竞争加剧和捕食增加是普氏原羚的主要威胁（Li et al.，2012；Liu et al.，2004；孙发平等，2007）。

人类对海洋的过度利用、渔具（包括围网、漂流刺网、拖网和延绳钓等）滥用都严重威胁着海豚的生命。尤其是在热带太平洋东部，捕捉黄鳍金枪鱼时会导致海豚偶然死亡。1986年，金枪鱼围网渔业中普通海豚的年偶然死亡数量估计高达2.4万只，在美洲热带金枪鱼委员会（IATTC）对国际船队实施捕捞限制后，普通海豚的死亡数量在2016年下降到127只（Inter-American Tropical Tuna Commission，2017）。在1990年和1994年造成数百只黑海普通海豚死亡的两次大规模死亡事件中（Krivokhizhin，1999），除流行病造成的死亡以外，恰逢两种主要的普通海豚猎物——凤尾鱼和鲱鱼的丰度急剧下降，猎物供应的减少被认为是对黑海普通海豚的主要威胁（Bushuyev，2000）。大量海豚死亡与猎物稀缺之间的相关性表明，营养不良增加了海豚对该地区病毒的易感性（Hammond et al.，2008）。在欧洲水域，普通海豚携带的多氯联苯水平似乎低于其他鲸类动物（Jepson et al.，2016），但仍可观察到可能由多氯联苯引起的健康问题。例如，来自东北大西洋的普通海豚体内高浓度的多氯联苯与生殖障碍有关（Murphy et al.，2018）。海洋生物摄入塑料是一个普遍且日益严重的问题，可能是一些鲸类动物死亡的重要原因，也可能威胁到普通海豚（Simmonds，2012）。搁浅在西班牙西北部加利西亚的 35 只普通海豚的胃中都含有微塑料（Hernández-Gonzalez，2018）。海军舰艇和直升机在军事演习期间产生的噪声被认为是2008年英国普通海豚大规模搁浅最可能的原因，涉及至少 26 只普通海豚（Jepson et al.，2013）。

虎头海雕（*Haliaeetus pelagicus*）被评估为 2021 年《世界自然保护联盟濒危物种红色名录》的易危物种。在俄罗斯，由于石化工业在沿海和海上大规模开发及木材采伐，威胁着虎头海雕的栖息地（Ferguson-Lees and Christie，2001）。此外，河流的工业污染（滴滴涕/二溴二苯醚、多氯联苯和重金属）和过度捕捞导致俄罗斯和日本鱼类资源下降，虎头海雕开始采食陆地动物尸体而导致铅中毒，这些都严重危及虎头海雕的生存(Ishii et al.，2017)。

云豹（*Neofelis nebulosa*）被评估为 2020 年《世界自然保护联盟濒危物种红色名录》的易危物种。云豹喜欢封闭的森林（Grassman et al.，2005；Austin et al.，2007），但它们在东南亚的栖息地正在经历世界上最快的森林砍伐（Stibig，2014）。最近研究估计，在 2000～2018 年，云豹的栖息地面积下降了 34%（Petersen et al.，2020）。除直接栖息地丧失外，栖息地的退化和功能连通性的丧失可能会影响许多云豹种群（Kaszta et al.，2020）；在尼泊尔，云豹栖息地内大量水电项目和农村道路的修建也是潜在重大威胁（Ghimirey and Acharya，2018）。同时，非法狩猎可能是中国云豹数量下降的最主要原因。

金蟾蜍（*Incilius periglenes*）于 2019 年被评估为《世界自然保护联盟濒危物种红色名录》的灭绝物种。气候变化、壶菌病和空气污染可能导致该物种灭绝（秋凌，2008；Cheng et al.，2011）。

圆岛雷蛇（*Bolyeria multocarinata*，别名毛里求斯蚺蛇）于 2020 年被列为《世界自然保护联盟濒危物种红色名录》灭绝物种。从历史上看，16 世纪人类在毛里求斯的活动骤增，导致广泛的栖息地破坏和非本地物种的引入，毛里求斯蚺蛇数量开始迅速下降。引入的哺乳动物捕食者（老鼠和猫）被认为是最初蚺蛇数量下降的主要原因（Cheke and Hume，2008）。同时，引入的山羊和兔子使岛上的大部分植被剥落，并造成土壤的大量流失，从而导致毛里求斯蚺蛇的栖息地丧失。

2. 环境污染导致大型动物濒危的案例

20 世纪以来，农药、鼠药、化肥、煤炭及石油的广泛使用，产生了大量工业“三废”和有毒物质，严重污染了大气、土壤和水体，野生动物健康受到损害，繁殖力日渐低下，许多江河湖泊已不再适于水生野生动物的生存繁衍。某些生态位较宽的野生动物因为食物链的关系也受到了程度不同的影响。

长江巨型软壳龟（*Rafetus swinhoei*）于 2018 年被评估为《世界自然保护联盟濒危物种红色名录》的极度濒危物种，在中国已灭绝，现仅存在于越南。湿地和河岸生境的破碎化和污染，以及水力发电拦河坝和采砂造成的生境丧失是长江巨型软壳龟的主要威胁来源。

棋斑水游蛇（*Natrix tessellata*）也称“骰子蛇”，于2020年被列入《世界自然保护联盟濒危物种红色名录》的易危物种。河流渠道化和湖岸开发使其部分湿地栖息地丧失或改变。该物种在一些西欧和中欧山脉国家也受到威胁，经常死于道路交通，特别是在交配季节。在埃及、叙利亚和伊拉克，该物种被大量收集用于国际宠物贸易（Mebert and Masroor，2013；Mebert et al.，2011）。

细痣疣螈（*Tylototriton asperrimus*）被评估为2020年《世界自然保护联盟濒危物种红色名录》的近危物种，现仅存于中国两广地区。药用市场和国际宠物贸易的供应需求，以及农业和垃圾污染造成的栖息地退化和丧失被认为是对该物种的主要威胁。

游隼（*Falco peregrinus*）被列入2021年《世界自然保护联盟濒危物种红色名录》的濒危物种。在20世纪60～70年代，该物种数量下降的原因是与农药相关的碳氢化合物污染使得成年个体和胚胎死亡（Ferguson-Lees and Christie，2001；White et al.，2013）。同时，它非常容易受到潜在风能开发的影响，电缆的碰撞或触电造成的游隼死亡在某些地区较常见（White et al.，2020）。西班牙北部的石油泄漏降低了游隼繁殖成功率，并导致当地游隼死亡（Zuberogoitia et al.，2006）。

红隼（*Falco tinnunculus*）在2021年也被列入《世界自然保护联盟濒危物种红色名录》，目前是无危物种。20世纪50～60年代，人们大量使用的有机氯和其他杀虫剂造成红隼大量死亡（Orta and Boesman，2013）。该物种容易受到木材采伐、过度放牧、火灾等导致的栖息地退化的影响（Thiollay，2007）。

鱼鹰（*Pandion haliaetus*）被评估为2021年《世界自然保护联盟濒危物种红色名录》中最不受关注的种群。由于农药的使用，从1950～1970年，鱼鹰数量显著下降。自1979年以来，人类活动对鱼鹰死亡率的影响已经下降（De Pascalis et al.，2020），但集约化拖网渔船捕捞可能会耗尽鱼类资源并影响鱼鹰食物的可用性；而且在渔业生产中施用硫酸铜的方法可能导致鱼鹰中毒；摩托艇可能会扰乱鱼鹰巢穴（Monti et al.，2018）。

胡兀鹫（*Gypaetus barbatus*）被评估为2021年《世界自然保护联盟濒危物种红色名录》的近危物种。该物种持续下降的主要原因包括中毒、被捕杀、栖息地退化、繁殖鸟类受到干扰、食物供应不足、牲畜饲养方式的变化，以及与电力线和风力涡轮机的碰撞等（Ferguson-Lees and Christie，2001；Barov and Derhé，2011；Izquierdo，2018）。西班牙批准兽医使用双氯芬酸，这可能会对欧洲秃鹫造成毁灭性影响。2020年，一只灰秃鹫被确认为欧洲第一只死于兽医用双氯芬酸的秃鹫（BirdLife International，2021）。

（五）农牧业优异畜禽、作物物种资源丧失与影响

据报道，由于人类活动，全球多达100万种植物和动物面临灭绝，其中许多物种将在近几十年内灭绝，其速度是过去1000万年平均速度的几千万倍（Tollefson，2019）。历史上，地球共经历过五次物种灭绝浪潮（奥陶纪、泥盆纪、二叠纪、三叠纪和白垩纪地质时期），这些灭绝事件造成了全球生物多样性灾难性的损失，在人类活动影响下的灭绝被称为“第六次灭绝浪潮”，如果这种浪潮持续下去，它可能是人类文明崩溃的先兆（Ceballos et al.，2010）。截至目前，已有超过 142 500 种物种被列入《世界自然保护联盟濒危物种红色名录》，4 万多种物种面临灭绝的威胁（https://www.iucnredlist.org/）。人口数量和消费的增加被认为是物种灭绝的主要驱动力（Pimm et al.，2014），预计 2050 年世界人口将超过 90 亿，这种趋势的持续势必会对全球生物多样性的保护带来更大的挑战。地球物种灭绝和丧失也引起了农牧业资源的巨大损失，特别是优异畜禽、作物资源也面临严重的丧失危机。

农牧业生物多样性作为生物多样性的子集为食物安全做出了巨大贡献。农牧业生物多样性包括在牲畜、作物、水产和森林系统中饲养的植物和动物，以及这些物种的野生亲缘种等其他植物、动物和微生物，对维持食物安全、农牧民生计、可持续发展和许多生态系统服务具有重要作用。然而，在遗传、物种和生态系统层面，农牧业生物多样性的许多关键部分正在减少甚至消失，包括畜禽、作物、水产和森林等重要遗传资源的丧失（McCauley et al.，2015；Hirt et al.，2021；Goettsch et al.，2021），对全球物种遗传资源多样性的保护产生了负面影响。联合国《2030 年可持续发展议程》可持续发展目标 2（零饥饿）的具体目标 2.5 中呼吁保持种子、栽培植物、养殖和驯养动物及其相关野生物种的遗传多样性（United Nations，2015）。随着人口的日益增长，粮食和农业生物多样性面临的压力越来越大，因此确保农牧业生物资源在全球范围内的长期生存和可用性显得尤为重要。

1. 畜禽资源丧失与影响

近几十年来，伴随着农业工业化、机械化和全球化的发展，畜牧业生产发生了巨大的转变，加上对高产品种选育驯化和大规模推广应用，导致土著畜禽品种的多样性大幅下降（Marsoner et al.，2017）。据报道，近 100 年来，全球约有 1000 个畜禽品种已经灭绝，其中牲畜灭绝 600 多个品种（表 3.1，表 3.2）。目前，全球 7745 种本地畜禽品种中有 26% 面临灭绝的风险（FAO，2019）。虽然牛、绵羊和山羊不能被视为濒危物种，但它们的野生祖先及许多品种是高度濒危的，其遗传资源正在流失（Taberlet et al.，2008）。中国广西黄羽肉鸡、全球家养红原鸡等重要的家禽品种正在逐渐被商业家禽品种取代，同时导致如抗病性和对极端环境适应性等重要的性状丧失，对家禽的遗传资源构成严重威胁（Wang et al.，2017；Malvika et al.，2019）。畜禽遗传资源丧失引起的农业生物多样性下降威胁着粮食系统的可持续性，并影响着人类和环境的健康（Jones et al.，2021）。

表 3.1 已灭绝畜禽品种数（FAO，2013；Belew et al.，2016）

地区/物种	驴	水牛	牛	山羊	马	猪	兔	绵羊	鸡	合计
非洲	1	0	20	0	6	0	0	5	0	32
亚洲	0	0	18	2	1	15	0	6	5	47
欧洲和高加索	3	1	120	15	72	91	0	144	51	497
拉丁美洲和加勒比海	0	0	19	0	0	2	0	0	0	21
近东和中东	1	0	1	0	0	0	2	1	0	5
北美洲	0	0	1	1	8	0	0	1	1	12
西南太平洋	0	0	2	0	1	1	0	2	0	6
国际跨界品种	0	0	1	0	0	0	0	0	0	1
世界	5	1	182	18	88	109	2	159	57	621

表 3.2 不同时期牲畜品种灭绝数量（FAO，2015）

时期	品种数量	百分比（%）
未明确	433	67
1900 年前	7	1
1900～1999 年	111	17
2000～2005 年	66	10
2005 年后	30	5
合计	647	100

以生产为目的的动物品种改良忽视了多数畜禽品种的文化、社会和生活等非市场价值；以规模化为目标的动物产品产业转变威胁着土著品种的存在；人口压力、全球化背景下的需求增长将导致大量使用高产的商业畜禽品种而忽视了土著品种；气候变化、生物技术的进步和政策不足也是导致畜禽遗传资源丧失的主要因素（Belew et al.，2016）。总体而言，依赖少数的高产畜禽品种是有风险的，因为大多数土著品种虽然产量低，但其他特性如抗逆性和适应性的表现并不是没有价值。这些遗传特性不仅在动物育种上具有重要意义，在发展中国家农牧民的生计和福祉方面也能发挥重要作用，因此保护畜禽遗传资源是畜禽产业可持续发展的重要保障。

2. 作物资源丧失与影响

实现集约化农业的可持续发展是确保粮食充足的重要途径之一，目前世界上主要作物如水稻、小麦和玉米都培育出了高产品种（Saha et al.，2016），这解决了世界上大部分贫穷人口的温饱问题。然而，依赖少数几种作物而忽视野生品种的保护将导致作物遗传资源减少和多样性降低，长远来看将对粮食和营养安全构成威胁（Saha et al.，2016；Gruber，2017）。IUCN 对 30%的已知食用植物物种进行了全球保护评估，其中 11%被列为濒危物种，表明它们面临灭绝的危险（Ulian et al.，2020）。据统计，截至 2014 年，全球 6000 多种食用植物品种中只有不到 200 种作物具有较高水平的产量特征，其中 9 种（甘蔗、玉米、水稻、小麦、土豆、大豆、油棕榈果、甜菜和木薯）就贡献了约 66%的作物总产量（FAO，2019）。作物野生近缘种是与作物商业品种密切相关的植物类群，是作物高度遗传多样性的来源，有助于作物适应全球气候变化的影响，多样性化种质资源供给对于应对气候危机具有重要意义（Goettsch et al.，2021）。

同畜禽遗传资源的丧失一样，作物改良、集约化发展、气候变化和人口压力是造成作物遗传资源丧失的主要因素。作物遗传多样性的降低特别是野生近缘种的灭绝增加了作物遗传脆弱性，降低了作物遗传多样性，将对人类的发展产生不可预见的影响（Campbell et al.，2010）。这种脆弱性在对疾病、环境和气候变化的耐受性和适应性等方面表现得最为明显，因为现代作物很容易受气候变化和虫害的影响，虫害可能会夺走玉米、水稻和土豆等作物产量的 30%～40%（Gruber，2017）。例如，马铃薯叶枯病、香蕉巴拿马病（又称香蕉镰刀菌枯萎病）、葡萄皮尔斯病和玉米叶枯病在过去都使这些作物受到了严重的摧毁，甚至濒临灭绝（Campbell et al.，2010）。因此，评估和建立作物遗传资源保护库是保障遗传多样性的重要举措。

3. 鱼类资源丧失与影响

据统计（FAO，2018），2016 年，全球鱼类产量达到约 1.71 亿 t 的峰值，其中水产养殖占总量的 47%；1961～2016 年全球鱼类消费的年均增长（3.2%）超过了人口增长（1.6%）；人均消费量从 1961 年的 9.0 kg 增长到 2015 年的 20.2 kg，平均每年增长约 1.5%。根据 2022 年 FAO 统计，预计到 2030 年，人均水产消费量将达到 21.4kg，相较于 2020 年将增长 15%。由此可见，鱼类产品在世界人口饮食结构中的地位越来越重要。过度捕捞一直是海洋鱼类遗传资源多样性的主要影响因素，尽管海洋动物的灭绝与陆地动物相比不是那么严重（McCauley et al.，2015）。据报道，全球水产养殖涉及 694 种鱼类，捕捞渔业涉及 1800 种动植物（FAO，2019）。截至 2015 年，估计有 33.1%的鱼类资源处于过度捕捞状态，59.9%的鱼类资源处于最大可持续捕捞状态，7.0%的鱼类资源处于捕捞不足状态（FAO，2018）。一些用于渔业和水产养殖的物种（如鲟鱼、金枪鱼和鲨鱼）被列入《濒危野生动植物种国际贸易公约》附录中（FAO，2019）。联合国可持续发展目标 14.4 旨在呼吁规范捕捞活动，终止过度捕捞，并在最短可行的时间内将鱼类种群恢复到能够产生最大可持续产量的水平（United Nations，2015）。因此，面对人类活动影响下鱼类种群数量降低进而威胁到遗传资源多样性的可持续问题，恢复这些鱼类种群就是目前渔业管理人员的主要职责。

二、大型物种遗传资源的流失问题与影响

（一）遗传资源的概念和重要性

根据《生物多样性公约》（Convention on Biological Diversity，CBD）的规定，“遗传资源”是指有实际或潜在价值的、具有遗传功能的材料（遗传材料），包括来自植物、动物、微生物或其他来源的任何含有遗传功能单位的材料（Net，2008；周游，2016）。其中，动植物遗传资源是指动植物本身和所有的体细胞与生殖细胞系。生物遗传资源是指具有实际或潜在价值的动植物、微生物种，以及种以下的分类单位（如亚种、品种等）的个体及其含有生物遗传功能的遗传材料，亦包括由生物遗传资源的基因表达和自然代谢产生的生物化学化合物（衍生物）（Wang and Li，2021）。遗传资源所包含的丰富的生命遗传信息，对生物制药、动植物育种、生命科学研究等有重要意义（孙名浩等，2021）。生物遗传资源是经济社会可持续发展的基石，也是国家粮食安全、生态安全的重要保障（薛达元，2005；李德铢等，2021）。

（二）大型物种遗传资源的流失问题

1. 野生动植物的流失问题

（1）新疆野生苹果

新疆野生苹果是世界上珍贵的野生果树资源，主要分布在中国新疆伊犁地区 5 个县。1992～1998 年，新疆伊犁地区某研究所与日本静冈大学合作，在新疆新源县建立了天山野生植物就地保护研究基地——“中日合作野生果树与天山农用植物资源圃”；日本农

林水产省国际农业研究中心、果树研究所先后在此开展了“农用植物资源的研究与保护”国际合作项目；哈萨克斯坦科学院植物研究所也在此开展了“天山野生果树植物资源的研究与保护”国际合作项目。这些合作导致新疆野苹果的种质资源大量流失，成为国外苹果育种的珍贵种质材料（薛达元，2020）。

（2）中国特有蝴蝶

日本学者小岩屋敏主编的《中国蝴蝶研究》介绍了大量产自中国的特有蝴蝶新种，总数超过 100 种，这些物种都是日本学者以旅游名义在中国各地非法偷捕的，而且许多蝴蝶都被取了日本名字，如在云南丽江采集的绢粉蝶被命名为“鬼井绢”粉蝶，在四川峨眉山采集的蝴蝶被取名“上田”“西村”。这些被偷窃出境的中国蝴蝶新种一经国外学者发表，就被堂而皇之地当成这些物种的模式标本（薛达元，2020）。

（3）野生兰花资源

20 世纪 90 年代初，日本铁木真电影公司的高桥英子来中国云南文山、红河和保山拍摄野外风景，在当地林业部门和兰花协会的带领下，对马关、麻栗坡、文山、西畴、丘北等地的野生兰花生境及生长情况进行拍摄，包括珍贵的麻栗坡兜兰、同色兜兰、硬叶兜兰等兜兰的原生境。在拍摄的同时，该公司人员将麻栗坡兜兰和硬叶兜兰的植物苗和种子带出境外，并在日本种植成功，使麻栗坡兜兰和硬叶兜兰的种质资源流失到了日本（薛达元，2020）。

（4）西藏野生大花黄牡丹

野生大花黄牡丹是芍药科芍药属植物，为西藏特有资源，属国家二级濒危植物，因其植株、叶、花、果等形状特异，花色为罕见黄色，是一种极好的观赏和园林绿化植物。近年来，随着宣传报道，野生大花黄牡丹逐渐被更多人认知，也因其株型高大，花色和果实形状特异，且被列入国家植物保护名录，所以越来越多的人进入西藏野生大花黄牡丹生长区进行种子收集，甚至挖掘植株以图获利。这些行为破坏了西藏野生大花黄牡丹的生态环境和自然繁衍规律。因其自身繁殖特点和人为活动影响，西藏野生大花黄牡丹资源数量正在逐步减少（王文华，2016）。

（5）其他动植物物种资源

据资料记载，在 1949 年新中国成立前的 100 多年中，先后有英国、法国、美国等 14 个国家的 200 余人，到访过我国大部分地区，广泛而系统地进行动植物资源调查与搜集，除了野生物种，还对经济植物的种子、地下茎、根及农产品进行调查与搜集。一个典型例子是，欧美人对中国武夷山地区生物物种的搜集和研究工作，揭开了武夷山神秘物种的面纱，致使当地的挂墩、大竹岚、三港等地成为蜚声中外的模式标本采集圣地。世界上许多著名的自然博物馆都保存有大量采自中国武夷山地区的动植物模式标本，而西方国家在中国的这些采集活动都是自由和免费的，造成了大量中国野生动植物资源的流失（薛达元，2020）。

2. 农作物资源的流失问题

（1）野生稻：栽培稻的祖先

中国是世界八大作物起源中心之一，也是亚洲栽培稻的起源地之一，而野生稻是栽培稻的祖先种。野生稻中蕴藏着丰富的抗病虫、抗逆、品质好、蛋白质含量高等优异基因，是水稻抗性育种研究的基因源，也是保证粮食安全的战略性资源。野生稻物种大多分布在农业生态系统中，与栽培稻有密切的接触，在趋同进化过程中野生稻的某些种类与栽培稻不断产生着天然杂交和种质渗入，野生稻因而很容易通过有性杂交，将其有益的农艺性状和基因转移到栽培稻中，成为水稻育种和改良最重要的遗传资源（丁瑶瑶，2021）。

栽培品种的推广应用，造成作物种质资源单一化和作物遗传资源的急剧减少甚至灭绝，对农作物育种和生产的长远发展带来的负面影响是不可估量的，对生态环境和物种安全的破坏性也是致命的。如今，即使是曾培育出杂交水稻基因的野生稻，其生存环境也十分令人担忧。中国湖南、江西、广西、广东、海南、云南是野生稻主要产地，但这些地方已很难见到野生稻的踪迹（程在全和黄兴奇，2016）。

（2）野生大豆：一种野生基因决定一个产业兴衰

大豆原产于中国，世界上 90%以上的野生大豆资源分布在中国。过去几十年中，美国在中国大量收集大豆种质资源，因此美国作物基因库保存了 20 000 多份大豆资源，成为仅次于中国的大豆资源大国。20 世纪 50 年代末，一场孢囊线虫病使美国大豆产业濒临毁灭，然而美国科学家在中国野生大豆‘北京小黑豆’中发现了抗病基因，最终培育出的高产抗病新品种拯救了美国的大豆产业，使美国一跃成为超过中国的大豆生产第一强国。当时，这份来自中国的种质资源，已在美国保存了 47 年（丁瑶瑶，2021）。

美国孟山都公司利用中国的野生大豆品种，从美国农业部（USDA）种质库里获得中国野生大豆种质材料 PI407305，并运用分子生物技术进行检测和分析研究，发现了与控制大豆高产性状密切相关的基因。1998 年 10 月 1 日，孟山都公司向美国专利局提交了一项名为“高产大豆及其栽培和检测方法”的专利申请，共含有 64 项专利的权利要求，其申请范围涵盖了所有含有这些标记基因的大豆及其后代、具有相关高产性状的育种方法及所有引入该标记基因的作物。如果专利获得批准，意味着孟山都公司对使用这种标记基因的所有大豆的研究与生产具有专利权，将对中国的大豆研究和生产造成侵害。现在，随着大豆资源的流失，中国已从世界上最大的大豆出口国变为最大的大豆进口国，产量在美国、巴西和阿根廷之后（丁瑶瑶，2021）。

（3）猕猴桃和奇异果：本是同根生，命运却迥异

早在 1907 年，新西兰的一位叫伊莎贝尔的女校长，到湖北宜昌看望姐姐，把中国的猕猴桃种子带回新西兰。当地园艺专家亚历山大培育出了第一棵新西兰猕猴桃——奇异果。

在美国食品科研中心排列的 27 种最受欢迎的水果中，猕猴桃营养价值位居榜首，被誉为“水果之王”。1997 年，新西兰所有果农按照种植面积与产量的大小，共同出资入股“新西兰奇异果国际行销公司”，推出统一品牌 ZESPRI（中文名“佳沛”）；新西兰政府通过法令，规定任何果农以自己的品牌出口销售将被视为违法。目前，奇异果已成为新西兰第三大出口的产品，统一出口品牌，改变了一个国家的水果命运（王玉国等，2018）。

为了维持和改良猕猴桃的品质，新西兰仍在中国源源不断地收集猕猴桃野生资源。相比之下，我国在过去的几年中，因为片面追求产量，人工栽培的高产猕猴桃品种逐渐取代了原有的品种，野生的中华猕猴桃和大别山猕猴桃变得极为稀有，有些品种甚至濒临灭绝，可谓是“捡了芝麻，丢了西瓜”。很多生物遗传基因一旦失去就再也无法获得，其价值是无法用金钱来衡量的（王玉国等，2018）。2020年初，由于新西兰阳光金果（猕猴桃品种）被“非法”引入中国并种植，奥克兰高等法院于2020年2月14日判处中国公司赔偿新西兰佳沛公司6700万元（王玉国等，2018）。

3. 遗传资源保护不足造成的流失问题

（1）“北京烤鸭”烤的不是北京鸭

很多国人只知道“北京烤鸭”好吃，却不知道“北京烤鸭”的真正原料并非北京鸭，而是以中国‘北京鸭’配种繁育出来的英国‘樱桃谷鸭’。

早在1957年，英国农场主尼克森先生开始在罗丝威尔镇樱桃谷的野外草坪上饲养‘北京鸭’，每周上市1000只左右；1958年，尼克森先生聘请了一位营养专家，负责规模化养鸭的生产管理和遗传研究。研究之初，为了进一步提高生产性能，以‘北京鸭’和欧洲野鸭‘埃里斯伯里鸭’（黑色）为亲本，杂交选育而成配套系鸭——‘樱桃谷鸭’。从此，樱桃谷公司在‘樱桃谷鸭’的生产经营、品种选育上逐步突破，成为专业化肉鸭育种生产基地。中国输出‘北京鸭’时没有获利，现在陆续引进‘樱桃谷鸭’却价格不菲。现在，中国市场年消费肉鸭14.5亿只，‘樱桃谷鸭’占据的市场份额多于80%，真正的‘北京鸭’已难觅其踪（史学瀛和杨新莹，2006）。中国本土物种遗传资源的流失，导致真正的‘北京鸭’几乎绝迹。

（2）畜禽遗传资源

近十年来，我国的家畜遗传资源储备在急速衰减。主要畜种的432个品种中有158个由于规模锐减已丧失了原有的育种潜力。牛、猪、鸡的一些著名地方良种日益混杂，趋于灭绝，情况危急。其中以猪的品种资源流失最为严重，鸡的品种次之，我国的‘九斤黄鸡’‘狼山鸡’，现在只有到俄罗斯、美国的养殖基地才能找到（武建勇等，2011）。

我国大多数育种公司的畜禽品种长期依赖进口，基本陷入“引种→维持→退化→再引种”的恶性循环，许多引进品种都没有形成自己的体系。加入WTO后，许多外国种畜禽专业企业直接进入中国市场。目前，在中国畜牧业生产中所使用的主要品种都是国外现代品种，每年都要花大量的外汇从国外引进畜禽良种。据不完全统计，我国仅种猪引种就耗费外汇1亿多美元（武建勇等，2011）。

在畜禽生产的众多影响因素中，遗传育种至关重要，即提高畜禽生产水平的关键因素是品种。据美国农业部（USDA）1996年对美国50年来畜牧生产中各种科学技术所起作用的总结，品种改良的作用居各项技术之首，占到40%，远远高于营养饲料（20%）、疾病防治（15%）和繁殖与行为（10%）等，而品种改良要以丰富的畜禽品种资源为基础才能迅速实现，畜禽遗传资源的任何一点利用都可能在类型、质量、数量上给肉、奶、蛋和毛皮等生产带来创新。可以说，在目前激烈的市场竞争中，拥有丰富的畜禽遗传资源，可以占领市场竞争的先机和主动，甚至垄断行业及影响市场发展方向（武建勇等，2011）。实际上，我国畜禽品种资源非常丰富，但由于缺乏保护观念，这些生物遗传资源被国外企业非法获取，“混血”改良后再重新来抢占中国市场。

（3）印度和泰国香米

同为文明古国的珍贵遗传资源，‘印度香米’的现状也堪忧。1997 年，被誉为“皇冠明珠”的‘印度香米’（Basmati Rice，巴斯马蒂稻米）被美国种子公司 Rice Tec 申请了专利。尽管后来印度政府费尽周折，仍失去了 16 项专利权。香米以细长的形状和浓郁的香味而闻名，仅 1997～1998 年‘印度香米’的销售额就达 4 亿美元。Rice Tec 公司将自己生产的‘印度香米’称为‘Texmati’大米及‘Kaomati’大米，并在市场出售，企图取代印度农民种植了上千年的‘印度香米’（史学瀛和杨新莹，2006）。

2001 年，美国研究人员 Chris Deren 又利用现代生物技术开发出一种品质与泰国‘茉莉花香米’十分相似的新品种，其较传统的泰国香米要矮小，只需少量的阳光，适用于机械化种植，且能在美国广阔的平原上栽种，准备在美国申请专利保护。Deren 承认他用于研究的原材料——泰国香米的种子是由菲律宾的国际水稻所（IRRI）提供的。但 1995 年他得到这些种子时没有签订任何转让协议，也没有与泰国政府订立有关利益分享的协议。2002 年 11 月，泰国农民聚集在美国领事馆前，强烈抗议美国应用生物技术改造泰国香米以使之适于美国种植的行为。如果美国生产出新型的泰国香米，那成千上万的泰国农民将无以为继（史学瀛和杨新莹，2006）。

当前，发达国家对本国生物遗传资源大力保护，却不断从发展中国家搜集、掠夺生物遗传资源。据统计，美国和日本通过各种途径获取的生物遗传资源分别占其总量的 90%、85%（史学瀛和杨新莹，2006）。

（4）墨西哥的野生玉米

墨西哥是玉米的原产地和品种多样性集中地。早在玛雅人有历史记载的 5000 年前，玉米就是印加人、玛雅人和阿兹特克人的主要食物。

枯叶真菌曾是美国玉米最大的天敌，曾使美国农民一年的损失超过 20 亿美元。几年前，科学家发现了一种生长在墨西哥南部山林中的玉米品系，可以抗御枯叶真菌。遗传学家把这种玉米中的抗枯叶真菌基因成功地转移到玉米种子中去，使美国的玉米具有了抵抗这种灾害的能力。杜邦公司于 2000 年 8 月从欧洲专利局获得了 EP744888 号专利，但是这一专利不是针对利用转基因技术制造的玉米，而是针对自然生长的或以常规方式栽培的具有一定含油量的玉米。杜邦公司还对以该玉米为原料生产的所有粮食产品申请了专利，如食用油、动物饲料及工业用途产品。据育种公司的专家估计，这种新发现的抗枯叶真菌品系的商业价值，每年可达数十亿美元（史学瀛和杨新莹，2006）。

墨西哥的传统玉米基因，通过人工技术和花粉传播，已经完全被污染，由于基因具有不可逆转和无法修复的特点，墨西哥的野生玉米种质永远消失了。

（5）入侵物种造成的遗传侵蚀

本地种与外来种杂交可造成遗传污染，有些入侵种可与同属近缘种，甚至不同属的种杂交。入侵种与本地种的基因交流可能导致后者的遗传侵蚀（Van De Wouw et al.，2010）。在植被恢复中将外来种与近缘本地种混植，如在华北和东北当地落叶松属（*Larix*）产区种植引进的日本落叶松（*Larix kaempferi*），以及在海南当地海桑属（*Sonneratia*）产区栽培从孟加拉国引进的无瓣海桑（*Sonneratia apetala*）都存在相关问题，因为这些属已有一些种间杂交的报道。从美国引进的红鲍（*Haliotis rufescens*）和绿鲍（*Haliotis fulgens*）在一定条件下能和我国本地种皱纹盘鲍（*Haliotis discus hannai*）进行杂交（李明阳和徐海根，2005）。

有些物种的局部野生、原始种群消失及遗传材料减少存在于我国许多地区，但由于高山和江河阻隔，这些地区长期与外界交流较少，因而仍然保存和发展着各种各样的半栽培状态植物、半驯化家养动物。人类通过对野生动植物的筛选、淘汰，经过半栽培、半驯化阶段，形成栽培植物和家养动物。因此，局部野生、原始种群很可能是未来人类新经济产业的源泉（李明阳和徐海根，2005）。中国由于生境破坏严重，入侵种猖獗，加上本土物种的基数较大，入侵种已成为我国遗传资源保护中一种重要的制约因素（李明阳和徐海根，2005）。

4. 贸易造成的遗传资源流失问题

（1）观赏植物物种

观赏植物物种资源流失一直是一个严重的问题。有些外国公司、专家专门在中国各地搜集珍贵花卉植物物种资源，采用的是走私或者偷窃的方式。这些在我国已经枯竭了的珍贵稀有植物和名贵花卉资源，在国外却得到开发，用于贸易，严重损害了我国国家利益。从 20 世纪 80 年代开始，我国花卉产业迅速发展，逐步形成了北京、昆明、上海、深圳、广州全国五大花卉生产基地。在云南，花卉产业发展 30 多年来，已确立了在全国花卉产业中的领先地位和全国花卉市场的中心地位，在国际花卉界也有较大的影响力，成为亚洲最大的花卉出口基地，一些世界著名外资企业纷纷落户云南从事花卉进出境贸易。由于贸易管理上的漏洞和相关人员专业知识的限制等，在进行合法贸易的同时，许多珍贵的野生花卉资源被夹带出境，造成我国珍贵花卉种质资源的流失（薛达元，2020）。

合法贸易造成野生花卉资源流失有以下几种情况：第一，把从野外收集来的野生花卉，放到苗圃里种植一段时间，就按人工繁殖的花卉苗木合法出口，其中以兰花中的石斛和兜兰为多，这些花卉中只有很少的种类能够进行人工繁殖，批量出口花卉中多为野生物种；第二，出口商常把一些重要野生花卉谎称为人工栽培种类，利用管理人员专业知识缺失来骗取出口证明；第三，把一些珍贵野生花卉的营养枝条掺入到出口花卉商品中夹带出境（薛达元，2020）。

另外，通过国际邮件夹带中国国家保护的珍稀濒危花卉寄往国外，也会造成花卉资源流失。2007 年 1 月初，云南省海关查获了一批从昆明通过邮局寄往美国的兰科植物。经过中国科学院昆明植物研究所专家的鉴定，发现这批兰科植物包括 13 种兜兰、2 种独蒜兰、1种石斛、1种石豆兰、1种虾脊兰和若干种杓兰，大部分都属于《华盛顿公约》附录Ⅰ中所列的禁止国际贸易的种类（薛达元，2020）。

（2）印度的尼姆树

在印度，生长着一种被当地人称为尼姆树（Neem tree）的树，它的树皮、花朵和种子在印度古老的传统医学中得到极其广泛的应用，几乎和印度人的日常生活息息相关。在尼姆树中，科学家证实存在一种叫Azadirachtin的化学物质，它是一种天然杀虫剂。在印度，农民习惯的做法是将种子捣碎，在水中浸泡一夜，撇取表层的浮沫，然后将浮沫浇洒到农作物上去。W. R. Grace公司现在拥有的一项专利，是关于从尼姆树种子中提取该种化学物质，并且使之能够以悬浊液或溶液形式稳定存在。W. R. Grace公司使用的方法使得这种悬浊液或溶液可以保存较长一段时间，使它能够运输到远离尼姆树生长的地方。W. R. Grace公司的做法引起了印度农民的抱怨，同时也受到了环保主义者的严厉谴责（史学瀛和杨新莹，2006）。

（3）马达加斯加的长春花

在马达加斯加热带雨林中，研究人员发现了一种具有独特遗传性状的稀有长春花植物，可以作为药物用来治疗某些癌症。美国礼来制药公司（Eli Lilly and Company）把它开发成为药物，获取了巨大的利润。从长春花属植物中提取的长春花碱和豌豆碱制造的药品，对治愈霍奇金病和小儿淋巴细胞白血病起到很大的作用。礼来制药公司每年从这些药品中盈利上亿美元，而马达加斯加（这些长春花属植物来源地）却没有从中得到任何的利益（马娟娟，2006）。

（4）秘鲁的玛卡树

秘鲁也是饱受“生物剽窃”危害的国家。无论是秘鲁，还是秘鲁的各族原住居民，都没有因为他们拥有的原生资源和传统知识被利用而获得任何利益。这种局面一直如此。多年来，秘鲁原产的典型作物，如昆诺阿黎、棉花（尤其是皮马棉和坦吉斯棉）和玛卡树等有1/3被侵害了产权。玛卡树原产秘鲁，是古代塔万廷苏约居民培育出来的。秘鲁原住民的祖先知道它的药用价值和营养价值，其有用成分可制成药，治疗女性阴寒体质，还可治疗月经不调和闭经，抗癌效果也不错。但是，美国专利与商标局却把玛卡树的加工专利权，授予了世界纯植物药材股份有限公司（史学瀛和杨新莹，2006）。

5. 大型物种遗传资源流失的影响

（1）丧失“独特性”

一个物种遗传多样性越高或遗传变异越丰富，对环境变化的适应能力就越强，越容易扩展其分布范围和开拓新的环境（Thomsen et al.，2017）。如今，在经历了无数次自然选择后，珍贵的遗传资源正以各种崭新姿态出现。然而，从某种意义上说，遗传资源的保护与利用不亚于一场与时间的赛跑，因为有的物种正由于人类活动等面临“团灭”的风险（丁瑶瑶，2021）。所以，对遗传多样性的研究可以揭示物种的进化历史，也能为进一步分析其进化潜力和未来的命运提供重要的资料，尤其有助于稀有或濒危物种保护（吴健和邱晓霞，2018）。

（2）丧失“自主性”

现代生物技术的飞速发展，使现有生物遗传资源及其相关传统知识中所蕴藏的巨大价值被开发出来。在这股生物技术所带来的狂潮中，研发能力与生物多样性在地域上的分布不平衡必然会导致对生物遗传资源的争夺日渐激烈（孙名浩等，2021）。

在遗传资源问题上，各国一般分成两大阵营：遗传资源利用国，以发达国家为主；遗传资源提供国，以发展中国家为主（丁瑶瑶，2021）。

遗传资源如此珍贵、用途如此巨大，就使得那些拥有资本和技术的机构和个人借助发明专利建立起一种知识产权制度，把一些天然生物成分和单个基因遗传物质剥离，当作他们发明的一部分。发达国家的大公司，对一些地区原住居民土地上的天然资源进行所谓的“提纯”或加工，将其视为“发明”，并宣布他们对这些发明拥有知识产权，最后以知识产权保护为由，将这些遗传资源占为己有（马娟娟，2006）。

一些发达国家的公司通过合作研究、出资购买，甚至使用偷窃手段从包括中国在内的发展中国家收集和掠夺遗传资源（薛达元，2020）。长期以来，中国一直是发达国家获取遗传资源的主要对象，遗传资源流失的具体数量难以估计，流失手段也多样化。例如，以独资和合资等方式在中国设立分支机构，进行遗传资源的勘探与筛选，开发药物、化妆品和保健品，再借助专利等知识产权形式独占中国市场。虽然，中国从国外引入大量的遗传资源，但是总的来说，中国因遗传资源流失所造成的损失远远超过因遗传资源引入带来的惠利，存在得不偿失的现象（武建勇，2020）。

（3）丧失“唯一性”

遗传资源一旦消失，就再也无法追回（Thomsen et al.，2017）。中国耕地资源紧缺而且呈逐年下降的趋势，要增加粮食产量主要靠提高单产，而依靠遗传资源再加工的优良品种选育则是提高单产的主要因素。缺少遗传资源，作物育种也就无从谈起（杨湘云，2016）。生态系统中每一种生物灭绝，都将深刻地影响生态系统的平衡，甚至直接引发生态系统的退化，而这更可能形成其他物种灭绝的“多米诺骨牌”效应（詹绍文和赵雅雯，2020）。丰富多样的遗传资源也直接为我们人类提供了美学价值，如果遗传资源多样性流失得不到有效的遏制，其带给人类的美学价值也将一并消失。

（4）丧失“主动性”

长期以来，发达国家都十分重视生物遗传资源的获取，并采用各种方式大肆掠夺和控制发展中国家的生物遗传资源。发展中国家因此蒙受了巨大的经济损失，许多生物遗传资源的原产国、提供国反而成了受害国（薛达元，2020）。

生物遗传资源是经济社会可持续发展的基石，也是国家生态安全的重要保障（孙佑海，2020）。中国是世界上生物遗传资源最丰富的国家之一，也是发达国家掠取生物遗传资源的重要地区。中国生物遗传资源流失的确切数量难以统计（薛达元，2020）。生物资源是人类生存和发展的战略性资源，是维持国家食物安全的重要保证，也是科技创新增强国力的必需品。我们必须从国家战略的高度认识到，中国的生物遗传资源流失日益严重，亟待解决（Wang and Li，2021）。

三、大型物种生物优异性状基因的流失与影响

（一）大型动物、植物资源的优良基因流失

新中国成立后，迫于技术和资金限制，我国多次与国外机构合作进行植物资源考察，如中英苍山考察、中美神农架考察等，通过合作考察，我国的一部分动植物遗传资源被带到了国外。随着改革开放的深入，国内外合作日益增多，外国人士来华自由，导致官方交换、项目合作、国外机构来华收集、非法贸易等成为我国动植物遗传资源流失的主要途径（武建勇等，2011）。

武建勇等（2013）的研究结果表明，皇家爱丁堡植物园、哈佛大学阿诺树木园、莫顿树木园这三个植物园（树木园）引种中国植物种类占其活植物种类总数的10%以上，其中40%～50%为中国特有植物。皇家爱丁堡植物园目前保存活植物17 000多种，其中引自中国的有1700多种，近900种为中国特有植物；哈佛大学阿诺树木园目前保存活植物4000余种，其中引自中国的有440多种，200多种为中国特有植物；莫顿树木园目前保存活植物约3500种，其中引自中国的有近430种，150多种为中国特有植物。此外，法国花木约有50%的种类来源于中国，荷兰也有40%的花木种类来自中国。

国际社会倡导在老挝-缅甸-泰国接合部用橡胶树代替罂粟种植，我国政府给以政策和经济上的优惠，鼓励企业出境发展橡胶树种植业，2003年开始，我国一些企业带着种苗（籽种）、化肥和成熟技术到境外圈地种植橡胶树，促使缅甸东北部、老挝北部橡胶树种植业的迅速发展。近年来，随着橡胶价格持续走低，我国逐步缩减橡胶树种植规模，转而培育经济效益更高的农作物，这一产业转型直接造成具有高抗寒基因的本土橡胶树种质资源流向海外（陈燕萍和吴兆录，2009）。若这种基因成为专利并在世界范围内申请保护，我国将不得不付费使用自己曾经拥有的优良品种。

（二）作物优异性状基因的流失

随着工业化城镇化进程加快、气候环境变化及农业种养方式的转变，农业种质资源数量和区域分布发生了很大变化，部分资源消失的风险加剧，一旦灭绝，其蕴含的优异基因、承载的传统农耕文化也将随之消亡，损失难以估量。2021年3月，农业农村部启动了全国农业种质资源普查工作，这是新中国成立以来规模最大、覆盖范围最广、技术要求最高、参与人员最多的一次。

中国在2015年开展的第三次全国农作物种质资源普查与收集行动中，有目的地征集了种质资源12 924份，抢救性收集了古老、珍稀、特有、名优作物地方品种和野生近缘植物种质资源11 714份，共计24 638份。经初步查对，其中85%的资源是以前未曾收集过的新资源，12%的县是以前从未进行过资源普查收集的新区域，经初步鉴定，在优质、抗病、抗逆、特殊营养价值等方面筛选出一批特优特异种质资源。例如，广东省连山县发现的旱稻地方品种‘地禾糯’‘地禾粘’，纠正了我国种植旱稻历史不超过30年的说法；广西上思县的野生葡萄，高抗霜霉病和根结线虫，对于

培育葡萄抗病新品种极具利用价值；重庆城口县海拔1400 m山地的强耐寒的野生香橙资源，可作为柑橘砧木并有望极大地提高其耐寒性。此次普查也发现，目前我国资源保护形势不容乐观，许多地方品种和主要农作物野生近缘种丧失情况极其严重，丧失速度明显加快。

目前，我国80%以上的野生稻种群都已绝灭，且现存野生稻种群的范围也在迅速缩小。2023年12月，在《世界自然保护联盟濒危物种红色名录》中共收录了稻属25个物种，其中极短粒稻（*Oryza schlechteri*）、新喀稻（*Oryza neocaledonica*）的生存状况堪忧，被评估为濒危物种。它们的种群数量急剧减少，生存范围不断缩小，面临着灭绝的危险。*Oryza malampuzhaensis* 被列为易危种，其生存环境也受到了严重的威胁，种群数量呈现出下降的趋势。根状茎野稻（*Oryza rhizomatis*）为近危种，虽然目前尚未达到濒危的程度，但也需要引起足够的重视，否则很可能会面临更严峻的生存危机。

（三）畜禽优异性状基因流失

中国畜禽类品种资源非常丰富，截至2020年底，我国建立了199个国家级畜禽遗传资源保种场（区、库），为90%以上的国家级畜禽遗传资源保护名录品种建立了国家级保种单位，长期保存作物种质资源52万余份、畜禽遗传资源96万份。但由于缺乏保护意识，我国家畜遗传资源储备在急速衰减，主要畜种的432个品种中有158个由于规模锐减已经丧失了原有的育种潜力，一些著名的本地优良品种日益混杂，如‘广西合浦鹅’，由于不断引入‘广东狮头鹅’‘四川白鹅’‘东北雁鹅’等鹅种与之杂交，加上新品系或杂交种生产性能的优势，饲养合浦鹅的养殖户越来越少，合浦鹅逐渐被淘汰，已是处于消失的边缘（梁远东，2006）。

由于现有的种禽场或种禽公司一般都不重视原禽种的保护，也没有承担保种的责任，企业为了追求高生产性能和良好的经济效益，必然要引进优良基因品种，对禽种进行专门化纯系选育和配套系杂交生产，其结果是一些基因资源被淘汰，原种中的一些优良基因或特定基因（如适应性、抗病力、耐粗性等）在无意中或有意中被遗弃。以种猪为例，长期以来人们对猪品种保护意识淡薄，加之外来引入品种对中国的猪品种结构造成一定改变，导致中国地方猪品种数量急剧下降（郑雪君和杨婷婷，2015）。

（四）自然灾害和单一化育种的基因侵蚀性流失

遗传侵蚀的早期概念集中在作物起源的地理区域的地方品种的消失，通常指适应当地环境的材料被现代品种取代。联合国粮食及农业组织用“遗传侵蚀”一词来描述这种遗传资源的巨大损失（Khoury et al.，2021）。

1. 自然灾害导致的基因侵蚀性流失

栽培农作物是由其野生祖先种在特殊的自然环境下进化而来的，因而某一农业生态环境下的自然条件变化，如地形、地貌、温度、气候、土壤和物候条件等变化，特别是自然灾害，将会在很大程度上影响农作物品种自身遗传资源的分布和保存。

2. 单一化育种的基因侵蚀流失

栽培农作物单一性同样可能带来遗传侵蚀。在我们得到了一些想要的性状（如多粒、矮秆等）的同时，植物中其他一些基因却丢失了。今天，在经历了数千年的作物栽培后，这些作物的遗传多样性变得越来越低。现有的农作物在遗传上都已经有了大的变化，它们的基因与野生近缘种的基因有了很大不同。人工培育的品种可能会更抗病虫害、产量更高、更能适应恶劣的气候环境，但是大面积种植这种单一遗传背景的品种，容易遭受毁灭性的打击。

例如，在马铃薯传入欧洲之后，爱尔兰人发现这个物种不仅非常适合爱尔兰的自然条件，而且种植效益也远大于本国原有的其他作物。于是，爱尔兰的马铃薯种植迅速扩张，几乎所有耕地都种植马铃薯，其他作物近乎绝迹，导致爱尔兰全国作物种植完全没有了多样性。到1845～1846年，爱尔兰大面积暴发马铃薯晚疫病，全国3/4的马铃薯产业迅速被摧毁使爱尔兰人遭受了一场灭顶之灾，直接导致100多万人饿死、150余万人移民国外，最终形成了史无前例的因作物多样性丧失而导致的灾难。

同样，作为玉米种植中心的拉丁美洲，遗传侵蚀（即作物遗传多样性和变异的丧失）正威胁着地方品种的存续，这些独特种质资源不仅关乎玉米对气候变化的适应能力，更是实现作物多样化利用的关键基础，其持续种植与就地保护已面临严峻挑战（Guzzon et al.，2021）。

另外，在农家保护的理念中，农民的活动和决策决定着农作物品种及其多样性是否被保留下来，决定着“基因流失”的严重程度。但是，农民的决策又在很大程度上受制于许多其他因素，如当地的文化习俗、宗教传统、食谱构成、饮食习惯、社会经济、市场需求及国家或地方的政策等。这些因素的每一个环节和综合作用都会直接或间接地影响农作物品种生物多样性及其保存的状况。例如，经遗传育种改良的作物品种比传统的地方品种高产或具有较好的品质或适口性，在市场上具有很强的竞争能力，农民会逐渐栽种改良品种而摒弃地方品种，这样，丰富的地方品种多样性就可能逐渐被单一的改良高产品种所代替。而某些传统文化习惯（如食用特定的糯米年糕、地方水稻品种祭祖等活动）可以使一些具有特殊用途的地方农作物品种保留下来，尽管市场和政策可能都已不再需要这类品种。

（五）水产优良基因的流失

中国的水生生物数量众多，分布区域广，仅海洋生物就占全球总数的11%，故中国是水生生物遗传资源大国。随着中国经济社会的快速发展，受水利水电工程、酷渔滥捕及水环境污染等不利因素的影响，中国水生生物种类和数量急剧减少，资源量显著下降。据统计，中国1443种内陆鱼类中，已灭绝3种，区域灭绝1种，极危65种，濒危101种，易危129种，近危101种（曹亮等，2016）。

受人为和自然因素影响，内陆鱼类资源遭受严重破坏，数量急剧减少以至于濒危甚至灭绝。鱼类物种的濒危通常是多种直接或间接因素共同作用的结果，很少有物种是受单一因素的影响。中国内陆鱼类受威胁的主要因素可以概括为河流筑坝、生境退化或丧失、酷渔滥捕和引进外来种。

譬如中国西南地区的大渡河中曾栖息了众多的急流性鱼类，如裂腹鱼类、鲱类、爬鳅类及墨头鱼类等，但自从 2001 年大渡河水电站开发以后，这些种类显著减少，长丝裂腹鱼（*Schizothorax dolichonema*）、中华鲱（*Pareuchiloglanis sinensis*）和川陕哲罗鲑（*Hucho bleekeri*）等常见性种类已基本绝迹，重口裂腹鱼（*Schizothorax davidi*）和青石爬鲱（*Euchiloglanis davidi*）等种类已非常罕见（杨育林等，2010）。

（六）加强管理防范优良基因流失

生物资源是一种国家保障和协调生态环境、经济发展、人民健康和生物安全的重要战略资源。1992 年在巴西里约热内卢举行的联合国环境与发展大会上通过了《生物多样性公约》，旨在保护生物多样性、可持续利用生物资源、公平公正地分享利用遗传资源所产生的惠益。其后，在《生物多样性公约》框架下还通过了《卡塔赫纳生物安全议定书》（2000 年）和《关于获取遗传资源和公正和公平分享其利用所产生惠益的名古屋议定书》（2010 年，以下简称《名古屋议定书》），以合作应对借助现代生物技术获得的活性生物体的安全利用和转移方面的问题，促进公正、公平地分享利用生物遗传资源所产生的惠益。此外，《濒危野生动植物种国际贸易公约》《保护野生动物迁徙物种公约》《粮食和农业植物遗传资源国际条约》等也是防范全球各国生物优良资源和基因流失的重要条约。

各类生物遗传资源是保障人类优质蛋白有效供给的重要基石，强化收集保护与高效利用，既是农牧产业发展的迫切需要，更是未来世界面对食物短缺挑战、保障食物安全的有效途径（李梦龙等，2019；王继永等，2020）。

为了防范生物资源和基因流失，并发挥生物资源优势，支撑国家农牧业产业资源发展长远需求，中国加强了种质资源保护和利用，特别加强了种质库建设。2021 年中央一号文件中对农作物、畜禽、海洋渔业三大库的建设进行了部署。国家种质资源基因库是确保我国农业种质资源长期战略保存的重要措施，对于应对各类风险，保障国家粮食安全、维护中华民族永续发展具有不可替代的作用，是“国之重器”。

第二节　微生物物种、遗传和基因多样性与资源的流失

一、微生物物种的种类

（一）细菌多样性

1. 细菌的定义

细菌是原核生物的一种，隶属三域之一的细菌域。作为数量最多的一类微生物，细菌广泛分布在生态环境和生物体内：从深海到大气层、从极地冰川到火山熔岩、从皮肤表层到器官内部等都能发现它们的存在。细菌的结构和形态相比于真核生物要更为简

单，无细胞核和复杂的细胞器。此外，许多细菌具有特殊的细胞外附属结构—— 鞭毛，比如我们熟知的大肠杆菌（*Escherichia coli*）具有周生鞭毛，铜绿假单胞菌（*Pseudomonas aeruginosa*）具有单端鞭毛，该结构让细菌具备了运动的能力，使得细菌能趋向有利于生长繁殖的环境。细菌的形态通常可分为球状、杆状和螺旋状三种。细菌体积微小，其长度和直径可达微米级别，如肺炎支原体的长度仅有 1～1.5 μm，宽仅有 0.1～0.25 μm。目前发现的最大细菌是华丽硫珠菌（*Thiomargarita magnifica*），这种新发现的巨型细菌最大长度能够达到 20.00 mm，比已知的巨型细菌还要大 50 倍左右（Volland et al.，2022）。细菌的生长一般需要碳、氮、硫、磷、多种无机盐、微量元素等营养，同时还需要合适的温度、pH 及含氧的环境。除此之外，大部分的细菌通过二分裂的方式产生后代，部分细菌还能通过出芽等方式进行繁殖。

2. 细菌的分类

细菌的分类有不同的分类标准，一般将具有相似特征的归纳为相同的分类类群，主要为了探究生物的系统发育及进化关系，有利于揭示细菌的多样性。

1872 年，科学家 Ferdinand Cohn 首次根据形态特征对细菌进行了分类，随后将生长要求和致病潜力一并作为分类依据对细菌进行了分类。20 世纪初期，随着对细菌生理生化的研究，生理生化特征也作为细菌分类鉴定的标志被采纳；20 世纪末期，化学分类学、数值分类学、利用 DNA-DNA 杂交技术及全基因组分析的现代分类学被纳入细菌分类学中（Schleifer，2009）。

目前被广泛认可的细菌的分类单元从大到小可归纳为界（Kingdom）、门（Phylum）、纲（Class）、目（Order）、科（Family）、属（Genus）、种（Species）。除了以上的分类单元，亚门（Subdivision）、亚纲（Subclass）、亚目（Suborder）、亚科（Subfamily）、亚属（Subgenus）、亚种（Subspecies）也是细菌的分类单元。

参考 LPSN 网站（https://lpsn.dsmz.de）和 NCBI（https://www.ncbi.nlm.nih.gov）对细菌的分类，目前细菌在已确定的门水平上可分为酸杆菌门（Acidobacteria）、放线菌门（Actinobacteria）、产水菌门（Aquificae）、拟杆菌门（Bacteroidetes）、衣原体门（Chlamydiae）、绿菌门（Chlorobi）、绿弯菌门（Chloroflexi）、产金菌门（Chrysiogenetes）、蓝藻门（Cyanophyta）、脱铁杆菌门（Deferribacteres）、异常球菌-栖热菌门（Deinococcus-Thermus）、网团菌门（Dictyoglomi）、纤维杆菌门（Fibrobacteres）、厚壁菌门（Firmicutes）、梭杆菌门（Fusobacteria）、芽单胞菌门（Gemmatimonadetes）、黏胶球形菌门（Lentisphaerae）、硝化螺旋菌门（Nitrospirae）、浮霉菌门（Planctomycetes）、海绵杆菌门（Poribacteria）、变形菌门（Proteobacteria）、螺旋体门（Spirochaetes）、柔膜菌门（Tenericutes）、热脱硫杆菌门（Thermodesulfobacteria）、热微菌门（Thermomicrobia）和疣微菌门（Verrucomicrobia）（Parte et al.，2020）。

鉴于细菌分类系统仍在不断发展，本小节不再对细菌进行门以下水平分类。本小节将关注生态环境和人体环境中较为重要的变形菌门、拟杆菌门和厚壁菌门及其门以下的细菌，并对其功能进行概述。

3. 细菌的主要门类

变形菌门具有最丰富的系统发育多样性，已验证鉴定的科达到 116 个，根据 rRNA 序列可被分为六大类，分别是 Alpha-、Beta-、Gamma-、Delta-、Epsilon-和 Zeta-。变形菌门的细菌广泛分布在土壤、水体和大气中。

变形杆菌属的细菌虽然是众所周知的潜在病原体，但在自然环境中有也有积极方面的作用，它们在受杀虫剂、除草剂、芳香族化合物、偶氮染料和重金属污染的环境中发挥着有效的生物修复作用。在受汽油污染的土壤样品中分离出来的 60 种能够降解碳氢化合物的菌株中，变形杆菌属的相对丰度在总菌属中排名第二，占据了主导地位（Igwo-Ezikpe et al.，2010）。目前研究者已从污染样品中通过富集培养或选择性培养筛选获得具备降解多环芳香化合物能力的好氧细菌，常见的有假单胞菌属（*Pseudomonas*）、鞘氨醇单胞菌属（*Sphingomonas*）等（Wang et al.，2021）。

另外，来自海洋的变形菌具有高的遗传多样性，是宝贵的基因资源库，同时也是分子操作优良的底盘菌株和工业菌株。

海洋变形菌有高达 15%的基因组专门用于次级代谢产物的生物合成（Buijs et al.，2019），其中假交替单胞菌（*Pseudoalteromonas nigrifaciens*）可被用于生产抗生素活性物质（Speitling et al.，2007）、紫罗兰素（Brady et al.，2001）和灵菌红素（Salem et al.，2014）等。除此之外，海洋变形菌还具备作为未来细胞工厂的巨大潜力。需钠弧菌（*Vibrio natriegens*）相比于商业的大肠杆菌有着更快的生长速度，备受研究者关注（Weinstock et al.，2016），经过一系列开发已改造成为优良底盘细胞。另外，具备嗜盐特征的海洋变形菌还能用于工业生物技术。嗜盐海洋变形菌可以在高盐浓度下耐受并茁壮成长，这一特征允许在发酵液中用低成本海水代替宝贵的淡水。虽然在水资源丰富的国家，淡水的使用目前可能不是一个重要的成本驱动因素，但是对于一些淡水供应困难的地区或国家而言，这无疑大大降低了工业成本，解决了淡水量不足以供应生产的问题。使用嗜盐海洋变形菌能大大降低产品在发酵过程中受污染的风险。

4. 人类肠道细菌多样性

微生物广泛存在于人体的各器官或部位，其中包括口腔、皮肤、肠道、胃部等，目前肠道微生物逐渐成为公众关注的热点，对肠道微生物的研究也较为深入，因此本小节将探讨生物体内肠道环境中的微生物多样性及其功能。

人类肠道中大约存在 35 000 种细菌，其中健康的肠道微生物群落主要是由厚壁菌门和拟杆菌门组成的。肠道微生物在人体环境中主要起着代谢营养物质、抵抗病原菌和保护肠胃屏障完整的作用（Frank et al.，2007）。

拟杆菌属、罗斯氏菌属、双歧杆菌属、粪杆菌属和肠杆菌属能消化部分碳水化合物和难以消化的寡糖，并将其转化为短链脂肪酸，如丁酸盐、丙酸盐和乙酸盐，为宿主提供丰富的能量来源（Macfarlane and Macfarlane，2003；Sartor，2008）。其中拟杆菌属的成员是参与碳水化合物代谢的主要菌属，它们通过表达糖基转移酶、糖苷水解酶和多糖裂解酶等来实现碳水化合物代谢。拟杆菌属中的典型菌株要数多形拟杆菌（*Bacteroides thetaiotaomicron*），该菌株基因组编码的水解酶超过 260 种，远远超过人类基因组编码的数量（Cantarel et al.，2012）。

人体肠道中最为普遍的抗菌保护机制之一是黏液保护，但由于小肠中黏液层分布不连续且不充分，因此抗菌蛋白对于小肠抗菌尤为重要。肠道微生物可以通过中间代谢产物或者其结构成分诱导宿主产生抗菌蛋白，其中多形拟杆菌被报道能诱导宿主细胞产生基质金属蛋白酶，从而促使防御素原形成活性防御素，达到抗菌的目的（López-Boado et al.，2000）。此外，肠道微生物还能通过诱导局部免疫球蛋白的表达，用于监控致病菌株是否过度生长。

除了上述提及的营养代谢和抗菌作用，肠道微生物还参与保护胃部和肠道屏障完整性。作为肠道微生物的明星菌株，多形拟杆菌可诱导富含脯氨酸的小蛋白 2A（sprr2A）的表达，该物质是维持肠道上皮绒毛中桥粒所必需的物质（Lutgendorff et al.，2008）。我们熟知的肠道益生菌鼠李糖乳杆菌（*Lactobacillus rhamnosus*）GG 属于厚壁菌门，最初由 Sherwood Gorbach 和 Barry Goldwin 从健康人体粪便中分离得到，该菌株耐酸、抗胆汁并对肠道上皮层具有黏附能力（Doron et al.，2005）。鼠李糖乳杆菌 GG 能产生两种可溶性蛋白——p40 和 p75，可以以上皮生长因子受体和蛋白激酶 C 途径依赖的方式阻止细胞因子诱导的肠道上皮细胞的凋亡（Yan et al.，2011）。

（二）真菌多样性

1. 真菌的定义

真菌是具有真正的细胞核、细胞壁（含几丁质或纤维素或同时含有这两种物质），细胞不含叶绿体，腐生或寄生，以孢子进行繁殖，多数具有丝状体或形成菌丝体的一大类微生物。真菌的类群庞大而多样，在自然界中分布广泛，大多数生活在土壤及植物残体上。真菌按形态可分为单细胞和多细胞两类：单细胞真菌称为酵母菌，呈圆形或卵圆形，直径为 3～15 μm，以出芽方式繁殖，芽生孢子成熟后脱落成独立的个体；多细胞真菌包括霉菌和蕈菌（大型真菌）。其中，霉菌和蕈菌不作为真菌的分类学名称，没有严格界定。

2. 真菌的形态结构特征

真菌的结构组成包括营养体和繁殖体。

（1）营养体

真菌营养生长阶段的结构称为营养体。绝大多数真菌的营养体都是可分枝的丝状体，单根丝状体称为菌丝。许多菌丝在一起统称菌丝体。菌丝体在基质上生长的形态称为菌落。真菌的菌丝有四种：气生菌丝、营养菌丝、匍匐菌丝、直立菌丝。

（2）繁殖体

当营养生活进行到一定时期时，真菌就开始转入繁殖阶段，形成各种繁殖体，即子实体（fruiting body）。真菌的繁殖体包括无性繁殖形成的无性孢子和有性生殖产生的有性孢子。

3. 真菌的分类

目前真菌的分类不仅仅以形态结构作为唯一依据。

分子生物学技术在真菌的分类学中广泛应用，例如，18S rRNA 基因、ITS 序列、核型脉冲电泳分析等。国际上曾出现过多个真菌分类系统，其中具有重要影响力的分类系统有：①贝西分类系统（创建了“三纲一类”，为真菌分类奠定基础）；②亚历克索普洛斯分类系统；③安斯沃斯分类系统；④卡弗利尔-史密斯分类系统；⑤巴尔分类系统（提出“真菌界”）；⑥《真菌词典》第九版和第十版（第十版中将真菌界划分为 7 门 36 纲 140 目 560 科 8283 属 97 861 种）。

目前教科书中真菌被分为 5 个门：壶菌门（Chytridiomycota）、接合菌门（Zygomycota）、子囊菌门（Ascomycota）、球囊菌门（Glomeromycota）、担子菌门（Basidiomycota）。

（1）壶菌门

壶菌门与其他真菌的主要区别是能产生可游动的孢子。现所知门类达 800 多种，共 5 个目，其中主要目为：壶菌目、芽枝霉目、厌氧瘤胃真菌。壶菌目大部分为水生，部分腐生，还有小部分寄生在小型水生生物上。芽枝霉目的代表种属包括异水霉属（*Allomyces*）和小芽枝霉属（*Blastocladia*）。厌氧瘤胃真菌指的是草食动物瘤胃和盲肠内的厌氧壶菌。

（2）接合菌门

接合菌的营养体是菌丝体，通过有性繁殖形成接合孢子，没有游动孢子。根据生活习性或生态特征可将接合菌分为 2 个纲：接合菌纲和毛菌纲。重要代表菌为土壤中的腐生菌，如毛霉属（*Mucor*）和根霉属（*Rhizopus*）等。例如，黑根霉（*Rhizopus nigricans*）在微生物发酵领域常被用于生产胞外多糖，而胞外多糖被认为具有较强的抗氧化能力及抗肿瘤活性（王颜天池等，2018；于志丹，2018）。米根霉会分泌淀粉糖化酶，可以将淀粉转化为葡萄糖，因此可用于酿酒。而毛霉属通常是制作腐乳、豆豉的菌种。

（3）子囊菌门

子囊菌门因其独特结构子囊（ascus）而得名，是目前种类最多的一类真菌，其中许多都是具有应用价值的真菌。代表属包括：曲霉属、青霉属（著名种为产黄青霉，能产生广谱抗生素青霉素）、脉孢菌属、麦角菌属（主要寄生于禾本科植物或小麦等植物的子房，可用于大规模发酵生产麦角碱）、虫草属（冬虫夏草的形成）。

曲霉属（*Aspergillus*）真菌包括超过 340 种官方认可的物种，这些曲霉真菌主要用于食品发酵及大规模生产酶、有机酸和生物活性化合物（Houbraken et al.，2014），其中米曲霉（*Aspergillus oryzae*）和黑曲霉（*Aspergillus niger*）是两个重要的代表种。米曲霉是大豆、大米、谷物和土豆发酵最常用的霉菌，而黑曲霉则用于各种酶和有机酸的工业生产，包括全球每年生产的 99%（约 140 万 t）的柠檬酸（Schuster et al.，2002）。黑曲霉中的许多菌株被美国食品药品监督管理局（United States Food and Drug Administration，USFDA）认为是安全的，因此在数十年中均被用作批量生产同源或异源蛋白的宿主系统

(Punt et al.，2002)。然而，最近的研究发现，一些黑曲霉菌株可以产生有害的次级代谢产物（Frisvad et al.，2011；Lamboni et al.，2016），因此，仔细筛查每个工业黑曲霉菌株生产霉菌毒素的能力是十分重要的。

青霉属（*Penicillium*）真菌包含 200 多个种，是重要的抗生素来源之一。产黄青霉（*Penicillium chrysogenum*）是其中重要的代表菌属，被认为是抗生素时代的开启者，也是目前生物医药领域研究得最多的真菌之一（Fierro et al.，2022）。产黄青霉因其能够高产青霉素而闻名，*Penicillium chrysogenum* NRR1 1951 是最早被分离的产黄青霉菌株，其后至今许多改良的菌株都是由菌株 NRR1 1951 通过 X 射线、紫外辐射或化学物质等诱变方式衍生培育而来的（Salo et al.，2015）。

（4）球囊菌门

球囊菌门又称聚合菌门或锈球菌门，通常采用无性生殖，其菌丝末端会形成球囊状的孢子。球囊菌通过菌丝感染植物根部皮层细胞，并形成具有分枝的丛枝状体（arbuscule），从而与植物根部形成互惠共生的丛枝菌根，帮助植物获取矿物质。能形成菌根的高等植物有 2000 多种，如侧柏、毛白杨、银杏、小麦、葱等；通常情况下，球囊菌必须依赖植物合成的能源物质才能够生存，同样具菌根的植物在没有真菌存在时也不能正常生长。

（5）担子菌门

担子菌门是真菌中最高等的门，因具有“担子”结构而得名。担子是能够产生担孢子的产孢体。担子菌门真菌以大型真菌为主要类别，此外还包括植物寄生菌锈菌和黑粉菌。大型真菌中许多为重要的食用和药用真菌，如木耳、灵芝、牛肝菌及各种菇类等，这些具有子实体的大型真菌也称为蕈菌。担子菌门的物种数约占真菌界的 1/3，种类繁多、分类复杂。2019 年，我国科学家赵瑞琳联合 27 国专家对担子菌门中的 3198 个属进行梳理并整理了各个合法属的分类地位、模式种、分布地、物种数、系统发育等信息，获得了目前最完整的担子菌门分类系统，包括：4 亚门 18 纲 68 目 241 科 1928 属，共 41 270 种。

（6）酵母

从系统分类上讲，酵母虽然分属于真菌的有关门（子囊菌门和担子菌门）中，但由于研究酵母的分类方法更多地采用生理性状，因而逐渐形成了自己独特的分类系统。根据有无有性过程、能否形成子孢子（子囊孢子、掷孢子、担孢子、冬孢子），以及孢子的数目、特点、形状等特征，将酵母分为 39 属 372 种，这些属种分别归为四大类：能产生子囊孢子的酵母，能产生冬孢子和担孢子的酵母，能产生掷孢子的酵母，不产生子囊孢子、冬孢子和掷孢子的酵母。其中，不形成孢子而依靠出芽繁殖的酵母又被称为不完全真菌（孙万儒，2007）。

大多数酵母营腐生生活，喜好生活在高糖和酸性环境中，如水果和蔬菜的叶面或是土壤中。少数酵母营寄生生活，能够引起动植物患病。由于酵母具备将糖转化为乙醇和二氧化碳的能力，因此千百年来人类利用酵母来进行酿造、制酒和烘焙（Dupont et al.，2017）。常见的代表种属包括：①酿酒酵母（*Saccharomyces cerevisiae*），是酿酒和生产面包的主要菌种（乔喜玲，2020）；②假丝酵母属（*Candida*），又称为念珠菌属，其具有发酵能力，可生产单细胞蛋白，部分种则具有致病性；③球拟酵母属（*Torulopsis*），其是生产甘油的重要菌属；④毕赤酵母属（*Pichia*），常作为重组蛋白生产的底盘细胞。

4. 人类肠道真菌的多样性

人类肠道中存在数量庞大的微生物，许多研究表明这些肠道菌群与人体健康或疾病的发展相关。肠道中的微生物主要是细菌，除此之外还包括少量真菌、病毒、古菌等。由于细菌在肠道中的丰度相较于其他微生物种类具有绝对优势，因此目前绝大部分关于肠道菌群的研究都与细菌有关。相较而言，肠道真菌的研究较少。目前从健康人类粪便样品中检测出的肠道真菌包括枝孢菌属（*Cladosporium*）和各种酵母菌，主要包括念珠菌属、酿酒酵母和马拉色菌属（*Malassezia*）（Hallen-Adams and Suhr，2017）。其中念珠菌属的白念珠菌（*Candida albicans*）和近平滑假丝酵母（*Candida parapsilosis*）被认为是原本就定植在肠道中的条件致病菌，而酵母菌属和马拉色菌属可能并不是肠道菌群中的"原住民"，而是由于食用某些食物等从外界环境进入肠道，从而在粪便样品中被检出（Fiers et al.，2019）。

尽管真菌在肠道中占比极少，但却是肠道微生物群落的重要组成部分，肠道中的真菌可以通过与肠道微环境或肠道细菌相互作用，从而参与宿主生理过程。Shao 等（2019）证明，在肠炎症期间，小鼠肠道真菌白念珠菌能够通过循环中性粒细胞驱动真菌特异性辅助 T 细胞 Th17 和细胞因子 IL-17 的全身性响应，该过程对白念珠菌的侵袭性感染具有协同保护作用。这种持续性的真菌"殖民"一定程度上保护了肠道环境免受一些体外病原体（如金黄色葡萄球菌）的感染。然而，这些肠道共生真菌在某些特殊条件下也会转变为危害人体健康的致病菌。白念珠菌可以从肠道进入血液并侵入人体内脏器官，这种侵入感染通常发生在免疫系统衰弱的个体中（如接受化疗的癌症患者或是器官移植接受者）。总体而言，目前人们对于肠道真菌的认知依然十分有限。未来的研究工作应当更多考虑肠道真菌与肠道细菌之间稳定的共生关系与人体疾病之间的关联。

（三）病毒多样性

1. 病毒的定义

病毒是一种依靠宿主细胞来繁殖的类生物体。在感染宿主细胞之后，病毒就会迫使宿主细胞快速地制造、装配出数千份与其相同的拷贝。与大多数生物体不同的是，病毒没有会分裂的细胞，新的病毒是在宿主细胞内生产、组装的。病毒与构造更简单的传染性病原体朊病毒不同，病毒含有能够发生变异和进化的核酸（Dimmock et al.，2015）。目前，人们已经发现了环境中超过 9000 种的病毒（Lefkowitz et al.，2018）。

2. 病毒的分类

（1）国际病毒分类委员会分类

国际病毒分类委员会（International Committee on Taxonomy of Viruses，ICTV）定义了一种统一的分类系统，并编写了指南，主要根据病毒特性进行家族分类。截至 2021 年，已定义了 6 域、10 界、17 门、2 亚门、39 纲、65 目、8 亚目、223 科、168 亚科、2606 属、84 亚属和 10 434 种病毒（Francki et al.，2012）。

（2）巴尔的摩病毒分类系统

巴尔的摩病毒分类系统（Baltimore Classification）是一种由戴维·巴尔的摩建立的以基因组和病毒转录 mRNA 方式进行区分的病毒分类系统，即根据不同的病毒基因组产生 mRNA 方式的不同进行分类，凸显了病毒特殊的生命周期的本质和内涵（Temin and Baltimore，1972；Baltimore et al.，1974）。在现代病毒分类中，ICTV 分类系统与巴尔的摩分类系统通常结合使用（De Villiers et al.，2004）。

病毒由基因组核酸和蛋白质组成，但是自己又没有蛋白质翻译需要的一系列条件，所以只能依赖宿主细胞的核糖体来翻译 mRNA 上的遗传信息。因此，病毒怎么样把它的基因组变成细胞能够识别的 mRNA 就是病毒生命周期中至关重要的环节。根据病毒基因表达方式将病毒分为以下七类。

第一类（Class Ⅰ）：双链 DNA 病毒（dsDNA virus），如腺病毒、疱疹病毒和痘病毒。

第二类（Class Ⅱ）：单链 DNA 病毒（ssDNA virus），如小 DNA 病毒。

第三类（Class Ⅲ）：双链 RNA 病毒（dsRNA virus），如呼肠孤病毒。

第四类（Class Ⅳ）：正义单链 RNA 病毒［(+) ssRNA virus］，如微小核糖核酸病毒和披盖病毒。

第五类（Class Ⅴ）：反义单链 RNA 病毒［(−) ssRNA virus］，如正黏液病毒和炮弹病毒。

第六类（Class Ⅵ）：单链 RNA 逆转录病毒（ssRNA-RT virus），如逆转录病毒。

第七类（Class Ⅶ）：双链 DNA 逆转录病毒（dsDNA-RT virus），如肝病毒。

举一个病毒分类的例子：水痘病毒，即带状疱疹病毒，属于疱疹病毒目疱疹病毒科甲型疱疹病毒亚科水疱病毒属；同时，带状疱疹病毒是巴尔的摩分类法中的第一类，因为它是双链 DNA 病毒，且不含有逆转录酶。

3. 病毒的结构

病毒也称“病毒体”（virion），由化学本质为 DNA 或 RNA 的基因和包裹着基因的蛋白质外壳组成。蛋白质外壳也称“衣壳”（capsid），由许多更小的相同蛋白质分子（即壳粒）组成。由壳粒堆砌而成的衣壳可以呈二十面体，螺旋形，也可以呈现出更加复杂的形状。另外，病毒还拥有一个称为“核衣壳”（nucleocapsid）的结构。它位于衣壳内部，包裹着病毒的核酸，化学本质为蛋白质。此外，许多动物病毒还含有脂质包膜（lipid envelope）及一些额外的部分，如颈（neck）、尾鞘（tail sheath）、尾纤维（tail fiber）、针（pin）和终板（endplate）。

4. 病毒的生命周期

病毒不会通过细胞分裂生长，而是会利用宿主细胞“制造”出数以千计的子代病毒。病毒会让宿主细胞复制病毒的 DNA 或者 RNA，并合成病毒所需的蛋白质，然后在细胞中利用这些核酸和蛋白质组合成新的病毒（Freed，2015）。

病毒的生命周期在物种之间差异很大，但都包括 6 个基本阶段。

1）附着：病毒首先与宿主细胞表面的特定分子结合。因为这种结合作用具特异性，病毒只能感染少数几种细胞。例如，人类免疫缺陷病毒（HIV）只能感染人类 T 细胞，因为其表面蛋白 gp120 只能与 T 细胞表面的 CD4 等分子结合。植物病毒只能感染植物而不能感染动物。这种附着机制经过不断的进化，使病毒更加“钟爱”那些能够让它们完成复制的细胞。

2）进入细胞：病毒附着到宿主细胞表面之后，通过胞吞或膜融合进入细胞。

3）核酸的脱出：病毒自己的或宿主细胞中的酶将病毒的衣壳降解破坏，释放病毒的核酸。

4）合成：宿主细胞的蛋白质合成系统以病毒的信使 RNA 为模板合成病毒蛋白，同时细胞也合成病毒的 DNA 或 RNA。

5）组装：上一步合成的病毒的蛋白质和核酸组装成数百个新的病毒颗粒。

6）释放：在完成了上述步骤之后，新病毒会从宿主细胞中脱离释放。多数病毒在该过程中会使宿主细胞溶解破裂，另一些病毒（如 HIV）则通过出芽等较温和的方式从细胞中释放（Shors，2017）。

5. 噬菌体

噬菌体（bacteriophage）是一种感染细菌和古菌的病毒，其特点为以细菌为宿主。人们熟知的噬菌体是以大肠杆菌为宿主的 T2 噬菌体。

噬菌体由蛋白质外壳和遗传物质组成，大部分噬菌体还长有“尾巴”，用来将遗传物质注入宿主体内。超过 95%已知的噬菌体以双螺旋结构的 DNA 为遗传物质，余下的 5%以 RNA 为遗传物质。正是通过对噬菌体的研究，科学家证实了基因以 DNA 为载体（赫尔希-蔡斯实验）。整个噬菌体的长度由 20 nm 到 200 nm 不等。它们的基因组可含有少至 4 个、多至数百个基因。在注射其基因组进入细胞质后，噬菌体在细菌内复制（McGrath and Sinderen，2007）。

噬菌体在环境中普遍存在，通常在一些充满细菌群落的地方，如泥土、动物的内脏里，都可以找到噬菌体的踪迹。目前世上蕴含最丰富噬菌体的地方就是海水。平均每毫升海水含有 9×10^8 个病毒粒子，同时海水中 70%的细菌受到噬菌体的感染（Wommack and Colwell，2000；Prescott et al.，1993）。

噬菌体作为医疗用品的时间超过 90 年，在苏联、中欧和法国，噬菌体都曾用作抗生素的替代品。噬菌体治疗已经被很多国家认可，并被用于应对具有多重耐药性细菌引发的感染（Keen，2012）。

6. 冠状病毒

冠状病毒是一种 RNA 病毒，会导致哺乳动物和鸟类产生疾病。冠状病毒容易引起从轻微到致命的呼吸道感染，如人类的轻度疾病包括一些普通感冒。而更致命的变种可能导致 SARS、中东呼吸综合征（Middle East respiratory syndrome，MERS）和 COVID-19，从而导致疾病的大流行。

2019 年 12 月，一种肺炎疫情暴发，随后被追踪到一种新型冠状病毒，被世界卫生组织临时命名为 2019-nCoV，后来被国际病毒分类委员会更名为 SARS-CoV-2。武汉病毒株已被鉴定为来自 2B 组的新型 Beta 冠状病毒属（*Betacoronavirus*）病毒株，与 SARS-CoV 的遗传相似性约为 70%（Hui et al.，2020）。该病毒与蝙蝠冠状病毒有 96% 的相似性，因此人们普遍怀疑它也起源于蝙蝠（Eschner，2020）。

7. 病毒在生态学中的角色

（1）病毒在水环境中的作用

病毒是水环境中数量最多的生物体（Koonin et al.，2006）。它们在海洋生态系统和淡水生态系统的调节过程中扮演着重要角色。水中的病毒大都是对动植物无害的噬菌体，它们能够感染并杀灭水生生物群落中的细菌，被噬菌体感染并裂解的细菌会释放出有机分子，这些有机分子能促进细菌的新生和藻类的生长，对水生生态系统的碳循环过程至关重要（Shelford and Suttle，2018；Suttle，2007）。

病毒也会感染浮游植物，并阻止有害藻类的繁殖（Brussaard，2004）。此外，海洋哺乳动物也会受病毒感染。1988 年和 2002 年，欧洲有数千只海豹因瘟热病毒而死亡（Hall et al.，2006）。

（2）病毒在进化中的作用

病毒是在不同物种之间转移基因的重要自然手段，它增加了遗传多样性并推动了进化（Canchaya et al.，2003）。人们认为，在共同祖先演化为细菌、古菌和真核生物之前，病毒在早期进化中发挥了核心作用。病毒仍然是地球上最大的未开发的遗传多样性库之一（Forterre and Philippe，1999）。

（3）病毒在生命科学和医学领域中的应用

病毒对于分子和细胞生物学的研究很重要，因为病毒提供了简单的系统，可用于操纵和研究细胞的功能。病毒的研究和使用提供了有关细胞生物学方面的宝贵信息，帮助我们了解分子遗传学的基本机制，如 DNA 复制和转录、RNA 加工和翻译、蛋白质转运和免疫学（Lodish et al.，2000）。

遗传学家经常使用病毒作为载体，将基因引入他们正在研究的细胞中，这样做有助于研究新基因引入基因组的效果。同样，病毒疗法是使用病毒作为载体来治疗各种疾病，因为它们可以特异性靶向细胞和 DNA，有希望作为基因疗法应用到癌症治疗中。噬菌体疗法有潜力作为抗生素的替代品，目前在一些病原菌中发现了高水平的抗生素耐药性，人们对这种方法的研究正在逐步推进（Matsuzaki et al.，2005）。

病毒表达异源蛋白质是当前用于生产多种蛋白质（如疫苗抗原和抗体）的几种制造

工艺的基础。最近人们已经利用病毒载体开发了工业化生产工艺，并且几种药物蛋白目前处于临床前和临床试验阶段（Gleba and Giritch，2011）。

（4）病毒在材料科学与纳米技术领域中的应用

病毒可以视为有机纳米颗粒。它们的表面带有特定的工具，使其能够穿过宿主细胞的屏障。病毒的大小和形状及其表面官能团的数量和性质都被精确地进行了定义。因此，病毒在材料科学中通常用作共价连接表面修饰的支架。病毒的一个特点是能够通过定向进化进行定制。生命科学领域开发的强大技术正在成为纳米材料工程方法的基础，其应用范围可超越生物学和医学领域，实现广泛的应用（Fischlechner and Donath，2007）。

（5）合成病毒领域

许多病毒可以从头合成（“从头开始”），合成的不是真实意义上的病毒，而是其 DNA 基因组（DNA 病毒），或者其基因组的 cDNA 拷贝（RNA 病毒）。裸露的合成 DNA 或 RNA 在引入细胞时具有传染性，包含产生新病毒的所有必要信息。该技术现在作为研究新的疫苗策略（Coleman et al.，2008）。

（四）放线菌多样性

1. 放线菌的定义

放线菌中大部分菌属为革兰氏阳性菌（枝动菌属除外），具有丝状分枝细胞，因为菌落为放射状，所以命名为放线菌。放线菌在自然界中分布广泛，尤其在土壤中更为常见，泥土中所具有的土腥味即为放线菌的味道。据统计，各类农田每克土壤中含有 10^4～10^6 个放线菌的孢子（Shahrokhi et al.，2005）。

2. 放线菌的分类及特征

在细菌域中，放线菌是公认的 18 个主要谱系中最大的分类单位之一，有 6 纲 25 目 52 科 232 属（Stackebrandt and Schumann，2006），代表属以链霉菌属（*Streptomyces*）为主，其次为马杜拉菌属（*Actinomadura*）、小双孢菌属（*Microbispora*）、小单孢菌属（*Micromonospora*）、诺卡氏菌属（*Nocardia*）、野野村氏菌属（*Nonomuraea*）、分枝杆菌属（*Mycobacterium*）等（Martínez-Hidalgo et al.，2014；Vijayabharathi et al.，2016）。

1）链霉菌属：是最高等的放线菌，多生活在土壤中，是产生抗生素菌株的主要来源，如链霉素由灰色链霉菌产生，而土霉素是由龟裂链霉菌产生。该属菌具有基内菌丝、气生菌丝、孢子丝（有 20 个孢子以上），孢子丝直形、波浪弯曲形成螺旋状，孢子丝有互生、丛生、轮生，依靠孢子繁殖。

2）诺卡氏菌属：只有基内菌丝，较少数产生薄层气生菌丝，极少数产生孢子丝，依靠菌丝断裂繁殖。部分可对人致病，如星形诺卡氏菌可引起肺化脓性感染。巴西诺卡氏菌主要在皮肤创伤后引起感染，感染以化脓和坏死为特征，称为分枝菌病。

3）小单孢菌属：不形成气生菌丝，繁殖时从基内菌丝长出一个孢子梗，梗顶端着生一个孢子。靠孢子来繁殖。有 30 多个种，大多能产生抗生素，如绛红小单孢菌和棘孢小单孢菌能产生庆大霉素；有的还能积累维生素 B_{12}。

4）放线菌属：菌丝较细，小于 1 μm，有横隔，不形成气生菌丝，也不产生孢子，一般为厌氧或兼厌氧，可断裂成 V 型或 Y 型，多为致病菌，可引起人畜疾病，如衣氏放线菌寄生于人体，可引起后颚骨肿瘤和肺部感染；牛型放线菌可引起牛放线菌病，又称大颌病。

5）链孢囊菌属：以基内菌丝为主，很少或不形成气生菌丝，最大特点是形成各种形状的孢子囊，孢子囊内有会游动（有鞭毛）的孢囊孢子，靠孢囊孢子繁殖。约有 15 种，其中有的可产生广谱抗生素，如粉红链孢囊菌产生的多霉素，可抑制细菌、病毒和肿瘤；绿灰链孢囊菌产生的绿菌素，对细菌、霉菌、酵母菌均有作用。

3. 放线菌的应用

放线菌自身及其代谢产物可以作为生物肥料，对农业有着重要的作用，不仅体现在能改善土壤养分的供应情况，还体现在对作物生长的促进、抗病、抗逆性等多个方面。

（1）放线菌的生物固氮作用

氮对植物生长至关重要，除了根结节和根际的共生，植物尚未开发出任何专门捕获大气氮的机制，因此在很大程度上依赖于各种微生物群落来固定大气中的氮（Dobermann，2007；Santi et al.，2013；Westhoff，2015），比如以共生形式共存的根瘤菌（*Rhizobium*）和弗兰克氏菌（*Frankia*），独立存在的固氮螺菌属（*Azospirillium*）和固氮菌（*Azotobacter*）。包括弗兰克氏菌在内的放线菌在生物固氮中具有非常重要的作用，在现有的报道中，大约 15%的总生物固氮是由弗兰克氏菌参与的（Santi et al.，2013），也有文献报道，有其他独立的放线菌群也具有固氮能力（Rani et al.，2018）。

（2）放线菌参与有机碳的分解和循环

放线菌是土壤微生物的重要组成部分，可以分解多种有机物（Remya and Vijayakumar，2008）。放线菌对于自然界中的纤维素、木质素及动物壳体中的几丁质具有显著的分解作用，产生的物质可以再次被植物利用。有些放线菌可以在高温下好氧分解纤维素和木质素，在堆肥的不同阶段接种耐热放线菌可以加快纤维素的降解，并提高腐殖质的含量（Wei et al.，2019）。

（3）放线菌可以作为生物肥料

研究人员发现，放线菌可以产生植物生长激素，如吲哚乙酸（IAA），将其作为生物肥料接种时可以改善植物生长。例如，Dicko 等（2018）接种放线菌之后，显著促进了玉米的生长，增加了产量。放线菌最有价值的功能之一是增加植物对土壤中磷酸盐的摄取。放线菌可以生产植酸酶和磷酸增溶剂，将结合的磷酸盐转化为可用的磷酸盐（Jog et al.，2014）。

（4）放线菌是一类重要的根际促生菌

放线菌能够产生不同的酶，如蛋白水解酶、淀粉酶、纤维素酶、几丁质酶、明胶酶、脲酶等，它们有助于分解土壤或残留物中复杂的天然物质（Gulve and Deshmukh，2012）。比如，链霉菌中的蛋白水解酶能够耐受环境中的碱和盐。放线菌中的角质蛋白溶解酶，可以降解羽毛、指甲和角等富含角蛋白的农业和工业废物，而且这些酶可以在 50℃或更高的温度下工作。链霉菌的果胶酶可以降解土壤中存在的果胶物质。蛋白酶、纤维素酶、几丁质酶、葡聚糖酶等虽然不能分解土壤中存在的各种类型的生物质，但它们也抑制真菌病原体。许多放线菌通过产生次级代谢产物来保护作物，这些代谢物有助于对抗土壤中植物病原体的拮抗活性（Salwan and Sharma，2020）。

（5）放线菌参与生物防治

有些生存于植物根际的放线菌会产生许多抗生素，这些次级代谢产物能改善土壤肥力，促进植物的生长和发育；还有些放线菌作为生物控制剂能够对抗各种植物病原体，提高植物的抗胁迫能力（Zhang et al.，2013）。

（6）放线菌可以降解农药

农药等农用化学品的使用显著提高了粮食产量，但是土壤中高浓度的农药对微生物种群造成了巨大的负面影响，影响了土壤的肥力（Verma et al.，2014）。研究人员发现，放线菌可能通过生物修复降解各种有毒物质，比如链霉菌可以高效地降解农药（Chougale and Deshmukh，2007）。

二、微生物遗传和基因的多样性

（一）陆地环境

土壤微生物组由细菌、古菌、病毒、真菌和原生动物群落组成，是典型生物多样性丰富的生态系统。丰富的土壤生态系统如森林、草原、湿地也为土壤微生物组的高遗传多样性和基因多样性提供了基础。土壤中水分、温度的变化会影响土壤微生物组，并通过土壤微生物组内多样化的遗传潜力与环境变化相互作用来诱导微生物的基因表达，促进生态系统中的元素循环（Jansson and Hofmockel，2018）。

水分是影响微生物组结构的重要因素，在水分缺乏的环境下，如沙漠生态系统中生物结皮种群（如蓝藻和地衣）会形成生物结皮来辅助碳和氮的固定，在草原生态系统中细菌较真菌对干旱更敏感。当水分缺失的时候，真菌有助于维持碳和氮循环，真菌菌丝结构可能有助于微生物群落获取环境资源。生物土壤结皮中的优势细菌包括变形菌、蓝藻、放线菌和酸杆菌，优势真菌包括子囊菌、担子菌和壶菌（De Vries et al.，2018；Garcia-Pichel et al.，2003；Pointing and Belnap，2012）。在水分充足的环境如强降雨地区或湿地，土壤孔隙会被水占据并在一定程度上构建出厌氧环境，为产甲烷细菌和反硝化细菌提供条件。沿海土壤系统可能会存在海水倒灌等现象，海水的涌入除构建厌氧环境外，也会引入多种电子受体（如硫酸盐类）从而促进特定微生物的物种多样性变化（Jansson and Hofmockel，2019）。

温度影响方面，低温环境下如极地环境中的绿曲菌、变形菌和放线菌是极地永久冻土的优势微生物，并且与季节性冻土相比，永久冻土的物种多样性和基因多样性都较低（Hultman et al.，2015）。在热带雨林地区，放线菌、厚壁菌、绿曲菌、酸杆菌和变形菌是主要的优势微生物。研究发现，环境温度的长期升高会使微生物群落增强呼吸作用并加快碳流失，群落结构会发生重组并向着更多样化的贫营养微生物群落进行转变（Melillo et al.，2017；Petersen et al.，2019）。

陆地表面 1 m 以下的深层环境微生物也是土壤微生物组的重要组成部分，比如火成岩和变质岩环境（Navarro-Noya et al.，2013）。当前研究发现，深层环境微生物的物种多样性的组成与样品的岩石性质具有显著相关性，细菌的数量比古菌丰富，在细菌分类中变形菌属于优势物种，在古菌分类中甲烷微生物和奇古菌属于优势物种（Magnabosco et al.，2018）。

（二）水环境

地球的典型水体包含河流、湖泊、海洋，水体占据了地球表面的大部分面积。水体在多种环境因素，如温度（地球两极、热泉）、压强（海平面、海沟）、酸碱性（酸性矿山排水、苏打湖），都提供了复杂的生态位。

水体沉积物是地球上最大的碳库，水体沉积物中多种微生物群落代谢沉积物中的有机碳和无机碳促进了氮、硫循环等地球化学循环（Parkes et al.，2014）。深海沉积物微生物中的细菌主要包括变形菌门、拟杆菌门、衣原体门、厚壁菌门、绿藻门、芽单胞菌门和浮霉菌门，以及几个常见的候选门，包括 OP1、OP3、OP8、OP10、OP11、WS1、JS1、WS3（Durbin and Teske，2011）。古菌是沉积微生物群落的重要组成部分，主要包括土壤、湖泊、深层地下环境和温泉中广泛分布的深古菌门（Bathyarchaeota），以及深海平原沉积物的古菌谱系 MBG-B（Marine Benthic Group B），其他常见的古菌谱系包括 AAG（Ancient Archaeal Group）、MHVG（Marine Hydrothermal Vent Group）、MBG-D（Marine Benthic Group D）和 SAGMEG（South African Gold Mine Euryarchaeotic Group）（Baker et al.，2021）。为进一步研究沉积微生物群落的基因多样性，部分研究团队分别用河口和深海沉积物的宏基因数据组装深古菌门的基因组，通过基因组分析，发现深古菌门具有降解烃类、脂肪酸和芳香烃化合物的能力，并且通过同位素示踪实验发现部分深古菌门成员可以通过同化作用固定无机碳（Dombrowski et al.，2018；Yu et al.，2018）。在细菌研究方面，暗黑菌门（Atribacteria）在富含烃类的沉积物中分布广泛，研究人员基于油藏和南极海洋沉积物获得的基因组分析发现，暗黑菌门参与了与甲酸盐的共养相互作用（Lee et al.，2018；Liu et al.，2019）。

在河流中，以长江口的微生物类群为例，该微生物群落以变形菌门为主并涵盖了厚壁菌门、放线菌门、硝化螺旋菌门和拟杆菌门。研究者发现长江的河口附近常存在多个水团（台湾暖流、长江冲淡水）的混合与交换，加上河流携带的有机物颗粒都会影响微生物群落结构与多样性（张东声，2011）。河流生物膜也是典型水体微生物群落，α-变形菌和 β-变形菌通常在河流生物膜占据主导地位，其中 α-变形菌可降解腐殖质，而拟杆菌、黄杆菌和鞘氨醇杆菌的一些成员具有降解生物聚合物（纤维素和几丁质）的能力，可能对河流微生物膜具有重要作用（Battin et al.，2016）。

湖泊微生物群落以细菌为主，主要包括蓝藻门、变形菌门、放线菌门和拟杆菌门，如研究者发现，青海湖的微生物群落中物种丰度从高到低是变形菌门、拟杆菌门、蓝藻门和放线菌门（张红光，2013）。基于中国云南的温泉微生物群落分析发现，温泉微生物的常见优势古菌包括广古菌与泉古菌，常见优势细菌包括蓝藻门、变形菌门、厚壁菌门、拟杆菌门（Pagaling et al.，2012；孙盼等，2010）。

（三）大气环境

大气环境基于垂直方向的物理化学特性可分为对流层、平流层、中间层等多个同心层，对流层是水循环过程的重要场所，包含了大部分的水蒸气和微生物（Šantl-Temkiv et al.，2022）。液态水获取、光氧化和热应激都是微生物在对流层生存和繁殖的关键挑战，同时大气环境具有高度动态变化的性质，环境中的温度、湿度会在短时间快速变化，使部分微生物细胞反复受到热冲击和冻融循环（Burrows et al.，2009）。大气中的常见细菌包括变形菌、拟杆菌、放线菌，产孢相关微生物较为普遍，而常见真菌包括座囊菌（Dothideomycetes）和伞形孢菌（Agaricomycetes）。真菌在空气中主要以孢子形态存在，孢子形态有利于微生物在快速变化的大气环境中生存（Cáliz et al.，2018；Gusareva et al.，2019）。部分大气环境微生物组研究发现，与氧化应激、冷休克和紫外线修复相关的基因在微生物群落中广泛存在，面对多变环境，微生物具有独特的基因多样性（Aalismail et al.，2019）。

三、微生物资源流失的原因

（一）人体微生物（肠道微生物）多样性流失的原因

微生物菌群在人类健康和疾病发生中发挥着重要作用，它涉及能量收集和储存及多种代谢功能。其中，肠道菌群与免疫系统相互作用，能够提供信号以促进免疫细胞成熟和正常免疫功能的发展（Burcelin，2016；Levy et al.，2017）。同时，肠道微生物菌群免疫调节作用被证实对宿主的抗结核免疫反应具有关键作用，包括预防结核病感染，减少潜伏期恶化，减轻疾病严重程度，并降低耐药性和合并感染（Hong et al.，2016）。值得注意的是，肠道菌群微生物的定植受多种因素影响，包括饮食、环境、宿主代谢过程（解剖学结构变化、物理因素影响代谢等）。受这些因素的影响，人类肠道微生物菌群一直处于动态变化过程中。

1. 抗生素滥用

20 世纪 50 年代之后，抗生素的使用量剧增，每人每年平均使用量为 1.5 例。根据美国疾病控制与预防中心的统计数据推算，美国孩子在 20 岁前平均接受 17 次抗生素治疗，20～40 岁平均接受 13 次抗生素治疗。这些抗生素的使用严重影响人体的微生物群落结构组成及其代际传播。

抗生素的使用在诱导人体耐药性产生的同时，会大量消灭体内原生微生物。以阿莫西林（amoxicillin，是一种青霉素衍生物）为例，当儿童服用阿莫西林后，其经肠道吸收进入血液，并通过血液循环至身体的各个组织。在此过程中，人体原生且对阿莫西林敏感的微生物群落会被消灭掉。研究人员以 142 名 2～7 岁的芬兰儿童为对象，研究了儿童接受抗生素治疗的过程，以及这些抗生素的使用对肠道微生物群落的影响。此外，研究人员还研究了抗生素使用与儿童哮喘及体重指数发生的关联。研究结果表明，抗生素的使用可显著改变儿童肠道菌群结构，不仅会降低肠道微生物的丰度，同时也会减缓微生物群落的发育，尤其是接受大环内酯类抗生素（比如阿奇霉素和克拉霉素等）的儿童，其肠道菌群在两年追踪期内呈现出尤为显著的动态变化特征。肠道微生物群落在长期抗生素治疗（>1 年）后可逐渐恢复，但如果儿童在早些年重复使用抗生素，则肠道微生物群落就不会完全恢复。大环内酯类抗生素的使用和微生物群落的特性关系直接相关，在儿童两岁前大量使用大环内酯类抗生素会明显增加儿童后期患哮喘的风险。同时大环内酯类抗生素似乎会促进细菌抗生素耐药性的产生（Korpela et al.，2016）。

2. 年龄与性别

在与性别/年龄相关的肠道产甲烷菌产甲烷实验中观察到，随着年龄的增加，甲烷产量逐步增加，14 岁后稳定，而肠道甲烷气体的产生与性别无显著关系（Peled et al.，1985）。与成人相比，儿童粪便样本中的肠杆菌数量更高，而在老年人粪便样本中的双歧杆菌数量更少（Hopkins et al.，2001）。母乳喂养和奶瓶喂养的婴儿粪便微生物群存在差异（Zoetendal et al.，2001；Benno et al.，1984）。与奶瓶喂养相比，母乳喂养婴儿的粪便中的双歧杆菌数量增加，脱硫弧菌数量降低（Gorbach et al.，1967）。婴儿肠道细菌种群的多样性随着年龄的增长而增加（Favier et al.，2002）。与健康年轻人相比，老年人中兼性厌氧菌、梭状芽孢杆菌和肠杆菌的数量增加，粪便拟杆菌和双歧杆菌数量减少。同性别和不同性别间的相似指数没有明显差异（Zoetendal et al.，2001）。

研究表明老年和青年人的不同，这种差异与衰老本身相关，如老年人的生活方式、饮食改变、运动量减少和免疫功能减弱等。与青年人相比，老年人肠道菌群中的厚壁菌门（主要是梭菌属 XIVa 和柔嫩梭菌）、放线菌门（主要是双歧杆菌）数量减少，而变形菌门数量增多。其中，双歧杆菌在婴儿时期占比 90%，成年后降为 5%（Claesson et al.，2012）。

百岁老人堪称健康衰老的典范，因其机体具备延缓或抵御慢性病发生发展的特性。这一群体的肠道菌群可以作为健康肠道菌群的典范。分析长寿老人的肠道菌群，有益菌（*Akkermansia*、*Bifidobacterium*、*Christensenellaceae*）的数量较普通人多（Hopkins et al.，2001）。

3. 饮食

消化道中有复杂的微生物群，约包括 30 属、400 至 500 种微生物。影响肠道菌群的饮食因素尤为重要。膳食纤维、脂类、蛋白质等营养成分对肠道菌群有不同的影响。益生元可通过调节肠道微生物群落增加黏膜和粪便双歧杆菌的数量，而补充新糖则会改变粪便微生物群落（Gibson and Roberfroid，1995；Blaut，2002；Langlands et al.，2004）。与配方奶相比，母乳及其成分对婴儿早期肠道菌群的影响显著（Buddington et al.，1996）。肠内营养也会改变肠道微生物群落（Rabiu and Gibson，2002）。例如，全肠外营养会减少厌氧和兼性厌氧菌的数量；肠内营养会减少厌氧菌的数量，但会增加兼性需氧菌的数量（Macfarlane and Macfarlane，2008）。

4. 疾病

人类肠道是一个多元化和充满活力的微生态系统，它的结构和功能成为目前生命科学和医学的研究热点。人类肠道拥有 1000～1150 种近 100 万亿的细菌，对人类健康产生着巨大影响，同时疾病的发生又会影响人体肠道菌群的状态。

健康人群个体和无胃酸个体相比，粪便微生物种群组成有显著性区别（Drasar et al.，

1969）。此外，与健康对照组相比，患病组个体的肠道微生物组成发生了改变：溃疡性结肠炎患者的黏膜双歧杆菌数量减少（Macfarlane et al.，2004），炎症性肠病（inflammatory bowel disease，IBD）患者组织中缺乏大肠杆菌、单核细胞增生李斯特菌和肺炎克雷伯菌抗原（Manichanh et al.，2006），克罗恩病患者粪便样本中微生物多样性降低（Scanlan et al.，2008）。类似的，与健康对照组相比，患病结肠组产甲烷菌的相对丰度较低（Sokol et al.，2009）；在结肠炎患者肠道微生物群中发现的普拉梭菌（*Faecalibacterium prausnitzii*）数量较低（Hopkins and MacFarlane，2002）。如果个体肠道中总细菌、拟杆菌和双歧杆菌的数目减少，会增加艰难梭菌感染概率（Tannock，1997）。

（二）环境微生物多样性流失的原因

1. 气候变化

在地球进化中微生物生态在改变气候的同时也在被气候改变。气候变化扰乱了物种之间的相互作用，迫使物种适应、迁移或被其他物种取代或灭绝（Riebesell et al.，2015；Hoffmann and Sgrò，2011）。海洋变暖、酸化、富营养化和过度使用（如捕鱼、旅游）共同导致珊瑚礁的衰退，并可能导致生态系统的改变。一般来说，微生物比宏观生物更容易分散。然而，许多微生物物种存在生物地理差异，同时扩散、生活方式和环境因素强烈影响着群落的组成和功能（De Bakker et al.，2017）。海洋酸化使海洋微生物的 pH 条件远远超出其历史范围，从而影响到其胞内 pH 水平。不善于调节体内 pH 的物种会受到更大的影响，许多环境和生理因素影响微生物在其本土环境中的反应和整体竞争力（Bunse et al.，2016）。例如，温度升高会增加真核浮游植物的蛋白质合成，同时降低细胞核糖体浓度。由于真核浮游植物的生物量约为 1 Gt 碳，核糖体富含磷酸盐，气候变化引起的氮磷比的改变将影响全球海洋的资源分配。海洋变暖被认为有利于较小的浮游生物而不是较大的浮游生物生存，改变了生物地球化学通量。海洋温度升高、酸化和营养供应减少预计将增加浮游植物细胞外溶解有机质的释放，微生物食物网络的变化可能导致微生物数量的增加，进而降低海水的营养水平。温度升高还可以缓解铁对固氮蓝藻的限制，对未来变暖海洋的食物网提供新氮来源具有潜在的深远影响（Traving et al.，2014）。如何量化和解释环境微生物对生态系统变化和与气候变化相关的压力的响应，也是一个需要重点关注的课题。因此，关键问题仍然是关于菌群转移的功能后果，例如，碳再矿化与碳固存的变化，以及与养分循环之间的关系。

2. 人类活动

随着城市化和高强度集约化农业的发展，人类正以前所未有的速度和规模改变着微生物的全球迁徙和分布。数十亿年来，微生物及其所携带的基因主要在空气和水的自然驱动下发生迁移。然而在过去 100 年中，人们通过废弃物排放、旅游、全球运输及改变微生物定植点选择压力等，将大量微生物及其基因带入新的环境，逐渐改变了原来微生物的动态变化。

污水的处理促进了微生物和微生物携带基因的共同扩散。全球约有 35.9 万 km^2 的耕地依赖城市污水的灌溉，而 80%的污水都只经过了简单处理甚至没有处理。废水含有高密度的微生物和可交换的基因，以及大量化学污染物，包括金属、抗生素和消毒剂。细菌和化学污染物的共同迁移使细菌能够在新的环境中，通过突变和基因横向转移等获得适应性优势，主动地响应逐渐变化的环境（Johnson et al.，2016；Thebo et al.，2017；Bengtsson-Palme，2017）。

人和动物在世界范围内的流动，导致了微生物的流动和部分微生物的富集。人和农业牲畜所含的微生物量是野生陆地哺乳动物的 35 倍。因此肠道微生物主要是来自人类、牛、羊、猪和鸡等。每年高达 12 亿人次的国际旅游促进了肠道微生物的扩散，抗性基因和细菌克隆子的洲际扩散也证明了这一现象。物质的流动同样也促进了微生物的扩散。航运的压载水可使不同微生物在全球范围内流动（Bengtsson-Palme et al.，2015）。

人类活动导致的土、沙、石的移动远高于所有自然过程。由于每克土壤含有高达 10 亿个微生物，因此水土流失可导致大量细菌的流动，且可能会影响人类的健康，威胁农业的可持续生产（Zhu et al.，2017）。

第三节　微生物多样性丧失的生态环境后果

一、微生物多样性流失的后果

没有微生物，便没有人类赖以生存的宜居地球。微生物对于生态系统平衡及生态圈稳定发展起着重要的作用。人类对微生物的不断认识，逐渐揭示了微生物多样性对人类、动物、植物的生存及对生态系统的稳定发展有着重要的影响。同时，人类活动及其对气候和环境的影响亦导致了前所未有的动植物灭绝、生物多样性丧失，破坏了生态系统平衡，并危及地球上现存动植物的生存发展。动植物物种、群落和栖息地受到的影响至今已得到了比较充分的研究，相比之下，微生物的研究，尤其是微生物与气候变化之间的关系研究，如气候变化对微生物多样性的影响，以及微生物多样性变化对气候的影响，还有所欠缺。虽然肉眼不可见，但微生物的丰富性和多样性决定了它们在维持健康的全球生态系统中的作用，即微生物世界构成了生物圈的生命支持系统。虽然人类对微生物的影响不那么明显，但是微生物多样性变化将影响所有其他生物的生存发展，并影响它们应对气候变化的能力。

（一）微生物多样性流失对自然环境的影响

微生物在碳和营养循环、动物（包括人类）和植物健康、农业和全球食物网中发挥着关键作用。微生物生活在地球上所有被宏观生物所占据的环境中，包括人类和动植物无法生存的极端环境。微生物可以追溯到至少 38 亿年前地球上的生命起源，它们的存在创造了宜居的地球。

尽管微生物在调节气候变化方面至关重要，但它们很少成为气候变化研究的重点，也没有在政策制定中加以考虑。它们超高的多样性和对环境变化的反应不同，因此确定它们在生态系统中的作用具有挑战性。除非人类认识到微生物的重要性，否则就从根本上限制了人类对地球生物圈的理解和对气候变化的反应，从而危及人类为创造生态环境可持续发展所做的一切努力。在我们生活的生态系统中，气候变化正在影响地球上的大多数生命。微生物是维持所有高等营养级生命形式的基础，为了理解人类和地球上的其他生命形式（包括我们尚未发现的生命形式）如何应对人为气候变化的影响，我们不仅需要探究微生物在气候变化（包括温室气体的产生和消耗）中的作用，还必须研究它们将如何受到气候变化和其他人类活动的影响。

微生物多样性和功能的变化源于环境条件的变化。例如，某些水性细菌病原体暴露于升高的温度中可导致与毒力相关的基因表达增加和更快的死亡。研究还发现，局部温度升高与常见病原体的抗生素耐药性增加呈正相关。同时，微生物群落生态的变化会强烈影响病原体。以美国加利福尼亚州的粗球孢子菌（*Coccidioides immitis*）为例，它能够引起球虫病（也称为谷热），并从降水的极端变化中获益。研究认为，高温和长时间的干燥条件会将假丝酵母菌的竞争对手从地表群落中清除，随后的降水使假丝酵母菌能够在地下生长，不受竞争对手的抑制，并在土壤表面定居。之后的干旱期促进了病原体（如关节囊蚴）在空气中传播，从而导致人类和野生动物感染。因此，微生物多样性、病原体传播、毒力和抗生素耐药性的动态是随着环境变化的复杂影响而变化的（Cavicchioli et al.，2019）。鉴于微生物在大多数生态系统功能中起着关键作用，其多样性和生物量损失、局部灭绝和组成变化的潜在后果是巨大的。越来越多的证据表明，气候变化（如干旱和变暖）导致的微生物多样性和丰度的丧失与生态系统多功能性降低、生态系统功能稳定性低及后果未知的生态演替增加有关。由于生态系统代谢能力的改变，即使是低水平的变化（例如，群落组成变化，而多样性保持不变）也会对功能产生巨大影响。如果关键物种在当地灭绝或被取代（例如，固氮共生体或提供抗旱或病原体保护的物种），后果将是巨大的，并可能导致地上多样性和生产力的损失，从而导致严重的经济损失，以及环境和社会危机（Hutchins et al.，2019）。

土壤是地球上最具多样性的生态系统之一，由细菌、古菌、病毒、真菌和原生动物组成的相互作用的群落，统称为“土壤微生物群”。土壤非生物环境也具有高度异质性，其具有不连通的充满空气和/或充满水的孔隙，以及可以作为微生物生长热点的零星资源。当结合植物和土壤动物（如昆虫和蚯蚓）的影响，以及土壤水分、温度和氧化还原状态波动的变化时，土壤环境是高度动态的。然而，气候变化正在引入更广泛和更高的极端变化，对土壤微生物群落的稳定性和恢复力产生未知的后果。由于土壤的生物和非生物性质差异巨大，很难概括气候变化对不同土壤生态系统中土壤微生物群落的影响。在特定的土壤类别中，生物地球化学存在差异，包括 pH 和盐度，这些差异决定了存在的微生物类型。此外，土壤结构和土壤含水量影响微生物栖息地和生态位的创建，并对碳和养分转化产生连锁效应。因此，需要了解土壤微生物群落的精细分布和连通性，以便更好地了解气候变化如何影响物种相互作用和代谢。

土壤微生物群控制着大量营养素、微量营养素和其他对动植物生长至关重要的元素的生物地球化学循环。理解和预测气候变化对土壤微生物群落及其提供的生态系统服务的影响，是一项重大挑战和重大机遇。气候敏感的土壤生态系统包括极地、森林、草原、湿地、干旱地区，微生物多样性的丢失，将对这些气候敏感的生态系统产生巨大的影响。

北极是地球上气候最敏感的地区之一，平均气温的上升速度几乎是全球的两倍，导致了包括永久冻土融化、降水模式变化和植被变化在内的景观的剧烈变化。随着永久冻土的融化，微生物变得更加活跃，并开始分解巨大的储存碳库（1300～1580 Pg 的碳，这大约是土壤总碳储量的一半）。最近的研究估计，目前永冻土中 5%～15%的碳易受微生物分解的影响，从而在未来几十年内产生大量的 CO_2 排放源。尽管这比当前化石燃料排放的 CO_2 少，但 CH_4 的释放将大大加速气候变暖，因为 CH_4 释放的气候强迫影响是 CO_2 的 34 倍。高纬度土壤中巨大的碳库被释放，将加剧全球范围内的气候变化。

从北方到温带再到热带的森林总共覆盖了约 30%的陆地表面，作为土壤碳汇具有重要作用。在气候变暖的条件下，由于微生物分解土壤有机碳的作用增强，土壤碳向大气的流失可能会增加，但这种流失可能会被植物生长加快所增加的碳输入部分抵消。然而，随着温度、干旱严重程度和火灾频率的增加，森林生态系统有可能在未来从净碳汇转变为净 CO_2 源。森林土壤中的真菌和细菌群落对气候变化都有反应，但微生物的类型及其具体反应在森林生态系统中有所不同。部分原因是凋落物类型和质量的差异取决于植物群落（例如，针叶林和落叶林）及土壤 pH 的差异。

草原约占全球陆地面积的 26%，并储存了约 20%的土壤碳储量。草地土壤碳库很大，大约比地上植物生物量库大一到两个数量级，这是因为土壤中有深厚而丰富的根际碳沉积。所以，草原对气候变化的脆弱性预计与根际发生的植物-微生物相互作用，以及土壤碳和其他养分的大量循环过程密切相关。随着气候变化，大多数草原生态系统正经历越来越多的干旱和火灾，并伴随着更多的周期性和极端降水事件。由此产生的土壤水分变化既影响地上植物的生长，也影响土壤中微生物群落的组成和功能。由于草原生态系统中土壤类型和植物覆盖的差异，很难概括微生物群落功能和气候反馈的长期影响。

湿地将陆地和水生系统连接在一起，形成了适合微生物温室气体产生的各种生态系统。湿地 CH_4 排放是 CH_4 的最大自然来源，约占总排放量的 1/3。目前，传统的温室气体减排政策中并不包括与湿地 CH_4 排放相关的内容，可以通过微生物反应指标来更准确地改进政策的不足。水的有效性通常是 CH_4 排放的一个强有力的预测因素：降水量的减少提高了 O_2 的可利用性，促进了有机物的分解，增加了 CO_2 的释放并减少了 CH_4 的排放，而降水量的增加和更多的厌氧条件有利于 CH_4 的产生。

沙漠和其他旱地土壤的特点是缺水，限制了植物和微生物的活动。由于全球干旱地区广阔（约占地球表面的 1/3），它们总共储存了约 27%的陆地有机碳储量。气候变化正在导致大片土地荒漠化，预计到 21 世纪末，旱地面积将增加 11%～23%。水可利用性的这些变化会对土壤微生物群产生深远的影响。然而，由于干旱土壤生态系统是全球分布的，很难概括微生物对土壤和区域干旱加剧的反应（Jansson and Hofmockel，2019）。

海洋作为地球最大的生态系统，微生物多样性在其碳氮循环中起关键作用。海洋温度的变化是推动海洋微生物气候相关变化的主要因素。对于海洋碳循环而言，进入表层的 CO_2 浓度逐渐增加，逐渐降低了海洋 pH，导致海洋酸化。一些研究表明，较高的海水 CO_2 浓度和/或变暖可能有利于特定光自养微生物的光合作用，但总体而言，任何此类刺激效应都可能被强化的分层和伴随的营养限制的负面影响所压倒。其结果可能是生物碳固定的净减少，从而限制了向下沉的出口通量及异养细菌和海洋食物网提供的有机碳。海洋生物碳循环的缩减可能会引发一系列后果：未来海洋生产力下降、吸收和储存化石燃料二氧化碳的能力减弱，以及可捕捞生物资源的供应减少。就氮循环而言，海洋酸化对氨氧化的抑制作用，加上脱氧海水体积不断扩大时较高的反硝化率和厌氧氨氧化速率，可能会减少氧化氮物中硝酸盐和亚硝酸盐的全球库存。由于强化分层对垂直补给造成的物理障碍，地表水中的硝酸盐浓度也将大大降低（Hutchins and Fu，2017）。

（二）微生物多样性流失对植物的影响

植物为多种微生物，包括细菌、真菌、原生生物、线虫和病毒（植物微生物群）的生长和增殖提供了多种生态位。这些微生物可以与植物形成复杂的共生关系，并在自然环境中促进植物的生产力和健康。植物共生微生物多样性的丢失，将对植物生态位产生深远的影响。植物微生物群的成员包括有益微生物、中性微生物和病原微生物，与宿主相关的微生物群落可促进植物生长、养分吸收和病原菌抗性。

尽管与植物相关的微生物群落的个体成员可以拥有某些有益的特性，但群落中某一特性的表现是一种凸显的特性，无法从个体成员身上预测。例如，假单胞菌可以通过抗菌和竞争抑制植物病原体，但总体土壤病害抑制性是一种突发性特性，取决于多种因素，包括病原体的种群动态、病原体和宿主的遗传背景、生物和非生物条件，以及植物微生物群的组成和多样性。微生物给宿主植物带来的好处可以是直接的，包括转化和转移土壤中的必需养分，使其可供植物利用（如固氮），通过竞争、抗菌和产生水解产物来缓解环境压力（如干旱）和保护植物免受病原体的侵害（Trivedi et al.，2020）。

（三）微生物多样性流失对人类（动物）的影响

人类生活在一个微生物世界，因其形态微小，其重要性至今才被发现，很多重大研究仍然在进行中。人类和动物是微生物的宿主，这些微生物聚集成复杂的、大量的有益微生物群体，且其数量是人类细胞的 10 倍，而它们的基因数量可以是我们自身基因数量的 10～100 倍。人与微生物菌群相互作用的主要形式是微生物有益于宿主而不造成伤害（共生关系），以及宿主和微生物都受益的形式。因此，这些与人类生理密切相关的土著微生物的消失并非完全有益，菌群多样性丧失将会导致菌群结构失调，其后果可能包括肥胖和哮喘等现代疾病。

过去几十年来，医学的不断进步提高了人类的寿命，提升了人类的生活质量，但却衍生出一系列的“现代疾病”：肥胖症、儿童糖尿病、哮喘、花粉症、食物过敏、胃食管反流病、孤独症等，这些疾病属于慢性疾病，却持久地降低了患者的生活质量。微生物与人类互利互益协同进化了数千年，人类自出生起即被微生物包围，一个 3 岁儿童体内的微生物群系就已经与成人相似，这些微生物群系对人类的免疫力至关重要，但是，这些微生物有一些正在消失，起因包括人类滥用抗生素、剖宫产、卫生消毒剂、杀菌剂等。微生物多样性的丢失，不仅改变了人类的发育过程本身，而且影响了我们的代谢、免疫甚至认知能力（消失的微生物）。

近年来，人们越来越重视人类共生微生物种群。总的来说，这些群体被称为“人类微生物群”，最初由 Joshua Lederberg 命名。随着人类健康水平和寿命的提高，出现了新的疾病，比如儿童肥胖症，但没有确切的解释，自此，“消失的微生物群”假说被提出来。从 19 世纪开始到 20 世纪加速，人类生态发生了巨大的变化，包括更清洁的水、更小的家庭、剖宫产数量增加、足月前抗生素的使用增加、母乳喂养率降低、抗生素广泛使用超过 60 年。这些人类宏观生态的改变已逐渐影响了本土微生物群的组成，进而影响了人类生理代谢，最终影响人类患病风险及新病的发生。儿童在生命早期广泛接触抗生素，即使是单疗程的，也会改变微生物群落的稳定结构。研究学者推测，广泛使用抗生素治疗幼儿已导致其肠道微生物菌群的组成发生改变，进而导致了发达国家肥胖症的流行（Blaser and Falkow，2009）。

二、微生物多样性流失的应对策略

由世界自然基金会和 40 多所大学、环保组织及政府间组织组成的联合体“扭转曲线倡议”（Bending the Curve Initiative）在 2017 年提出了一个问题，即探索扭转生物多样性丧失的各种路径并进行模型推演。经过将近 3 年的研究，专家组通过先进的模型演算，论证了通过加强保护、改进生产方式、促进可持续消费等综合手段，陆地生物多样性下降的趋势可以被扭转。例如，将微生物多样性保护纳入研究、技术开发及政策和管理决策当中；有效保护至少 30%的自然栖息地并可持续管理剩余部分，致力于恢复自然栖息地，承认当地人民具有对土地和水的权利，以保护和恢复自然栖息地；停止人为导致的物种灭绝，恢复物种种群数量，停止不可持续的野生动植物（微生物）利用和贸易，保育生命的多样性；在粮食系统和农业、渔业、林业、基础设施、采掘业等行业采用可持续发展的方式，使人类的生产和消费足迹减半。

（一）自然环境微生物多样性流失的应对策略

在中国科学院生物多样性委员会发布的《中国生物物种名录》2023 版里，我国生物物种及种下单元 148 674 个，其中，动物 69 658 个，植物 47 100 个，真菌界 25 695 个，原生动物界 2566 个，色素界 2381 个，细菌界 469 个，病毒 805 个。2023 年《中国生物多样性红色名录》高等植物卷和脊椎动物卷在进一步更新后对外公布，此次数据统计表明，有 4088 种高等植物为受威胁物种，有 1050 种脊椎动物为受威胁物种。

在生物多样性峰会上，古特雷斯也指出，自然失衡正在惩罚人类，致命疾病的出现就是正在发生的案例，如艾滋病、埃博拉出血热，以及 2019 年全球暴发的新型冠状病毒疫情。所有已知疾病的 60%和新发传染病的 75%是动物传染病，即病毒从动物传染给人类，这表明了我们星球的健康和我们自己的健康之间存在密切的联系。

生物多样性和生态系统对人类进步和繁荣至关重要，自然的退化并不是一个纯粹的环境问题，它涵盖了经济、健康、社会正义等多方面，并且会加剧地缘政治紧张和冲突。而当下，如果不采取措施，全球物种灭绝速度将“进一步加速”，而现在的灭绝速度已经“至少比过去一千万年的平均值高出数千倍”。

动物、植物及微生物多样性的恢复包括两种：主动恢复和被动恢复。主动恢复需要根据环境受干扰程度来确定进行不同程度的人为干预；而被动恢复首先是需要消除引起初始干扰的因素，如放牧或污染等，其次是自然恢复过程。

评估微生物多样性及多样性恢复需要应对三个关键问题：第一是定义物种和功能类群的空间及时间分布情况及其与生态系统过程的关系；第二则是评估不同功能组类群中生物的丰富程度；第三是比较人工微生物菌剂的引入与自然散布和重建能力之间的系统优先级（Allen et al.，2001）。

在原生态环境中，土著的功能微生物类群遭到严重破坏并且不会被再次入侵破坏的条件下，引入“互惠共生”菌群可能是多样性恢复的有效方法。另外，对土壤、植物和动物进行管理以促进自然迁徙和资源结构调整，同时构筑复杂体系以促进生态过程中空间和时间多样性。如果满足这些条件，微生物很可能会依靠自身恢复物种多样性。

（二）人体微生物多样性的恢复

人体肠道菌群是一个多样且复杂的生态系统，其因人而异并与宿主共同进化，在调节健康和疾病方面发挥着重要作用。宿主基因型和环境因素等方面同样也会对肠道微生物菌群造成影响。尽管肠道菌群不断受到外界环境的影响，但其所具有的自我修复能力能够使其在受到扰动后恢复平衡。这种自我修复的能力也被称为弹性现象。

饮食干预对人体肠道微生物群落的调节已被广泛研究，但主要集中于不可消化的碳水化合物的补充方面。从生态学的观点来看，肠道微生物通过竞争营养物质并调控菌群间互作关系，构成了对肠道菌群演化最主要的选择压力之一。从宿主不能消化的营养素中摄取能量的能力为微生物持续在宿主肠道中的生存提供了进化动力。

长期摄入天然未加工食品对人类健康的促进作用已成为肠道微生物组研究、营养学与公共卫生领域的共识。值得注意的是，个体对膳食干预的差异化反应，凸显了根据肠道菌群结构特征及代谢功能分型制定个性化饮食方案的必要性。

将微生物菌群的研究转化为靶向调控，目前已被众多学者所认可。以微生物组为基础的精确营养的未来包括将广泛应用于研究目的的下一代“组学”工具，以及将复杂的统计方法扩展到临床实践中。肠道微生物分类方法及宏基因组图谱，可以确定关键微生物及其在维持健康生态系统稳定中所涉及的功能方面的差别，从而为补充或丰富这些物种和功能制定适合的方法。蛋白质组分析可以用于寻找体系中丢失的基本功能，进而通过对产生该蛋白质的物种的调控来恢复。此外，定量 PCR 和荧光原位杂交技术等方法可以用于评估与健康和疾病状态相关的特定微生物的绝对丰度。此外，我们还可以通过详细的代谢表型进一步评估宿主的健康状态情况。

（唐鸿志　尚占环　王伟伟）

参考文献

曹亮, 张鹗, 臧春鑫, 等. 2016. 通过红色名录评估研究中国内陆鱼类受威胁现状及其成因. 生物多样性, 24(5): 598-609.

陈燕萍, 吴兆录. 2009. 西双版纳橡胶抗寒种质资源的生态问题和流失风险. 应用生态学报, 20(7): 1613-1616.
程在全, 黄兴奇. 2016. 云南野生稻遗传特性与保护. 北京: 科学出版社.
丁瑶瑶. 2021. 遗传资源: 危机下的“保卫战”. 环境经济, (20): 22-27.
李德铢, 蔡杰, 贺伟, 等. 2021. 野生生物种质资源保护的进展和未来设想. 中国科学院院刊, 36(4): 409-416.
李梦龙, 郑先虎, 吴彪, 等. 2019. 我国水产种质资源收集、保存和共享的发展现状与展望. 水产学杂志, 32(4): 78-82.
李明阳, 徐海根. 2005. 生物入侵对物种及遗传资源影响的经济评估. 南京林业大学学报(自然科学版), 29(2): 98-102.
梁远东. 2006. 地方禽种资源保护存在问题与对策. 中国畜禽种业, 2(7): 19-20.
刘永新, 邵长伟, 张殿昌, 等. 2021. 我国水生生物遗传资源保护现状与策略. 生态与农村环境学报, 37(9): 1089-1097.
卢宝荣, 朱有勇, 王云月. 2002. 农作物遗传多样性农家保护的现状及前景. 生物多样性, 10(4): 409-415.
马娟娟. 2006. 遗传资源的知识产权利益分享问题研究. 西南政法大学硕士学位论文.
聂选华. 2015. 环境史视野下中国犀牛的分布与变迁. 文山学院学报, 28(2): 68-73.
钱存华, 王鑫. 2019. 野生动物种群量 40 年消亡 60%. 生态经济, 35(1): 5-8.
乔喜玲. 2020. 干红葡萄酒酿酒酵母的优选及其酿酒特性研究. 内蒙古农业大学硕士学位论文.
秋凌. 2008. 科学家将深入哥斯达黎加森林搜寻罕见金蟾蜍. 今日科苑, (19): 53.
史学瀛, 杨新莹. 2006. 生物剽窃背景下的知识产权利益分享机制: 兼析中国的对策. 专利法研究, (2005): 58-78.
宋述芹. 2018. 雄性北方白犀牛灭绝之思. 生态经济, 34(9): 6-9.
孙发平, 刘成明, 李军海. 2007. 青海湖区人口状况考察及政策建议. 西北人口, 28(4): 45-50.
孙名浩, 李颖硕, 赵富伟. 2021. 生物遗传资源保护、获取与惠益分享现状和挑战. 环境保护, 49(21): 30-34.
孙盼, 顾淳, 任菲, 等. 2010. 云南洱源牛街热泉原核微生物多样性分析. 微生物学报, 50(11): 1510-1518.
孙万儒. 2007. 酵母菌. 生物学通报, 42(11): 5-10.
孙佑海. 2020-02-22. 维护生物安全就是维护国家安全. 光明日报, 7.
滕漱清, 徐志伟, 鹿化煜, 等. 2021. 过去四万年我国东部季风区大型动物的减少与灭绝: 原因、后果及启示. 中国科学: 生命科学, 52(3): 418-431.
万辛如, 张知彬. 2017. 过去 5 年来气候变化及人类活动对大型哺乳动物局地灭绝的影响. 成都: 第十三届全国野生动物生态与资源保护学术研讨会暨第六届中国西部动物学学术研讨会.
王继永, 郑司浩, 曾燕, 等. 2020. 中药材种质资源收集保存与评价利用现状. 中国现代中药, 22(3): 311-321.
王文华. 2016. 西藏大花黄牡丹资源保护与利用. 现代农业科技, 13: 188, 193.
王颜天池, 王国栋, 李璋, 等. 2018. 黑根霉胞外多糖摇瓶发酵条件优化及体外抗氧化活性. 食品科技, 43(7): 1-5.
王玉国, 杨洁, 陈家宽. 2018. 长江流域野生猕猴桃遗传资源的潜在价值、现状分析与保护策略. 生物多样性, 26(4): 373-383.
吴健, 邱晓霞. 2018. 基于生物勘探的遗传资源物种多样性价值评估. 资源科学, 40(4): 829-837.
武建勇. 2020-03-21. 多措并举遏制生物资源的流失与丧失. 光明日报, 5.
武建勇, 薛达元, 赵富伟. 2013. 欧美植物园引种中国植物遗传资源案例研究. 资源科学, 35(7): 1499-1509.

武建勇, 薛达元, 周可新. 2011. 中国植物遗传资源引进、引出或流失历史与现状. 中央民族大学学报(自然科学版), 20(2): 49-53.

薛达元. 2005. 中国生物遗传资源现状与保护. 北京: 中国环境科学出版社.

薛达元. 2020. 新形势下应着重防范生物物种资源流失. 人民论坛·学术前沿, (20): 68-74.

薛达元, 张渊媛. 2020-02-22. 保护生物遗传资源, 抑制"生物海盗". 光明日报, 7.

杨湘云. 2016. 中国野生生物种质资源保藏体系与关键技术创新. 科技成果管理与研究, (5): 74-75.

杨育林, 文勇立, 李昌平, 等. 2010. 大渡河流域电站建设对保护鱼类的影响及对策措施研究. 四川环境, 29: 65-70.

于志丹. 2018. 黑根霉胞外多糖抗结肠癌的作用机理研究. 山东大学博士学位论文.

詹绍文, 赵雅雯. 2020. 全球生物多样性正在加速丧失. 生态经济, 36(5): 5-8.

张东声. 2011. 长江口及其邻近海域微生物的多样性和生态分布特征研究. 浙江大学博士学位论文.

张红光. 2013. 青藏高原不同海拔湖水中微生物多样性和蓝藻适应性比较研究. 兰州交通大学硕士学位论文.

郑雪君, 杨婷婷. 2015. 中国地方猪品种的保护与利用分析. 中国畜牧杂志, 51(16): 24-27.

周游. 2016. 生物遗传资源知识产权保护研究. 东北林业大学硕士学位论文.

Aalismail N A, Ngugi D K, Díaz-Rúa R, et al. 2019. Functional metagenomic analysis of dust-associated microbiomes above the Red Sea. Scientific Reports, 9(1): 13741.

Allen E B, Brown J S, Allen M F. 2001. Restoration of animal, plant, and microbial diversity. Encyclopedia of Biodiversity, 6: 185-202.

Almond R E A, Grooten M, Petersen T, et al. 2020. Living planet report 2020-Bending the curve of biodiversity loss. Gland, Switzerland: WWF.

Austin S C, Tewes M E, Grassman J L I, et al. 2007. Ecology and conservation of the leopard cat *Prionailurus bengalensis* and clouded leopard *Neofelis nebulosa* in Khao Yai National Park, Thailand. Acta Zoologica Sinica, 53: 1-14.

Baker B J, Appler K E, Gong X Z. 2021. New microbial biodiversity in marine sediments. Annual Review of Marine Science, 13(1): 161-175.

Baltimore D. 1974. The strategy of RNA viruses. Harvey Lectures, 70: 57-74.

Barov B, Derhé M A. 2011. Lammergeier *Gypaetus barbatus* species action plan implementation review. Review of the implementation of species action plans for threatened birds in the European Union 2004-2010. Final report. BirdLife International for the European Commission.

Battin T J, Besemer K, Bengtsson M M, et al. 2016. The ecology and biogeochemistry of stream biofilms. Nature Reviews Microbiology, 14(4): 251-263.

Belew A K, Tesfaye K, Belay G, et al. 2016. The state of conservation of animal genetic resources in developing countries: a review. International Journal of Pharma Medicine and Biological Sciences, 5(1): 58.

Bengtsson-Palme J. 2017. Antibiotic resistance in the food supply chain: where can sequencing and metagenomics aid risk assessment? Current Opinion in Food Science, 14: 66-71.

Bengtsson-Palme J, Angelin M, Huss M, et al. 2015. The human gut microbiome as a transporter of antibiotic resistance genes between continents. Antimicrob Agents Chemother, 59(10): 6551-6560.

Benno Y, Sawada K, Mitsuoka T. 1984. The intestinal microflora of infants: composition of fecal flora in breast-fed and bottle-fed infants. Microbiology and Immunology, 28(9): 975-986.

Berzaghi F, Longo M, Ciais P, et al. 2019. Carbon stocks in central African forests enhanced by elephant disturbance. Nature Geoscience, 12: 725-729.

BirdLife International. 2021. Diclofenac claims first official victim in Europe: the Cinereous Vulture. https://www.birdlife.org/news/2021/04/08/diclofenac-poisons-cinerous-vulture-spain/[2024-12-5].

Blaser M J, Falkow S. 2009. What are the consequences of the disappearing human microbiota? Nature Review Microbiology, 7(12): 887-894.

Blaut M. 2002. Relationship of prebiotics and food to intestinal microflora. European Journal of Nutrition,

41(1): 11-16.
Brady S F, Chao C J, Handelsman J, et al. 2001. Cloning and heterologous expression of a natural product biosynthetic gene cluster from eDNA. Organic Letters, 3(13): 1981-1984.
Brussaard C P D. 2004. Viral control of phytoplankton populations: a review 1. Journal of Eukaryotic Microbiology, 51(2): 125-138.
Buddington R K, Williams C H, Chen S C, et al. 1996. Dietary supplement of neosugar alters the fecal flora and decreases activities of some reductive enzymes in human subjects. American Journal of Clinical Nutrition, 63(5): 709-716.
Buijs Y, Bech P K, Vazquez-Albacete D, et al. 2019. Marine Proteobacteria as a source of natural products: advances in molecular tools and strategies. Natural Product Reports, 36(9): 1333-1350.
Bunse C, Lundin D, Karlsson C M G, et al. 2016. Response of marine bacterioplankton pH homeostasis gene expression to elevated CO_2. Nature Climate Change, 6(5): 483-487.
Burcelin R. 2016. Gut microbiota and immune crosstalk in metabolic disease. Molecular Metabolism, 5(9): 771-781.
Burrows S M, Butler T, Jöckel P, et al. 2009. Bacteria in the global atmosphere—Part 2: Modeling of emissions and transport between different ecosystems. Atmospheric Chemistry and Physics, 9(23): 9281-9297.
Bushuyev S G. 2000. Depletion of forage reserve as a factor limiting population size of Black Sea dolphins. Ecological Safety of Coastal and Shelf Areas and a Composite Utilization of Shelf Resources. Proc Marine Hydrophysical Institute, Sevastopol: 437-452.
Cáliz J, Triadó-Margarit X, Camarero L, et al. 2018. A long-term survey unveils strong seasonal patterns in the airborne microbiome coupled to general and regional atmospheric circulations. Proceedings of the National Academy of Sciences of the United States of America, 115(48): 12229-12234.
Campbell B T, Saha S, Percy R, et al. 2010. Status of the global cotton germplasm resources. Crop Science, 50(4): 1161-1179.
Canchaya C, Fournous G, Chibani-Chennoufi S, et al. 2003. Phage as agents of lateral gene transfer. Current Opinion in Microbiology, 6(4): 417-424.
Cantarel B L, Lombard V, Henrissat B. 2012. Complex carbohydrate utilization by the healthy human microbiome. PLoS One, 7(6): e28742.
Cavicchioli R, Ripple W J, Timmis K N, et al. 2019. Scientists' warning to humanity: microorganisms and climate change. Nature Reviews Microbiology, 17(9): 569-586.
Ceballos G, García A, Ehrlich P R. 2010. The sixth extinction crisis: loss of animal populations and species. Journal of Cosmology, 8: 1821-1831.
Chanthorn W, Hartig F, Brockelman W Y, et al. 2019. Defaunation of large-bodied frugivores reduces carbon storage in a tropical forest of Southeast Asia. Scientific Reports, 9(1): 1-9.
Cheke A S, Hume J P. 2008. Lost Land of the Dodo: and ecological history of Mauritius, Réunion and Rodrigues. New Haven: Yale University Press.
Cheng T L, Rovito S M, Wake D B, et al. 2011. Coincident mass extirpation of neotropical amphibians with the emergence of the infectious fungal pathogen *Batrachochytrium dendrobatidis*. Proceedings of the National Academy of Sciences of the United States of America, 108(23): 9502-9507.
Chougale V V, Deshmukh A M. 2007. Biodegradation of carbofuran pesticide by saline soil actinomycetes. Asian Journal of Microbiology Biotechnology and Environmental Science, 9(4): 1057-1061.
Claesson M J, Jeffery I B, Conde S, et al. 2012. Gut microbiota composition correlates with diet and health in the elderly. Nature, 488(7410): 178-184.
Coleman J R, Papamichail D, Skiena S, et al. 2008. Virus attenuation by genome-scale changes in codon pair bias. Science, 320(5884): 1784-1787.
De Bakker D M, Van Duyl F C, Bak R P M, et al. 2017. 40 years of benthic community change on the Caribbean reefs of Curaçao and Bonaire: the rise of slimy cyanobacterial mats. Coral Reefs, 36(2): 355-367 .
De Pascalis F, Panuccio M, Bacaro G, et al. 2020. Shift in proximate causes of mortality for six large

migratory raptors over a century. Biological Conservation, 251: 108793.
De Villiers E M, Fauquet C, Broker T R, et al. 2004. Classification of papillomaviruses. Virology, 324(1): 17-27.
De Vries F T, Griffiths R I, Bailey M, et al. 2018. Soil bacterial networks are less stable under drought than fungal networks. Nature Communications, 9(1): 1-12.
Dicko A H, Babana A H, Kassogué A, et al. 2018. A Malian native plant growth promoting Actinomycetes based biofertilizer improves maize growth and yield. Symbiosis, 75(3): 267-275.
Dimmock N J, Easton A J, Leppard K N. 2015. Introduction to Modern Virology. New York: John Wiley and Sons.
Dobermann A. 2007. Nutrient use efficiency—measurement and management. Fertilizer Best Management Practices: General Principles, Strategy for Their Adoption and Voluntary Initiatives Versus Regulations. Paris, France: International Fertilizer Industry Association: 1-28.
Dombrowski N, Teske A P, Baker B J. 2018. Expansive microbial metabolic versatility and biodiversity in dynamic Guaymas Basin hydrothermal sediments. Nature Communications, 9(1): 1-13.
Doron S, Snydman D R, Gorbach S L. 2005. *Lactobacillus* GG: bacteriology and clinical applications. Gastroenterology Clinics of North America, 34(3): 483-498.
Doughty C E, Wolf A, Morueta-Holme N, et al. 2016. Megafauna extinction, tree species range reduction, and carbon storage in Amazonian forests. Ecography, 39(2): 194-203.
Drasar B S, Shiner M, Mcleod G M. 1969. Studies on the intestinal flora. The bacterial flora of the gastrointestinal tract in healthy and achlorhydric persons. Gastroenterology, 56(1): 71-79.
Dupont J, Dequin S, Giraud T, et al. 2017. Fungi as a source of food. Microbiology Spectrum, 5(3). DOI:10.1128/microbiolspec.funk-0030-2016.
Durbin A M, Teske A. 2011. Microbial diversity and stratification of South Pacific abyssal marine sediments: South Pacific abyssal sediment microbial communities. Environmental Microbiology, 13(12): 3219-3234.
Eschner K. 2020. We're still not sure where the COVID-19 really came from. https: //www.popsci.com/story/health/wuhan-coronavirus-china-wet-market-wild-animal/[2024-12-8].
FAO. 2010. The Second Report on the State of the World's Plant Genetic Resources for Food and Agriculture. Rome.
FAO. 2013. *In vivo* conservation of animal genetic resources. FAO Animal Production and Health Guidelines. No. 14. Rome.
FAO. 2015. The Second Report on the State of World's Animal Genetic Resources for Food and Agriculture. Rome.
FAO. 2018. Impacts of Climate Change on Fisheries and Aquaclture: Sythesis of Current Knowledge, Adaptions and Mitigation Options. Rome.
FAO. 2019. The State of the World's Biodiversity for Food and Agriculture: in brief. Rome.
Favier C F, Vaughan E E, De Vos W M, et al. 2002. Molecular Monitoring of Succession of Bacterial Communities in Human Neonates. Applied and Environmental Microbiology, 68(1): 219-226.
Ferguson-Lees J, Christie D A. 2001. Raptors of the World. London: Christopher Helm.
Fierro F, Vaca I, Castillo N I, et al. 2022. *Penicillium chrysogenum*, a vintage model with a cutting-edge profile in biotechnology. Microorganisms, 10(3): 573.
Fiers W D, Gao I H, Iliev I D. 2019. Gut mycobiota under scrutiny: fungal symbionts or environmental transients? Current Opinion in Microbiology, 50: 79-86.
Fischlechner M, Donath E. 2007. Viruses as building blocks for materials and devices. Angewandte Chemie International Edition, 46(18): 3184-3193.
Forterre P, Philippe H. 1999. The last universal common ancestor (LUCA), simple or complex? The Biological Bulletin, 196(3): 373-377.
Francki R I B, Fauquet C M, Knudson D L, et al. 2012. Classification and nomenclature of viruses: Fifth report of the international committee on taxonomy of viruses. Virology division of the international union of microbiological societies. Berlin: Springer Science and Business Media.

Frank D N, St Amand A L, Feldman R A, et al. 2007. Molecular-phylogenetic characterization of microbial community imbalances in human inflammatory bowel diseases. Proceedings of the National Academy of Sciences of the United States of America, 104(34): 13780-13785.

Freed E O. 2015. HIV-1 assembly, release and maturation. Nature Reviews Microbiology, 13(8): 484-496.

Fricke E C, Ordonez A, Rogers H S, et al. 2022. The effects of defaunation on plants' capacity to track climate change. Science, 375(6577): 210-214.

Frisvad J C, Larsen T O, Thrane U, et al. 2011. Fumonisin and Ochratoxin Production in Industrial *Aspergillus niger* Strains. PLoS One, 6(8): e23496.

Galetti M, Guevara R, Galbiati L A, et al. 2015. Seed predation by rodents and implications for plant recruitment in defaunated Atlantic forests. Biotropica, 47(5): 521-525.

Garcia-Pichel F, Johnson, S L, Youngkin D, et al. 2003. Small-scale vertical distribution of bacterial biomass and diversity in biological soil crusts from arid lands in the Colorado Plateau. Microbial Ecology, 46(3): 312-321.

Ghimirey Y, Acharya R. 2018. The Vulnerable clouded leopard *Neofelis nebulosa* in Nepal: an update. Oryx, 52(1): 166-170.

Gibson G R, Roberfroid M B. 1995. Dietary modulation of the human colonic microbiota: introducing the concept of prebiotics. The Journal of Nutrition, 125(6): 1401-1412.

Gill J L, Williams J W, Jackson S T, et al. 2012. Climatic and megaherbivory controls on late-glacial vegetation dynamics: a new, high-resolution, multi-proxy record from Silver Lake, Ohio. Quaternary Science Reviews, 34: 66-80.

Gleba Y Y, Giritch A. 2011. Plant viral vectors for protein expression//Caranta C, Aranda M A, Tepfer M. Recent Advances in Plant Virology. London: Caister Academic Press: 387-412.

Goettsch B, Urquiza-Haas T, Koleff P, et al. 2021. Extinction risk of Mesoamerican crop wild relatives. Plants People Planet, 3(6): 775-795.

Gorbach S L, Nahas L, Lerner P I, et al. 1967. Studies of intestinal microflora. I. Effects of diet, age, and periodic sampling on numbers of fecal microorganisms in man. Gastroenterology, 53(6): 845-855.

Grassman L I, Tewes M E, Silvy N J, et al. 2005. Ecology of three sympatric felids in a mixed evergreen forest in North-central Thailand. Journal of Mammalogy, 86(1): 29-38.

Gruber K. 2017. Agrobiodiversity: the living library. Nature, 544(7651): S8-S10.

Gulve R, Deshmukh A. 2012. Antimicrobial activity of the marine actinomycetes. International Multidisciplinary Research Journal, 2(3): 16-22.

Gusareva E S, Acerbi E, Lau K J X, et al. 2019. Microbial communities in the tropical air ecosystem follow a precise diel cycle. Proceedings of the National Academy of Sciences of the United States of America, 116(46): 23299-23308.

Guzzon F, Arandia Rios L W, Caviedes Cepeda G M, et al. 2021. Conservation and use of Latin American Maize Diversity: pillar of nutrition security and cultural heritage of humanity. Agronomy, 11(1): 172.

Hall A J, Jepson P D, Goodman S J, et al. 2006. Phocine distemper virus in the North and European Seas-Data and models, nature and nurture. Biological Conservation, 131(2): 221-229.

Hallen-Adams H E, Suhr M J. 2017. Fungi in the healthy human gastrointestinal tract. Virulence, 8(3): 352-358.

Hammond P S, Bearzi G, Bjørge A, et al. 2008. *Delphinus delphis*. The IUCN Red List of Threatened Species, 2008: e.T6336A12649851.

Hernández-Gonzalez A, Saavedra C, Gago J, et al. 2018. Microplastics in the stomach contents of common dolphin (*Delphinus delphis*) stranded on the Galician coasts (NW Spain, 2005-2010). Marine Pollution Bulletin, 137: 526-532.

Hirt M R, Barnes A D, Gentile A, et al. 2021. Environmental and anthropogenic constraints on animal space use drive extinction risk worldwide. Ecology Letters, 24(12): 2576-2585.

Hoffmann A A, Sgrò C M. 2011. Climate change and evolutionary adaptation. Nature, 470(7335): 479-485.

Hong B Y, Maulen N P, Adami A J, et al. 2016. Microbiome changes during tuberculosis and antituberculous therapy. Clinical Microbiology Reviews, 29(4): 915-926.

Hopkins M J, MacFarlane G T. 2002. Changes in predominant bacterial populations in human faeces with age and with *Clostridium* difficile infection. Journal of Medical Microbiology, 51(5): 448-454.

Hopkins M J, Sharp R, Macfarlane G T. 2001. Age and disease related changes in intestinal bacterial populations assessed by cell culture, 16S rRNA abundance, and community cellular fatty acid profiles. Gut, 48(2): 198-205.

Houbraken J, De Vries R P, Samson R A. 2014. Modern taxonomy of biotechnologically important *Aspergillus* and *Penicillium* Species. Advances in Applied Microbiology, 86: 199-249.

Hui D S, Azhar E I, Madani T A, et al. 2020. The continuing 2019-nCoV epidemic threat of novel coronaviruses to global health—The latest 2019 novel coronavirus outbreak in Wuhan, China. International Journal of Infectious Diseases, 91: 264-266.

Hultman J, Waldrop M P, Mackelprang R, et al. 2015. Multi-omics of permafrost, active layer and thermokarst bog soil microbiomes. Nature, 521(7551): 208-212.

Hungate B A, Barbier E B, Ando A W, et al. 2017. The economic value of grassland species for carbon storage. Science Advances, 3(4): e1601880.

Hutchins D A, Fu F. 2017. Microorganisms and ocean global change. Nature Microbiology, 2(6): 1-11.

Hutchins D A, Jansson J K, Remais J V, et al. 2019. Climate change microbiology—problems and perspectives. Nature Reviews Microbiology, 17(6): 391-396.

Igwo-Ezikpe M N, Gbenle O G, Ilori M O, et al. 2010. High molecular weight polycyclic aromatic hydrocarbons biodegradation by bacteria isolated from contaminated soils in Nigeria. Research Journal of Environmental Sciences, 4(2): 127-137.

Inter-American Tropical Tuna Commission. 2017. Report on the International Dolphin Conservation Program. Agreement on the International Dolphin Conservation Program 36th Meeting of the Parties La Jolla, California (USA). Document MOP-36-05.

Ishii C, Nakayama S M M, Ikenaka Y, et al. 2017. Lead exposure in raptors from Japan and source identification using Pb stable isotope ratios. Chemosphere, 186: 367-373.

Izquierdo D. 2018. Single Species Action Plan for the conservation of the Western Palearctic population of Bearded Vulture Gypaetus barbatus barbatus. Coordinated Efforts for International Species Recovery EuroSAP. Vulture Conservation Foundation, Zurich.

Jansson J K, Hofmockel K S. 2018. The soil microbiome from metagenomics to metaphenomics. Current Opinion in Microbiology, 43: 162-168.

Jansson J K, Hofmockel K S. 2019. Soil microbiomes and climate change. Nature Reviews Microbiology, 18(1): 35-46.

Jepson P D, Deaville R, Acevedo-Whitehouse K, et al. 2013. What caused the UK's largest common dolphin (*Delphinus delphis*) mass stranding event? PLoS One, 8(4): e60953.

Jepson P D, Deaville R, Barber J, et al. 2016. PCB pollution continues to impact populations of orcas and other dolphins in European waters. Scientific Reports, 6(1): 18573.

Jog R, Pandya M, Nareshkumar G, et al. 2014. Mechanism of phosphate solubilization and antifungal activity of *Streptomyces* spp. isolated from wheat roots and rhizosphere and their application in improving plant growth. Microbiology, 160(4): 778-788.

Johnson T A, Stedtfeld R D, Wang Q, et al. 2016. Clusters of antibiotic resistance genes enriched together stay together in swine agriculture. mBio, 7(2): e02214-e02215.

Jones S K, Estrada-Carmona N, Juventia S D, et al. 2021. Agrobiodiversity index scores show agrobiodiversity is underutilized in national food systems. Nature Food, 2(9): 712-723.

Kardol P, Fanin N, Wardle D A. 2018. Long-term effects of species loss on community properties across contrasting ecosystems. Nature, 557(7707): 710-713.

Kaszta Ż, Cushman S A, Htun S, et al. 2020. Simulating the impact of Belt and Road initiative and other major developments in Myanmar on an ambassador felid, the clouded leopard, *Neofelis nebulosa*. Landscape Ecology, 35(3): 727-746.

Keen E C. 2012. Phage therapy: concept to cure. Front Microbiol, 3: 238.

Khoury C K, Brush S, Costich D E, et al. 2021. Crop genetic erosion: understanding and responding to loss of

crop diversity. New Phytologist, 2(9): 84-118.
Koonin E V, Senkevich T G, Dolja V V. 2006. The ancient Virus World and evolution of cells. Biology Direct, 1(1): 1-27.
Korpela K, Salonen A, Virta L J, et al. 2016. Intestinal microbiome is related to lifetime antibiotic use in Finnish pre-school children. Nature Communications, 7(1): 10410.
Krivokhizhin S V, Birkun Jr A A. 1999. Strandings of cetaceans along the coasts of Crimean Peninsula in 1989-1996. European Research on Cetaceans, 12: 59-62.
Lamboni Y, Nielsen K F, Linnemann A R, et al. 2016. Diversity in secondary metabolites including mycotoxins from strains of *Aspergillus* section Nigri isolated from raw cashew nuts from Benin, West Africa. PLoS One, 11(10): e0164310.
Langlands S J, Hopkins M J, Coleman N, et al. 2004. Prebiotic carbohydrates modify the mucosa associated microflora of the human large bowel. Gut, 53(11): 1610-1616.
Leclère D, Obersteiner M, Barrett M, et al. 2020. Bending the curve of terrestrial biodiversity needs an integrated strategy. Nature, 585(7826): 551-556.
Lee Y M, Hwang K, Lee J I, et al. 2018. Genomic insight into the predominance of candidate phylum Atribacteria JS1 lineage in marine sediments. Frontiers in Microbiology, 9: 2909.
Lefkowitz E J, Dempsey D M, Hendrickson R C, et al. 2018. Virus taxonomy: the database of the International Committee on Taxonomy of Viruses (ICTV). Nucleic Acids Research, 46(1): 708-717.
Levy M, Kolodziejczyk A A, Thaiss C A, et al. 2017. Dysbiosis and the immune system. Nature Reviews Immunology, 17(4): 219-232.
Li C L, Jiang Z G, Fang H X, et al. 2013. A spatially explicit model of functional connectivity for the endangered Przewalski's Gazelle (*Procapra przewalskii*) in a patchy landscape. PLoS One, 8(11): e80065.
Li C L, Jiang Z G, Ping X G, et al. 2012. Current status and conservation of the Endangered Przewalski's gazelle *Procapra przewalskii*, endemic to the Qinghai-Tibetan Plateau, China. Oryx, 46: 145-153.
Liu Y F, Qi Z Z, Shou L B, et al. 2019. Anaerobic hydrocarbon degradation in candidate phylum 'Atribacteria'(JS1) inferred from genomics. The ISME Journal, 13(9): 2377-2390.
Liu Y, Zha Y, Gao J, et al. 2004. Assessment of grassland degradation near Lake Qinghai, West China, using Landsat TM and in situ reflectance spectra data. International Journal of Remote Sensing, 25: 4177-4189.
Lodish H, Berk A, Zipursky S L, et al. 2000. Molecular Cell Biology. 4th Edition. New York: W. H. Freeman.
López-Boado Y S, Wilson C L, Hooper L V, et al. 2000. Bacterial exposure induces and activates matrilysin in mucosal epithelial cells. The Journal of Cell Biology, 148(6): 1305-1315.
Lu Y L, Yang Y F, Sun B, et al. 2020. Spatial variation in biodiversity loss across China under multiple environmental stressors. Science Advances, 6(47): eabd0952.
Lutgendorff F, Akkermans L M A, Söderholm J D. 2008. The role of microbiota and probiotics in stress-induced gastro-intestinal damage. Current Molecular Medicine, 8(4): 282-298.
Macfarlane S, Furrie E, Cummings J H, et al. 2004. Chemotaxonomic analysis of bacterial populations colonizing the rectal mucosa in patients with ulcerative colitis. Clinical Infectious Diseases, 38: 1690-1699.
Macfarlane S, Macfarlane G T. 2003. Regulation of short-chain fatty acid production. The Proceedings of the Nutrition Society, 62(1): 67-72.
Macfarlane S, Macfarlane G T. 2008. Food and the Large Intestine: Gut Flora, Nutrition, Immunity And Health. New York: John Wiley & Sons Ltd.
Magnabosco C, Lin L H, Dong H, et al. 2018. The biomass and biodiversity of the continental subsurface. Nature Geoscience, 11(10): 707-717.
Malhi Y, Doughty C E, Galetti M, et al. 2016. Megafauna and ecosystem function from the Pleistocene to the Anthropocene. Proceedings of the National Academy of Sciences of the United States of America, 113(4): 838-846.

Malvika S, Ghosh P R, Dhar B, et al. 2019. Genetic status of indigenous poultry (red jungle fowl) from India. Gene, 705: 77-81.
Manichanh C, Rigottier-Gois L, Bonnaud E, et al. 2006. Reduced diversity of faecal microbiota in Crohn's disease revealed by a metagenomic approach. Gut, 55(2): 205-211.
Marsoner T, Vigl L E, Manck F, et al. 2017. Indigenous livestock breeds as indicators for cultural ecosystem services: a spatial analysis within the Alpine Space. Ecological Indicators, 94: 55-63.
Martínez-Hidalgo P, Olivares J, Delgado A, et al. 2014. Endophytic Micromonospora from Medicago sativa are apparently not able to fix atmospheric nitrogen. Soil Biology & Biochemistry, 74: 201-203.
Matsuzaki S, Rashel M, Uchiyama J, et al. 2005. Bacteriophage therapy: a revitalized therapy against bacterial infectious diseases. Journal of Infection and Chemotherapy, 11(5): 211-219.
McCauley D J, Pinsky M L, Palumbi S R, et al. 2015. Marine defaunation: animal loss in the global ocean. Science, 347(6219): 1255641.
McConkey K R, Prasad S, Corlett R T, et al. 2012. Seed dispersal in changing landscapes. Biological Conservation, 146(1): 1-13.
McGrath S, Sinderen D. 2007. Bacteriophage: Genetics and Molecular Biology. Norfolk: Caister Academic Press.
Mebert K, Conelli A E, Nembrini M, et al. 2011. Monitoring and assessment of the distribution of the dice snake in Ticino, southern Switzerland. Mertensellia, 18: 117-130.
Mebert K, Masroor R. 2013. Dice Snakes in the western Himalayas: discussion of potential expansion routes of *Natrix tessellata* after its rediscovery in Pakistan. Salamandra, 49(4): 229-233.
Melillo J M, Frey S D, DeAngelis K M, et al. 2017. Long-term pattern and magnitude of soil carbon feedback to the climate system in a warming world. Science, 358(6359): 101-105.
Monti F, Duriez O, Dominici J M, et al. 2018. The price of success: integrative long-term study reveals ecotourism impacts on a flagship species at a UNESCO site. Animal Conservation, 21: 448-458.
Murphy S, Law R J, Deaville R, et al. 2018. Organochlorine contaminants and reproductive implication in cetaceans: a case study of the common dolphin//Fossi M C, Panti C. Marine Mammal Ecotoxicology. Amsterdam: Elsevier: 3-38.
Navarro-Noya Y E, Suárez-Arriaga M C, Rojas-Valdes A, et al. 2013. Pyrosequencing analysis of the bacterial community in drinking water wells. Microbial Ecology, 66(1): 19-29.
Net P. 2008. Convention on Biological Diversity (CBD). https: //www.cbd.int/[2024-5-6].
Orta J, Boesman P. 2013. Common Kestrel (*Falco tinnunculus*)//del Hoyo J, Elliott A, Sargatal J, et al. Handbook of the Birds of the World Alive. Barcelona: Lynx Edicions.
Ostfeld R S. 2009. Biodiversity loss and the rise of zoonotic pathogens. Clinical Microbiology and Infection, 15: 40-43.
Pagaling E, Grant W D, Cowan D A, et al. 2012. Bacterial and archaeal diversity in two hot spring microbial mats from the geothermal region of Tengchong, China. Extremophiles, 16(4): 607-618.
Parkes R J, Cragg B, Roussel E, et al. 2014. A review of prokaryotic populations and processes in sub-seafloor sediments, including biosphere: geosphere interactions. Marine Geology, 352: 409-425.
Parte A C, Sardà Carbasse J, Meier-Kolthoff J P, et al. 2020. List of Prokaryotic names with Standing in Nomenclature (LPSN) moves to the DSMZ. International Journal of Systematic and Evolutionary Microbiology, 70: 5607-5612.
Peled Y, Gilat T, Liberman E, et al. 1985. The development of methane production in childhood and adolescence. Journal of Pediatric Gastroenterology and Nutrition, 4: 575-579.
Petersen I A B, Meyer K M, Bohannan B J M. 2019. Meta-analysis reveals consistent bacterial responses to land use change across the tropics. Frontiers in Ecology and Evolution, 7: 391.
Petersen W J, Savini T, Ngoprasert D. 2020. Strongholds under siege: range-wide deforestation and poaching threaten mainland clouded leopards (*Neofelis nebulosa*). Global Ecology and Conservation, 24: 1-20.
Pimm S L, Jenkins C N, Abell R, et al. 2014. The biodiversity of species and their rates of extinction, distribution, and protection. Science, 344(6187): 1246752.
Pointing S B, Belnap J. 2012. Microbial colonization and controls in dryland systems. Nature Reviews

Microbiology, 10(8): 551-562.
Prescott L M, Harley J P, Klein D A. 1993. Microbiology. 2nd Edition. Wm. C. Dubuque: Brown Publishers.
Punt P J, Biezen N V, Conesa A, et al. 2002. Filamentous fungi as cell factories for heterologous protein production. Trends in Biotechnology, 20(5): 200-206.
Rabiu B A, Gibson G R. 2002. Carbohydrates: a limit on bacterial diversity within the colon. Biol Rev Camb Philos Soc, 77(3): 443-453.
Rani K, Dahiya A, Masih J C, et al. 2018. Actinobacterial biofertilizers: an alternative strategy for plant growth promotion. International Journal of Current Microbiology and Applied Sciences, 7: 607-614.
Remya M, Vijayakumar R. 2008. Isolation and characterization of marine antagonistic actinomycetes from west coast of India. Mathematical Medicine and Biology, 15: 13-19.
Riebesell U, Gattuso, Jean P. 2015. Commentary: lessons learned from ocean acidification research. Nature Climate Change, 5: 12-14.
Ripple W J, Estes J A, Beschta R L, et al. 2014. Status and ecological effects of the world's largest carnivores. Science, 343: 1241484.
Rogers H S, Donoso I, Traveset A, et al. 2021. Cascading impacts of seed disperser loss on plant communities and ecosystems. Annual Review of Ecology, Evolution, and Systematics, 52: 641-666.
Roos S, Campbell S T, Hartley G, et al. 2021. Annual abundance of common Kestrels (*Falco tinnunculus*) is negatively associated with second generation anticoagulant rodenticides. Ecotoxicology, 30: 560-574.
Saha D, Gowda M V C, Arya L, et al. 2016. Genetic and genomic resources of small millets. Critical Reviews in Plant Sciences, 35(1): 56-79.
Salem S M, Kancharla P, Florova G, et al. 2014. Elucidation of final steps of the marineosins biosynthetic pathway through identification and characterization of the corresponding gene cluster. Journal of the American Chemical Society, 136(12): 4565-4574.
Salo O V, Ries M, Medema M H, et al. 2015. Genomic mutational analysis of the impact of the classical strain improvement program on beta-lactam producing *Penicillium chrysogenum*. BMC Genomics, 16: 937.
Salwan R, Sharma V. 2020. Molecular and biotechnological aspects of secondary metabolites in actinobacteria. Microbiological Research, 231: 126374.
Santi C, Bogusz D, Franche C. 2013. Biological nitrogen fixation in non-legume plants. Annals of Botany, 111: 743-767.
Šantl-Temkiv T, Amato P, Casamayor E O, et al. 2022. Microbial ecology of the atmosphere. FEMS Microbiology Reviews, 46(4): fuac009.
Sartor R B. 2008. Microbial influences in inflammatory bowel diseases. Gastroenterology, 134(2): 577-594.
Scanlan P D, Shanahan F, Marchesi J R. 2008. Human methanogen diversity and incidence in healthy and diseased colonic groups using *mcrA* gene analysis. BMC Microbiology, 8: 79.
Schleifer K H. 2009. Classification of Bacteria and Archaea: past, present and future. Systematic and Applied Microbiology, 32(8): 533-542.
Schmitz O J, Wilmers C C, Leroux S J, et al. 2018. Animals and the zoogeochemistry of the carbon cycle. Science, 362(6419): eaar3213.
Schuster E, Dunn-Coleman N, Frisvad J, et al. 2002. On the safety of *Aspergillus niger*—a review. Applied Microbiology and Biotechnology, 59(4-5): 426-435.
Shahrokhi S, Shahidi Bonjar G H, Saadoun I. 2005. Biological control of potato isolate of *Rhizoctonia solani* by *Streptomyces olivaceus* strain 115. Biotechnology, 4(2): 132-138.
Shao T Y, Gladys Ang W X, Jiang T T, et al. 2019. Commensal *Candida albicans* positively calibrates systemic Th17 immunological responses. Cell Host Microbe, 25(3): 404-417.
Shelford E J, Suttle C A. 2018. Virus-mediated transfer of nitrogen from heterotrophic bacteria to phytoplankton. Biogeosciences, 15(3): 809-819.
Shors T. 2017. Understanding Viruses. Burlington: Jones and Bartlett Publishers.
Simmonds M P. 2012. Review article: Cetaceans and marine debris: the great unknown. Journal of Marine Biology, 2012: 684279.

Sitters J, Kimuyu D M, Young T P, et al. 2020. Negative effects of cattle on soil carbon and nutrient pools reversed by megaherbivores. Nature Sustainability, 3(5): 360-366.

Sokol H, Seksik P, Furet J P, et al. 2009. Low counts of *Faecalibacterium prausnitzii* in colitis microbiota. Inflammatory Bowel Diseases, 15: 1183-1189.

Speitling M, Smetanina O F, Kuznetsova T A, et al. 2007. Bromoalterochromides A and A′, unprecedented chromopeptides from a marine *Pseudoalteromonas maricaloris* Strain KMM 636T. Journal of Antibiotics, 60: 36-42.

Stackebrandt E, Schumann P. 2006. Introduction to the Taxonomy of Actinobacteria. New York: Springer: 297-321.

Stibig H J, Achard F, Carboni S, et al. 2014. Change in tropical forest cover of Southeast Asia from 1990 to 2010. Biogeosciences, 11: 247-258.

Stuart A J. 2015. Late Quaternary megafaunal extinctions on the continents: a short review. Geological Journal, 50: 338-363.

Suttle C A. 2007. Marine viruses—major players in the global ecosystem. Nature Reviews Microbiology, 5(10): 801-812.

Taberlet P, Valentini A, Rezaei H R, et al. 2008. Are cattle, sheep, and goats endangered species? Molecular Ecology, 17(1): 275-284.

Tannock G W. 1997. Modification of the Normal Microbiota by Diet, Stress, Antimicrobial Agents, and Probiotics//Mackie R, White B. Gastrointestinal Microbiology. London: Chapman & Hall: 434-465.

Taylor R A, Ryan S J, Brashares J S, et al. 2016. Hunting, food subsidies, and mesopredator release: the dynamics of crop-raiding baboons in a managed landscape. Ecology, 97: 951-960.

Teeling H, Fuchs B M, Becher D, et al. 2012. Substrate-controlled succession of marine bacterioplankton populations induced by a phytoplankton bloom. Science, 336(6081): 608-611.

Temin H M, Baltimore D. 1972. RNA-directed DNA synthesis and RNA tumor viruses. Advances in Virus Research, 17: 129-186.

Thebo A L, Drechsel P, Lambin E F, et al. 2017. A global, spatially-explicit assessment of irrigated croplands influenced by urban wastewater flows. Environmental Research Letters, 12(7): 074008.

Thiollay J M. 2007. Raptor population decline in West Africa. Ostrich, 78(2): 405-413.

Thomsen M S, Garcia C, Bolam S G, et al. 2017. Consequences of biodiversity loss diverge from expectation due to post-extinction compensatory responses. Scientific Reports, 7: 43695.

Tollefson J. 2019. Humans are driving one million species to extinction. Nature, 569(7755): 171.

Traving S J, Clokie M R, Middelboe M. 2014. Increased acidification has a profound effect on the interactions between the *Cyanobacterium ynechococcus* sp. WH7803 and its viruses. FEMS Microbiology Ecology, 87: 133-141.

Trivedi P, Leach J E, Tringe S G, et al. 2020. Plant-microbiome interactions: from community assembly to plant health. Nature Reviews Microbiology, 18: 607-621.

Ulian T, Diazgranados M, Pironon S, et al. 2020. Unlocking plant resources to support food security and promote sustainable agriculture. Plants People Planet, 2(5): 421-445.

United Nations. 2015. Transforming our world: the 2030 Agenda for Sustainable Development. https://sdgs.un.org/2030agenda[2024-8-7].

Verma J P, Jaiswal D K, Sagar R. 2014. Pesticide relevance and their microbial degradation: a-state-of-art. Reviews in Environmental Science and Biotechnology, 13: 429-466.

Vijayabharathi R, Sathya A, Gopalakrishnan S. 2016. A renaissance in plant growth-promoting and biocontrol agents by endophytes//Singh D P, Singh H B, Prabha R. Microbial Inoculants in Sustainable Agricultural Productivity. Berlin: Springer: 37-60.

Volland J M, Gonzalez-Rizzo S, Gros O, et al. 2022. A centimeter-long bacterium with DNA contained in metabolically active, membrane-bound organelles. Science, 376(6600): 1453-1458.

Wang L, Chen M J, Chen D Y, et al. 2017. Derivation and characterization of primordial germ cells from Guangxi yellow-feather chickens. Poultry Science, 96(5): 1419-1425.

Wang W, Li J S. 2021. *In-situ* conservation of biodiversity in China: Advances and prospects. Biodiversity

Science, 29(2): 133-149.

Wang W W, Li Q G, Zhang L G, et al. 2021. Genetic mapping of highly versatile and solvent-tolerant *Pseudomonas putida* B6-2 (ATCC BAA-2545) as a 'superstar' for mineralization of PAHs and dioxin-like compounds. Environmental Microbiology, 23(8): 4309-4325.

Wei Y Q, Wu D, Wei D, et al. 2019. Improved lignocellulose-degrading performance during straw composting from diverse sources with actinomycetes inoculation by regulating the key enzyme activities. Bioresource Technology, 271: 66-74.

Weinstock M T, Hesek E D, Wilson C M, et al. 2016. *Vibrio natriegens* as a fast-growing host for molecular biology. Nature Methods, 13: 849-851.

Westhoff P. 2015. The Economics of Biological Nitrogen Fixation in the Global Economy. New York: John Wiley & Sons, Ltd.

White C M, Christie D A, De Juana E. 2013. Peregrine Falcon (*Falco peregrinus*)//del Hoyo J, Elliott A, Sargatal J, et al. Handbook of the Birds of the World Alive. Barcelona: Lynx Edicions.

White C M, Clum N J, Cade T J, et al. 2020. Peregrine Falcon (*Falco peregrinus*), version 1.0//Billerman S M. Birds of the World. Ithaca, NY: Cornell Lab of Ornithology.

Wommack K E, Colwell R R. 2000. Virioplankton: viruses in aquatic ecosystems. Microbiology and Molecular Biology Reviews, 64(1): 69-114.

Van De Wouw M, Kik C, Van Hintum T V, et al. 2010. Genetic erosion in crops: concept, research results and challenges. Plant Genetic Resources, 8(1): 1-15.

Yan F, Cao H W, Cover T L, et al. 2011. Colon-specific delivery of a probiotic-derived soluble protein ameliorates intestinal inflammation in mice through an EGFR-dependent mechanism. The Journal of Clinical Investigation, 121(6): 2242-2253.

Young H S, McCauley D J, Galetti M, et al. 2016. Patterns, Causes, and Consequences of Anthropocene defaunation. Annual Review of Ecology, Evolution, and Systematics, 47: 333-358.

Yu T T, Wu W C, Liang W Y, et al. 2018. Growth of sedimentary Bathyarchaeota on lignin as an energy source. Proceedings of the National Academy of Sciences of the United States of America, 115(23): 6022-6027.

Zhang H Y, Xue Q H, Shen G H, et al. 2013. Effects of actinomycetes agent on ginseng growth and rhizosphere soil microflora. The Journal of Applied Ecology, 24: 2287-2293.

Zhu Y G, Reid B J, Meharg A A, et al. 2017. Optimizing peri-urban ecosystems (pure) to re-couple urban-rural symbiosis. Science of the Total Environment, 586: 1085-1090.

Zoetendal E G, Akkermans A D L, Vliet A V, et al. 2001. The host genotype affects the bacterial community in the human gastronintestinal tract. Microbial Ecology in Health and Disease, 13(3): 129-134.

Zuberogoitia I, Martínez J A, Iraeta A, et al. 2006. Short-term effects of the prestige oil spill on the peregrine falcon (*Falco peregrinus*). Marine Pollution Bulletin, 52: 1176-1181.

第四章　自然环境变化对生物安全的影响

气候变化、化学循环的改变、生物入侵是自然环境变化的重要组成部分，严重影响生态系统生物安全，引起生物多样性丧失、生态系统稳定性下降，并威胁人畜健康。

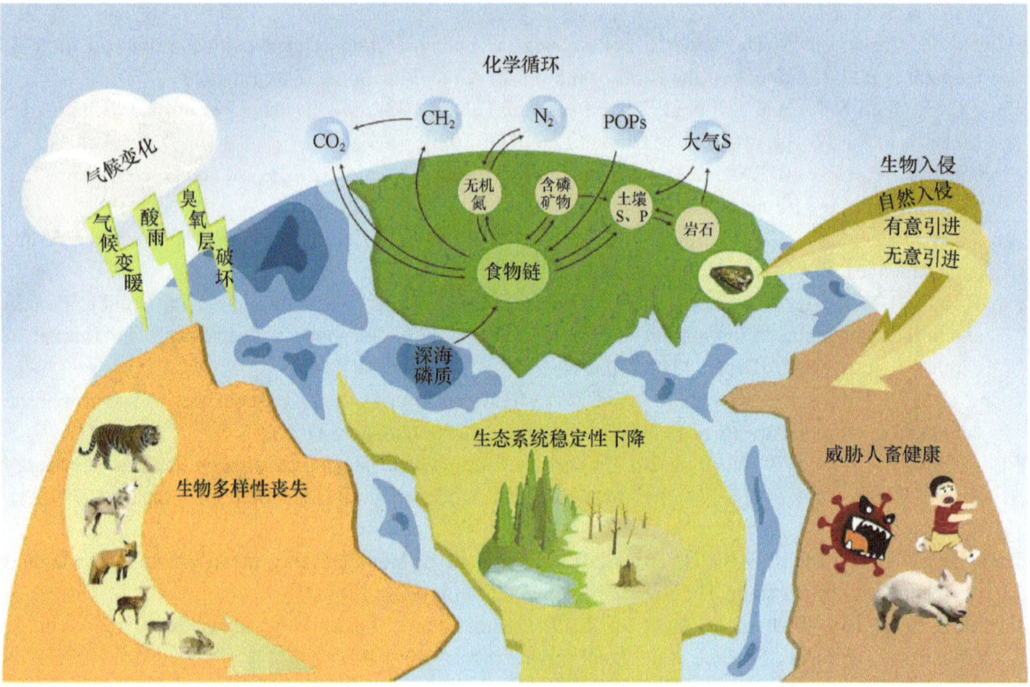

图 4-1　本章摘要图

第一节　气候变化对环境生物安全的影响

联合国政府间气候变化专门委员会（Intergovernmental Panel on Climate Change，IPCC）将气候变化（climate change）定义为由自然变率或人类活动引起的气候随时间的任何变化。而《联合国气候变化框架公约》则着重强调了人类活动对气候变化的影响，将其定义为“经过相当长的一段时间的观察，在自然气候变化之外，由人类活动直接或间接地改变全球大气组成所导致的气候改变”。导致气候变化的原因包括太阳辐射和地球轨道变化、大气和洋流变化、火山活动等自然因素，也包括化石燃料燃烧、土地利用方式改变、城市化等人为因素，其中工业革命以来发达国家工业化进程是造成目前全球气候变暖的主要原因。气候变化导致大陆和海域间灾害性事件频发，例如，冰川和积雪融化加速，降水量和海洋盐度改变，海平面上升，以及干旱、强降水、高强度热浪和热带气旋等极端天气。气候变化不仅影响农、林、牧、渔等经济活动，从而导致农业生产不稳定、生态系统退化、生物多样性锐减等，还威胁社会发展和人类身体健康。

一、气候变化现状及影响因素

气候变化主要表现在三个方面：气候变暖、酸雨和臭氧层破坏，三方面相互联系，共同影响环境生物安全。其中，气候变暖是人类面对的最迫切的全球变化问题，关乎人类的未来。气候变化的很多特征均直接取决于全球气温升高的水平。

（一）气候变暖

1. 气候变暖现状

2022 年 2 月 28 日，IPCC 第六次评估第二工作组报告的《气候变化 2022：影响、适应和脆弱性》中的数据显示：2021 年全球平均气温比 1850～1900 年高约 1.09℃，是有记录以来全球最暖的七个年份之一（Pörtner et al.，2022）。仅最近 40 年来地球表面平均温度就上升了 0.5℃。北极、南极和高纬度地区的变暖速度最高，并且预计这一趋势将持续下去（Hirsch，2010）。报告指出全球变暖造成的气候危害是不可逆转的，世界各国须立即采取行动，“拖延意味着死亡”。2022 年 4 月 4 日，IPCC 第六次评估第三工作组报告的《气候变化 2022：减缓气候变化》指出，2010～2019 年，全球温室气体年平均排放量处于历史最高水平，2020 年已达到全球温室气体浓度新高（Skea et al.，2022）。此外，海洋环境也面临严峻风险。IPCC 报告指出，目前海洋 2000 m 深的水域温度刷新了历史记录（Pörtner et al.，2022）。2013～2021 年海平面平均每年升高 4.4 mm，其上升速度是十年前的两倍，且南北半球的极地冰川和积雪均在减少。2015～2019 年，北极冰川融化速度几乎是 21 世纪初的两倍，2022 年海冰范围降到历史最低点。

2. 气候变暖的影响因素

全球气候变暖是由自然因素和人为因素共同作用导致的。自然因素包括太阳活动、地球周期性公转轨迹变动、云量减少、火山活动等。一些科学家将地球气候变暖的主因归为太阳活动。其证据是 1975～2000 年北半球温度变化曲线与太阳磁循环几乎一致，且未受人类活动干扰的火星同样存在与地球增温周期相一致的气候变暖现象。另有科学家提出，地球距离太阳更近是造成全球气候变暖的部分原因（Storm et al.，2020）。他们通过分析古代泥岩矿床的化学数据，发现地球公转轨道形状存在周期性变动，且目前公转轨迹由椭圆形变成圆形，地球与太阳间距离变小导致地球温度升高。此外，地球上空的云能够大量吸收太阳辐射，降低地球温度，而太阳活动改变会影响地球上空的云量，进而影响地球温度。

大部分科学家则普遍认为人类活动是导致气候变暖的主要原因。一方面，煤、石油、天然气等化石燃料燃烧排放大量温室气体。1750 年以来，人类活动导致全球大气中二氧化碳、甲烷和一氧化二氮的浓度显著增加，目前已远远超过了从冰芯中测定的几千年前的数值（Solomon et al.，2007）。全球二氧化碳浓度增加主要是由化石燃料的使用和土地使用方式的改变引起的，而甲烷和一氧化二氮浓度的增加主要是由农业活动引起的。

二氧化碳是最主要的温室气体，全球大气中二氧化碳浓度已从工业化前的 280 ppm[①]左右增加到 2022 年的 417.1 ppm（Blunden et al.，2023）。近百年来，二氧化碳排放量增加的趋势与全球温度升高趋势相一致，因此有科学家提出温室气体排放导致的温室效应是全球气候变暖的罪魁祸首。另一方面，肆意砍伐森林引起植被的破坏也可导致其碳汇功能减弱，而全球范围内的植被格局与气候变化密切相关。

（二）酸雨

酸雨又称酸沉降，是气候变化的第二个主要方面。二氧化硫和氮氧化物被排放到大气中后，与水、氧和其他化学物质产生反应生成硫酸和硝酸，再以雨、雪、雾、冰雹甚至酸性灰尘等形式形成带有酸性成分的降水，从大气中落到地面。酸雨主要分为硫酸型和硝酸型两大类。虽然导致酸雨的二氧化硫和氮氧化物有一小部分来自火山等自然来源，但大部分来自化石燃料的燃烧。

第二次世界大战后，欧洲和北美洲东部对化石燃料的消耗骤增，引发人为因素产生的酸沉降。美国和加拿大的二氧化硫排放量在 20 世纪 70 年代末达到峰值，随后由于政府强制企业遵循空气污染排放标准，二氧化硫排放量有所下降。1990 年美国修订了《清洁空气法》（Clean Air Act），监管燃煤电厂的排放，进一步控制了二氧化硫排放量，使其在 1990～2017 年下降 88%。20 世纪 80 年代美国的氮氧化物排放达到峰值，并超过了二氧化硫的排放量；直到 20 世纪 90 年代末，由于对发电厂和汽车排放的控制，氮氧化物排放才开始大幅下降。随着《清洁空气法》的实施，1990～2017 年氮氧化物排放量下降了 50%。

在我国，酸雨正变成日益严重的环境问题。《中国生态环境统计年报（2021 年）》统计，2021 年我国二氧化硫的排放量为 274.8 万 t。然而，随着大型发电厂数量的增加，空气污染物的远距离传播问题将更加严重。我国氮素排放主要以肥料和畜禽粪便中的铵态氮为主，每年大气 20 Tg 氮通量中化肥约占 80%。由于化肥使用的增加及化石燃料燃烧的增强，预计未来几十年氮通量将显著增加。

（三）臭氧层破坏

臭氧层破坏是指由于工业和人类活动释放出含有气态氯或溴的化合物，导致地球上层大气臭氧层逐渐变薄的现象，这种现象在南极等极地地区的上空最为明显。全球平流层臭氧的减少与氯氟烃和其他卤代烃的制造和释放导致的平流层中氯和溴水平上升密切相关。半个世纪以来工农业高速发展，人类活动产生了大量氮氧化物和氯溴化合物排入大气。据报道，在臭氧层受到严重破坏的南北两极地区活性氯浓度大幅增加。1985 年，英国南极调查局（British Antarctic Survey，BAS）的科学家 Joseph C. Farman、Brian G. Gardiner 和 Jonathan D. Shanklin 首次报道了大气臭氧层消耗的严重性（Farman et al.，1985）。20 世纪 70 年代末以来，春季（9～11 月）南极洲上空臭氧总量大幅度迅速减少，比全球平均水平减少 60%以上。2020 年，南极臭氧空洞达到了有观测记录以来的最长持续时间，11 月和 12 月的总臭氧柱创历史新低，这也导致南极地区的紫外线 B 辐射水平异常高，而这次前

① 1 ppm = 1×10^{-6}

所未有的北极臭氧消耗导致了亚洲和欧洲的春季气温异常高（Barnes et al.，2022）。

臭氧层能够吸收太阳紫外线辐射，为地球提供防护屏障，调节地球气候。臭氧层的破坏将导致到达地球表面的紫外线数量增加，损害人体遗传和免疫系统，增加皮肤癌、白内障等疾病的患病率。1987 年批准的《蒙特利尔议定书》是为停止生产和使用消耗臭氧层的化学品而制定的若干综合性国际协定中的第一项。随着国际社会在臭氧层保护问题上持续不断的合作，预计臭氧层将随着时间的推移而恢复。

二、气候变化影响生物多样性

未来几十年中，气候变化可能超过栖息地破坏，成为全球生物多样性面临的最大威胁。气候变化将影响个体、种群、群落、生态系统和生态网络的各个层面，并影响遗传多样性、物种多样性和生态系统多样性等生物多样性的各个水平。物种的适应性下降及种群的遗传多样性下降，反过来也会影响生态系统的功能和恢复力（Bellard et al.，2012）。

（一）遗传多样性

想要全面了解气候变化可能引起的进化后果及其对生物多样性的长期影响，必须要研究全球气候变化背景下种内遗传多样性的改变。气候变化会通过多种多样的方式影响种内遗传多样性，包括：①遗传变异在空间和时间上的分布随种群和物种范围的变化而变化；②个体和种群对新的环境条件反应时表型可塑性水平的变化；③对不断变化的环境条件的进化适应（Hoffmann and Sgrò，2011）。多数情况下这些变化将减少物种和种群的遗传多样性，但在极端情况下，遗传贫瘠将导致种群生存能力下降或灭绝（Pauls et al.，2012）。

气候变化可能使物种不再适应特定区域的环境条件，因此物种可能会超出其气候生态位。近年来，物种“生态位转移”（niche shift）对遗传多样性的影响得到广泛研究，加强了我们对生态位变化如何影响遗传多样性的时空格局的认识。研究表明，反复出现的建立者效应（founder effect）、等位基因冲浪（allele surfing），以及只有一部分原始基因变异迁移到新栖息地等原因，气候变化背景下生态位转移的前沿地带仅具有较低的遗传多样性（Pauls et al.，2012）。模型研究表明，种群遗传多样性随着短期区域气候变化的增加而减少，并随着生态位转移速度的增加而减少（Arenas et al.，2012）。除了整体遗传多样性的减少，生态幅扩大、收缩和转移还将改变遗传多样性的分布情况。Sork 等（2010）的研究表明，加利福尼亚州山谷橡树区不同物种对气候变化的响应可能不同，并导致未来的遗传变异分布模式不同，说明不同物种应对气候变化的适应性、耐受性和迁移能力的相对重要性是不同的。

（二）物种多样性

虽然在整个地球历史上，气候总是随着生态系统和物种的变化而变化，但快速的气候变化将影响物种的适应能力。动植物为了适应快速的气候变化不断地改变其行为和活动范围，因此导致物种多样性降低、物种濒危或消失，甚至造成生态灾难（Hirsch，2010）。

全球范围内的大数据分析表明，气候变化对1700多种动物造成干扰，导致生态区域每十年向两极移动6.1 km，春季每十年提前2～3天（Parmesan and Yohe，2003）。物种多样性受气候变化影响最大的地区是物种的栖息地相对固定、物种无法迁移的地区，因此呈岛屿型分布的物种，或种群较小且栖息地破碎的物种对气候变化更为敏感。

气候变暖导致动物生物节律被打乱或向低温的地方迁移，许多迁徙鸟类改变了正常的迁徙时间。例如，在英国，蝴蝶在春天出现的时间相比20年前提前了6天，蛇类等冬眠动物因气候变暖提前结束“冬眠”。一些生活在北半球的鸟类和哺乳动物均出现了北移趋势，如分布在北美洲和欧洲的斑蝶向北迁移达200 km。由于爬行与两栖动物的孵化温度影响后代的性别，因此气候变暖还可能影响此类动物的后代性别比例。例如，当温度为28.5℃时，扬子鳄孵出的幼鳄皆为雌性，当温度升高到33.5～35℃时，孵出的幼鳄皆为雄性。因此气候变暖可能导致此类动物因性别失调而面临灭绝的威胁。此外，气候变暖对陆地植物的物候、分布格局和丰富度等也会产生深刻的影响，并增加外来植物入侵和本地植物灭绝的风险。由于不同植物对温度的敏感性不同，气候变暖还可影响植物的种间关系。例如，荷兰的维管植物中喜热植物种类增加。随着气温增加，植物还可能面临提前开花、生长加速、生长季延长等情况。

酸雨能诱发小麦、大豆、蔬菜等农作物病虫害，使其大幅度减产，如酸雨影响下小麦可减产13%～34%。此外，大多数物种的幼仔比成体对环境条件更敏感。当pH下降到5时，大多数鱼卵已不能孵化；并且在较低的pH水平下，一些成年鱼会死亡，在一些酸性湖泊中甚至没有鱼能够存活。即使食物链中的一种鱼或动物可以忍受中等酸性的水，但它们所吃的动物或植物可能在酸性环境下无法存活，导致整个生物链被破坏。例如，青蛙的临界pH在4左右，但它们吃的蜉蝣更为敏感，pH低于5.5可能就无法存活。

臭氧层破坏引起的紫外线辐射增加对陆地和海洋中的生物多样性造成严重威胁。尽管很多生物可以通过行为回避、光保护和光酶修复来减少紫外线辐射暴露造成的伤害，但总体而言，紫外线辐射仍然在所有营养级别上产生负面影响（Williamson et al.，2019）。例如，用模型估算光抑制对太平洋的初级生产的影响，发现阳光中的紫外线辐射可能导致初级生产力减少20%。

三、气候变化威胁生态系统稳定性

生态系统整合了物种生理机能和生态相互作用对气候变化的响应，许多种群和群落的变化机制与营养结构、食物网动态、能量流和生物地球化学循环等生态系统级属性的变化都有所联系。全球气候变化会在较长时间内改变生态系统结构、功能和多样性，破坏生态系统的稳定性，尤其是对海洋、极地、森林和农业等典型生态系统影响深远。

（一）海洋生态系统

在海洋生态系统中，气候变化与海水温度、物质循环、海水分层、营养输入、氧气含量、海洋酸化的同步变化有关，并可能产生广泛的生物效应（Doney et al.，2012）（图4-2）。海洋温度和化学变化可能直接影响并改变物种的生理功能、行为和生产力等特征，导致种群的大小、结构、空间范围和丰度的季节性变化。这些变化反过来又导致从初级生产者到上层营养水平的鱼类、海鸟和海洋哺乳动物等物种间相互作用和营养途径的改变。例如，气候变暖可能导致小型浮游植物的比例增加，进而使分配到较高营养水平的能量流减少（Morán et al.，2010）；气候变暖通过增加水分蒸发蒸腾、土壤干燥从而减少盐沼植物群落的多样性（Gedan and Bertness，2009）。

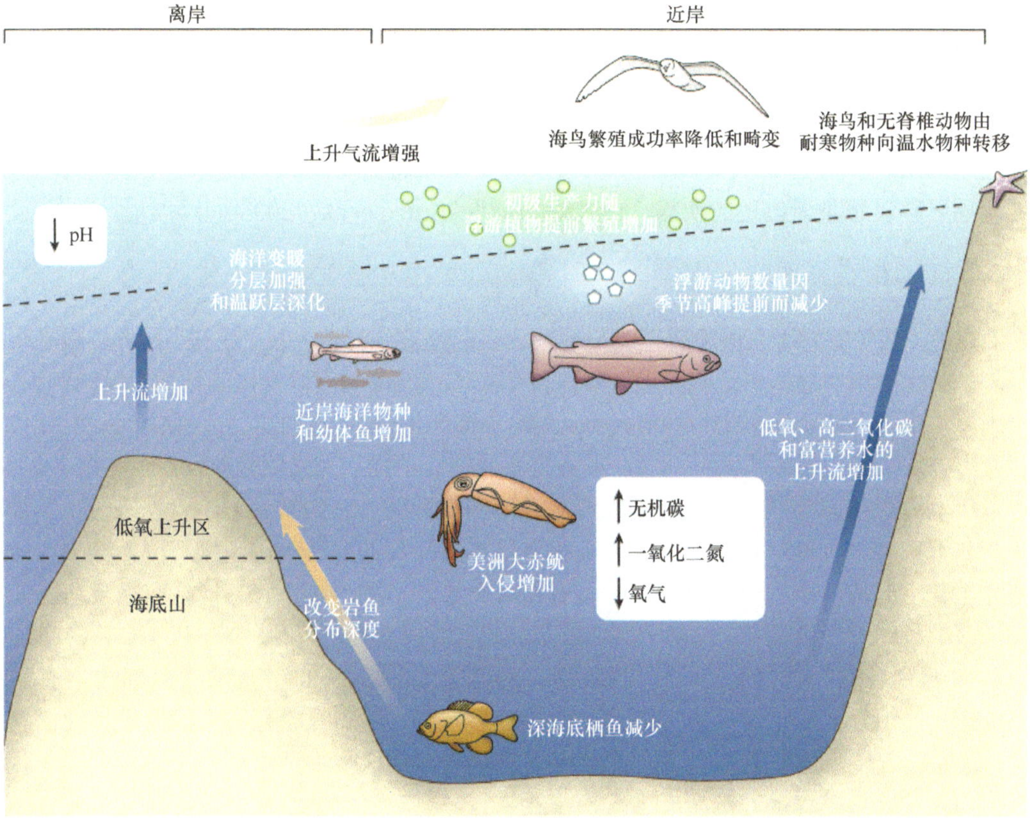

图 4-2　加利福尼亚州洋流与气候相关的变化概述（改自 Doney et al.，2012）

加利福尼亚州洋流发生的物理变化包括表层变暖、分层加强，以及在上升流风应力加强的叠加下温跃层的加深，从而导致沿海和涡旋驱动的上升流增加。溶解氧的长期下降导致大陆架缺氧加剧和缺氧层的垂直位移，减少了某些对氧敏感的底栖鱼类的栖息地，增加了无机碳负荷和 N_2O 通量。由于人为 CO_2 吸收，地表无机碳负荷也有所增加。据过去二三十年观测，浮游植物生物量呈增加趋势；过去 60 年间，浮游动物的生物量在减少，并向更早和更窄的高峰窗口转移。此外，海洋幼鱼增加，鲑鱼和岩鱼产量下降。海鸟的变化情况更多，在某些情况下繁殖成功率下降。在潮间带无脊椎动物、浮游动物和海鸟群落中，物种分布呈由亚北极或北半球北部（耐寒）分布的冷水种向亚热带或南部（暖水）分布的暖水种的明显梯度变化。气候变暖不是导致海洋生态系统改变的唯一因素，海水 pH 下降也是驱动因素之一。在太平洋东北部，岩石海岸群落的 pH 在 8 年间不断下降，使得以温带海岸典型的贻贝为主的群落逐渐转变为以肉质藻类和藤壶为主的群落（Wootton et al.，2008）。在靠近天然二氧化碳渗漏点的浅底栖生物群落中，钙质珊瑚和藻类被非钙质藻类取代，而幼年软体动物的数量急剧减少或完全消失（Hall-Spencer et al.，2008）。

气候对关键物种和基础物种的影响尤为重要。一些关键的形成海洋栖息地的牡蛎或珊瑚等底栖生物，既对气候变化非常敏感，又通过病原体间接受气候变化的影响。在美国特拉华湾的牡蛎种群中，可引起牡蛎皮肤病的原生寄生虫海水派琴虫（*Perkinsus marinus*）在高水温和高盐度下增殖，并在冬季过后流行起来，进而随着气温升高向北扩散到东部沿海地区（Ford，1996）。珊瑚可以建立起巨大而复杂的珊瑚礁结构，为生态系统的其他部分提供支撑。而珊瑚礁对温度和 pH 变化都非常敏感，据报道，气温升高1℃就会导致珊瑚白化。不仅如此，气候变暖还使珊瑚更易染病，如温暖年份里大堡礁的珊瑚更容易感染新出现的疾病“白色综合征”（Bruno et al.，2003）。

（二）极地生态系统

目前，极地的物理气候变化速度与地球上任何地方一样快，甚至更快。因此，极地既是气候变化的风向标，也是我们评估其他复杂生态系统遭受气候变化的预期后果的例证。极地海洋生态系统正面临物种种群大小、空间范围和生产季节性的巨大变化，这些变化可直接影响重要的生态系统服务功能，如大型海洋哺乳动物和海鸟的健康及渔业生产。

极地海洋生态系统与海冰范围和海水温度密切相关，它们共同影响食物来源、生物生长和繁殖及生物地球化学循环。北极和南极半岛西部的海冰范围急剧下降，导致海洋植物生长所必需的水柱分层减少，进而引起海洋浮游植物种群下降。根据南极半岛西北部地区的长时间序列卫星遥感监测数据，浮游植物种群数量下降了 80%以上。许多极地鱼类和无脊椎动物已经适应了寒冷条件，对水温看似微小的上升忍耐力都非常有限（Somero，2012）。极地海冰还为海鸟和北极熊、海象、海豹等哺乳动物提供重要的栖息地，这些动物将海冰作为觅食平台或繁殖栖息地，因此这些物种也正在面临着气候变暖带来的栖息地被破坏的威胁。

平流层中臭氧层的消耗已经改变了南半球的气候，增加了南半球的海洋生产力，进而促进了许多海鸟和海洋哺乳动物的生长、存活和繁殖（Williamson et al.，2019）。相反，这些气候变化引起的海洋表层温度升高导致了塔斯马尼亚州的海藻床和巴西的珊瑚减少。与此同时，臭氧层消耗引起的强紫外线辐射有助于微塑料污染物的形成，并与人工防晒霜和其他污染物相互作用，对水生生态系统产生不利影响。虽然暴露于紫外线辐射中可以降低某些污染物的毒性（如甲基汞的去甲基化作用），但同时可能增加其他污染物（如某些农药和多环芳烃）的毒性。浮游生物以微塑料为食可能导致鱼类体内污染物的生物积累。

（三）森林生态系统

气候变化影响了全球森林的结构、生产力和碳储存模式（Hisano et al.，2018）。热带雨林拥有全球 50%的物种，但目前热带雨林的面积已消失了一半，已成为濒危生态系统。生物为了追求更适宜的气候条件会发生群落转移，因此气候变化通常会引起生物群落在地理位置上的转移。据估计，到 21 世纪气候变化将引起全球约 50%的植被群落结构发生改变（Bergengren et al.，2011）。此外，气候变化还将导致对气候条件敏感的物种分布减少，使耐受环境变化的物种分布增加。例如，气候变暖引起日本森林群落中的常绿阔叶树和落叶阔叶树的相对丰度在其较冷的范围边界附近增加，导致整个日本物种生活史特征发生方向性变化（Suzuki et al.，2015）。

气候变化普遍增加了树木的死亡率。温度上升和降水改变的共同作用，导致森林生态系统可用水减少，并通过碳饥饿与水力失效的相互作用直接增加树木的死亡率。即使在非干旱地区，气候变化的其他驱动因素也通过减少树木寿命或增强树木之间的竞争，增加了树木的死亡率。然而，气候变化对树木生长的影响不一致。一方面，气温上升引起的生长季节延长、水分增加、氮沉降和二氧化碳浓度升高促进了树木的生长和生产力的发展（Hember et al.，2012；Pretzsch et al.，2014）；另一方面，气温升高和干旱频率增加降低了树木的生长速度（Brzostek et al.，2014）。气候变化对树木死亡造成的生物量损失，以及通过存活树木的生长和新补充树木的内向生长获得的生物量，共同影响净地上生物量的变化。在一些地区，树木死亡率增加和生长率下降引起了净地上生物量下降（Chen et al.，2016）。

当酸性雨水流经土壤时，可以从土壤黏土颗粒中将稳定态的铝浸出形成活性铝，然后流入溪流和湖泊。陆地生态系统中引入的酸越多，释放出的植物可吸收形态的铝就越多。植物生长过程中吸收过量的铝会引起铝中毒，甚至死亡。酸雨还将加速土壤中钾、钠、钙、镁等矿物营养元素淋失，改变土壤结构。因此长期受酸雨影响的土壤会变得贫瘠，影响植物正常发育。这种酸雨对土壤物理化学性质的恶化作用将影响森林生态系统的稳定性。

光降解在湿润的温带系统（如温带森林）和干旱系统中起关键作用（Barnes et al.，2022）。例如，太阳辐射导致温带森林凋落叶的木质素被氧化，说明长期太阳辐射可能对木质素降解具有光促进作用。此外，植物凋落物暴露在太阳辐射下还会改变其纤维素和木质素等成分的含量。因此，臭氧层消耗带来的紫外线辐射增强可能通过分解或改变植物凋落物中的某些化合物，加快陆地生态系统的有机物分解。

（四）农业生态系统

气候变化对占地球土地总面积 38%左右的农业生态系统具有显著影响。研究表明，气候变化总体上会导致农作物减产、农业病虫害危害程度增加和发生范围扩大，影响粮食供应和粮食系统的稳定性，加剧粮食安全问题（Raj et al.，2020）。但气候变化的不同方面对粮食产量的影响是不同的（Fuhrer，2003）。例如，作为植物唯一碳源的大气二氧化碳浓度升高会提高农作物产量，当控制其他环境条件时，仅二氧化碳浓度升高将使 C_3 禾草生物量平均提高 12%，小麦和水稻的籽粒产量提高 10%～15%，马铃薯块茎产量提高 28%。与此相反，气候变暖通常会降低粮食作物产量。气候变暖与二氧化碳浓度增加对粮食产量的影响较为复杂，升温可能会抵消二氧化碳浓度升高对作物产量的正面影响。例如，大数据研究表明，二氧化碳浓度升高和温度升高同时发生时通常会降低小麦产量（Amthor，2001）。

植物病虫害（杂草、昆虫或微生物病原体）是制约农业生产的重要因素，每年造成全球40%的作物减产。因此，气候变化引起的病虫害发生情况的变化在生态和经济上都具有负面影响。预计随着气候变暖，中高纬度地区害虫将会越来越多。植物真菌和细菌病害的发生也与气候有关，温度、降雨、湿度、辐射或露水都会影响病原菌的生长和传播，也会影响寄主植物的抗性（Patterson et al.，1999）。在气候变化的情况下，温暖的冬季可能激发白粉病、褐叶锈病和条锈病等许多作物病害，而高温的夏季可能激发褐斑病等作物病害。另外，由于植物易感性降低，夏季更干燥和温度更高的条件将降低马铃薯晚疫病等几种作物疾病的发病率；与此同时，这些疾病有可能传播到目前较冷的地区。

总体来说，气候变化会降低作物产量，特别是在粮食生产匮乏的地区，而气候变异性的加剧进一步增加了未来粮食生产的风险（Fuhrer，2003）。2015～2020年，由于气温上升，全球受干旱影响的土地面积持续增多，主要粮食作物的潜在产量持续下降（Romanello et al.，2021）。据估计，到2050年，气候变化将使作物产量减少8%，其中小麦产量减少17%，玉米产量减少5%，高粱产量减少15%，小米产量减少10%（Knox et al.，2012）。

四、气候变化威胁人类健康

气候变化除破坏生态系统稳定性外，还会对人类健康产生恶劣影响。2015年，《柳叶刀》杂志发起了一项聚焦气候变化对人类健康影响的国际合作项目——柳叶刀健康与气候变化倒计时（简称“柳叶刀倒计时”）。根据2021年度报告——Code Red for a Healthy Future，气候变化对与其相关的44项健康指标的影响有增无减（Romanello et al.，2021）。对气候敏感的传染病传播的环境适宜性正在增强。非霍乱弧菌自20世纪80年代以来在北纬地区传播的环境适宜性增加了56%。过去5年中，登革病毒、基孔肯亚病毒和寨卡病毒等新出现的虫媒病毒传播的环境适宜性比20世纪50年代高出7%～13%。2020年的高温与2016年并列，是有记录以来最热的两年，造成了与高温相关的极端健康冲击，影响了世界各地人口的情绪和身体健康。2020年，清华大学领导的“柳叶刀倒计时”亚洲区域中心在全球“柳叶刀倒计时”工作的基础上，开始评估中国气候变化对健康状况的影响，旨在触发快速的健康响应行动。在中国，气候变化对健康的威胁呈持续增加趋势。2020年，估计有14 540人因热浪死亡，其中77%是65岁以上的老年人，如果不及时采取行动，气候变化带来的健康威胁可能在未来几年和几十年恶化（Cai et al.，2021）。

臭氧层的主要作用之一是吸收短波紫外线，保护人类和动植物免受短波紫外线的伤害。随着人类活动加剧，地球上空的臭氧层出现空洞，导致地球表面的紫外线辐射增强，给人类健康带来严重危害（Norval et al.，2007）。长期暴露于强紫外线辐射下，人体免疫系统的机能将衰退，抗疾病能力将下降。眼睛直接暴露在阳光下，紫外线增强可能引起急性或长期眼部损伤。过度暴露在太阳紫外线下，人体可通过产生T调节细胞亚群等机制降低全身（尤其是皮肤）的免疫反应，这种免疫抑制是导致皮肤癌发生的关键因素。因此，臭氧层破坏引起的紫外线辐射增强会增加人类罹患白内障、翼状胬肉、皮肤癌等疾病的概率。

第二节　生物地球化学循环变化对环境生物安全的影响

一、环境生物安全相关的生物地球化学循环

生物地球化学循环，系生物物质基本元素循环的自然途径。“生物地球化学”一词是一个缩略语，涵盖对每个元素循环周期的生物、地质和化学因素的综合考量。生物地球化学循环中的元素以各种形式从生物圈的非生物成分转化为生物成分，然后再返回。要使主要生态系统（如湖泊或森林）的生物成分得以存续，构成活细胞的所有化学元素就必须不断循环。每个生物地球化学循环都可以被视为具有一个储层（营养）池——较大、转换缓慢、通常为非生物的部分，以及一个交换（循环）池——较小、但更活跃、涉及生态系统的生物和非生物层面之间的快速交换。

生物地球化学循环又可分为气态循环和沉积循环，气态循环中的储层是空气或海洋（通过蒸发），而沉积循环中的储层是地壳。气态循环包括氮、氧、碳和水的循环；沉积循环包括铁、钙、磷、硫和其他更多地球元素的沉积循环。气态循环往往比沉积循环移动得更快，而且由于大气储层较大，更容易适应生物圈的变化。例如，当地积累的二氧化碳很快就会被风驱散或被植物吸收。然而，全球变暖等异常干扰和频繁的野火和风暴驱动事件等局部干扰会严重影响循环的自我调节能力。沉积循环因元素而异，但每个循环基本上由溶液（或水）相和岩石（或沉积物）相组成。在溶解阶段，风化作用以盐的形式从地壳释放矿物，其中一些溶解在水中，通过一系列生物传递，最终到达深海，在那里它们无限期地停止循环。在岩石阶段，盐以沉积物和岩石的形式沉积在浅海中，最终被风化和回收。

植物和一些动物从环境溶液中获取营养需求，其他动物从它们食用的动植物中获取大部分营养需求。生物体死亡后，固定在其体内的元素通过分解者（如细菌、昆虫和真菌等腐生生物）的作用返回到环境中，并再次被其他活生物体利用。生物地球化学循环对生命的存在至关重要，它将能量和物质转化为可用形式以支持生态系统的功能。这些循环描述了地球主要储层——大气、陆地生物圈、海洋和地圈（土壤、沉积物和岩石）之间的物质运动。构成生命体骨架的有机分子的六种最常见元素是碳、氮、氢、氧、磷和硫，这些元素存在于不同的储层中，并以多种有机和无机化学形式存在。

（一）碳的生物地球化学循环

碳循环描述了碳在不同储层之间的运动。碳是所有有机化合物的组成成分，其中许多对地球上的生命至关重要。在生命物质中发现的碳主要来源于空气或溶解在水中的二氧化碳；藻类和陆生绿色植物等生产者通过光合作用将二氧化碳和水转化为简单碳水化合物，是主要的碳固定者；这些化合物被生产者用来进行新陈代谢，多余的被储存为脂肪和多糖；储存的产品通过食物链从生产者传递至人类等消费者有机体，这些有机体将它们转化成其他形式；作为呼吸作用的副产品，二氧化碳被动物和其他一些生物直接释放到大气中；存在于动物粪便和所有生物体内的碳在一系列微生物转化过程中以二氧化

碳的形式，由腐生生物或细菌和真菌等分解者释放出来。

一部分有机碳（如生物的残骸）以化石燃料（如煤、天然气和石油）、石灰石和珊瑚的形式积累在地壳中。化石燃料中的碳，在史前时期被从循环中移除，现在在工业和农业过程中以二氧化碳的形式大量释放出来，其中大部分迅速进入海洋，并被“固定”为碳酸盐。在氧气稀缺（如污水、沼泽）的环境中，一些碳会以气态甲烷的形式释放出来。

（二）氮的生物地球化学循环

氮是蛋白质和核酸的重要组成元素，对地球上的生命至关重要。尽管大气中78%的体积是氮气，但这个丰富的储层以一种大多数生物无法利用的形式存在。然而，通过一系列微生物转化，氮可以被植物所利用，并最终用于维持所有动物的生命。这些步骤不完全是顺序发生的，可分为以下几类过程：固氮、氮同化、氨化、硝化和反硝化。

固氮过程中，氮气被转化为无机含氮化合物，约90%主要由某些细菌和蓝藻完成。通过闪电、紫外线辐射、电气设备等非生物途径和哈伯-博世（Haber-Bosch）过程将氮气转化为氨来固定自由氮所占比例要小得多。由固氮产生的硝酸盐和氨被同化为藻类和高等植物的特定组织化合物。然后，动物吃掉这些藻类和植物，将它们转化为自己体内的化合物。所有生物的残骸及它们的废物在氨化过程中被微生物分解，产生氨（NH_3）和铵离子（NH_4^+）。在厌氧或无氧条件下，可能会出现恶臭的腐烂产物，但它们也会及时转化为氨。氨可以离开土壤，也可以转化成其他含氮化合物，这部分取决于土壤条件。硝化作用是一种通过硝化细菌将土壤氨/铵转化为硝酸盐（NO_3^-）的过程，植物可以将其吸收到自己的组织中。硝酸盐能被反硝化细菌代谢，这些细菌在淹水的厌氧土壤中特别活跃。这些细菌的作用会使土壤中的硝酸盐异化或还原，形成一系列氮氧化物和氮气重返大气。

（三）磷的生物地球化学循环

在生物圈中循环的所有元素中，磷是最稀缺的，因此在任何给定的生态系统中，它也是最受限制的元素。磷是生命不可缺少的元素，不仅密切参与能量转移，还通过脱氧核糖核酸（DNA）的化学结构直接作用于遗传信息的传递。地球上的大部分磷都存在于岩石和沉积物中，通过风化、淋滤和开采而释放出来。其中一些磷通过植物、食草动物、捕食者和寄生虫进入淡水和陆地生态系统，通过死亡和腐烂又重返这些生态系统。然而，其中大部分磷都沉积在海洋浅层沉积物中，通过局部循环重新释放，或随深层洋流间歇性上涌重返海水。通过捕鱼和海鸟鸟粪，磷被带回了陆地。虽然有季节性的供应脉冲，但仍有稳定的磷流失到海洋深处，并永久沉积在那里。

由于磷的高反应活性，它通常与其他元素以化合物形式存在。微生物驱动不溶性磷化合物产生酸，形成可溶性磷酸盐。这些磷酸盐被藻类和陆生绿色植物利用，然后进入动物消费者的体内。当生物体死亡和腐烂时，磷酸盐被释放出来循环利用。由于磷不断流入海洋，因而需要不断地补充磷（如以肥料的形式）到土壤中，以保持土壤肥力和农业生产力。

（四）硫的生物地球化学循环

硫作为某些氨基酸的组成元素存在于所有生物中。它以蛋白质的形式存在于土壤中，通过一系列微生物转化，最终成为植物可利用的硫酸盐。含硫蛋白质在各种土壤生物的作用下被降解为氨基酸。氨基酸中的硫被另一系列土壤微生物转化为硫化氢（H_2S）。在有氧存在的情况下，H_2S 转化为硫，再由硫氧化细菌转化为硫酸盐。厌氧或缺氧条件下硫酸盐又被硫酸盐还原菌转变成了 H_2S。硫化氢迅速氧化成气体，溶于水中形成硫化物和硫酸。这些化合物在很大程度上形成了“酸雨”，其可以杀死敏感的水生生物、破坏大理石纪念碑和石材建筑。

二、生物地球化学循环变化

生物地球化学循环的概念源于人们对大气圈、岩石圈（包括土壤圈）、水圈和生物圈相互作用的认识。这一术语适用于大气圈、岩石圈（包括土壤圈）、水圈和生物圈进出物质的流动，以及其中发生的化学、物理和生物学变化。物质地球，或称为岩石圈，是一个封闭的动态系统，在这个系统中，其各组成部分不断地循环。然而，就能量而言，它不是一个封闭的系统，因为能量以太阳辐射的形式不断到达地球。太阳能的变化将影响生物地球化学循环的动力学。总的来说，太阳辐射的增加可能导致全球变暖，太阳辐射的减少可能导致全球变冷。然而，由于周期或系统的相互联系，情况要比这复杂得多。生物地球化学循环以储层、物质通量、源、汇和收支平衡来描述和模拟。储库是给定系统中物质的总量，如大气中的氧气或海洋中的水。通量是物质从一个储存库移动到另一个储存库的量，例如，从海洋中蒸发到大气中的水的量。源是流入储库的物质通量，汇是从储库中除去的物质量。预算是一个系统中物质进出的收支平衡。如果源和汇处于平衡状态，使得储库中的物质数量是恒定的，那么它就处于稳定状态。一个由两个或多个储层组成的系统，其中物质在没有外部通量的情况下循环输送，称为封闭系统。通常地球系统是相互联系或耦合的，一个系统通量的变化会影响另一个系统的动力学。

（一）碳的生物地球化学循环变化

由于燃烧化石燃料和砍伐森林，大气中二氧化碳快速增加，扰乱了陆地、海洋和大气中的二氧化碳通量。据估算，有超过 5.5×10^{12} t 碳以化石燃料的形式储存在惰性岩石圈，8.35×10^{11} t 碳储存在生物圈，7.25×10^{11} t 碳主要以二氧化碳形式存在于大气中。二次工业革命以来（1880～1960 年），地球大气碳总量增加了 12.14%，这无疑与化石燃料的燃烧有关（Raimi et al.，2021）。

除了二氧化碳增加的问题，大气中其他气体也有所增加，尤其是甲烷，其主要来源包括反刍动物、稻田、沼泽和苔原中的微生物分解，以及排放到大气中的工业甲烷气体。大气中的甲烷在过去 200 年里大约翻了一番，这一增幅与人口增长、养牛场和水稻产量的增加密切相关。

使用有机物、煤、石油和天然气作为燃料，以及燃烧碳酸盐来制造水泥和石灰等人类活动导致大气中二氧化碳浓度上升。快速增长的人口也正在通过过度砍伐森林、错误的农业实践、密集放牧等方式改变着地球表面的碳循环。人类向环境中释放铅、滴滴涕（DDT）等难降解有毒物质，降低了绿色植物的光合作用效率，影响了碳的生物地球化学循环。大气中二氧化碳和甲烷的浓度变化有可能改变全球能量平衡，进而改变全球气候系统。

在过去的 50 年里，青藏高原（地球的“第三极”）的气温每十年上升 0.2℃，其速度大约是观测到的全球变暖速度的两倍，引发了显著的永久冻土融化和冰川退缩。研究表明，气候变暖增加了湿地的净初级生产力和土壤呼吸，减少了湿地的甲烷排放，增加了草地的甲烷消耗，但可能增加了湖泊的甲烷排放。气候变暖导致的永久冻土融化和冰川消融也会导致大量封存在地下的有机碳以二氧化碳和甲烷的形式排放到大气中（Chen et al.，2013）。

（二）氮的生物地球化学循环变化

人类活动对氮循环的干扰在不同情境下呈现双向效应：既可能加剧可利用氮的匮乏，也可能引发其过剩。退耕还林还草导致土壤硝态氮含量持续下降，土地利用方式的改变使更多的有机物质从土壤中迅速分解和浸出，通过收获作物和放牧去除氮会造成额外的损失。另外，过量的氮被添加到生态系统中，可能造成各种各样的问题。大量施用无机肥料会通过降低固氮作用和增加反硝化作用干扰氮的固定与反硝化之间的自然平衡。添加的氮有相当一部分可能以硝酸盐的形式淋溶到地下水中。动物排泄物，尤其是集中在大型饲养场的牲畜排泄物，是地下水中硝酸盐的另一个来源。地下水中过量的硝酸盐会成为危害健康的污染物。

（三）磷的生物地球化学循环变化

天然的活性磷是岩石化学风化作用的结果，自然状态下，每年约有 110 万 t 磷通过风化作用进入磷的物质循环中。人为干预下，农业无机肥料平均每年向环境输出 2000 万 t 磷，植物仅吸收消耗其中的 1050 万 t 磷，其余的被淋滤冲刷至河流和海洋中（850 万～950 万 t 磷），或被灰尘颗粒截获并分散带到陆地其他生境，最终导致磷在地球的外壳岩石中再次富集，或增加陆地生态系统的生产力和水生生态系统的富营养化程度。据估计，近年来流入海洋的活性磷总量是工业革命以前的 9～10 倍（Mackenzie et al.，2002）。

三、物质循环变化对环境生物安全的影响

在当今这个环境不断变化的时代，人类活动，尤其是对粮食、纤维和燃料资源的攫取，正在极大地改变全球气候及其元素循环。自工业革命开始以来，支持经济增长的能源需求使得大气二氧化碳浓度增加了近 40%（Canadell et al.，2007）；用于生产氮肥的 Haber-Bosch 工艺的开发使进入陆地生物圈的活性氮增加了一倍以上（Galloway et al.，2008）；为获取肥料而开采磷矿，消耗了磷酸盐矿床的同时也已经在地球表面重新分配

了磷（Gilbert，2009）；被释放的磷与氮最终导致水生生态系统的富营养化（Conley et al.，2009）。这些变化的元素循环独立或联合起来改变生物群落，对 21 世纪的生态系统健康和地球气候产生了重要影响。

在高纬度地区，已经观察到一些很明显的温度上升，特别是在北极地区，在过去的 40 年里，夏季海冰的范围大幅下降，温度的上升远远大于 1850～2000 年的全球平均水平（Kaufman et al.，2009）。在这些高纬度生态系统（北方森林、苔原及相关的湿地）中，有机碳分解对温度和湿度的响应比光合作用更强。高纬度地区对变暖的正反馈来自于分解速度的增加和温室气体的释放，分解速率的增加将大大增加碳以二氧化碳和甲烷的形式返回大气的通量（Schuur et al.，2008）。甲烷的增温潜力是二氧化碳的 21 倍，平衡大气二氧化碳和甲烷含量对未来气候变暖的发展程度和趋势至关重要（Christensen et al.，2000）。

除二氧化碳和甲烷外，土壤碎屑储层中升温诱导的氮矿化的增加可能会加速一氧化二氮的产生，一氧化二氮的增温潜力是二氧化碳的 310 倍。一氧化二氮是在反硝化过程中产生的，这是一种发生在低氧条件下的微生物过程，通常受到硝酸盐和能量的限制。因此，升温引起的有机氮矿化及硝酸根的增加可能会增加温室气体一氧化二氮的通量。与二氧化碳和甲烷一样，土壤温度、土壤湿度和自由度对一氧化二氮的产生有很大的影响，同时对变暖产生非常强烈的正反馈潜力（Repo et al.，2009；Elberling et al.，2010）。

另外，升温引起的负反馈可能是由土壤有机质中氮和磷矿化程度的增加所导致的植物生长变化所驱动的。然而，氮、磷利用率提升对气候变暖的负面反馈被初级生长量增加所驱动的一系列生物物理和生物地球化学过程部分抵消。例如，灌木的叶子是深色的，所以灌木向亚北极和北极生态系统的生态位扩张减少了反照率，促进了气候变暖（Weintraub and Schimel，2005）。灌木丛中的覆盖物也会增加积雪深度，使土壤免受极端寒冷的影响。微生物群落在雪下可以非常活跃地分解土壤有机质，并在冬季释放出多余的营养物质，这些营养物质最终以二氧化碳、甲烷或一氧化二氮的形式进入大气（Monson et al.，2006）。变温引起的分解和养分供应的变化导致土壤的碳损失大于木质生物量中的碳损失（Mack et al.，2004）。

氮沉降被列为 21 世纪生物多样性变化的第三大最具影响力的驱动力。人类活动实质上使全球氮循环量翻了一倍，导致土壤、地表水、深海和大气中的氮汇增加，这种增加对生物多样性和生态系统功能产生了有害影响。

第三节　外来生物入侵对环境生物安全的影响

生物入侵（biological invasion）是指人类有意或无意引入的物种在远离原生栖息地的地方建立种群，在没有人类帮助的情况下维持自身且扩散到引入点以外的区域，并对当地的经济、生态和社会安全造成威胁的现象（万方浩等，2015；Richardson et al.，2000）。世界自然保护联盟（International Union for Conservation of Nature，IUCN）、《生物多样性公约》和世界贸易组织将那些对经济、环境或健康产生有害影响的外来物种归为入侵物种。随着国际贸易、跨国旅游等跨区域人类活动的增加，生物入侵在全球范围内频发，每年可造成数十亿欧元或美元的经济损失（Paini et al.，2016）。生物入侵是继栖息地破坏之后造成生物多样性下降的第二大原因，由此引起的物种灭绝速度的增加将对全球生态系统的结构和功能产生重大影响，并对人类健康、生态安全、社会经济等产生深远影响。

一、我国生物入侵现状

我国是世界上遭受生物入侵威胁最为严重的国家之一，生物入侵被认为是我国最大的生物安全问题之一，呈现出入侵物种多、传入途径多、蔓延范围广、危害程度重等特点。根据徐海根等 2012 年编制的中国外来入侵物种清单，我国共有入侵物种 488 种，包括 171 种动物、265 种植物、26 种真菌、3 种原生生物、11 种原核生物和 12 种病毒，其中，植物、昆虫和微生物是主要的类群（Xu et al.，2012）。而截至 2018 年底，我国已确认外来入侵物种近 800 种，其中 51 种在 IUCN 公布的 100 种最严重的入侵物种名单上，每年造成经济损失估计高达数千亿元（陈宝雄等，2020）。这些入侵物种来源广泛。据统计，我国入侵生物 51.1%来自南、北美洲，18.3%来自欧洲，17.3%来自其他亚洲国家，7.2%来自非洲，还有 1.8%来自大洋洲（Xu et al.，2012）。

我国入侵物种的分布范围持续扩大，覆盖陆地、内陆水域和海洋生态系统等几乎所有类型的生态系统（陈宝雄等，2020）。我国的 31 个省份均有外来入侵物种分布，甚至扩散到青藏高原腹地等人迹罕至的偏远地区，且入侵物种分布具有明显的地理和生态偏向性（Wan et al.，2017）。中国东部、南部沿海省份和西南部的云南省等经济发达或人类活动密集地区，外来入侵物种分布最为广泛。相比之下内陆省份的入侵物种要少得多，一些西北地区的入侵物种记录不到 100 次。总体来看，中国外来入侵物种丰富度呈现由东南向西北逐渐下降的格局。60%以上的入侵物种分布在农田，只有 14%发生在森林，16%发生在水体（海洋和内陆水域）。

我国外来生物的入侵途径有三种：自然传入、无意引进、有意引进。自然传入是指水体、风媒或虫媒将植物种子、动物幼虫或卵或微生物传入新定植地的方式。例如，紫茎泽兰（*Ageratina adenophora*）是靠自然因素从中缅边境传入我国云南南部。无意引进是指外来物种随飞机、轮船或汽车等交通工具，被无意间带入境内引起入侵的情况。我国约有三分之二入侵植物和三分之一入侵动物来自于有意引入。为了经济目的而有意在区域间引入外来物种是一些严重外来入侵物种在我国广泛传播的重要原因，空心莲子草（*Alternanthera philoxeroides*）就是这方面的一个典型案例。20 世纪 30 年代，上海和浙江将其作为马饲料引入中国；20 世纪 50 年代，又进一步作为猪饲料引入中国南方；从 20 世纪 80 年代开始，其地理范围迅速扩大，成为中国农业生态系统中最臭名昭著的杂草之一（Pan et al.，2007）。

外来入侵物种在我国的分布和传播与许多因素有关，其中气候条件是决定总体分布格局的主要因素，如热带或亚热带地区的入侵物种比其他地区更多。而人类活动对外来植物的入侵和扩散影响最为显著。公路、铁路等交通运输使一些入侵物种突破自然条件的限制，在跨省跨区域范围内传播（闫小玲等，2014）。此外，河流、洪水、风等物理因素也可能增强入侵植物的区域扩散。例如，紫茎泽兰的种子非常小且轻（约 0.4 g/1000 粒种子），且具有特殊的羽毛状结构，因此在水流和风的作用下可以很容易地携带和分散到邻近地区（Wang et al.，2011）。

二、生物入侵破坏生物多样性

外来入侵物种是生物多样性面临的最大威胁之一，世界上许多地区的物种因此面临灭绝的威胁（Pyšek et al.，2020）。根据生物多样性和生态系统服务政府间科学政策平台（Intergovernmental Science-Policy Platform on Biodiversity and Ecosystem Services）发布的关于生物多样性和生态系统服务的全球评估报告，外来生物入侵被排在陆地和海洋利用变化、生物直接开发、气候变化和污染之后，成为第五个对全球影响最大的自然变化的直接驱动因素（Brondizio et al.，2019）。外来入侵物种通过竞争、捕食、杂交和间接效应改变生态系统过程，降低本地物种的数量和丰度，改变群落结构，甚至通过与土著种杂交进行基因渗透，或者影响土著种的基因流通等方式，污染土著种基因，导致小种群土著种的遗传特异性丧失、土著种遗传同化、种群后代适应性降低等，严重破坏入侵地的生物遗传资源，导致遗传多样性丢失（李霖和姚云珍，2007）。

（一）降低生物群落的物种多样性

大数据分析显示，外来物种入侵总体上使本地生物丰富度显著下降（Gaertner et al.，2009），例如，大米草入侵福建沿海滩涂后，导致当地的生物物种从 200 多种降低到 20 多种。这种下降根据不同的空间和时间尺度而有所不同。由于小规模研究范围内更可能出现种间竞争，因此外来入侵物种对本地物种丰富度的影响在小空间尺度上较强。随着研究面积和单位面积的增大，研究更可能受生物或非生物等外部因素的影响而使入侵物种对物种丰富度的影响减小。在入侵历史较长的地区，外来入侵物种对本地物种丰富度的影响比近期新入侵地区的影响要大得多。此外，外来入侵植物可能不会通过直接的竞争来取代本地植物使其灭绝，而是会影响本地植物定殖率导致本地物种多样性下降。最容易受外来入侵物种影响的环境是受人为干扰的生物栖息地，例如，外来物种入侵弃耕地（old field）后会阻碍其中物种的动态演替，一旦外来物种建立持久群落，就会阻碍本地物种种群的建立，进而使弃耕地处于退化状态（Kuebbing et al.，2014）。

（二）降低物种数量/导致物种灭绝

由于外来入侵物种的影响，鸟类、哺乳动物和两栖动物的灭绝风险均随着时间的推移而增加（McGeoch et al.，2010）。例如，1998 年之前完全不为人知的一种病原壶菌导致全球许多两栖动物种群数量下降和灭绝。现有证据表明，壶菌病是一种由不明携带者（可能包括人类、外来鱼类、非洲爪蛙、非洲爪蟾和其他动物）在世界各地传播的新型病原体。再如，新西兰特有的鸟类黄头刺莺（*Mohoua ochrocephala*）在 1999～2000 年受到老鼠种群爆发的严重影响，十年间种群数量下降速度超过 50%，有两个种群灭绝、三个种群严重崩溃，使该物种可能从脆弱物种上升到濒危物种。

（三）降低生态系统多样性

自然生态系统在长期进化过程中形成动态平衡，外来物种的入侵将打破土著物种间的相互制约、相互协调，导致生态系统紊乱。例如，海洋入侵物种是创造和改变栖息地的生态环境的主要驱动因素。1996 年，菲利普港湾口最常见的底栖海洋生物中超过一半是外来物种，其中北太平洋海星（*Asterias amurensis*）的个体数量已经增加到超过 1 亿只，覆盖 1500 km^2，比海湾所有鱼类的生物量都要多（Bax et al.，2003）。

三、生物入侵威胁生态系统稳定性

生物入侵可改变生态系统结构和功能，引起生态系统退化或单一化，改变生态系统元素通量。例如，受入侵植物影响的陆地生态系统中，外来植物的凋落物分解率比本地植物平均高 117%，且凋落物质量更高，导致营养元素向土壤中的输入率更高（Ehrenfeld，2010）。包括森林、草地、湿地、农田、居民区在内的几乎所有生态系统都受外来入侵物种的威胁。

（一）农业生态系统

生物入侵可能改变农业生态系统特性，降低农业生态系统的服务功能，其危害主要表现在啃食作物、使作物染病、侵占作物生态位、抢占作物资源等。例如，牧豆树（*Prosopis juliflora*）入侵埃塞俄比亚后消耗当地本已稀缺的水资源，严重影响当地棉花和甘蔗灌溉（Shiferaw et al.，2021）。美国西南部柽柳属灌木的入侵使农业土地退化，并导致其在一些地区被废弃（Zavaleta，2000）。在旧金山湾，黑龙江河篮蛤（*Potamocorbula amurensis*）的密度现在达到了每平方米 1 万多只，是当地渔业崩溃的罪魁祸首（Bax et al.，2003）。大豆疫霉菌（*Phytophthora sojae*）会导致大豆植株幼苗枯萎、根茎腐烂，全球每年因此损失约 120 亿美元（Tyler，2007）。

由于经济快速发展、人类活动加剧、土地利用方式巨变，我国农业生态系统一直是外来物种的主要入侵领域，每年都遭受巨大的经济损失和生态系统服务价值损失。据估计，生物入侵导致我国农业生态系统服务功能降低所造成的间接经济损失每年达 14.05 亿美元（Xu et al.，2006）。其中危害最严重的入侵物种包括紫茎泽兰（*Ageratina adenophora*）、豚草（*Ambrosia artemisiifolia*）、白粉虱（*Trialeurodes vaporariorum*）、烟粉虱（*Bemisia tabaci*）、美洲斑潜蝇（*Liriomyza sativae*）、科罗拉多马铃薯甲虫（*Leptinotarsa decemlineata*）等，其中科罗拉多马铃薯甲虫入侵使我国第四大粮食作物马铃薯减产 30%～50%（Guo et al.，2015）。

（二）森林生态系统

随着世界各地林产品国际贸易量的增加，货物中隐藏的昆虫、植物和微生物等被带进目的地国家，传播并威胁当地的生物多样性。目前，中国脆弱的森林系统正受到大量入侵物种的威胁。例如，紫茎泽兰自 20 世纪 70 年代从缅甸边境传入我国云南省后，以每年10～30 km的速度向东向北蔓延，入侵后逐渐取代本地植物形成紫茎泽兰单一群落，致使本地植物群落衰退。被称为“森林杀手”的微甘菊近几年在我国南方大肆扩散蔓延，仅深圳市受微甘菊影响的林地面积就已达 4 万亩①，是森林最严重的入侵植物之一。微甘菊通过缠绕在油棕、椰子、可可、茶树、橡胶树、柚木等本地植物上向上攀爬并覆盖在其顶部，导致本地植物因缺少光照而死亡（Clements and Kato-Noguchi，2025）。从北美入侵到我国的松材线虫和红脂大小蠹等造成松树枯死，严重破坏松树林生态环境。

（三）水生生态系统

我国水生生态系统中发现了 564 种非本土物种，其中 438 种来自淡水生境，126 种来自海洋生境，水生生态系统的入侵物种问题日益严重（Wan et al.，2017）。这些外来物种入侵后，一方面破坏栖息地环境，甚至引发赤潮。例如，世界十大恶性入侵杂草之一的水葫芦入侵我国后过度繁殖，大面积覆盖水面致使水体得不到光照、水中缺氧、水生动植物死亡，进而造成水体污染；水葫芦还会吸收水中的重金属等有害物质造成二次污染。另一方面入侵物种也会破坏本地生物的食物链。例如，被作为高蛋白食物引入我国的福寿螺（*Pomacea canaliculata*），被弃养或逃逸到野外后迅速扩散到自然湿地，因其食量极大，严重威胁到本地水生植物和贝类，破坏食物链和食物网。

此外，海洋外来物种入侵可改变海洋生态系统功能（Bax et al.，2003）。主要表现在增加本地生物的捕食压力（如入侵澳大利亚的北太平洋海星及入侵北美的欧洲岸蟹、黑海的栉水母等）、造成栖息地缺氧（如入侵地中海和加利福尼亚的杉叶蕨、入侵东南亚和澳大利亚的黑色条纹贻贝）、提供新的栖息地（如入侵欧洲、南非和澳大利亚的日本海藻及入侵澳大利亚的新西兰螺丝壳）。但海洋生物入侵是一个全球性的问题，需要全球性的解决方案。

（四）自然保护区

自然保护区是社会应对环境退化的关键组成部分，其面积约占全球陆地区域的13%，海洋区域的 7.7%（https://www.protectedplanet.net/en）。自然保护区极容易在物种和群落水平上受生物入侵影响，外来物种入侵可改变保护区内生物的栖息地环境，对本地物种的丰度、多样性和数量产生不利影响（Pyšek et al.，2020）。目前全球几乎所有保护区都曾遭受外来植物入侵，甚至像加拿大北部的格罗莫讷国家公园这种没有经受过人为干扰的自然区域、高海拔保护区，以及隔离的山岳景观都遭受了外来植物入侵（Alexander et al.，2016）。2007 年，《全球入侵物种方案》（Global Invasive Species Programme）明确了全球 106 个国家 487 种入侵植物威胁保护区的生物多样性（De Poorter，2007）。Gallardo 等（2017）通过调查欧洲 100 种最具入侵性物种的潜在分布，评估了入侵和气候变化所构成的联合威胁。他们发现，保护区内部的外来入侵生物预测丰富度比保护区外部低 11.18%，因此保护区可以为本地物种提供避难所。我国目前仅调查过 72 个国家级自然保护区内的外来植物入侵情况，发现 72 个保护区内均有入侵植

① 1 亩≈666.7 m^2

物定殖；而根据模型预测分析，我国458个国家级自然保护区中，超过98%都面临入侵风险（赵彩云等，2022）。随着保护区附近人口迅速增长和全球气候变化加剧，全球范围内保护区入侵物种的入侵范围和总体影响都在增加，因此保护区如何有效地保护本地物种使生态系统免受外来生物入侵的威胁是一个急需解决的问题。

四、生物入侵威胁人畜健康

生物入侵不仅对生态安全、社会经济造成重大影响，还对人类健康和社会稳定构成重大威胁。一些入侵物种本身是病原体，入侵后会引起疾病传播；一些入侵物种，如非洲大蜗牛（*Achatina fulica*）、帚尾袋貂（*Trichosurus vulpecula*）、福寿螺（*Pomacea canaliculata*）等可以成为人畜病原菌和寄生虫的中间宿主传播疾病；还有一些入侵物种，如豚草（*Ambrosia artemisiifolia*）、红火蚁（*Solenopsis invicta*）等会对人体健康造成危害。

部分入侵物种是重要的病原体或本身具有毒性。15世纪至今，世界范围内的船舶运输促进了埃及伊蚊（*Aedes aegypti*）、尖音库蚊（*Culex pipiens*）、白纹伊蚊（*Aedes albopictus*）等媒介蚊子在新地区连续入侵、传播，引发了疟疾、黄热病、斑疹伤寒和鼠疫等人类疾病流行（Lounibos，2002）。甘蔗蟾蜍（*Rhinella marina*）在其整个生命阶段（卵、蝌蚪、变态期、幼蟾和成虫）都是有毒的，入侵澳大利亚后对当地脊椎动物捕食者造成严重危害（Shine，2010）。在我国，甘薯长喙壳（*Ceratocystis fimbriata*）是危害农作物的危险病原体之一，可以引起甘薯枯萎病等多种疾病，还会产生有毒物质引起人类和牲畜中毒（刘云龙等，2003）。

许多入侵生物作为病原体或寄生虫的中间宿主传播疾病。福寿螺自1981年作为高蛋白食物引入广东，其繁殖力极高、生长速度极快、性成熟程度高，因此福寿螺能在短时间内形成大量种群，并以水稻幼苗和叶片为食，很快就能彻底摧毁稻田。除此之外，福寿螺还通过充当卷棘口吸虫、广州管圆线虫等致病菌的媒介影响公众健康（Karraker and Dudgeon，2014）。非洲大蜗牛（*Achatina fulica*）是IUCN列出的全球100种恶性外来入侵物种之一，它对自然环境危害极大，还可作为广州管圆线虫等致病菌和寄生虫的中间宿主传播嗜酸性粒细胞增多性脑膜炎和结核病等（郭靖等，2015）。

有些入侵物种会直接影响人类健康，例如，有毒的线纹鳗鲶（*Plotosus lineatus*）伤害地中海东部的渔民（Galanidi et al.，2018）；德国黄胡蜂（*Vespula germanica*）威胁人类户外活动，并在澳大利亚部分地区的住宅附近形成大规模蜂群，构成严重滋扰（Cook，2019）。在我国，红火蚁蜇伤引起的过敏反应是一个严重的公共卫生问题，在红火蚁入侵地区，超过1/3的人曾被这种蚂蚁蜇伤，近10%的受害者出现发热现象，一些人还会出现头晕、全身荨麻疹或过敏性休克（Xu et al.，2012）。豚草花粉是严重的空气过敏原，可在人群中引发枯草热，造成鼻炎、皮炎、过敏性哮喘等严重的健康问题。我国豚草发生区约1450万人（占豚草发生区域总人口的23%）发生过敏，每年造成近14.5亿美元的经济损失（Wan et al.，2017）。

（常佳丽　赵梦欣）

参考文献

陈宝雄, 孙玉芳, 韩智华, 等. 2020. 我国外来入侵生物防控现状, 问题和对策. 生物安全学报, 29(3): 157-163.

郭靖, 章家恩, 吴睿珊, 等. 2015. 非洲大蜗牛在中国的研究现状及展望. 南方农业学报, 46(4): 626-630.

李霖, 姚云珍. 2007. 外来种入侵的遗传侵蚀. 扬州教育学院学报, (4): 77-80.

刘云龙, 何永宏, 阮兴业. 2003. 甘薯长喙壳: 危害多种作物并广泛分布的病原体. 云南农业大学学报, 18(4): 408-412.

万方浩, 侯有明, 蒋明星. 2015. 入侵生物学. 北京: 科学出版社: 7.

闫小玲, 刘全儒, 寿海洋, 等. 2014. 中国外来入侵植物的等级划分与地理分布格局分析. 生物多样性, 22(5): 667-676.

赵彩云, 柳晓燕, 李飞飞, 等. 2022. 我国国家级自然保护区主要外来入侵植物分布格局及成因. 生态学报, 42(7): 2532-2541.

Alexander J M, Lembrechts J J, Cavieres L A, et al. 2016. Plant invasions into mountains and alpine ecosystems: current status and future challenges. Alpine Botany, 126(2): 89-103.

Amthor J S. 2001. Effects of atmospheric CO_2 concentration on wheat yield: review of results from experiments using various approaches to control CO_2 concentration. Field Crops Research, 73(1): 1-34.

Arenas M, Ray N, Currat M, et al. 2012. Consequences of Range Contractions and Range Shifts on Molecular Diversity. Molecular Biology and Evolution, 29(1): 207-218.

Barnes P W, Robson T M, Neale P J, et al. 2022. Environmental effects of stratospheric ozone depletion, UV radiation, and interactions with climate change: UNEP Environmental Effects Assessment Panel, Update 2021. Photochemical & Photobiological Sciences, 21(3): 275-301.

Bax N, Williamson A, Aguero M, et al. 2003. Marine invasive alien species: a threat to global biodiversity. Marine Policy, 27(4): 313-323.

Bellard C, Bertelsmeier C, Leadley P, et al. 2012. Impacts of climate change on the future of biodiversity. Ecology Letters, 15(4): 365-377.

Bergengren J C, Waliser D E, Yung Y L. 2011. Ecological sensitivity: a biospheric view of climate change. Climatic Change, 107(3): 433-457.

Blunden J, Boyer T, Bartow-Gillies E. 2023. "State of the Climate in 2022". Bulletin of the American Meteorological Society, 104(9): Si-S501.

Brondizio E S, Settele J, Díaz S, et al. 2019. Global assessment report on biodiversity and ecosystem services of the Intergovernmental Science-Policy Platform on Biodiversity and Ecosystem Services. https: //doi.org/10.5281/zenodo.6417333[2019-5-4].

Bruno J F, Stachowicz J J, Bertness M D. 2003. Inclusion of facilitation into ecological theory. Trends in Ecology & Evolution, 18(3): 119-125.

Brzostek E R, Dragoni D, Schmid H P, et al. 2014. Chronic water stress reduces tree growth and the carbon sink of deciduous hardwood forests. Global Change Biology, 20(8): 2531-2539.

Cai W J, Zhang C, Zhang S H, et al. 2021. The 2021 China report of the Lancet Countdown on health and climate change: seizing the window of opportunity. The Lancet Public Health, 6(12): e932-e947.

Canadell J G, Le Quéré C, Raupach M R, et al. 2007. Contributions to accelerating atmospheric CO_2 growth from economic activity, carbon intensity, and efficiency of natural sinks. P Natl Acad Sci USA, 104: 18866-18870.

Chen H, Zhu Q A, Peng C H, et al. 2013. The impacts of climate change and human activities on biogeochemical cycles on the Qinghai-Tibetan Plateau. Global Change Biology, 19(10): 2940-2955.

Chen H Y H, Luo Y, Reich P B, et al. 2016. Climate change—associated trends in net biomass change are age dependent in western boreal forests of Canada. Ecology Letters, 19(9): 1150-1158.

Christensen T R, Friborg T, Sommerkorn M, et al. 2000. Trace gas exchange in a high-Arctic valley: 1.

Variations in CO_2 and CH_4 flux between tundra vegetation types. Global Biogeochem Cy, 14: 701-713.
Clements D R, Kato-Noguchi H. 2025. Defensive mechanisms of *Mikania micrantha* likely enhance its invasiveness as one of the world's worst alien species. Plants, 14(2): 269.
Conley D J, Paerl H W, Howarth R W, et al. 2009. Ecology: controlling eutrophication: nitrogen and phosphorus. Science, 323: 1014-1015.
Cook D C. 2019. Quantifying the potential impact of the European wasp (*Vespula germanica*) on ecosystem services in Western Australia. NeoBiota, 50(55): 55-74.
De Poorter M. 2007. Invasive Alien Species and Protected Areas: a Scoping Report. Part 1. Scoping the Scale and Nature of Invasive Alien Species Threats to Protected Areas, Impediments to IAS Management and Means to Address those Impediments. Global Invasive Species Programme, Auckland, Invasive Species Specialist Group.
Doney S C, Ruckelshaus M, Duffy J E, et al. 2012. Climate change impacts on marine ecosystems. Annual Review of Marine Science, 4: 11-37.
Ehrenfeld J G. 2010. Ecosystem consequences of biological invasions. Annual Review of Ecology Evolution & Systematics, 41(1): 59-80.
Elberling B, Christiansen H H, Hansen B U. 2010. High nitrous oxide production from thawing permafrost. Nat Geosci, 3: 332-335.
Farman J C, Gardiner B G, Shanklin J D. 1985. Large losses of total ozone in Antarctica reveal seasonal ClO_x/NO_x interaction. Nature, 315(6016): 207-210.
Ford S E. 1996. Range extension by the oyster parasite *Perkinsus marinus* into the northeastern United States: response to climate change? Oceanographic Literature Review, 12(43): 1265.
Fuhrer J. 2003. Agroecosystem responses to combinations of elevated CO_2, ozone, and global climate change. Agriculture, Ecosystems & Environment, 97(1-3): 1-20.
Gaertner M, Den Breeyen A, Hui C, et al. 2009. Impacts of alien plant invasions on species richness in Mediterranean-type ecosystems: a meta-analysis. Progress in Physical Geography: Earth and Environment, 33(3): 319-338.
Galanidi M, Zenetos A, Bacher S. 2018. Assessing the socio-economic impacts of priority marine invasive fishes in the Mediterranean with the newly proposed SEICAT methodology. Mediterranean Marine Science, 19(1): 107-123.
Gallardo B, Aldridge D C, González-Moreno P, et al. 2017. Protected areas offer refuge from invasive species spreading under climate change. Global Change Biology, 23(12): 5331-5343.
Galloway J N, Townsend A R, Erisman J W, et al. 2008. Transformation of the nitrogen cycle: recent trends, questions, and potential solutions. Science, 320: 889-892.
Gedan K B, Bertness M D. 2009. Experimental warming causes rapid loss of plant diversity in New England salt marshes. Ecology Letters, 12(8): 842-848.
Gilbert N. 2009. The disappearing nutrient. Nature, 461: 716-718.
Guo W C, Wang Z A, Luo X L, et al. 2015. Development of selectable marker free transgenic potato plants expressing *cry3A* against the Colorado potato beetle (*Leptinotarsa decemlineata* Say). Pest Management Science, 72(3): 497-504.
Hall-Spencer J M, Rodolfo-Metalpa R, Martin S, et al. 2008. Volcanic carbon dioxide vents show ecosystem effects of ocean acidification. Nature, 454(7200): 96-99.
Hember R A, Kurz W A, Metsaranta J M, et al. 2012. Accelerating regrowth of temperate-maritime forests due to environmental change. Global Change Biology, 18(6): 2026-2040.
Hirsch T. 2010. Global Biodiversity Outlook 3. Montréal: the United Nations, UNEP/Earthprint.
Hisano M, Searle E B, Chen H Y H. 2018. Biodiversity as a solution to mitigate climate change impacts on the functioning of forest ecosystems. Biological Reviews, 93(1): 439-456.
Hoffmann A A, Sgrò C M. 2011. Climate change and evolutionary adaptation. Nature, 470(7335): 479-485.
Karraker N E, Dudgeon D. 2014. Invasive apple snails (*Pomacea canaliculata*) are predators of amphibians in South China. Biological Invasions, 16(9): 1785-1789.
Kaufman D S, Schneider D P, McKay N P, et al. 2009. Recent warming reverses long-term Arctic cooling.

Science, 325: 1236-1239.
Knox J, Hess T, Daccache A, et al. 2012. Climate change impacts on crop productivity in Africa and South Asia. Environmental Research Letters, 7(3): 034032.
Kuebbing S E, Souza L, Sanders N J. 2014. Effects of co-occurring non-native invasive plant species on old-field succession. Forest Ecology and Management, 324: 196-204.
Lounibos L P. 2002. Invasions by insect vectors of human disease. Annual Review of Entomology, 47: 233-266.
Mack M C, Schuur E A G, Bret-Harte M S, et al. 2004. Ecosystem carbon storage in arctic tundra reduced by long-term nutrient fertilization. Nature, 431: 440-443.
Mackenzie F T, Ver L M, Lerman A. 2002. Century-scale nitrogen and phosphorus controls of the carbon cycle. Chemical Geology, 190(1/4): 13-32.
Mcgeoch M A, Butchart S H M, Spear D, et al. 2010. Global indicators of biological invasion: species numbers, biodiversity impact and policy responses. Diversity and Distributions, 16(1): 95-108.
Monson R K, Lipson D L, Burns S P, et al. 2006. Winter forest soil respiration controlled by climate and microbial community composition. Nature, 439: 711-714.
Morán X A G, López-Urrutia Á, Calvo-Díaz A, et al. 2010. Increasing importance of small phytoplankton in a warmer ocean. Global Change Biology, 16(3): 1137-1144.
Norval M, Cullen A P, De Gruijl F R, et al. 2007. The effects on human health from stratospheric ozone depletion and its interactions with climate change. Photochemical & Photobiological Sciences, 6(3): 232-251.
Paini D R, Sheppard A W, Cook D C, et al. 2016. Global threat to agriculture from invasive species. Proceedings of the National Academy of Sciences of the United States of America, 113(27): 7575-7579.
Pan X Y, Gene Y P, Sosa A, et al. 2007. Invasive *Alternanthera philoxeroides*: biology, ecology and management. Acta Phytotaxonomica Sinica, 45(6): 884-900.
Parmesan C, Yohe G. 2003. A globally coherent fingerprint of climate change impacts across natural systems. Nature, 421(6918): 37-42.
Patterson D, Westbrook J, Lingren P, et al. 1999. Weeds, insects, and diseases. Climatic Change, 43(4): 711-727.
Pauls S U, Nowak C, Bálint M, et al. 2012. The impact of global climate change on genetic diversity within populations and species. Molecular Ecology, 22(4): 925-946.
Pörtner H O, Roberts D C, Adams H, et al. 2022. IPCC Climate Change 2022: impacts, adaptation and vulnerability. Netherlands, IPCC.
Pretzsch H, Biber P, Schütze G, et al. 2014. Forest stand growth dynamics in Central Europe have accelerated since 1870. Nature Communications, 5(1): 1-10.
Pyšek P, Hulme P E, Simberloff D, et al. 2020. Scientists' warning on invasive alien species. Biological Reviews, 95(6): 1511-1534.
Raimi O M, Ilesanmi A, Alima O, et al. 2021. Exploring how human activities disturb the balance of biogeochemical cycles: Evidence from the carbon, nitrogen and hydrologic cycles. Research on World Agricultural Economy, 2(3): 23-44.
Raj D A, Jhariya M K, Yadav D K, et al. 2020. Climate Change and Agroforestry System: Adaptation and Mitigation Strategies. New York: Apple Academic Press.
Repo M E, Susiluoto S, Lind S E, et al. 2009. Large N_2O emissions from cryoturbated peat soil in tundra. Nat Geosci, 2: 189-192.
Richardson D M, Pyšek P, Rejmánek M, et al. 2000. Naturalization and invasion of alien plants: concepts and definitions. Diversity & Distributions, 6(2): 93-107.
Romanello M, Mcgushin A, Di Napoli C, et al. 2021. The 2021 report of the Lancet Countdown on health and climate change: code red for a healthy future. The Lancet, 398(10311): 1619-1662.
Schuur E A G, Bockheim J, Canadell J G, et al. 2008. Vulnerability of permafrost carbon to climate change: implications for the global carbon cycle. BioScience, 58: 701-714.
Shiferaw H, Alamirew T, Dzikiti S, et al. 2021. Water use of *Prosopis juliflora* and its impacts on catchment

water budget and rural livelihoods in Afar Region, Ethiopia. Scientific Reports, 11(1): 2688.
Shine R. 2010. The ecological impact of invasive cane toads (*Bufo Marinus*) in Australia. The Quarterly Review of Biology, 85(3): 253-291.
Skea J, Shukla P, Kılkış Ş. 2022. Climate Change 2022: Mitigation of Climate Change. Cambridge: Cambridge University Press.
Solomon S, Manning M, Marquis M, et al. 2007. Climate change 2007-the physical science basis: Working group I contribution to the fourth assessment report of the IPCC. Cambridge: Cambridge University Press.
Somero G N. 2012. The physiology of global change: linking patterns to mechanisms. Annual Review of Marine Science, 4: 39-61.
Sork V L, Davis F W, Westfall R, et al. 2010. Gene movement and genetic association with regional climate gradients in California valley oak (*Quercus lobata* Née) in the face of climate change. Molecular Ecology, 19(17): 3806-3823.
Storm M S, Hesselbo S P, Jenkyns H C, et al. 2020. Orbital pacing and secular evolution of the Early Jurassic carbon cycle. Proceedings of the National Academy of Sciences of the United States of America, 117(8): 3974-3982.
Suzuki S N, Ishihara M I, Hidaka A. 2015. Regional—scale directional changes in abundance of tree species along a temperature gradient in Japan. Global Change Biology, 21(9): 3436-3444.
Tyler B M. 2007. *Phytophthora sojae*: Root rot pathogen of soybean and model oomycete. Molecular Plant Pathology, 8(1): 1-8.
Wan F, Jiang M, Zhan A. 2017. Biological Invasions and Its Management in China. Dordrecht, Netherlands: Springer Nature.
Wang R, Wang J F, Qiu Z J, et al. 2011. Multiple mechanisms underlie rapid expansion of an invasive alien plant. New Phytologist, 191(3): 828-839.
Weintraub M N, Schimel J P. 2005. Nitrogen cycling and the spread of shrubs control changes in the carbon balance of arctic tundra ecosystems. BioScience, 55: 408-415.
Williamson C E, Neale P J, Hylander S, et al. 2019. The interactive effects of stratospheric ozone depletion, UV radiation, and climate change on aquatic ecosystems. Photochemical & Photobiological Sciences, 18(3): 717-746.
Wootton J T, Pfister C A, Forester J D. 2008. Dynamic patterns and ecological impacts of declining ocean pH in a high-resolution multi-year dataset. Proceedings of the National Academy of Sciences of the United States of America, 105(48): 18848-18853.
Xu H G, Ding H, Li M Y, et al. 2006. The distribution and economic losses of alien species invasion to China. Biological Invasions, 8: 1495-1500.
Xu H G, Qiang S, Genovesi P, et al. 2012. An inventory of invasive alien species in China. NeoBiota, 15: 1-26.
Zavaleta E. 2000. Valuing Ecosystem Services Lost to Tamarix Invasion in the United States. Washington: Island Press.

第五章　全球变化脆弱区的环境生物安全问题

生态脆弱区是指抗外界干扰能力低、自身稳定性差的生态环境区域。其显著的特点是对外力作用的承受力差，生态环境遭破坏后自身不易恢复，对全球气候变化更为敏感，其中以寒区、干旱半干旱及滨海生态系统为典型代表。本章以上述三种生态系统为例，深入介绍全球气候变化背景下脆弱生态区面临的生态系统退化、生物多样性丧失、人类活动与野生动植物冲突、病虫害及人类疫病等相关的生物安全问题。

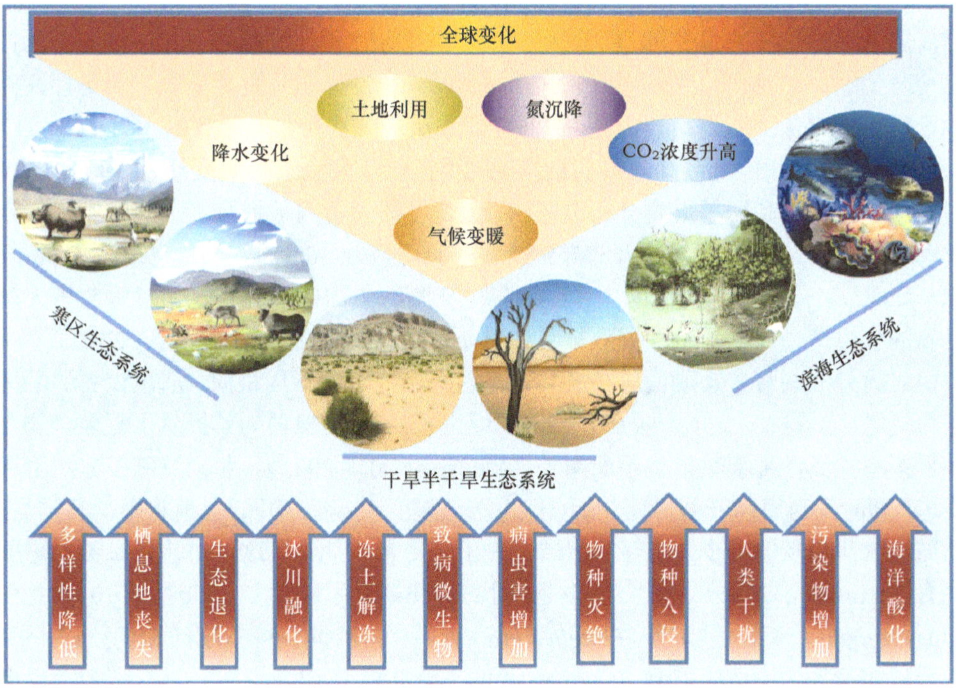

图 5-1　本章摘要图

第一节　寒区生态系统

寒区生态系统是指位于高纬度寒温带地区和高海拔地区的生态系统。典型的寒区生态系统包括极地地区及高海拔的高寒草甸、高寒草原、高寒荒漠等。寒区生态系统呈现出气候寒冷、植被稀疏、生物多样性单一等特点，对全球变化极其敏感（邵春等，2008）。本节将探讨全球气候变暖、极端气候、人类活动等对寒区生态系统造成的生物安全问题。

一、全球变化威胁寒区生物多样性

（一）全球变暖对寒区生物多样性的影响

近年来，全球变暖带来的气温升高已经成为人们的共识。而对于气候寒冷的极地和高山地区来说，气温升高带来的影响更加显著。若保持当前的气候变化趋势，未来极地和青藏高原等地区的气温将继续升高，加速冰川融化、冻土解冻、外来生物入侵等，进而直接或间接对寒区生态系统生物多样性造成巨大影响（吴建国等，2009）。

过去 25 年间，全球已经有约 24 万亿 t 的冰川发生融化，其中 6.1 万亿 t 来自高山冰川融化，7.6 万亿 t 源于北极海冰，6.5 万亿 t 源于南极冰架，还有 3.8 万亿 t 来自格陵兰冰盖（Descamps et al.，2017）。这些融化的冰川中不乏北极熊、海豹、海鸟等极地动物的潜在栖息地。北极熊（*Ursus maritimus*）会在海冰和岛屿间进行捕猎、繁殖和休憩。随着海冰和岛屿积雪的消失，北极熊的捕食和繁殖均受到严重影响（Miller et al.，2012）。气候变暖加速海冰融化，致使环海豹（*Histriophoca fasciata*）没有了筑巢的条件，其幼崽由于缺少巢穴保护死亡率非常高，进而导致北极环海豹种群数量锐减（Hamilton et al.，2016）。随着气候变暖，青藏高原雪豹栖息地向更高纬度和更高海拔变迁（Li et al.，2016），这可能降低了雪豹和岩羊重叠分布的范围，改变了捕食者与被捕食者之间的空间相互作用（Aryal et al.，2016）；树线上升将导致喜马拉雅地区约 30%的雪豹栖息地丧失（Forrest et al.，2012）。同时，当牧民的生计受到气候变暖的负面影响时，他们对雪豹等大型食肉动物的容忍度会降低，从而导致报复性猎杀等事件的发生（李小雨等，2019）。

但对另外一些野生动物而言，气候变暖的影响则可能不尽相同。冰川积雪的融化有利于粉足雁（*Anser brachyrhynchus*）筑巢，无冰区增加的植被为其提供了更多食物，因而其繁殖率提高，种群数量也不断增长（Madsen et al.，2007）。北极海鸭在冰川附近筑巢，其产卵时间与海冰开裂时间相近，但由于气候变暖，海冰开裂提前将影响其物候期。同时随着冰川面积的减少，仅存的冰域聚集了更多食肉动物，这使得北极海鸭幼崽更易被捕食（Ivanova，2018）。海冰的消失使得岛屿间缺少了物种交流的通道，造成北极狐（Vulpes lagopus）和极地驯鹿（*Rangifer tarandus*）等物种的不同种群间出现地理隔离，对其种群的遗传结构造成影响（Convey et al.，2012）。同时，温度升高有利于寄生虫的生存，研究表明冬季气温每升高 1℃，蜱虫寄生的北极海鹦（*Fratercula arctica*）数量就会增加 5%左右，同时感染弓形虫（*Toxoplasma gondii*）病的极地野生动物的数量也会不断增加（Descamps，2013）。

气候变暖深刻影响着寒区生态系统植物群落的多样性。随着气温的升高，极地植被多样性有所增加。研究表明，在极地的部分无冰区温度每升高 1℃，苔藓、地衣和浮游植物的生物量大约增加 10%（Allan Green et al.，2011）。在高纬度地区也能见到以前从未出现过的温带植物，其入侵使得极地地区的种间竞争更加激烈。南极半岛融雪暴露的岩石被黄绿地图衣（*Rhizocarpon geographicum*）定殖，同时在冰川附近的无冰区观测到早熟禾（*Poa annua*）生长。来自亚南极和南极的证据表明，早熟禾的竞争能力超过本地物种，并最终可能取代本土植物。长期来看，植物类群的增加丰富了寒区植食性动物的食物来源（Lee et al.，2017），进而可能造成寒区生态系统整个食物链的变化。

高原高山地区的冰雪融化会带来一系列后果：降水量增加、河流径流改变、病虫害增多、物种多样性下降、生态系统结构改变、影响高山植物繁殖等。近十年，喜马拉雅地区降水呈现增多的趋势，IPCC 预计，到 2080 年青藏高原的年均降水量将会增加至少 10%（Xu et al.，2009）。但当冰川融化殆尽或达到新的平衡后，下游河流在旱季会出现水资源短缺的情况（Xu and Rana，2005）。因而，从水资源可利用性的角度来看，长期气候变暖可能不利于高原高山地区动植物的生存。温度的升高和冰雪消融会使得植物的开花时间提前，而传粉动物并不能立即适应，因此会造成传粉过程的中断，影响植物的繁殖，继而对食花动物的生活节律造成影响。

（二）极端气候事件对寒区生物多样性的影响

因气候变化引起的种种极端天气对寒区生态系统中的生物组分和非生物环境都造成了全球性的难以想象的后果。在极端高温与干旱天气共同影响下，寒区生态系统的部分河流湖泊蒸发量增加，水位下降，湿地面积减少，影响水生植物的分布、密度、类型、物种多样性、生物量等（郑治斌等，2021）。干旱会改变土壤理化性质，进而影响地表植被类型与形态，导致生态系统生物量和物种多样性降低。长时间的严重干旱，会使喜湿物种生态幅变窄，加速物种的灭绝（Bateman et al.，2015）。极端高温还会增加大规模森林火灾发生的概率（Jentsch and Beierkuhnlein，2008）。同时，高原地区日照强烈，在高温天气极易发生森林火灾。高强度、大面积的林火会烧毁植被，驱赶野生动物，造成生物多样性锐减（Slingsby et al.，2017）。2020 年，俄罗斯西伯利亚和远东地区发生过 700 余起森林大火，过火面积达 9800 km^2（严毅梅，2021）。极地冻土解冻后，土壤腐殖质和泥炭地中的碳被大火释放，导致了大量碳排放。

极寒天气对寒区生态系统也有很大影响。极寒天气往往伴随着冰雹、暴风雪等气候灾害，威胁寒区的动植物生长繁殖。研究表明，春季的极端低温会影响鸟类的繁殖期。在高山地区，冰雹和暴风雪等极寒天气也会严重影响鸟类迁徙和繁殖（Cohen et al.，2021）。青藏高原是许多鸟类的迁徙通道，由于极寒天气的影响，地表植株死亡，鸟类因缺少食物和巢穴被破坏而数量下降。不仅是鸟类，寒区的其他动物也很难适应气温骤降带来的后果。处于繁殖期的动物更是缺少食物，母体和幼体都有生命危险。岩羊（*Pseudois nayaur*）数量在极寒天气过后往往会明显下降（刘晓红，2009）。

部分地区的强降水会引发山体滑坡、泥石流、洪涝等自然灾害，进而通过破坏生物栖息环境和直接作用于生物本身来影响生物多样性。强降水会冲刷山体表层土壤，造成水土流失的同时，影响浅根植被和土壤动物的生存。山体滑坡等自然灾害可能对野生动物的栖息地和生态廊道等造成破坏，不利于野生动物的迁移扩散（Segadelli et al.，2020）。除此之外，极端降水引发的洪涝灾害导致江河湖泊水位暴涨，淹没大部分水生植物；水体透明度下降，沉水植物也因无法进行光合作用而死亡，水质恶化还会威胁各种生物的生存。这种短时间的强降水，使得生态系统中水生植物的数量和密度大幅下降（郑治斌等，2021）。洪水易将生物冲走，使其离开原本栖息地；并携带泥沙、淤泥影响生态环境，导致植物生产力下降，甚至直接造成水生生物死亡。洪水的冲击力，会破坏沿岸的水草，而水草直接或间接为许多水栖动物提供食料，成为它们栖息和繁殖的良好场所，且水草是整个水生生物群落多样性的基础，若水草消失将导致整个群落结构的变化（Maxwell et al.，2019）。同时，洪水泛滥后容易把生活污物、工矿区毒物和病原体等带入水体，使水生生物大受其害。

除了高温、极寒、洪涝、干旱等极端气候现象，也有一些在短时间内就造成巨大损失的极端天气事件，如沙尘暴、飓风、雷暴等（翟盘茂和刘静，2012）。沙尘暴是高原地区常见的极端天气，由于长期干旱，土壤表面缺少植被覆盖，再加上大风导致土壤被侵蚀，增加了沙尘暴发生的概率（孙劭，2021）。沙尘暴严重影响鸟类迁徙，同时破坏啮齿动物和其他哺乳动物的巢穴，影响其生存繁殖。沙尘暴的大幅肆虐还会加速土地荒漠化，而荒漠化会导致植被生产力下降，野生动物食物减少，栖息地退缩，不利于野生动物种群的繁衍（Thakur et al.，2020）。飓风和龙卷风是高纬度平原地区较常见的极端天气，仅 2021 年 12 月北美洲就发生了上百场龙卷风，受灾人数超百万，经济损失高达数千亿美元（周波涛和钱进，2021）。飓风所过之处，树木被连根拔起，缺少洞穴庇护的野生动物则直接被卷入高空丧命。因此，飓风天气对生态系统的物种和环境造成了巨大的破坏。

总而言之，气候变化带来的各种极端天气将对寒区生态系统物种丰富度、物种分布、种间关系、物候行为等产生深刻影响，并可能使物种入侵范围扩张、物种灭绝和生态系统功能改变（吴国雄等，2013）。近年来，观测到的极端天气越来越多，若不提高警惕有效预防，将对生态系统生物多样性和人类本身造成不可逆转的严重后果。

二、人类活动和全球变化加剧寒区人类与野生动物冲突

亚欧大陆和美洲大陆北部的极地地区及海拔较高的高原寒区有许多人居住生活。人类的生存和发展需要生态系统为我们提供光、大气、水等必需的能源和材料，这就不可避免地对野生动物个体和整个种群造成不利影响。目前全球变化对寒区自然生态系统产生强烈的影响，这在很大程度上加剧了人类与自然生物的冲突，导致了一系列环境生物安全问题（杜建国等，2012）。

人们通过农牧业开垦、能源开发、道路交通、基础设施建设、旅游科教等途径干扰寒区生态系统和野生动植物。这些人为干扰破坏了其原本的栖息环境，使得生境破碎化，部分设施阻碍了野生动物种群间的交流，干扰其正常的行为活动（陈静，2016；刘晓曼等，2020）。农牧业的持续扩张对很多野生动物来说都是巨大威胁。因而从某种角度来看，人类活动是影响生物多样性的根本原因（艾训儒，2006）。由于人类的存在，野生动物对栖息地的利用也发生了改变。例如，喜马拉雅斑羚（*Naemorhedus goral*）会避开人类居住的平缓山地而偏好较崎岖的地带，而赤麂（*Muntiacus muntjak*）仍会选择附近有人类居住的坡度平缓的小块林地。但是这两个物种的丰富度随着居民点数量增多而降低，离居民点更远的林地有更多的野生动物（Paudel and Kindlmann，2012）。

由于交通运输的需要，人们会在野生动物栖息地附近修建道路，这对野生动物也有一定影响，其中野生动物在道路上被撞是最主要的影响。仅美国每年就有超过百万起交

通事故与野生动物有关，经济损失约为 8 亿美元。道路对野生动物的间接影响包括汽车尾气、噪声污染迫使动物远离道路，缩小其活动区域，还包括道路的边缘效应使得物种过度聚集。为此，各国已经采用修建立交桥和地下通道的方式，方便野生动物正常活动（Caldwell and Klip，2020）。道路还使得野生动物栖息地破碎化，阻碍动物种群之间的基因交流和迁徙路线，甚至导致小种群局部灭绝。有研究表明，青藏公路已经影响了可可西里藏羚（*Pantholops hodgsonii*）的季节性迁徙，环长白山旅游公路对有蹄类动物产生了阻隔效应（王云等，2016）。

人类逐渐增加的干扰强度已经使得野生动物对人类产生恐惧，它们会改变活动节律和活动范围，以避免跟新的“天敌”接触。对加拿大麋鹿（*Elaphurus davidianus*）的研究表明，当地麋鹿种群会对人类和车辆采取比狮子和豹等天敌更为警惕的行为模式（Ciuti et al.，2012）。有研究者对来自全球六个大洲的 62 个物种的行为模式进行了分析，结果表明，大部分物种在夜间的活动时间增加了 1.36 倍，即使在白天活动也会避开人类的活动区域（Gaynor et al.，2018）。由于人为干扰，有近 60%的动物活动能力发生了变化，鸟类的活动范围增加了 1 倍而爬行动物的活动范围则减少了 75%（Doherty et al.，2021）。

旅游和科教活动对野生动物来说也有直接或间接的影响。近南极地区的南非莫塞尔湾是南象形海豹（*Mirounga leonina*）在迁徙途中的主要栖息地，它们在海滩上栖息时游客会经常性烦扰这些海豹，海豹在岸边还有被船只和渔具伤害的危险（Mertz and Bester，2011）。对小须鲸（*Balaenoptera acutorostrata*）的研究表明，人们观鲸和捕鲸活动对雌性须鲸的胎儿生长会有影响，降低了幼年须鲸的存活率，不利于种群的数量增长（Christiansen and Lusseau，2015）。对南极几种企鹅的研究表明，南极游客参观和飞机经过会影响帝企鹅（*Aptenodytes forsteri*）的激素水平和心率，影响其正常生长发育（Pauli et al.，2017）。

人类活动和全球变化使得部分寒区野生动物栖息地变得十分狭小，野生动物经过人类居住区的频率变得更为频繁，这不可避免地加剧了人类与野生动物之间更为直接的人兽冲突。野生动物损害农作物、捕食家畜、破坏房屋甚至袭击人类，对人们的生命财产安全构成威胁。在这些冲突之中人们除驱赶、避让以外，也可能采取捕杀这种极端手段，这不利于野生动物保护工作（王一晴等，2019）。寒区常见的野生动物有广布于欧亚大陆的野猪（*Sus scrofa*）、以猛禽为主的鸟类、有蹄类动物、体型较大的棕熊、狼（*Canis lupus*）和雪豹（*Panthera uncia*）等食肉动物（闫京艳等，2019）。人兽冲突主要有 4 种形式：①破坏农作物，这是人兽冲突最常见的形式。野生动物栖息地被人类破坏后，食物资源减少，它们不得不取食人们种植的农作物。破坏农作物的动物主要是食草和杂食性的哺乳动物和部分鸟类。野猪经常取食红薯、小麦等作物，是破坏庄稼最多的动物。由于麋鹿损坏篱笆、农作物和储存的干草，在加拿大骑山国家公园区域内每年造成的损失可超过 24 万美元（刘彬等，2021）。②捕食家禽家畜，这是食肉动物与人类发生冲突的主要形式。在西伯利亚和欧洲北部，狼和棕熊捕食牛、羊等家畜的情况十分常见。我国青藏高原地区也有雪豹、狼等捕食牦牛（*Bos mutus*）和羊的报道（王静等，2021）。③毁坏房屋等其他设施。体型较大的棕熊为了寻找食物，通过破坏门窗、围栏等方式进入人类居住的房屋和粮仓，给当地居民造成较大财产损失。④攻击人类。人们外出活动时进入野生动物领地，往往会受到动物的攻击。采取不正确的驱赶方式也可能会激怒野生动物，使其袭击人类（黄元等，2021）。在极地地区，当地居民有捕猎的传统，发生人兽冲突时，他们可能会采取猎杀野生动物的方法，虽然有效避免了冲突，但是对野生动物保护却极其不利。我国青藏高原是藏民聚集区，他们常采用驱赶、避让的方法，以最大程度避免对野生动物造成伤害（徐增让等，2018）。因此正确处理人兽冲突，与野生动物和谐相处才是解决寒区环境生物安全问题的根本之道。

三、全球变化使得寒区疫病发生概率增大

2019 年新冠疫情全球大流行发生后，人兽共患传染病再次进入公众视野。受全球气候变化和人类活动的强烈影响，与寒区野生或家养动物有关的重大传染病问题愈演愈烈。全球范围疫病的发生和流行，往往与大尺度气候异常或极端气候有关。异常气候通过改变全球大气环流和温度、降水格局，为有害生物种群发生提供了有利的条件，并导致生物灾害频繁出现。寒区的低温会使得流感病毒及新冠病毒更易传播。低温环境下人体对流脑病毒的易感性增加，在强冷空气入侵时，流脑病毒的发病率往往较高。气候变暖和极端天气加剧了人兽共患传染病的传播，有些传染病在动物种群中致死率极高，一旦发生大规模流行，将导致动物种群数量锐减，甚至使许多物种面临灭绝的风险（Xu et al.，2011）。人类在寒区与野生动物的接触日益频繁，也增加了感染新型致病微生物的可能。特大自然灾害发生时，会导致野生动物被埋在地下，其尸体腐烂后污染环境和空气。如果灾区气温逐渐升高，更适宜病原微生物的大量繁殖，如遇雨水冲刷会导致病原微生物污染面扩大，增加了动物疫病发生的风险。沙尘天气增加了某些传染性疾病传播的概率，导致大气中携带多种有害病原体的可吸入颗粒物增加（胡罕等，2014）。

寒区冰冻着大量古老微生物和病毒。地球寒区生态系统覆盖有大面积冰雪，仅北半球就有 2300 万 km^2 的永久冻土，分布在西伯利亚、青藏高原和北美的偏远地区。这些冰川和冰原并非人们想象得那样洁净，而是存在着细菌、真菌及病毒等各类微生物。最近的研究表明，细菌和病毒可以在冰川、冰原和永久冻土中存活数百万年（Miner et al.，2021）。2013 年，钻探团队在南极西部冰盖表面以下 800 m 的惠兰斯湖水中发现少量细菌。研究人员也在南极西部冰架分水岭的零下 30℃的冰层中，发现了存在 2.5 万或 3 万年的少量微生物细胞。与冰川和冰原不同，永久冻土层则更类似一个天然的微生物保存冰箱，1 g 永久冻土可能包含数百到数千个微生物类群。在瑞典斯托达伦沼泽的一个永久冻土层中，采集了 197 个样本，在这些样本中发现了 1907 个未知的病毒种群。这些病毒中超过 58%具有活性，表明寒区永久冻土病毒十分多样化。同样，研究团队在斯瓦尔巴群岛发现，两种冰缘外生菌根植物的根中，约有 25%的活跃微生物家族是以前从未被发现过的（Miner et al.，2021）。随着气候变暖和地球冰冻圈的融化，那些长期休眠的古老微生物将不可避免地被释放出来。那么，这些微生物复活的可能性有多大？如果它们复活了，又会对人类带来什么风险呢？我们是否会接触到曾经感染尼安德特人和丹尼索瓦人的古老疾病？在全球气候变化日益严峻的今天，我们必须回答上述问题以应对潜在的威胁。

目前，虽然没有直接证据表明冰川和冰原融化释放微生物具有明显危害，但已经有明确证据表明永久冻土释放的微生物具有传播疫病的安全风险。在俄罗斯北部海岸的亚马尔半岛，当地居民放养了数十万只驯鹿。2016 年的夏天，当地气温反常的温暖使得一些永久冻土融化释放了可引起炭疽热的细菌，导致 2000 多头驯鹿死亡，数十人感染疾病，其中一人死亡。类似的，从阿拉斯加冻土中挖掘出的人类遗骸中鉴定到了 1918 年西班牙流感病毒的完整基因组；在一具 300 年的西伯利亚木乃伊身上发现了一种天花病毒；在有 700 年历史的冰冻驯鹿粪便中检测到两种病毒的基因痕迹。2014 年，法国艾克斯-马赛大学的 Jean-Michel Claverie 带领的团队在西伯利亚永久冻土中发现一类冰壶病毒。它们与大多数已知的病毒不同，它们更大、基因组更复杂，并在冰层中完整地保存了 3.4 万年，表明它们活跃存在于石器时代（Miner et al.，2021）。

尼安德特人和丹尼索瓦人与我们现代人类关系密切，早期现代人类很可能受到一些相同病原体的折磨，包括那些导致普通感冒和唇疱疹的病原体。融化的冰中少量的细菌或病毒不会构成重大风险。但如果一具保存完好的古人类尸体从永冻层解冻并释放出大量传染性物质，那么真正的危险就会到来。然而这种风险很小，原因是，虽然丹尼索瓦人生活在西伯利亚等寒区，但他们已知的遗骸非常稀少，到目前为止，除了一块下颚骨，尚未发现更重要的东西。尼安德特人的遗骸有很多，但他们大多来自永冻带以外的地方，且到目前为止还没有发现带肉的古人类尸体。然而，我们并不能完全排除这种可能性。2016 年，在加拿大融化的永久冻土中发现了一只小狼的木乃伊，鉴定表明它已经有 5.7 万年历史。尼安德特人被认为生活在大约 4 万年前，丹尼索瓦人生活在大约 5 万年前。所以永久冻土大范围的解冻完全可能使得埋藏于某处的古人类尸体解冻并释放出大量古老致病菌和病毒。同时，气候变暖使得寒区很多地区变得更适于人类居住和活动。因此，冰冻地区现在正在被人类更为频繁地开发利用，这也加速了永久冻土潜在微生物的释放。例如，西伯利亚的许多露天煤矿就在人们居住区附近，这需要移除可能有数十万年历史的永久冻土层，而人们现在并不清楚有哪些微生物会被释放出来。因此，我们需要加强对寒区疾病的监测，以尽快发现出现的疫情，并将其消灭在萌芽状态。

第二节　干旱半干旱生态系统

干旱半干旱生态系统是指分布在气候干旱区的生态系统。狭义的干旱区是指年降水量小于 200 mm 的区域，半干旱区则是指年降水量为 200～500 mm 的地区。而广义的干旱地区是二者的总称。据统计，全球有 40%的陆地表面为干旱半干旱地区。如果全球气候变化持续加剧，干旱半干旱区面积将会加速扩张，到 21 世纪末将占全球陆地表面的 50%以上。其中，全球干旱半干旱区扩张面积的四分之三将发生在发展中国家，而干旱半干旱区扩张将使发展中国家面临生态系统进一步退化的风险，严重影响其生态安全（李溯源，2021）。本节主要讲述生态系统退化、生态系统中的病虫害和气候变化与人类活动等对干旱半干旱地区中的野生动植物和生物多样性的影响。

一、全球变化背景下干旱半干旱生态系统退化

在自然和人为因素的共同作用下，土地荒漠化和盐碱化是干旱半干旱生态系统退化的主要表现。在全球变暖的背景下，蒸发增强、极端干旱加剧、河流断流、湖泊萎缩等改变了干旱、半干旱地区的生态水文过程（马军和朱庆文，2007）。这些变化引起土壤水分含量下降、地表植被死亡，改变了土壤和植被结构，加速了土地的荒漠化。除高温干旱之外，强风沙尘加剧了表层土壤的侵蚀过程，致使土壤蓄水能力下降，土壤有机质及营养物质的含量降低，加速了土壤退化（黄萌田等，2020）。在这些自然因素之外，过度放牧、滥砍滥伐、工矿建设、陡坡开垦、不适当的营林方式等人为因素也是造成干旱半干旱生态系统荒漠化的重要原因。过度开垦和放牧使得干旱地区植被覆盖下降，增加了风蚀的发生率。土壤盐碱化是指在自然环境和人为因素的协同作用下，土壤大量富集盐、碱物质以致植物、农作物的生长被减缓或抑制，造成土地资源大面积的浪费。干旱地区的气候条件、土壤条件、水资源条件，以及人类对土地过度灌溉、不合理施肥均能引起一定程度的盐碱化，尤其在地下水位较高的区域较为明显。干旱地区水资源本就匮乏，上游截水、大水漫灌等水资源的不合理利用也是造成土地盐渍化的重要原因（王守华等，2018）。

荒漠化和盐碱化对干旱半干旱地区的农牧业生产、经济社会发展、生态环境和生物多样性保护都造成了不同程度的影响。我国干旱地区仅耕地退化导致的粮食损失每年就超过 30 亿 kg，相当于 750 万人一年的口粮。近 40 年来，全国共有 668 万 hm^2 耕地变成沙地，平均每年丧失耕地 16.7 万 hm^2。荒漠化还造成草场退化，牧草数量和质量下降，畜牧业发展受到制约。我国干旱地区共有退化草地 105 万 km^2，由于草地退化每年养殖的绵羊数量减少约 5000 万只。退化最为严重的鄂尔多斯草原已有 68%的草场发生退化，呼伦贝尔草原和锡林郭勒草原分别有 23%和 41%的草原正在退化（郭瑞霞等，2015）。土壤荒漠化和盐碱化使得不耐盐碱的植物难以继续生存。例如，荒漠化和盐碱化抑制胡杨林幼苗更新，胡杨林面积不断减少，进一步加剧了土地荒漠化（钟家骅等，2018）。随之而来的动物栖息地丧失将影响整个生物群落的组成和多样性（Pueyo et al.，2006）。例如，随着荒漠化程度加剧，我国宁夏地区植物群落的 β 多样性不断降低，不同生境的物种组成更为同质化（Tang et al.，2018）。蜥蜴通过改变进食策略来提高在不同环境中的生产能力，如随着荒漠化程度加剧，沙蜥的食物种类组成发生巨大变化（张晓磊等，2018）。土地盐碱化同样对生物群落多样性造成影响。例如，松嫩平原草地盐碱化使得羊草群落多样性下降，随着盐碱化加重，优势群落由羊草（*Leymus chinensis*）转变为更耐盐碱的角果碱蓬（*Suaeda corniculata*）（杨利民等，1997）。在人类活动和气候变化的共同作用下，半干旱地区本就稀少的森林也逐渐破碎化。森林中的小溪、池塘等水源地也因森林退化受到威胁。土壤盐碱化使得附近河流等水域含盐度增加，导致黑龙江林蛙（*Rana amurensis*）存活率下降，威胁其种群延续（Langhans et al.，2009）。由植被类型退化造成的野生动物栖息地减少、破碎对全球生物多样性是一大挑战。干旱地区的动植物长期生活在极端的自然环境中，成功地进化出许多适应严酷环境的特性，是珍贵的种

质资源，其中许多具有较高的经济价值、生态价值、研究价值。因此，在干旱区尤其是荒漠地区，了解生态系统退化对野生动植物的影响，保护生物多样性具有特别重要的意义。

二、全球变化背景下病虫害频发

干旱、半干旱的草原群落主要受到食草害虫和鼠类虫害等威胁，引起草场退化，影响畜牧业生产。蝗虫是半干旱地区最著名的害虫，沙漠蝗（*Schistocerca gregaria*）、东亚飞蝗（*Locusta migratoria*）和亚洲小车蝗（*Oedaleus decorus asiaticus*）等近万种蝗虫广泛分布于全球各地，对农作物、森林和草原植物造成严重损害。全球每年因蝗灾造成的损失达千万美元，2019 年非洲蝗灾导致近 2500 万人面临饥饿（张鹏飞，2020）。蝗虫这类食草害虫会显著改变草原的物种组成。例如，加拿大的一种叶甲取食加拿大一枝黄花（*Solidago canadensis*），使得其他草本植物得以更新生长并成为优势物种。食草昆虫数量的爆发不可避免地增加了蜘蛛、鸟类、两栖动物、小型哺乳动物等这些以昆虫为食的动物种群数量。然而，这些昆虫也对生态系统有一定的积极作用。在一些草原地区，因为蝗虫的侵入，生态系统凋落物循环加快，致使某些植物的丰富度反而增加。鼠类、旱獭（*Marmota bobak*）、兔类等哺乳动物是草原生态系统的另一大危害。鼠兔类动物对草原的危害包括：①草场退化，牧草质量下降，畜牧承载力减弱；②草原荒漠化加剧，水土流失，生态环境恶化；③传播鼠疫，威胁动物和牧民身体健康（张知彬，2003）。我国草原每年发生鼠害的面积约 3000 万 hm^2，90%发生在西北干旱半干旱地区。鼠兔类动物惊人的繁殖速度使得它们在严酷的环境下还能保持种群数量的上涨，然而其竞争对手和天敌可能因为食物短缺和环境条件恶化而数量减少。因此在鼠害暴发的地区，一些受保护的小型哺乳动物也很难生存下去。这就更加剧了对野生植物资源的破坏。曾经广泛分布于草原地区的中药材如草麻黄（*Ephedra sinica*）、甘草（*Glycyrrhiza uralensis*）、肉苁蓉（*Cistanche deserticola*）、红柴胡（*Bupleurum scorzonerifolium*）等因鼠类的破坏，部分物种已经濒临灭绝。

三、全球变化背景下野生动植物物种生存变化

生活在干旱地区的动植物为了适应该地区独特的气候条件，进化出许多不同于其他地区动植物的生理构造和功能。干旱区降水稀少、气温高、日照强烈，许多植物为了减少蒸散、增强水分吸收，会将更多的营养分配给地下的根系而非地上茎、叶等其他器官。例如，梭梭（*Haloxylon ammodendron*）和骆驼刺（*Alhagi sparsifolia*）等植物具有发达的根系，不仅可以深入地下汲取水分，还可以防御风沙的侵扰。然而，随着气候不断变化，干旱区的动植物可能也难以适应严酷的气候条件。许多野生动物通过改变自身的生理特征或生活习性以适应恶劣环境（Radchuk et al.，2019）。沙蜥是荒漠地区常见的爬行动物，雄性沙蜥随着气候变暖体型减小、更加灵活、不易被捕食，而雌性沙蜥的体型则变大便于繁殖后代（李娜，2018）。骆驼是干旱地区常见的哺乳动物，而分布于中蒙边

境地区的野骆驼（*Camelus ferus*）是世界上仅存的野生双峰驼物种。由于它们长期生活在干旱的沙漠和戈壁，严苛的气候条件使得野骆驼获得了十分独特的生理特征。野骆驼汗腺少，排汗量低；排尿量少，代谢慢；能够自动调节体温；对水源和植物的嗅觉灵敏，但全球变化导致的日益严重干旱也严重影响了野骆驼的生存（萨根古丽等，2010）。

物候是生物长期生活于特定环境内，其发育节律与自然周期相协调的现象。气候变化可以影响野生动植物的繁殖、迁徙、冬眠、捕食等发育节律或生活习性。气温升高、降水减少是干旱区气候变化的主要特征（黄建平等，2013）。对科尔沁草原的一项研究显示，气候变化导致蒲公英（*Taraxacum mongolicum*）、苍耳（*Xanthium strumarium*）、车前（*Plantago asiatica*）的萌芽期和开花期提前，枯黄期滞后（宝乌日其其格，2021）。科罗拉多州的一种旱獭在1976～2008年的32年时间里，从冬眠中苏醒的时间逐渐提前、生长季延长、冬眠时体重增加，种群规模迅速增大。此外，蛙类的鸣叫时间提前（Gibbs and Breisch，2001）、鱼类的迁移时间提前（Cooke et al.，2004）等，都表明气候变化对野生动物的物候期造成一定影响。

气候变化还会影响干旱、半干旱区野生动植物的种群数量和群落结构（Bodmer et al.，2018）。对加州橡树（*Quercus lobata*）的研究发现，随着干旱程度的增加，橡树幼苗的死亡率升高，严重干旱时橡树种群难以更新，导致橡树分布范围逐渐缩小（Parsons et al.，2021）。干旱气候导致草原群落优势种的更替，美国中部草原在极端干旱时 C_4 植物替代 C_3 植物成为优势种。当干旱气候加剧时，内蒙古草原的优势种由大针茅（*Stipa grandis*）变为更耐旱的冷蒿（*Artemisia frigida*）和糙隐子草（*Cleistogenes squarrosa*），群落水平的抗旱策略变为耐旱而不是避旱（白乌云和侯向阳，2021）。南非是典型的位于干旱区的国家，南非西部地区随着气候变化愈加干燥。研究发现，干旱气候引起山区动物多样性增加，扩大了南非中部地区非洲豹（*Panthera pardus pardus*）的饮食生态位（Mann et al.，2019）。犀牛作为濒危物种其所有亚种都已被列入IUCN红色名录，白犀（*Ceratotherium simum*）和黑犀（*Diceros bicornis*）仅分布在非洲地区。干旱气候导致草原退化、水资源减少，白犀的种群数量显著下降。由于黑犀与白犀的饮食差异，黑犀受干旱气候的影响相对较小（Ferreira et al.，2019）。在美国西南部，繁殖期降水减少是叉角羚（*Antilocapra americana*）种群规模缩小的主要原因，气候变化模型预测到2090年将有9个叉角羚种群灭绝（Gedir et al.，2015）。

气候变化通过影响野生动物栖息地改变其物种分布格局。20世纪以来，有2700万 km^2 的土地类型发生了变化。基于当前的碳排放情况预测，到2070年，将有6200万 km^2 的物种栖息地进一步改变，其中包括荒漠和草原面积的增加等（Elsen et al.，2022）。伊朗学者对当地波斯豹（*Panthera pardus saxicolor*）的研究表明，在气候变化情景下有5%～15%的适宜栖息地将会消失。水资源是影响干旱区动物分布的主要因素，由于降水减少，干旱区的水资源可用性影响荒漠地区野生动物的生存繁殖，少量的水资源也会加剧动物之间的竞争。21 世纪初的干旱使得大盐湖的淡水量减少了 39%，水鸟的数量相应减少了33%（Haig et al.，2019）。野骆驼的分布范围与水资源分布密切相关。野骆驼主要食用的白刺（*Nitraria tangutorum*）、梭梭、沙拐枣（*Calligonum mongolicum*）等植物集中分布在水源地周边。随着气温不断升高和干旱日益严重，野骆驼可利用的水和食物资源越来越有限，到2090年其适宜分布区将会大幅退缩（杨海龙，2011）。同时有蹄类动物的分布也受到气候变化的影响，因为捕食需要，波斯豹分布区向高海拔地区迁移。波斯豹喜生活在相对干燥的地区，未来会在更干燥的北部和西部建立新的栖息地（Ashrafzadeh et al.，2019）。气候变化对中国西北地区几种荒漠动物分布有极大影响。其中，鹅喉羚（*Gazella subgutturosa*）、草原斑猫（*Felis silvestris shawiana*）、石貂（*Martes foina*）、蒙古野驴（*Equus hemionus*）的适宜分布区将缩小。鹅喉羚和石貂的分布区将向西北方向扩展，草原斑猫分布区将向东南扩展，蒙古野驴的适宜分布区将向青海西北部和西藏西部扩展（吴建国和周巧富，2011）。

四、全球变化背景下生物土壤结皮的作用

生物土壤结皮（biological soil crust，BSC）是干旱、半干旱地区生态环境变化的急先锋，对于反映生态环境变化、生态恢复等具有重要作用。生物土壤结皮是由土壤表层颗粒与微生物、藻类、地衣、苔藓植物及其分泌物等胶结而成的相对稳定的复合团聚结构。生物土壤结皮能够适应营养贫瘠、干旱少水的环境条件，占据了干旱、半干旱地区地表生物覆盖率的70%以上。在与下伏土壤层相互作用的过程中，生物土壤结皮能够黏结土壤颗粒、提升土壤养分、减少土壤侵蚀和水土流失，从而改善土壤微环境，为植物的定殖和发育带来了可能。因此，生物土壤结皮的分布和发育是评判土壤退化与荒漠化发生、发展或逆转的重要标志。

参与组成生物结皮的生物组分种类繁复多样，这其中既有不通过显微设备即可分辨的非维管植物，也有肉眼不可见的微生物和藻类。以优势物种的生长形态和生物量为标准进行划分，国内外的相关研究专家和学者普遍认为生物结皮可分为物理结皮、藻类结皮、地衣类结皮和苔藓类结皮。以蓝藻（Cyanobacteria）为主的藻类是沙地的拓荒先锋。在贫瘠的土壤中，藻类能通过光合作用将大气中的CO_2固定为有机质，在厌氧条件下还能将 N_2 固定为铵态氮，其细胞残体也可作为固氮微生物的有机物质来源。因此，藻类的存在为整个生态系统提供了有机质和氮素。藻类在生长繁殖过程中合成并分泌多糖等黏性物质，不断黏结周边微生物细胞和矿物颗粒，形成复合团聚物。这为后续生物土壤结皮的形成创造了有利条件，也为植被的定殖和发育带来可能性。随着藻类发育和土壤微环境的不断改善，高级的地衣和苔藓可能在生物土壤结皮中出现，逐渐发育演替为地衣类结皮或苔藓类结皮。地衣类结皮往往是其与藻类、真菌形成共生体，分布于土壤最上层。随着土壤养分的进一步改善，苔藓植物不断出现，形成结构更为复杂的苔藓类结皮，也是生物结皮演替的最终形态。苔藓类结皮所覆盖的土壤中微生物含量更高，养分矿化分解速度更快，使表层土壤环境得到显著改善，从而为草本植物的生长提供了适宜的环境。

生物土壤结皮是地表的第一层保护，直接影响土壤水分的滞留、渗透和蒸发。在生物土壤结皮发育早期，微生物及其分泌物捆绑土壤不断形成团聚体，能够增强对地表水分的吸附能力。随着结皮的发育，毛绒状分枝增多，表面积和厚度增加，饱和持水量随之增加。随着生物土壤结皮的发育，土壤黏性增加、孔隙度降低。这延长了土

壤水分的滞留时间，也减少了下渗及因降雨产生的地表径流。另外，藻类结皮和苔藓类结皮还能抑制水分蒸发。总之，生物土壤结皮的存在显著改变了水在土壤中的再分配过程，增加了浅层土壤有效水分的含量，对干旱、半干旱地区水量平衡、植物发育有着深刻的影响。

生物土壤结皮在干旱半干旱生态系统中发挥着重要的碳氮循环功能。在这类贫瘠生境中，高等维管植物难以定殖和生长，生物土壤结皮中的蓝藻、绿藻、地衣、苔藓类等非维管植物的光合作用是生态系统碳汇的主要来源。一般来说，地衣类结皮和苔藓类结皮的生物量和叶绿素含量高于藻类结皮，因此发育后期的生物土壤结皮固碳能力更高。另外，生物结皮连接着土壤和大气，通过调节土壤呼吸来影响干旱半干旱生态系统的碳通量。氮是干旱半干旱生态系统最主要的限制因子。生物土壤结皮中的固氮蓝藻和异养固氮微生物能够将大气中的 N_2 有效固定并在体内转化成铵态氮，为土壤微生物和浅根植物的生长繁殖提供必要的养分。

第三节　滨海生态系统

滨海生态系统是地球上的水陆交会地带，是水圈、岩石圈、大气圈、生物-土壤圈相互接触的地带，也是四大圈相互接合的自然综合体。滨海地带由海岸、滩涂和近岸浅水域等构成一个独特的生态系统，它既不同于陆地生态系统，也不同于海洋生态系统，而是兼而有之，互为依存。典型的滨海生态系统包括红树林、沿海滩涂、珊瑚礁等，其气候受海洋的影响较大，温湿多雨，动植物物种丰富。但同时由于滨海地区也是人类生存聚集区，人口众多，城镇密布，因而受到人类活动和全球气候变化的影响也更为直接。本节将探讨全球气候变化、海洋问题及人类活动等对滨海生态系统造成的生物安全问题。

一、全球变化威胁红树林生态系统

红树林是生长在热带和亚热带潮间带，以红树植物为主体的特殊滨海森林系统，主要位于北纬 30°和南纬 30°之间。由于靠近海岸线，潮汐作用导致海水对红树林根部反复浸没，使得红树林进化出特殊的环境适应性，能够在盐渍、贫氧的土壤中生存。在我国，红树林主要分布于广东、广西、福建、海南和台湾等地区。严格意义上，红树林包含约 16 科 54 种植物。然而，红树林物种定义多是基于其物理和生境特征而非家族谱系，因此广义的红树林分类也包括桤果木（*Conocarpus erectus*）在内的其他伙伴树木或灌木，它们虽然缺乏红树林的许多环境适应性特征，但可以与典型红树林共生。如果把生活在红树林湿地生境中的所有植物都计算在内，红树林的种类远超 80 种。

红树林是地球上最高产、最复杂的生态系统之一。由于其发达的根系及对咸淡水交替环境的适应能力，红树林生态系统在海岸、海湾及入海口处发挥着重要的生态功能，在防风消浪、固岸护堤、净化海水、维持生物多样性和河口生态平衡、保护海洋环境中起着重要的作用（Lin et al.，2019）。此外，红树林生态系统具有极高的固碳储碳能力，作为一个巨大的碳汇在全球碳循环中发挥巨大作用。不同于雨林等储碳效率高但伴随树木死亡所储存的碳易于被重新释放的“绿碳”生态系统，红树林将大部分碳储存在土壤和沉积物中，在不受干扰的状态下，这部分碳库可以保留数千年，被称为“蓝碳”。研究表明，红树林中40%的初级生产力通过光合作用产生的有机碳形式输入到土壤、海草床、盐沼和水体当中（Duarte and Cebrián，1996）。高效的碳沉降也使得红树林生态系统累积了远超其覆盖面积的全球碳储量。红树林平均含碳量为1023 Mg C/hm^2，富含有机质的红树林滩涂贡献了河口生态系统总碳储量的71%～98%（Donato et al.，2011）。我国红树林生态系统固碳量达（6.91±0.57）Tg，其中约80%分布于土壤沉积物中，20%在红树林的乔木层。这个数值与1995～2007年浙江碳排放总量相当（Liu et al.，2014）。

（一）全球气候变化影响红树林系统的生态功能

全球气候变化可能对红树林生态系统的分布、组成和生态功能造成复杂的影响。全球变暖会促进红树林向高纬度地区扩张，并改变原红树林的物种多样性特征、物候和生产力（Cavanaugh et al.，2014）。伴随气候变暖的海平面上升，红树林生境被侵占，因而向陆边缘会朝陆地方向后撤，这个过程一旦受到阻碍就会造成红树林面积萎缩。

自1900年以来，全球约一半的红树林面积消失；近20年，世界上超过40%的红树林被破坏，超过了热带雨林的消失速度（Murdiyarso et al.，2015）。根据联合国环境规划署的数据，全球两个最重要的红树林覆盖区域——西印度洋地区和东南亚部分地区——80%以上的红树林已经消失。在我国，20世纪后半叶超过一半以上的红树林消失。2000年以来，伴随对现存红树林保护力度的加强和大规模环境修复工作，我国红树林面积以接近每年2%的速度增加（Hu et al.，2018）。我国26种红树林物种中，接近一半面临灭绝风险，其中4种属于极度濒危，包括红榄李（*Lumnitzera littorea*）、海南海桑（*Sonneratia* × *hainanensis*）、桑海桑（*Sonneratia ovata*）和拉氏红树（*Rhizophora* × *lamarckii*），另有4种为濒危、4种为脆弱，远高于其他高等植物的濒危程度。一些常见的物种，如木榄（*Bruguiera gymnorhiza*），在当地已经普遍消失。

（二）人类活动对红树林生态安全的影响

水产养殖、污染排放等人类活动是红树林湿地生态系统加速萎缩和退化的主要原因。为了获得经济利益，鱼虾等近岸水产养殖大面积侵占红树林生态系统，杀虫剂、抗生素和多种化学药品的施用与释放进一步侵蚀周围的红树林生境。面临人为干扰的压力，红树林可能更易受到疾病的影响。一项基于南非红树林病害发病率和严重程度的调查发现，人类活动导致的病虫害侵染造成了当地红树林和伴生植物严重的果叶病（Osorio et al.，2017）。沉积物和根系中的微生物群落在红树林生态系统的元素循环过程中发挥着关键作用。大量研究表明，重金属、有机和无机污染物输入能够显著改变红树林生态系统中微生物群落的多样性，严重影响微生物群落生态功能（Cabral et al.，2016）。例如，重金属和抗生素污染导致红树林沉积物中固氮微生物的丰度和固氮能力降低，同时促进了产甲烷和硫酸盐还原过程，导致了温室气体的大量排放（Li et al.，2019）。

（三）外来物种入侵威胁红树林生态系统

外来物种入侵是红树林生态系统面临的重要威胁。红树林生态系统群落结构和多样性组成相对简单，造成其系统稳定性较差，易于被入侵且难以恢复。据统计，红树林生态系统面临多达 57 种耐盐水生和陆生植物及附生植物入侵（Biswas et al.，2018），以无瓣海桑（*Sonneratia apetala*）、互花米草（*Spartina alterniflora*）、微甘菊（*Mikania micrantha*）和美洲红树（*Rhizophora mangle*）为典型代表。除耐盐、耐低氧环境之外，这些入侵物种往往还具有繁殖力强、生长迅速等特点，且多集中在地势较高的区域。值得关注的是，其中约 19%的入侵植物是人为引入的。这些入侵物种能够改变栖息地条件，阻碍红树林的自然再生，扰乱红树林生态系统中的生物多样性和互作关系。巴西胡椒木（*Schinus terebinthifolius*）入侵美国佛罗里达红树林，抑制了本土红树植物幼苗的生长（Donnelly et al.，2008）。

我国华南和东南沿海红树林生境中，无瓣海桑、互花米草入侵较为常见。禾本科耐盐植物互花米草原产于大西洋沿岸，20 世纪 70 年代末被作为岸堤保护植物引入我国。然而，互花米草不受控制的强势生长和蔓延严重威胁并取代了我国南方高潮间带生境的大面积红树林原生物种。目前互花米草已经出现在我国所有的红树林生境中，将大面积的红树林生态系统转变为单一的潮间带草原，导致红树林多样性丧失，以及土壤功能微生物群落改变和甲烷排放量的显著增加（Gao et al.，2018）。原产于热带南美与中美洲的微甘菊生长迅速且适应性强，极具入侵性，肆虐亚洲热带及北美地区（Zhang et al.，2004），微甘菊入侵在我国华南、东南沿海均有报道。微甘菊入侵后，通过在红树植物上形成一层茂密的覆盖层争夺光照等资源，并通过化感作用抑制或杀死红树植物，给当地生态系统带来毁灭性影响。微甘菊入侵还可导致凋落物增加，加速沉积物中微生物降解和碳循环过程，能够削弱红树林碳汇和碳储量（毛子龙等，2011）。相比较而言，动物和微生物对红树林生态系统的入侵受关注较少，危害性尚不明确。

二、全球变化改变滩涂生态系统

滩涂是潮间带形成的沿海湿地，主要由潮汐或河流带来的沉积物组成。目前滩涂主要是指沿海海岸滩涂，全球海岸线总长约为 44 万 km，各国沿海海岸线都有滩涂分布（Murray et al.，2019）。我国滩涂分布广泛，总面积达 220 万 hm^2 以上，是重要的后备土地资源，既可通过围垦形成农牧渔业畜产用地，也可作为开发海洋的前沿阵地。滩涂作为重要的生态屏障，可提供多种生态服务，如维持生物多样性、净化污染物、供给资源等，但是大部分滩涂位于海湾及河口等受城市化进程和人类活动影响较大的地区，滩涂湿地面临着陆源性污染物严重、资源约束趋紧及物种入侵带来的重大瓶颈问题，使滩涂生态功能退化从而影响该生态系统的安全。

（一）陆源性污染物对滩涂生态安全的影响

滩涂作为陆地与海洋的过渡带，因其开放性而受到城市化进程与工农业发展的影响，汇聚了微塑料、有机污染物、重金属等多种陆源性污染物。滩涂沉积物作为污染物在潮间带的汇和源，会沉积陆源性污染物，并通过潮水释放至海洋。

塑料制品作为“超级垃圾”是现今地球上分布最广、最有害和最持久的由人类活动带来的有机污染物，其降解产生的微塑料(<5 mm)引起了广泛的关注(Isobe et al.，2019)。例如，新冠疫情大流行后全球大规模使用的一次性口罩，仅 2020 年就有 15.6 亿只口罩遗弃在海洋或滩涂，造成严重的塑料和微塑料污染（Pizarro-Ortega et al.，2022）。在香港滩涂中，每平方米沉积物的微塑料污染高达 5595 个（Fok and Cheung，2015）。这些微塑料不仅会通过氧化应激、细胞毒性或神经毒性等造成机体损伤，还可作为致病菌或者病毒载体广泛分布于滩涂中，危害滩涂生态安全（Xu and Ren，2021）。

除了微塑料，滩涂还面临着持久性有机污染物（persistent organic pollutant，POP）和多环芳烃（polycyclic aromatic hydrocarbon，PAH）等有机污染。这些污染物经大气沉降或地表径流输送至滩涂沉积物中，因其生物毒性而对潮间带的动植物带来一系列威胁，如干扰生物的生物膜流动性，最终导致动植物畸形癌变。对黄河口滩涂的 7 个位点进行检测，发现黄河口滩涂径流的 PAH 为 0.113～1.533 μg/L，属于中度污染，对水生生物构成危害，具有较高的潜在生态风险（Zhao et al.，2021）。对珠江口 21 个检测站点的 PAH 进行检测，发现其主要由二环或三环的萘、菲、芘组成，平均 PAH 浓度达到 346.78 ng/g 滩涂底泥，虽然较其他研究中的 PAH 检测浓度来说珠江口的 PAH 浓度相对较低，但经统计分析发现，由 PAH 污染对珠江口潮间带沉积物造成的不良生物效应增加高达 8%（Wang et al.，2021）。

重金属是全球滩涂和海洋环境中主要的人为污染物，主要包括锌（Zn）、铜（Cu）、铬（Cr）、铅（Pb）、镍（Ni）、砷（As）、汞（Hg）和镉（Cd）（Lu et al.，2018）。其中 Zn 的浓度相对高而 Hg 的浓度相对较低，但因为金属污染物对生物的生态毒性不一样，浓度最高的重金属不一定会构成最高的生态风险（Su et al.，2017）。根据美国环保署的底泥质量标准给出的阈值效应水平，Cu、Cr 及 Ni 的污染最为严重。而我国杭州湾的重金属污染调查显示，其重金属污染主要由 Cd、Cr、Cu、Mn、Pb 和 Zn 组成，其中 Cd 和 Pb 造成的生态危害最严重。我国的重金属污染在渤海、黄海和东海海岸的污染程度较重，而在南海及北部湾等滩涂的污染程度较轻，可能是因渤海、黄海及东海分别位于人口密集、工业发达的大辽河口、黄河口和长江口地区的地表径流导致。重金属污染会影响滩涂生物的物种多样性和丰度，导致海洋滩涂生态系统恶化，而重金属会累积在生物体内并沿食物链进行生物放大，逐步上升而威胁人类健康（Kim et al.，2021）。

（二）滩涂围垦和养殖中的安全问题

滩涂围垦活动历史悠久，世界上许多沿海国家和地区都开展了围垦活动。围垦开发也从最开始的建堤筑坝保护沿海居民免受潮水危害，到围海造田进行养殖和工业开发，逐步发展到现在退滩还水保护海岸带生态环境。围垦的主要目的是逐步从盐田扩张到农业发展、水产养殖，再到现今的城镇化、工业化和港口。我国沿海滩涂围垦工程主要是在东部沿海地区开展，是缓解人地矛盾的主要方式之一，预测 2050 年前，可能再造 1 万～15 万 km^2 的生存空间。然而，围垦也带来的一系列具有危害的生态效应，如滩涂大面积消失、水体富营养化及滩涂生物多样性降低，使得滩涂生态系统退化。

滩涂属于滨海冲积平原，土壤含盐量长期处于较高水平，且以粉砂为主，较差的物理结构导致其保水保肥性能差，低有机质含量成为改良滩涂土壤的制约因素。通过增加有机质为主导的“土壤培肥”是改良滩涂围垦的重要手段。有研究表明，使用活性污泥进行滩涂改良后，污水中50%～80%的重金属会被转移至污泥中，使用这种含有高浓度重金属的污泥改良滩涂土壤将带来污染风险（Walter et al.，2006）。而围垦滩涂往往处于经济快速发展地区，如珠江口滩涂围垦始于1950年，因为长期的人类活动影响如电子、金属及矿产工业造成滩涂严重的重金属积累，而在围垦农田中这些重金属随之被吸收到蔬菜、水果及大米之中（Bai et al.，2011）。珠江口农田土壤受到严重的重金属污染，其中Cd污染尤为严重，在农作物中累积的健康风险指数高达3.683，超出其允许范围3倍多，而这些重金属污染不仅无法被生物降解，还会逐步累积造成持续性的生物危害（Li et al.，2022）。

围垦后作为农业用地进行畜牧水产养殖会给滩涂带来抗生素污染。滩涂作为咸淡水交界的潮间带，是陆地和海洋系统中抗生素污染和抗生素抗性基因的源和汇。对滩涂中贝类抗生素含量进行调查发现，贝类主要检测到的抗生素为喹诺酮类，最高浓度达到1575.10 μg/kg（Li et al.，2012）。抗生素污染还会诱导环境中微生物产生抗生素抗性基因（antibiotic resistance gene，ARG），这些抗性基因提高微生物对抗生素的抗性而产生超级细菌，危害公共健康。对滩涂中的胞内ARG（intracellular ARG，iARG）和胞外ARG（extracellular ARG，eARG，这类抗性基因可在活细胞外保持长时间不降解）进行分析发现，eARG丰度显著高于iARG，也显著高于在其他生境中检测到的eARG丰度（Li et al.，2012）。

滩涂围垦改良时还会将病原菌（细菌、病毒、寄生原生生物等）引入滩涂底泥中，这些病原菌会长期存在于围垦改良的土壤中，如使用活性污泥进行滩涂围垦会引入病原微生物，对于围垦后的作物造成危害。同时，围垦带来的病原菌中因自带抗生素抗性基因可能导致更严重的抗生素抗性基因扩散危机（Bai et al.，2018）。以往的研究往往关注于活性污泥改良农田土壤时带来的病原菌危害，而滩涂围垦中病原菌带来的生物安全问题研究相对较少，在未来的研究中，对于滩涂围垦下的病原微生物的研究需要加强。

（三）外来物种入侵对滩涂生态功能的影响

经过围垦后，沿海滩涂的优势物种主要为互花米草、盐地碱蓬及芦苇等，而芦苇及互花米草入侵后的生态及经济危害最为严重（Zhang et al.，2017）。米草类植物被引入中国主要是为了进行湿地修复，其中互花米草于1979年由美国引入中国，因其抢占生态位的能力与强大的有性和无性繁殖能力，成为入侵面积最广的米草物种（An et al.，2007）。因为互花米草具有消浪作用，部分滩涂区域会引入互花米草进行保滩护岸。然而互花米草入侵后能够分泌化感物质影响滩涂上其他本地植物的空间分布和群落结构，甚至形成单一物种群落，对土著植物群落造成了严重的威胁。互花米草的入侵除了会降低本地植物群落的多样性，也会对本地微生物群落的结构造成影响，有研究表明随着互花米草入侵时间的增加，滩涂微生物群落的多样性会降低。这类植物的快速扩张会增加滩涂生态系统中碳氮储量，同时也会影响滩涂温室气体的排放，研究表明互花米草入侵虽然会降低 N_2O 的排放量，但是会大大增加甲烷的排放量（Yuan et al.，2015）。互花米草的入侵对于滩涂生态系统的影响是多方面的，不仅会影响滩涂的土壤性质，降低生物多样性，也会影响滩涂的温室气体排放，造成滩涂生态功能的退化。

随着人类活动的加剧和经济发展，滩涂环境污染越发严重，而污染带来的滩涂生物和人类食品安全问题是滩涂研究的热点也是难点，加强滩涂污染监测、进行污染控制和修复是目前亟待解决的问题。对滩涂污染检测应全面考虑危害人类健康的各种类型的污染物，更为准确地评价污染程度及危险系数，从而进行有效管理和治理。深入调查滩涂中生物演替，加强动植物及微生物联合修复技术的开发，是滩涂生物安全保障的基础。

三、全球变化影响珊瑚礁生态系统

珊瑚礁生态系统是目前已知的地球上现存的古老的、生物多样性较高的、具有重要生态服务价值和应用价值的海洋生态系统之一，被誉为海洋中的“热带雨林”（Woodhead et al.，2019）。珊瑚礁是海洋生物栖居繁衍的港湾，大约 1/3 的海洋鱼类栖息于珊瑚礁，如此丰富多样的珊瑚礁渔业资源为约 2.75 亿生活在海洋沿岸的人提供了食物来源。珊瑚礁在海岸带保护方面也有重要作用，为 100 多个国家和地区的低洼地区提供了约 15 万 km 的海岸带，从而抵抗了风浪破坏和海水侵蚀（Jaleel，2013）。此外，珊瑚礁海域的旅游业也是海洋沿岸居民重要的经济来源。同时，珊瑚礁生物（珊瑚、海绵共生微生物等）也是潜在的新型食品、药品开发的重要来源（Pawlik，2011）。

近几十年来，由于受到自然因素（全球变暖、海洋酸化）及人类活动（过度捕捞、污染物输入）等诸多因素的影响，全球近 1/3 的珊瑚濒临灭绝，30%～70%的珊瑚礁生态系统已严重退化（Cheung et al.，2021）。据文献报道，过去 30 年间大约 50%的造礁石珊瑚已从东南亚、澳大利亚、西太平洋、印度洋、加勒比珊瑚礁区消失了（Hughes et al.，2018）。我国南海的珊瑚礁面积约 8000 km^2，占世界珊瑚礁面积的 3%～5%，包含至少 571 种珊瑚，主要分布于南沙群岛、中沙群岛、西沙群岛、海南岛、雷州半岛、东沙群岛等海域（Huang et al.，2015）。与国际形势类似，我国南海的珊瑚礁也处于严重退化状态（Huang et al.，2015）。科学家预言，如不加以保护，珊瑚将在未来 50 年内从地球上消失（Burke et al.，2011）。综上，目前珊瑚面临着极为严峻的生存危机，保护珊瑚及珊瑚礁资源迫在眉睫！

珊瑚（刺胞动物）与其共生的微生物在长期进化过程中形成珊瑚-微生物共生体，是珊瑚礁生态系统在寡营养海水中形成与繁衍的基础。构成珊瑚共生体的微生物包括共生藻类（虫黄藻、原绿藻、蓝藻）、细菌、病毒、真菌等（Boulotte et al.，2016）。其中，虫黄藻是珊瑚共生体的主要组成成分，虫黄藻通过光合作用为宿主珊瑚提供有机碳、氮等营养，宿主珊瑚为虫黄藻提供适宜生存的微环境及光合原料，两者相互依存，构成互惠互利的共生关系。基于系统进化分析，虫黄藻被分为 9 个系群。其中 A～D 系群虫黄藻主要与珊瑚共生。基于 PCR-DGGE（denaturing gradient gel electrophoresis，变性梯度凝胶电泳）技术，不同系群的虫黄藻被进一步区分为不同的亚系群（Pochon et al.，2014）。最近，基于系统进化、形态、生理、生态数据正式将虫黄藻划分为 7 个属，属于甲藻门（Pyrrophyta）横裂甲藻纲（Dinophyceae）苏斯藻目（Suessiales）共生藻科（Symbiodiniaceae）。珊瑚与不同类型或不同属虫黄藻之间的共生关系比较灵活，珊瑚-虫黄藻共生关系的灵活性受环境因素（如温度、光照）、宿主个体差异、地质等因素的综合影响。

气候变暖引起的夏季海水异常升温是导致珊瑚-虫黄藻共生关系解体，全球范围内珊瑚白化、死亡、珊瑚礁退化的主要原因（Hughes et al.，2018）。异常高温等因素引起珊瑚宿主褪色、排藻或原位降解藻细胞，进而导致珊瑚失去原本颜色而变白的现象，称为珊瑚白化。而持续高温会进一步导致白化的珊瑚死亡、珊瑚礁生态系统退化、生物多样性丧失。目前普遍认为，高温引起珊瑚共生藻光抑制、细胞活性氧（reactive oxygen，ROS）增加，是导致珊瑚启动免疫响应、排藻白化的主要原因（Schoepf et al.，2015）。但也有研究发现：①黑暗环境下，珊瑚也会排藻白化；②高温条件下，宿主氧化胁迫反应发生在虫黄藻光抑制之前；③高温条件下，胞外过氧化物水平与共生藻密度及宿主白化状态没有相关性。上述研究结果显示高温引起珊瑚共生藻细胞产生活性氧导致珊瑚白化的机制非常复杂，可能涉及其他途径或调控过程。珊瑚-虫黄藻共生体之间营养盐的交换与循环利用是共生体稳态的物质基础（Rädecker et al.，2021）。在寡营养海水环境中，相对缺氮的条件限制了共生藻生长，但促进了共生藻光合有机碳累积，并转移给宿主以满足其生长代谢，确保珊瑚-虫黄藻共生体稳态。已有研究表明，营养状态及营养盐可利用性影响珊瑚白化敏感性（DeCarlo et al.，2020）。而利用 N/C 同位素标记并结合纳米二次离子质谱（NanoSIMS）技术分析后证明，在细胞水平上，高温通过改变珊瑚与虫黄藻之间的碳氮营养盐循环利用，进而驱动珊瑚-虫黄藻共生体稳态失衡并导致白化。

（郭　雪　张于光　代天娇　吴　波　巩三强）

参考文献

艾训儒. 2006. 人为干扰对森林群落及生物多样性的影响. 福建林业科技, 3: 5-9.

白乌云, 侯向阳. 2021. 气候变化对草地植物优势种的影响研究进展. 中国草地学报, 43(4): 107-114.

宝乌日其其格. 2021. 气候因子对科尔沁草原植物物候期的影响研究. 黑龙江环境通报, 34(4): 2-6.

陈静. 2016. 人为干扰下的自然保护区生态环境动态变化及对策研究. 福建师范大学硕士学位论文.

杜建国, Cheung W W L, 陈彬, 等. 2012. 气候变化与海洋生物多样性关系研究进展. 生物多样性, 6: 745-754.

郭瑞霞, 管晓丹, 张艳婷. 2015. 我国荒漠化主要研究进展. 干旱气象, 33(3): 505-513.

胡罕, 车利锋, 张洪峰, 等. 2014. 地震等自然灾害对野生动物生境及疫病预防的影响. 经济动物学报, 18(4): 224-227.

黄建平, 季明霞, 刘玉芝, 等. 2013. 干旱半干旱区气候变化研究综述. 气候变化研究进展, 9(1): 9-14.

黄萌田, 周佰铨, 翟盘茂. 2020. 极端天气气候事件变化对荒漠化、土地退化和粮食安全的影响. 气候变化研究进展, 16(1): 17-27.

黄元, 杨洁, 张涵, 等. 2021. 国内外自然保护地人兽冲突管控现状比较. 世界林业研究, 34(6): 27-32.
李娜. 2018. 气候变化对荒漠沙蜥 (*Phrynocephalus przewalskii*)体型的影响. 兰州大学硕士学位论文.
李溯源. 2021. 全球增暖背景下亚洲干旱区未来干旱变化预估. 南京信息工程大学硕士学位论文.
李小雨, 肖凌云, 梁旭昶, 等. 2019. 中国雪豹的威胁与保护现状. 生物多样性, 27(9): 932-942.
刘彬, 安玉亭, 薛丹丹, 等. 2021. 人类活动对野化麋鹿生存的影响及保护对策. 四川动物, 40(2): 176-182.
刘晓红. 2009. 极端天气气候事件对宁夏野生动物种群安全的影响. 野生动物, 30(4): 203-206.
刘晓曼, 付卓, 闻瑞红, 等. 2020. 中国国家级自然保护区人类活动及变化特征. 地理研究, 39(10): 2391-2402.
马军, 朱庆文. 2007. 我国土地荒漠化危害·成因及其防治对策. 安徽农业科学, 32: 10445-10447.
毛子龙, 赖梅东, 赵振业, 等, 2011. 薇甘菊入侵对深圳湾红树林生态系统碳储量的影响. 生态环境学报, 20(12): 1813-1818.
萨根古丽, 沙拉, 袁磊. 2010. 罗布泊野骆驼国家级自然保护区野骆驼的栖息环境及适应特征. 新疆环境保护, 32(2): 30-33.
邵春, 沈永平, 张姣. 2008. 气候变化对寒区水循环的影响研究进展. 冰川冻土, 30(1): 72-80.
孙劭. 2021. 我国极端天气气候事件发生规律、特点及影响. 中国减灾, (15): 10-17.
王静, 鲁艺玲, 房金梅, 等. 2021. 川西高原藏区人兽冲突现状分析. 安徽农业科学, 49(20): 88-92.
王守华, 王业伟, 王业硕, 等. 2018. 浅析土地荒漠化的成因、危害及治理对策. 格尔木: 中国治沙暨沙业学会 2018 年学术年会.
王一晴, 戚新悦, 高煜芳. 2019. 人与野生动物冲突: 人与自然共生的挑战. 科学, 71(5): 1-4.
王云, 关磊, 朴正吉, 等. 2016. 环长白山旅游公路对中大型兽类的阻隔作用. 生态学杂志, 35(8): 2152-2158.
吴国雄, 段安民, 张雪芹, 等. 2013. 青藏高原极端天气气候变化及其环境效应. 自然杂志, 35(3): 167-171.
吴建国, 吕佳佳, 艾丽. 2009. 气候变化对生物多样性的影响: 脆弱性和适应. 生态环境学报, 18(2): 693-703.
吴建国, 周巧富. 2011. 气候变化对 6 种荒漠动物分布的潜在影响. 中国沙漠, 31(2): 464-475.
徐增让, 郑鑫, 靳茗茗. 2018. 自然保护区土地利用冲突及协调: 以羌塘国家自然保护区为例. 科技导报, 36(7): 8-13.
闫京艳, 张毓, 蔡振媛, 等. 2019. 三江源区人兽冲突现状分析. 兽类学报, 39(4): 476-484.
严毅梅. 2021. 气候变暖重塑北极. 百科知识, (16): 33-35.
杨海龙. 2011. 库姆塔格沙漠地区野骆驼栖息地分析及气候变化影响. 中国林业科学研究院博士学位论文.
杨利民, 韩梅, 李建东. 1997. 土壤盐碱化对羊草草地植物多样性的影响. 草地学报, 5(3): 154-160.
翟盘茂, 刘静. 2012. 气候变暖背景下的极端天气气候事件与防灾减灾. 中国工程科学, 14(9): 55-63.
张鹏飞. 2020. 蝗虫灾害的暴发与危害. 科学, 72(5): 1-5.
张晓磊, 曾治高, 韦锦云, 等. 2018. 栖息地荒漠化对草原沙蜥食性的影响. 生态学报, 38(19): 7075-7081.
张知彬. 2003. 我国草原鼠害的严重性及防治对策. 中国科学院院刊, 18(5): 343-347.
郑治斌, 邓艳君, 黄永平. 2021. 极端天气气候事件对江汉湖群湿地生态的影响研究. 人民长江, 52(S2): 45-51.
钟家骅, 管文轲, 易秀, 等. 2018. 荒漠化地区土壤理化性质及其对胡杨林生长的影响. 水土保持研究, 25(4): 134-138.
周波涛, 钱进. 2021. IPCC AR6 报告解读: 极端天气气候事件变化. 气候变化研究进展, 17(6): 713-718.
Allan Green T G, Sancho L G, Pintado A, et al. 2011. Functional and spatial pressures on terrestrial

vegetation in Antarctica forced by global warming. Polar Biology, 34(11): 1643-1656.
An S Q, Gu B H, Zhou C F, et al. 2007. Spartina invasion in China: implications for invasive species management and future research. Weed Research, 47(3): 183-191.
Aryal A, Shrestha U B, Ji W H, et al. 2016. Predicting the distributions of predator (snow leopard) and prey (blue sheep) under climate change in the Himalaya. Ecology and Evolution, 6: 4065-4075.
Ashrafzadeh M R, Naghipour A A, Haidarian M, et al. 2019. Modeling the response of an endangered flagship predator to climate change in Iran. Mammal Research, 64(1): 39-51.
Bai J H, Xiao R, Cui B S, et al. 2011. Assessment of heavy metal pollution in wetland soils from the young and old reclaimed regions in the Pearl River Estuary, South China. Environ Pollut, 159(3): 817-824.
Bai Y C, Zuo W G, Shao H B, et al. 2018. Eastern China coastal mudflats: Salt-soil amendment with sewage sludge. Land Degradation & Development, 29(10): 3803-3811.
Bateman B L, Pidgeon A M, Radeloff V C, et al. 2015. The importance of range edges for an irruptive species during extreme weather events. Landscape Ecology, 30(6): 1095-1110.
Biswas S R, Biswas P L, Limon S H, et al. 2018. Plant invasion in mangrove forests worldwide. Forest Ecology and Management, 429: 480-492.
Bodmer R, Mayor P, Antunez M, et al. 2018. Major shifts in Amazon wildlife populations from recent intensification of floods and drought. Conservation Biology, 32(2): 333-344.
Boulotte N M, Dalton S J, Carroll A G, et al. 2016. Exploring the *Symbiodinium* rare biosphere provides evidence for symbiont switching in reef-building corals. The ISME Journal, 10(11): 2693-2701.
Burke L, Katie R, Mark S, et al. 2011. Reefs at Risk Revisited. Washington, DC: World Resources Institute.
Cabral L, Júnior G V L, Pereira de Sousa S T, et al. 2016. Anthropogenic impact on mangrove sediments triggers differential responses in the heavy metals and antibiotic resistomes of microbial communities. Environ Pollut, 216: 460-469.
Caldwell M R, Klip J M K. 2020. Wildlife Interactions within Highway Underpasses. The Journal of Wildlife Management, 84: 227-236.
Cavanaugh K C, Kellner J R, Forde A J, et al. 2014. Poleward expansion of mangroves is a threshold response to decreased frequency of extreme cold events. Proceedings of the National Academy of Sciences of the United States of America, 111(2): 723-727.
Cheung P Y, Nozawa Y, Miki T. 2021. Ecosystem engineering structures facilitate ecological resilience: A coral reef model. Ecological Research, 36(4): 673-685.
Christiansen F, Lusseau D. 2015. Linking behavior to vital rates to measure the effects of non-lethal disturbance on wildlife. Conservation Letters, 8(6): 424-431.
Ciuti S, Northrup J M, Muhly T B, et al. 2012. Effects of humans on behaviour of wildlife exceed those of natural predators in a landscape of fear. PLoS One, 7(11): e50611.
Cohen J M, Fink D, Zuckerberg B. 2021. Extreme winter weather disrupts bird occurrence and abundance patterns at geographic scales. Ecography, 44(8): 1143-1155.
Convey P, Aitken S, Prisco G, et al. 2012. The impacts of climate change on circumpolar biodiversity. Biodiversity, 13(3): 134-143.
Cooke S J, Hinch S G, Farrell A P, et al. 2004. Abnormal migration timing and high en route mortality of sockeye salmon in the Fraser River, British Columbia. Fisheries, 29(2): 22-33.
DeCarlo T M, Gajdzik L, Ellis J, et al. 2020. Nutrient-supplying ocean currents modulate coral bleaching susceptibility. Science Advances, 6(34): eabc5493.
Descamps S. 2013. Winter temperature affects the prevalence of ticks in an arctic seabird. PLoS One, 8(6): e65374.
Descamps S, Aars J, Fuglei E, et al. 2017. Climate change impacts on wildlife in a High Arctic archipelago-Svalbard, Norway. Global Change Biology, 23(2): 490-502.
Doherty T S, Hays G C, Driscoll D A. 2021. Human disturbance causes widespread disruption of animal movement. Nature Ecology & Evolution, 5(4): 513-519.
Donato D C, Kauffman J B, Murdiyarso D, et al. 2011. Mangroves among the most carbon-rich forests in the tropics. Nature Geoscience, 4(5): 293-297.

Donnelly M J, Green D M, Walters L J. 2008. Allelopathic effects of fruits of the Brazilian pepper *Schinus terebinthifolius* on growth, leaf production and biomass of seedlings of the red mangrove *Rhizophora mangle* and the black mangrove *Avicennia germinans*. Journal of Experimental Marine Biology and Ecology, 357(2): 149-156.

Duarte C M, Cebrián J. 1996. The fate of marine autotrophic production. Limnology and Oceanography, 41(8): 1758-1766.

Elsen P R, Saxon E C, Simmons B A, et al. 2022. Accelerated shifts in terrestrial life zones under rapid climate change. Global Change Biology, 28(3): 918-935.

Ferreira S M, Le Roex N, Greaver C. 2019. Species-specific drought impacts on black and white rhinoceroses. PLoS One, 14(1): e209678.

Fok L, Cheung P K. 2015. Hong Kong at the Pearl River Estuary: A hotspot of microplastic pollution. Marine Pollution Bulletin, 99(1): 112-118.

Forrest J L, Wikramanayake E, Shrestha R, et al. 2012. Conservation and climate change: Assessing the vulnerability of snow leopard habitat to treeline shift in the Himalaya. Biological Conservation, 150: 129-135.

Gao G F, Li P F, Shen Z J, et al. 2018. Exotic *Spartina alterniflora* invasion increases CH_4 while reduces CO_2 emissions from mangrove wetland soils in southeastern China. Scientific Reports, 8(1): 9243.

Gaynor K M, Hojnowski C E, Carter N H, et al. 2018. The influence of human disturbance on wildlife nocturnality. Science, 360(6394): 1232-1235.

Gedir J V, Cain J W, Harris G, et al. 2015. Effects of climate change on long-term population growth of pronghorn in an arid environment. Ecosphere, 6(10): t120-t189.

Gibbs J P, Breisch A R. 2001. Climate warming and calling phenology of frogs near Ithaca, New York, 1900-1999. Conservation Biology, 15(4): 1175-1178.

Haig S M, Murphy S P, Matthews J H, et al. 2019. Climate-altered wetlands challenge waterbird use and migratory connectivity in arid landscapes. Scientific Reports, 9(1): 4666.

Hamilton C D, Lydersen C, Ims R A, et al. 2016. Coastal habitat use by ringed seals *Pusa hispida* following a regional sea-ice collapse: importance of glacial refugia in a changing Arctic. Marine Ecology Progress Series, 545: 261-277.

Hu L J, Li W Y, Xu B. 2018. Monitoring mangrove forest change in China from 1990 to 2015 using Landsat-derived spectral-temporal variability metrics. International Journal of Applied Earth Observation and Geoinformation, 73: 88-98.

Huang D W, Licuanan W Y, Hoeksema B W, et al. 2015. Extraordinary diversity of reef corals in the South China Sea. Marine Biodiversity, 45(2): 157-168.

Hughes T P, Kerry J T, Baird A H, et al. 2018. Global warming transforms coral reef assemblages. Nature, 556(7702): 492-496.

Isobe A, Iwasaki S, Uchida K, et al. 2019. Abundance of non-conservative microplastics in the upper ocean from 1957 to 2066. Nat Commun, 10(1): 417.

Ivanova S V. 2018. On the impact of climate change on wildlife: The view from Russia. Environmental Policy & Law, 48(5): 322-330.

Jaleel A. 2013. The status of the coral reefs and the management approaches: The case of the Maldives. Ocean & Coastal Management, 82: 104-118.

Jentsch A, Beierkuhnlein C. 2008. Research frontiers in climate change: Effects of extreme meteorological events on ecosystems. Comptes Rendus Geoscience, 340(9-10): 621-628.

Kim I G, Kim Y B, Kim R H, et al. 2021. Spatial distribution, origin and contamination assessment of heavy metals in surface sediments from Jangsong tidal flat, Kangryong river estuary, DPR Korea. Mar Pollut Bull, 168: 112414.

Langhans M, Peterson B, Walker A, et al. 2009. Effects of salinity on survivorship of wood frog (*Rana sylvatica*) tadpoles. Journal of Freshwater Ecology, 24(2): 335-337.

Lee J R, Raymond B, Bracegirdle T J, et al. 2017. Climate change drives expansion of Antarctic ice-free habitat. Nature, 547(7661): 49-54.

Li C M, Wang H C, Liao X L, et al. 2022. Heavy metal pollution in coastal wetlands: A systematic review of studies globally over the past three decades. Journal of Hazardous Materials, 424: 127312.

Li J, McCarthy T M, Wang H, et al. 2016. Climate refugia of snow leopards in High Asia. Biological Conservation, 203: 188-196.

Li W H, Shi Y L, Gao L H, et al. 2012. Investigation of antibiotics in mollusks from coastal waters in the Bohai Sea of China. Environmental Pollution, 162: 56-62.

Li Y D, Zheng L P, Zhang Y, et al. 2019. Comparative metagenomics study reveals pollution induced changes of microbial genes in mangrove sediments. Scientific Reports, 9(1): 5739.

Lin X L, Hetharua B, Lin L, et al. 2019. Mangrove sediment microbiome: adaptive microbial assemblages and their routed biogeochemical processes in Yunxiao mangrove national nature reserve, China. Microbial Ecology, 78(1): 57-69.

Liu H X, Ren H, Hui D F, et al. 2014. Carbon stocks and potential carbon storage in the mangrove forests of China. Journal of Environmental Management, 133: 86-93.

Lu Y L, Yuan J J, Lu X T, et al. 2018. Major threats of pollution and climate change to global coastal ecosystems and enhanced management for sustainability. Environ Pollut, 239: 670-680.

Madsen J, Tamstorf M, Klaassen M, et al. 2007. Effects of snow cover on the timing and success of reproduction in high-Arctic pink-footed geese *Anser brachyrhynchus*. Polar Biology, 30(11): 1363-1372.

Mann G K H, Wilkinson A, Hayward J, et al. 2019. The effects of aridity on land use, biodiversity and dietary breadth in leopards. Mammalian Biology, 98(1): 43-51.

Maxwell S L, Butt N, Maron M, et al. 2019. Conservation implications of ecological responses to extreme weather and climate events. Diversity and Distributions, 25(4): 613-625.

Mertz E M, Bester M N. 2011. Vagrant southern elephant seal and human disturbance in mossel bay, South Africa. South African Journal of Wildlife Research, 41(2): 224-228.

Miller W, Schuster S C, Welch A J, et al. 2012. Polar and brown bear genomes reveal ancient admixture and demographic footprints of past climate change. PNAS, 109(36): e2382-e2390.

Miner K R, D'Andrilli J, Mackelprang R, et al. 2021. Emergent biogeochemical risks from Arctic permafrost degradation. Nature Climate Change, 11(10): 809-819.

Murdiyarso D, Purbopuspito J, Kauffman J B, et al. 2015. The potential of indonesian mangrove forests for global climate change mitigation. Nature Climate Change, 5(12): 1089-1092.

Murray N J, Phinn S R, DeWitt M, et al. 2019. The global distribution and trajectory of tidal flats. Nature, 565(7738): 222-225.

Osorio J A, Crous C J, Wingfield M J, et al. 2017. An assessment of mangrove diseases and pests in South Africa. Forestry: An International Journal of Forest Research, 90(3): 343-358.

Parsons J, Motta C, Sehgal G, et al. 2021. Interactive effects of large herbivores and climate on California oak seedling outcomes. Forest Ecology and Management, 502: 119650.

Paudel P K, Kindlmann P. 2012. Human disturbance is a major determinant of wildlife distribution in Himalayan midhill landscapes of Nepal. Animal Conservation, 15(3): 283-293.

Pauli B P, Spaul R J, Heath J A. 2017. Forecasting disturbance effects on wildlife: tolerance does not mitigate effects of increased recreation on wildlands. Animal Conservation, 20(3): 251-260.

Pawlik J R. 2011. The Chemical Ecology of Sponges on Caribbean Reefs: Natural Products Shape Natural Systems. BioScience, 61(11): 888-898.

Pizarro-Ortega C I, Dioses-Salinas D C, Ferández Severini M D, et al. 2022. Degradation of plastics associated with the COVID-19 pandemic. Marine Pollution Bulletin, 176: 113474.

Pochon X, Gates R D, Vik D, et al. 2014. Molecular characterization of symbiotic algae (*Symbiodinium* spp.) in soritid foraminifera (*Sorites orbiculus*) and a scleractinian coral (*Orbicella annularis*) from St John, US Virgin Islands. Marine Biology, 161: 2307-2318.

Pueyo Y, Alados C L, Barrantes O. 2006. Determinants of land degradation and fragmentation in semiarid vegetation at landscape scale. Biodiversity and Conservation, 15(3): 939-956.

Radchuk V, Reed T, Teplitsky C, et al. 2019. Adaptive responses of animals to climate change are most likely insufficient. Nature Communications, 10(1): 3109.

Rädecker N, Pogoreutz C, Gegner H M, et al. 2021. Heat stress destabilizes symbiotic nutrient cycling in corals. Proceedings of the National Academy of Sciences of the United States of America, 118(5): e2022653118.

Schoepf V, Stat M, Falter J L, et al. 2015. Limits to the thermal tolerance of corals adapted to a highly fluctuating, naturally extreme temperature environment. Scientific Reports, 5(1): 17639.

Segadelli S, Grazzini F, Adorni M, et al. 2020. Predicting extreme-precipitation effects on the geomorphology of small mountain catchments: Towards an improved understanding of the consequences for freshwater biodiversity and ecosystems. Water, 12(1): 79-98.

Slingsby J A, Merow C, Aiello-Lammens M, et al. 2017. Intensifying postfire weather and biological invasion drive species loss in a Mediterranean-type biodiversity hotspot. Proceedings of the National Academy of Sciences of the United States of America, 114(18): 4697-4702.

Su C, Lu Y L, Johnson A C, et al. 2017. Which metal represents the greatest risk to freshwater ecosystem in Bohai Region of China? Ecosystem Health & Sustainability, 3(2): e01260.

Tang Z S, An H, Zhu G Y, et al. 2018. Beta diversity diminishes in a chronosequence of desertification in a desert steppe. Land Degradation & Development, 29(3): 543-550.

Thakur M P, Bakker E S, Veen C, et al. 2020. Climate extremes, rewilding, and the role of microhabitats. One Earth, 2(6): 506-509.

Walter I, Martínez F, Cala V. 2006. Heavy metal speciation and phytotoxic effects of three representative sewage sludges for agricultural uses. Environ Pollut, 139(3): 507-514.

Wang Y S, Wu F X, Gu Y G, et al. 2021. Polycyclic Aromatic Hydrocarbons (PAHs) in the intertidal sediments of Pearl River Estuary: Characterization, source diagnostics, and ecological risk assessment. Mar Pollut Bull, 173(Pt B): 113140.

Woodhead A J, Hicks C C, Norström A V, et al. 2019. Coral reef ecosystem services in the Anthropocene. Functional Ecology, 33(6): 1023-1034.

Xu E G, Ren Z J. 2021. Preventing masks from becoming the next plastic problem. Front Environ Sci Eng, 15(6): 125.

Xu J C, Grumbine R E, Shrestha A, et al. 2009. The melting himalayas: Cascading effects of climate change on water, biodiversity, and livelihoods. Conservation Biology, 23(3): 520-530.

Xu J C, Rana G M. 2005. Living in the mountains, Know risk. Geneva: U. N. Inter-agency Secretariat of the International Strategy for Disaster Reduction.

Xu L, Liu Q Y, Stige L C, et al. 2011. Nonlinear effect of climate on plague during the third pandemic in China. PNAS, 108: 10214-10219.

Yuan J J, Ding W X, Liu D Y, et al. 2015. Exotic *Spartina alterniflora* invasion alters ecosystem-atmosphere exchange of CH_4 and N_2O and carbon sequestration in a coastal salt marsh in China. Glob Chang Biol, 21(4): 1567-1580.

Zhang D H, Hu Y M, Liu M, et al. 2017. Introduction and spread of an exotic plant, *Spartina alterniflora*, along coastal marshes of China. Wetlands, 37(6): 1181-1193.

Zhang L Y, Ye W H, Cao H L, et al. 2004. *Mikania micrantha* H. B. K. in China—an overview. Weed Research, 44(1): 42-49.

Zhao Y L, Li J S, Qi Y, et al. 2021. Distribution, sources, and ecological risk assessment of polycyclic aromatic hydrocarbons (PAHs) in the tidal creek water of coastal tidal flats in the Yellow River Delta, China. Mar Pollut Bull, 173(Pt B): 113110.

第六章　土壤环境中生物污染与控制

土壤是地球表面的一层疏松物质，包含各种颗粒状矿物质、有机物质、水分、空气、微生物等，是农业最基本的生产资料和农业生产链环中物质与能量循环的枢纽。作为一种可再生自然资源，土壤是农业生态系统的重要组成部分。然而，土壤中存在大量有害生物，种类繁多，来源广泛，风险显著。这些有害生物可以在土壤环境中长期存活，并在一定情况下存在传播风险，危害生态安全。本章将系统性阐述土壤环境中生物污染的种类、来源、危害、存活、迁移与转化等环境要素与过程。

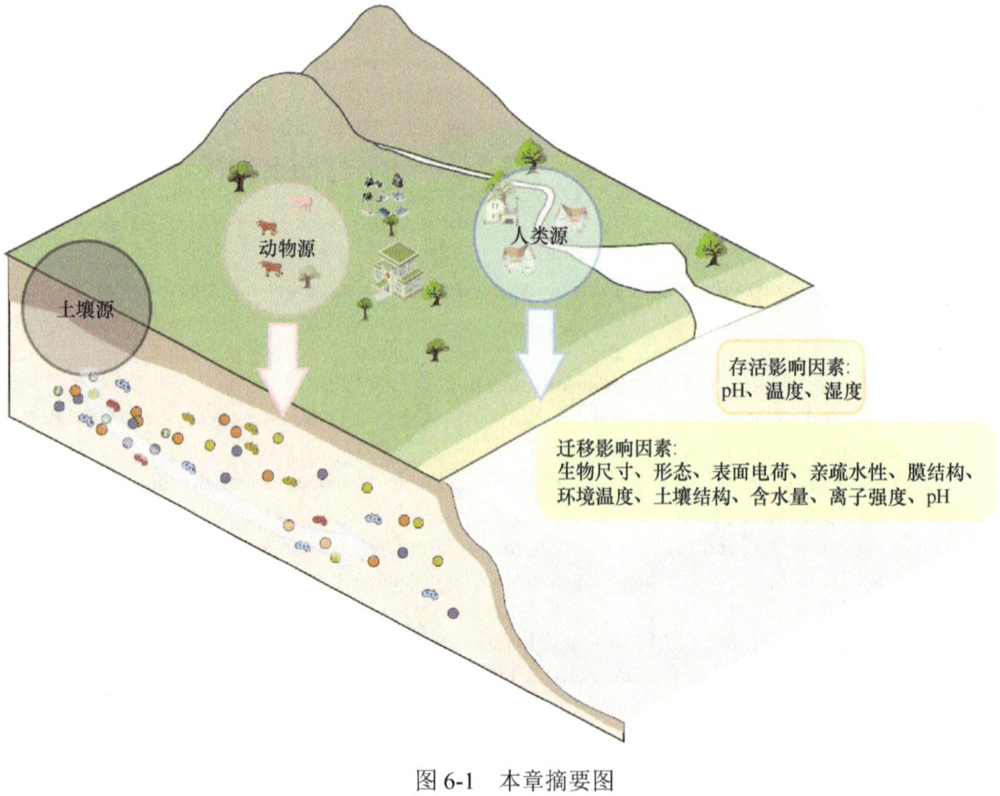

图 6-1　本章摘要图

第一节　土壤有害生物的种类与来源

土壤中存在大量微生物及动植物，其中有害于土壤生态环境安全和人体健康的，被称为土壤有害生物。这些土壤有害生物主要来自五个系统发育类群，包括病毒、细菌、原生动物、真菌和蠕虫（线虫）。它们可以在土壤环境中长期存活，可能给动物、植物和人类带来危害，具有潜在的生态安全风险。根据来源不同，土壤有害生物可分为土壤原生病原体（euedaphic pathogenic organisms，EPO）和经土传播病原体（soil transmitted pathogens，STP）两大类；经土传播病原体又可以根据其携带者的来源特征分为动物源经土传播病原体和人源经土传播病原体两种。需特别指出的是，病毒具有高度的宿主特异性，不能在宿主细胞外繁殖，普遍被认为在土壤系统中不具有功能性作用。本节将具体阐述土壤原生病原体、动物源经土传播病原体和人源经土传播病原体等三类土壤有害生物的种类与特征。

一、土壤原生病原体

自然土壤环境中蕴藏着大量的微生物。在 1 g 农田土壤中，存在多达 10^6～10^8 个细菌，其中 10^6～10^7 个放线菌，5×10^4～1×10^6 个真菌，10^5～10^6 个原生动物和 1×10^4～5×10^5 个藻类（Gottlieb，1976）；在肥沃的土壤中，1 m^2 土壤包含的线虫可达 10^7 条（Richards，1976）。土壤原生病原体是真正的土壤土著生物，主要包括细菌、真菌和蠕虫等，在土壤生态系统中占据一定生态位，并提供一系列生态功能，如稳定土壤结构、分解有机质、促进土壤环境中物质能量循环等。土壤原生病原体的种类及其致病风险如表 6-1 所示。

表 6-1　常见影响人类与动物健康的土壤原生病原体

类别	病原体	感染疾病及临床症状	微观形态
细菌	衣氏放线菌 *Actinomyces israelii*	条件致病菌。原发性放线菌病通常由外伤感染引起，是一种慢性化脓性肉芽肿性疾患，常发于面、颈部	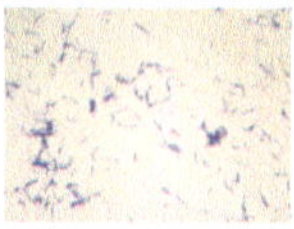
	肉毒梭菌 *Clostridium botulinum*	会分泌肉毒毒素，误食被其污染的食物会导致中毒。典型症状包括眼麻痹、肌肉麻痹，严重时可能导致呼吸困难死亡	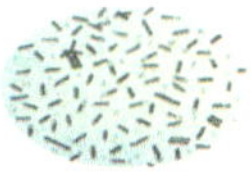
	空肠弯曲菌 *Campylobacter jejuni*	肠道感染细菌，能够导致细菌性胃肠炎。典型症状包括发烧、头痛、呕吐及腹泻等	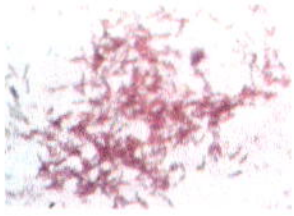
	单核细胞增生李斯特菌 *Listeria monocytogenes*	条件致病菌。引发急性传染病李斯特菌病。最常见的发病症状表现为脑膜炎，其次为无定位表现的菌血症（可能伴有脑膜炎）	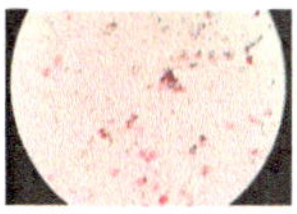
	破伤风梭菌 *Clostridium tetani*	经由皮肤或黏膜伤口侵入人体造成破伤风，在缺氧环境下生长繁殖，产生毒素而引起肌痉挛的一种特异性感染，以牙关紧闭、阵发性痉挛、强直性痉挛为典型临床特征	
	产气荚膜梭菌 *Clostridium perfringens*	80%～90%的气性坏疽均由产气荚膜梭菌引起。典型症状为伤口周围皮肤变为紫黑色，也可能出现水泡状结构（大疱）	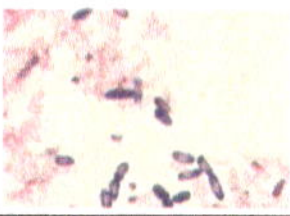
真菌	曲霉菌属菌种 *Aspergillus* sp.	条件致病菌。可在身体许多部位引起病变，以肺部病变最为常见。曲霉菌病的典型症状为组织化脓，形成小脓肿；或发生组织坏死及出血	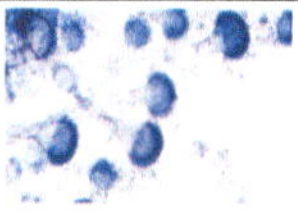
	皮炎芽生菌（北美特有）*Blastomyces dermatitidis*；巴西芽生菌（巴西特有）*Paracoccidioides brasiliensis*	感染的典型症状为以肺、皮肤和骨骼为主的慢性化脓性肉芽肿性病变	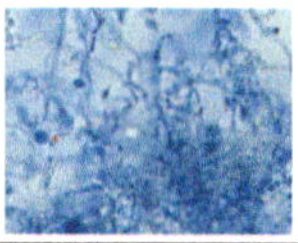

续表

类别	病原体	感染疾病及临床症状	微观形态
真菌	粗球孢子菌 *Coccidioides immitis*	引发山谷热，是北美地方病，典型症状为疲劳乏力、咳嗽、发烧、呼吸短促、头痛、盗汗、肌肉或关节疼痛，上身或双腿皮疹等	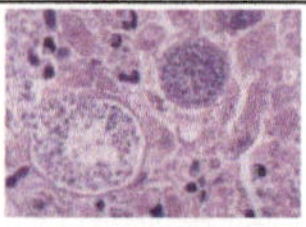
	荚膜组织胞浆菌 *Histoplasmosis capsulati*	条件致病菌。引发荚膜组织胞浆菌病，典型症状包括发热、寒战、咳嗽及通常与吸入有关的胸痛等	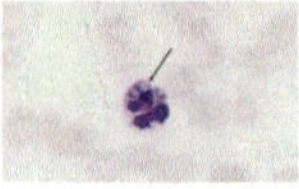
	申克孢子丝菌 *Sporothrix schenckii*	条件致病菌。引发孢子丝菌病，典型症状为感染部位出现红色肿块，最终发展为溃疡	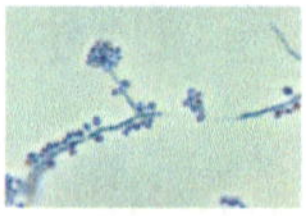
	根霉菌属菌种 *Rhizopus* sp.	条件致病菌，死亡率很高（50%～85%）。典型特征为菌丝侵犯血管，引起血栓形成及坏死，产生鼻、脑、消化道及呼吸道等病变	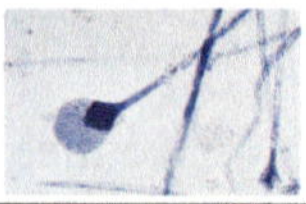
蠕虫	粪类圆线虫 *Strongyloides stercoralis*	成虫主要在宿主（如人、狗、猫等）小肠内寄生，幼虫可侵入肺、脑、肝、肾等组织器官，引起粪类圆线虫病。临床症状复杂多样，轻者无症状，重者出现小肠和结肠的溃疡性肠炎，甚至引起患者死亡	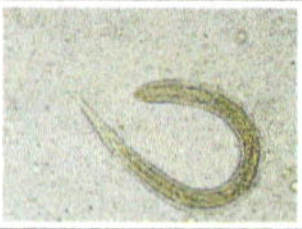

土壤中典型原生病原细菌包括衣氏放线菌（*Actinomyces israelii*）、肉毒梭菌（*Clostridium botulinum*）、单核细胞增生李斯特菌（*Listeria monocytogenes*）、空肠弯曲菌（*Campylobacter jejuni*）、破伤风梭菌（*Clostridium tetani*）、土拉弗朗西斯菌（*Francisella tularensis*）、产气荚膜梭菌（*Clostridium perfringens*）等。其中，衣氏放线菌可在人类肠道、口腔和阴道中繁殖，并在一定条件下引起炎症反应。肉毒梭菌是一大类病原细菌的总称，包含产生毒素类型不同但药理作用相似的多种细菌群，包括 A～G 型共 7 种：A、B、E、F 型能够引起人类肉毒中毒，C、D、E、G 型可引发其他哺乳动物、鸟类和鱼类疾病（Jeffery and Van der Putten，2011）。相反，能引起植物病害的土壤原生病原细菌种类较少。除了少数丝状细菌（如链霉菌）能直接感染植物根系（Raaijmakers et al.，2008），其他土壤细菌侵染植物时大多要求其有创口或自然开口，或通过真菌孢子或线虫作为携带者进入植物体内完成侵染，如引起植物枯萎的青枯雷尔氏菌（*Ralstonia solanacearum*）和引起冠瘿病的根癌农杆菌（*Agrobacterium tumefaciens*）（Mansfield et al.，2012）。

土壤原生病原真菌大多栖息于腐殖质中，通常具有亲地性，需在特定的土壤和气候条件下增殖。例如，引起山谷热的粗球孢子菌（*Coccidioides immitis*），是美国西南部地区（加利福尼亚州、亚利桑那州、新墨西哥州和得克萨斯州）的地方病；荚膜组织胞浆菌（*Histoplasmosis capsulati*）引起的感染仅发生在美国南部和中西部各州；引起芽生菌病的皮炎芽生菌（*Blastomyces dermatitidis*）和巴西芽生菌（*Paracoccidioides brasiliensis*）分别为北美和巴西所特有（Jeffery and Van der Putten，2011）。寄生于高等植物并引起严重病害的土壤原生病原真菌主要归属于霜霉目（Peronosporales），包含腐霉属（*Pythium*）、疫霉属（*Phytophthora*）、霜霉菌属（*Peronospora*）和白锈属（*Albugo*）等（严理等，2016）。

蠕虫类病原体通常需要寄生于动物、植物或人体来完成它们的生命周期。危害人类和动物的土壤原生蠕虫占少数。最典型的是粪类圆线虫，它是一种兼性寄生虫，其独特的生命周期使其既可以在土壤中生活，也能寄生于宿主肠道内。相比人类和动物，威胁植物的蠕虫类病原体的数量要庞大得多。植物寄生线虫约占全部蠕虫种类的1/10，目前已有4100个种被识别命名（范钧星，2021）。农林业生产上引起严重病害的蠕虫绝大多数隶属于侧尾腺纲（Secernentea）的垫刃目（Tylenchida）和滑刃目（Aphelenchoididae），仅少数携带病毒的蠕虫隶属于无尾感器纲（Adennophorea）。垫刃目中的根结线虫（*Meloidogyne*）和孢囊线虫（*Heterodera*）是最广为人知的植物寄生线虫，它们会对植物根部造成危害，使根系发育受阻、腐烂，导致植株衰弱，甚至枯死（陈立杰和段玉玺，2006）。

二、动物源经土传播病原体

经土传播病原体是以土壤作为媒介传播的物种，在通过接触、病媒或粪便传播给人类之前，暂时驻留在土壤中。尽管它们也能一定程度参与土壤生态系统物质能量循环，但并非真正的土壤原生生物。动物源经土传播病原体主要来源于野生或家养动物，它们经动物粪便、尿液进入土壤，或经掩埋的被感染动物等行为污染土壤，引发人兽共患病（图6-2）。动物源土壤病原体可进一步被细分为病毒、细菌、蠕虫三类，其具体类别及其致病风险如表6-2所示。

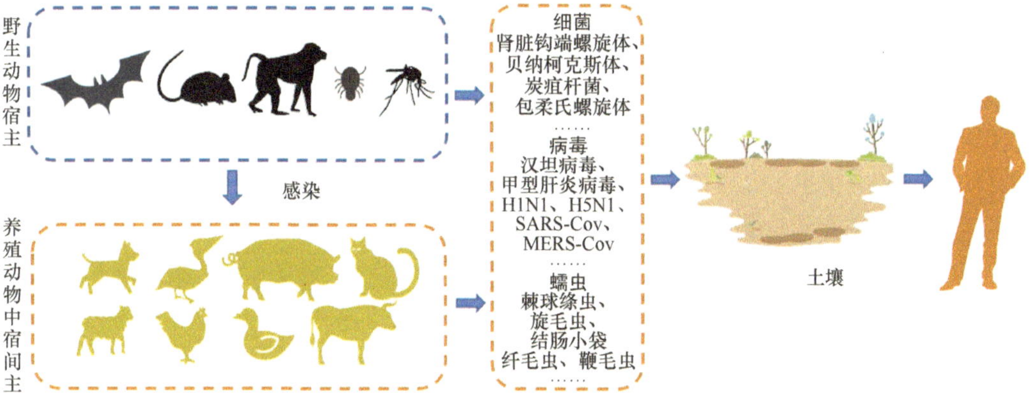

图6-2 动物源土壤病原体来源示意图

表6-2 影响人类与动物健康的动物源土壤病原体

类别	病原体	动物宿主	感染疾病及典型临床症状
病毒	汉坦病毒 hantavirus	鼠类	感染可引起汉坦病毒肺综合征（HPS）或汉坦病毒肾综合征出血热（HFRS）。临床前期主要表现为发热、头痛，而后出现非心源性肺水肿和急性呼吸衰竭
	禽流感病毒 H1N1、H5N1等	雀鸟、猪、鸡、鸭等禽类	感染可引起禽流感。患者发病初期表现为流感样症状；重症患者病情发展迅速，表现为重症肺炎，出现呼吸困难等
	甲型肝炎病毒 hepatitis A virus，HAV	猩猩等灵长类（包含人）	感染可引起甲型肝炎，是以肝脏炎症病变为主的传染病。典型症状为疲乏、食欲减退、肝肿大、肝功能异常
	冠状病毒 SARS-CoV、MERS-CoV	SARS-CoV：蝙蝠； MERS-CoV：蝙蝠、骆驼（中间）	感染可引起呼吸道疾病。能引起肺炎的MERS典型症状包括发热、咳嗽和呼吸急促；SARS典型症状包括发热、畏寒和身体疼痛等

续表

类别	病原体	动物宿主	感染疾病及典型临床症状
细菌	贝纳柯克斯体 *Coxiella burnetii*	牛、山羊和绵羊	感染可引起Q热病，是一种急性传染病。临床上起病急，高热，多为弛张热伴寒战、严重头痛及全身肌肉酸痛
	肾脏钩端螺旋体 *Leptospira interrogans*	啮齿类动物和猪	感染可引起钩端螺旋体病。早期有高热、全身酸痛、结膜充血等钩体毒血症状；后期出现靶器官损害表现
	土拉弗朗西斯菌 *Francisella tularensis*	兔、啮齿类动物、家禽（天然）；蜱和吸血昆虫、猫（中间）	感染可引起兔热病。典型症状包括高热、浑身疼痛、腺体肿大和咽食困难等
	炭疽杆菌 *Bacillus anthracis*	野生和家养食草动物（如牛、绵羊、山羊、驴、马等）	炭疽热主要表现为皮肤坏死、溃疡、组织水肿及毒血症症状；血液凝固不良，呈煤焦油样
	包柔氏螺旋体 *Borrelia* sp.	啮齿类动物（天然）；蜱（中间）	感染可引起莱姆病。神经系统损害为该病最主要的临床表现
蠕虫	棘球绦虫 *Echinococcus multilocularis*	食肉动物（如狐狸）、啮齿类动物	感染可引起包虫病（慢性寄生虫病）。主要症状因寄生部位、囊肿大小及有无并发症而异
	旋毛虫 *Trichinella spiralis*	杂食动物（猪、啮齿类动物等）	感染可引起的旋毛虫病。主要临床表现有胃肠道症状、发热、眼睑水肿和肌肉疼痛

病毒虽不能在宿主细胞外繁殖，但能够在土壤中存活一定时间，且仍具感染性（王秋英等，2007）。经由野生动物传播的病毒有汉坦病毒（宿主为啮齿类动物）、SARS病毒（宿主为蝙蝠）、甲型肝炎病毒（宿主为灵长类动物）等。人类进入野生动物栖息地或活动区，因接触到含有病原体的动物分泌物、粪便、水源或土壤等，被感染或成为携带者，最终导致病毒感染在人类聚集区大规模暴发。另外，由养殖动物传播的病毒主要有禽流感病毒（H1N1、H5N1，宿主为家禽及鸟类）及部分冠状病毒（MERS病毒，中间宿主为骆驼）等。

典型的细菌类经土传播人兽共患病病原体有炭疽杆菌（*Bacillus anthracis*，宿主为野生和家养食草动物）、肾脏钩端螺旋体（*Leptospira interrogans*，宿主为啮齿类动物和猪）、贝纳柯克斯体（*Coxiella burnetii*，宿主为牛、羊），以及土拉弗朗西斯菌（*Francisella tularensis*，宿主为啮齿类动物、兔、家禽、昆虫等）等。由于宿主的多样性，这些经土传播病原细菌既可经野生动物直接传播，也可经养殖动物传播。另外，值得一提的是，人群或动物感染包柔氏螺旋体（*Borrelia* sp.）的主要途径为蜱叮咬，但考虑到蜱在土壤环境中的广泛存在，所以常常将因包柔氏螺旋体感染导致的莱姆病归类于经土传播疾病（Jeffery and Van der Putten，2011）。

除少数土壤原生蠕虫，绝大部分影响人类和动物健康的蠕虫类病原体都为体内寄生，大多隶属于扁形动物门（Platyhelminthes）和线虫动物门（Nematoda）。目前，关于这些体内寄生蠕虫成虫在土壤中的存活能力鲜有报道，但它们能以虫卵或卵囊的形式长时间留存在土壤中，等待进入机体完成其生命周期。典型的动物源经土传播蠕虫类病原体有旋毛虫（*Trichinella spiralis*）、棘球绦虫（*Echinococcus multilocularis*）等。尽管它们的宿主不尽相同，但它们都能通过啮齿类动物进行传播。

三、人源经土传播病原体

经土传播的病原体另一大来源为人类活动源。在城镇生活区和医疗场所中，病原体主要存在于人类集中排放的污废水及堆积的固体废弃物中。污废水的无组织排放、不规范处理，固体废弃物渗滤液的淋溶、渗透等均可能导致病原体泄漏，进入土壤，危害土壤生态安全，影响土壤环境质量。

人类活动排放的污废水（含医疗废水和生活污水）包含粪便、尿液及人体代谢分泌物等，汇集了大量人体肠道微生物和病毒。其中，典型的人类肠道病原细菌有志贺菌属（*Shigella*）、大肠杆菌（*Escherichia coli*）、肠炎沙门菌（*Salmonella enterica*）；典型的人类肠道病毒有脊髓灰质炎病毒（poliovirus）、柯萨奇病毒（Coxsackie virus）、埃可病毒（Echovirus）、诺沃克病毒（Norwalk virus）等。除脊髓灰质炎病毒外，大多数肠道病毒与土壤颗粒或土壤有机质的结合能力较差，很容易经雨水淋洗而迁移和传播。因此，相比土壤，地下水中肠道病毒带来的生物污染更值得人们注意（Oliver and Gregory，2015）。人类排泄物中也会存在一些寄生蠕虫（如钩虫、蛔虫和鞭形蠕虫）和原生动物。其中，蠕虫包括人蛔虫（*Ascaris lumbricoides*）、十二指肠钩虫（*Ancylostoma duodenale*）、毛首鞭形线虫（*Trichuris trichura*）等；原生生物包括微小隐孢子虫（*Cryptosporidium parvum*）、痢疾阿米巴原虫（*Entamoeba histolytica*）、卡耶塔圆孢子虫（*Cyclospora cayetanensis*）、贝氏等孢球虫（*Isospora belli*）等。部分人类活动源土壤病原体的唯一宿主是人类，如原生动物中的贝氏等孢球虫、卡耶塔圆孢子虫和蠕虫中的钩虫（Jeffery and Van der Putten，2011）。此外，城市固体废弃物中同样附着大量病原体，尤其以医疗垃圾为代表的固体废弃物，考虑到医院病原体的复杂性，除常规肠道病原体外，还可能附着其他各种类型人类源病原体（图 6-3）。

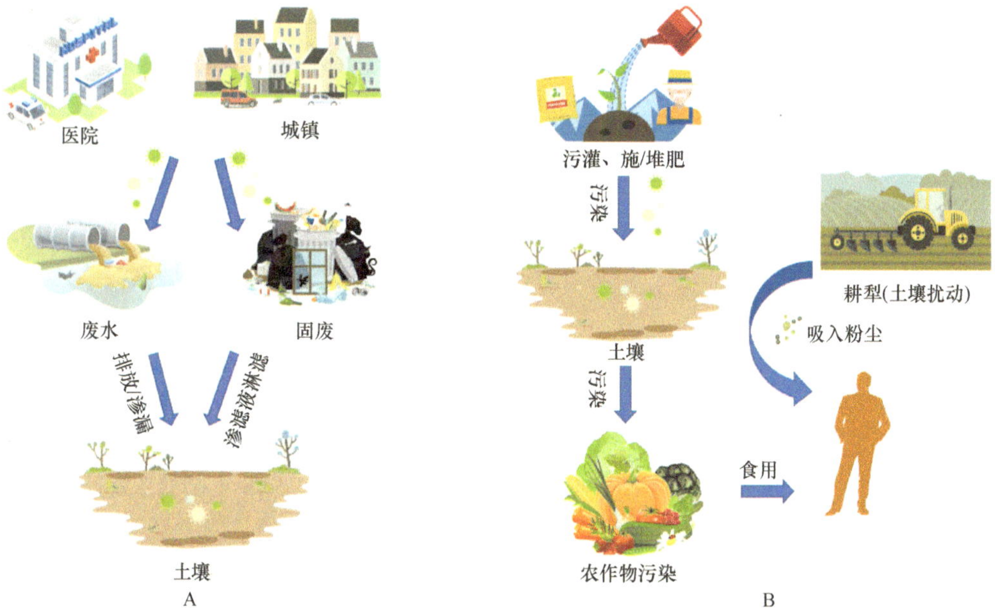

图 6-3 土壤中人类病原体来源类型

A. 城镇、医疗来源；B. 农业来源

农田传播是人类感染经土传播疾病的另一个重要场景，这是由某些特殊的农艺措施和职业行为所导致的。例如，堆肥、施肥和污灌等行为促进了病原体在农田土壤的聚集；松土、耕犁等行为增加了土壤病原体对人类及其他敏感受体的暴露风险。肠道病原微生物和病毒同样是农田传播途径中的主要经土传播病原体类型。例如，沙门氏菌、大肠杆菌、弯曲杆菌和肠道寄生蠕虫等经常随着农田的液体粪肥引入土壤（Bech et al.，2010）。这些病原微生物一旦引入土壤，不仅能经土传播直接感染人类，还能污染瓜果、蔬菜等农作物，对作物的营养和生长造成负面影响，存在食物链的间接感染风险，危害人类健康安全。表 6-3 汇总了常见的影响人类与动物健康的人类源土壤病原体。

表 6-3　影响人类与动物健康的人类源土壤病原体

类别	病原体	感染疾病及典型症状
病毒	脊髓灰质炎病毒 poliovirus	典型人类肠道病毒，主要侵犯中枢神经系统的运动神经细胞。脊髓灰质炎临床表现多种多样，包括无菌性脑膜炎（非瘫痪性脊髓灰质炎）和各种肌群的弛缓性无力（瘫痪性脊髓灰质炎），可导致小儿麻痹症
细菌	痢疾志贺菌（A 型） *Shigella dysenteriae*； 福氏志贺菌（B 型） *Shigella flexneri*； 鲍氏志贺菌（C 型） *Shigella boydii*； 宋内氏志贺菌（D 型） *Shigella sonnei*	志贺菌病由志贺菌属的四种不同细菌之一引起，感染可引起急性肠道疾病。症状从相对轻微的腹部疼痛，到严重的胃痉挛、腹泻、发烧、呕吐和大便带血；极端的情况可发展为痢疾
	大肠杆菌 *Escherichia coli*	感染可引起人和多种动物发生胃肠道感染，导致腹泻或食物中毒
	肠炎沙门氏菌 *Salmonella enterica*	感染可引起急性胃肠炎的主要病原菌，感染后的典型症状包括发热、腹泻和呕吐等
原生动物	微小隐孢子虫 *Cryptosporidium parvum*	感染可引起隐孢子虫病，典型症状包括腹痛、水泻、呕吐及发热。免疫功能低下患者的病情可能非常严重，甚至威胁生命
	痢疾阿米巴原虫 *Entamoeba histolytica*	感染可引起阿米巴痢疾或阿米巴结肠炎
	卡耶塔圆孢子虫 *Cyclospora cayetanensis*	感染可引起环孢子虫病。只感染人类，通常表现为暴发性腹泻，并伴有腹部绞痛、疲劳、不适和体重减轻，间或有缓解期
	贝氏等孢球虫 *Isospora belli*	条件致病。只在免疫力低下时，感染会出现腹疼、腹泻、恶心等临床症状，严重的有发热，持续性水样便或脂肪泻，甚至死亡
蠕虫	人蛔虫 *Ascaris lumbricoides*	摄入感染性蛔虫卵可导致蛔虫病。典型症状因虫体的寄生部位和发育阶段不同而异，主要包括三大类：幼虫移行症、肠蛔虫病和异位蛔虫症
	十二指肠钩虫 *Ancylostoma duodenale*	人类是已知的十二指肠钩虫的唯一宿主。幼虫能够穿透皮肤，通常是通过脚，这可能会引起刺痛或灼烧感。然后幼虫会迁移到宿主的肠道中
	毛首鞭形线虫 *Trichuris trichura*	感染可引起毛线虫病。在虫体的机械性损伤和分泌物的刺激作用下，典型症状包括肠壁黏膜组织出现充血、水肿或出血等慢性炎症反应

第二节 土壤生物污染危害与安全风险

土壤不仅是微生物生长繁殖的温床，还是动植物及人类赖以生存的物质基础。土壤中有害生物的存在不仅对土壤环境质量造成负面影响，给土壤环境管理带来难题，而且通过直接或间接的方式感染植物、动物和人类，造成植物病害、动物疫情，严重威胁人类健康。本节将从农业安全、养殖业安全和人类健康安全三个方面来具体阐述土壤生物污染所带来的危害及其潜在风险。

一、植物生物污染与农业安全风险

除水培园艺外，所有的陆地作物生产均以土壤为基础。在农业系统中，经土传播病原体侵入引起的植物病害，严重影响了农业作物的高产、稳产和农产品品质。近几十年来，植物病害给农业生产带来了大量损失。据估计，2001～2003 年世界范围内的小麦、水稻、马铃薯、玉米和大豆等主要作物的产量损失中，真菌和细菌导致了 7%～15%；病毒导致了 0.7%～6.6%；包含蠕虫在内的有害动物共导致了 7.9%～15.1%（Oerke，2006），每年全球经济损失超过 1000 亿美元（Bird and Kaloshian，2003）。

根际是土壤病原体接触植物并建立寄生或感染关系的侵染区，根腐病也是植物感染经土传播病原体所导致的主要疾病。尽管植物经土传播病原体类别众多，但真菌［包括卵菌（oomycetes）］和线虫被认为是最主要的两类。几乎所有具有植物致病性的土壤真菌都属于死体营养型（necrotroph），即通过酶和毒素杀死宿主的细胞和组织，从死亡的细胞中吸取养分，具有不可逆性和坏死性（Abbaszadegan et al.，2003）。仅有少数土壤真菌属于活体营养型（biotroph），如甘蓝根肿菌（*Plasmodiophora brassicae*）和霍尔斯单轴霉菌（*Plasmopara halstedii*）（Raaijmakers et al.，2008）。大多数土壤真菌攻击的是植物幼根，而不是次生木本根。它们通过细胞壁降解酶和机械膨胀压力穿透完整的细胞壁，感染根部表皮细胞，并在根皮层定植。当幼根被杀死后，真菌在感染根组织中继续繁殖并形成孢子，菌丝体甚至还可沿根向植物其他组织扩散。比如，可以引起植物枯萎的尖孢镰刀菌（*Fusarium oxysporum*）和黄萎病菌（*Verticillium dahliae*），可以穿透内皮层进入维管组织，并沿着木质部向上移动到植物的地上部分，阻碍水的流动，给植物造成萎蔫症状（Klosterman et al.，2011）。此外，一些繁殖速度快的真菌，如腐霉属真菌（*Pythium* sp.），甚至造成植物种子在幼苗出土前就霉烂或死亡（Abbaszadegan et al.，2003）。

植物寄生蠕虫的侵染会引起宿主产生各种反应。从发病机制角度而言，植物感染典型症状可归纳为：①组织肥大；②细胞增生；③细胞坏死；④部分细胞壁溶解；⑤细胞组织分化的改变。其中，根结线虫（*Meloidogyne*）作为最广为人知的植物寄生蠕虫，侵染的植物超过 2000 种，常见的有黄瓜、番茄、丝瓜、苦瓜、芹菜等（刘勇鹏等，2020）。当植物受到感染后，进入根系的根结线虫会分泌并形成一种生物酶和植物刺激素，使寄主细胞进行有丝分裂，形成巨型细胞，进而在植物根部形成大小不同的根结（根瘤），阻碍根系营养对地上部分的供应，最终导致作物产量和品质的严重下降，侵染严重的根系则全部糜烂。

细菌和病毒一般需通过创口进入植物体内从而发生感染。比如细菌中的青枯雷尔氏菌（*Ralstonia solanacearum*）可导致多种重要经济作物（如烟草、番茄）毁灭性枯萎，又称青枯病，是世界上分布最广、危害最严重的十大植物病原细菌之一（Genin and Boucher，2004）；根癌农杆菌（*Agrobacterium tumefaciens*）是植物冠瘿病的元凶（Meyer et al.，2019）。此外，病毒从根部进入植物内部后，一般通过脉管系统向地上方向转移，只有少数病毒会在根部或植物地下器官引起特定疾病。例如，甜菜坏死黄脉病毒（beet necrotic yellow vein virus，*Benyvirus* 属）会导致植物主根严重发育不良，而侧根呈"胡须状"大量增生；马铃薯帚顶病毒（potato mop-top virus，*Pomovirus* 属）会使马铃薯植株出现帚顶症状，块茎产生环状纹路或坏死，严重危害马铃薯的产量与品质（Andika et al.，2016）。

总体而言，植物经土传播疾病严重影响作物正常生长，但其诊断难度相对较高。原因在于经土传播疾病发病症结在地下，而发病症状可能与干旱、压力和营养缺乏等非生物因素引起的症状相似，以致难以区分。另外，在自然界中，植物往往受多种病原体共同影响，尤其对于经土传播病原体来说更是如此。植物病疫症状不仅取决于病原体本身，还取决于宿主、病原体和环境条件之间的复杂相互关系。

二、动物生物污染与养殖业安全风险

畜禽动物养殖业具有集中化、密度高的特点，动物疫病的暴发不仅影响肉类食品的安全供应，还会导致大量经济损失，因此养殖业疫情成为世界关注的重大生物安全问题之一。例如，2014～2015 年暴发的高致病性禽流感（highly pathogenic avian influenza，HPAI）成为美国最大的动物卫生紧急事件，导致近 50 亿只鸟类死亡，家禽业蒙受损失 3.3 亿美元（Spackman et al.，2016），政府还额外支出了 610 亿美元用于控制疾病传播（Costa and Akdeniz，2019）。2013 年，猪流行性腹泻病毒（porcine epidemic diarrhea virus，PEDv）在美国境内的传播导致当年损失了 8 亿头动物（NPPC，2014）。

造成动物疫病的原因有很多，一般是高密度的饲养和低水平的生物安全保护措施造成的养殖环境脏乱，滋生大量细菌、寄生虫等病原微生物，导致疫病。除因各种病原体存在而造成的直接威胁外，养殖环境的污染问题对疫病的发生与传播有重要的影响。其中，畜禽粪便被认为是动物疫情病原体的汇，其对动植物疫情病毒的传播起到了一定的作用（张俊亚等，2021）。例如，养殖场的水污染主要来自于动物的粪便和尿液。据报道，某猪场的污废水和周边环境介质中可分离出肠道病毒、轮状病毒、流行性腹泻病毒、致病性细菌和寄生虫卵等多种病原微生物，这些病原体可在淋滤作用下进一步污染土壤和地下水（万遂如，2015）。

此外，在疫病暴发期间，针对死亡动物常见的处置方法包括掩埋、填埋、焚烧和堆肥。然而，患病动物尸体掩埋所释放的渗滤液也是病原体进入土壤或地下水的重要途径之一，增加了病原体经土壤和地下水二次传播的风险（Bonhotal et al.，2009；Kim et al.，

2017）。例如，在尸体腐烂后的土壤中，炭疽孢子等病原体仍可长期存活（Gwyther et al.，2011），家畜在放牧或啃食时无意中摄入含病原体的草、土壤或水，可能导致一些神经退行性疾病（如朊病毒导致的疯牛病或痒病）或炭疽热的二次感染等（Johnson et al.，2007）。

在目前有关动物疫情的报道中，土壤鲜少单独被定义为明确的疫情传播源或介质，大多数仅作为潜在传播源和介质进行讨论。例如，在 2011 年 8 月 28 日至 9 月 27 日期间，意大利的巴西利卡塔和坎帕尼亚地区影响牛、马和羊的炭疽疫情的起源，可能是动物摄入了含炭疽孢子污染的土壤而导致（Palazzo et al.，2012）。

三、人类生物污染与健康安全风险

病原体迁移传播到土壤甚至含水层中后，会产生严重的健康和生物安全风险。人体通过摄入、接触和吸入受污染的土壤颗粒，饮用污染的地下水，以及在农业灌溉、耕作过程中感染经土传播疾病。

目前，全球范围内已记录了许多起经土传播的真菌、细菌所引起的人兽共患病或人类区域流行病。例如，感染弯曲杆菌、大肠杆菌、志贺菌、沙门氏菌等肠道细菌的主要途径是摄入被病原体污染的食物或水，这类疾病每年可导致 460 万人死亡，是婴儿死亡的第二大常见原因（Oliver and Gregory，2015）。此外，炭疽是受到广泛关注的细菌性人兽共患病之一，人类可能通过野外狩猎、动物养殖或接触受污染的动物产品等多种途径感染。据世界卫生组织（WHO）估计，世界范围内，每年感染炭疽的人数约 10 万例（Finke et al.，2020）。

病毒能在土壤环境介质中存活且具备经土壤、地下水感染人体的能力。例如，在一项模拟禽流感病毒传播的研究中发现，当暴露于含有高浓度 H5N1 病毒的土壤时，鸡会感染病毒，并在感染后第 4 天死亡（Horm et al.，2011）。另外，一项研究报道了 1998 年在中国台湾暴发的手足口病，其原因可能是含有肠道病毒的污水渗入土壤，并在强降雨的条件下迁移传播到地下水中，进而污染了井水，最终导致人体感染（Jean et al.，2006）。2005 年，浙江省杭州市萧山区瓜沥镇东方村先后出现了 9 例甲型肝炎疑似病例，经流行病学调查和实验室检查，发现其原因是农村简易棚厕污染了较为静止的地表水，受污染的地表水再渗透穿过土壤从而污染浅井水（吴颐杭等，2020）。

目前已知能引起动物疾病的真菌>400 种，而能引起人类疾病的真菌则少得多。它们通常是由致病性菌株引起的，一般对免疫缺陷患者威胁较大，而经呼吸吸入土壤颗粒的传播是最广泛的感染途径。发生在人类身上的真菌疾病大多为浅表型，包括皮肤、指甲或头发等，如一般由犬小孢子虫引起的皮肤癣、由白癣菌（*Trichophyton mentagrophytes*）和红色毛癣菌（*Trichophyton rubrum*）引起的脚癣。只有相对较少的真菌对人类致命，如曲霉属真菌，其感染可引起过敏性支气管炎、肺炎及曲霉病。1994～2008 年，在欧盟 27 个成员国中，世界卫生组织记录了 2357 例死于曲霉病的病例。此外，芽生菌病（芽生菌引起）、组织胞浆菌病（荚膜组织胞浆菌引起）、孢子丝菌病（申克孢子丝菌引起）也会导致死亡，但相比曲霉病，其死亡病例相对较少。欧盟在 2001～2008 年仅记录了 9

例因芽生菌病死亡的案例；2001～2007 年死于组织胞浆菌病的也仅有 9 人；2022 年仅记录到 1 人死于淋巴皮肤孢子丝菌病（Jeffery and Van der Putten，2011）。

寄生虫病一直以来是威胁世界人类健康的重大公共卫生问题之一。尤其在贫穷、卫生状况不佳，且外部环境适宜于虫媒和中间宿主生长繁殖的热带、亚热带地区，寄生虫感染尤为严重。据估计，每年约有 13 万人死于寄生虫感染（Oliver and Gregory，2015）。人类感染寄生虫的方式多样，但经土壤感染的寄生虫主要为肠道寄生虫，如钩虫、粪类圆线虫、蛔虫等，它们可通过摄入污染的土壤颗粒或食物，或直接穿透皮肤进入人体。例如，十二指肠虫幼虫可通过皮肤损伤和毛孔进入体内，而后进入肠道，引起肠道内部出血，严重甚至可导致贫血；成虫在肠道内产卵，后经人体排泄后重新进入土壤开始新的生命周期。粪类圆线虫在许多热带和亚热带国家的感染率为 10%～40%；在柬埔寨农村地区进行的一项研究中，约 45%的受试者被感染，较高的感染风险与较低的土壤有机碳含量和农田土地利用类型有关（Khieu et al.，2014）。蛔虫是最常见的人体寄生虫，也是人体肠道内最大的寄生线虫，据估计全球目前约有 4.5 亿人感染了蛔虫。研究显示，蛔虫能够通过释放一系列蠕虫蛋白来逃避和操纵宿主的免疫系统，从而支撑其在宿主体内长期生存（Mohd-Shaharuddin et al.，2021）。此外，由于土壤与地下水紧密联系，水媒传播同样是寄生虫感染人体的重要途径。因此，打破寄生虫传播循环的能力一直是公共卫生医学中减少寄生虫感染最重要的干预措施之一。

第三节　土壤有害生物的存活及影响因素

土壤的组成包括矿物质、有机质、水分和空气，具备微生物所需要的一切营养物质和生长发育所需的各种环境要素，是微生物生存的最稳定生境。土壤孔隙中含有水分和空气，为微生物的生命活动提供了适宜的湿度和通气条件；土壤 pH 一般为 3.5～10.5，适宜大多数微生物存活；土壤还具有一定的保温性能，其温度常年稳定，受外界气候影响较小，适宜微生物的存活发育；土壤中含有各种无机矿物质和有机质，构成了土壤的固相部分，为微生物的停留存活提供场所，也为微生物提供生存所必需的营养元素和有机养料。与此同时，土壤有机质主要来源于动植物残体，为寄生性有害生物提供了特定的存活环境，保护有害生物免受外界干扰。因此，土壤有害生物可以在土壤中存活相对较长的时间，其存活时间的长短，在一定程度上决定了其在土壤环境中的传播和可能产生的风险。整体而言，病原体在土壤中的存活，受到自身因素和环境条件的共同影响。

一、典型土壤有害生物存活时间

土壤中致病性细菌、真菌、病毒和寄生虫的存活时间存在显著差异，存活时间长短整体表现为真菌（孢子）>细菌>寄生虫>病毒（图 6-4）。常见有害生物在土壤中的存活时间见表 6-4。

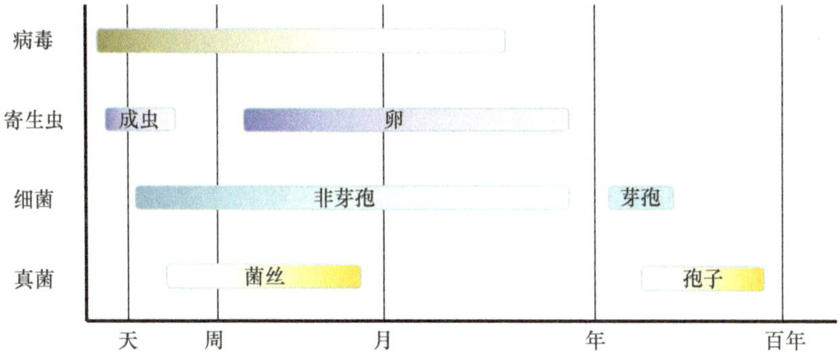

图 6-4　土壤微生物存活时间示意图

表 6-4　致病菌在土壤中的存活时间

类别	病原体	存活时间
芽孢杆菌	炭疽杆菌（*Bacillus anthracis*）	68 年（芽孢）
	破伤风梭菌（*Clostridium tetani*）	数十年（芽孢）
	肉毒梭菌（*Clostridium botulinum*）	>30 年（芽孢）
	产气荚膜梭菌（*Clostridium perfringens*）	十余年
肠杆菌（肠道致病菌）	沙门氏菌（*Salmonella* sp.）	100～400 天
	志贺菌（*Shigella* sp.）	25～100 天
	空肠弯曲菌（*Campylobacter jejuni*）	>25 天
	大肠杆菌（*Escherichia coli*）	42～70 天
	鼠疫杆菌（*Yersinia pestis*）	120 天
其他细菌	肾脏钩端螺旋体（*Leptospira interrogans*）	42～74 天
	结核分枝杆菌（*Mycobacterium tuberculosis*）	2 年
	化脓链球菌（*Streptococcus pyogenes*）	60 天
	巴氏杆菌（*Pasteurella* sp.）	<14 天
	猪丹毒杆菌（*Erysipelothrix rhusiopathiae*）	166 天
	单核细胞增生李斯特菌（*Listeria monocytogenes*）	67～295 天
真菌	曲霉菌（*Aspergillus* sp.）	数年
	疫霉菌（*Phytophthora* sp.）	70～80 天
	炭黑曲霉（*Aspergillus carbonarius*）	600 余天（孢子）
	球囊菌（*Glomeromycota* sp.）	>15 年（孢子）
	根霉菌（*Rhizopus* sp.）	数年
寄生虫	棘球绦虫（*Echinococcus multilocularis*）	50～200 天（卵）
	旋毛虫（*Trichinella spiralis*）	>300 天
	结肠小袋纤毛虫（*Balantidium coli*）	数周至数月
	弓蛔虫（*Toxocara* sp.）	3～4 年（卵）
	钩虫（*Hookworm* sp.）	5 天至数月
	小卷蛾斯氏线虫（*Steinernema carpocapsae*）	>30 天
	弓形虫（*Toxoplasma gondii*）	540 天
病毒	甲型肝炎病毒（hepatitis A virus）	>80 天
	冠状病毒（coronavirus）	>3 天
	流感病毒（influenza virus）	5～13 天
	脊髓灰质炎病毒（poliovirus）	120 天
	犬细小病毒（canine parvovirus）	90 天至数年
	肠道病毒（enterovirus）	2～4 个月

（一）真菌

土壤真菌包括习居菌和寄居菌。习居菌的土壤适应性强，可在土壤中长期存活并在土壤有机质上进行繁殖；寄居菌则不能单独在土壤中长期存活，须在病株残体上营腐生生活。寄居菌在土壤中的存活时间相对较短，如疫霉菌在土壤中仅能存活 70～80 天（Porter and Johnson，2004）。真菌在土壤中的存活形态包括菌丝态和孢子态。由于孢子可以长期休眠并保持一定活性，真菌主要以孢子形式存活在土壤中，存活时间可长达数年至数百年（Zahr et al.，2021）。例如，适宜条件下炭黑曲霉孢子能在土壤中存活 600 天以上（Leong et al.，2006）；球囊菌孢子在干燥条件下可存活 15 年以上（赵柏林，2007）；根霉菌孢子在土壤中的存活时间可长达 20 年（Zahr et al.，2021）。适宜条件下，孢子会形成菌丝并生长繁殖，但存活时间显著缩短。例如，绿僵菌菌丝体在适宜条件下仅可存活 20 余天（樊美珍等，1991）；尖镰孢菌菌丝最多可存活 28 天（王宏乐，2010）；丛枝菌根菌丝仅能存活 5～6 天（Staddon et al.，2003）。

（二）细菌

不同类型细菌在土壤中的存活时间差异较大，一般可存活数十至数百天。其中，含有芽孢结构的细菌具有耐高温、快速复活和较强分泌酶等特点，在有氧和无氧条件下都能存活，在土壤环境的存活时间最长。作为自然界最具耐受性的细胞，芽孢对热、干燥、辐射、酸、碱和有机溶剂等杀菌因子具有极强的抵抗力。处于休眠状态的芽孢可在土壤中存活十余年，甚至上万年。当环境条件适宜时，芽孢又可萌发形成能够分裂繁殖的菌体细胞。例如，天然土壤中存在的破伤风梭菌的芽孢可存活数十年；炭疽杆菌的芽孢可在密封的土壤样本中存活 68 年。其余种类细菌存活时间相对较短。例如，沙门氏菌在土壤中的存活时间为 100～400 天；化脓链球菌在适宜条件下仅可存活 60 天。在常见的高风险性细菌中，钩端螺旋体可在中性或微碱性土壤中存活数周；大肠杆菌在土壤中可存活 42～70 天。

（三）寄生虫

寄生虫在土壤中以成虫和虫卵两种状态存活。与真菌和细菌孢子相比，寄生虫在土壤中的存活时间短得多，成虫在适宜条件下仅可存活 3～5 天。例如，结肠小袋纤毛虫成体存活时间可达数周至数月，而猪肉绦虫仅可存活数小时。然而，寄生虫成虫阶段需从宿主身上摄取营养物质，因此其在土壤中主要以虫卵和蚴的形式存活。虫卵和蚴对低温抵抗性极强，受环境温度影响低，在土壤中可存活上百天（袁东波等，2018）。例如，钩虫在发育成丝状蚴后在土壤中可以存活 120 天；鸡蛔虫卵可存活半年；异刺线虫卵在潮湿土壤中可存活 9 个月以上；蛔虫卵可存活 315～420 天；弓蛔虫卵在适宜条件下可存活长达 3～4 年。

（四）病毒

病毒通过多种途径进入土壤，可持久存在于土壤中，而且具有感染性。由于病毒个体微小，仅由一个核酸长链和蛋白质外壳构成，无代谢和酶系统，因此其必须在活细胞内寄生并以复制方式增殖。病毒离开宿主细胞后，不能独立自我繁殖，部分病毒甚至不具有膜结构，易受外界环境侵扰失活，因此在土壤中的存活时间低于其他土壤有害生物。例如，非洲猪瘟病毒能在土壤中存活 205 天左右；脊髓灰质炎病毒存活时间约为 120 天；甲型肝炎病毒可存活 80 余天；H9 亚型禽流感病毒和冠状病毒仅可存活数天（于洋，2012）。

二、影响土壤有害生物存活关键因素

土壤中有害生物的存活由其所处的生存阶段和灭活过程决定。例如，处于休眠状态时往往存活时间较长。灭活过程主要受到环境因子和生物因子的影响，其中影响有害生物存活的常见环境因子包括温度、湿度、pH 及有机质等。

（一）生物因子

由于存活时间受到组成结构差异的影响，病原体在土壤中的存活与病原体种类密切相关。真菌具有真正的细胞核和细胞器，不含叶绿素，以寄生和腐生方式吸取营养，最适宜的生长条件为温度 25～28℃（丝状真菌）或 37℃（酵母型和类酵母型真菌），湿度 95%～100%，pH 4.0～6.0。真菌不耐热，但可以在低温条件下长期存活。酵母菌落呈乳酪样，由孢子和芽生孢子组成；霉菌菌落呈毛样，由菌丝组成，故又称为丝状真菌。孢子作为真菌的繁殖器官，可以在不良环境下呈休眠状态而长期存活，当遇到适宜环境时发芽并形成菌丝从而进行分裂繁殖。因此，真菌在土壤中的存活时间一般可以达到数十年，甚至数百年。

由于芽孢外壳结构可以提高病原体对外界环境（如温度、水分等）的适应性，病原体进入休眠状态（芽孢或孢子形态）后的存活时间大大加长。部分细菌在生长发育的后期，个体缩小，细胞壁增厚，形成芽孢，提高对不良环境的抵抗力，从而提高存活时间。例如，部分湖底沉积土中的芽孢杆菌经 500～1000 年后仍有活力。病毒在土壤环境中仅可存活但不能进行复制繁殖。病毒包膜结构对其存活时间长短起到决定性作用，包膜病毒的存活时间远大于非包膜病毒。

除病原体自身的生物特性外，生物间的相互作用也会影响土壤有害生物的存活，主要相互作用关系包括共生、拮抗、寄生、捕食和竞争。共生作用指的是两种微生物紧密结合在一起形成一种特殊的共生体，在组织和形态上产生了新的结构，在生理上有一定的分工。例如，簇虫可寄生于蚯蚓或蝗虫中，以渗透作用摄取食物，但并不对细胞造成损伤，不杀死宿主细胞，与宿主以共生形式存在，延长其在土壤中的存活时间。拮抗作用是指两种微生物生活在一起时，一种微生物产生某种特殊的代谢产物或通过改变环境条件，抑制甚至杀死另一种微生物的现象。细菌在生长后期可以释放胞外分泌物导致病毒死亡。例如，铜绿假单胞菌可以分泌蛋白酶和弹性蛋白酶来裂解流感病毒血凝素。寄生作用指的是一种生物生活在另一种生物体表或体内，从后者的细胞、组织或体液中摄取营养。例如，绿僵菌通过寄生在舌蝇蛹中存活；鞭毛虫栖居在昆虫肠道内，并以昆虫组织作为繁殖后代的基质，延长其存活时间。捕食作用是指一种微生物直接吞食另一种微生物的过程。例如，蚯蚓以多主枝孢霉（*Cladosporiurn herbarum*）和节丛孢菌（*Arthrobotrys oligospora*）等病原真菌为食，显著降低了病原真菌在土壤中的存活时间（张宝贵，1997）。竞争作用是指两个或两个以上的微生物个体利用同一种有限资源而产生的相互制约作用。例如，需氧微生物可抑制脊髓灰质炎病毒在壤质砂土中的存活（Hurst，1988）。

（二）环境因子

1. 温度

病原体的生命活动都是由一系列的生物化学反应组成的，这些生化反应均受到温度的强烈影响。因此，温度是病原体存活繁殖的重要影响因子。不同病原体均存在各自的适宜温度范围，常见于 25～30℃，在温度适宜的情况下，它们的存活繁殖能力与土壤温度呈正相关关系。温度对存活的影响主要表现为：温度越低，病原体存活时间越长；当温度降低到一定程度时，病原体可处于长期休眠状态。一般来说，孢子、芽孢和寄生虫虫卵对环境温度的适应性强，温度对其影响不大，而低温条件更适合病毒、细菌等的存活，但是不利于其繁殖。

土壤温度对土壤真菌存活与繁殖的影响极其明显。大多数土壤真菌都有适合生长繁殖的温度范围，一旦超出这个范围，土壤真菌活动就会受到抑制，进入休眠状态或死亡。例如，大雄疫霉大豆专化型在 6℃条件下菌丝体可以存活 60 天左右，而在 20℃条件下仅可存活 15～30 天。绿僵菌菌丝体在土壤水分适宜条件下，26℃条件下生长最好，可进行产孢繁殖，而当温度低于 10℃时，则不能进行产孢繁殖（樊美珍等，1991）。

细菌的存活表现出较广的温度适应性，大多数菌种在 30～40℃时生长繁殖最佳，但也存在部分嗜冷、嗜温和嗜热的细菌种属。例如，产气荚膜梭菌可以在 15～55℃条件下存活，而在 33～49℃条件下的世代时间不到 20 min（Brynestad and Granum，2002）。丁酸梭菌、产气荚膜梭菌、败血梭菌和梭状芽孢杆菌在–38～3℃的南极土壤中也可存活（Miwa，1975）。

寄生虫在土壤中的存活形态包括虫卵和成虫，其中虫卵对温度的耐受力较强，而成虫则较为敏感。例如，十二指肠钩虫丝状蚴的适宜温度为 22～26℃，美洲钩虫为 31～34.5℃，在此条件下均可存活 6 周左右；在气候条件适宜的季节，丝状蚴可存活 15 周或更久；但在–10～12℃时，仅可存活 4 h。

病毒无法在宿主以外的环境中繁殖生长，因此其存活受土壤温度的影响最大，表现为温度越低，存活时间越长。例如，流感病毒 H5N1 在室温（22℃）条件下仅可存活 1 天，而在 4℃条件下可存活 13 天以上（Wood et al.，2010）；脊髓灰质炎病毒在冬季可存活 96 天，而在夏季仅可存活 11 天（吴颐杭等，2020）。

2. 湿度

湿度是决定土壤有害生物存活能力的又一关键性因素，病原体在潮湿土壤中表现出更高的存活率。一方面，水分使矿物处于溶解状态，利于病原体利用，使病原体处于正常生理状态；另一方面，水分对于细胞合成、代谢活动和营养转移至关重要，低水分活度会导致细胞萎缩。

适宜的水分含量可以促进真菌病原体的生长繁殖。例如，绿僵菌菌丝体在土壤含水量为 8%～10%时，有利于孢子的形成；含水率过高时，菌体会发生自溶而死亡（樊美珍等，1991）。不同真菌的适宜存活湿度不同。例如，壶菌目可以在湿度较大的土壤中存活，而在干燥土壤中存活率极低；柔膜菌目的外生菌根可在极其干燥的土壤中存活（Bridge and Newsham，2009）。

细菌的生存受到土壤含水量和水分运动的重要影响，在湿润的土壤环境中存活时间远长于干燥的土壤环境。例如，伤寒菌、痢疾菌等在干燥土壤中仅可存活 2 周，而在湿润土壤可存活 2～5 个月；大肠杆菌细胞在湿润土壤中的存活时间比干燥土壤中长。

干燥环境易解离病毒成分和降解核酸，因此在一定范围内，土壤含水量升高会减缓病毒的失活速度，从而延长其存活时间。例如，当土壤含水率超过饱和含水率时，脊髓灰质炎 1 型病毒的存活时间长于其在含水率为 15%的土壤中的存活时间（Hurst et al.，1980）；烟草黑斑病毒在湿土中的存活时间为 8 天左右，而在干土中则不到 1 天。另外，某些特定病毒在高含水率环境中的存活时间反而更短，以流感病毒 H5N1 为例，适宜温度（4℃）时，在高含水率（89%～90%）条件下仅可存活 9 天，在低含水率（30%～35%）条件下可存活 13 天以上（Wood et al.，2010）。

3. pH

不同类型病原体在土壤中存活的适宜酸碱度不同。土壤环境中的 pH 范围多为 5.5～8.5，呈中性或弱碱性，适合大多数病原体生长存活。

真菌在土壤中以孢子形式存在时，处于休眠状态，pH 变化对其存活时间影响不大，但对真菌孢子的产生具有非常大的影响。因此，pH 主要通过影响真菌孢子的产生来影响真菌的存活时间。一般而言，土壤真菌可存活的 pH 范围为 5.0～9.0，曲霉属物种更能耐受碱性环境，而青霉属物种更耐酸性。例如，腐霉菌在低 pH 的土壤环境中无法产生休眠孢子囊和卵孢子；白僵菌在 pH 为 6.0 时萌发率最高，最适于孢子的产生；绿僵菌在 pH 为 6.9～7.4 时可产生大量孢子，从而延长其在土壤中的存活时间。

细菌更适宜存活在中性条件下。例如，土壤中芽孢杆菌在 pH 5.1 条件下的存活率远低于 pH 7.2 时（Mohammad et al.，2011）；pH 为 6.7 左右时，土壤中大肠杆菌 O157 的存活率最高（Yao et al.，2015）；pH 为 2.5～4.5 时，大肠杆菌仅可在土壤中存活数天，而在 pH 为 5.8～7.8 时，存活时间长达几周。

寄生虫主要以虫卵形式（休眠状态）存在于土壤中，因此土壤酸碱度对寄生虫的存活影响不大，大部分寄生虫在土壤中的最适存活 pH 范围为 5.0～8.0。例如，钩端螺旋体在中性或弱碱性的土壤中可存活数周；索线虫在土壤中最适宜生存的 pH 为 5.5～7.5；中华卵索线虫最适宜生存的 pH 为 6.5～7.5。

病毒在土壤中存活的最适 pH 范围为 5～9，强酸和强碱环境均可使病毒快速失活死亡。例如，肠道病毒在中性土壤中可存活 2～4 个月，在酸性土壤中存活的时间相对较短；牛流行热病毒在 pH 为 7.4～8.0 时，仅可存活 3 h。

4. 其他

土壤类型和结构对土壤中病原体的存活具有显著影响。土壤颗粒的大小和排列状态影响土壤的孔隙率、透气性和保水性，进而影响病原体在土壤中的存活。砂土和黏土含量对土壤中病原体的生存有重要影响，细粒土壤可以更好地保持水分和养分，提高病原体的存活率（Jamieson et al.，2002）。例如，大肠杆菌存活时间在很大程度上取决于土壤颗粒与病原菌之间的黏着性，在粉质黏土中的存活时间比在干砂壤土中的存活时间长两倍（Liu et al.，2017）。与此同时，黏粒含量的升高会吸附更多的病毒并提高其存活率。例如，肝炎病毒的存活时间与黏粒含量成正比，黏粒含量越高，其存活时间越长（Jin and Flury，2002）；与之相反，铁和氧化铝矿物对病毒有强烈的吸附作用，导致病毒解体和失活，降低其存活率（Chu et al.，2003）。

土壤中有机质是病原体的营养来源，也影响病原体在土壤中的存活时间、数量和种类。例如，施加有机质 8 天后，土壤中大肠杆菌的数量上升了 3 倍，且真菌存活能力显著增强（Taylor et al.，2000）；土壤中含有蛋白胨时，噬菌体 MS2 和 PRD1 的存活率提高了 34 倍。此外，部分病原体在低营养条件下可保持一定的活性，最新的资料表明永久冻土中也存在活的细菌。例如，假单胞菌可以在寡营养状态下存活长达 24 年，大肠杆菌可存活 624 天。

第四节　土壤有害生物的传播机制与影响因素

有害生物在土壤中的传播过程包括吸附、解吸、沉积（过滤、布朗扩散、截流和沉降）、腐解、钝化和滞留等，可能随径流水进入灌溉水或饮用水水源，甚至传播到更远距离的水体，造成风险。因此，为更好地评估土壤有害生物的污染和传播风险，需要明确其在地下环境中的传播机制及其影响因素。

一、土壤有害生物的传播机制与动力学

土壤有害生物的传播过程主要受到微生物主动运动、大尺寸病原体颗粒动力学和小尺寸病原体胶体动力学等机制的影响。

（一）微生物主动运动

微生物的主动运动能力主要来自菌毛、鞭毛等特殊的细胞结构。由于土壤空隙大小等条件限制，诸如真菌等大尺寸病原体难以在土壤环境中依靠菌丝进行迁移，因此，这里主要讨论细菌和病毒等小尺寸病原体的主动运动行为。根据菌种及功能的不同，鞭毛可以分为三类。①细菌鞭毛：螺旋细丝结构，旋转起来像螺杆。②古菌鞭毛：与细菌鞭毛类似，非同源。③真核生物鞭毛：鞭子状结构，可前后摆动。最常见的细菌鞭毛主要由三部分组成：鞭毛马达、鞭毛钩、鞭毛丝。鞭毛马达由嵌入细胞壁内的基体部分构成；鞭毛钩作为分子万向铰链，连接马达的主轴和鞭毛丝，传递扭矩作用；鞭毛丝作为执行

部件由马达驱动旋转，产生推进力驱动细菌运动。

鞭毛的运动速度极高。大肠杆菌的鞭毛旋转速度可达到 270 r/s，弧菌甚至可达 1100 r/s，每秒钟迁移距离可以达到菌体长度的数十倍。例如，铜绿假单胞菌的迁移距离可达到 37 μm，是其细胞长度（1.5 μm）的 20 余倍（Qian et al.，2013）。鞭毛运动通常伴有菌体的反向旋转，包括螺旋状波动和圆锥状旋转。以大肠杆菌（*Escherichia coli*）为例，其通过前进和间歇性翻转交替作用的运动方式进行游动（Macnab，1976）。鞭毛马达逆时针旋转时，鞭毛丝绑定成束，产生推进力驱动菌体向前游动，称为“前进”运动；鞭毛马达顺时针旋转时，对应的鞭毛丝从绑定束中脱离，鞭毛解束，产生不同方向的推进力，菌体发生原地翻转，改变菌体运动方向；马达恢复逆时针旋转时，各鞭毛丝重新绑定成束向前运动（崔俊文等，2007）。鞭毛细菌按照上述方式依次以前进、翻转方式交替运动而向目标前进。类似地，铜绿假单胞菌鞭毛运动也是通过前进和翻滚进行，会通过短暂的暂停获得更大角度的转动（Qian et al.，2013）（图 6-5A）。

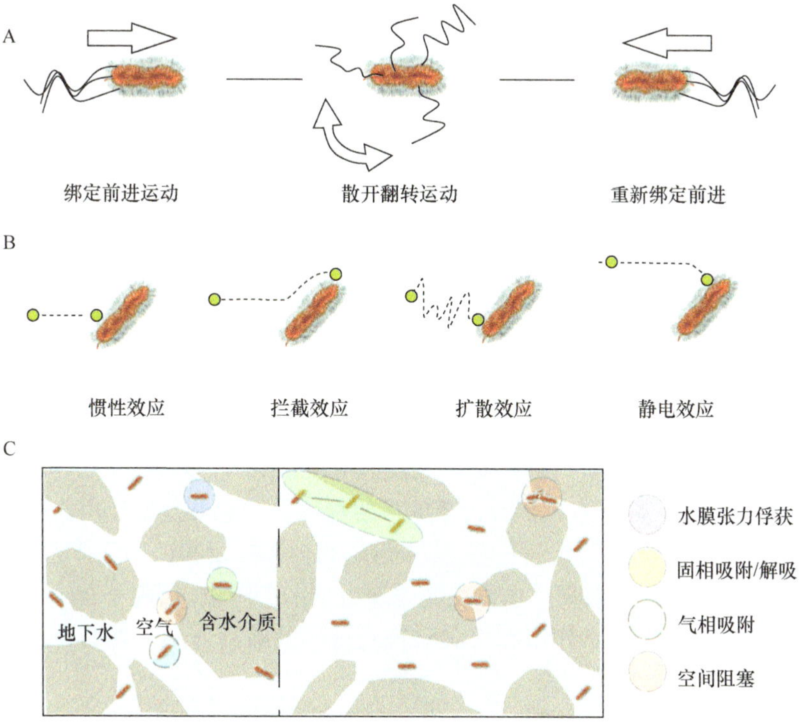

图 6-5　土壤病原体传播机制

A. 主动运动机制；B. 大尺寸病原体颗粒动力学机制；C. 小尺寸病原体胶体动力学机制

（二）大尺寸病原体颗粒动力学

当病原体的平均细胞大小超过土壤颗粒大小的 5%时，其在多孔介质中的传播主要遵循颗粒动力学，即物理过滤理论（Corapcioglu and Haridas，1984）。大尺寸病原体颗粒动力学主要适用于大尺寸的细菌和大部分真菌（>2 μm），对于孢子（芽孢）

不适用。物理过滤指的是微生物受到物理力作用改变运动状态，即由于孔隙的几何形状和大小过小使得微生物无法通过而被捕获在孔喉中，影响因素包括惯性力、沉降、拦截和水动力作用（Zamani and Maini，2009）。惯性作用指的是病原体沿流体流线运动时，粒子运动轨迹偏离流体流线，并与多孔介质相交发生碰撞，从而导致病原体沉积在多孔介质表面的过程。惯性作用对多孔介质中颗粒（病原体）的沉积速率和弥散系数产生重要影响（Tien，1990），且对纵向弥散系数的影响要大于横向弥散系数。沉降作用是指当颗粒（病原体）密度显著大于渗流液体密度时，在重力方向产生一个相对流体的恒定速度，从而使得颗粒（病原体）沿着不同的流线运动。拦截作用是指当颗粒（病原体）沿着接近多孔介质单元体颗粒表面并在小于颗粒半径内的流线运动时，颗粒（病原体）接触多孔介质表面从而发生拦截。水动力作用是指当多孔介质孔隙中水流为层流时，流动状态与毛细管中的泊肃叶（Poiseuille）流相似，即每个孔隙均有一个速度梯度，此时在多孔介质表面边界处速度为零，靠近孔中心处速度最大（图 6-5B）。这一机制影响下的病原体传播过程主要受到多孔介质孔径大小和病原体自身颗粒大小的影响，孔径越大，病原体越小，其在土壤中的传播能力越强。例如，受物理过滤作用影响，隐孢子虫卵囊难以进入土壤内部和向更深层传播；当土壤粒径<2 μm 时，大肠杆菌截留率为 65%，而当土壤粒径>31 μm 时，大肠杆菌截留率仅为 2%（Oliver et al.，2007）。

（三）小尺寸病原体胶体动力学

小尺寸病原体在多孔介质中的传播主要遵循胶体动力学，即胶体过滤理论（Harvey and Garabedian，1991）。小尺度病原体胶体动力学主要适用于土壤颗粒直径与微生物直径比超过 20 的情况（微生物粒径<2 μm），即主要适用于病毒、孢子、虫卵及小粒径的细菌。该理论认为，在流动的多孔介质体系中，生物胶体的传播过程主要受吸附和解吸作用控制（图 6-5C）。吸附作用是指悬浮于或溶解于水中的物质（病原体）集中到适宜界面的过程；解吸作用则是吸附作用的逆过程。吸附作用是黏壤土截留病原体的重要方式，吸附-解吸过程在病原体的滞留、释放再传播过程中起到重要作用。例如，黏壤土对微生物具有很强的吸附作用，可以吸附大量病原体并阻止其迁移传播。石英砂对大肠杆菌的吸附作用较小，最大吸附率也仅为 3.6%；蜡样芽孢杆菌孢子在土壤中传播时，土壤粒径的增加降低了疏水作用和土壤颗粒对孢子的吸附作用，使其传播速度提高了 82%（Kim et al.，2009）。

二、影响土壤有害生物传播的生物因素

土壤有害生物的独特生理特征和遗传多样性与它们在环境中的传播行为密切相关，可以长距离传播的土壤有害生物主要是尺寸较小的病原细菌与病毒等病原体。本小节主要阐述影响小尺寸病原体在土壤中传播的生物因素，包括病原体尺寸、形态特征、表面电荷、表面疏水性和膜结构及组成（图 6-6）。

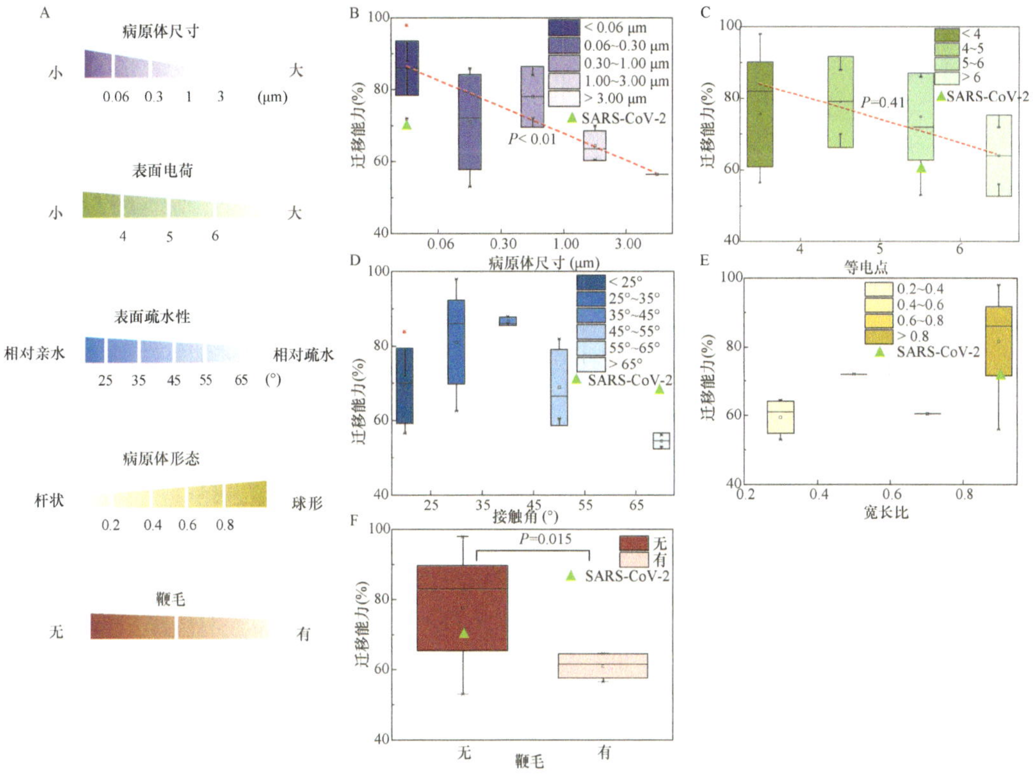

图 6-6　生物因素对土壤有害生物传播的影响（Zhang et al.，2022）

（一）病原体尺寸

病原体尺寸是决定病原体在多孔介质中传播的一个关键因素。大尺寸病原体易与多孔介质发生碰撞黏附，而小尺寸病原体更容易穿透土壤和沉积物，因此更容易传播（Pelley and Tufenkji，2008）。对于绝大部分病原体（如大肠杆菌，1.11 μm；克雷伯菌，1.56 μm；红球菌，2.31 μm）而言，其迁移能力主要取决于尺寸大小（Bai et al.，2016）。由于细菌尺寸（0.5～3 μm）远大于病毒（20～90 nm）（Walshe et al.，2010），病毒在多孔介质中的传播速度通常比细菌快 2～3 倍（Robertson and Edberg，1997）。例如，大肠杆菌（直径 1.0～1.5 μm，长度 3.0～5.0 μm）和 F-RNA 噬菌体（直径 26 nm）之间的传输和衰减行为存在显著差异（Sinton et al.，2010）。因此，细菌在多孔介质中的存活时间更长，病毒在多孔介质中的传播速度更快。

尽管尺寸小于 1 μm 的病原体胶体具有更明显的布朗运动且易在介质表面上发生沉积，但是大多数研究表明，尺寸越小的病毒传播速度越快。病毒传播能力主要由尺寸大小决定，其传播能力强弱的临界直径为 60 nm，低于此直径的病毒传播距离要远得多（Chrysikopoulos et al.，2010）。例如，噬菌体 MS2（27～29 nm，穿透率为 55%～79%）比人类腺病毒（70～90 nm，穿透率为 1%～31%）更容易传播（Wong et al.，2014）。

（二）形态特征

形态特征是影响土壤有害生物传播的另一个关键因素。病原体的形态一般包括丝状、螺旋状、杆状、椭圆形和卵圆形。由于表面非均匀性和疏水性的增加，杆状有害生物细胞比球形有害生物细胞更容易黏附颗粒，迁移率与长宽比成反比（Jiang and Bai，2018）。球形病原体细胞比细长病原体细胞传播能力强，90%以上具有较强传播能力的有害生物细胞长宽比大于 0.6（Ma et al.，2020）。

鞭毛结构通过促进细菌的能动性和附着效率，降低病原体在多孔介质中的传播能力。例如，带有鞭毛的革兰氏阴性菌比无鞭毛的革兰氏阴性菌更难传播（McClaine and Ford，2002）。鞭毛还可以通过促进形成生物膜，抑制有害生物传播（Du et al.，2020）。因此，粪链球菌、金黄色葡萄球菌等常见球状、无鞭毛的病原体更容易在地下环境传播，而杆菌（大肠杆菌、铜绿假单胞菌、结核分枝杆菌、麻风分枝杆菌、霍乱杆菌、伤寒杆菌等）则更难传播。

病毒的主要形态分为球形（如 phiX174、PM2、PRD1、phi6、MS2）、丝状（如 M13）、多态（如 MVL2）和尾状病毒（如 T4、T7、AG3）等。与细菌相类似，球形病毒比多态病毒更容易传播（Liu et al.，2010）。杆状有尾噬菌体通过改变多孔介质迁移过程中的表面电荷分布而降低传播能力（Aronino et al.，2009）。例如，噬菌体 Qβ 的扩散率（16.6×10^{12} m^2/s）显著高于噬菌体 P22（3.8×10^{12} m^2/s）（Baltus et al.，2017）。无尾病毒比有尾病毒更容易迁移传播，有尾噬菌体的迁移量（T4，26%）仅约为无尾噬菌体（phiX174，48%）的一半（Aronino et al.，2009）。具有不同尾部结构噬菌体的传播能力排序为：短尾噬菌体［非伸缩性短尾，K_d=（1.8±1.7）$\times10^{-2}$/h］>球形光滑噬菌体［无尾，K_d=（2.6±1.2）$\times10^{-2}$/h］>肌尾噬菌体［可伸缩性有尾，K_d=（4.2±1.2）$\times10^{-2}$/h］>长尾噬菌体［非伸缩性长尾，K_d=（8.8±0.3）$\times10^{-2}$/h］（Ghanem et al.，2016）。此外，病毒表面的刺突蛋白可以提高病毒表面粗糙度，并可通过受体特异性相互作用附着在介质表面，从而降低病毒的迁移能力（Shen and Bradford，2021）。因此，包膜状、球形、无尾的病毒在多孔介质中具有更强的传播能力，更容易在地下环境中传播，具有较大的环境生态风险。

（三）表面电荷

表面电荷主要通过影响病原体附着在多孔介质中的强度来影响病原体的迁移。表面电荷以 zeta 电位或等电点来表示。在正常情况下，沙粒、黏土矿物和病原体在大多数 pH 范围内均带负电荷，通过静电排斥和抑制附着作用，从而促进病原体迁移传播（Schinner et al.，2010）。例如，表面电荷较低（–44.7 mV，黏附效率=0.02）的大肠杆菌比表面电荷较高（–22.1 mV，黏附效率=0.4）的大肠杆菌更容易传播（Lutterodt et al.，2009）。

病原体的表面电荷密度也会影响其与多孔介质的相互作用进而影响病原体的传播行为。细胞表面较薄的双层电荷可以增加等电点，降低生物胶体与介质颗粒之间的排斥力，有利于病原附着在多孔介质上，抑制其传播（Zhang et al.，2018）。对于大多数 RNA

病毒，表面电荷分布不均匀，有尾噬菌体具有带负电荷的头/尾管和带正电荷的尾丝（Jin and Flury，2002），显著影响等电点，减缓其在土壤中的传播。

（四）表面疏水性

病原体表面疏水性也会影响其在土壤中的传播过程。疏水性病原体通过疏水作用与介质表面发生短期不可逆吸附，消除相互作用表面间水分，抑制病原体的传播（Zhao et al.，2014）。因此，疏水性较弱的病原体迁移传播速度更快，且在不同含水率水平下疏水病原体的传播能力始终低于亲水病原体（Gargiulo et al.，2008）。

病毒的亲、疏水性主要取决于是否有薄膜结构，无包膜病毒表现为亲水性，有包膜病毒则主要表现为疏水性（Feng et al.，2019）。介质表面和衣壳蛋白间的疏水性和静电力作用使得包膜病毒（如小鼠肝炎病毒）在多孔介质上表现出更强的吸附能力和较差的传播能力（Ye et al.，2016）。RNA 噬菌体随着其疏水性增加，附着能力增大，传播能力减弱（Armanious et al.，2016）。

（五）膜结构及组成

细胞表面大分子包括胞外聚合物（extracellular polymeric substance，EPS）、外膜蛋白和脂多糖，通过改变细胞表面电荷和疏水性影响病原体的吸附能力和在土壤中的传播特性。根据细胞壁的结构和组成，细菌可分为革兰氏阳性菌和革兰氏阴性菌。革兰氏阳性菌具有大量的肽聚糖（占干细胞质量的 40%～90%）和磷壁酸，表现出更多的负电荷和更高的传播能力。革兰氏阴性菌含有 11%～22%脂质，较薄的肽聚糖层（占干细胞质量的 5%～20%），无磷壁酸，传播能力较差。例如，金黄色葡萄球菌的传播能力强于大肠杆菌（Weidhaas et al.，2014）。

细菌 EPS 可以通过促进介质表面吸附而抑制病原体传播。例如，产 EPS 大肠杆菌突变体的穿透浓度（55%）小于不产 EPS 的突变体（80%）（Tong et al.，2010）。病原体表面的脂多糖通过促进介质表面吸附来抑制病原体传播（Abu-Lail and Camesano，2003）。此外，外膜蛋白 AG43 也通过促进形成生物被膜，从而增强病原体附着，抑制其传播（Lutterodt et al.，2009）。

与细菌不同，病毒具有独特的结构，可分为包膜病毒、非包膜病毒和囊泡病毒。包膜病毒具有与细菌相似的脂质双层膜结构，且糖蛋白对环境变化更为敏感（Wolfe et al.，2017）。病毒包膜表现为疏水性，更容易附着在有机颗粒或固体表面，具有更弱的传播能力（Paul et al.，2021）。

三、影响土壤有害生物传播的环境因素

虽然土壤中病原体的传播行为在本质上由其生理特性决定，但受到多孔介质地球化学和地下水水文变量的影响。这些地球化学和水文变量主要包括土壤结构、地下水化学组分、pH、离子强度、温度、含水量和水动力条件等与病原体生理特征有关的关键参数（图 6-7）。

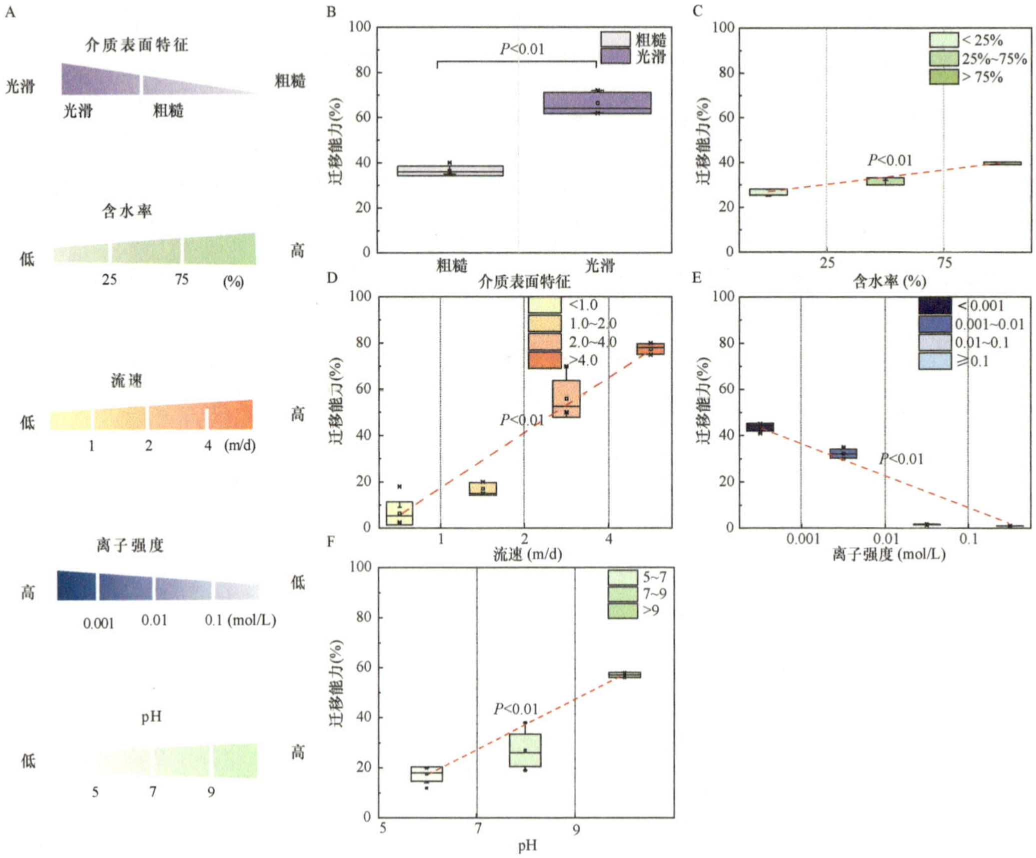

图 6-7 环境因素对病原体迁移的影响（Zhang et al.，2022）

（一）土壤结构

土壤结构决定土壤的孔隙通道，进而影响病原体在土壤中的传播，关键因素包括颗粒大小、表面粗糙度和异质性。病原体在多孔介质中的迁移传播遵循过滤理论，介质颗粒越大，病原体传播越快。介质颗粒直径<50 μm 时，病原体的传播受过滤作用的影响而被抑制（Torkzaban et al.，2015）。

介质表面粗糙度与其比表面积成正比。较高的表面粗糙度和比表面积可以增加病原体被捕获的活性附着位点，抑制其传播能力。例如，粗生物炭比表面积比砂粒高 5 个数量级，因此生物炭对大肠杆菌的吸附作用（对数去除率为 2.32）明显强于砂粒（对数去除率为 0.29）（Mohanty et al.，2014）；粗糙玻璃珠对大肠杆菌的吸附量比表面光滑玻璃珠的吸附量更高（Shellenberger and Logan，2002）。纳米级表面粗糙度可以通过降低初始最小深度和病原体在介质表面的附着来改变相互作用能（Rasmuson et al.，2019）。在两种机制共同作用下，较高的表面粗糙度可促进病原体沉积，减缓病原体传播。

多孔介质非均匀性通过改变碰撞效率和沉积能力影响病原体的传播。病原体在纳米尺度上凹点处具有更高的次级吸附最小值，在凸点处具有更高的脱附初级最小值（Shen et al.，2020）。质地细、结构差的土壤，具有较低的孔隙度和水力传导性，通过机械过滤截留细菌（Morales et al.，2015）。因此，病毒的传播速度随着非均质含水层中渗透系数的标准差增大而增加。

（二）地下水化学组分

地下水化学组分通过影响病原体的表面疏水性对其传播产生影响。各种无机和有机物质以胶体形式存在于地下水中，表现出强烈的相互作用，改变地下水中病原体的传播行为。例如，磷酸盐影响 EPS 形成，增加病原体和介质间的排斥，促进大肠杆菌 O157:H7 在石英砂中的传播（Wang et al.，2011）；硅酸盐增加病原体表面电荷，削弱病原体与介质间静电斥力，减缓大肠杆菌传播（Dong et al.，2014）。此外，胶体还可以通过转运作用促进病原体传播，其中有机和无机胶体表现出完全不同的作用机制。有机胶体表面粗糙，具有官能团和长链大分子结构，与病原体通过颗粒间的相互作用形成稳定的聚集体，加速其传播；无机胶体容易聚集，造成阻塞，减缓病原体传播（Qin et al.，2020）。例如，腐殖酸胶体存在时，病毒传播速度增加了 27.73%（于喜鹏，2016）。

溶解性有机物也会影响病原体的吸附和传播行为。病原体可以吸附在疏水性有机化合物上，提高传播速度；溶解性有机物还可以通过占据介质上的活性位点，增加沉积的空间位阻，抑制病原体在介质上的附着，加速病原体传播（Foppen et al.，2006）。例如，腐殖酸的存在降低了病原体在赤铁矿表面的吸附，大肠杆菌传播速度约增加了 20%（Foppen et al.，2008）。因此病原体在富有机质含水层中传播能力更强。

（三）pH

pH 和病原体等电点共同通过改变吸附-解吸和扩散过程影响病原体在土壤中的传播能力。pH 越高，病原体表面带负电荷越多，越不易被含水层吸附；低 pH 增强病原体对含水层介质和胶体的附着，提高表观碰撞效率，降低传播能力。例如，MS2 噬菌体在微碱性地下水（1.13 m/s，pH=8.1）中的传播速率高于酸性地下水（0.90 m/s，pH=6.1），且病毒扩散系数随 pH 的增大而增加（Schulze-Makuch et al.，2003）。pH 较低时，更多噬菌体 MS2 和 ΦX174 附着在固-水界面上，传播速度减慢（Torkzaban et al.，2006）。此外，较高的 pH 还可以通过促进细胞表面官能团去质子化和增加静电斥力来促进病原体的传播（Zhang et al.，2018）。当 pH 接近病原体的等电点时，病毒可能因静电斥力弱而聚集，造成堵塞和传播能力减弱（He et al.，2014）。一般情况下，绝大多数地下水为中性或弱碱条件时，病原体传播速度较快。

（四）离子强度

离子强度通过降低排斥能垒和增加次级最小值，显著影响病原体或介质颗粒的电势能，影响病原体的传播能力。病原体与带负电介质之间的静电斥力随着离子强度的增加而降低，促进介质黏附，降低传播速度。例如，人腺病毒的传播速率在 0.001～0.1 mol/L 离子强度范围内随离子强度的增加而降低（Wong et al.，2014）。多价阳离子更易减缓病原体的传播（Schinner et al.，2010）。例如，细菌在 $CaCl_2$ 溶液中的黏附效率高于 KCl 溶液（Chen and Walker，2007）。整体而言，病原体在绝大多数地下水离子强度范围（0.02～

0.04 mol/L）内均具有较高的传播能力。

（五）温度

温度的升高会降低病原体的能量势垒和水黏度，从而增加病原体在多孔介质表面的附着，降低其传播能力（Chrysikopoulos and Aravantinou，2014）。例如，当温度从 4℃升高到 20℃时，噬菌体 PRD1 和 ΦX174 的附着率系数增加到了 109%（Sasidharan et al.，2017）。温度也会影响病原体的生理特性（如 EPS 的形成、蛋白质的折叠和疏水性），温度升高会增加病原体在介质上的附着能力，减缓其传播速度。在地下恒温区，地下水温度通常为 10～22℃，深度每增加 33 m，深层潜水温度就升高 1℃，因此病原体在深层地下水中的传播速度相对较慢，但在浅层地下水中传播速度不可忽视，对饮用水安全构成了重大安全风险。

（六）含水量

病原体在土壤中的迁移受多种界面间的平流和扩散作用影响。由于病原体主要通过包气带进入含水层，水分是影响病原体在包气带内的垂直迁移与传播过程的关键因素。随着含水量降低，病原体对包气带土壤颗粒的附着作用逐渐增强，迁移传播能力明显减弱。病原体和气-水界面都带有负电荷，病原体通常被静电排斥远离气-水界面，并通过气-水-固界面的薄膜和毛细管附着在固-水界面。因此，受到溶液化学、颗粒表面电荷和疏水性的影响，病原体在固-水界面上的附着比在气-水界面上更占优势。在饱和条件较低的包气带中，由于静电相互作用，病原体在固-水和气-水-固界面上的附着作用增强，从而减缓了病原体的垂直传播速度。例如，噬菌体 MS2 和 Φ174 的滞留量随着含水量的降低而增加（Torkzaban et al.，2006）。因此，含水量对间歇入渗过程中病原菌迁移和传播能力的影响值得关注。

综上所述，病原体在地下环境中的迁移主要受到病原菌生理特征和环境因子共同决定。虽然已有学者对土壤-地下水环境中病原体的迁移能力进行了定量评估并构建了预测模型（Zhang et al.，2022），但由于病原体在地下环境中的迁移具有复杂性和不可见性的特点，其迁移能力的精确评估还处于探索阶段，需要进一步开展相关研究工作。

（张大奕　张文静　柴娟芬）

参考文献

陈立杰, 段玉玺. 2006. 植物寄生线虫虫种资源的分类鉴定. 中国寄生虫学与寄生虫病杂志, S1: 29-33.

崔俊文, 杭鲁滨, 冯海涛. 2007. 鞭毛细菌游动机理研究进展. 微生物学通报, 34(5): 991-995.

樊美珍, 李建乾, 郭超, 等. 1991. 绿僵菌在土壤中宿存形式和存活时间的测定. 西北林学院学报, 6(1): 48-54.

范钧星. 2021. 新疆小麦根际植物寄生线虫的种类鉴定及其群落多样性分析. 新疆农业大学硕士学位论文.

刘勇鹏, 张涛, 王秋岭, 等. 2020. 生物菌剂防治设施蔬菜根结线虫研究进展. 中国瓜菜, 33(10): 9-14.

万遂如. 2015. 目前动物疫病发生流行的原因与防控对策. 养猪, (1): 109-112.
王宏乐. 2010. 荧光定量 PCR 监测黄瓜根分泌物对土壤中枯萎病菌生物量的影响. 上海交通大学学报(农业科学版), 28(1): 41-45.
王秋英, 赵炳梓, 张佳宝, 等. 2007. 土壤对病毒的吸附行为及其在环境净化中的作用. 土壤学报, 44(5): 808-816.
吴颐杭, 刘奇缘, 杨书慧, 等. 2020. 病毒在土壤中的存活时间与传播能力及其影响因素. 环境科学研究, 33(7): 1611-1617.
严理, 夏承博, 温远光. 2016. 土壤原生病原体对森林植被及生态系统的影响. 世界林业研究, 29(5): 22-28.
于喜鹏. 2016. 人工回灌条件下病毒在饱和多孔介质中的迁移规律研究. 吉林大学硕士学位论文.
于洋. 2012. 鸡场土壤中 H9 亚型禽流感病毒的检测与化学消毒剂的筛选. 华中农业大学硕士学位论文.
袁东波, 郭莉, 侯巍, 等. 2018. 四川省重点包虫病流行区土壤水等环境中虫卵污染情况监测. 中国兽医杂志, 54(6): 93-95.
张宝贵. 1997. 蚯蚓与微生物的相互作用. 生态学报, 17(5): 556-560.
张俊亚, 隋倩雯, 魏源送. 2021. 畜禽粪污处理处置中危险生物因子赋存与控制研究进展. 农业环境科学学报, 40(11): 2342-2354.
赵柏林. 2007. 蜜蜂白垩病 PCR 及荧光实时定量 PCR 诊断方法的建立. 吉林农业大学硕士学位论文.
Abbaszadegan M, Lechevallier M, Gerba C. 2003. Occurrence of viruses in US groundwaters. American Water Works Association Journal, 95(9): 107-120.
Abu-Lail N I, Camesano T A. 2003. Role of Lipopolysaccharides in the Adhesion, Retention, and Transport of *Escherichia coli* JM109. Environmental Science and Technology, 37(10): 2173-2183.
Andika I B, Kondo H, Sun L Y. 2016. Interplays between Soil-Borne Plant Viruses and RNA Silencing-Mediated Antiviral Defense in Roots. Frontiers in Microbiology, 7: 1458.
Armanious A, Aeppli M, Jacak R, et al. 2016. Viruses at Solid-Water Interfaces: A Systematic Assessment of Interactions Driving Adsorption. Environmental Science and Technology, 50(2): 732-743.
Aronino R, Dlugy C, Arkhangelsky E, et al. 2009. Removal of viruses from surface water and secondary effluents by sand filtration. Water Research, 43(1): 87-96.
Bai H J, Cochet N, Pauss A, et al. 2016. Bacteria cell properties and grain size impact on bacteria transport and deposition in porous media. Colloids and Surfaces B: Biointerfaces, 139: 148-155.
Baltus R E, Badireddy A R, Delavari A, et al. 2017. Free Diffusivity of Icosahedral and Tailed Bacteriophages: Experiments, Modeling, and Implications for Virus Behavior in Media Filtration and Flocculation. Environmental Science & Technology, 51(3): 1433-1440.
Bech T B, Johnsen K, Dalsgaard A, et al. 2010. Transport and Distribution of *Salmonella enterica* Serovar Typhimurium in Loamy and Sandy Soil Monoliths with Applied Liquid Manure. Applied and Environmental Microbiology, 76(3): 710-714.
Bird D M, Kaloshian I. 2003. Are roots special? Nematodes have their say. Physiological and Molecular Plant Pathology, 62(2): 115-123.
Bonhotal J, Waste C, Hall R. 2009. Environmental effects of mortality disposal. Davis, California, United States: 3rd International Symposium: Management of Animal Carcasses, Tissue and Related Byproducts.
Bouchendouka A, Fellah Z E A, Larbi Z, et al. 2023. A Generalization of Poiseuille's Law for the Flow of a Self-Similar (Fractal) Fluid through a Tube Having a Fractal Rough Surface. Fractal and Fractional, 7(1): 61.
Bridge P D, Newsham K K. 2009. Soil fungal community composition at Mars Oasis, a southern maritime Antarctic site, assessed by PCR amplification and cloning. Fungal Ecology, 2: 66-74.
Brynestad S, Granum P E. 2002. *Clostridium perfringens* and foodborne infections. International Journal of Food Microbiology, 74(3): 195-202.
Chen G X, Walker S L. 2007. Role of Solution Chemistry and Ion Valence on the Adhesion Kinetics of

Groundwater and Marine Bacteria. Langmuir, 23(13): 7162-7169.
Chrysikopoulos C V, Aravantinou A F. 2014. Virus attachment onto quartz sand: Role of grain size and temperature. Journal of Environmental Chemical Engineering, 2(2): 796-801.
Chrysikopoulos C V, Masciopinto C, La Mantia R, et al. 2010. Removal of Biocolloids Suspended in Reclaimed Wastewater by Injection into a Fractured Aquifer Model. Environmental Science and Technology, 44(3): 971-977.
Chu Y J, Jin Y, Baumann T, et al. 2003. Effect of soil properties on saturated and unsaturated virus transport through columns. Journal of Environmental Quality, 32(6): 2017-2025.
Corapcioglu M Y, Haridas A. 1984. Transport and fate of microorganisms in porous media: A theoretical investigation. Journal of Hydrology, 72(1): 149-169.
Costa T, Akdeniz N. 2019. A review of the animal disease outbreaks and biosecure animal mortality composting systems. Waste Management, 90: 121-131.
Dong Z, Yang H, Wu D, et al. 2014. Influence of silicate on the transport of bacteria in quartz sand and iron mineral-coated sand. Colloids and Surfaces B: Biointerfaces, 123: 995-1002.
Du B, Gu Y, Chen G W, et al. 2020. Flagellar motility mediates early-stage biofilm formation in oligotrophic aquatic environment. Ecotoxicology and Environmental Safety, 194: 110340.
Feng H R, Ruan Y F, Wu R B, et al. 2019. Occurrence of disinfection by-products in sewage treatment plants and the marine environment in Hong Kong. Ecotoxicology and Environmental Safety, 181: 404-411.
Finke E J, Beyer W, Loderstädt U, et al. 2020. Review: The risk of contracting anthrax from spore-contaminated soil—A military medical perspective. European Journal of Microbiology & Immunology, 10(2): 29-63.
Foppen J W, Liem Y, Schijven J. 2008. Effect of humic acid on the attachment of *Escherichia coli* in columns of goethite-coated sand. Water Research, 42(1): 211-219.
Foppen J W A, Okletey S, Schijven J F. 2006. Effect of goethite coating and humic acid on the transport of bacteriophage PRD1 in columns of saturated sand. Journal of Contaminant Hydrology, 85(3): 287-301.
Gargiulo G, Bradford S A, Simunek J, et al. 2008. Bacteria Transport and Deposition under Unsaturated Flow Conditions: The Role of Water Content and Bacteria Surface Hydrophobicity. Vadose Zone Journal, 7(2): 406-419.
Genin S, Boucher C. 2004. Lessons learned from the genome analysis of *Ralstonia solanacearum*. Annual Review of Phytopathology, 42: 107-134.
Ghanem N, Kiesel B, Kallies R, et al. 2016. Marine Phages As Tracers: Effects of Size, Morphology, and Physico—Chemical Surface Properties on Transport in a Porous Medium. Environmental Science and Technology, 50(23): 12816-12824.
Gottlieb D. 1976. The production and role of antibiotics in soil. Journal of Antibiotics, 29(10): 987-1000.
Gwyther C L, Williams A P, Golyshin P N, et al. 2011. The environmental and biosecurity characteristics of livestock carcass disposal methods: A review. Waste Management, 31(4): 767-778.
Harvey R W, Garabedian S P. 1991. Use of colloid filtration theory in modeling movement of bacteria through a contaminated sandy aquifer. Environmental Science & Technology, 25(1): 178-185.
He Q, Wu Q Q, Ma H F, et al. 2014. Effects of algae and kaolinite particles on the survival of bacteriophage MS2. Environmental Science, 35(8): 3192-3197.
Horm S V, Deboosere N, Gutiérrez R A, et al. 2011. Direct detection of highly pathogenic avian influenza A/H5N1 virus from mud specimens. Journal of Virological Methods, 176(1-2): 69-73.
Hurst C J. 1988. Influence of aerobic microorganisms upon virus survival in soil. Canadian Journal of Microbiology, 34(5): 696-699.
Hurst C J, Gerba C P, Cech I. 1980. Effects of environmental variables and soil characteristics on virus survival in soil. Applied and Environmental Microbiology, 40(6): 1067-1079.
Jamieson R, Gordon R, Sharples K E, et al. 2002. Movement and persistence of fecal bacteria in agricultural soils and subsurface drainage water: A review. Canadian Biosystems Engineering/Le Genie des biosystems au Canada, 44: 1.1-1.9.
Jean J S, Guo H R, Chen S H, et al. 2006. The association between rainfall rate and occurrence of an

enterovirus epidemic due to a contaminated well. Journal of Applied Microbiology, 101(6): 1224-1231.
Jeffery S, Van der Putten W H. 2011. Soil Borne Human Diseases. (JCRS cientific and Technical Reports; No. 65787). Publications Office of the European Union.
Jiang S C, Bai B. 2018. Influence of particle shape on the suspended particle transport and deposition in porous media. Rock Soil Mech, 39(6): 2043-2051.
Jin Y, Flury M. 2002. Fate and transport of viruses in porous media//Sparks D L. Advances in Agronomy. San Diego, CA: USA Academic Press: 39-102.
Johnson C J, Pedersen J A, Chappell R J, et al. 2007. Oral transmissibility of prion disease is enhanced by binding to soil particles. PLoS Pathogens, 3(7): 874-881.
Khieu V, Schär F, Forrer A, et al. 2014. High Prevalence and Spatial Distribution of *Strongyloides stercoralis* in Rural Cambodia. PLoS Neglected Tropical Diseases, 8(6): e2854.
Kim M, Boone S A, Gerba C P. 2009. Factors that Influence the Transport of *Bacillus cereus* Spores through Sand. Water Air & Soil Pollution, 199(1-4): 151-157.
Kim S, Kwon H, Park S, et al. 2017. Pilot-Scale Bio-Augmented Aerobic Composting of Excavated Foot-And-Mouth Disease Carcasses. Sustainability, 9(3): 445.
Klosterman S J, Subbarao K V, Kang S, et al. 2011. Comparative Genomics Yields Insights into Niche Adaptation of Plant Vascular Wilt Pathogens. PLoS Pathogens, 7(7): e1002137.
Leong S L, Hocking A D, Scott E S. 2006. Effects of water activity and temperature on the survival of *Aspergillus carbonarius* spores *in vitro*. Letters in Applied Microbiology, 42(4): 326-330.
Liu Q, Lazouskaya V, He Q X, et al. 2010. Effect of Particle Shape on Colloid Retention and Release in Saturated Porous Media. Journal of Environmental Quality, 39(2): 500-508.
Liu X, Gao C H, Ji D D, et al. 2017. Survival of *Escherichia coli* O157: H7 in various soil particles: importance of the attached bacterial phenotype. Biology and Fertility of Soils, 53(2): 209-219.
Lutterodt G, Basnet M, Foppen J W A, et al. 2009. The effect of surface characteristics on the transport of multiple *Escherichia coli* isolates in large scale columns of quartz sand. Water Research, 43(3): 595-604.
Ma H L, Bolster C, Johnson W P, et al. 2020. Coupled influences of particle shape, surface property and flow hydrodynamics on rod-shaped colloid transport in porous media. Journal of Colloid and Interface Science, 577: 471-480.
Macnab R M. 1976. Examination of bacterial flagellation by dark-field microscopy. Journal of Clinical Microbiology, 4(3): 258-265.
Mansfield J, Genin S, Magori S, et al. 2012. Top 10 plant pathogenic bacteria in molecular plant pathology. Molecular Plant Pathology, 13(6): 614-629.
McClaine J W, Ford R M. 2002.Characterizing the adhesion of motile and nonmotile *Escherichia coli* to a glass surface using a parallel-plate flow chamber. Biotechnology and Bioengineering, 78(2): 179-189.
Meyer T, Thiour-Mauprivez C, Wisniewski-Dyé F, et al. 2019. Ecological Conditions and Molecular Determinants Involved in Agrobacterium Lifestyle in Tumors. Frontiers in Plant Science, 10: 978.
Miwa T. 1975.Clostridia in soil of the Antarctica. Jpn J Med Sci Biol, 28(4): 201-213.
Mohammad A M, Mahmoud S A, Ali M H. 2011. Effect of Soil Properties on Survival and Potency of *Bacillus thuringiensis* Spore Inocula in Egyptian Soils. Egyptian Journal of Biological Pest Control, 21(1): 69-73.
Mohanty S K, Cantrell K B, Nelson K L, et al. 2014. Efficacy of biochar to remove *Escherichia coli* from stormwater under steady and intermittent flow. Water Research, 61: 288-296.
Mohd-Shaharuddin N, Lim Y A L, Ngui R, et al. 2021. Expression of *Ascaris lumbricoides* putative virulence-associated genes when infecting a human host. Parasites & Vectors, 14(1): 176.
Morales I, Amador J A, Boving T. 2015. Bacteria Transport in a Soil-Based Wastewater Treatment System under Simulated Operational and Climate Change Conditions. Journal of Environmental Quality, 44(5): 1459-1472.
Nieder R, Benbi D K, Reichl F X. 2018. Soil as a transmitter of human pathogens//Nieder R, Benbi D K, Reichl F X. Soil Components and Human Health. Dordrecht: Springer: 723-827.
NPPC. 2014. NPCC wants focus on research, testing, biosecurity in USDA's PEDV reporting plan. http://

nppc.org/nppc-wants-focus-onresearch-testing-biosecurity-in-usdas-pedv-eporting-plan/[2024-6-3].
Oerke E C. 2006. Crop losses to pests. Journal of Agricultural Science, 144(1): 31-43.
Oliver D M, Clegg C D, Heathwaite A L, et al. 2007. Preferential Attachment of *Escherichia coli* to Different Particle Size Fractions of an Agricultural Grassland Soil. Water Air & Soil Pollution, 185(1-4): 369-375.
Oliver M A, Gregory P J. 2015. Soil, food security and human health: A review. European Journal of Soil Science, 66(2): 257-276.
Palazzo L, De Carlo E, Santagada G, et al. 2012. Anthrax outbreaks in South Italy. Large Animal Review, 18(3): 107-111.
Paul D, Kolar P, Hall S G. 2021. A review of the impact of environmental factors on the fate and transport of coronaviruses in aqueous environments. NPJ Clean Water, 4(1): 7.
Pelley A J, Tufenkji N. 2008. Effect of particle size and natural organic matter on the migration of nano- and microscale latex particles in saturated porous media. Journal of Colloid and Interface Science, 321(1): 74-83.
Porter L D, Johnson D A. 2004. Survival of *Phytophthora infestans* in surface water. Phytopathology, 94(4): 380-387.
Qian C, Wong C C, Swarup S, et al. 2013. Bacterial Tethering Analysis Reveals a 'Run-Reverse-Turn' Mechanism for *Pseudomonas* Species Motility. Applied and Environmental Microbiology, 79(15): 4734-4743.
Qin Y Q, Wen Z, Zhang W J, et al. 2020. Different roles of silica nanoparticles played in virus transport in saturated and unsaturated porous media. Environmental Pollution, 259: 113861.
Raaijmakers J M, Paulitz T C, Steinberg C, et al. 2008. The rhizosphere: A playground and battlefield for soilborne pathogens and beneficial microorganisms. Plant and Soil, 321(1-2): 341-361.
Rasmuson A, Van Ness K, Ron C A, et al. 2019. Hydrodynamic versus Surface Interaction Impacts of Roughness in Closing the Gap between Favorable and Unfavorable Colloid Transport Conditions. Environmental Science & Technology, 53(5): 2450-2459.
Richards B N. 1976. Introduction to the Soil Ecosystem. London, UK: Longman.
Robertson J B, Edberg S C. 1997. Natural Protection of Spring and Well Drinking Water Against Surface Microbial Contamination. I. Hydrogeological Parameters. Critical Reviews in Microbiology, 23(2): 143-178.
Sasidharan S, Torkzaban S, Bradford S A, et al. 2017. Temperature dependency of virus and nanoparticle transport and retention in saturated porous media. Journal of Contaminant Hydrology, 196: 10-20.
Schinner T, Letzner A, Liedtke S, et al. 2010. Transport of selected bacterial pathogens in agricultural soil and quartz sand. Water Research, 44(4): 1182-1192.
Schulze-Makuch D, Guan H D, Pillai S D. 2003. Effects of pH and geological medium on bacteriophage MS2 transport in a model aquifer. Geomicrobiology Journal, 20(1): 73-84.
Shellenberger K, Logan B E. 2002. Effect of Molecular Scale Roughness of Glass Beads on Colloidal and Bacterial Deposition. Environmental Science and Technology, 36(2): 184-189.
Shen C Y, Bradford S A. 2021. Why Are Viruses Spiked? Msphere, 6(1): e01339-01320.
Shen C Y, Jin Y, Zhuang J, et al. 2020. Role and importance of surface heterogeneities in transport of particles in saturated porous media. Critical Reviews in Environmental Science and Technology, 50(3): 244-329.
Sinton L W, Mackenzie M L, Karki N, et al. 2010. Transport of *Escherichia coli* and F-RNA bacteriophages in a 5m column of saturated pea gravel. Journal of Contaminant Hydrology, 117(1): 71-81.
Spackman E, Pantin-Jackwood M J, Kapczynski D R, et al. 2016. H5N2 Highly Pathogenic Avian Influenza Viruses from the US 2014-2015 outbreak have an unusually long pre-clinical period in turkeys. BMC Veterinary Research, 12(1): 260.
Staddon P L, Ramsey C B, Ostle N, et al. 2003. Rapid Turnover of Hyphae of Mycorrhizal Fungi Determined by AMS Microanalysis of ^{14}C. Science, 300: 1138-1140.
Taylor A F S, Martin F, Read D J. 2000. Fungal Diversity in Ectomycorrhizal Communities of Norway Spruce [*Picea abies* (L.) Karst.] and Beech (*Fagus sylvatica* L.) Along North-South Transects in

Europe//Schulze E D. Carbon and Nitrogen Cycling in European Forest Ecosystems. Berlin, Heidelberg: Springer: 343-365.

Tien C. 1990. Granular Filtration of Aerosols and Hydrosols. Amsterdam: Elsevier.

Tong M P, Long G Y, Jiang X J, et al. 2010. Contribution of Extracellular Polymeric Substances on Representative Gram Negative and Gram Positive Bacterial Deposition in Porous Media. Environmental Science and Technology, 44(7): 2393-2399.

Torkzaban S, Bradford S A, Vanderzalm J L, et al. 2015. Colloid release and clogging in porous media: Effects of solution ionic strength and flow velocity. Journal of Contaminant Hydrology, 181: 161-171.

Torkzaban S, Hassanizadeh S M, Schijven J F, et al. 2006. Virus transport in saturated and unsaturated sand columns. Vadose Zone Journal, 5(3): 877-885.

Walshe G E, Pang L P, Flury M, et al. 2010. Effects of pH, ionic strength, dissolved organic matter, and flow rate on the co-transport of MS2 bacteriophages with kaolinite in gravel aquifer media. Water Research, 44(4): 1255-1269.

Wang L X, Xu S P, Li J. 2011. Effects of Phosphate on the Transport of *Escherichia coli* O157: H7 in Saturated Quartz Sand. Environmental Science and Technology, 45(22): 9566-9573.

Weidhaas J, Garner E, Basden T, et al. 2014. Run-off studies demonstrate parallel transport behaviour for a marker of poultry fecal contamination and *Staphylococcus aureus*. Journal of Applied Microbiology, 117(2): 417-429.

Wolfe M K, Gallandat K, Daniels K, et al. 2017. Handwashing and Ebola virus disease outbreaks: A randomized comparison of soap, hand sanitizer, and 0.05% chlorine solutions on the inactivation and removal of model organisms Phi6 and *E. coli* from hands and persistence in rinse water. PLoS One, 12(2): e0172734.

Wong K, Bouchard D, Molina M. 2014. Relative transport of human adenovirus and MS2 in porous media. Colloids and Surfaces B: Biointerfaces, 122: 778-784.

Wood J P, Choi Y W, Chappie D J, et al. 2010. Environmental persistence of a highly pathogenic avian influenza (H5N1) virus. Environ Sci Technol, 44(19): 7515-7520.

Yao Z Y, Yang L, Wang H Z, et al. 2015. Fate of *Escherichia coli* O157: H7 in agricultural soils amended with different organic fertilizers. Journal of Hazardous Materials, 296: 30-36.

Ye Y Y, Ellenberg R M, Graham K E, et al. 2016. Survivability, Partitioning, and Recovery of Enveloped Viruses in Untreated Municipal Wastewater. Environ Sci Technol, 50(10): 5077-5085.

Zahr K, Sarkes A, Yang Y L, et al. 2021. Plasmodiophora brassicae in Its Environment: Effects of Temperature and Light on Resting Spore Survival in Soil. Phytopathology, 111(10): 1743-1750.

Zamani A, Maini B. 2009. Flow of dispersed particles through porous media—Deep bed filtration. Journal of Petroleum Science and Engineering, 69(1-2): 71-88.

Zhang W J, Chai J F, Li S X, et al. 2022. Physiological characteristics, geochemical properties and hydrological variables influencing pathogen migration in subsurface system: What we know or not? Geoscience Frontiers, 13(10): 101346.

Zhang W J, Li S, Wang S, et al. 2018. Transport of *Escherichia coli* phage through saturated porous media considering managed aquifer recharge. Environmental Science and Pollution Research, 25(7): 6497-6513.

Zhao W Q, Walker S L, Huang Q Y, et al. 2014. Adhesion of bacterial pathogens to soil colloidal particles: Influences of cell type, natural organic matter, and solution chemistry. Water Research, 53: 35-46.

第七章　水环境有害生物污染与控制

水是人类赖以生存的主要资源，地球上的水主要分布在海洋、湖泊、河流、地下水、冰川等环境中。水环境主要分为海洋和内陆水体两个主要类型，内陆水体主要包括湖泊、河流、湿地、地下水等，其中的淡水资源对于人类社会的发展至关重要。受气候变化、人类活动等各种因素的影响，水环境受到的生物污染或者有害生物的影响在持续增加，不仅包括水环境本身产生的一些有害生物，也包括外来有害生物对水环境与生态的影响，以及以水为媒介对人类和其他生物产生的不利影响。限于篇幅，本章主要针对内陆水体有害生物污染与控制开展论述。水环境中的有害生物主要包括病原菌、耐药菌、病毒、寄生虫、有害藻类和入侵生物等。以内陆湖泊为例，从流域尺度来看，湖泊汇集了流域输入的各种生物污染物，其中一些生物污染物或者有害生物可以长期存在于水环境中，也可以作为中间宿主或寄主存活，这些有害生物主要通过直接接触、食物和饮用水等途径对人类健康产生影响；此外，环境变化也会引起湖泊中的一些有害生物的异常增殖，产生各类有毒有害次生代谢产物对人类健康产生影响。本章在分析主要有害生物种类、来源、分布、传播途径和危害的基础上，分析影响其传播、环境行为的关键因子与机制，进一步讨论水环境中有害生物的控制方法（图 7-1）。

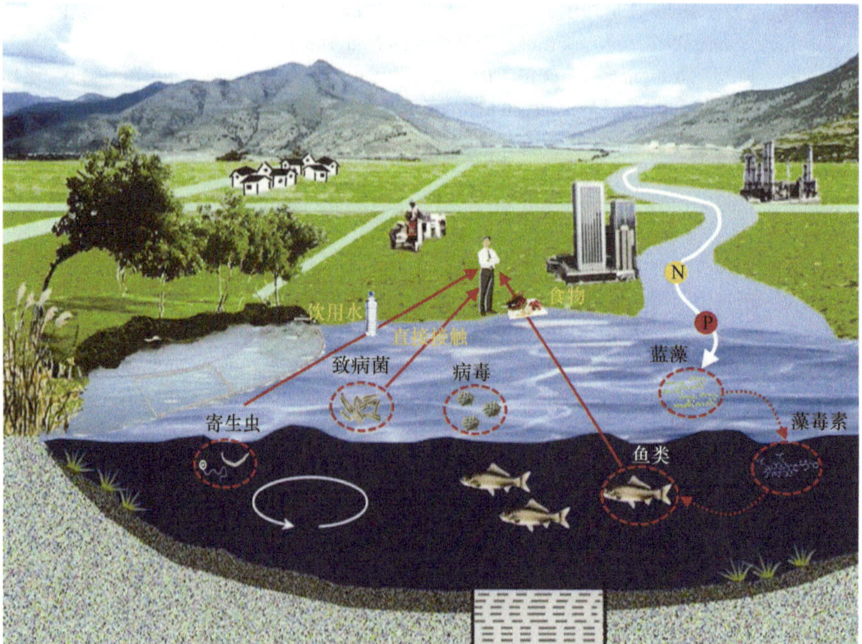

图 7-1　本章摘要图

第一节 水生有害生物的种类与来源

一、水生病原菌的种类与来源

水生病原菌是指存在于水中或可通过水传播引起疾病的细菌。病原菌是污染水体的重要微生物类群之一，主要包括环境病原菌和肠道病原菌等。生物体接触粪便或饮用受污染的水而感染，引发的一系列急、慢性传染病，称为水传播疾病或水媒疾病（Nocker et al.，2014）。

（一）水生病原菌的种类

水生病原菌大体上可以分为环境病原菌和肠道病原菌两大类，在水环境和寄主中均可繁殖。病原菌生命周期大部分时间都是在水环境中度过，且很好地适应了水环境条件，只在偶然情况下侵染寄主（Nocker et al.，2014）。比较常见的环境病原菌有军团菌属、铜绿假单胞菌、分枝杆菌属等（Nocker et al.，2014）。以军团菌为例，它们主要在自然水环境（如地下水）和人工供水系统（如冷却塔）中繁殖，也可利用感染原生动物的类似机制来侵入人体细胞（Percival and Williams，2014）。军团菌感染的主要途径是经呼吸道感染，其主要传播载体包括气溶胶、原虫等（李翠云和唐振柱，2004）。影响军团菌生存和传播的关键环境因素包括降水量、温度、蒸汽压力和湿度等（Cattan et al.，2019）。

此外，一些病原菌的繁殖只发生在受感染的寄主中，该类病原菌称为“肠道病原菌”或者“专性病原菌”，其繁殖通常发生在受感染个体的肠道（Nocker et al.，2014）。肠道病原菌依赖被动传播途径（如被寄主排泄到环境中）来接触其他寄主（Nocker et al.，2014）。肠道病原菌包括弯曲杆菌、沙门氏菌、霍乱弧菌等。以沙门氏菌为例，它们是一种普遍存在且耐寒的细菌，可以在干燥环境中存活数周，在潮湿的土壤、水、动物粪便等环境中，沙门氏菌可存活 9 个月甚至更长时间。受沙门氏菌感染的患者是沙门氏菌的主要来源。沙门氏菌从肠道进入水环境后可感染其他动物和人（Quinn et al.，2002）。此外，未煮熟的肉类、蛋制品、水果和蔬菜等，也可成为沙门氏菌的携带者和传播源。

（二）水生病原菌的分布和来源

水生病原菌在全球范围内广泛分布，由这些细菌导致的环境安全问题频发，成为影响人类健康的重要因素之一。尤其在发展中国家，不安全用水及恶劣的卫生条件，常导致人们接触病原菌污染的食物和水而发病。例如，霍乱常暴发于贫困及卫生条件差的边缘村庄，主要通过被污染的水传播。世界范围内每年有 130 万～400 万例霍乱病例，导致 2.1 万～14.3 万患者死亡（Ali et al.，2015）。水生病原菌分布也具有明显的季节性，每年的 5～10 月为肠道传染病流行季节，高峰在 7～8 月。

水生病原菌的来源总体上可以分为环境、食物、动物性来源等类型。水生病原菌的环境来源包括湖泊、河流、水库、河口等天然水源等自然环境；也包括与人类活动密切相关的人工水体、医院等，如地表水、废水和污泥、自来水和饮用水系统等。比如，幽门螺杆菌已经在地表水、废水和饮用水中被检测出来。因此，为了了解配水系统中幽门螺杆菌的分布和存活能力，非常有必要建立检测其存在及其传染性的有效方法（Percival and Williams，2014）。

被含有病原菌的粪便污染的食物和水（包括蔬菜、牛奶和水产品等）都可能导致人体患病。例如，在卫生条件差的地区，感染志贺菌的痢疾患者，其粪便可能会对地表水、地下水等造成污染。志贺菌通过直接或间接的粪-口途径传播，从而导致人群感染发病（Faruque et al.，2002）。

某些鱼类、水蛭、狗、鸟等动物会携带或感染水生病原菌。例如，致病性大肠杆菌可以从很多反刍动物身上分离出来，并通过这些动物将病原体传播给人类（Cobbold et al.，2007）；携带嗜水气单胞菌的水蛭可从破损皮肤进入而引发感染，导致一系列的胃肠炎等症状，严重时危及生命。

二、水媒病毒的种类与来源

病毒是由蛋白质和核酸（DNA 或 RNA）组成的非细胞型生物，必须寄生在活细胞内才能进行增殖。与细菌和真菌相比，病毒具有体积小、结构特殊、分布广泛、感染剂量低、致病性强等特点。病毒引起的传染病在全球范围内大规模暴发并且不断升级，严重威胁着人类健康。水媒病毒是指存在于水中或以水为媒介引起疾病的病毒，是最常见和最危险的水传播病原体，可引起偶发性疾病和流行性疾病。水媒病毒引起的人类疾病多种多样，最常见的病症是胃肠炎，一些病毒也会引发呼吸道感染、结膜炎、肝炎、中枢神经系统症状，甚至导致细胞癌变（La Rosa et al.，2012）。

（一）水媒病毒种类

水环境中能导致人类疾病的病毒主要包括五大类（表 7-1）：①与胃肠炎相关的病毒，多属于小核糖核酸病毒科、杯状病毒科和呼肠孤病毒科。②乳头瘤病毒（papillomavirus）和多瘤病毒（polyomavirus），分别于 20 世纪 50 年代和 70 年代首次被发现，但直到最近才在感染者粪便和尿液中检出（Rachmadi et al.，2016）。一系列多瘤病毒（如 BKPyV、WUPyV、KIPyV、MCPyV 和 JCPyV）在废水、河流、海水和沉积物中被发现，表明该类病毒具有较强的变异性，能够通过突变适应新的环境。③细小病毒科的博卡病毒，2005 年首次被描述，已处理废水中浓度为 10^3～10^5 gc/L（Hamza et al.，2017）。④链球菌科的病毒 TTV（输血传播病毒），在生活废水和受污染的河水中被发现，可引起胃肠炎，TTV 病毒浓度为 10^4～10^9 gc/L。⑤流感病毒和冠状病毒，通过比较基因组学的方法在水环境中发现了这两类病毒基因片段，为其粪-口传播途径提供了有力证据。

表 7-1　水生病毒类型和引发的疾病

病毒分类	病毒名称	携带介质	引发疾病或症状
肝病毒科（*Hepeviridae*）	戊型肝炎病毒（hepatitis E virus，HEV）（HEV 1～4）	生的或未煮熟的猪、野猪或梅花鹿肉；未经巴氏灭菌的牛奶、贝类；受污染的水（粪-口传播）	肝炎
杯状病毒科（*Caliciviridae*）	诺如病毒（NoV）（GⅠ、GⅡ、GⅣ）	双壳软体贝类（包括牡蛎、蛤蜊、扇贝和贻贝）；新鲜农产品；熟食	胃肠炎等其他
	札幌病毒（sapovirus，SaV）	沙拉；河水；牡蛎	胃肠炎等其他
呼肠孤病毒科（*Reoviridae*）	人类轮状病毒（HRV）	用于饮用、制冰或食品制备/加工的水	胃肠炎等其他
小核糖核酸病毒科（*Picornaviridae*）	甲型肝炎病毒（HAV）	双壳软体贝类（包括牡蛎、蛤蜊、扇贝和贻贝）；新鲜农产品；熟食	肝炎
	脊髓灰质炎病毒	牡蛎；受污染的水或食物	脊髓炎、心肌炎
	柯萨奇 A、B 病毒	牡蛎；受污染的水或食物	上呼吸道感染、急性心肌炎等
	蝣病毒（aichivirus A-B）	牡蛎；受污染的水或食物	胃肠炎
	埃可病毒	受污染的水	胃肠炎
	副肠孤病毒（parechovirus）	废水	胃肠炎
腺病毒科（*Adenoviridae*）	人腺病毒（HAdv）	甲壳类动物；贝类等有壳的水生动物	胃肠炎、呼吸道疾病、耳部感染、结膜炎
星状病毒科（*Astroviridae*）	星状病毒（astrovirus）	食物或水通过粪-口传播	胃肠炎等其他
冠状病毒科（*Coronaviridae*）	SARS-CoV	病毒存在于严重急性呼吸窘迫综合征患者的粪便、尿液、血液中；废水中	水样大便、发热、呕吐、严重者甚至出现血水样便等
	SARS-CoV-2	污染的水和废水、废水污泥中及污水处理厂产生的气溶胶	发热、腹泻、恶心和呼吸道疾病等
	凸隆病毒（torovirus）	被有症状感染者的粪便污染的废水	胃肠炎
多瘤病毒科（*Polyomaviridae*）	多瘤病毒（JCV）	被有症状感染者的尿液和粪便排泄污染的水	进行性多灶性白质脑病
	BK 病毒（BKV）	被有症状感染者的尿液和粪便排泄污染的水	肾病（肾癌）
	梅克尔细胞多瘤病毒（MCV）	被有症状感染者的尿液和粪便排泄污染的水	梅克尔细胞癌
正黏液病毒科（*Orthomyxoviridae*）	流感病毒	与野生水禽粪便污染的水有关的间接水	头痛热、鼻涕、全身肌肉痛、乏力
乳头瘤病毒科（*Papovaviridae*）	人乳头瘤病毒（HPV）	污水中	生殖道感染、癌症
细小病毒科（*Parvoviridae*）	博卡病毒（bocavirus）	处理或未处理的废水中	呼吸道感染和胃肠炎
链球菌科（*Streptococcus*）	细环病毒（torque teno virus，TTV）	废水和受污染的河水中	胃肠炎、肝病

（二）水媒病毒分布和来源

引发人类水媒病毒疾病的主要来源是动物源性，大多数水媒病毒存在于污水中。尽管污水处理厂采取了一些措施，但是由于病毒自身的环境稳定性及污水处理设备和流程无法杀死所有病毒，部分在水中存活的病毒可通过粪-口途径感染人群，造成疾病大流行。大量未经处理的废水也可能通过下水道溢流排出，以及在融雪、系统故障和堵塞期间通过旱流排出，从而使得水媒病毒暴露在环境中，人直接或间接接触受污染的水，存在感染病毒的风险（Ahmed et al.，2020）。除此之外，水媒病毒很容易在水环境中迁移，可吸附在颗粒物或积累在沉积物中。一些水生动物（牡蛎、扇贝等贝类）通过过滤水获得营养物质，这种滤食方式使得大量病毒颗粒积累在动物体内，人类在食用过程中存在感染病毒的风险。

三、水生寄生虫的种类与来源

水生寄生虫种类极其多样，虽然这些寄生虫一般只对寄主产生影响，但是以水生生物为临时寄主的寄生虫，也可能会对人类健康产生重要影响，如血吸虫引发的血吸虫病和疟原虫引起的疟疾。本小节所关注的水生寄生虫是指可寄生于人类、具有致病性的低等真核生物，在其生活史周期中，自身或其寄主需生活于水环境中。

（一）水生寄生虫种类

通过水体和中间寄主传播的常见寄生虫包括吸虫、丝虫、疟原虫和变形虫等（表7-2）。我国发现的吸虫类寄生虫均属于扁形动物门（Platyhelminthes）吸虫纲（Trematoda）复殖目（Digenea），包括裂体科（Schistosomatidae）裂体属（*Schistosoma*）的日本血吸虫（*Schistosoma japonicum*）；后睾科（Opisthorchiidae）支睾属（*Clonorchis*）的华支睾吸虫（*Clonorchis sinensis*）；异形科（Heterophyidae）异形属（*Heterophyes*）的异形吸虫（*Heterophyes heterophyes*）；片形科（Fasciolidae）姜片属（*Fasciolopsis*）的布氏姜片虫（*Fasciolopsis buski*）和片形属（*Fasciola*）的肝片吸虫（*Fasciola hepatica*）；并殖科（Paragonimidae）并殖属（*Paragonimus*）的卫氏并殖吸虫（*Paragonimus westermani*）和团山并殖吸虫（*Paragonimus tuanshanensis*）及狸殖属（*Pagumogonimus*）的斯氏狸殖吸虫（*Pagumogonimus skrjabini*）；棘口科（Echinostomatidae）棘隙属（*Echinochasmus*）的日本棘隙吸虫（*Echinochasmus japonicus*）（表7-2）。丝虫类寄生虫包括线虫动物门（Nematoda）尾感器纲（Phasmida）或胞管肾纲（Secernentea）旋尾目（Spiruria）盘尾科（Onchocercidae）吴策线虫属（*Wuchereria*）的班氏吴策线虫（*Wuchereria bancrofti*）和布鲁线虫属（*Brugia*）的马来布鲁线虫（*Brugia malayi*）。疟原虫包括顶复门（Apicomplexa）孢子纲（Sporozoa）血孢子虫目（Haemosporida）疟原虫科（Plasmodidae）疟原虫属（*Plasmodium*）的恶性疟原虫（*Plasmodium falciparum*）、间日疟原虫（*Plasmodium vivax*）、三日疟原虫（*Plasmodium malariae*）和卵形疟原虫（*Plasmodium ovale*）。痢疾阿米巴原虫（*Entamoeba histolytica*）和兰伯氏贾第虫（*Giardia lamblia*）是危害较大的变形虫，分别可以引发痢疾和慢性腹泻等疾病。

表 7-2　我国常见的水生寄生虫

种	中间寄主	终寄主	寄生部位	引发疾病
日本血吸虫	钉螺	人及多种哺乳动物	肝门静脉和肠系膜静脉	日本血吸虫病
华支睾吸虫	第一中间寄主为淡水螺，第二中间寄主为淡水鱼、虾类	人和肉食类哺乳动物（狗、猫等）	肝胆管，偶见于胰腺管	华支睾吸虫病或肝吸虫病
异形吸虫	淡水螺类、鱼类和蛙	鸟类、哺乳动物和人	肠管	异形吸虫病
布氏姜片虫	扁卷螺类	人和猪	小肠	姜片虫病
肝片吸虫	椎实螺	牲畜、人	肝胆管	肝片吸虫病
卫氏并殖吸虫	第一中间寄主为川卷螺，第二中间寄主为溪蟹、蝲蛄等	人	肺或脑	肺吸虫病
团山并殖吸虫	拟钉螺、淡水蟹类	家猫、家犬、人	肺或脑	肺吸虫病
斯氏狸殖吸虫	溪流微小型螺类、多种淡水蟹类	果子狸、犬、猫、豹猫等和人	皮下或肝	斯氏狸殖吸虫病
日本棘隙吸虫	淡水螺类、淡水鱼类、蛙或蝌蚪	鸟类、哺乳类和人	小肠	日本棘隙吸虫病
班氏吴策线虫	中华按蚊	人	表部和深部淋巴系统等	淋巴丝虫病
马来布鲁线虫	中华按蚊、窄卵按蚊和曼蚊	人、叶猴、野猫、家猫等	上、下肢浅表部淋巴系统	马来丝虫病
恶性疟原虫	按蚊	人	血液、血红细胞	疟疾
间日疟原虫	按蚊	人	血液、血红细胞	疟疾
三日疟原虫	按蚊	人	血液、血红细胞	疟疾
卵形疟原虫	按蚊	人	血液、血红细胞	疟疾

（二）水生寄生虫的分布和来源

水生寄生虫在全球水体都有分布，但在不同区域的分布特征不同。例如，血吸虫主要分布在我国长江流域及其以南地区的湖南、湖北、江西、安徽、江苏、上海、四川、云南、广东、广西、福建、浙江等 12 个省份的 454 个县（市、区）（郑江，2009）。华支睾吸虫则主要分布于除西藏、内蒙古、青海、宁夏、新疆以外的省份。异形吸虫引发的寄生虫病在我国大陆地区人体感染病例数较少，在台湾地区报告的病例数相对较多。我国 18 个省份已有关于布氏姜片虫的报道。肝片吸虫在我国各地广泛存在。在我国已报告的仅在少数山区散在流行的寄生肺吸虫主要是卫氏并殖吸虫、斯氏狸殖吸虫、团山并殖吸虫等。日本棘隙吸虫在我国福建、江西、北京、黑龙江等地有所分布。班氏吴策线虫和马来布鲁线虫在我国各地均有所分布。疟原虫在我国分布较广（汤林华，1997），其中以间日疟原虫最多，全国各地均有发现；恶性疟原虫主要分布于长江以南山区；三日疟原虫散布于少数地区；卵形疟原虫相对较为少见。

上述扁形动物门中各类吸虫类寄生虫主要来源于淡水螺类、蟹类、鱼类、蛙或蝌蚪等生物，线虫和疟原虫主要来源于按蚊、曼蚊等蚊虫。

四、水生耐药菌的种类与来源

耐药菌是指对抗生素具有抗性，不能被抗生素抑制或者杀死的细菌。不合理的抗生素使用加速了耐药菌及耐药基因的产生和传播。抗生素耐药性已经成为全球关注的环境问题。耐药基因在多种环境中被发现，如污水处理厂（Yin et al.，2022）、畜禽水产养殖废水（Zhou et al.，2013b）、湖泊（Spaenig et al.，2021）、河流、河口（Zhu et al.，2017）、地下水（Zou et al.，2021）、饮用水（Sanganyado and Gwenzi，2019）等。

（一）水生耐药菌的种类

根据耐药的程度，耐药菌分为普通耐药菌（drug-resistant bacteria）、多重耐药菌（multi-drug resistance bacteria，MDR）和泛耐药菌（pan-drug resistant bacteria）。多重耐药菌是指对三类及以上抗生素同时耐药的细菌。泛耐药菌是指对所有临床可用抗生素（除多黏菌素和替加环素外）均有耐药性的菌株。受人类重点关注的多重耐药菌主要有耐甲氧西林金黄色葡萄球菌（MRSA）、耐万古霉素肠球菌（VRE）、产超广谱β-内酰胺酶细菌（ESBL）、耐碳青霉烯类肠杆菌科细菌（CRE）、多重耐药铜绿假单胞菌（MDR-PA）、多重耐药鲍曼不动杆菌（MDR-AB）等。

世界卫生组织于 2017 年对耐药菌按迫切度分为 3 个等级。第一优先级（极高迫切度）包括耐碳青霉烯类鲍曼不动杆菌，耐碳青霉烯类铜绿假单胞菌，耐碳青霉烯类抗生素、产超广谱β-内酰胺酶肠杆菌类。第二优先级（高迫切度）包括耐万古霉素屎肠球菌，耐甲氧西林、耐万古霉素、万古霉素中介金黄色葡萄球菌，耐克拉霉素幽门螺杆菌，耐氟喹诺酮类药物弯曲杆菌属，耐氟喹诺酮类药物沙门氏菌，耐头孢菌素、耐氟喹诺酮类药物淋病奈瑟球菌。第三优先级（中等迫切度）包括对青霉素不敏感肺炎链球菌，耐氨苄青霉素流感嗜血杆菌，耐氟喹诺酮类药物志贺菌。

（二）水生耐药菌的分布和来源

耐药菌在全球地表水中普遍存在。药敏实验发现，在我国太湖分离出的 78 株菌株中，62%的菌株表现出多重耐药性（Yin et al.，2013）。在瑞士日内瓦湖富含有机物的沉积物中，分离出的 22%～48%大肠杆菌和 16%～37%肠球菌对β-内酰胺类抗生素具有耐药性（Thevenon et al.，2012）。在波兰波兹南四个湖筛选出的 155 个菌株中，96.5%的菌株具有多重耐药性，在分离出的大肠杆菌中，96.8%对磺胺甲噁唑耐受，87.1%对四环素耐受（Koczura et al.，2015）。利用定量 PCR 和宏基因组方法在多地地表水中检出多种类型的耐药基因，如我国河口（Zhu et al.，2017）、珠江（Jiang et al.，2018）、新疆盐湖（Liang et al.，2021）、雅鲁藏布江（Liu et al.，2021a）、伊犁河（Yang et al.，2022），以及欧洲湖泊（Spaenig et al.，2021）等。

污水处理厂是水环境耐药菌及耐药基因的主要来源之一。含有大量抗生素和耐药菌的医院废水和生活污水在污水处理厂被处理。虽然污水处理设施可以部分去除抗生素和耐药菌，但是大量耐药菌及耐药基因仍会随污水处理厂出水进入水环境（Dias et al.，

2022；Kang et al.，2022；Rizzo et al.，2013）。有研究表明，污水处理厂附近的耐药基因多样性和丰度均高于上游湖泊位点（Lai et al.，2021）。受污水处理厂污水影响的环境中耐药基因主要受粪便污染影响，而仅在抗生素药厂废水污染的区域表现出抗生素选择的压力（Karkman et al.，2019）。此外，暴雨通过冲刷地表道路、花坛等携带有多种耐药菌及其耐药基因进入城市河流。有研究表明，暴雨冲刷水是雨天城市河流中耐药基因的主要来源（Baral et al.，2018）。同时，暴雨还可能导致污水处理厂未经处理的污水形成支流汇入湖泊，进一步增加水环境中耐药基因的丰度（Lee et al.，2022）。

养殖废水和粪便同样也是水环境耐药菌及耐药基因的主要来源。相对于不受抗生素干扰的对照组，养殖粪便和受粪便污染的土壤中耐药基因含量增加 192 倍（中值）至 28 000 倍（最大值）（Zhou et al.，2013a）。养殖粪便部分随废水污染地表水，施用粪便的农田会随地表径流污染地表水，引起地表水耐药菌和耐药基因的增加。上游人类的养殖活动与下游水体耐药基因丰度密切相关（Pruden et al.，2012）。研究发现，养殖场氯霉素耐药基因与氯霉素、养猪场氯霉素耐药基因与施用废水的农田土壤中氯霉素耐药基因显著相关（r 分别为 0.79 和 0.84），说明养殖废水是耐药基因重要的污染源（Li et al.，2013）。水产养殖废水中含有大量的耐药基因，也会对周围地表水系统造成耐药菌和耐药基因污染（Shen et al.，2020）。

药厂废水中含有高浓度的抗生素，会对微生物表现出较强的选择性压力（Karkman et al.，2019）。近年来我国要求药厂废水达标排放后须排入市政污水管道，经污水处理厂再次处理后方可排入地表水。这一政策进一步降低了药厂废水对地表水的污染。

五、水生有害藻类的种类与来源

藻类是一类比较原始、古老的低等生物。藻类结构简单，没有根、茎、叶的分化，多为单细胞、群体或多细胞的叶状体。藻类可以分为浮游藻类和附着藻类等生活类型。在一定的环境条件下，一些藻类可以大量繁殖和聚集，通过分泌次生代谢产物和改变水域环境，影响水生态健康和人类健康等。例如，产毒藻类藻毒素的产生、水体溶解氧的下降、含硫有害代谢产物等的形成，都会对水域生态、饮用水供给和人类健康产生负面影响。

（一）水生有害藻类的种类

水生有害藻类的危害主要表现为两个方面：形成藻类水华和产生藻类毒素。蓝藻门是淡水藻类水华最主要的类群，其中最常见的有微囊藻属（*Microcystis*）、长孢藻属（*Dolichospermum*）束丝藻属（*Aphanizomenon*）等、拟柱孢藻属（*Cylindrospermopsis*）等（表 7-3）。其他常见的水华藻类还有裸藻门中的裸藻纲（Euglenophyceae）、绿藻门中的衣藻属（*Chlamydomonas*）、硅藻门的小环藻属（*Cyclotella*）和曲壳藻属（*Achnanthes*）等。河流常见的水华种类以硅藻和甲藻为主（边归国等，2010），在湖泊、水库、静水河流中常见的水华种类以蓝藻为主（Fabbro and Duivenvoorden，1996）。蓝藻是淡水中的主要产毒藻类，甲藻是海洋中的主要产毒藻类（表 7-3）。例如，微囊藻产生微囊藻毒素，鱼腥藻产生微囊藻毒素和鱼腥藻毒素，束丝藻产生微囊藻毒素和鱼腥藻毒素，海洋亚历山大藻产生麻痹性贝类毒素，海洋卡盾藻产生短裸甲藻毒素，倒卵形鳍藻产生痢疾性毒素。

表 7-3　湖库环境中主要有害藻类及其危害

有害藻类名称	生活环境与生态学特征	危害特点
微囊藻属（*Microcystis*）	个体微小，常聚集成团，可形成球形、椭圆形、不规则形等形状的群体，广泛分布在世界各国的湖库中	引发大规模水华，持续时间长，部分种类可以产生微囊藻毒素，微囊藻大量繁殖直至死亡后，会逐渐分解产生硫化氢、硫酸盐等多种有害物质，可使水生动物中毒，导致鱼体神经系统失灵，身体发生痉挛，最终直接威胁人群的健康
长孢藻属（*Dolichospermum*）	单一丝状体、不定型胶质块，或柔软膜状，在水体中呈单一或聚群存在，一般浮游生活，广泛分布在世界各国的湖库中	在湖泊或池塘中可引起水华，并分泌鱼腥藻毒素等一类神经毒素，通过作用于人类或动物的肝脏导致中毒或死亡
束丝藻属（*Aphanizomenon*）	藻体为单列细胞组成的不分枝丝状体，具异形胞，营漂浮生活，可固氮，广泛分布在世界各国的湖库中	水华蓝藻中常见种，一些种类可分泌一种毒性较大的神经毒素，这类毒素作用时间短，且无有效的药物和方法进行治疗，对人类安全构成巨大威胁
浮丝藻属（*Planktothrix*）	个体为单一丝状体，但无异形胞，广泛分布在世界各国的湖库中	可以产生微囊藻毒素、神经毒性的鱼腥藻毒素-a等多种毒素
拟柱孢藻属（*Cylindrospermopsis*）	一种丝状藻，整条藻丝粗细均匀，藻丝通常宽2~5 μm，长度变化范围大，常为10~1000 μm，在其生长旺盛期，可观测到伪空胞，为其在水体中提供浮力；藻丝末端有时可见异形胞，数目少而不定；主要分布在热带、亚热带地区，并逐渐向温带地区扩散	热带亚热带湖库中常见的水华蓝藻，可产生柱孢藻毒素和麻痹性贝类毒素等有毒物质
硅藻（Diatom）	一个广泛的自养型藻类群体，可以在海洋、淡水和土壤及潮湿的表面上找到。大部分硅藻水华都发生在春秋季节	部分藻类产生水华和藻毒素
绿藻门（Chlorophyta）	种类具有丰富的形态，它们广泛分布在湖泊、池塘、小的积水处和流动的河川；富营养有利于绿藻生长	部分藻类产生水华和藻毒素
隐藻门（Cryptophyta）	不具有细胞壁，身体柔软，并且个体较小，易被浮游动物所摄食，广泛分布在池塘、湖泊、流动的小溪与河流。大多喜生活在中至高营养的水环境中，常在春季形成优势种类，当隐藻大量繁殖时，水体呈褐色	部分藻类产生水华和藻毒素
裸藻门（Euglenophyta）	个体比一般单细胞藻大，无细胞壁，裸藻具有“眼点”和鞭毛，可依靠鞭毛的蠕动进行游动；裸藻生活在有机质丰富的水体中，易占据水体表层位置形成膜状水华	部分藻类产生水华和藻毒素
金藻门（Chrysophyta）	广泛分布于淡水中，是细菌和浮游藻类的捕食者，多生长在透明度大、温度低和有机质含量较少的水体中。当环境中缺少饵料生物时，它亦能够以光合自养的方式进行生长和繁殖	部分藻类产生水华和藻毒素

（二）水生有害藻类的分布特征

淡水系统中，微囊藻是危害最为严重的水华蓝藻种类之一（Kaebernick and Neilan，2001），它们个体微小，常聚集成团，可形成球形、椭圆形、不规则形状群体，现记载有 50 余种。它们广泛分布在世界各国的湖泊中，所引发的水华规模大，持续时间长，部分种类可以产生微囊藻毒素，对环境影响极大，严重威胁着人类及动物的生命安全（Carmichael，2019），并且产毒种类和无毒种类常伴随暴发（Mitsuhiro et al.，2010）。长孢藻为单一丝状体、不定型胶质块或柔软膜状，在水体中呈单一或聚群存在，一般自由浮游生活（赵文，2005）。目前，报道的长孢藻种类有 100 余种，其中部分在湖泊或池塘中可引起水华，并分泌鱼腥藻毒素等一类神经毒素（Pomati et al.，2006），通过作用于人类或动物的肝脏导致中毒或死亡。束丝藻是常见的水华蓝藻之一，在中营养至富营养湖泊、水库中均有水华事件发生。该藻体为单列细胞组成的不分枝丝状体，具有异形胞，营漂浮生活，可固氮（施军琼等，2011）。束丝藻中的一些种类可分泌一种毒性较大的神经毒素，这类毒素毒性效应时间短，且无有效的药物和方法进行治疗，对人类安全构成巨大威胁（刘永梅等，2007）。浮丝藻的个体也为单一丝状体，但无异形胞（Ernst et al.，2009）。它们常在具有热分层的深水湖泊或水库中形成优势，甚至引发水华，可以产生微囊藻毒素、神经毒性的鱼腥藻毒素-a 等多种毒素。

海洋系统中，亚历山大藻细胞呈卵形或心形，两侧略扁，具有 2 条鞭毛，形态特征易受环境等因素的影响而变化，主要存在于温带、亚热带、热带地区的海域，时常引发大规模赤潮。该属包含 20 多个种，部分藻株可产生麻痹性贝类毒素，部分藻株可以分泌腹泻性贝毒。该属中的藻株因生态习性不同可分成三类：浮游型、底栖型和浮游-底栖兼性型（Grzebyk et al.，1998）。鳍藻或称为翅甲藻，其左沟边翅发达，右沟边翅的后端逐渐缩小成三角形，但其形态时常变化，在鉴定和分类方面存在困难（齐雨藻，2003；Raho et al.，2008）。该属中一些常见种类可产生腹泻性贝毒。前沟藻广泛分布在全球的热带和温带地区（韩笑天等，2004），大多数营底栖生活，其个体呈顶尖形或双锥形，上锥部退化，横沟居于前部。它们所分泌的次生代谢产物中包含一种溶血性毒素，可导致人类或动物中毒（Franklin，2004）。海洋卡盾藻（*Chattonella marina*），是一种对鱼类具有毒性的微藻，可产生神经毒素、溶血毒素和活性氧等多种代谢产物，造成其他海洋生物大量死亡。其中，海洋卡盾藻分泌的高浓度的活性氧通过破坏细胞成分造成细胞死亡，被认为是该藻产生的最重要的毒性因子之一。倒卵形鳍藻广泛分布于寒带与温带海域的浅海。赤潮异弯藻为世界近岸海域广布种，在温带近海底层水温 15～20℃时大量繁殖（颜天等，2003），该藻是一种能引起鱼类死亡的有毒赤潮藻。海洋褐胞藻具有强烈的杀菌能力，主要通过羟基自由基对褐藻胶降解菌产生抑制作用。赤潮异弯藻和褐胞藻赤潮对人体无害，但对渔业危害很大，特别是对网箱养殖的鲑鱼。

概括来说，海洋有害藻类主要分布在近海富营养化水体中。近海水体的富营养化主要是由陆地输入的氮磷和区域的高密度水产养殖等引发，一般出现水华的时间在夏季高温季节，而赤道地区的近海富营养化水体藻类水华则常年分布。现有的文献资料显示，淡水有害藻类呈现全球性的分布，但是出现大规模的蓝藻水华则主要集中于中低纬度营养水平较高的湖泊，在我国最典型的就是太湖、巢湖和滇池频繁暴发的以微囊藻为优势物种的水华，而束丝藻水华的发生则主要集中在春季水温相对较低的时间。尽管藻类作为单细胞生物很容易通过多种途径在不同湖泊之间进行扩散，但是气候暖化进一步加剧了有害藻类在全球不同地区水体中的暴发。

第二节　水生有害生物的危害

一、水生病原菌的危害

许多水生病原菌都能感染动物或人，威胁生命健康。例如，沙门氏菌（*Salmonella*）

病患者的粪便、畜栏粪污和屠宰场污水都含有沙门氏菌。水产养殖场受污染后，在水产品中也可检出沙门氏菌。在污染水体中经常被检出的沙门氏菌有鼠伤寒沙门氏菌（*S. typhimurium*）、肠炎沙门氏菌（*S. enteritidis*）、乙型副伤寒沙门氏菌（*S. paratyphi β*）、伤寒沙门氏菌（*S. typhi*）、猪霍乱沙门氏菌（*S. choleraesuis*）、婴儿沙门氏菌（*S. infantis*）、德比沙门氏菌（*S. derb*）、都柏林沙门氏菌（*S. dublin*）等。在临床上除伤寒和副伤寒分别由伤寒沙门氏菌和副伤寒沙门氏菌引起外，急性胃肠炎、腹泻与腹痛等病症和细菌性食物中毒通常也是由沙门氏菌属细菌引起的。志贺菌属（*Shigella*）一般只存在于菌痢患者和短时带菌者的粪便中，有时在污水中捕获的鱼体内也可检出，但在家畜的粪便中一般很少发现。志贺菌病主要通过食物或接触传染，如饮用水源受到污染，可引起水型痢疾暴发流行。引起痢疾的志贺菌主要是弗氏志贺菌（*Sh. flexneri*）和宋氏志贺菌（*Sh. sonnei*）。此外，还有痢疾志贺菌（*Sh. dysenteriae*）和鲍氏志贺菌（*Sh. boydii*）。霍乱弧菌可引起霍乱和副霍乱疾病，这是通过饮水传播的一种烈性传染病。粪便中存在的某些血清型大肠杆菌可引起腹泻、呕吐等症状，这种大肠杆菌通称为致病性大肠杆菌。有些大肠杆菌产生的肠毒素，能引起强烈腹泻，此种大肠杆菌又称为产肠毒素大肠杆菌。水中结核杆菌主要来自医院或疗养院排放的污水。牛栏污水和肉类加工厂污水中还可经常检出牛型结核分枝杆菌（*Mycobacterium bovis*），此菌也能使人致病。钩端螺旋体存在于已受感染的动物如猪、马、牛、狗、鼠的尿液内，可以水为媒介，通过破损的皮肤或黏膜侵入人体，引起出血性钩端螺旋体病。病原性钩端螺旋体对外界环境因素的抵抗力较一般细菌弱。

世界卫生组织于 2022 年报道，低收入和中等收入国家每年有超过 82.9 万人因饮用水、环境卫生和个人卫生设施缺乏而死亡。水生病原菌的传播受复杂的人口、环境和社会等因素影响。供水和环境卫生服务的缺失、不足或管理不当会带来健康风险，这在医疗卫生机构中尤其明显。在全球范围内，15%的患者在住院期间发生感染，这一比例在低收入国家更高。环境卫生状况不佳与霍乱和痢疾等腹泻疾病的传播有关。腹泻依然是人类健康的杀手之一，但它在很大程度上可以预防。提供更好的饮用水、环境卫生和个人卫生设施可以有效降低五岁以下儿童腹泻疾病死亡率。此外，露天排便通常造成疾病的持续性恶性循环。存在该现象的少数几个国家，其五岁以下儿童死亡人数、营养不良、贫穷及贫富差距情况也都最糟糕。

二、水媒病毒的危害

存在于人的肠道，并可通过粪便污染水体的主要病毒有：脊髓灰质炎病毒（poliovirus）、柯萨奇病毒（Coxsackie virus）和致肠细胞病变人孤儿病毒（Echovirus，简称埃可病毒）等肠道病毒，以及腺病毒（adenovirus）、呼肠孤病毒（reovirus）和肝炎病毒等。对于病毒性传染病的水体暴发流行，研究较多的是传染性肝炎。流行病学调查表明，在世界各地传播的传染性肝炎，主要是水体受污染引起的。脊髓灰质炎也可通过饮用水传播，但主要是接触传播。粪便中的柯萨奇病毒和埃可病毒经污染水体侵入人体后，可在咽部和肠道黏膜细胞内繁殖，进入血液形成病毒血症，引起脊髓灰质炎、无菌性脑膜炎、急性心肌炎和心包炎、流行性肌痛、上呼吸道感染、疱疹性咽峡炎和婴儿腹泻等。游泳后发生的咽喉炎和结膜炎多由腺病毒引起。最近有人认为婴儿和儿童的胃肠炎与通过水传播的呼肠孤病毒有关。札幌病毒、星状病毒、人类免疫缺陷病毒和戊型肝炎病毒也被证明与废水污染有关，2004～2005 年，札幌病毒导致日本大阪出现 17.6%的急性胃肠炎病例。此外，与人腺病毒污染饮用水有关的疫情也有报道，2018 年 11 月，美国新泽西州出现腺病毒疫情，造成 23 名儿童感染，11 例死亡。据报道，杯状病毒科的诺如病毒导致的全球胃肠炎感染比例较高，累计约 6.85 亿病例，20 万人因此死亡。呼肠孤病毒科的轮状病毒是引发婴幼儿胃肠炎的主要病原体，研究表明该病毒与废水有关，2017 年印度暴发的轮状病毒疫情源于受污染的饮用水（Desselberger and Gray，2009）。

在人类粪便样本和污水中检测出的流感病毒基因片段，含量为 4.9×10^3～8.0×10^7 拷贝数/g 粪便。2003 年在香港淘大花园暴发的 SARS 病毒传染，起因是出现了 1 例伴有腹泻的 SARS 患者，短短 4 周之内引起该住宅区 328 人感染，而且大部分患者都伴有腹泻的症状。调查发现，小区内粪便排水管道系统下水口“U”形聚水器水位过低时起不到隔气作用，污水气溶胶化导致病毒传播。2019 年针对覆盖 100 多万人口的污水处理厂废水，检测出了大量 SARS-CoV-2 病毒颗粒（Mallapaty，2020）。以上这些例子表明，导致人类疾病的一些病毒可以在水环境中存活，人类通过多种途径接触后，存在较高的感染和健康风险。

三、水生寄生虫的危害

水生寄生虫的危害极大，引发的人类健康问题多且严重。血吸虫可引发血吸虫病，其基本病变是由虫卵沉着组织中所引起的虫卵结节，可导致肠道病变，如黏膜水肿、充血、溃疡、瘢痕、瘤肿及阑尾炎等；肝脏病变，如结节、腹水、食管静脉曲张及肝硬化等；脾脏病变，如脾肿大、脾功能亢进。血吸虫病亦可引起肺和脑部的异位性损害，主要表现为肺部出血性肺炎、脑组织肉芽肿和水肿。在血吸虫病侏儒患者中，发现脑垂体前叶萎缩性病变和坏死，并可继发肾上腺、性腺等萎缩变化，骨骼发育迟缓，男子睾丸退化，女子盆腔发育不全。

华支睾吸虫寄生在人体肝脏的胆管内大量繁殖，可引起胆汁堵塞、胆管发炎、肝纤维化、肝硬化甚至胆管癌、肝癌等疾病。异形吸虫成虫体型小，在肠管寄生时可钻入肠壁，虫体和虫卵可能通过血液到心肌、肝、脾、肺、脊髓与脑等组织或器官，进而导致严重后果。重度的消化道感染者可出现消瘦和消化道症状。

布氏姜片虫的成虫虫体较大，吸盘发达、吸附力强，造成的肠机械性损伤强于其他肠道吸虫，可引起寄主肠道黏膜发生炎症、出血、水肿、坏死、脱落甚至溃疡，引发腹痛和腹泻、营养不良、消化功能紊乱、白蛋白减少、各种维生素缺乏甚至肠梗阻；严重的儿童感染者出现消瘦、贫血、水肿、腹水、智力减退、发育障碍等症状；少数反复感染者可因器官衰竭、虚脱而死。

肝片吸虫寄生在寄主肝管内，其幼虫、成虫均可致病。肝片吸虫幼虫在小肠、腹腔和肝内移行不仅可导致机械性损害，引起肝损伤和出血，而且虫体的机械刺激使胆管壁增生，可引起胆管炎。此外，肝片吸虫产生的大量脯氨酸在胆汁中积聚引起的化学性刺激可导致胆管上皮增生，进一步引发胆管阻塞、胆汁淤积、管腔扩张。

卫氏并殖吸虫，又称肺吸虫，主要寄生于肺，也可寄生于人体皮下、肝、脑、脊髓、肌肉、眼眶等处，其虫体在人体组织中游走或定居时对脏器造成的机械性损害及虫体代谢产物，会导致变态反应。人体感染后有 3～6 周甚至数年的潜伏期，有人感染后临床上无任何症状，有的可出现各种不同的症状；急性期寄主可有腹痛、腹泻、便血等症状，寄生于脑部可导致寄主脑内多发性囊肿，引发剧烈的头痛、癫痫、瘫痪、视力减退、头颈强直、失语等症状；若虫体移行至皮肤可引起腹部、大腿处、胸壁、腹壁、阴部、腋窝、颈部、四肢等处出现皮肤或肌肉的皮下结节；虫体的代谢产物或虫体死亡后所产生的异性蛋白吸收后出现变态反应，引发荨麻疹患者血中嗜酸性粒细胞增多。

斯氏狸殖吸虫是人兽共患以兽为主的致病虫种。在动物体内，虫体在肺、胸腔等处结囊，发育成熟并产卵，进而引起卫氏并殖吸虫相似的病变。例如，侵入肝，可在肝浅表部位形成急性嗜酸性粒细胞脓肿，有时也能在肝中成囊并产卵。人可能是斯氏狸殖吸虫的非正常寄主，侵入人体的虫体大多数停留在童虫状态，到处游窜，导致局部或全身性病变，即幼虫移行症。按照移行部位，斯氏狸殖吸虫的幼虫移行症可分为皮肤型和内脏型两种类型。皮肤型幼虫移行症主要表现为胸背部、腹部，亦可出现于头颈、四肢、腹股沟、阴囊等处游走性皮下包块或结节。内脏型幼虫移行症可引起咳嗽、痰中偶带血丝（侵犯肺部），胸腔积液且量多（侵犯胸部），肝痛、肝大、转氨酶升高、白蛋白与球蛋白的比例倒置、r 球蛋白升高（侵犯肝部）。

日本棘隙吸虫成虫多寄生于小肠上段，以头部插入黏膜，引起局部炎症，感染者可出现腹痛、腹泻或其他胃肠道症状，严重感染者可有厌食、下肢水肿、贫血、消瘦、发育不良甚至死亡。班氏吴策线虫和马来布鲁线虫是世界卫生组织公布的十大热带病之一淋巴丝虫病的病原。二者不仅可引起感染者出现淋巴管炎、淋巴结炎及丹毒样皮炎等症状，也可使感染者出现畏寒、发热、头痛、乏力、全身不适等全身症状，即丝虫热。此外，二者虫体的增殖导致淋巴管、淋巴结出现增生性肉芽肿，引起淋巴管部分或完全阻塞，造成淋巴管曲张甚至破裂，淋巴液流入周围组织，进而引发相关组织病变，如皮肿、乳糜尿、睾丸鞘膜积液等（高兴政等，2011）。

疟原虫是经按蚊传播的孢子虫，为疟疾的病原体。疟疾是严重危害人类健康的疾病之一。患者脾开始肿大，长期不愈或反复感染者，脾肿大十分明显，可达脐下。长期慢性疟疾患者出现疟性肾病，表现为蛋白尿、全身水肿、腹水及高血压，主要见于三日疟长期未愈者。凶险型疟疾可引发感染者出现持续高烧、全身衰竭、意识障碍、呼吸窘迫、多发性惊厥、昏迷、肺水肿、异常出血、黄疸、肾功能衰竭、血红蛋白尿和恶性贫血等症状，若不能及时治疗，感染者死亡率很高。

四、水生耐药菌的危害

水环境中耐药菌的安全风险之一就是耐药菌（尤其是致病性耐药菌）从环境中传递给人体的风险。水环境中的耐药菌及耐药基因可能通过污染农作物、饮用水、皮肤接触等形式进入人体或者动物（Manaia，2017）。例如，水环境中耐药菌可能定植或者感染动物、农作物等，而人类接触污染的食品时会存在暴露耐药菌的风险（Zhou et al.，2020）。自然水体中冲浪会增加耐药菌定植或者感染的风险（Leonard et al.，2018）。在被养殖废水或者污水处理厂废水污染的水体中游泳可能会暴露于耐药菌产超广谱 β-内酰胺酶大肠杆菌（耐 β-内酰胺类抗生素）（Schijven et al.，2015）。耐药基因进入人体或者动物体内后，也可能会在污染物的胁迫下进一步发生水平基因转移，传递给人体或者动物体内的病原菌等（Bengtsson-Palme et al.，2018），或产生超级细菌威胁人类健康（Sun et al.，2019）。

五、水生有害藻类的危害

水环境中有害藻类的危害主要体现在对人类健康、对饮用水水源地和供水安全，以及对淡水生态系统安全和养殖业发展等方面的影响。

有害藻类的主要危害之一是产生藻毒素污染，目前已报道的藻毒素有很多种，主要包括作用于肝脏的肝毒素（hepatotoxins），作用于神经系统的神经毒素（neurotoxins）和位于蓝藻细胞壁外层的内毒素（endotoxins），一般把内毒素与脂多糖（lipopolysaccharide，LPS）视为同一物质。肝毒素包括微囊藻毒素（microcystin，MC）、节球藻毒素（nodularin）和柱孢藻毒素（cylindrospermopsin）。微囊藻毒素为环七肽，节球藻毒素为环五肽。神经毒素主要包括鱼腥藻毒素-a（anatoxin-a）、鱼腥藻毒素-a(s)［anatoxin-a(s)］、石房蛤毒素（saxitoxin）、新石房蛤毒素（neosaxitoxin）和膝沟藻毒素（gonyautoxin），其中后三者统称为麻痹性贝毒（paralytic shellfish poisoning，PSP）。鱼腥藻毒素-a 为仲胺碱，鱼腥藻毒素-a(s)为胍甲基磷脂酸，麻痹性贝毒为氨基甲酸酯类。1996 年，微囊藻毒素在巴西造成 100 多人出现急性肝功能障碍，7 个月内至少造成 50 人死亡，微囊藻毒素产生的急性效应引起了广泛关注。2007 年，对巢湖的高风险人群的流行病学调查发现，常暴露于微囊藻毒素污染的渔民血清中含有不同浓度的微囊藻毒素，并发现肝脏损伤程度与血清中的 MC 浓度显著相关，表明微囊藻毒素慢性暴露对人类健康有影响（Chen et al.，2009）。近年来，随着气候变暖和富营养化的加剧，淡水水体和近海有害藻类水华频发，引发的环境污染和健康风险不断增加。美国国家环境保护署已经明确地把蓝藻毒素作为湖泊健康评估中的一个重要指标。此外，水华藻类的新陈代谢会产生大量硝酸盐、亚硝酸盐等，部分物质可能有致癌风险。

饮用水水源地暴发的藻类水华，会影响城市自来水厂运行，造成供水危机。高密度藻类会造成水厂过滤池堵塞，影响制水量；原水水质变差就需要提高处理工艺，故增加了水处理难度，提高了制水成本。同时，与氯发生化学反应后可能会产生致癌物质，影响供水安全。蓝藻水华暴发产生的嗅味物质导致饮用水质下降，增加了自来水的处理难度和费用。2007 年 5 月，太湖蓝藻水华引发的饮用水危机是一个典型代表，由于太湖蓝藻水华及其产生的嗅味物质等没有得到很好的处理，臭味物质等进入无锡市的自来水管道系统，导致无锡市全市自来水供应中断，引发极大的社会负面影响，并导致大量的直接和间接经济损失（吴庆龙等，2008）。

蓝藻水华还可能引起直接或间接依靠藻类为食的动物大量死亡，蓝藻水华的分解产物通过饮水途径对家畜和家禽造成毒害。铜绿微囊藻、水华束丝藻在大量纯培养时产生的毒素，能致死实验小鼠（赵以军和刘永定，1996）。藻类大量繁殖也会降低水体透明度，抑制水生植物的生长。藻类新陈代谢消耗水体中大量溶解氧，导致水体中许多水生动物，如鱼类和底栖动物因缺氧而死亡。此外，藻类水华会形成大群体藻类，可食性低，不易被浮游动物捕食，大型浮游动物的生物量和比例会减少，使得水生生态严重失衡，渔业生产受到严重影响（迟万清等，2013；吴庆龙等，2008）。

第三节　水生有害生物的传播与控制

一、水生病原菌的传播与控制

（一）水生病原菌的存活特点与影响因素

水生病原菌的存活取决于物理、化学和生态环境条件，且因物种而异。不利的环境条件包括强阳光、水分和营养不足、低温或高温、低或高 pH、某些金属和消毒剂存在等，都会改变病原菌的生长和繁殖。水生病原菌的影响因素基本上可以概括为生物、理化、自然和人为四大因素。

1. 生物因素

影响水生病原菌的生物因素主要有细菌、真菌、病毒、寄生虫和敌害生物等。以军团菌为例，水中阿米巴是军团菌的天然寄主，为军团菌免受含氯等消毒剂杀灭提供良好的庇护，增强了军团菌在环境中的存活能力、传播能力和致病性（Cattan et al.，2019）。

2. 理化因素

影响水生病原菌的理化因素包括温度、氧气、酸碱度和有毒有害物质等。以志贺菌为例，其在厌氧条件下生长不良。虽然志贺菌能够在短时间内耐受 pH 2.5 的极酸性条件，但更喜欢在 pH 7.0～7.4 的中性或微碱性条件下生长，也能在碱性干燥环境中存活数天。

3. 自然因素

影响水生病原菌的自然因素包括气温、降雨量、相对湿度、水旱灾害等因素，均可直接或间接影响水传播疾病的发病强度和范围。以不动杆菌为例，此类病原菌喜欢相对潮湿、温度较高的环境。不动杆菌对消毒剂有一定的抵抗力，是医院获得性感染的一类重要病原菌，其在战争、自然灾害中的感染率也较高（Ma and McClean，2021）。

4. 人为因素

卫生和消毒条件不足是致病原菌繁殖和传播的主要因素。带菌者的粪便中含有许多致病菌，粪便向外排出，容易造成污染。以幽门螺杆菌为例，在一些发展中国家，市政用水缺少规范化处理，使得大量的病原菌进入周围水体中，对周围的居民产生威胁。此外，幽门螺杆菌感染与生活条件、环境、职业、教育水平有关，间接粪-口传播和不良生活条件是幽门螺杆菌感染的重要危险因素（张万岱等，2010）。

（二）水生病原菌的传播途径

水生病原菌可以通过多种途径传播，主要包括经水、食物和接触传播等，具体如下。

1. 经水传播

人类感染水生病原菌最常见的途径是直接接触受病原菌污染的水。水源受到污染可引起霍乱、伤寒、细菌性痢疾等疾病的暴发流行。此外，接触污染水体可能引发皮肤、眼睛等部位的疾病；吸入带有病原菌的水珠会导致呼吸道传染病等。对于缺乏安全饮用水的地区，经水传播是最主要的传播途径。经水传播的主要特点是常呈现暴发流行，患者常被发现在污染水体周围活动，病例分布与供水范围一致。饮用水和娱乐场所用水被病原菌污染时，也可发生水源性传播。

2. 经食物传播

食物传播有两种情况，一种是食物本身含有病原体，另一种是食物被病原体污染（李庆文，2021）。因此，经食物传播的主要特点是患者有共同进食同一食物的历史（李庆文，2021）。在食品的加工、储存、制作、运输等过程中均有被水生病原菌污染的可能，可造成局部流行和暴发流行。例如，尽管在安全饮用水的地区，因食用霍乱弧菌污染的食物，仍可导致人群霍乱感染甚至暴发。因此，在一些重点地区开展水产品等食品安全检查，对分析疫情源头和评估疫情发展至关重要。

3. 经接触传播

接触传播包括直接和间接接触传播。前者是在没有任何外界因素参与下，传染源与易感者直接接触而引起的。后者是因接触了患者、带菌者的粪便或呕吐物，以及接触其他一些被致病菌污染的物品而造成的，多见于肠道传染病等，这种传播主要是经手-口途径造成个别人员的感染。经接触传播的主要特征是病例散发、较少造成大流行，但可形成家庭内或同室内成员的传播，且在卫生条件差的环境下病例较多。

（三）水生病原菌的控制

多方面综合控制水生病原菌的传播是降低水传播疾病感染和死亡率的关键环节，具体控制途径如下。

1. 加强管理传染源

加强对传染源的管理及执行严格消毒措施，建立、健全肠道门诊，及时发现确诊和疑似病例，对患者进行隔离治疗和及时做好疫情报告的同时，做好疫源检索，有效防止传染源扩散（梁金敏，2012）。

2. 切断传播途径

切断传播途径主要包括加强饮水消毒和食品卫生管理，改善卫生设施，从而消除食品及环境卫生存在的隐患。此外，对患者和带菌者的排泄物进行彻底消毒、消灭苍蝇等传播媒介、避免生食贝壳类海鲜等，也尤为重要。

3. 社会动员

开展卫生健康教育活动，使群众了解发病原因及防治方法，改进卫生生活习惯，提高群众自我防护能力和防治知识水平。

4. 注意个人卫生

个人要养成良好的卫生习惯。例如，饭前便后要洗手；养宠人要注意卫生清洁；注意饮食卫生，如不吃变质食物、生肉、未彻底煮熟的食物等；不喝未经处理的水等。

5. 加强监管

食品企业应该保持高度的社会责任感，建立严格的管理制度，保证食品的安全生产。对食品卫生检验，如肉类检疫、运输、销售等各个环节严格把关。进一步健全法律法规，加强政府部门对食品企业的监管（黄敏欢，2021）。

6. 疫苗接种

在水传播疾病高发地区，可考虑进行预防接种针对性疫苗。疫苗方案应与环境卫生协同预防水生病原菌传播。

二、水媒病毒的传播与控制

（一）水媒病毒的存活特点与影响因素

水媒病毒只含有一种核酸，且必须依赖活细胞进行增殖。与细菌和真菌相比，病毒具有体积小、结构特殊、分布广泛、感染剂量低、致病性强等特点。根据流行病学研究，人类和动物的排泄物中往往含有大量的病毒颗粒，可通过污水排放、化粪池系统滤液和农业区径流等方式进入水环境。

水媒病毒的存活主要受自身特性及环境因素影响。

1. 自身特性

病毒自身特性是影响其生存能力的关键因素，包括病毒结构差异性及寄主特异性。病毒结构差异性是指不同病毒结构具有差异，病毒结构包括遗传物质及蛋白质。以病毒蛋白质外壳外是否具有包膜结构为例，具有包膜的病毒称为包膜病毒，常见的包膜病毒包括流感病毒、冠状病毒等，该结构可提高病毒的环境耐受程度，能够更好地适应恶劣的环境。由于包膜具有抗原性，在传播过程中可以帮助病毒牢固地黏附在寄主靶细胞上，在进入细胞时可以维持病毒体结构的完整性，提高病毒传播的效率。除此之外，病毒含有不同的遗传物质，RNA 的病毒相对 DNA 病毒具有更高的变异性。当 RNA 病毒进入人体内时，可以在细胞内进行伪装，并转化成人体所需要的蛋白质，不会诱发任何的细胞防御机制。不同于 DNA 病毒，RNA 病毒有着非常强大的复制功能，一旦进入细胞核中，一切就变得很难控制，目前传播范围较广的新型冠状病毒便是其中之一。寄主差异性反映了病毒会因为其寄主体内的受体不同而具有不同的传播能力。以诺如病毒为例，由于病毒颗粒体积小，它更容易通过水体的流动性从污染源迁移传播至上百甚至上千米，导致疫情大规模暴发。很多细菌都具有组织血型抗原（histo-blood group antigen，HBGA）受体，使得含有该结构的细菌可以与病毒结合，加速病毒传播。

2. 环境因素

环境因素包括温度、气候等自然因素。适宜的环境下病毒的繁殖和传播速度都非常快，而对病毒适宜的环境对人类来说并非适宜。研究表明，气候变化、极端气候甚至季节性变化都是病毒传播和暴发的主要原因。

（二）水媒病毒的传播途径

水媒病毒可以通过多种途径进入人体，主要以接触传播、经水传播和经食物传播为主。

1. 接触传播

接触传播是水媒病毒最常见的传播途径，分为直接接触传播和间接接触传播。前者是在无任何外界环境因素下，易感者与感染者近距离和密切接触，之后可能会引起呼吸管感染等疾病，常见于冠状病毒、人腺病毒、流感病毒；后者是因为接触了感染者使用过的物品或含病毒粪便和呕吐物。这种传播方式常见于轮状病毒、人类免疫缺陷病毒、肠道病毒、星状病毒、凸隆病毒、戊型肝炎病毒等，可引起腹泻、呕吐等。这种传播主要通过粪-口途径造成人员感染，其特征是病例散发，一般不会造成大流行，但可造成家庭内部或同室内传播。病毒感染病例多发于卫生设施不完善的地区。

2. 经水传播

感染者体内的病毒颗粒通过排泄的方式排出体外，经污水管道汇入污水处理厂，最终流入天然水体，人们直接接触或饮用污染水体后感染病毒，常引起腹泻等。经水传播的主要特征是发生的病例常集中在被感染的水源附近。该种传播方式常见于诺如病毒、多瘤病毒等。一些污水处理厂若不能够完全清除诺如病毒颗粒，进入天然水体后就会造成更大范围的病毒传播。流行病学调查显示，疫情早期病例空间分布与污染水源供应范围或水源管网分布一致。

3. 经食物传播

食物传播分为两种情况，一种是食物本身携带病毒，另一种是在运输、处理过程中感染病毒，人们在接触或处理携带病毒的动物时存在感染病毒的风险。贝壳类通过过滤水体获取营养物质，这种方式会造成大量病毒在其体内富集。据调查，甲型肝炎病毒可以寄生在贝壳类动物并生存数月，因此人们通过食用牡蛎、蛤等贝类食物就很容易感染甲型肝炎病毒，并造成疫情大范围暴发。

（三）水媒病毒的控制

多方面控制水媒病毒的传播对于降低病毒感染和死亡率起着至关重要的作用。具体措施如下。

1. 控制传染源

首先，对病毒感染患者规范管理是控制传染源的有效措施，在其急性期至症状完全消失后应进行隔离，轻症患者可居家或在疫情发生机构就地隔离，症状重者需送医疗机构按肠道传染病进行隔离治疗，医疗机构应做好感染控制，防止院内传播；其次，做好污水等水体的病毒检测及消毒工作，做到有问题及时报告，防止病毒传播。

2. 切断传播途径

切断传播途径是降低病毒传播的关键措施，政府及相关部门要改善卫生设施，加强卫生管理；对已发生病毒感染的区域，应做好消毒工作，重点对患者呕吐物、排泄物等污染的环境物体表面、生活用品、食品加工工具、生活饮用水等进行消毒。此外，加强对食品从业人员的健康管理，急性胃肠炎患者或隐性感染者须向本单位食品安全管理人员报告，应暂时调离岗位并隔离；对食堂餐具、设施设备、生产加工场所环境进行彻底清洁消毒；对高风险食品（如贝类）应深度加工，保证彻底煮熟；备餐各个环节应避免交叉污染。

3. 个人防护

勤洗手，勤消毒，避免接触患者及其呼吸道飞沫。平常多饮水，多吃蔬菜和水果，注意锻炼身体；室内多通风，保持室内环境清洁；病毒流行季节尽量少去人员密集的公共场所，外出时戴口罩，避免接触患者，以防感染。

4. 疫苗预防

对于易感人群可以进行疫苗接种。

5. 健康教育

疫情流行季节，各级政府部门应高度重视，密切合作，充分利用广播、电视、报纸、网络等多种方式，开展病毒感染防控知识的宣传，提高社区群众防控意识。

三、水生寄生虫的传播与控制

（一）水生寄生虫的存活特点与影响因素

虽然水生寄生虫的生活史比较复杂，但它们都需经历在中间寄主体内的无性世代（无性生殖）和终末寄主体内的有性世代（有性生殖）的交替，不能单独在一种寄主中完成全部的发育阶段。复殖吸虫一般有一个中间寄主，主要为淡水螺类，有些复殖吸虫（如华支睾吸虫、异形吸虫）亦有第二中间寄主，主要为淡水鱼类、虾、蟹、蛙或蝌蚪等；丝虫和疟原虫的中间寄主是蚊。

水生寄生虫必须通过中间寄主的媒介作用才能感染人，引起人类寄生虫病。例如，复殖目寄生虫的幼虫需要寄主吞食中间寄主才能进入人体，丝虫和疟原虫幼虫在按蚊或曼蚊叮咬人时，经伤口或正常皮肤钻入人体。水生寄生虫在寄主内的发育受多种因素影响，包括水生寄生虫幼虫的感染性、成熟程度、活性、密度等。此外，寄主寄生条件及寄主对寄生虫的免疫反应能力也具有重要影响。

（二）水生寄生虫的传播途径与控制

各类吸虫寄生虫病主要是由于食用生的或不熟的相关寄生虫中间寄主（表 7-2）或通过皮肤、黏膜与寄生虫接触引发的；线虫和疟原虫病是因按蚊叮咬而感染所引起的虫媒传染病。因此，对这些水生寄生虫病的控制应按照切断传播途径、控制传染源的基本原则进行。首先，加大宣传力度，积极开展健康教育，提高人们安全意识，加强自我保护，发动全社会关注并支持水生寄生虫防治工作。例如，使群众了解寄生虫病的危害性及其传播途径，自觉不接触疫水、不吃生鱼及未煮熟的螺类、鱼肉或虾等，改进烹调方法和习惯，注意生、熟吃的厨具要分开使用。其次，控制传染源，切断传播途径。对于吸虫病的防治策略包括进行人、畜粪便管理以减少虫卵的传播，改变人们生活和生产方式以控制虫卵污染环境、减少螺类感染，如以机代牛、家畜圈养、封洲禁牧，改变流行区居民、渔民传统生活生产习惯；对于线虫和疟原虫病应以防蚊为重点，结合蚊虫种类及区域环境差异制定减少蚊虫滋生地的综合措施，如在微小按蚊、嗜人按蚊为主要中间寄主的地区，采取灭蚊和防治传染源并重的措施；在大劣按蚊为主要媒介的地区，采取以调控环境、防治传播媒介为主的综合措施。最后，加强检测，积极治疗感染者。要加强对寄生虫流行区及其周边区域各种病原的检测，在感染初期做好其治疗工作，进而从根源上将病原的危害彻底消除，做到防患于未然；对已感染者进行积极治疗，防止疾病进一步传播。

四、水生耐药菌的传播与控制

（一）水生耐药菌的存活特点与影响因素

不同来源的耐药菌在水环境中的存活特征及影响因素差异较大。许多耐药菌特别是有些人体或者动物肠道来源的耐药菌进入水环境后生存艰难；在这种情况下，温度、溶解氧、营养盐、捕食者和竞争等因素对耐药菌在环境中的生存影响更大，反而环境中抗生素对耐药菌的胁迫可能没有那么重要（Larsson and Flach，2022）。比如，许多肠道菌属于专性厌氧菌，进入环境后常表现出较低的存活率（Bengtsson-Palme et al.，2018）。对于能够适应水环境的耐药菌，除环境因素外，污染物的选择性压力也具有较大影响。抗生素的典型最小抑菌浓度范围为 10～10000 μg/L，整体高于自然水环境（如河流和湖泊中抗生素浓度为 0.1 μg/L 左右）（Larsson and Flach，2022）。但环境浓度的污染物仍然有可能对敏感菌产生影响。水体中的新型污染物可以通过影响敏感菌进而改变浮游细菌菌群结构（Liu et al.，2021b）。环境浓度的环丙沙星可以改变河流生物膜的代谢活性（Gallagher and Reisinger，2020）。

（二）水生耐药菌的传播途径与控制

水生耐药菌及其耐药基因进入地表水（如河流和湖泊等）后，会发生多种传播过程。耐药菌及耐药基因会随着水流发生长距离传播（Bengtsson-Palme et al.，2018）。地表水作为媒介，为人体耐药菌和动物耐药菌相互流通提供便利（Larsson and Flach，2022）。耐药菌随养殖废水、生活污水、粪便或者污水处理厂出水进入水环境；暴露于被耐药菌污染的水体，人类或者动物可能会感染耐药菌（Leonard et al.，2018；Weber et al.，2013）。此外，水环境中存在多种选择性压力，会加速耐药基因的水平基因转移。例如，当环境中非抗生素类药物如布洛芬、萘普生和吉非罗齐的浓度达到 5 μg/L 时，会通过质粒介导的细菌接合加速耐药基因的传播与扩散（Wang et al.，2021）。

耐药基因传播途径主要有两种，包括垂直基因转移和水平基因转移。垂直基因转移是指细菌基因组发生突变，并将耐药基因通过细胞复制传递给子代；水平基因转移是耐药基因在相同物种或者不同物种细菌个体间传播，主要途径为接合、转化和转导（Sommer et al.，2017）。接合是指携带耐药基因的 DNA 由供体菌进入受体菌的过程。接合转移的载体主要有质粒和转座子。接合不仅可以使携带抗生素耐药基因的质粒在同属细菌中完成基因转移，也可以在不同属细菌间相互传递，甚至发生在细菌和真菌之间。接合是耐药基因水平转移的主要方式（Smillie et al.，2010）。转化是耐药供体释放出的耐药基因被处于感受态的受体菌摄入体内，并在受体菌内整合表达，使其获得抗性的过程。环境中存在着大量可以作为耐药基因携带者的胞外 DNA，但是由于胞外 DNA 稳定性差及具有天然转化能力细菌所占比例不大等，转化只是部分细胞获得耐药基因的方式（Nielsen et al.，2007）。转导是借助噬菌体将抗生素耐药基因由供体菌转移给受体菌的过程，即噬菌体在耐药菌组装子代噬菌体时，错误地将菌体内抗生素耐药基因包装在自身 DNA 上，子代噬菌体在侵染其他细菌时，将耐药基因一同整合到细菌 DNA 中，从而使该菌表现出耐药性。虽然噬菌体的特异性及其传播的 DNA 量较少，耐药基因的转导现象仅发生在同种细菌内，转导仍是抗生素耐药基因水平转移的重要方式（Binh et al.，2008；Moon et al.，2020）。

虽然抗生素耐药性可经基因突变和细胞复制传递给下一代，但是地表水环境中细菌更多通过水平基因转移的方式获得耐药性（Wang and Chen，2022）。在水环境中抗生素的浓度多数在 0.1 μg/L，远小于最小抑菌浓度，难以为细菌突变提供足够的选择性压力（Ardal et al.，2021）。有研究发现，城市污水处理厂中耐药基因水平基因转移（54%）贡献大于垂直基因转移（46%）（Wei et al.，2021）。由于这里的水平基因转移没有包括多代之前发生水平基因转移而通过细胞复制传递给下一代的水平基因转移，因此可能低估了水平基因转移的比例。然而，目前耐药基因在自然水体如河流、湖泊和河口等中的传播途径水平基因转移和垂直基因转移所占比例情况还不清楚。

为了减少水体耐药菌的污染，有必要从控制抗生素使用、减少重点污染源排放、保护重点水域等方面出发，加强水污染管控。首先，在医疗和养殖过程中合理使用抗生素、重金属、杀菌剂等。一方面减少抗生素不合理使用导致的基因突变和新耐药菌的产生；另一方面减少排放到环境中的污染物对耐药菌和耐药基因的选择性压力，减少耐药基因的水平基因转移。其次，加强重点行业如医院、畜牧养殖、水产养殖、制药厂等废水处置管理，提高污水处理效率，减少耐药菌和耐药基因向地表水体的排放。再次，针对重点水域如饮用水水源地、室外天然浴场等，加强水质检测和水质污染治理。最后，良好的医疗卫生条件、有序的社会管理也有助于减少耐药菌的传播。

五、水生有害藻类的传播与控制

（一）有害藻类的存活特点与影响因素

藻类生存状态受水体各种环境因素制约，包括生物因素，如捕食、寄生、竞争等；非生物因素，如温度、盐度、辐射、压力、营养盐、pH、流场等。现有研究主要聚焦于光照、水温、pH、营养盐、鱼类和浮游动物捕食等对藻类生长的影响。水温对藻类的生长及繁殖具有非常重要的作用。适宜的温度有助于藻类的生长和繁殖。有研究表明，不同藻类有着不同的最适温度范围，对多数藻类来说，其最适生长温度为18～25℃；蓝藻具有一定的嗜热性，在30℃时达到最大生长速率。pH对藻类群落结构和分布规律均有非常重要的影响（张澎浪和孙承军，2004）。一般来说，碱性环境更有利于水体中藻类的光合作用，因此碱性水体往往会出现较高的藻类生产力。此外，pH 会影响水体中氮磷的含量，进而间接影响藻类的生长和繁殖。营养盐，尤其是磷、氮等元素是促进藻类生长繁殖的重要因素。水中营养盐结构、浓度会对藻类的生长起到重要调控作用。此外藻类的光合作用是物质循环和能量流动的基础。不同藻类对光照需求是不同的，光照强度和光照时间会直接影响藻类的生长与结构。浮游动物的捕食对藻类数量有着直接的影响。滤食性鱼类不仅可以滤食浮游动物，有的也能够滤食藻类（朱蕙，1982）。大型水生高等植物可以通过光和营养的竞争及其化感作用等来抑制藻类的生长和繁殖，从而提高水体透明度和改善水质。此外，寄生真菌在藻类水华后期加速其瓦解、噬藻体控藻等微食物网过程受到越来越多的关注，证实了藻际微生物（细菌、病毒、真菌）与藻类的互作对藻类生长动态的影响。

（二）有害藻类的生活史

蓝藻主要是营养繁殖，包括细胞直接分裂（即裂殖）、群体破裂和丝状体产生藻殖段等几种方法。蓝藻水华全生命周期可分为休眠、复苏、快速增殖和聚集形成水华四个阶段。在12月至次年2月蓝藻处于休眠阶段，新陈代谢基本停止，主要影响因素是水温、光照；3～4月蓝藻处于复苏阶段，生理生化性逐渐恢复，群体形成，主要影响因素是水温、溶解氧、营养物质；4～10月蓝藻处于过量增殖阶段，进行光合作用、细胞增殖，主要影响因素是水温、光照、溶解氧、营养物质；5～11月蓝藻处于聚集形成水华阶段，蓝藻形成气囊，上浮聚集，主要影响因素是气象和水温（孔繁翔和宋立荣，2011）。

硅藻水华受气象和水文等物理指标的影响更为明显（杨强等，2011）。硅藻对低温具有极强的耐受性，最适生长温度大约为 15℃，因此大部分硅藻水华都发生在春秋季节；硅藻对水环境变化非常敏感，其许多种类能很好地反映水体的营养状态；硅藻水华的暴发与温度、光照、营养盐及水体流速等密切相关（Kim et al.，2010；Wang et al.，2019；丁蕾和支崇远，2006；於阳等，2016）。

许多海洋和淡水甲藻在它们生活史中的某些阶段能够形成孢囊（Stosch，1973）。在不利条件下，这些孢囊对于维持甲藻的存活具有重要作用，类似于种子库或传播媒介。孢囊的形成与极端条件下物种的存活、水华发生、扩散、生殖和遗传变异具有一定联系。通常认为当条件不利时，甲藻下沉到底部，通过形成孢囊，度过短期或长期的不良生存环境；当条件再次适合时，孢囊迅速萌发，进入水体（Dale，1983；Grigorszky et al.，2006）。

亚历山大藻具有营养繁殖和有性繁殖两种方式。其生命周期以单倍体为主导，在特定条件下，一些营养细胞可以转化为不运动的临时孢囊（temporary cyst），当条件改善时，可以迅速切换到运动阶段。有性繁殖始于配子结合形成二倍体合子，合子在环境压力下进一步转化为休眠孢囊（resting cyst）。休眠孢囊可以在沉积物中停留不同的时间，经减数分裂释放单倍体游动孢子，进而分裂形成新的营养细胞种群（Anderson et al.，2012）。

鳍藻的生活史分为无性生殖和有性生殖。无性生殖中，成体营养细胞通过二分裂形成两个细胞并分别生长为成体细胞。有性生殖中，成体营养细胞由于减数分裂而形成配子，刚分裂的成对小型细胞之后成长为成体细胞。小型细胞的细胞核与成体细胞的腹面区域接触并被引入到成体细胞中进行异形配子生殖，然后小型细胞通过成体细胞纵沟顶端被吞食，完成吞食作用后，形成具有两条纵鞭毛的游动合子，接着生成具有双细胞壁的休眠合子，再通过第一次减数分裂，生成四分染色体，最后生成成体营养细胞。此外，小型细胞也存在无性生殖（Reguera and González-Gil，2001）。

（三）有害藻类的控制

1. 影响水生有害藻类传播的关键因素和生态学机制

多蓝藻细胞形成的伪空胞具有浮力，可以上浮以选择最佳的光照条件；产生休眠孢子越冬，能够在适宜条件下复苏；能够固氮；这些都有利于蓝藻形成优势。甲藻有 3 种营养方式，拟多甲藻可采取管摄食（Hansen and Calado，1999），还可以通过合成能水解有机磷的胞外磷酸酶以满足自身对磷的需求，也能通过在水中的垂直迁移，选择所需要的营养盐浓度及其他生长条件的最佳水层（Regel et al.，2004）。此外，甲藻胞内磷库的存在对于维持种群持续增长也非常重要（Kawabata and Hirano，1995）。绝大多数亚历山大藻均存在休眠孢囊阶段，且孢囊是引发亚历山大藻水华的种源已是共识；此外，孢囊在保持种群基因结构及功能性变异等方面也发挥着重要作用，亚历山大藻的孢囊“种床”储存着相似的基因组结构和大量种群多样性信息，相当于一个稳定的种群基因库（Alpermann et al.，2010）。卡盾藻的营养细胞一般以二分裂方式增殖，影响其营养细胞增殖的环境因子主要是光照强度、温度、盐度、pH、氮磷营养盐、微量元素等。卡盾藻对低光照具有较强的适应能力，在黑暗条件下，卡盾藻可完成细胞分裂，且具有较强的营养吸收能力。鳍藻有其独特的营养方式，异养方式应当是鳍藻生存的主要营养方式。鳍藻可以通过吞噬周围的隐藻，而暂时获取隐藻的叶绿体，并利用其进行光合作用，促进藻细胞分裂。鳍藻可通过二次细胞质摄取的方式，将隐藻内的质体摄入到自己体内（罗璇，2011）。

2. 水生有害藻类的源头控制

湖泊藻类水华暴发是水体营养浓度增加导致藻类大量增殖所引起的。通常认为，水华暴发的边界条件是总氮（total nitrogen，TN）浓度超过 0.5 mg/L、总磷（total phosphorus，TP）浓度超过 0.02 mg/L。因此，削减外源负荷和内源污染负荷，降低水体营养盐浓度，是控制藻类水华的根本（孔繁翔和宋立荣，2011）。在此基础上，可实施生态修复工程，改善底质环境，恢复沉水植被，调节鱼类群落结构，促进浮游动物恢复，通过经典生物操纵增加浮游动物对藻类的摄食压力，以维持健康水体的生态功能。

3. 水生有害藻类的末端控制

水体藻类水华局部暴发后，需要采用科学可靠的应急处置方法，削减藻类生物量，降低水华造成的生态风险。目前，常见的藻类水华应急控制方法可以分为物理法、化学法和生物法。物理法包括曝气、超声、硬质堤坝、软体围隔、机械捞藻、压力控藻、引水调度等。化学方法主要包括杀藻剂和絮凝等。杀藻剂的主体是化学控藻剂，在抑藻的同时易造成二次污染，对其他水生生物也有毒性，所以，即便短期内没有不良反应，也可能因在水生生物内富集、残留而存在长期危害（Garcia-Villada et al.，2004）。絮凝沉降法主要通过黏土中阳离子交换及凝集作用，将藻细胞和颗粒凝聚沉降到水底，可以迅速降低水柱中藻细胞密度。生物法控制蓝藻水华主要包括水生植物、滤食性鱼类、微生物制剂等（李雪梅等，2000）。整体而言，生物方法的周期长，见效慢，且在蓝藻水华大规模暴发时无法作为应急处理措施（胡传林等，2010），只可作为一种长效辅助措施。

4. 水生有害藻类的系统控制

湖泊富营养化控制和藻类水华防控是一个长期而艰巨的系统工程，必须采取流域污染削减和湖内防控相结合的治理策略。在目前流域高强度人类活动和气候变化的双重影响下，我国湖泊外源污染治理可能十分漫长，大多数湖库水体营养盐浓度很难降低到水华发生的阈值，因此需要优化生态系统结构，加强生物调控措施，达到降低蓝藻水华强度的目的。此外，调控生态水位与畅通水系是湖泊恢复与抑制蓝藻的重要举措。如果水体交换速度小，蓝藻水华暴发风险高，需要做好预测预警和应急处置准备。应急防控仅是蓝藻水华防控补充手段，不应过度采用，应该依据长期监测数据确定重点防控区，根据预测预警结果适时实施防控措施。湖泊水质与水生态的持续跟踪监测，以及水质和水生态预测模型的构建，是动态调整治理方案、保障治理效果的长效稳定的基础（史小丽等，2022）。

第四节 水体外来物种入侵引发的生物安全问题与控制

伴随着人类经济活动和国际交往的增强，一些物种由原生地借助于人为作用或其他途径移居到另一新的生存环境并繁殖、建立稳定种群，这些物种被称为外来物种，这个过程称为外来物种入侵。外来物种首先必须是外来、非本土的，且能在新栖息地的自然或人工生态系统中定居、繁殖和扩散，最终明显地影响到当地生态环境和生物多样性。外来物种入侵主要有几方面的危害：一个是造成农林产品、产值和品质下降，增加了成本；二是对生物多样性造成影响，特别是侵占了本地物种的生存空间，造成本地物种减产、死亡或濒危；三是对人畜健康和贸易造成影响。外来入侵物种问题的关键是人为引种问题，可以分为有意引种和无意引种。有意引种是指人类有意将某个物种有目的地转移到其自然分布范围及扩散潜力以外的区域。无意引种是指某个物种以人类或人类传送系统为媒介，扩散到其自然分布范围以外的地方。由于水介质的流动性，水环境极易受到外来物种入侵，引发生物安全问题。

一、水环境外来物种入侵的主要种类

（一）鱼类

据统计，目前全球外来鱼类物种数达 624 种，而我国作为世界上鱼类引种最多的国家，现有淡水外来鱼类共 439 种，其中超过 85%的种类是在 20 世纪 70 年代以后引进的（郦珊等，2016）。目前，从国外引进及国内各地区之间引种已形成入侵危害的鱼类主要有食蚊鱼（*Gambusia* spp.）、罗非鱼（*Oreochromis* spp.）、麦穗鱼（*Pseudorasbora parva*）、太湖新银鱼（*Neosalanx taihuensis*）、虹鳟（*Oncorhynchus mykiss*）、草鱼（*Ctenopharyngodon idella*）、鳙（*Aristichthys nobilis*）等（李振宇和解焱，2002）。

与植物和其他水生生物入侵途径不同，鱼类入侵大多是由有意引种造成的。外来鱼类主要通过水产养殖（51%）、观赏渔业（21%）、休闲垂钓（12%）、渔业捕捞运输（7%）等多种途径引进（Gozlan et al.，2010）。2000 年之前，水产养殖是我国鱼类入侵的主要途径，外来经济鱼类主要分布在广东、海南、广西、福建、云南等地，养殖产量高的种类为尼罗罗非鱼（*Oreochromis niloticus*）、斑点叉尾鮰（*Ictalurus punctatus*）等。2000 年以后，因市场需求与引进政策的缺失，观赏渔业逐渐成为我国外来鱼类入侵的主要途径（Xiong et al.，2015）。除了从国外引进经济鱼类，国内因水产养殖需求也进行了大量不同水系之间的引种，如现已遍布我国各地的四大家鱼及 20 世纪 90 年代在全国推广的银鱼科（Salangidae）、中华倒刺鲃（*Spinibarbus sinensis*）等（楼允东，2000）。

（二）底栖动物

福寿螺，俗称大瓶螺或苹果螺，在分类上隶属于软体动物门（Mollusca）腹足纲（Gastropoda）中腹足目（Mesogastropoda）瓶螺科（Ampullariidae）福寿螺属（*Pomacea*），该属内多数物种是外来入侵生物（San et al.，2009），目前在中国分布的主要有两种，小管福寿螺（*P. canaliculata*）和斑点福寿螺（*P. maculata*）（杨叶欣等，2010）。其中小管福寿螺被列为全球 100 种恶性外来入侵物种之一，中国也于 2003 年将小管福寿螺认定为首批入侵中国的 16 种危害最大的外来物种之一（周晓农等，2009），因其给入侵地区的生态系统和农业生产带来了巨大的危害。克氏原螯虾（*Procambarus clarkii*），俗称小龙虾，在分类上隶属于节肢动物门（Arthropoda）甲壳纲（Crustacea）十足目（Decapoda）螯虾科（Cambaridae）原螯虾属（*Procambarus*），该属内多数物种也是外来入侵生物，目前在中国分布的主要有克氏原螯虾、东北黑螯虾（*Cambaroides dauricus*）、史氏拟螯虾（*C. schrenkii*）和朝鲜螯虾（*C. similis*）（黄羽，2012）。克氏原螯虾于 2010 年被列入第二批入侵中国的 19 种危害最大的外来物种之一。

目前福寿螺和克氏原螯虾的主要入侵途径有人为引种和自然扩散两种。其中人为引种一般为水生植物带入、水产养殖引进等；自然扩散则包括人工养殖后弃养或逃逸，并在周边扩散蔓延、随水流扩散等。福寿螺原产于南美洲拉普拉塔河流域和亚马孙河流域，目前已广泛分布在欧洲、北美洲和亚洲等地（Campos et al.，2013；Hayes et al.，2009），其主要通过水族贸易的途径被引入美国，并逐渐在美国东南部形成种群（Rawlings et al.，2007）；2009 年在欧洲的西班牙也曾报道稻田中发现了福寿螺（Castillo-Ruiz et al.，2018）。在亚洲，福寿螺作为可食用的淡水螺类被人为引种至当地以发展水产养殖经济，目前中国、日本、韩国、东南亚等国家和地区均有福寿螺分布（Lv et al.，2018；Salleh et al.，2012；Yoshida et al.，2016）。克氏原螯虾原产于墨西哥东北部和美国中南部，在当地被视为一种重要的水产资源，也因此被广泛引入欧洲、非洲、东亚、南美和中美洲（李艳和，2013）。

福寿螺和克氏原螯虾在中国的入侵途径和分布有很多相似之处，起初均作为重要的经济养殖品种而引入。福寿螺在中国的出现始于 1979 年，作为高蛋白的经济养殖品种由阿根廷引种至我国台湾（Joshi and Sebastian，2006），1981 年又从台湾引入广东养殖，后来陆续引种分布至广西、福建、浙江、江苏、四川、贵州等地，甚至到达甘肃、河北和辽宁（蔡汉雄和陈日中，1990；周宇，2019）。而后因福寿螺养殖过度、市场经济效益低及肉质口味不佳等，养殖的福寿螺被随意遗弃，随水流流入农田和池塘，造成泛滥（杨叶欣等，2010）。克氏原螯虾在我国出现始于 1930 年，经日本传入我国南京一带（李文杰，1990），后随着其作为重要水产品的养殖传播和种群的扩散，在我国东中部 10 余省市均有分布，甚至在辽宁、甘肃等地也存在一定种群（舒新亚，1998）。福寿螺和克氏原螯虾的生长繁殖对气候具有很强的适应性，具有生长快、繁殖力强、繁殖周期短等特点。随着全球气候变暖趋势逐年上升，福寿螺的适生区也正在以每年 8～10 km 的速度向北方扩展（戢小梅等，2020）。

（三）水生植物

2008～2010 年第 2 次全国外来入侵物种调查结果显示，我国共有 11 种水生入侵植物（Chen et al.，2021），包括异枝麒麟菜（*Eucheuma striatum*）、日本真海带（*Laminaria japonica*）、巨藻（*Macrocystis pyrifera*）、裙带菜（*Undaria pinnatifida*）、舌状酸藻

（*Desmarestia ligulata*）、黄花蔺（*Limnocharis flava*）、大薸（*Pistia stratiotes*）、凤眼莲（*Eichhornia crassipes*）、喜旱莲子草（*Alternanthera philoxeroides*）、水盾草（*Cabomba caroliniana*）、速生槐叶苹（*Salvinia adnata*）等。其中只有 2 种为无意引入，其余 9 种均为有意引进（丁晖等，2011）。水生入侵植物的主要传播途径为人为引种和自然扩散。例如，凤眼莲又称水葫芦，20 世纪初引入我国台湾，并于 50 年代作为猪饲料在南方各省份大量引种，随水流自然扩散（徐海根和强胜，2011）。

（四）微生物

水生入侵微生物和原生生物与水生入侵动植物不同，均为无意引进。其中，国际航运船舶，尤其是船舶中装载的压载水是突破地理隔离入侵的重要途径（Bradie et al.，2021）。洞刺角刺藻（*Chaetoceros concavicornis*）、微缘羽纹藻（*Pinnularia viridis*）和微小亚历山大藻（*Alexandrium minutum*）是 3 种典型的水生入侵微型藻类，前两者都能通过压载水传播。入侵动植物携带也是细菌、病毒、真菌等微生物传播和入侵的重要途径，如对凡纳滨对虾（*Litopenaeus vannamei*）的引入同时引入了桃拉综合征病毒（陈信忠等，2003）；中肠腺坏死杆状病毒（baculoviral midgut gland necrosis type virus）随日本对虾（*Penaeus japonicus*）引进而入侵（Fukami et al.，2021）；传染性造血器官坏死病毒、传染性胰腺坏死病毒和淋巴囊肿病毒均随鱼种的引入而入侵（陆琴燕，2013）。2 种水生入侵原核生物分别为水稻白叶枯病菌（*Xanthomonas oryzae dowson*）和水稻条斑病菌（*Xanthomonas oryzae* pv. *oryzicola*）。

二、水环境外来物种入侵引起的危害与控制

（一）入侵鱼类的危害与防控

成功入侵的鱼类往往具有较强的生态适应性、繁殖能力和传播能力。例如，食蚊鱼就表现出较宽的温度和盐度适应范围，既可以在 0～45℃的生境中生存，也可以在半咸水及低溶氧环境中存活（Cherry et al.，1976），加之具有高生殖潜能及重受孕能力（陈霆隽和曹春华，2005），目前已在我国长江以南水体广泛分布（李家乐等，2007）。此外，鱼类的成功入侵多发生在生物多样性低、生态系统稳定性较低的水生生态系统，这些被入侵区域一般存在生态位空缺或较高强度的人为干扰（Ross et al.，2001）。

鱼类外来种的入侵可能会对鱼类群落结构和生态系统功能产生负面的生态效应。入侵种可以改变群落或生态系统基本的生态学特征，如群落中的优势种、食物网的营养循环及导致区域性的生物多样性减少等。入侵鱼类一般通过捕食、种间竞争、入侵种与本地种的杂交、栖息地破坏和疾病传播等方式对本地生态系统和本地种产生影响（Luo et al.，2019）。例如，入侵的肉食鱼类因其攻击性强，会大量捕食小型鱼类及幼鱼，使本地种群遭受威胁。最典型的例子是非洲维多利亚湖在引进尼罗河尖吻鲈（*Lates niloticus*）后，造成湖中 200 余种土著珍贵丽鱼灭绝，生物基因库严重受损（Kitchell et al.，1997）。鱼类入侵行为还会导致生态位接近的物种间的竞争排斥，部分土著鱼类的栖息地和食物

不断被侵占，其种群数量迅速下降。例如，原产于长江中下游湖泊的太湖新银鱼，其在20世纪80年代被作为经济鱼类引入到云南滇池、洱海和抚仙湖等高原湖泊，并与当地土著鱼类形成食物和生态位竞争，导致鱇浪白鱼（*Anabarilius grahami*）等土著鱼类资源衰竭（范继辉等，2005）。此外，外来种进入本地生态系统后，可能会与其同属近缘种、同种不同地理种群等杂交，从而改变土著种的基因组成并降低其种群的遗传多样性。

鱼类入侵的危害在我国已逐步显现，但目前相关的基础研究还比较薄弱，现有法律法规对外来种鱼类的管理也不够明确。因此，我国当前首先应吸取国外的经验教训，尽快制定一部预防控制外来鱼类入侵的法律，从外来鱼类的引入途径、发现鉴定、控制追责等环节，以法律形式规范和引导；其次，开展全国范围的本底调查并建立共享数据库，明确外来种鱼类入侵的历史与分布现状，系统评估其产生的生态和社会经济效应；最后，建立区域性外来鱼类入侵风险评价系统，开展鱼类入侵的预测预警，科学管理和预防生物入侵风险。

（二）入侵底栖动物的危害与防控

福寿螺和克氏原螯虾作为入侵物种由于缺少本土自然天敌，大量繁殖扩散，因此对入侵地产生了较大危害和生态安全风险，主要体现在以下四个方面。①减少土著动植物群落的物种多样性。高繁殖和扩散能力的福寿螺和克氏原螯虾与土著物种竞争生态位，导致土著物种生境大量萎缩，从而形成单一的优势种群（Kwong et al.，2010）；同时，克氏原螯虾剪断临水植物茎叶和破坏植物根系的生活习性（余魁英，2013），会改变入侵地水生植物群落结构特征，降低物种多样性，导致水生态系统功能退化。福寿螺的选择性牧食，以及为了获得更多的资源和生存空间，捕食多种鱼类和两栖类的卵，进一步减少了当地的物种多样性（赵本良等，2014）。②给农业生产带来巨大的经济损失。福寿螺作为一种农业害虫，主要啃食水稻、茭白、莲藕等农作物幼苗或寄主叶片（Carlsson et al.，2004）；克氏原螯虾也存在剪断临水农作物茎叶和破坏根系的习性，常导致入侵地经济农作物大面积减产，严重阻碍农业生产。据统计，2006年仅广西受福寿螺影响的农田面积就达43.02万hm^2，水稻减产10.3万t，经济损失约为1.76亿元（董朝莉，2006）。③威胁人体健康。福寿螺是广州管圆线虫（*Angiostrongylus cantonensis*）、血吸虫（*Schistosoma* spp.）、姜片虫（*Fasciolopsis* spp.）等病原体的重要寄主。其中，广州管圆线虫会传播人类嗜酸性粒细胞增多性脑膜炎，人类生食或误食福寿螺会引起人体神经系统发生病变。2006年，北京暴发了广州管圆线虫病，导致111人发病（Lv et al.，2009）。因此，福寿螺的入侵和扩散间接加速了广州管圆线虫病的传播，严重威胁人类的身体健康。克氏原螯虾由于其本身具有较强的抗病性，当被某些病菌感染后自身并不发病，但可以携带并传播病菌，其引入和扩散可能给当地水生生物和水产养殖带来新的疾病（李林春和段鸿斌，2005）。④导致水体富营养化和水质恶化。大量的福寿螺和克氏原螯虾的排泄物会改变水体的理化性质，导致水体浊度、总氮含量、总磷含量等升高，引起淡水水体富营养化和水质恶化等问题（潘冬丽等，2014）。

目前，针对克氏原螯虾的控制与防治已经相对成熟，主要通过加强对克氏原螯虾应用的探索，将其制作成食物进入消费市场及虾壳的再利用等。但针对福寿螺的控制与防治目前仍缺乏完全安全有效和经济可靠的方法，单项措施都具有一定的局限性。因此我们建议采取“预防为主，综合防治”的思想，从环保和健康的角度出发，对福寿螺和克氏原螯虾提出以下几点控制与防治对策。①加强直接灭杀。采用水旱轮作自然灭杀、人工摘卵、拾螺拾虾并集中灭杀等，在水渠、农田等水域的进、出水口设置纱网并建立高田埂，阻止福寿螺和克氏原螯虾随水流在水田和水沟之间迁移与传播；另外，还可以通过放养水禽、养殖中华鳖和播撒植物提取次生物质（鱼藤酮、烟碱等）对福寿螺和克氏原螯虾进行直接灭杀。②加强检疫监测。由于福寿螺和克氏原螯虾的活动能力有限，其扩散主要是以人为引入为主。水体生态修复中引入的水生植物和兴盛的水产养殖业为福寿螺和克氏原螯虾提供了很好的扩散机会。因此，建议有关部门加强水生植物引种检疫，对克氏原螯虾的养殖水域周边做好监控管制，防止福寿螺和克氏原螯虾向外传播。③加强综合防治技术研究。对于福寿螺和克氏原螯虾还未大面积出现的区域，现有直接灭杀的防治方法尚有一定效果，但面对已遭受大量入侵的环境，单项措施存在局限性。人工防治不会破坏环境且操作简单易行，但成本高、效率低；化学防治效率高、见效快，但污染环境，对水生生物和人类有害；生物防治经济、安全，但目前还没有有效的措施，有待进一步地研究开发与探索。④加强对入侵物种应用的探索。克氏原螯虾的应用市场已经相对成熟，但仍需考虑新的应用途径。另外，重新考虑福寿螺的饲料价值，增加市场对福寿螺的需求也可以很好地促进对福寿螺种群的削减。

（三）入侵水生植物与微型生物的危害与防控

水生入侵植物可以直接导致人类疾病，如直接伤害人类或带有致病因子，也能间接影响人类健康。例如，典型的水生入侵植物凤眼莲，其扩散蔓延速度极快，侵占水库、湖泊，堵塞河道、沟渠，严重影响沿江、沿湖地区周围居民和牲畜的饮用水安全，并且常常是带菌动物的繁殖场所。又如，摇蚊（疟原虫的寄主之一）常常随凤眼莲的生长而大量出现，并且随着凤眼莲漂移进一步传播（Kathiresan，2000）。同时，水生入侵植物可能会降低水生生态系统初级和次级生产力，影响人类食品、工农业和医药原料，从而影响经济。

水生入侵微生物也能直接或间接影响人类健康和经济。典型的水生入侵微生物，如传染性造血器官坏死病毒，主要感染鲑科（Salmonidae）鱼类，可造成鱼苗或幼鱼 70% 的死亡率（陆琴燕，2013）。海洋生物藻青菌的毒素还能通过食物网进入人体，使人中毒。典型的水生入侵原生生物，如洞刺角刺藻，能够形成复大孢子、休眠孢子，其大量繁殖会引发赤潮，造成水体缺氧和生态失衡，进而导致鱼虾贝等死亡。微缘羽纹藻以细胞分裂繁殖为主，环境适宜时能够大量繁殖并引发赤潮，导致海洋生态系统的结构与功能几乎彻底崩溃（徐海根和强胜，2011）。

外来物种入侵作为一种外来干扰机制介入生态系统中，也会对生态系统产生影响。外来种能改变环境条件，与土著种竞争资源、空间或分泌化感物质，降低生态系统的物种多样性。同时，外来种通过改变食物链或食物网组成及结构，改变整个生态系统的营养结构。例如，互花米草入侵长江口，既能够被土壤食物网中土著细菌性线虫取食利用，为土著消费者无齿螳臂相手蟹提供合适的生存环境，也能够导致以土著植物芦苇为食的蜡蚧等节肢动物数量下降或消失。此外，外来种与土著种的杂交带来的遗传侵蚀影响生态系统物种遗传信息的传递。例如，入侵美国西海岸的互花米草，与本地近缘种加利福尼亚米草发生种间杂交，由于互花米草具有较大的雄性适合度，种间杂交导致加利福尼亚米草种群基因同质化，进而影响生态系统稳定性（李宏和许惠，2016）。

物种入侵性往往是一系列功能性状和环境因子综合作用的结果（刘晓娟和马克平，2015），气候和水质是决定水生生态系统物种分布的重要环境因子。环境因子对入侵物种存活的影响主要体现在建立种群与传播扩散两方面。入侵地的环境对外来种的影响较大，如果被入侵的环境与外来植物以前的栖息地相似，外来种入侵的成功率更大；如果生境相差大，只有那些较高适合度的物种可入侵成功并形成种群（阚丽艳等，2007）。

传播是外来物种入侵过程中最关键的环节之一（齐相贞等，2016）。外来入侵生物传播的内部影响因素中自身因素主要包括：自身繁殖的能力、生存能力及环境抵抗能力、沿交通线路传播的能力等（周桢，2012）。外来入侵生物传播的外部影响因素则包括：气候变化、环境污染、寄生体及跨境贸易、旅游等活动。从源头上进行科学防治，不断减少人类对自然界的干涉，是控制外来物种入侵最有效的方法（麦文伟，2012）。基于环境 DNA-宏条形码技术对水生生态系统入侵生物的早期监测与预警，可对生物入侵的各阶段进行综合监控和管理并将危害控制在最低水平（李晗溪等，2019）。当引进外来物种时，有两个重要前提，一是有充分理由说明引进物种是无害的，二是能够控制引进物种繁衍生长使其不泛滥成灾（李宏和许惠，2016）。而水生入侵微生物和原生生物均为无意引进，因此要加强管控。在外来入侵生物的末端控制方面，目前大多数还是采用化学控制的方式，如使用农药。然而，长期使用化学农药最终会威胁到人类。外来入侵物种的环境危害防控监督管理实行“预防为主，防控结合，综合治理”的原则。应对外来物种入侵是个系统工程，其涉及部门多，情况复杂，影响面广（麦文伟，2012），需要各有关部门的管理与专业技术人员充分联动，广泛开展生物入侵形势的预测、生物入侵应对策略与政策的制定，建立数据库和早期预警系统，加强外来入侵生物的根除与控制的组织协调功能，实现对外来入侵物种的系统控制（闫小玲等，2012）。

三、跨境河流的生物安全及其对策

（一）我国的国际河流与地理分布

国际河流是指跨越或形成国家边界的河流，主要包括跨国河流和边界河流。流经两个及以上国家的河流称为跨国河流，如澜沧江—湄公河；作为国家边界的一部分分隔两个及以上国家的河流称为边界河流，如鸭绿江（何大明等，2014）。2019 年的统计结果显示，全球共有 310 个国际河流流域，占全球陆地面积的 47.1%，涉及 150 个国家和地区，流域内人口数量占世界总人口的 52%。因此，国际河流的合理利用与保护对相关各国的经济发展、生态安全及地缘政治合作意义重大。

我国位于亚洲东部、太平洋西岸，与 14 个国家相邻，拥有 12 条主要的国际河流，国际河流数量仅次于俄罗斯和阿根廷，与智利并列第三。我国主要的国际河流集中分布于东北、西北和西南三大片区：东北片区以边界河流为主，包括黑龙江、图们江、鸭绿江和绥芬河 4 条主要国际河流；西北和西南片区以跨国河流为主，涉及境外 18 个流域国家。西北区域的国际河流主要包括额尔齐斯河—鄂毕河和伊犁河；西南区域分布有 6 条主要的国际河流，分别是独龙江—伊洛瓦底江、怒江—萨尔温江、澜沧江—湄公河、雅鲁藏布江—布拉马普特拉河、森格藏布河—印度河及元江—红河。

（二）国际河流的生物安全

随着贸易和运输网络日益全球化，以国际河流为媒介的生物安全输入与输出显著改变了流域内的生物多样性及群落结构，造成沉重的经济负担及生态系统功能损失（Cuthbert et al.，2022）。莱茵河横跨法国、德国、意大利等西欧国家，被称为“水生入侵物种的高速公路”。1800～2005 年，莱茵河非本土大型无脊椎动物物种增长迅猛，从每十年不到 1 个物种增加到超过 13 个物种，对流域内生物完整性造成了巨大影响（Leuven et al.，2009）。位于中欧的白俄罗斯在三条跨流域运河建成后，水生入侵物种的扩散速度在 20 世纪下半叶比 19 世纪初增加了 7 倍（Karatayev et al.，2008）。同样，在尼罗河流域，其本土物种罗非鱼由于极强的生态适应性被广泛养殖，已成为目前分布最广泛的入侵鱼类，造成大量河流生态系统内本土鱼类濒临灭绝（Zengeya et al.，2013）。

在国际贸易导致的国际河流生物安全输入与输出问题上，船舶压载水已得到全球广泛关注。压载水不仅会夹带贝类、鱼类等大型入侵生物，也包含众多鞭毛藻和霍乱弧菌等有毒微生物和病原微生物。据估算，在进入澳大利亚港口的 80 艘货船中，平均每艘船的压载水里含有 3 亿个存活的塔玛亚历山大藻孢囊，其中部分孢囊在实验室条件下能形成有毒的培养物（Hallegraeff and Bolch，1991）。同样，在到达美国切萨皮克湾和北美五大湖港口的船舶压载水中也发现了引起人类霍乱的病原体霍乱弧菌（Ruiz et al.，2000；Knight et al.，1999）。为防控压载水造成的生物入侵问题，2004 年联合国《控制和管理船舶压载水和沉积物国际公约》规定，新船需要配备压载水管理系统，如使用紫外线、臭氧、脱氧、杀菌剂、电化学系统、超声波等综合处理，但截至 2019 年，全球仅 7.66%的船舶安装了相应的管理系统（Sirimanne et al.，2019）。因此船舶压载水的有效处理仍是未来解决国际河流生物安全输入问题的关键。

（三）国际河流生物安全的保障对策

国际河流为两国或多国共有，而各国的社会经济制度、水资源管理体制、环境质量标准等各不相同，因此需要加强国际合作、积极参与国际讨论，同时密切关注涉及国际河流的国际活动，构建有效的国际跨境河流生物安全协调与管理机构（贾生元和戴艳文，2004）。其次，人类活动排放的有机污染物、重金属、抗生素等污染物被国际河流运输至下游，影响河流水质，增加了国际河流下游段的生物安全风险。加强相关污染物的监测，防止潜在的生物物种入侵，强化国际河流的生态保护，成为保障国际河流生物安全的关键。

（吴庆龙　邢　鹏　王建军　史小丽　曾　巾　李化炳　周丽君　李　彪　杜少娟）

参考文献

边归国, 陈宁, 胡征宇, 等. 2010. 福建某河流甲藻水华与污染指标的关系. 湖泊科学, 22(3): 405-410.

蔡汉雄, 陈日中. 1990. 新的有害生物: 大瓶螺. 广东农业科学, 17(5): 36-38.

陈霆隽, 曹春华. 2005. 食蚊鱼卵胎生习性的观察. 生物学通报, 40(3): 56-58.

陈信忠, 龚艳清, 孔繁德, 等. 2003. 应用 RT-PCR 方法从进境南美白对虾亲虾中检出桃拉综合征病毒(Taura syndrome virus). 中国动物检疫, 20(12): 27-28.

迟万清, 何小燕, 唐凯, 等. 2013. 厦门市饮用水原水中藻类变化特征研究. 长江大学学报, 10(35): 61-64, 7-8.

丁晖, 徐海根, 强胜, 等. 2011. 中国生物入侵的现状与趋势. 生态与农村环境学报, 27(3): 35-41.

丁蕾, 支崇远. 2006. 环境对硅藻的影响及硅藻对环境的监测. 贵州师范大学学报(自然科学版), 24(3): 13-16.

董朝莉. 2006. 福寿螺的生物生态学特性及在广西的分布与危害现状研究. 广西师范大学硕士学位论文.

范继辉, 蒋莉, 程根伟. 2005. 我国南方生物入侵的问题与对策. 应用生态学报, 16(3): 568-572.

高兴政, 汪世平, 王中全, 等. 2011. 医学寄生虫学. 北京: 北京大学医学出版社.

韩笑天, 颜天, 邹景忠, 等. 2004. 强壮前沟藻(*Amphidinium carterae* Hulburt)形态特征及其生长特性研究. 海洋与湖沼, 35(3): 279-283.

何大明, 刘昌明, 冯彦, 等. 2014. 中国国际河流研究进展及展望. 地理学报, 69(9): 1284-1294.

胡传林, 万成炎, 吴生桂, 等. 2010. 蓝藻水华的成因及其生态控制进展. 长江流域资源与环境, 19(12): 1471-1477.

黄敏欢. 2021. 加强学校食堂卫生管理, 防止食源性肠道传染病和食物中毒. 食品安全导刊, (19): 11-12.

黄羽. 2012. 鄱阳湖流域克氏原螯虾的资源状况及长江中下游克氏原螯虾遗传多样性研究. 南昌大学硕士学位论文.

戢小梅, 王爱新, 方林川, 等. 2020. 中国长江下游地区福寿螺分布现状考察. 湖北农业科学, 59(22): 111-116, 124.

贾生元, 戴艳文. 2004. 中国国际河流水资源保护问题与对策. 水资源保护, 20(2): 62-63.

阚丽艳, 谢贵水, 安锋. 2007. 海南外来入侵植物的危害, 入侵机制与防治对策. 热带农业科学, 27(1): 61-66.

孔繁翔, 宋立荣. 2011. 蓝藻水华形成过程及其环境特征研究. 北京: 科学出版社.

李翠云, 唐振柱. 2004. 军团菌的研究近况. 中国热带医学, 4(5): 888-889.

李晗溪, 黄雪娜, 李世国, 等. 2019. 基于环境 DNA-宏条形码技术的水生生态系统入侵生物的早期监测与预警. 生物多样性, 27(5): 491-504.

李宏, 许惠. 2016. 外来物种入侵科学导论. 北京: 科学出版社.

李家乐, 董志国, 李应森, 等. 2007. 中国外来水生动植物. 上海: 上海科学技术出版社.

李林春, 段鸿斌. 2005. 克氏螯虾(龙虾)生物学特性研究. 安徽农业科学, 33(6): 1058-1059.

李庆文. 2021. 浅谈经食物途径传播的传染病预防措施. 食品安全导刊, (22): 141-142.

李文杰. 1990. 值得重视的淡水渔业对象: 螯虾. 水产养殖, 1: 19-20.

李雪梅, 杨中艺, 简曙光, 等. 2000. 有效微生物群控制富营养化湖泊蓝藻的效应. 中山大学学报(自然科学版), 39(1): 82-86.

李艳和. 2013. 克氏原螯虾在我国的入侵遗传学研究. 华中农业大学博士学位论文.

李振宇, 解焱. 2002. 中国外来入侵种. 北京: 中国林业出版社.

郦珊, 陈家宽, 王小明. 2016. 淡水鱼类入侵种的分布、入侵途径、机制与后果. 生物多样性, 24(6): 672-685.

梁金敏. 2012. 流行性传染病传播方式与预防控制策略. 求医问药, 10: 431-432.
刘建, 李钧敏, 余华, 等. 2010. 植物功能性状与外来植物入侵. 生物多样性, 18(6): 569-576.
刘晓娟, 马克平. 2015. 植物功能性状研究进展. 中国科学: 生命科学, 45(4): 325-339.
刘永梅, 刘永定, 李敦海, 等. 2007. 氮磷对水华束丝藻生长及生理特性的影响. 水生生物学报, 31(6): 774-779.
楼允东. 2000. 我国鱼类引种研究的现状与对策. 水产学报, 24: 185-192.
陆琴燕. 2013. 南海近岸海域典型外来物种入侵风险评估研究. 上海海洋大学硕士学位论文.
罗璇. 2011. 青岛近海鳍藻种群动态与产毒特征研究. 中国科学院研究生院(海洋研究所)博士学位论文.
麦文伟. 2012. 从源头科学防治外来物种入侵. 中国检验检疫, (11): 49-50.
潘冬丽, 张家辉, 龙俊, 等. 2014. 福寿螺对水体环境与水体微生物的影响. 中国生态农业学报, 22(1): 58-62.
齐相贞, 林振山, 刘会玉. 2016. 竞争和景观格局相互作用对外来入侵物种传播影响的动态模拟. 生态学报, 36: 569-579.
齐雨藻. 2003. 中国沿海赤潮. 北京: 科学出版社.
施军琼, 吴忠兴, 马剑敏, 等. 2011. 水华束丝藻对磷的生理响应研究. 水生生物学报, 35(5): 857-861.
史小丽, 杨瑾晟, 陈开宁, 等. 2022. 湖泊蓝藻水华防控方法综述. 湖泊科学, 34: 349-375.
舒新亚. 1998. 淡水螯虾的养殖与利用. 渔业致富指南, 2: 40-41.
汤林华. 1997. 中国疟疾流行现状及对旅行者危害评估与预防. 旅行医学科学, 3(3): 137-140.
吴庆龙, 谢平, 杨柳燕, 等. 2008. 湖泊蓝藻水华生态灾害形成机理及防治的基础研究. 地球科学进展, 23(11): 1115-1123.
武正军, 蔡凤金, 贾运锋, 等. 2008. 桂林地区克氏原螯虾对泽蛙蝌蚪的捕食. 生物多样性, 16(2): 150-155.
徐海根, 强胜. 2011. 中国外来入侵生物. 北京: 科学出版社.
闫小玲, 寿海洋, 马金双. 2012. 中国外来入侵植物研究现状及存在的问题. 植物分类与资源学报, 34(3): 287-313.
颜天, 周名江, 傅萌, 等. 2003. 赤潮异弯藻毒性及毒性来源的初步研究. 海洋与湖沼, 34(1): 50-55.
杨诚, 康玉辉, 高健, 等. 2021. 外来种福寿螺(*Pomacea canaliculata*)对 3 种沉水植物的牧食偏好及水体理化因子的响应. 湖泊科学, 33(4): 1241-1253.
杨强, 谢平, 徐军, 等. 2011. 河流型硅藻水华研究进展. 长江流域资源与环境, 20(S1): 159-165.
杨叶欣, 胡隐昌, 李小慧, 等. 2010. 福寿螺在中国的入侵历史、扩散规律和危害的调查分析. 中国农学通报, 26(5): 245-250.
余魁英. 2013. 克氏原螯虾与两种土著水生甲壳动物的种间关系研究. 南京大学硕士学位论文.
於阳. 2016. 水动力条件对硅藻生长及空间分布的影响研究. 重庆大学硕士学位论文.
张澎浪, 孙承军. 2004. 地表水体中藻类的生长对 pH 值及溶解氧含量的影响. 中国环境监测, 48(4): 49-50.
张万岱, 胡伏莲, 萧树东, 等. 2010. 中国自然人群幽门螺杆菌感染的流行病学调查. 现代消化及介入诊疗, 15: 265-270.
赵本良, 章家恩, 戴晓燕, 等. 2014. 福寿螺对稻田水生植物群落结构的影响. 生态学报, 34(4): 907-915.
赵文. 2005. 水生生物学. 北京: 中国农业出版社.
赵以军, 刘永定. 1996. 有害藻类及其微生物防治的基础: 藻菌关系的研究动态. 水生生物学报, 20(2): 173-181.
郑江. 2009. 我国血吸虫病防治的成就及面临的问题. 中国寄生虫学与寄生虫病杂志, 27(5): 398-401.
周成旭, 严小军. 2000. 赤潮生物的毒害机理与毒素生物化学研究. 海洋科学, 24(5): 23-26.
周晓农, 张仪, 吕山. 2009. “福寿螺”学名中译名的探讨. 中国寄生虫学与寄生虫病杂志, 27(1): 62-64.
周宇. 2019. 入侵物种福寿螺在中国的潜在分布及不同尺度下的种群遗传学. 南昌大学硕士学位论文.

周桢. 2012. 中国外来入侵动物扩散风险评价、损失评估及其管理研究. 南京农业大学博士学位论文.
朱蕙. 1982. 鱼类对藻类消化吸收的研究:(Ⅰ)白鲢对斜生栅藻的消化与吸收. 水生生物学集刊, (4): 547-550.
Ahmed W, Payyappat S, Cassidy M, et al. 2020. Sewage-associated marker genes illustrate the impact of wet weather overflows and dry weather leakage in urban estuarine waters of Sydney, Australia. Sci Total Environ, 705: 135390.
Ali M, Nelson A R, Lopez A L, et al. 2015. Updated global burden of cholera in endemic countries. PLoS Negl Trop Dis, 9: e0003832.
Alpermann T J, Beszteri B, John U, et al. 2010. Implications of life-history transitions on the population genetic structure of the toxigenic marine dinoflagellate *Alexandrium tamarense*. Mol Ecol, 18(10): 2122-2133.
Anderson D M, Alpermann T J, Cembella A D, et al. 2012. The globally distributed genus *Alexandrium*: Multifaceted roles in marine ecosystems and impacts on human health. Harmful Algae, 14: 10-35.
Ardal C, Baraldi E, Beyer P, et al. 2021. Supply chain transparency and the availability of essential medicines. B World Health Organ, 99(4): 319-320.
Baral D, Dvorak B I, Admiraal D, et al. 2018. Tracking the sources of antibiotic resistance genes in an urban stream during wet weather using shotgun metagenomic analyses. Environ Sci Technol, 52(16): 9033-9044.
Bellou M, Kokkinos P, Vantarakis A. 2013. Shellfish-borne viral outbreaks: A systematic review. Food Environ Virol, 5: 13-23.
Bengtsson-Palme J, Kristiansson E, Joakim Larsson D G. 2018. Environmental factors influencing the development and spread of antibiotic resistance. Fems Microbiol Rev, 42(1): 68-80.
Binh C T, Heuer H, Kaupenjohann M, et al. 2008. Piggery manure used for soil fertilization is a reservoir for transferable antibiotic resistance plasmids. FEMS Microbiol Ecol, 66(1): 25-37.
Bradie J N, Drake D A R, Ogilvie D, et al. 2021. Ballast water exchange plus treatment lowers species invasion rate in freshwater ecosystems. Environ Sci Technol, 55(1): 82-89.
Campos E, Ruiz-Campos G, Delgadillo J. 2013. First record of the exotic apple snail *Pomacea canaliculata* (Gastropoda: Ampullariidae) in Mexico, with remarks on its spreading in the Lower Colorado River. Revista Mexicana De Biodiversidad, 84(2): 671-675.
Carlsson N, Kestrup A, Martensson M, et al. 2004. Lethal and non-lethal effects of multiple indigenous predators on the invasive golden apple snail (*Pomacea canaliculata*). Freshwater Biology, 49(10): 1269-1279.
Carmichael W W. 2019. The Toxins of Cyanobacteria. Sci Am, 270(1): 78-86.
Castillo-Ruiz M, Canon-Jones H, Schlotterbeck T, et al. 2018. Safety and efficacy of quinoa (*Chenopodium quinoa*) saponins derived molluscicide to control of *Pomacea maculata* in rice fields in the Ebro Delta, Spain. Crop Protection, 111: 42-49.
Cattan S, Thizy G, Michon A, et al. 2019. Actualités sur les infections à Legionella. La Revue de Médecine Interne, 40: 791-798.
Chen J, Ma F Z, Zhang Y J, et al. 2021. Spatial distribution patterns of invasive alien species in China. Glob Ecol Conserv, 26: e01432.
Chen J, Xie P, Li L, et al. 2009. First identification of the hepatotoxic microcystins in the serum of a chronically exposed human population together with indication of hepatocellular damage. Toxicol Sci, 108: 81-89.
Cherry D S, Rodgers J H Jr, Cairns J Jr, et al. 1976. Responses of mosquitofish (*Gambusia affinis*) to ash effluent and thermal stress. Trans Am Fish Soc, 105(6): 686-694.
Cobbold R N, Hancock D D, Rice D H, et al. 2007. Rectoanal junction colonization of feedlot cattle by *Escherichia coli* O157: H7 and its association with supershedders and excretion dynamics. Appl Environ Microbiol, 73: 1563-1568.
Cuthbert R N, Kotronaki S G, Carlton J T, et al. 2022. Aquatic invasion patterns across the North Atlantic.

Glob Change Biol, 28(4): 1376-1387.
Dale B. 1983. Dinoflagellate resting cysts: 'Benthic plankton'//Fryxell G A. Survival Strategies of the Algae. Cambridge: Cambridge University Press.
Desselberger U, Gray J. 2009. Viral gastroenteritis. Medicine, 37: 594e598.
Dias M F, Leroy-Freitas D, Machado E C, et al. 2022. Effects of activated sludge and UV disinfection processes on the bacterial community and antibiotic resistance profile in a municipal wastewater treatment plant. Environ Sci Pollut R, 29: 36088-36099.
Ernst B, Hoeger S J, O'Brien E, et al. 2009. Abundance and toxicity of *Planktothrix rubescens* in the pre-alpine Lake Ammersee, Germany. Harmful Algae, 8(2): 329-342.
Fabbro L D, Duivenvoorden L J. 1996. Profile of a bloom of the cyanobacterium *Cylindrospermopsis raciborskii* (Woloszynska) Seenaya and Subba Raju in the Fitzroy River in tropical Central Queensland. Mar Freshw Res, 47(5): 685-694.
Farkas K, Walker D I, Adriaenssens E M, et al. 2020. Viral indicators for tracking domestic wastewater contamination in the aquatic environment. Water Res, 181: 115926.
Faruque S M, Khan R, Kamruzzaman M, et al. 2002. Isolation of Type 1 and Strains from Surface Waters in Bangladesh: Comparative Molecular Analysis of Environmental Isolates versus Clinical Strains. App Mech Mater, 295-298: 1110-1114.
Franklin D. 2004. Mortality in cultures of the dinoflagellate *Amphidium carterae*. Proc R Soc Lond B, 271: 2099-2107.
Fukami K, Takagi F, Sonoda K, et al. 2021. Effects of the Monomeric components of poly-hydroxybutyrate-co-hydroxyhexanoate on the growth of *Vibrio penaeicida in vitro* and on the survival of infected kuruma shrimp (*Marsupenaeus japonicus*). Animals, 11: 567.
Gallagher M T, Reisinger A J. 2020. Effects of ciprofloxacin on metabolic activity and algal biomass of urban stream biofilms. Sci Total Environ, 706: 135728.
Garcia-Villada L, Rico M, Altamirano M, et al. 2004. Occurrence of copper resistant mutants in the toxic cyanobacteria *Microcystis aeruginosa*: characterisation and future implications in the use of copper sulphate as algaecide. Water Res, 38(8): 2207-2213.
Gozlan R E, Britton J R, Cowx I, et al. 2010. Current knowledge on non-native freshwater fish introductions. Journal of Fish Biology, 76: 751-786.
Grigorszky I, Kiss K T, Béres V, et al. 2006. The effects of temperature, nitrogen, and phosphorus on the encystment of *Peridinium cinctum*, Stein (Dinophyta). Hydrobiologia, 563(1): 527-535.
Grzebyk D, Sako Y, Berland B. 1998. Phylogenetic analysis of nine species of *Prorocentrum* (Dinophyceae) inferred from 18S ribosomal DNA sequences, morphological comparisons, and description of *Prorocentrum panamensis*, sp. nov. J Phycol, 34(6): 1055-1068.
Hallegraeff G M, Bolch C J. 1991. Transport of toxic dinoflagellate cysts via ships' ballast water. Mar Pollut Bull, 22(1): 27-30.
Hamza H, Leifels M, Wilhelm M, et al. 2017. Relative abundance of human bocaviruses in urban sewage in Greater Cairo, Egypt. Food Environ Virol, 9: 304-313.
Han Z, Zhang Y, An W, et al. 2000. Antibiotic resistomes in drinking water sources across a large geographical scale: multiple drivers and co-occurrence with opportunistic bacterial pathogens. Water Res, 183: 116088.
Hansen P J, Calado A J. 1999. Phagotrophic mechanisms and prey selection in free-living dinoflagellates. J Eukaryot Microbiol, 46(4): 382-389.
Hayes K A, Cowie R H, Jorgensen A, et al. 2009. Molluscan models in evolutionary biology: Apple snails (Gastropoda: Ampullariidae) as a system for addressing fundamental questions. Am Malacol Bull, 27(1-2): 47-58.
Hulme P E. 2009. Trade, transport and trouble: managing invasive species pathways in an era of globalization. J Appl Ecol, 46(1): 10-18.
Jiang H Y, Zhou R J, Zhang M D, et al. 2018. Exploring the differences of antibiotic resistance genes profiles between river surface water and sediments using metagenomic approach. Ecotoxicology and

Environmental Safety, 161: 64-69.
Joshi R, Sebastian L. 2006. Global advances in ecology and management of golden apple snails. Nueva Ecija: Philippine Rice Research Institute: 588.
Kaebernick K, Neilan B A. 2001. Ecological and molecular investigations of cyanotoxin production. FEMS Microbiol Ecol, 35: 1-9.
Kang M, Yang J, Kim S, et al. 2022. Occurrence of antibiotic resistance genes and multidrug-resistant bacteria during wastewater treatment processes. Sci Total Environ, 811: 152331.
Karatayev A, Mastitsky S, Burlakova L, et al. 2008. Past, current, and future of the central European corridor for aquatic invasions in Belarus. Biol Invasions, 10(2): 215-232.
Karkman A, Parnanen K, Larsson D G J. 2019. Fecal pollution can explain antibiotic resistance gene abundances in anthropogenically impacted environments. Nature Communications, 10: 80.
Kathiresan R M. 2000. Allelopathic potential of native plants against water hyacinth. Crop Protection, 19(8-10): 705-708.
Kawabata Z, Hirano Y. 1995. Growth pattern and cellular nitrogen and phosphorus contents of the dinoflagellate *Peridinium penardii* (Lemm.) causing a freshwater red tide in a reservoir. Hydrobiologia, 312(2): 115-120.
Kim D, Li W C, Matsuyama Y, et al. 2020. Strain-dependent lethal effects on abalone and haemolytic activities of the dinoflagellate *Karenia mikimotoi*. Aquaculture, 520: 734953.
Kim D K, Jeong K S, Whigham P A, et al. 2010. Winter diatom blooms in a regulated river in South Korea: explanations based on evolutionary computation. Freshw Biol, 52(10): 2021-2041.
Kitchell J F, Schindler D E, Ogutu-Ohwayo R, et al. 1997. The Nile perch in Lake Victoria: interactions between predation and fisheries. Ecol Appl, 7: 653-664.
Knight I T, Wells C S, Wiggins B, et al. 1999. Detection and enumeration of fecal indicators and pathogens in the ballast water of transoceanic cargo vessels entering the Great lakes. Chicago, IL: Proceedings of the General Meeting of the American Society for Microbiology. Abstract Q-71: 546.
Koczura R, Krysiak N, Taraszewska A, et al. 2015. Coliform bacteria isolated from recreational lakes carry class 1 and class 2 integrons and virulence-associated genes. Journal of Applied Microbiology, 119(2): 594-603.
Kwong K L, Dudgeon D, Wong P K, et al. 2010. Secondary production and diet of an invasive snail in freshwater wetlands: implications for resource utilization and competition. Biol Invasions, 12(5): 1153-1164.
La Rosa G, Fratini M, Accardi L, et al. 2012. Mucosal and cutaneous human papillomaviruses detected in raw sewages. PLoS One, 8(1): e52391.
Lai F Y, Muziasari W, Virta M, et al. 2021. Profiles of environmental antibiotic resistomes in the urban aquatic recipients of Sweden using high-throughput quantitative PCR analysis. Environ Pollut, 287: 117651.
Larsson D G J, Flach C F. 2022. Antibiotic resistance in the environment. Nat Rev Microbiol, 20(5): 257-269.
Lee J, Beck K, Burgmann H. 2022. Wastewater bypass is a major temporary point-source of antibiotic resistance genes and multi-resistance risk factors in a Swiss river. Water Res, 208: 117827.
Leonard A F C, Zhang L H, Balfour A J, et al. 2018. Exposure to and colonisation by antibiotic-resistant *E. coli* in UK coastal water users: Environmental surveillance, exposure assessment, and epidemiological study (Beach Bum Survey). Environ Int, 114: 326-333.
Leuven R, Van Der Velde G, Baijens I, et al. 2009. The river Rhine: a global highway for dispersal of aquatic invasive species. Biol Invasions, 11(9): 1989-2008.
Levasseur M, Couture J, Weise A, et al. 2003. Pelagic and epiphytic summer distributions of *Prorocentrum lima* and *P. mexicanum* at two mussel farms in the Gulf of St. Lawrence, Canada. Aquat Microb Ecol, 30(3): 283-293.
Li J, Shao B, Shen J Z, et al. 2013. Occurrence of Chloramphenicol-Resistance Genes as Environmental Pollutants from Swine Feedlots. Environ Sci Technol, 47(6): 2892-2897.
Liang H B, Wang F, Mu R, et al. 2021. Metagenomics analysis revealing the occurrence of antibiotic

resistome in salt lakes. Science of The Total Environment, 790: 148262.

Liu S, Wang P F, Wang C, et al. 2021a. Anthropogenic disturbances on antibiotic resistome along the Yarlung Tsangpo River on the Tibetan Plateau: Ecological dissemination mechanisms of antibiotic resistance genes to bacterial pathogens. Water Research, 202: 117447.

Liu S, Wang P F, Wang C, et al. 2021b. Ecological insights into the disturbances in bacterioplankton communities due to emerging organic pollutants from different anthropogenic activities along an urban river. Sci Total Environ, 796: 148973.

Liu X, Steele J C, Meng X Z. 2017. Usage, residue, and human health risk of antibiotics in Chinese aquaculture: A review. Environ Pollut, 223: 161-169.

Luo D, Wei H, Chaichana R, et al. 2019. Current status and potential risks of established alien fish species in China. Aquat Ecosyst Health Manag, 22(4): 371-384.

Lv S, Guo Y H, Nguyen H M, et al. 2018. Invasive Pomacea snails as important intermediate hosts of *Angiostrongylus cantonensis* in Laos, Cambodia and Vietnam: Implications for outbreaks of eosinophilic meningitis. Acta Tropica, 183: 32-35.

Lv S, Zhang Y, Liu H X, et al. 2009. Invasive snails and an emerging infectious disease: results from the first national survey on angiostrongylus cantonensis in China. PLoS Neglect Trop Dis, 3(2): e368.

Ma C Y, McClean S. 2021. Mapping Global Prevalence of *Acinetobacter baumannii* and Recent Vaccine Development to Tackle It. Vaccines, 9: 570.

Mallapaty S. 2020. How sewage could reveal true scale of coronavirus outbreak. Nature, 580: 176-177.

Manaia C M. 2017. Assessing the risk of antioiotic resistance transmission from the environment to humans: Non-direct proportionality between abundance and risk. Trends Microbiol, 25(3): 173-181.

Mccracken M, Wolf A. 2019. Updating the register of international river basins of the world. International J Water Resour Dev, 35(5): 732-782.

Mitsuhiro Y, Takashi Y, Yukari T, et al. 2010. Dynamics of microcystin-producing and non-microcystin-producing *Microcystis* populations is correlated with nitrate concentration in a Japanese lake. FEMS Microbiol Lett, 1: 49-53.

Momoyama K, Sano T. 1996. Infectivity of baculoviral mid-gut gland necrosis virus (BMNV) to larvae of five crustacean species. Fish Pathol, 31(2): 81-85.

Moon K, Jeon J H, Kang I, et al. 2020. Freshwater viral metagenome reveals novel and functional phage-borne antibiotic resistance genes. Microbiome, 8(1): 75.

Nielsen K M, Johnsen P J, Bensasson D, et al. 2007. Release and persistence of extracellular DNA in the environment. Environ Biosafety Res, 6(1-2): 37-53.

Nocker A, Burr M, Camper A. 2014. Chapter One: Pathogens in Water and Biofilms//Percival S L, Yates M V, Williams D W, et al. Microbiology of Waterborne Diseases. 2nd Edition. London: Academic Press: 3-32.

Percival S L, Williams D W. 2014. Chapter Seven: Helicobacter pylori//Percival S L, Yates M V, Williams D W, et al. Microbiology of Waterborne Diseases. 2nd Edition. London: Academic Press: 119-154.

Pomati F, Kellmann R, Cavalieri R, et al. 2006. Comparative gene expression of PSP-toxin producing and non-toxic *Anabaena circinalis* strains. Environ Int, 32(6): 743-748.

Pruden A, Arabi M, Storteboom H N. 2012. Correlation between upstream human activities and riverine antibiotic resistance genes. Environ Sci Technol, 46(21): 11541-11549.

Quinn P, Markey B K, Carter M, et al. 2002. Veterinary Microbiology and Microbial Disease. Oxford: Wiley-Blackwell.

Rachmadi A T, Torrey J R, Kitajima M. 2016. Human polyomavirus: advantages and limitations as a human-specific viral marker in aquatic environments. Water Res, 105: 456-469.

Raho N, Pizarro G, Escalera L, et al. 2008. Morphology, toxin composition and molecular analysis of *Dinophysis ovum* Schutt, a dinoflagellate of the "*Dinophysis acuminata* complex". Harmful Algae, 7(6): 839-848.

Rawlings T A, Hayes K A, Cowie R H, et al. 2007. The identity, distribution, and impacts of non-native apple snails in the continental United States. BMC Evol Biol, 7(1): 1-14.

Regel R H, Brookes J D, Ganf G G. 2004. Vertical migration, entrainment and photosynthesis of the freshwater dinoflagellate *Peridinium cinctum* in a shallow urban lake. J Plankton Res, 2: 143-157.

Reguera B, González-Gil S. 2001. Small cell and intermediate cell formation in species of *Dinophysis* (Dinophyceae, Dinophysiales). J Phycol, 37(2): 318-333.

Rizzo L, Manaia C, Merlin C, et al. 2013. Urban wastewater treatment plants as hotspots for antibiotic resistant bacteria and genes spread into the environment: a review. Sci Total Environ, 447: 345-360.

Ross R M, Lellis W A, Bennett R M, et al. 2001. Landscape determinants of nonindigenous fish invasions. Biol Invasions, 3: 347-361.

Ruiz G M, Rawlings T K, Dobbs F C, et al. 2000. Global spread of microorganisms by ships. Nature, 408(6808): 49-50.

Salleh N H M, Arbain D, Daud M Z M, et al. 2012. Distribution and management of *Pomacea canaliculata* in the Northern Region of Malaysia: Mini review. Apcbee Procedia, 2: 129-134.

San M R, Gelmi C, De Oliveira J V, et al. 2009. Use of a Saponin Based Molluscicide to Control *Pomacea canaliculata* Snails in Southern Brazil. Nat Prod Commun, 4(10): 1327-1330.

Sanganyado E, Gwenzi W. 2019. Antibiotic resistance in drinking water systems: Occurrence, removal, and human health risks. Sci Total Environ, 669: 785-797.

Sarre S D, MacDonald A J, Barclay C, et al. 2013. Foxes are now widespread in Tasmania: DNA detection defines the distribution of this rare but invasive carnivore. J Appl Ecol, 50(2): 459-468.

Schijven J F, Blaak H, Schets F M, et al. 2015. Fate of Extended-spectrum β-lactamase-producing *Escherichia coli* from faecal sources in surface water and probability of human exposure through swimming. Environ Sci Technol, 49(19): 11825-11833.

Shen X X, Jin G Q, Zhao Y J, et al. 2020. Prevalence and distribution analysis of antibiotic resistance genes in a large-scale aquaculture environment. Sci Total Environ, 711: 134626.

Sirimanne S N, Hoffman J, Juan W, et al. 2019. Review of maritime transport United Nations. Geneva, Switzerland: Conference on Trade and Development.

Smillie C, Garcillan-Barcia M P, Francia M V, et al. 2010. Mobility of plasmids. Microbiol Mol Biol Rev, 74(3): 434-452.

Sommer M O A, Munck C, Toft-Kehler R V, et al. 2017. Prediction of antibiotic resistance: time for a new preclinical paradigm? Nat Rev Microbiol, 15(11): 688-695.

Spaenig S, Eick L, Nuy J K, et al. 2021. A multi-omics study on quantifying antimicrobial resistance in European freshwater lakes. Environ Int, 157: 106821.

Stosch H A. 1973. Observations on vegetative reproduction and sexual life cycles of two freshwater dinoflagellates, *Gymondinium pseudopalustre* Schiller and *Woloszynskia apiculata* sp. nov. Brit Phycol J, 8: 105-134.

Sun D C, Jeannot K, Xiao Y H, et al. 2019. Editorial: Horizontal gene transfer mediated bacterial antibiotic resistance. Front Microbiol, 10: 106821.

Sun X L, Andersson P S, Humborg C, et al. 2013. Silicon isotope enrichment in diatoms during nutrient-limited blooms in a eutrophied river system. J Geochem Explor, 132: 173-180.

Thevenon F, Adatte T, Wildi W, et al. 2012. Antibiotic resistant bacteria/genes dissemination in lacustrine sediments highly increased following cultural eutrophication of Lake Geneva (Switzerland). Chemosphere, 86(5): 468-476.

Wang J L, Chen X Y. 2022. Removal of antibiotic resistance genes (ARGs) in various wastewater treatment processes: An overview. Crit Rev Environ Sci Technol, 52(4): 571-630.

Wang R, Xu M, Yang H, et al. 2019. Ordered diatom species loss along a total phosphorus gradient in eutrophic lakes of the lower Yangtze River basin, China. Sci Total Environ, 650: 1688-1695.

Wang Y, Lu J, Zhang S, et al. 2021. Non-antibiotic pharmaceuticals promote the transmission of multidrug resistance plasmids through intra- and intergenera conjugation. ISME J, 15(9): 2493-2508.

Weber D J, Anderson D, Rutala W A. 2013. The role of the surface environment in healthcare-associated infections. Curr Opin Infect Dis, 26(4): 338-344.

Wei Z Y, Feng K, Wang Z J, et al. 2021. High-throughput single-cell technology reveals the contribution of horizontal gene transfer to typical antibiotic resistance gene dissemination in wastewater treatment plants. Environ Sci Technol, 55(17): 11824-11834.

Xiong W, Sui X Y, Liang S H, et al. 2015. Non-native freshwater fish species in China. Rev Fish Biol Fish, 25: 651-687.

Yang X B, Yan L, Yang Y T, et al. 2022. The occurrence and distribution pattern of antibiotic resistance genes and bacterial community in the Ili River. Frontiers in Environmental Science, 10: 840428.

Yin Q, Yue D M, Peng Y K, et al. 2013. Occurrence and distribution of antibiotic-resistant bacteria and transfer of resistance genes in Lake Taihu. Microbes and Environments, 28(4): 479-486.

Yin X L, Yang Y, Deng Y, et al. 2022. An assessment of resistome and mobilome in wastewater treatment plants through temporal and spatial metagenomic analysis. Water Res, 209: 117885.

Yoshida K, Yusa Y, Yamanishi Y, et al. 2016. Survival, growth and reproduction of the invasive apple snail *Pomacea canaliculata* in an irrigation canal in southern Japan. J Molluscan Stud, 82: 600-602.

Zengeya T, Robertson M, Booth A, et al. 2013. Ecological niche modeling of the invasive potential of Nile tilapia *Oreochromis niloticus* in African river systems: concerns and implications for the conservation of indigenous congenerics. Biol Invasions, 15(7): 1507-1521.

Zhang Q Q, Ying G G, Pan C G, et al. 2015. Comprehensive evaluation of antibiotics emission and fate in the river basins of China: Source analysis, multimedia modeling, and linkage to bacterial resistance. Environ Sci Technol, 49(11): 6772-6782.

Zhou L J, Ying G G, Liu S, et al. 2013a. Excretion masses and environmental occurrence of antibiotics in typical swine and dairy cattle farms in China. Sci Total Environ, 444: 183-195.

Zhou L J, Ying G G, Liu S, et al. 2013b. Occurrence and fate of eleven classes of antibiotics in two typical wastewater treatment plants in South China. Sci Total Environ, 452: 365-376.

Zhou L J, Ying G G, Zhang R Q, et al. 2013c. Use patterns, excretion masses and contamination profiles of antibiotics in a typical swine farm, south China. Environmental science. Environ Sci-Processes Impacts, 15(4): 802-813.

Zhou S Y D, Wei M Y, Giles M, et al. 2020. Prevalence of antibiotic resistome in ready-to-eat salad. Front Public Health, 8: 92.

Zhu Y G, Johnson T A, Su J Q, et al. 2013. Diverse and abundant antibiotic resistance genes in Chinese swine farms. P Natl Acad Sci USA, 110(9): 3435-3440.

Zhu Y G, Zhao Y, Li B, et al. 2017. Continental-scale pollution of estuaries with antibiotic resistance genes. Nat Microbiol, 2: 16270.

Zou H Y, He L Y, Gao F Z, et al. 2021. Antibiotic resistance genes in surface water and groundwater from mining affected environments. Sci Total Environ, 772: 145516.

第八章　大气环境生物污染与控制

与水体和土壤不同，大气环境中的生物组分受到粒径限制，通常在 100 μm 以下，因此主要为细菌、真菌、病毒、立克次体、衣原体、放线菌、蕨类孢子、植物细胞、昆虫及其碎片、动植物源性蛋白、花粉、酶、各种菌类毒素等组成的生物气溶胶，其中又以细菌、真菌和病毒等微生物为主。本章共分三节，第一节介绍大气环境中的有害微生物，包括主要的致病性细菌、真菌、病毒等。第二节介绍大气环境中有害微生物的特征及影响因素，包括时空变化、环境因子和其他大气组分等。第三节介绍大气环境中有害微生物的主要来源、传播能力、暴露和风险评估及主要的监测和预警手段。近年来，生物气溶胶相关的大规模突发性传染病不断暴发，局部地区军事冲突风险增强，高致病病原体的生物战和生物威胁风险剧增，严重威胁人类和平与稳定，其风险预警与控制技术需要得到进一步开发。

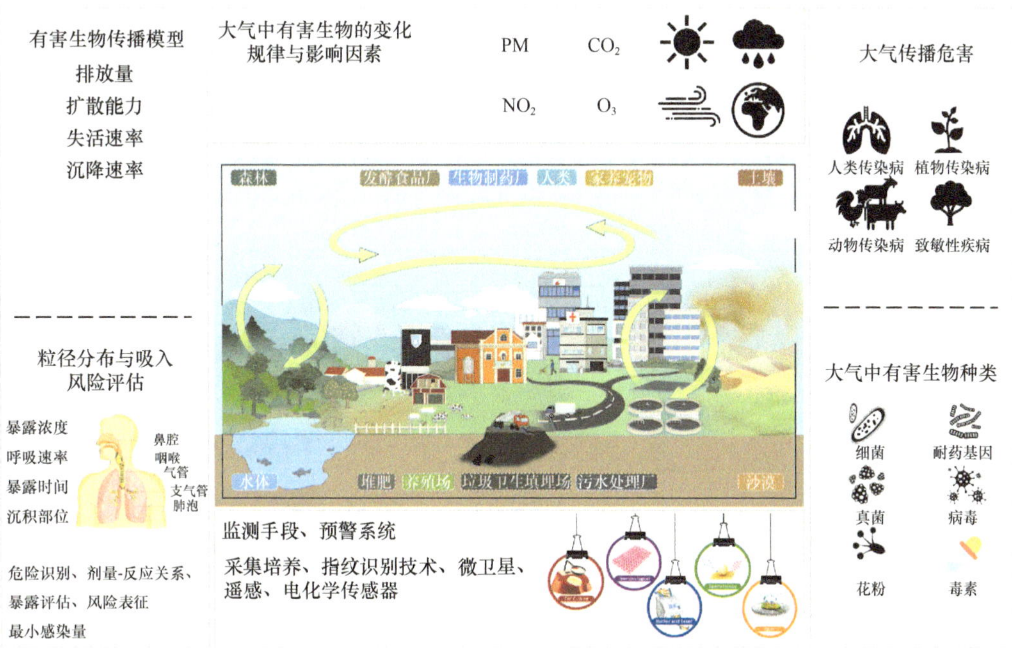

图 8-1　本章摘要图

第一节　大气环境有害微生物的种类

微生物在大气中无处不在，丰富程度接近土壤，浓度数量级为 10^2～10^6 cells/m^3，通常占颗粒物总质量的 15%～25%（Shen and Yao，2023）。部分微生物具有引起生物危害的潜力，导致人类、动物或植物的疾病，直接或间接通过大气传播破坏环境安全。

一、大气环境有害细菌

大气中常见的主要致病细菌和条件致病细菌见表8-1。

表8-1 大气中常见的主要致病细菌和条件致病细菌

病原菌	拉丁名	病原菌特征	引起的主要疾病	备注
肺炎链球菌	*Streptococcus pneumoniae*	革兰氏阳性球菌，直径约1 μm，需氧或兼性厌氧	大叶性肺炎	每年全世界约有50万5岁以下的儿童死于肺炎链球菌
鼠疫杆菌	*Yersinia pestis*	革兰氏阴性球杆菌，在寒冷、潮湿的条件下不易死亡，在–30℃仍能存活。可耐日光直射1～4 h，对一般消毒剂、杀菌剂的抵抗力不强。对链霉素、卡那霉素及四环素敏感	腺鼠疫、肺鼠疫和败血型鼠疫	
嗜肺军团菌	*Legionella pneumophila*	革兰氏阴性，短小球杆菌，专性需氧，在自然界可长期存活	军团菌肺炎	
铜绿假单胞菌	*Pseudomonas aeruginosa*	革兰氏阴性杆菌，专性需氧菌，生长温度范围25～42℃，最适生长温度为25～30℃	菌血症等	
结核分枝杆菌	*Mycobacterium tuberculosis*	专性需氧。最适温度为37℃，低于30℃不生长	结核病	
金黄色葡萄球菌	*Staphylococcus aureus*	需氧或兼性厌氧，80℃以上的高温下30 min失活，可以存活于高盐环境，最高可以耐受15%浓度的NaCl溶液，70%的乙醇可以在几分钟之内将其快速杀死，耐恶劣环境	肺炎	医院常见院内感染细菌，已发展出耐药菌
炭疽杆菌	*Bacillus anthracis*	需氧或兼性厌氧，芽孢对恶劣环境抵抗力较强	炭疽病	生物战剂
脑膜炎奈瑟菌	*Neisseria meningitidis*	革兰氏阴性菌，专性需氧，正常人可鼻咽部带菌而不发病	流行性脑脊髓膜炎、脑膜炎双球菌血症	
百日咳杆菌	*Bordetella pertussis*	专性需氧，培养时营养要求较高。环境抵抗力弱，56℃ 30 min、日光照射1 h死亡。对多黏菌素、氯霉素、红霉素、氨苄青霉素等敏感，对青霉素不敏感	百日咳	
白喉棒状杆菌	*Corynebacterium diphtheriae*	需氧菌或兼性厌氧菌，对消毒剂敏感。60℃经10 min或煮沸可迅速被杀死，对干燥、寒冷和日光的抵抗力较强，对青霉素和常用抗生素较敏感	白喉	
布鲁氏杆菌	*Brucella*	革兰氏阴性，专性需氧	布鲁氏菌病	2019年兰州布鲁氏菌病感染事件
流感嗜血杆菌	*Haemophilus influenzae*	革兰氏阴性杆菌，好氧或兼性厌氧	呼吸道疾病	
大肠杆菌	*Escherichia coli*	革兰氏阴性，分布广泛	脑膜炎、败血型感染	
副鸡嗜血杆菌	*Haemophilus paragallinarum*	革兰氏阴性、兼性厌氧	鸡传染性鼻炎	
猪胸膜肺炎放线菌	*Actinobacillus pleuropneumoniae*	革兰氏阴性小球杆菌、兼性厌氧，对外界环境的抵抗力不强，于60℃ 15 min即可死亡。日光、干燥和消毒剂于短时间内即可杀灭。在干草和秸秆上的生存时间不超过5天。该菌对氟苯尼考、头孢拉定、甲氧苄啶、头孢噻呋等抗菌药敏感，对链霉素、青霉素、红霉素、诺氟沙星、卡那霉素和复方磺胺甲噁唑等药物不敏感	猪传染性胸膜肺炎	
猪链球菌	*Streptococcus suis*	革兰氏阳性球菌	猪链球菌病	
梨火疫欧文氏杆菌	*Erwinia amylovora*	革兰氏阴性，生长的温度为6～37℃，最适温度为25～27.5℃，45～50℃条件下10 min可致死	梨火疫病	

（一）人类致病菌

20 世纪早期，飞沫传播被认为是病原体空气传播的唯一方式，直到 Wells、Riley 和 Mills 证明了结核分枝杆菌可以通过通风系统传输，造成肺结核感染，气溶胶传播途径才逐渐引起重视（Moreno and Gibbons，2022）。由于气溶胶化时的损失、严苛的大气环境和空气的高流动性（Theunissen et al.，1993），人类致病菌在大气中通常无法达到最小感染量（minimal infecting dose），但仍有部分种类曾直接在大气中检出或观察到室外传播的例子，如鼠疫杆菌、嗜肺军团菌、白喉棒状杆菌、铜绿假单胞菌、结核分枝杆菌、耐甲氧西林金黄色葡萄球菌、金黄色葡萄球菌和凝固酶阴性葡萄球菌。因此，当大气中人类致病菌的浓度因为疾病流行或生物制剂主动或被动泄漏达到一定水平，通过生物气溶胶传播的潜在危险就不容忽视了。多种细菌能够直接通过呼吸道暴露或皮肤接触对人体产生危害，其中引起法定管理传染病的包括鼠疫杆菌（肺鼠疫）、炭疽病（炭疽杆菌）、肺结核（结核分枝杆菌）、流行性脑脊髓膜炎（脑膜炎奈瑟菌）、百日咳（百日咳杆菌）、白喉（白喉棒状杆菌）、猩红热（A 族溶血性链球菌）、布鲁氏菌病（布鲁氏杆菌）等（Kuske，2006；Ruiz-Gil et al.，2020）。在引起急性呼吸道感染的 9 种细菌中，排前五的依次为肺炎链球菌、肺炎支原体、流感嗜血杆菌、肺炎克雷伯菌和铜绿假单胞菌（Li et al.，2021）。大肠杆菌、沙门氏菌、奈瑟菌、芽孢杆菌、弗朗西斯菌、伯克霍尔德氏菌、梭状芽孢杆菌、耶尔森菌属等致病或条件致病菌的气溶胶传播也被认为是导致健康和生态问题的重要因素（Kuske，2006）。除经呼吸道感染的人类致病菌外，大气中还含有大量经非呼吸道感染的致病菌和条件致病菌，这些细菌可能通过大气广泛传播，落入水体、土壤、植物或其他介质上后造成进一步危害。例如，在雨水样品中检出了大肠杆菌、肺炎克雷伯菌、铜绿假单胞菌和嗜水气单胞菌（Kaushik et al.，2012）。

（二）动物致病菌

大气中的动物病原细菌可能造成养殖场疫病流行，引起人兽共患疾病或造成重大经济损失。大气中主要的动物病原细菌包括副鸡嗜血杆菌（鸡传染性鼻炎）、猪胸膜肺炎放线菌（猪传染性胸膜肺炎）、猪链球菌（猪链球菌病）等。

（三）植物致病菌

大面积的植物疫病通常由真菌引起，但仍有部分种类的植物病原细菌需要得到关注，如梨火疫欧文氏杆菌引起的梨火疫病。其主要危害花、果实和叶片，植物受害后很快变为黑褐色并枯萎，犹如火烧。虽然梨不属于战略储备粮的作物品类，但这一病害属于一种毁灭性病害，因此被列入农业农村部《一类农作物病虫害名录》。

二、大气环境有害真菌

（一）气传植物真菌

与细菌和病毒不同，致病性真菌通常能被免疫力正常的健康人群和动物有效抵御，因而历史上很少出现由真菌引起的严重的大面积疫情。然而，重要气传植物病害的病原菌主要为真菌，包括稻梨孢菌（稻瘟病）、条形柄锈菌（小麦条锈病）、小麦隐匿柄锈菌（小麦叶锈病）、禾本科布氏白粉菌（小麦白粉病）、致病疫霉（马铃薯晚疫病）等，严重威胁粮食安全和生态平衡。我国主要真菌病害及其病原体见表 8-2，其中包括农业农村部发布的一类真菌病害和发生于大于等于 5 个省（自治区、直辖市）的二类真菌病害。

表 8-2　我国常见气传真菌植物病害

中文名	病原体	分类
小麦条锈病	*Puccinia striiformis* f. sp. *tritici*	一类病害
小麦赤霉病	*Fusarium graminearum*	一类病害
稻瘟病	*Magnaporthe oryzae*	一类病害
马铃薯晚疫病	*Phytophthora infestans*	一类病害
柑橘黄龙病	Candidatus *Liberibacter asiaticus*	一类病害
小麦白粉病	*Blumeria graminis* f. sp. *tritici*	二类病害（北京市、天津市、山东省、四川省、陕西省、甘肃省、宁夏回族自治区、新疆维吾尔自治区）
灰霉病	*Botrytis cinerea*	二类病害（北京市、上海市、宁夏回族自治区、江苏省、贵州省）
小麦茎基腐病	*Fusarium pseudograminearum*、*Fusarium graminearum*	二类病害（天津市、河北省、陕西省、山西省、山东省、河南省、安徽省）
稻曲病	*Ustilaginoidea virens*、*Ustilaginoidea oryzae*	二类病害（浙江省、福建省、江西省、湖南省、广西壮族自治区、四川省、贵州省、天津市、湖北省、安徽省、浙江省）
水稻纹枯病	*Thanatephorus cucumeris*	二类病害（黑龙江省、上海市、浙江省、福建省、江西省、湖北省、湖南省、广东省、广西壮族自治区、海南省、重庆市、贵州省、辽宁省、吉林省、河北省、山西省、安徽省、江苏省、河南省）
玉米大斑病	*Setosphaeria turcica*、*Exserohilum turcicum*	二类病害（内蒙古自治区、辽宁省、吉林省、宁夏回族自治区、陕西省、黑龙江省）
柑橘溃疡病	*Xanthomonas citri* subsp. *citri*	二类病害（广西壮族自治区、海南省、福建省、江西省、湖南省、广东省）
油菜菌核病	*Sclerotinia sclerotiorum*	二类病害（内蒙古自治区、湖南省、四川省、浙江省、贵州省、江苏省、湖北省、安徽省、重庆市）

（二）其他有害真菌

真菌和真菌孢子与哮喘、慢性阻塞性肺疾病和过敏有关，在特殊情况下，如免疫缺陷个体的真菌感染可能造成致命性的后果（Kwon-Chung and Sugui，2013）。致敏性的真菌主要属于子囊菌门，包括链格孢属（*Alternaria*）和附球菌属（*Epicoccum*）（Yamamoto et al.，2012）。致病性的真菌主要包括枝孢属、青霉菌属、曲霉菌属、烟曲霉和链格孢属等（O’Gorman and Fuller，2008），除此之外，裂褶菌属和隐球菌属是担子菌门中最主要的两种真菌病原体（Yamamoto et al.，2012）。

三、大气环境有害病原体

（一）人类病原体

明确能够通过空气传播的人类病毒主要包括甲型流感病毒（influenza A virus）、风疹病毒（rubella virus）、水痘病毒（varicella-zoster virus）、新型冠状病毒（SARS-CoV-2）、严重急性呼吸系统综合征冠状病毒（SARS-CoV）、中东呼吸综合征冠状病毒（MERS-CoV）、乙型肝炎病毒（hepatitis B virus）和诺如病毒（norovirus）等。虽然通过室外大气的传播风险通常较低，但有证据表明其仍是需要防范的途径。对水痘带状疱疹病毒的研究表明，该病毒在大气中的传播距离长达数十米，具有气溶胶传播风险。有研究观察到天花病毒通过敞开的窗户，经室外大气在不同楼层之间传播，导致患者感染。几项研究直接在大气中检测到了 MERS-CoV、SARS-CoV 和 SARS-CoV-2 的核酸。大量研究表明，流感患者呼出的气中包括流感病毒 RNA，并在环境空气中被检测到（Bulfone et al.，2021；Tellier et al.，2019）。

（二）动物病原体

在我国农业农村部规定的 11 种一类动物疫病中，包括 8 种病毒性疫病，为口蹄疫、猪水疱病、非洲猪瘟、尼帕病毒性脑炎、非洲马瘟、牛瘟、小反刍兽疫、高致病性禽流感，除小反刍兽疫外均可通过大气以气溶胶传播。其中高致病性禽流感亦为人类病原体。口蹄疫病毒（foot-and-mouth disease virus，FMDV）主要影响偶蹄类动物，主要是牛、羊和猪，具有高度传染性，但也属于人兽共患病。2001 年，口蹄疫在英国流行，650 多万头牲畜被宰杀（Haydon et al.，2004）。猪水疱病、非洲猪瘟等则仅感染猪，而牛瘟虽非人兽共患疾病，但对猪、羊等其他牲畜同样具有高度致病性。在一类动物疫病外，农业农村部还给出了人兽共患疾病名录，其中由支原体引起的尼帕病毒性脑炎和由衣原体引起的鹦鹉热也具有气溶胶传播能力。

（三）植物病原体

到目前为止，植物病毒的传播主要依靠虫媒，直接通过气溶胶感染的证据仍然不足，有待后续研究。

四、大气环境其他生物污染组分

（一）内毒素

内毒素是革兰氏阴性菌和少部分革兰氏阳性菌死亡后释放的高度免疫原性的分子，普遍存在于环境中。由于吸入后可能引起发热和多种肺部疾病，包括哮喘和慢性支气管炎，故气溶胶中的内毒素受到广泛关注。接触 0.2 EU/m^3 的内毒素就会导致用力呼气量下降（Donham et al.，2000）。城市大气中内毒素的浓度范围为每毫克颗粒物数十 EU 至数千 EU（Li et al.，2019）。

（二）过敏原

大气中广泛存在致敏性生物气溶胶。除细菌和真菌外，花（草）粉、花（草）粉碎片、微生物碎片和动植物蛋白碎片均可能导致哮喘、过敏性鼻炎、过敏性皮炎、过敏性支气管炎等疾病。大气中致敏性生物污染特征具有显著的季节性和地域性差异，例如，北京地区春秋两季花粉、草粉浓度显著较高，养殖场和农田周围致敏性物质浓度较高等。

第二节 大气环境有害微生物特征及影响因素

一、大气环境中有害微生物的时空变化

（一）大气环境有害微生物的时间变化

同一地区的空气微生物浓度与群落结构会随时间产生周期性变化，这种周期性变化主要由气象条件和人类活动如种植和养殖的周期性差异导致。Maron 等（2006）进行了为期一年的采样，发现在同一地区，日内变化高于季节变化，季节变化高于日间变化，而日间变化又高于周间变化。同一季节内，周间微生物的群落结构相对稳定，几乎没有变化。在一天内，温度、湿度和辐射的周期性改变影响生物气溶胶的释放和停留时间，从而引起大气微生物的剧烈变化，导致空气中植物病原体每小时的平均浓度变化范围为–67%～639%（Van Leuken et al.，2016a）。每日逐小时采样发现，下午 3 点至凌晨的大气微生物相对稳定，而夜间至中午则变化剧烈（Maron et al.，2006）。细菌和真菌浓度一般在日出前数小时达到峰值，随后迅速下降，傍晚时可能再次出现峰值，这是由于白天光照强度较大，湿度较低，不利于细菌和真菌的存活。不过，真菌孢子的释放也与其生物学特征密切相关，如弹球菌通过外翻机制主动弹射孢子，一般发生在上午，而担子菌由于孢子壁较薄，对干燥和紫外线更为敏感，通常集中在夜间释放孢子以抵御不良环境。小麦赤霉病的子囊孢子主要在夜间被释放出来，并依靠风和/或雨的飞溅进行更大面积的传播。对于花粉，浓度最高的时候通常是中午到傍晚，与细菌和真菌不同（Fernández-Rodríguez et al.，2014）。

季节差异引起的微生物变化的强烈程度仅次于日内变化，并且对人类的影响很可能高于日内变化，因此世界各地都有相关研究。夏季病原菌占总细菌的比例显著高于春季，尤其是医院附近的样本（Li et al.，2019）。污水处理厂排放的细菌气溶胶在夏季和冬季间具有显著差异（Yang et al.，2019）。然而，也有研究发现春季样本中细菌群落的物种丰富度最高，其次是冬季样本和秋季样本，夏季的多样性最低。致敏和致病真菌通常在夏季浓度较高（O’Gorman and Fuller，2008）。北京地区春季风速较高，利于其他地区的微生物扩散进入，导致本地物种丰度增加；而夏季天气静稳，不利于微生物扩散，因此丰度最低。冬季病原细菌和真菌的浓度更高，可能与冬季颗粒物污染有关。北京地区的优势菌种为放线菌、变形杆菌、厚壁菌、蓝细菌和拟杆菌。子囊菌是最多的真菌，占全部真菌浓度的 74.68%（Du et al.，2018）。青岛大气微生物活性为：夏季>秋季>冬季>春季，夏季和秋季波动性较大（Zhong et al.，2016）。大气中抗生素抗性基因的特征也具有季节变化，以农村地区最为明显，冬季细菌总水平显著下降，某些抗性基因在冬季富集，而在春季稀释，但在城市和工业地区的季节性变化不明显（Xie et al.，2018）。

生物气溶胶群落结构也具有明显的日间变化。例如，Fierer 等（2008）在科罗拉多

进行了为期 8 天的采样，发现细菌与真菌的比例在此期间变化了两个数量级，不同日期采集的空气样品系统发育多样性有显著差异。同一天内从地理位置较远的位点收集到的细菌之间的系统发育相似性，高于在不同日期从同一位点收集到的细菌之间的系统发育相似性。

（二）大气环境有害微生物的空间差异

由于直接影响了气溶胶的排放源，空间上的不同可能是空气微生物组成的最大影响因素之一。全球主要城市大气间的微生物浓度差异可达到 100 倍（Li et al.，2019）。Barberán 等（2015）在美国 1200 个采样点收集了尘土样品，发现大气微生物主要来源于土壤和水体，植物、养殖产业、人类皮肤和昆虫等来源也有所贡献。全美各地的生物气溶胶群落结构有显著差异。被检测的微生物中仅有 0.03%和 0.02%的类型无处不在，包括鞘氨醇单胞菌属（*Sphingomonas*）和薄层菌属（*Hymenobacter*）的细菌，以及枝孢菌属（*Cladosporium*）、*Toxicocladosporium* 和链格孢属（*Alternaria*）的真菌。其中约有 74%的真菌类型属于“未被描述”的情况。统计学分析，造成群落结构差异的主要原因有土壤 pH 与年平均降雨量、年平均气温。其中，土壤 pH 主要影响细菌，而降雨量主要影响真菌。城市空气中微生物浓度与人口数量呈现正相关关系（Barberán et al.，2015）。

虽然城市地区的人群并未接触到比农村中更多种类的微生物，但优势与非优势菌种浓度差异显著减低。McKinney（2006）等也观察到了城市化对生物气溶胶组成的影响，认为虽然城市之间微生物组成的相似性不显著，但可以观察到城市化使得微生物群落同质化的趋势。Xie 等（2018）在南京附近的工业区、农业区进行了为期一年的观察，发现：农村地区的细菌总水平在冬季显著降低，但是城区和工厂区没有观察到类似的变化。因为城市和工厂的细菌来源主要为人类活动，而农村的细菌主要来源是田地和植被。农村冬季土壤冻结并被积雪覆盖，而城市和工业场所中的冬季雾霾反而为细菌提供了可溶性无机物离子和低分子有机酸等营养物质，减小了微生物在大气中生存的压力。Rathnayake 等（2016）针对美国中西部三个城市和三个城市附近的农村地区，采集了 PM_{10}，并检测了其中的真菌和细菌的示踪物，发现城市中的 PM_{10}、真菌葡聚糖、内毒素和水溶性蛋白含量相对于农村显著增加。人类活动、海水和几种绿化植被可能是市区和郊区大气微生物的主要来源，而多种植物和土壤被认为是农村的主要微生物来源，从而导致了空间上的差异（Li et al.，2019）。大气中潜在致病菌的比例随着城市化程度的增加而增加（Li et al.，2019），如多噬伯克霍尔德氏菌（*Burkholderia multivorans*）、粪肠球菌（*Enterococcus faecalis*）和嗜热链球菌（*Streptococcus thermophilus*）。城市化不仅仅影响细菌与真菌的组成，也会影响花粉的浓度（Rathnayake et al.，2016）。Ríos 等（2016）在墨西哥针对默塞德（高度城市化），Iztapalapa（中等偏上城市化）和科约阿坎（中等城市化）花粉季的花粉浓度进行了检测，发现不同的城市化程度导致不同程度的热岛效应，其改变了三个城市的平均温度，使得城市化越高的地区空气中花粉浓度也越高。

同一城市中，不同的土地利用类型也会影响空气中微生物的群落结构。虽然微生物在大气环境中的迁移能力优于土壤环境，但并非距离相近的地区群落结构就相似，功能区的影响有时会高于地理距离的影响。例如，Gandolfi 等（2015）在意大利北部的米兰和威尼斯进行了为期一年的采样，发现虽然米兰空气中年平均细菌浓度是威尼斯两个采样点的1.5倍，但是，在除春季以外的其他季节，相距数十千米的米兰城区跟威尼斯城区生物气溶胶群落结构反而比仅相距不到1 km的威尼斯城区与工厂区更相似。在春季，威尼斯的城区和工厂区均受到来自于水体中的红细菌的影响，优势菌群不再仅仅来自于当地，功能区造成的差异因此被抹消。Fang等（2008）在北京进行了为期一年的研究，采集了中国科学院生态环境科学研究中心（文化与教育区域）、西直门（主要交通线路）和北京植物园（绿色园林区）的空气样品，发现就整体而言，空气中细菌的比例占可培养微生物总数的59.0%，明显高于气载真菌（35.2%）和放线菌（5.8%）。文教与交通区域的细菌浓度明显高于真菌浓度，但在园林区没有显著差异。就微生物总数而言，文教区的细菌浓度显著高于其他两个区域，交通区域和园林区域的总浓度差异则不显著。Mouli等（2005）在冬季采集并培养了印度南部半岛半干旱城市中6个不同功能区的空气微生物，发现细菌总浓度为工厂>牧场农田>公交车站>城区>公立医院>大学。城区中革兰氏阳性菌浓度显著高于阴性菌，在工厂区域尤其明显。虽然，Fang与Mouli均采集了文教、交通和园林区域的空气样品，但这三种功能区对我国北京与印度生物气溶胶浓度的影响明显不一致。功能区可能是通过改变排放源和土地裸露程度，并与当地气候共同作用，最终对空气微生物的浓度和结构造成影响。因此，在不同城市，不能仅仅依靠区域功能推测微生物的暴露风险。Li等（2020a）收集和调查了13种不同类型（森林、湿地、湖泊、裸地、农田、污水处理厂、4种人流量不同的街道、养殖场、冶炼厂和花园）的生物气溶胶，发现不同土地利用类型间的生物排放水平和多样性差异均具有统计学意义，差异达100倍。受人类活动影响较大的农田、污水处理厂、街道和冶炼厂表现出较高的生物气溶胶排放水平，受人类影响较小的土地类型释放出的生物气溶胶水平较低，但具有较高的可培养性。此外，这些土地利用类型的微生物结构通常具有较高的物种丰富度和多样性，但优势种不同。

对于非城市区域，Bowers等（2013）研究了科罗拉多农田、郊区和森林空气中微生物的浓度与群落结构，发现农业区生物气溶胶的浓度比郊区和森林高一倍，这种差异主要是因为土地中可以向大气中转移的微生物群落不同，而非气象条件的原因。养殖场周围可能具有更高的病原菌暴露风险，如耐甲氧西林金黄色葡萄球菌（Ferguson et al.，2016）。

微生物的空间差异不仅仅体现在横向差异上，也体现在纵向差异上。在过去，人们认为高空中几乎不存在微生物，但DeLeon-Rodriguez等（2013）研究显示，大气中直到对流层中部（8～15 km）都有大量微生物。在这一高度采集到的0.25～1 μm颗粒物中，细菌活细胞的比例超过20%，而真菌浓度约比细菌少一个数量级。在对流层中部发现了17种细菌，包括数种能代谢C_1～C_4有机酸的菌种，提示微生物可能不仅仅在其中存活和传输，还可能有代谢与繁殖的过程。利用飞机采集了距地面0.3～12 km的气溶胶样品，发现细菌群落分布均匀，样品中分离出的活细菌主要包括芽孢杆菌属、微球菌属、节杆菌属和葡萄球菌属，说明平流层仍具有相当浓度的活细菌分布（Smith et al.，2018）。但是，许多在低层大气中的优势种群完全没有被发现，如变形菌门（DeLeon-Rodriguez et al.，2013）。

二、影响大气环境有害微生物的环境因子

在宏观尺度上，气候变化一直是影响植物疫病发生频率、范围和严重程度的重要因素。有研究观察到，厄尔尼诺-南方涛动（El Niño-Southern Oscillation，ENSO）与小麦的真菌病害相关，如小麦赤霉病、2～10 年为周期的小麦条锈病和 6～8 年为周期的小麦茎锈病（Scherm and Yang，1995），其背后的机制为气象事件带来的温度和湿度的改变会影响病原体毒素和毒力蛋白的产生量，以及病原体繁殖速率和存活时间。全球变暖下的气温升高导致空气中真菌毒素浓度增加，并影响过敏原暴露的时间、分布、数量和质量（Boxall et al.，2009）。

大气环境具有低湿度、高风速、高紫外线和营养贫瘠的特殊条件，可能导致部分微生物死亡，活性微生物的浓度和群落结构发生显著改变，因此许多研究关注了气象因子影响因素。

气温通常和大气中细菌群落的多样性呈正相关关系，低温时致病菌的比例可能更高。寒冷也有利于病毒传播。一方面，在较低的温度下病毒通常更为稳定；另一方面，在寒冷的气候下病毒从感染个体的释放时间被显著延长（Lowen et al.，2007），从而增加了感染概率。我国 2020 年 3 月新冠疫情的研究显示，气温较低、昼夜温差小、绝对湿度低的环境有利于疾病的传播，滞后效应时间为 7～14 天（Liu et al.，2020）。高温和高相对湿度降低了 COVID-19 的生存能力、稳定性、生存和传播能力，而低温、高风速、高露/霜点、多降水和高地面气压会延长病毒的激活和传染性（Sarkodie and Owusu，2020），因此需要特别警惕冬季疫情的暴发（Liu et al.，2021）。

相对湿度（relative humidity，RH）是影响生物气溶胶活性和传染性的重要因子。通常细菌气溶胶的活性与 RH 成正比（Lin and Marr，2020）。属于真菌的致病疫霉（*Phytophthora infestans*）生长的温度范围较广，但对湿度较为敏感，通常潮湿时马铃薯晚疫病发病较多。RH 对大气中病毒的活性具有显著影响。例如，甲型流感病毒气溶胶的传染性在 RH 为 17%～24%时能维持超过 24 h，而当 RH 超过 40%时，传染性和存活比例迅速下降，因此冬季是流感的高发季节（Tellier，2006）。在 40%～50%的 RH 和 22～25℃的温度条件下，SARS 病毒在光滑表面上的存活时间超过 5 天，而超过 95%的 RH 和超过 38℃的高温可使其在数分钟内被灭活（Chan et al.，2011）。然而，也有一些研究发现，病毒气溶胶的存活时间在不同相对湿度下呈双峰分布，如甲型流感病毒在 RH<40%时存活率最高，>60%时次之，40%～60%最低（Lin and Marr，2020；Yang and Marr，2012）。一般来说，包膜病毒在较低的 RH 下存活率高，而非包膜病毒在较高的 RH 下更为稳定，然而也有许多例外情况：诺如病毒无包膜，其环境存活时间在 10%～35%相对湿度下为几天至一周，但在 55%～85%的 RH 下仅有数小时（Jones and Brosseau，2015）；牛传染性鼻气管炎病毒（infectious bovine rhinotracheitis virus，IBRV）有包膜，但在较高的 RH 时更稳定，鸽痘病毒具有包膜，但对 RH 不敏感；非包膜的疱疹病毒在低 RH 时反而能存活更长时间。RH 对病毒活性影响的机制尚无定论，可能的假说包括水活度、表面失活、渗透压、盐毒性和 pH 改变等（Lin and Marr，2020；Yang and Marr，

2012）。

在大气环境中，紫外线对病毒的衰减速率起到了重要作用。在阳光直射的条件下，SARS-CoV-2 气溶胶在冬季和夏季分别在 19 min 和 8 min 即达到 90%的失活率，失活速率分别为（0.121±0.017）min^{-1}和（0.306±0.097）min^{-1}，而在无阳光条件下失活速率仅为（0.008±0.011）min^{-1}，需要 286 min 才能达到 90%的失活率（Schuit et al.，2020）。

风是使病原体扩散和传输的直接原因，因此风向和风速同样是重要参数。在不同风速和风向下，大气中还可能出现湍流和垂直混合，改变病原体在大气中的高度，也影响其沉降速率。大气中生物气溶胶的季节性规律受不同季节的主导风向和区域大气环流影响，如在某高海拔的采样点，在夏季，淡水、农田和城市生物群落是空气中细菌最重要的来源，而在冬季，海洋和森林生物群落占主导地位。

当空气中相对湿度大于等于 60%、太阳辐射较弱时，口蹄疫病毒的存活时间较长，并且可以依赖风将病毒扩散到很远的地方。在风向下沉或暴雨发生时，易沉降到与易感动物接触，动物通过吸入含毒气溶胶而感染疫病。

三、影响大气环境有害微生物的大气组分

通过对 160 年间受感染小麦的 DNA 分析发现，SO_2浓度直接影响两种小麦病原体的相对丰度（Bearchell et al.，2005）。随着化肥施用和化石燃料燃烧的增加，活性氮（NO_x、NH_4 和 NH_3）在大气中积累，可能会改变微生物群落结构，促进植物病原菌浓度升高（Fones and Gurr，2017）。臭氧与温度共同对曲霉/青霉菌和枝孢霉菌在大气中的负荷产生影响（Adhikari et al.，2006）。Liu 等（2018）观察到，颗粒物污染与细菌气溶胶之间有联系，在中度和重度污染的空气中，总细菌多样性和浓度最低；重度污染和中度污染的空气中，致病菌的相对丰度最高，相对湿度、一氧化碳和臭氧浓度是影响总细菌多样性和致病菌比例的主要因素。

对北京每周一次、持续一年的 $PM_{2.5}$ 样本采集分析表明，细菌和真菌的多样性表现出明显的季节性变化，颗粒物污染程度通常对细菌多样性和组成的影响较大，而对真菌的影响较小。氨氧化细菌与潜在致病菌具有显著的共生模式，在大气微生物相互作用的网络中起到重要作用（Fan et al.，2019）。颗粒物污染发生时，细菌气溶胶和内毒素的浓度显著上升，多样性和群落改变，抗生素抗性基因浓度上升（Wei et al.，2016；Zhang et al.，2019）。2020 年 4 月 7 日，意大利 55 个省会的样本数据和感染者数据显示，COVID-19 在意大利北部加速且大规模的扩散与城市空气污染天数超过 PM_{10} 或臭氧限值高度相关。每年超过 100 天颗粒物污染的城市中感染者数量显著高于空气污染较轻的城市（Coccia，2020）。

大量外来输入的污染物可能诱导耐药基因富集、增加基因水平转移事件发生频率。沙尘细菌中耐药基因的富集和可移动基因元件表达增强。通过相关性分析和实验室模拟研究，多种化学污染物被认为显著影响特定地点耐药基因的浓度和组成。抗生素、消毒剂和杀虫剂是最为直接的胁迫因素，这些药物具有极佳的空气传播能力，饲养场下风向尘土中的消毒剂浓度有时可与排污口下游河水中的消毒剂浓度等同，从而诱导耐药基因

丰度上升（Singer et al.，2016）。环境颗粒物中的杀菌剂浓度通常不足以改变细菌群落结构，但在低浓度杀菌剂的胁迫下，细菌倾向于通过耐药基因的水平转移抵御恶劣的环境（Hartmann et al.，2016）。耐药基因的作用机制通常不是特异性的，如细菌抵抗重金属和多环芳烃等有害物质的代谢通路与部分抗生素抗性通路重合（Li et al.，2017）；环境污染物可以通过影响质粒转移能力、膜通透性和氧化应激通路影响部分耐药基因的水平和垂直转移，在细菌内富集耐药基因（Xie et al.，2018）。因此，环境中的非杀菌剂类污染物也对细菌的耐药性具有诱导作用（Zhao et al.，2020）。在受污染的天气下，空气中细菌群落结构的稳定性显著下降，耐药基因与可移动基因元件的浓度增加，多样性上升（Zhang et al.，2019）。其他相关研究也观察到了重度污染天气下致病菌和耐药基因浓度的增加（Zhou et al.，2018；Zhu et al.，2021）。空气中的多种污染物都可能增加耐药基因的水平转移和富集（Ouyang et al.，2020），如重金属（汞、锌、铜、银、铅、镉、镍）（Singer et al.，2016）、柴油燃烧颗粒物和纳米颗粒（Li et al.，2020b）。

第三节　大气环境有害微生物的迁移及风险

一、大气环境有害微生物的主要来源

大气中病原菌的自然来源包括土壤释放、水体释放、植被释放（如孢子的主动释放或由于风的被动释放）及人体和动物排放，雷暴、强热气流和大风等极端事件显著增加了生物气溶胶的排放通量。农业上的人为源包括小麦收获、青贮加工、放牧、生物质燃烧等。随着城市化、工业化的发展，多种新的人为源需要纳入考虑范围，包括医院、污水处理厂、养殖场、堆肥、发酵厂和生物制药厂等。获得病原气溶胶的排放通量和排放特征是评估病原气溶胶暴露水平和风险的前提。

（一）污水处理厂

污水处理厂中的典型致病细菌包括嗜水气单胞菌、蜡样芽孢杆菌、产气荚膜梭菌、粪肠球菌、大肠杆菌、大肠杆菌 O157:H7、幽门螺旋杆菌、肺炎克雷伯菌、嗜肺军团菌、单核细胞增生李斯特菌、铜绿假单胞菌、沙门氏菌和金黄色葡萄球菌等。在消毒剂和活性污泥等作用下，不同污水处理阶段间的主要致病菌和致病菌浓度具有差异（Li et al.，2016；Shannon et al.，2007；Yang et al.，2019），使用活性污泥的污水处理厂中的细菌和真菌气溶胶的浓度比使用膜生物反应技术的高 1～3 个数量级（Bauer et al.，2002）。通气和机械搅拌加速了细菌的气溶胶化，并通过大气传输对周边环境造成威胁（Brandi et al.，2000）。检出的病原菌中，22.25%和 9.56%的病原菌来自污水和污泥（Yang et al.，2019），分枝杆菌是最容易气溶胶化的菌属，相对湿度、温度、生化需氧量、溶解氧和混合液悬浮物的输入和去除直接或间接影响生物气溶胶特征（Yang et al.，2020）。污水处理厂释放的气溶胶中还包括多种耐药基因和基因转移元件，如 *sul1*、*intI1* 等。根据吸入和皮肤接触的平均日剂量估计，得到与空气传播细菌相关的健康风险，发现经呼吸途径是工作人员摄入条件致病菌的主要途径，需要采取相应措施以降低感染风险。有研究人

员在降解木材加工废水的微生物处理设施的曝气池上方检出了浓度为 3300 cfu/m^3 的嗜肺军团菌，直到下风向 200 m 处仍能被识别（Blatny et al.，2008）。

污水处理厂以气溶胶形式释放的致病性病毒主要包括腺病毒、星形病毒、柯萨奇病毒、埃可病毒、肠道病毒、甲型肝炎病毒、戊型肝炎病毒、诺如病毒和轮状病毒，传播到距污水处理厂相当远的距离后仍具有传染性（Kitajima et al.，2020）。在曝气池上方的空气中检出了轮状病毒和诺如病毒，年平均浓度分别为 27 个/(m^3·h)和 3099 个/(m^3·h)（Pasalari et al.，2019）。随着新冠疫情暴发，SARS-COV-2 在废水中大量富集，其气溶胶化后引起的工人职业暴露风险需要得到进一步关注和评估（Kitajima et al.，2020）。

（二）农业设施

由于大量的粪肥施用和动物养殖活动，农业设施如农田和动物养殖场等是大气有害微生物的重要排放源，农村地区大气中的潜在病原菌包括放线菌门、厚壁菌门和拟杆菌门，主要与粪便有关（Ruiz-Gil et al.，2020）。

养殖场是致病菌、抗生素抗性基因和耐药菌的重要储存库，其排放的气溶胶中的葡萄球菌属、鞘氨醇单胞菌属和不动杆菌属等包含人类致病菌的菌属，这些菌属也是抗生素抗性基因（antibiotics resistance gene，ARG）的潜在宿主，许多细菌甚至为多重耐药菌，主要来源为动物粪便（Bai et al.，2022）。

Douglas 等（2018）发现，接触生物气溶胶的农场工人的健康受到负面影响，与呼吸道相关的炎症生物标志物增加，在农场附近生活和活动的儿童哮喘患病率增加。

（三）固体废物处置

中国的固体废物总量约为 2.1 亿 t/年，垃圾填埋、垃圾焚烧和堆肥是处理固体废物最重要的三种措施。由于处理过程的开放性和环境对微生物生存与繁殖的游离条件，这些管理设施和垃圾转运过程是众所周知的生物气溶胶来源。

通常，垃圾填埋场中的细菌和真菌气溶胶浓度为 10^2～10^4 个/m^3，垃圾填埋场排放的致病菌和条件致病菌包括蜡样芽孢杆菌、肠杆菌科、金黄色葡萄球菌、产气荚膜梭菌、醋酸钙不动杆菌、烟曲霉等（De Albuquerque et al.，2020）。通常温度较高的春季和夏季气溶胶浓度最高。主要分布在小于 7 μm 的粒径段，其中细菌的孢子直径为 1.1～2.1 μm，而真菌的孢子直径最大为 2.1～3.3 μm，部分小于 1 μm，可以进入肺泡，具有较高的经呼吸暴露风险（Ibanga et al.，2018）。收集到的细菌生物气雾剂中，粒径在 0.65～2.1 μm 范围内的占 34%。生物气溶胶以革兰氏阳性菌为主，以芽孢杆菌为主，Pahari 等（2016）还观察到链球菌、葡萄球菌、不动杆菌和柯氏菌。在服务年限内，细菌气溶胶的粒径以 4.7 μm 以下为主，而封场后以大于 7.0 μm 粒径为主（Cyprowski et al.，2019）。大量细菌和真菌产生高浓度的微生物挥发性有机化合物（microbial volatile organic compound，mVOC），包括胺类、醇类、芳香族、酯类、碳氢化合物及含硫类化合物，具有刺激性和恶臭气味，对工人和周边居民造成潜在的健康危害。此外，处于服务期的垃圾填埋场和垃圾回收站空气中可能含有内毒素，浓度约为 10^3 EU/m^3。

堆肥厂是另一项容易产生包括细菌、真菌、病毒和内毒素等有害生物气溶胶的堆肥厂，特别是在切碎、翻动堆肥堆或堆肥筛分等工序中，对工人健康和生活在此类设施周边的居民具有潜在影响。堆肥中释放的生物气溶胶与堆肥所处的状态和堆肥工艺显著相关。在气溶胶中，厚壁菌门（Firmicutes）和放线菌门（Actinobacteria）是最主要的优势菌门，虽然在堆肥中厚壁菌门、变形菌门和拟杆菌门更占优势，特别是拟杆菌门，其在堆肥中比在堆肥生物气溶胶中的浓度显著更高。这一结果可能是因为孢子特别容易在空气中传播，γ-变形杆菌（假单胞菌、不动杆菌）也可能主导堆肥设施排放的生物气溶胶。曲霉属（*Aspergillus*）、青霉属（*Penicillium*）、芽孢杆菌属（*Bacillus*）、高温放线菌属（*Thermoactinomyces*）、热裂菌属（*Thermobifida*）、糖单孢菌属（*Saccharomonospora*）和糖多孢菌属（*Saccharopolyspora*）是堆肥气溶胶中最主要的微生物。在嗜热阶段，疏棉状嗜热丝孢菌（*Thermomyces lanuginosus*）、曲霉属和青霉属是最主要的类型，而成熟堆肥释放的生物气溶胶以担子菌门为主。堆肥生物气溶胶中可能含有致病菌，如结核分枝杆菌、军团菌、嗜肺链球菌等，堆肥工人的直接暴露可能导致严重的健康风险（Bonifait et al.，2017）。即使堆肥生物气溶胶中不含有致病菌，暴露仍可能导致过敏性呼吸道疾病。一些研究显示，气溶胶中细菌、霉菌和内毒素的平均水平与工人中发生炎症和过敏性呼吸道疾病的发病率成正比；另一些研究发现，工人血液中的免疫球蛋白水平较高，这表明高水平的接触会刺激免疫系统。在一项横断面研究中调查了 190 名目前接触堆肥的工人、59 名前堆肥工人和 38 名未接触堆肥的对照对象的工作相关症状和疾病。与对照组相比，堆肥工人更易出现咳嗽和眼部黏膜刺激与感染的症状，但当停止接触生物气溶胶时，这些症状得到改善。相反，咳嗽和呼吸困难持续存在，表明这是一个慢性过程（Wéry，2014）。

由于营养丰富、富含大量重金属和药物等特殊条件，垃圾处理设施具有富集抗生素抗性基因的能力。在垃圾处理设施上方的空气中，检出了多种抗生素抗性基因和耐药菌，部分耐药菌具有多重耐药性（Li et al.，2020b；Morgado-Gamero et al.，2021）。

（四）其他来源

宠物可能是城市大气有害生物的重要来源之一，如狗的粪便（Bowers et al.，2011）。秸秆等生物质燃烧通常释放大量微生物，使降水中的大肠杆菌、肺炎克雷伯菌、铜绿假单胞菌和嗜水气单胞菌的浓度增加（Kaushik et al.，2012）。

二、大气环境有害微生物的传播距离与估算方法

（一）传播距离

在不同的估算方法下，生物气溶胶点源排放的影响区域和传播距离存在差异。在大多数直接采集点源（堆肥场、动物养殖场等）下风向处样品的研究中，有害细菌和耐药基因的传播距离仅为 300 m 至 1.2 km，病毒传播距离长于细菌（De Rooij et al.，2019；McEachran et al.，2015；Sánchez-Monedero et al.，2005）。然而，通过流行病学证据和气溶胶传播模型获得的传播距离通常更长。猪繁殖与呼吸综合征病毒（PRRSV）被发现，其在传播到距离患病猪群 9.2 km 地点后仍具有传染性（Otake et al.，2010）。在 1967 年

的口蹄疫暴发中，口蹄疫病毒被认为可以传播到 60 km 以外的地方，但随传播距离的增加，气溶胶浓度和活性逐渐降低。

1981 年和 1982 年，在布列塔尼（法国）发生了口蹄疫疫情，随后疫情在其北部 75 km 和 250 km 的地区陆续暴发。应用高斯模型和 ICAIR 3V 模型，研究者发现当时的风速、风向、大气的稳定性等条件均有利于病毒的远距离传播，因此后续疫情的源头可能来源于布列塔尼。然而，使用 RIMPUFF 模型，在纳入病毒失活速率和感染概率函数后，另一些研究者认为经大气远距离传输的病毒浓度可能不足以导致后续疫情的暴发。2001 年，英国 1849 个农场暴发了口蹄疫。一些研究强调了地形、大气稳定性和低风速对病原体扩散的重要影响。高斯模型、NAME 模型、DERMA（丹麦大气应急响应模型）模型和 RIMPUFF 模型被用于确定特定的排放周期和危险区域，并在考虑了当地地形影响的情况下模拟了扩散情况（Van Leuken et al.，2016b）。

炭疽杆菌是一种形成孢子的细菌，通过接触受感染的牲畜或受污染的动物产品，在人和动物中引起炭疽。其孢子对极端的物理条件，如干燥、高温和消毒具有很强的抵抗力，潜伏期为 2～6 天。炭疽杆菌是一种与生物恐怖主义有关的高致病性病原体。1993 年，一个日本邪教组织将其孢子气溶胶化后释放，幸好这次袭击没有造成人员感染。2001 年，美国共发现了 22 例暴露于受污染邮件的病例。由于其高致病性和生物安全性，开发了多种应急模型。使用高斯扩散方程和剂量反应模型模拟了 10^{15} 个孢子在城市环境中的扩散。致死感染的最大传播距离从 25 km 到 200 多千米不等，取决于所选择的失活速率。另一项研究发现在下风向 200 km 处感染的平均概率约为 65%。Nicogossian 等（2011）使用带有网格适应性的可操作多尺度环境模型（OMEGA）模拟了美国华盛顿特区地铁中 100 万孢子的假想释放，随后在室外环境中扩散。他们得出的结论是，大量的通勤者和居民将受到感染，并使现有的卫生保健基础设施超负荷。Isukapalli 等（2008）利用 CALPUFF 假设在美国新泽西州的城市环境中释放 10^{12} 个孢子，发现气象条件、人口数量、排放率、剂量-反应关系等将影响感染与死亡人数。Tang 等（2009）进行了气象流场分析，以高精度定位了城市街道峡谷非定常三维大气风场中假想炭疽释放源。

禽流感病毒分布广泛，由于其高突变率存在许多亚型。家禽养殖场中的家禽是禽流感病毒的重要宿主，在疫情暴发中起到重要作用。禽流感病毒传染给人类的途径主要为通过与动物的接触和呼吸被污染的飞沫或气溶胶，另外一些途径包括接触被污染的物体（禽类尸体、车辆、人或污染物）、水、食物及接触受感染的野禽或昆虫。禽流感主要暴发在中国、意大利、荷兰和泰国。Ssematimba 等（2012）开发了一个高斯烟羽模型，并模拟了 2003 年荷兰的一次疫情暴发。他们估计，在疫情源头农场的 25 km 范围内，24% 的新发感染由空气传播途径引起。也就是说，病毒在大气中的短程传播可能在禽流感疫情中发挥了重要作用，但不能完全解释远距离传播。风速（–）、沉降速度（+）、排放高度（–）和失活速率（–）均影响感染概率，这些影响在距离 2 km 处最为明显。

军团菌是另一种典型的气溶胶传播疾病。吸入来自天然淡水、饮用水、冷却塔或土壤中的军团菌，被认为是最可能的感染途径，但以往大规模的疫情暴发和长距离传输通常与冷却塔有关，如来自西班牙、澳大利亚、英国、意大利、法国、瑞典、美国、新西兰、挪威、加拿大、荷兰和德国的报告（Walser et al.，2014）。2003～2004 年，法国暴发的疫情显示，军团菌的来源为电厂的冷却塔，其影响范围至少为 6 km；2005 年，挪威的研究显示其影响范围可能大于 10 km（Nhu et al.，2006；Nygård et al.，2008）。污水处理的曝气池也可能是含军团菌气溶胶的来源，其传播距离至少为 200 m（Blatny et al.，2008）。

大气边界层还可能是耐药菌和耐药基因全球扩散的永久储层和载体。*sul1*（对磺胺类药物的抗性基因）、*tetO*（对四环素的抗性基因）和 *intI1*（水平基因转移和人为污染的标志物基因）在对流层的气溶胶中长期和持久地传播。ARG 随着大气气团轨迹已形成规律性的洲际扩散和全球传播，具有年际变化和远程沉积率的潜在可预测性（Cáliz et al.，2022）。颗粒物污染可能加剧耐药基因在大气中的长距离传输，并通过降雨和降雪影响其返回地面，产生风险（Zhu et al.，2021）。

植物病害通过大气长距离传播的成功率取决于病原体排放量、大气湍流、稳定性、风速，以及孢子在传输过程中温度、湿度及太阳光对其失活速率的影响（Aylor，2003）。通常情况下，马铃薯疫霉菌的传播距离超过 500 m。当气象条件适宜（主要为风、降雨和紫外线强度）时，气流可以将大量植物病原体带到高空，从而达到公里级别的传输距离。利用 HYSPLIT-4 模型，研究者发现春、秋季中小麦条锈病病原菌孢子在四川、云南和贵州三省间频繁扩散、交流，并导致中国北部、西北和西南地区的疫情（Wang et al.，2010）。一些研究表明，植物病原体在特殊情况下可以在不同大陆间传输，有时超过数千千米，拉格朗日相干结构（Lagrangian coherent structure）对于阐明这种传输具有良好的效果（Schmale and Ross，2015）。

微生物的跨洲传播较为罕见，通常伴随特殊事件，如飓风和沙尘暴。Gat 等（2017）观察到大量细菌和耐药基因随非洲沙尘暴跨洲传输，并在较长时间内改变受影响地区空气和尘土中的细菌群落结构，其影响可持续一个月以上。受撒哈拉沙漠起源的沙尘暴影响时期，2000 km 以外的阿尔卑斯山脉积雪层中的细菌以沙漠特征细菌为主（Weil et al.，2017）。同时，沙尘暴还会裹挟沿途地区的微生物，使当地土壤中的微生物进入空气（Mazar et al.，2016），并继续传播到下风向处。亚洲沙尘暴的主要影响区域则主要为东亚地区，最远能传输到美洲西部。沙尘暴中细菌浓度通常显著高于普通大气环境，由于起源地高盐和干旱的环境，其群落结构与城市大气显著不同，抵抗外界不利条件的功能基因比例也更高，多项研究在沙尘暴中检出了 140 余种值得关注的致病菌和条件致病菌（Elmassry et al.，2020；Polymenakou et al.，2008；Yoo et al.，2018；Zhang et al.，2015），包括数种杆菌和链球菌（约氏不动杆菌 *Acinetobacter johnsonii*、鲁氏不动杆菌 *Acinetobacter lwoffi*、痤疮丙酸杆菌 *Propionibacterium acnes*、肺炎链球菌 *Streptococcus pneumoniae*、缓症链球菌 *Streptococcus mitis*、戈氏链球菌 *Streptococcus gordonii*）。沙尘暴发生时，下风向地区细菌和真菌浓度显著上升，部分研究建立了沙尘暴发生和传染病暴发的关联，如北非季节性的脑膜炎疫情和北美的球虫菌病，此外农作物和牲畜相关病原体通过沙尘暴的传输也被广泛记录（Griffin，2007）。亚洲沙尘暴下风区禽流感的暴发和沙尘暴发生时大气中高致病性禽流感病毒（H5N1）浓度的增高均提示，相关疫情有通过沙尘暴扩散的可能性（Chen et al.，2010）。我国城市地区每月降尘量为 4.47～15.77 g/m^2，而在沙尘暴发生期间，每日降尘量可达 30 g/m^2，潜在风险不容忽视。

（二）模型估算方法

在不考虑活性的前提下，生物气溶胶在大气中的扩散过程也符合非生物粒子在大气中的扩散规律，可以看作被动粒子的传输，因此大气扩散模型（atmospheric diffusion model）可以应用于分析病原性生物气溶胶的扩散，这些模型针对的场景包括点源、面源、瞬时源和连续源。近年来，部分研究在模型中加入微生物失活及沉降速率等参数，提高了模拟的准确性。目前，这些方法已被应用于预测畜牧业和生物制剂、生化武器相关的环境生物安全问题。这些模型主要基于高斯烟羽模型、欧拉模型和拉格朗日模型。已开发的商业模型见表 8-3（Van Leuken et al.，2016b）。

表 8-3　用于预测病原体大气扩散的模型

模型名称	模型类型	是否考虑沉降	是否包括粒径分布
ADMS	高斯烟羽	干沉降、湿沉降	是
AERMOD	高斯烟羽	干沉降、湿沉降	是
ALOHA	高斯烟羽	否	否
CALPUFF	拉格朗日	干沉降、湿沉降	是
DERMA	拉格朗日	干沉降、湿沉降	是
DREAM	欧拉	干沉降、湿沉降	是
Fluent	拉格朗日	可选	可选
GIADA	高斯烟羽	可选	可选
HPAC	拉格朗日	可选	可选
HYSPLIT	拉格朗日	干沉降、湿沉降	是
ICAIR	拉格朗日	可选	可选
INPUFF	拉格朗日	干沉降	是
LODI	拉格朗日	干沉降、湿沉降	是
MLCD	拉格朗日	干沉降、湿沉降	否
NAME	拉格朗日	干沉降、湿沉降	是
OMEGA	欧拉、拉格朗日	干沉降、湿沉降	是
OPS–ST	高斯烟羽	干沉降、湿沉降	是
RIMPUFF	拉格朗日	干沉降、湿沉降	是
SCREEN3	高斯烟羽	否	否

不同模型的适用范围，包括气象条件是否均匀和稳态、地形是否平坦，以及空间分辨率（通常在几公里到几千公里之间）是否具有差异。当需要在复杂地形和小尺度范围中评估时，如山区或城市环境，通常需要纳入大量的详细气象和地形信息才能取得良好效果。

三、大气环境生物污染暴露及风险评估

病原被释放到大气中后，感染人类的概率和造成危害的程度取决于以下几个因素：①病原气溶胶的排放浓度；②病原气溶胶受各种因素影响后的失活速率；③病原气溶胶

的大气传输距离，其影响因素包括沉降速率、气象因子、大气中的其他组分和气溶胶粒径等；④病原气溶胶暴露水平，其影响因素包括有效吸入剂量与沉积部位。前 3 个影响因素已经在前面几节进行了论述，本小节主要关注对病原气溶胶暴露水平的评估方法，以及如何据此估计感染概率。

（一）大气环境中病原微生物的暴露水平评估

对病原气溶胶暴露水平最简单的估计方法是假设大气中的浓度等于暴露水平。然而，并非所有病原气溶胶都会被人体吸入，呼吸速率和暴露时间将显著影响暴露水平；此外，由于病原气溶胶的粒径分布不同，其在呼吸道中的沉积部位也具有显著差别。因此，部分研究暴露水平和暴露剂量的估计通常分不同粒径，可通过下式计算。

$$\mathrm{ADD_{Pathogen}}=\frac{C_{\mathrm{Pathogen}}\times \mathrm{IR}\times \mathrm{ET}\times \mathrm{EF}\times \mathrm{ED}}{\mathrm{BW}\times \mathrm{AT}}$$

式中，$\mathrm{ADD_{Pathogen}}$ 为病原暴露量［cell/(kg·d)］，C_{Pathogen} 为大气中病原浓度（$\mathrm{cell/m^3}$），IR 为呼吸量（$\mathrm{m^3/h}$），ED 为暴露持续时间（a），EF 为暴露频率（d/a），BW 为体重（kg），ET 为暴露时间（h/d），AT 为效应平均时间（h）。

（二）大气环境中病原微生物感染风险评估

最小感染量是暴露风险评估工作中被首先提出的参数。最小感染量为能引起试验对象出现被感染症状的病原体最低数量，当暴露量大于最小感染量，则视为具有暴露风险。有相当多的早期研究测定了病原菌的最小感染量，如嗜肺军团菌最小感染量小于 129 个细菌，流感病毒 H3N2 的最小感染量约为 10^4 个，而 SARS-CoV-2 的最小感染量可能在 100 个左右（Karimzadeh et al.，2021；Yezli et al.，2011）。结合气溶胶的大气传播扩散模型，这一方法能够在一定程度上预测动物疫病的影响范围。部分研究在确定最小感染量时考虑了更多参数，例如，潜在感染者年龄和病原体粒径大小，并针对不同参数给出最小感染量的参考值（Haas，2015）。

在后续研究中，研究者认为感染风险应表示为感染概率随暴露剂量连续变化的曲线，因此提出了使用剂量-反应关系来评估感染风险。在第三代模型中，结合潜伏期、流行病学模型和人体免疫模型，这一方法已用于判断疾病在人群中的传播风险（Haas，2015）。

第四节　大气环境生物污染的监测与预警手段

由于开放环境中控制病原菌难度较大，对于疫区或生物战剂污染区域通常采取的策略是监测目标微生物并及时预警以封控区域、疏散并隔离民众，等待微生物沉降、气流稀释和太阳光杀灭等途径降低大气中目标微生物浓度与活性后进行药液浸喷并处理区域内被污染的水体、土壤和其他物品。因此，本节主要论述生物气溶胶的采样方法和实时监测方法与预警。

一、采样方法

由于生物气溶胶的危害部分依赖于其活性，其采样和存储过程需要尽可能地维持原位状态，保持样品的完整性，以符合相关的后续分析条件，如DNA/RNA分析、活性检测、培养或显微镜观察。采样时间过长会影响微生物的生理状态和生存能力，特别是使用撞击式采样器时大量空气对细菌的干燥作用。因此，将微生物采集到生理液体或固定液中，从而保持生物气溶胶的原位状态是常用的策略。许多微生物可以在4℃条件下生长，因此定量测量时需要–20℃或–80℃的贮藏温度，但可能会影响微生物气溶胶的未来可培养性。样品运输时，应当采用冷冻冰袋和干冰降温，同时始终考虑并记录样品冻融产生的影响。生物气溶胶一般呈现复杂的混合状态，如细菌气溶胶很少是自由漂浮的，多是聚集在一起或附着在其他颗粒上，撞击式采样方法将改变这些团聚和附着形式，因此在研究相关问题时应该采用静电吸附采样等方式（Šantl-Temkiv et al.，2020）。

被动采样是最方便的生物气溶胶采样方法，它依赖于颗粒在重力作用下的沉降。收集的颗粒通常以沉降板区域内特定时间内的菌落形成单位（colony-forming-unit，cfu）的数量量化［如 cfu/(m^2·h)］。由于不需要机械辅助设备，如泵，被动采样的一项优点是不干扰周围的空气。但是，被动采样在数量和质量上都被认为是不准确的。然而，如果关注的区域是表面的灰尘污染，如伤口或手术器械，这种方法将十分有用。通常使用标准沉降板或90 mm培养皿采集1 h，但沉降板对真菌孢子的收集不太敏感，为了弥补这一不足，采集时间可以增加到4 h。

主动采样装置包括撞击式采样器（impinger）、旋风式采样器（cyclone）和冲击式采样器（impactor）。所有种类的采样系统都包含以下几个基本要素：进样口、输送管、粒径选择器、采集介质、泵和流量计。生物气溶胶采样器的尺寸具有很大差异，从大型静态采样器到较小的便携式个人采样器。大型静态采样器的采样速率较高，为12.5～800 L/min，而小型便携式个人采样器的工作速率为2～4 L/min。近年来，出现了一些便携式的大流量采样器，采样速率可达到100～200 L/min（Haig et al.，2016）。

冲击式采样器的工作原理是引导带有颗粒的气流通过进样口进入含有液体的收集装置。从进样口到液体表面的距离，以及空气流量影响所收集的颗粒直径。收集装置内的液体可防止干燥对生物气溶胶的影响，但进入气流的剪切力和湍流可能会导致生存能力的下降。同时，蒸发、再次气溶胶化和颗粒黏附在收集装置内壁都是可能导致误差的因素。目前广泛使用的生物气溶胶撞击式采样器包括全玻璃冲击器（Ace Glass Inc.，USA）、生物采样器（SKC Inc.，USA）和多级液体冲击式采样器（Burkard Manufacturing Co.，UK）等（Haig et al.，2016）。

在旋风式采样器中，空气在进入采样器后形成螺旋状和旋涡状的气流。在这种气流中，颗粒受到的离心力与它们的直径、密度和速度成正比。这种离心力将具有足够惯性的颗粒带向采样器的内壁，并沿内壁进入收集液。通常较大的颗粒比较小的颗粒更容易被收集，校准气流对保持正确的收集效率至关重要。在到达旋风底部时，气流方向逆转，通过位于旋风顶部的旋涡探测器将较小的、未被收集的颗粒带出采样器。在采样前预先润湿采样器内壁可以提高采集效率，但剪切力仍然可能是一个问题。收集液的蒸发作用可能导致生物气溶胶随旋风逃逸。目前广泛使用的类型包括科氏（Bertin Technologies，France）、SASS 2300（Research International，Inc.，USA）、Burkard 旋风式采样器（Burkard Manufacturing Co.，UK）等（Haig et al.，2016）。

撞击式采样器同样利用粒子的惯性完成采集。空气通过采样口，携带颗粒穿过间隙朝向琼脂培养板，琼脂培养板垂直于喷嘴出口。这种采样器的采集效率主要取决于颗粒的直径、密度、采样孔的直径及流量。理想的撞击式采样器像一个筛子，所有直径超过一定大小的颗粒都会被捕获，这一直径被称为切割粒径。因此，当具有不同切割粒径的采样器联用时，可以分粒径采集生物气溶胶，典型的例子包括安德森六级采样器、BioStage 等。

除以上外，静电采样器、个体采样器等也在特殊情景下具有重要作用。

二、实时监测方法与预警

对大气中传染性微生物的准确监测是评估暴露概率、预测和预防暴露，从而维护生物安全、保障人民健康、降低农业生产损失的基础（Šantl-Temkiv et al.，2020）。生物气溶胶的实时监测方法包括荧光光谱法、显微镜成像及识别技术、拉曼光谱（Raman spectroscopy，RS）技术、微流控芯片、荧光探针、离子色谱、激光雷达、无人机等（Huffman et al.，2020）。

荧光光谱法是采用光或者激光诱导生物气溶胶的生物分子（带有芳香环的氨基酸等）产生荧光，通过荧光强度确定生物气溶胶浓度。单荧光通道可能受到含芳香烃的非生物气溶胶干扰，因此近年来开始使用多个激发波长，并辅以机器学习手段以提高识别准确性和减少误报。由于微生物通常具有相似的荧光光谱，区分致病菌和非致病菌通常是不可能的。因此，这一技术在各类指南中通常仅用于初步监测目标区域是否出现大规模的微生物制剂。相关商业化仪器包括 WIBS（wideband integrated bioaerosol spectrometer）、UV-APS（ultraviolet aerodynamic particle sizer）、MBS（multiparameter bioaerosol sensor）、SIBS（spectral intensity bioaerosol sensor）等。有研究者将基于光学的实时生物气溶胶传感器与分选装置结合，成功将生物气溶胶与其他气溶胶颗粒分离并富集，具有应用于预警的潜力（Pan et al.，2004）。

显微镜成像及识别技术通常被用于花粉浓度监测，目前商业化应用的有 BAA500、Poleno、KH-3000 等。其主要步骤包括花粉采集、显微镜下图片扫描、图像识别、计数和预警。

测量大气气溶胶粒子的拉曼光谱（RS）技术及利用 RS 进行粒子表征的技术近年来得到了关注，可实现高通量和自动化分析的监测。然而，RS 的检测限较高，通常需要前置颗粒物采集装置富集样品。表面增强拉曼光谱术（surface-enhanced Raman spectroscopy，SERS）等技术可以将拉曼信号提高数量级，具有实现实时监测的潜力。RS 的信息量远大于荧光光谱，例如，在测试蜡样芽孢杆菌、炭疽杆菌和苏云金芽孢杆菌时，准确识别的概率大于 96%。

激光雷达等遥感方法同样基于荧光，其潜在应用场景为生物战剂和植物病害孢子云的识别，使用多激发波长时可以提高准确性。

空气传播的病原体和毒素可能被应用于生物战剂，因此在传染病暴发时，识别其起源于自然源还是人为源具有重要意义。以1999年和2000年科索沃暴发的土拉菌病为例，基于流行病学、动物流行病学、生态学、微生物学和法医学分析的一项区分是故意释放生物战剂还是自然暴发疾病程序被提出（Grunow and Finke，2002）。针对该地曾暴发过的流行病，区分其是否来源于生物战剂还需要进一步使用分子生物学工具，如全基因组测序等（Gilchrist et al.，2015）。

统计学研究显示，部分空气传播的疾病与气象因素显著相关，因此可能通过对气象因子的观测预测传染病暴发的时间窗口。例如，研究发现H7N9感染与气温和相对湿度相关，H5N1感染与气温和气压相关，因此基于气象因素的风险预测也成为污染预测的重要手段（Li et al.，2015）。

（张　婷　要茂盛　郑云昊　徐丝瑜）

参考文献

Adhikari A, Reponen T, Grinshpun S A, et al. 2006. Correlation of ambient inhalable bioaerosols with particulate matter and ozone: A two-year study. Environmental Pollution, 140: 16-28.

Aylor D E. 2003. Spread of plant disease on a continental scale: Role of aerial dispersal of pathogens. Ecology, 84: 1989-1997.

Bai H, He L Y, Wu D L, et al. 2022. Spread of airborne antibiotic resistance from animal farms to the environment: Dispersal pattern and exposure risk. Environment International, 158: 106927.

Barberán A, Ladau J, Leff J W, et al. 2015. Continental-scale distributions of dust-associated bacteria and fungi. Proceedings of the National Academy of Sciences of the United States of America, 112(18): 5756-5761.

Bauer H, Fuerhacker M, Zibuschka F, et al. 2002. Bacteria and fungi in aerosols generated by two different types of wastewater treatment plants. Water Research, 36: 3965-3970.

Bearchell S J, Fraaije B A, Shaw M W, et al. 2005. Wheat archive links long-term fungal pathogen population dynamics to air pollution. Proceedings of the National Academy of Sciences of the United States of America, 102: 5438-5442.

Blatny J M, Reif B A P, Skogan G, et al. 2008. Tracking airborne legionella and legionella pneumophila at a biological treatment plant. Environmental Science & Technology, 42: 7360-7367.

Bonifait L, Marchand G, Veillette M, et al. 2017. Workers' exposure to bioaerosols from three different types of composting facilities. Journal of Occupational and Environmental Hygiene, 14: 815-822.

Bowers R M, Clements N, Emerson J B, et al. 2013. Seasonal variability in bacterial and fungal diversity of the near-surface atmosphere. Environmental Science & Technology, 47: 12097-12106.

Bowers R M, Sullivan A P, Costello E K, et al. 2011. Sources of bacteria in outdoor air across cities in the midwestern United States. Applied and Environmental Microbiology, 77: 6350-6356.

Boxall A B, Hardy A, Beulke S, et al. 2009. Impacts of climate change on indirect human exposure to pathogens and chemicals from agriculture. Environmental Health Perspectives, 117: 508-514.

Brandi G, Sisti M, Amagliani G J. 2000. Evaluation of the environmental impact of microbial aerosols generated by wastewater treatment plants utilizing different aeration systems. Journal of Applied Microbiology, 88: 845-852.

Brodie E L, DeSantis T Z, Parker J P, et al. 2007. Urban aerosols harbor diverse and dynamic bacterial populations. Proceedings of the National Academy of Sciences of the United States of America, 104: 299-304.

Bulfone T C, Malekinejad M, Rutherford G W, et al. 2021. Outdoor transmission of SARS-COV-2 and other respiratory viruses: A systematic review. The Journal of Infectious Diseases, 223: 550-561.

Cáliz J, Subirats J, Triadó-Margarit X, et al. 2022. Global dispersal and potential sources of antibiotic resistance genes in atmospheric remote depositions. Environment International, 160: 107077.

Chan K H, Peiris J M, Lam S, et al. 2011. The effects of temperature and relative humidity on the viability of the SARS coronavirus. Advances in Virology, 2011(1): 734690.

Chen P S, Tsai F T, Lin C K, et al. 2010. Ambient influenza and avian influenza virus during dust storm days and background days. Environmental Health Perspectives, 118: 1211-1216.

Coccia M. 2020. Factors determining the diffusion of covid-19 and suggested strategy to prevent future accelerated viral infectivity similar to covid. Science of the Total Environment, 729: 138474.

Cyprowski M, Ławniczek-Wałczyk A, Gołofit-Szymczak M, et al. 2019. Bacterial aerosols in a municipal landfill environment. Science of The Total Environment, 660: 288-296.

De Albuquerque F P, De Oliveira J L, Moschini-Carlos V, et al. 2020. An overview of the potential impacts of atrazine in aquatic environments: Perspectives for tailored solutions based on nanotechnology. Science of The Total Environment, 700: 134868.

De Rooij M M, Hoek G, Schmitt H, et al. 2019. Insights into livestock-related microbial concentrations in air at residential level in a livestock dense area. Environmental Science & Technology, 53: 7746-7758.

DeLeon-Rodriguez N, Lathem T L, Rodriguez-R L M, et al. 2013. Microbiome of the upper troposphere: Species composition and prevalence, effects of tropical storms, and atmospheric implications. Proceedings of the National Academy of Sciences of the United States of America, 110(7): 2575-2580.

Donham K J, Cumro D, Reynolds S J, et al. 2000. Dose-response relationships between occupational aerosol exposures and cross-shift declines of lung function in poultry workers: recommendations for exposure limits. Journal of Occupational and Environmental Medicine, 42(3): 260-269.

Douglas P, Robertson S, Gay R, et al. 2018. A systematic review of the public health risks of bioaerosols from intensive farming. International Journal of Hygiene and Environmental Health, 221: 134-173.

Du P R, Du R, Ren W S, et al. 2018. Seasonal variation characteristic of inhalable microbial communities in $PM_{2.5}$ in Beijing city, China. Science of the Total Environment, 610: 308-315.

Elmassry M M, Ray N, Sorge S, et al. 2020. Investigating the culturable atmospheric fungal and bacterial microbiome in west texas: Implication of dust storms and origins of the air parcels. FEMS Microbes, 1(1): xtaa009.

Fan X Y, Gao J F, Pan K L, et al. 2019. More obvious air pollution impacts on variations in bacteria than fungi and their co-occurrences with ammonia-oxidizing microorganisms in $PM_{2.5}$. Environmental Pollution, 251: 668-680.

Fang Z G, Ouyang Z Y, Zheng H, et al. 2008. Concentration and size distribution of culturable airborne microorganisms in outdoor environments in Beijing, China. Aerosol Science and Technology, 42(5): 325-334.

Ferguson D D, Smith T C, Hanson B M, et al. 2016. Detection of airborne methicillin-resistant *Staphylococcus aureus* inside and downwind of a swine building, and in animal feed: Potential occupational, animal health, and environmental implications. Journal of Agromedicine, 21: 149-153.

Fernández-Rodríguez S, Tormo-Molina R, Maya-Manzano J M, et al. 2014. Comparative study of the effect of distance on the daily and hourly pollen counts in a city in the south-western Iberian peninsula. Aerobiologia, 30: 173-187.

Fierer N, Liu Z Z, Rodríguez-Hernández M, et al. 2008. Short-term temporal variability in airborne bacterial and fungal populations. Applied and Environmental Microbiology, 74: 200-207.

Fones H N, Gurr S J. 2017. NO_xious gases and the unpredictability of emerging plant pathogens under climate change. BMC Biology, 15: 1-9.

Gat D, Mazar Y, Cytryn E, et al. 2017. Origin-dependent variations in the atmospheric microbiome community in eastern mediterranean dust storms. Environmental Science & Technology, 51: 6709-6718.

Gilchrist C A, Turner S D, Riley M F, et al. 2015. Whole-genome sequencing in outbreak analysis. Clinical Microbiology Reviews, 28(3): 541-563.

Griffin D W. 2007. Atmospheric movement of microorganisms in clouds of desert dust and implications for human health. Clinical Microbiology Reviews, 20: 459-477.

Grunow R, Finke E J. 2002. A procedure for differentiating between the intentional release of biological warfare agents and natural outbreaks of disease: Its use in analyzing the tularemia outbreak in Kosovo in 1999 and 2000. Clinical Microbiology and Infection, 8: 510-521.

Haas C N. 2015. Microbial dose response modeling: Past, present, and future. Environmental Science & Technology, 49: 1245-1259.

Haig C W, Mackay W G, Walker J T, et al. 2016. Bioaerosol sampling: Sampling mechanisms, bioefficiency and field studies. Journal of Hospital Infection, 93: 242-255.

Hartmann E M, Hickey R, Hsu T, et al. 2016. Antimicrobial chemicals are associated with elevated antibiotic resistance genes in the indoor dust microbiome. Environmental Science & Technology, 50: 9807-9815.

Haydon D T, Kao R R, Kitching R P. 2004. The UK foot-and-mouth disease outbreak—the aftermath. Nature Reviews Microbiology, 2: 675-681.

Huffman J A, Perring A E, Savage N J, et al. 2020. Real-time sensing of bioaerosols: Review and current perspectives. Aerosol Science and Technology, 54: 465-495.

Ibanga I E, Fletcher L A , Noakes C J, et al. 2018. Pilot-scale biofiltration at a materials recovery facility: The impact on bioaerosol control. Waste Management, 80: 154-167.

Isukapalli S S, Lioy P J, Georgopoulos P G. 2008. Mechanistic modeling of emergency events: assessing the impact of hypothetical releases of anthrax. Risk Analysis, 28(3): 723-740.

Jones R M, Brosseau L M. 2015. Aerosol transmission of infectious disease. Journal of Occupational and Environmental Medicine, 57: 501-508.

Karimzadeh S, Bhopal R, Tien H N. 2021. Review of infective dose, routes of transmission and outcome of COVID-19 caused by the SARS-COV-2: Comparison with other respiratory viruses. Epidemiology & Infection, 149: e96.

Kaushik R, Balasubramanian R, De la Cruz A A. 2012. Influence of air quality on the composition of microbial pathogens in fresh rainwater. Applied and Environmental Microbiology, 78: 2813-2818.

Kitajima M, Ahmed W, Bibby K, et al. 2020. SARS-COV-2 in wastewater: State of the knowledge and research needs. Science of the Total Environment, 739: 139076.

Kuske C R. 2006. Current and emerging technologies for the study of bacteria in the outdoor air. Current Opinion in Biotechnology Current Opinion in Biotechnology, 17: 291-296.

Kwon-Chung K J, Sugui J A. 2013. *Aspergillus fumigatus*—what makes the species a ubiquitous human fungal pathogen? PLoS Pathogens, 9: e1003743.

Li H J, Qi Y J, Li C, et al. 2019. Routes and clustering features of $PM_{2.5}$ spillover within the Jing-Jin-Ji region at multiple timescales identified using complex network-based methods. Journal of Cleaner Production, 209: 1195-1205.

Li J, Rao Y H, Sun Q L, et al. 2015. Identification of climate factors related to human infection with avian influenza a H7N9 and H5N1 viruses in China. Scientific Reports, 5: 1-9.

Li J, Zhou L T, Zhang X Y, et al. 2016. Bioaerosol emissions and detection of airborne antibiotic resistance genes from a wastewater treatment plant. Atmospheric Environment, 124: 404-412.

Li L Y, Wang Q, Bi W J, et al. 2020a. Municipal solid waste treatment system increases ambient airborne bacteria and antibiotic resistance genes. Environmental Science & Technology, 54: 3900-3908.

Li X Y, Chen H X, Yao M S. 2020b. Microbial emission levels and diversities from different land use types. Environment International, 143: 105988.

Li Y P, Lu R, Li W X, et al. 2017. Concentrations and size distributions of viable bioaerosols under various weather conditions in a typical semi-arid city of Northwest China. Journal of Aerosol Science, 106: 83-92.

Li Z J, Zhang H Y, Ren L L, et al. 2021. Etiological and epidemiological features of acute respiratory infections in China. Nature Communications, 12: 1-11.

Lin K S, Marr L C. 2020. Humidity-dependent decay of viruses, but not bacteria, in aerosols and droplets follows disinfection kinetics. Environmental Science & Technology, 54: 1024-1032.

Liu H, Zhang X, Zhang H, et al. 2018. Effect of air pollution on the total bacteria and pathogenic bacteria in different sizes of particulate matter. Environmental Pollution, 233: 483-493.

Liu J T, Zhou J, Yao J X, et al. 2020. Impact of meteorological factors on the covid-19 transmission: A multi-city study in China. Science of the Total Environment, 726: 138513.

Liu X Y, Huang J P, Li C Y, et al. 2021. The role of seasonality in the spread of COVID-19 pandemic. Environmental Research, 195: 110874.

Lowen A C, Mubareka S, Steel J, et al. 2007. Influenza virus transmission is dependent on relative humidity and temperature. PLoS Pathogens, 3(10): 1470-1476.

Maron P A, Mougel C, Lejon D P, et al. 2006. Temporal variability of airborne bacterial community structure in an urban area. Atmospheric Environment, 40: 8074-8080.

Mazar Y, Cytryn E, Erel Y, et al. 2016. Effect of dust storms on the atmospheric microbiome in the eastern mediterranean. Environmental Science & Technology, 50: 4194-4202.

McEachran A D, Blackwell B R, Hanson J D, et al. 2015. Antibiotics, bacteria, and antibiotic resistance genes: Aerial transport from cattle feed yards via particulate matter. Environmental Health Perspectives, 123: 337-343.

McKinney M L. 2006. Urbanization as a major cause of biotic homogenization. Biological Conservation, 127(3): 247-260.

Moreno T, Gibbons W. 2022. Aerosol transmission of human pathogens: From miasmata to modern viral pandemics and their preservation potential in the anthropocene record. Geoscience Frontiers, 13(6): 101282.

Morgado-Gamero W B, Parody A, Medina J, et al. 2021. Multi-antibiotic resistant bacteria in landfill bioaerosols: Environmental conditions and biological risk assessment. Environmental Pollution, 290: 118037.

Mouli P, Mohan S, Reddy S. 2005. Assessment of microbial (bacteria) concentrations of ambient air at semi-arid urban region: Influence of meteorological factors. Applied Ecology and Environmental Research, 3(2): 139-149.

Nguyen T M N, Ilef D, Jarraud S, et al. 2006. A community-wide outbreak of legionnaires disease linked to industrial cooling towers—how far can contaminated aerosols spread? The Journal of Infectious Diseases, 193: 102-111.

Nicogossian A, Schintler L A, Boybeyi Z. 2011. Modeling urban atmospheric anthrax spores dispersion: Assessment of health impacts and policy implications. World Medical & Health Policy, 3(3): 1-16.

Nygård K, Werner-Johansen Ø, Rønsen S, et al. 2008. An outbreak of legionnaires disease caused by long-distance spread from an industrial air scrubber in Sarpsborg, Norway. Clinical Infectious Diseases, 46: 61-69.

O'Gorman C M, Fuller H T. 2008. Prevalence of culturable airborne spores of selected allergenic and pathogenic fungi in outdoor air. Atmospheric Environment, 42: 4355-4368.

Otake S, Dee S, Corzo C, et al. 2010. Long-distance airborne transport of infectious PRRSV and mycoplasma hyopneumoniae from a swine population infected with multiple viral variants. Veterinary Microbiology, 145: 198-208.

Ouyang W, Gao B, Cheng H G, et al. 2020. Airborne bacterial communities and antibiotic resistance gene dynamics in $PM_{2.5}$ during rainfall. Environment International, 134: 105318.

Pahari A K, Dasgupta D, Patil R S, et al. 2016. Emission of bacterial bioaerosols from a composting facility in Maharashtra, India. Waste Management, 53: 22-31.

Pan Y L, Boutou V, Bottiger J R, et al. 2004. A puff of air sorts bioaerosols for pathogen identification. Aerosol Science and Technology, 38: 598-602.

Pasalari H, Ataei-Pirkooh A, Aminikhah M, et al. 2019. Assessment of airborne enteric viruses emitted from wastewater treatment plant: Atmospheric dispersion model, quantitative microbial risk assessment, disease burden. Environmental Pollution, 253: 464-473.

Polymenakou P N, Mandalakis M, Stephanou E G, et al. 2008. Particle size distribution of airborne microorganisms and pathogens during an intense African dust event in the eastern Mediterranean. Environmental Health Perspectives, 116: 292-296.

Rathnayake C M, Metwali N, Baker Z, et al. 2016. Urban enhancement of PM_{10} bioaerosol tracers relative to background locations in the Midwestern United States. Journal of Geophysical Research: Atmospheres, 121(9): 5071-5089.

Ruiz-Gil T, Acuña J J, Fujiyoshi S, et al. 2020. Airborne bacterial communities of outdoor environments and their associated influencing factors. Environment International, 145: 106156.

Samake A, Uzu G, Martins J, et al. 2017. The unexpected role of bioaerosols in the oxidative potential of PM. Scientific Reports, 7: 1-10.

Sánchez-Monedero M A, Stentiford E I, Urpilainen S T. 2005. Bioaerosol generation at large-scale green waste composting plants. Journal of the Air & Waste Management Association, 55: 612-618.

Šantl-Temkiv T, Sikoparija B, Maki T, et al. 2020. Bioaerosol field measurements: Challenges and perspectives in outdoor studies. Aerosol Science and Technology, 54: 520-546.

Sarkodie S A, Owusu P A. 2020. Impact of meteorological factors on COVID-19 pandemic: Evidence from top 20 countries with confirmed cases. Environmental Research, 191: 110101.

Scherm H, Yang X. 1995. Interannual variations in wheat rust development in China and the United States in relation to the El Niño/Southern Oscillation. Phytopathology, 85(9): 970.

Schmale III D G, Ross S D. 2015. Highways in the sky: Scales of atmospheric transport of plant pathogens. Annual Review of Phytopathology, 53: 591-611.

Schuit M, Ratnesar-Shumate S, Yolitz J, et al. 2020. Airborne SARS-COV-2 is rapidly inactivated by simulated sunlight. The Journal of Infectious Diseases, 222: 564-571.

Shannon K E, Lee D Y, Trevors J T, et al. 2007. Application of real-time quantitative PCR for the detection of selected bacterial pathogens during municipal wastewater treatment. Science of the Total Environment, 382: 121-129.

Shen F X, Yao M S. 2023. Bioaerosol nexus of air quality, climate system and human health. National Science Open, 2(4): 20220050.

Singer A C, Shaw H, Rhodes V, et al. 2016. Review of antimicrobial resistance in the environment and its relevance to environmental regulators. Frontiers in Microbiology, 7: 1728.

Smith D J, Ravichandar J D, Jain S, et al. 2018. Airborne bacteria in earth's lower stratosphere resemble taxa detected in the troposphere: Results from a new Nasa aircraft bioaerosol collector. Frontiers in Microbiology, 9: 1752.

Ssematimba A, Hagenaars T J, De Jong M C. 2012. Modelling the wind-borne spread of highly pathogenic avian influenza virus between farms. PLoS One, 7(2): e31114.

Tang W B, Haller G, Baik J J, et al. 2009. Locating an atmospheric contamination source using slow manifolds. Physics of Fluids, 21(4): 043302.

Tellier R, Li Y G, Cowling B J, et al. 2019. Recognition of aerosol transmission of infectious agents: A commentary. BMC Infectious Diseases, 19: 1-9.

Tellier R. 2006. Review of aerosol transmission of influenza a virus. Emerging Infectious Diseases, 12: 1657.

Theunissen H J, Lemmens-den Toom N A, Burggraaf A, et al. 1993. Influence of temperature and relative humidity on the survival of chlamydia pneumoniae in aerosols. Applied and Environmental Microbiology, 59: 2589-2593.

Van Leuken J, Swart A, Droogers P, et al. 2016a. Climate change effects on airborne pathogenic bioaerosol concentrations: A scenario analysis. Aerobiologia, 32: 607-617.

Van Leuken J, Swart A, Havelaar A, et al. 2016b. Atmospheric dispersion modelling of bioaerosols that are pathogenic to humans and livestock—a review to inform risk assessment studies. Microbial Risk Analysis, 1: 19-39.

Walser S M, Gerstner D G, Brenner B, et al. 2014. Assessing the environmental health relevance of cooling towers—a systematic review of legionellosis outbreaks. International Journal of Hygiene and Environmental Health, 217: 145-154.

Wang H G, Yang X B, Ma Z H. 2010. Long-distance spore transport of wheat stripe rust pathogen from Sichuan, Yunnan, and Guizhou in southwestern China. Plant Disease, 94: 873-880.

Wei K, Zou Z L, Zheng Y H, et al. 2016. Ambient bioaerosol particle dynamics observed during haze and sunny days in Beijing. Science of the Total Environment, 550: 751-759.

Weil T, De Filippo C, Albanese D, et al. 2017. Legal immigrants: Invasion of alien microbial communities during winter occurring desert dust storms. Microbiome, 5: 1-11.

Wéry N. 2014. Bioaerosols from composting facilities—a review. Frontiers in Cellular and Infection Microbiology, 4: 42.

Xie J W, Jin L, Luo X S, et al. 2018. Seasonal disparities in airborne bacteria and associated antibiotic resistance genes in $PM_{2.5}$ between urban and rural sites. Environmental Science & Technology Letters, 5(2): 74-79.

Xu Z Q, Wu Y, Shen F X, et al. 2011. Bioaerosol science, technology, and engineering: Past, present, and future. Aerosol Science and Technology, 45: 1337-1349.

Yamamoto N, Bibby K, Qian J, et al. 2012. Particle-size distributions and seasonal diversity of allergenic and pathogenic fungi in outdoor air. The ISME Journal, 6: 1801-1811.

Yang K X, Li L, Wang Y J, et al. 2019. Airborne bacteria in a wastewater treatment plant: Emission characterization, source analysis and health risk assessment. Water Research, 149: 596-606.

Yang T, Jiang L, Han Y, et al. 2020. Linking aerosol characteristics of size distributions, core potential pathogens and toxic metal (loid) s to wastewater treatment process. Environmental Pollution, 264: 114741.

Yang W, Marr L C. 2012. Mechanisms by which ambient humidity may affect viruses in aerosols. Applied and Environmental Microbiology, 78: 6781-6788.

Yezli S, Otter J A J F, Virology E. 2011. Minimum infective dose of the major human respiratory and enteric viruses transmitted through food and the environment. Food and Environmental Virology, 3: 1-30.

Yoo K, Yoo H, Lee J M, et al. 2018. Classification and regression tree approach for prediction of potential hazards of urban airborne bacteria during Asian dust events. Scientific Reports, 8: 1-11.

Zhang R Y, Wang G H, Guo S, et al. 2015. Formation of urban fine particulate matter. Chemical Reviews, 115: 3803-3855.

Zhang T, Li X Y, Wang M F, et al. 2019. Time-resolved spread of antibiotic resistance genes in highly polluted air. Environment International, 127: 333-339.

Zhao X, Shen J P, Zhang L M, et al. 2020. Arsenic and cadmium as predominant factors shaping the distribution patterns of antibiotic resistance genes in polluted paddy soils. Journal of Hazardous Materials, 389: 121838.

Zhong X, Qi J H, Li H T, et al. 2016. Seasonal distribution of microbial activity in bioaerosols in the outdoor environment of the Qingdao coastal region. Atmospheric Environment, 140: 506-513.

Zhou H, Wang X L, Li Z H, et al. 2018. Occurrence and distribution of urban dust-associated bacterial antibiotic resistance in Northern China. Environmental Science & Technology Letters, 5(2): 50-55.

Zhu G B, Wang X M, Yang T, et al. 2021. Air pollution could drive global dissemination of antibiotic resistance genes. The ISME Journal, 15: 270-281.

第九章　室内环境生物污染与控制

室内环境是指人类设计、建造和管理的一系列空间和结构，包括居室、写字楼、交通工具、文化娱乐场所、体育场地、医院病房和学校等。据统计，现代人约 90%的时间在室内度过，这意味着，人们与室内空气和生物污染物的接触频率远高于室外。由于室内环境相对封闭，人群密度高，空气流通性较差，一旦存在生物污染物，便极易在室内扩散和积累，造成室内空气污染。因此，室内环境已成为生物污染物传播、扩散和人群暴露的重要环境。室内生物污染物可通过空气、水、居住者和家养动物等传播，威胁人群健康，尤其是婴幼儿、老人和慢性病患者等易感人群影响更为显著。因此，改善室内环境质量、减少生物污染物的产生和传播，对于保障人类健康具有重要意义。

图 9-1　本章摘要图

第一节　室内环境生物污染的种类及分布特征

一、室内环境生物污染的种类及危害

生物污染物是指活着或死亡的有害生物体及其有害组分，常见的室内生物污染物包括真菌、细菌、病毒等传染性病原体，以及动物皮屑（毛发、羽毛或皮肤上的细小鳞片）、螨虫、蟑螂等昆虫和花粉等。生物污染物可以通过空气、水、居住者和家养动物传播，

难以察觉，不仅威胁人类健康，还可能对建筑物造成损害。本节就常见的生物污染物种类及危害做简要介绍。

（一）室内生物污染的种类

1. 真菌

在室内环境中发现的真菌主要包括丝状真菌和酵母，可以孢子和细胞的形式存在。真菌在室内环境中分布广泛，严重威胁着公众健康。子囊菌纲（Ascomycetes）、担子菌纲（Basidiomycota）及无性型真菌（Anamorphic fungi）的多种真菌可以引起过敏反应。真菌可以在几乎所有天然和合成材料，尤其是潮湿的材料上生长。无机材料吸附的粉尘是烟曲霉（*Aspergillus fumigatus*）和杂色曲霉（*Aspergillus versicolor*）良好的生长基质。酰基化木制家具、木质聚乙烯复合材料、胶合板等改性木制品易定植曲霉属（*Aspergillus*）、木霉属（*Trichoderma*）和青霉属（*Penicillium*）等真菌。建筑的内墙材料，如预制石膏板，常有利于黑葡萄穗霉（*Stachybotrys chartarum*）的生长。此外，空气过滤器和通风管道也存在多种真菌。2009 年，于日本报道的一种病原真菌——耳念珠菌（*Candida auris*），具有多重耐药和致死率高的特征，被称为“超级真菌”，曾于 2019 年在美国多地暴发，发病 600 多例。

室内空气中分离出红酵母属（*Rhodotorula*）的频率较高，多项研究都发现室内灰尘中酵母菌含量丰富，包括红酵母属的 *R. glutinis*、*R. minuta*、*R. mucilaginosa* 及隐球酵母属的 *Cryptococci albidus* 和 *C. laurentii*。在面包店、啤酒厂和酿酒厂等工作环境中，从空气可检测到酿酒酵母（*Saccharomyces cerevisiae*）。其产生的烯醇酶是一种重要的致敏成分，可与白色假丝酵母（*Candida albicans*）产生交叉反应而致敏。相对于丝状真菌，与过敏性疾病有关的酵母菌要少得多，但红酵母属（*Rhodotorula*）、掷孢酵母属（*Sporobolomyces*）、腥掷孢酵母属（*Tilletiopsis*）均是常见的致敏种属，如红酵母菌和皮状丝孢酵母（*Trichosporon cutaneum*）是引发过敏性肺炎（hypersensitivity pneumonitis，HP）的主要原因。

室内真菌通过其代谢物对人类造成危害。例如，许多真菌在指数增长过程中释放挥发性有机物（volatile organic compound，VOC），也称挥发性真菌代谢物（volatile fungal metabolite，VFM）等次生代谢产物，包括酮、醛和醇等。VOC 测定已被用于粮仓真菌污染检测，接触 VOC 可产生头痛、鼻刺激、头晕、疲劳和恶心等症状，VOC 还可能间接影响代谢。真菌还可降解脲醛泡沫绝缘材料，引发甲醛释放，导致室内空气质量下降；丝状真菌和酵母的细胞壁成分之一——(1-3)-β-D-葡聚糖可引发非特异性炎症反应，其在湿损建筑材料中的含量为 2.5～210 μg/g。真菌细胞膜中的麦角固醇（ergosterol）是室内环境中真菌污染的间接标志。真菌毒素是真菌的非挥发性次级代谢产物，黄曲霉毒素、赭曲霉毒素和旋孢菌属产生的毒素（如孢子旋曲菌素）是目前常见的真菌毒素，吸入真菌毒素可诱发人体黏膜刺激、皮疹、恶心、关节疼痛、头痛、疲劳、免疫系统抑制、急性或慢性肝损伤、急性或慢性中枢神经系统损伤、内分泌失调和癌症等。黄曲霉毒素 B_1 是目前最危险的致癌物之一。

2. 细菌

通常室内空气中的细菌含量高于真菌。不同类型室内环境中的细菌组成具有显著差异。从室内环境分离的常见细菌中，革兰氏阳性菌包括葡萄球菌、微球菌、芽孢杆菌和一些放线菌，其中来自皮肤的革兰氏阳性菌表皮葡萄球菌（*Staphylococcus epidermidis*）占主导地位。革兰氏阴性菌包括假单胞菌（*Pseudomonas*）、不动杆菌（*Acinetobacter*）、产碱杆菌（*Alcaligenes*）和黄杆菌（*Flavobacterium*）、嗜色杆菌（*Achromobacter*）、气单胞菌（*Aeromonas*）、农杆菌（*Agrobacterium*）、肠杆菌（*Enterobacter*）、克雷伯菌（*Klebsiella*）、莫拉菌（*Moraxella*）和变形杆菌（*Proteus*）等属的细菌。目前常见的室内细菌污染物主要是枯草芽孢杆菌（*Bacillus subtilis*）、大肠杆菌（*Escherichia coli*）、肺炎克雷伯菌（*Klebsiella pneumoniae*）、嗜肺军团菌（*Legionella pneumophila*）、分枝杆菌属（*Mycobacterium* spp.）、铜绿假单胞菌（*Pseudomonas aeruginosa*）、鼠伤寒沙门氏菌（*Salmonella typhimurium*）、金黄色葡萄球菌（*Staphylococcus aureus*）、链球菌属（*Streptococcus* spp.）。

3. 病毒

室内环境病毒主要包括侵染细菌的噬菌体和侵染真核生物的真核病毒，其中后者包括许多常见的人兽共患病毒，与人类健康密切相关。例如，2019 年新冠疫情全球大暴发，造成全球数十亿人感染，数百多万人死亡。商场、地铁、飞机、超市等室内环境已成为 COVID-19 传播和人体暴露的主要场所。引发 2003 年的非典型肺炎疫情的 SARS 病毒、常年暴发的多种流感病毒都可以通过呼吸等进行传播。在非洲，致命的埃博拉病毒可通过直接接触（透过破损皮肤或黏膜）感染者的血液、分泌物、器官或其他体液，以及间接接触受到这类体液污染的环境介质在人群间传播。除上述致命或者引发大流行的病毒外，室内常见的对人体有害的病毒还包括诺如病毒、肠道病毒、轮状病毒、腺病毒、副流感病毒、多瘤病毒、鼻病毒、疱疹病毒等。

4. 原生动物

变形虫是影响人类健康的重要原生动物，水族馆、加湿器水桶、空调集水盘及其他管道系统中均可检测到变形虫，其可随气溶胶在空气中传播。医院热水系统中分离到的阿米巴原虫有哈氏变形虫、棘阿米巴原虫、耐格里变形虫、*Sacacamoeba*、*Valkampfia* 和 *Vanella* 等。

多种原生动物可以对人类健康造成危害，如通过虫媒传播的寄生虫可引起疟疾（疟原虫）、昏睡病（锥虫）、美洲锥虫病（克氏锥虫）和利什曼病（利什曼原虫）等。棘阿米巴属（*Acanthamoeba*）可引起免疫功能低下人群患上角膜炎和脑炎、皮肤和角膜溃疡等。此外，有些原生动物体内可携带病原细菌，为其生长提供庇护所。目前已从 13 种阿米巴原虫和 2 种纤毛虫中发现其为军团菌提供生长环境，有些棘阿米巴还可以释放出含有军团菌的囊泡，这种囊泡为军团菌的传播提供了新的方式。

5. 其他

（1）花粉

虽然室外环境是室内花粉和花粉过敏原的主要来源，但花粉颗粒和过敏原可通过管道和门窗通风进入室内。花粉可引起多种过敏症状，如流鼻涕、鼻塞、打喷嚏、眼睛发红发痒、皮肤瘙痒、潮红和荨麻疹，以及咳嗽、喘息和呼吸短促等哮喘症状。风媒花粉是最重要的过敏性花粉类型。它们来自一些菊科杂草，特别是蒿属（*Artemisia*）和豚草属（*Ambrosia*），以及荨麻科植物，如墙草属（*Parietaria*）。过敏性树木花粉包括桦木科的桦木属（*Betula*）、桤木属（*Alnus*）和榛属（*Corylus*）；橄榄科的白蜡树属（*Fraxinus*）和橄榄树（*Olea*）；壳斗科的栎属（*Quercus*）；悬铃木科的悬铃木（*Platanus*）；以及柏科的柏树（*Cupressus*）、刺柏（*Juniperus*）和崖柏属（*Thuja*）等。其中日本杉（*Cryptomeria japonica*，柏科）是另一种重要的过敏性松树。通常，室内空气中的花粉浓度低于室外环境。城市家庭室内花粉浓度常为 1～5 粒/m^3，室外花粉浓度可达 1～1234 粒/m^3。

（2）藻类

室内环境中的微藻主要是通过灰尘、衣物、动物皮毛等从室外转移到室内。大多数空气传播的藻类属于绿球藻目和小型中心硅藻（特别是小环藻）。从过敏患者家庭的地毯和床垫灰尘中可分离到多种活体藻细胞，包括单细胞的绿球藻、小球藻、念珠藻、席藻和鱼腥藻等蓝藻。空气中藻类的数量要低于花粉粒或真菌孢子，但微藻可以作为过敏原引发鼻炎、哮喘等。小球藻、绿球藻等绿藻，鱼腥藻、念珠藻和席藻都可引起人体过敏反应。

除上述生物污染物外，其他生物源的污染物还包括动物皮屑（毛发、头屑、羽毛或皮肤上的细小鳞片）、体液、粪便及螨虫、蟑螂等昆虫。

（二）室内生物污染的影响

室内生物污染对人体健康的影响与污染物种类、暴露量与暴露人群类型密切相关，暴露量受到污染物浓度、接触时间和频率等的影响。现代人在室内包括住房、办公室、学校、商场、公共交通工具等的时间增长，室内环境的多样性和多变性也增加了接触各种污染物的概率。除了健康的成年人，婴儿、儿童、老人和有疾病的人等易感人群更容易受到生物污染物的伤害。室内生物污染物暴露除了可能引起生理性症状，还可能影响人群精神健康。此外，室内生物污染除了可对人体造成健康威胁，还可影响建筑物的美观和寿命。本小节就室内生物的影响展开介绍。

1. 生理疾病

大多数室内环境受到微生物、动物或植物组织和有害化学品的混合污染。室内混合污染暴露主要引起 3 种临床疾病，即病态建筑综合征（sick building syndrome，SBS，也称大楼病综合征）、建筑相关疾病（building-related illness，BRI）和多重化学敏感综合征（multiple chemical sensitivities syndrome，MCSS）。

SBS 的常见症状包括：眼睛、鼻子和喉咙的刺激；皮肤干燥或瘙痒、灼烧感、湿疹和皮疹；头痛、疲劳；恶心、嗜睡、头晕；引起不良反应的具体原因不明，并且上述症状在离开大楼后不久即可得到缓解。SBS与个人和环境风险因素有关，这些不良症状的严重程度更大程度上取决于接触者的敏感性。据估计，美国三分之一的建筑物中存在SBS。SBS的产生是多物质暴露的结果，受到温度、湿度、光照、洁净度和污染物等多种环境因素影响，其中生物污染物也是引发SBS的重要因素之一，但其具体的病因并不明确。

BRI与SBS不同，患者在离开建筑物后症状不会立即缓解，可能需要较长时间恢复或治疗。BRI有明确的病因和相应的临床症状，包括多种传染性染病、过敏性疾病和毒性反应等。BRI的具体症状有：咳嗽、胸闷、发烧、发冷、肌肉酸痛等；过敏性肺炎、鼻炎、真菌性鼻窦炎、过敏性/刺激性结膜炎、中枢神经系统影响、各类传染性疾病等。引发上述症状的原因包括通风不足和室内化学和生物污染物，如挥发性有机化合物、甲醛、一氧化碳、二氧化氮和空气颗粒物等。

MCSS特指一种由于个人无法耐受某种环境化学品或某类外来化学品而引起的慢性、复发性疾病。室内生物污染物也可以通过产生外毒素、内毒素，以及挥发性次级代谢产物等化学污染物的形式引发MCSS。判断一个人是否患有MCSS有六个标准：症状因多次化学接触而反复出现；慢性病；暴露低于常规可耐受剂量时也可致病，敏感性增加；解除暴露后，症状可缓解或消除；通常对多种无关化学物产生反应；症状包括多种器官不良反应（流鼻涕、眼痒、头痛、喉咙发痒、耳痛、头皮疼痛、精神错乱/嗜睡、心悸、胃不适、恶心、腹泻、腹部绞痛、关节痛等）。MCSS患者对极低水平的化学物质表现敏感，且可能涉及多种器官系统。

2. 精神疾病与心理健康

室内生物污染物也可引起精神疾病。例如，弓形虫（*Toxoplasma gondii*）是一种广泛分布的寄生性原虫，能感染包括人在内的140多种动物。其终宿主是猫和其他猫科动物，中间宿主包括人、猪、牛、羊、鼠及禽类等。在某些情况下弓形虫会侵入人体的中枢神经系统，其抗原成分与正常的大脑组织产生交叉反应，刺激机体产生针对自身中枢神经系统的抗体和致敏T淋巴细胞，从而导致中枢神经系统受累，进而引发精神症状。若未及时治疗，弓形虫感染可能导致永久性的脑损害，甚至诱发精神病。对于免疫功能低下或有免疫缺陷的人群，由于无法有效抵御弓形虫的入侵和繁殖，因此更易发展为严重的神经系统并发症，增加患精神病的风险。

除了生理性症状，室内环境包括室内微生物还可影响居住人群的心理健康。微生物与心理健康之间的联系目前尚未明确。有研究表明，微生物从室内环境转移并定植在人体皮肤或黏膜上，可增强或破坏免疫调节能力，加剧或抑制炎症反应，从而增加或减少由炎症引发的精神疾病及其症状，包括认知功能和情绪失调，与压力相关的精神疾病如焦虑、情感障碍等。微生物组和心理健康研究表明，人体共生和环境中存在的某些微生物可有益于心理健康，这些微生物包括厚壁菌门的丁酸梭菌、乳酸杆菌，放线菌门的双歧杆菌，以及混合益生菌等。目前已有多项研究表明，某些特定的微生物能够增加大脑抗氧化标志物、增强认知功能、抗抑郁并减轻焦虑，对精神健康具有积极影响。

3. 室内生物污染对建筑物和能源的影响

室内微生物除了对居住者的健康造成影响，还可以影响建筑系统及建筑材料，进而影响建筑物的能源利用，产生负面经济效应。例如，进出水管道中生物膜的形成可能导致管道及储水罐的腐蚀，增加管道维护、修缮及更换的成本。另外，室内空调或加湿器等设备的系统内冷却盘中，真菌繁殖并形成生物膜，可导致能量传导效率降低，若想达到同样的预期制冷/热效果则需要消耗更多能量，用电成本增加，造成能源浪费。此外，建筑材料的微生物腐烂，包括木材的真菌腐烂、油漆的微生物腐烂，以及其他生物变质的过程，会显著缩短建筑材料的寿命，对经济和可持续发展产生影响。

二、室内环境生物污染的分布特征

室内细菌和真菌群落的研究表明，居住人群类型和数量、建筑类型、室内区域、地理位置和许多其他因素可导致多种建筑的室内环境内，甚至同一建筑不同位置，其微生物群落组成具有高度的可变性。室内微生物主要存在于室内空气、水、食物和建筑表面。目前科学家已对室内环境微生物的分布特征和影响因子开展了大量研究。

（一）分子生物学技术已成为室内微生物多样性研究的重要手段

过去基于培养的方法为室内微生物的数量和组成提供了众多宝贵资料，但分离培养鉴定方法仅能对建筑物样本中活着的且可培养的微生物进行分析。然而，不依赖培养的研究方法将我们对多种室内环境的微生物多样性的认知提高到了一个新的维度。但要注意的是，到目前为止，绝大多数室内微生物组研究都是利用 16S 测序和/或内在转录间隔区（internal transcribed spacer，ITS）测序分析细菌和真菌群落，而对室内环境中发现的病毒群落知之甚少。采用短读长测序技术通常只能在科或属的水平获得细菌或真菌群落的物种组成信息。

（二）商业建筑和住宅具有独特的微生物群落

商业建筑，包括办公室、学校和其他非工业工作场所的微生物环境与住宅有相似之处，但也有一些重要的区别。例如，商业建筑往往具有更多的流动人群，微生物可以通过门把手、扶手、水龙头、遥控器、键盘、柜台、电灯开关、电梯按钮等传播；中央暖通空调系统及与之相关的液体和雾化水可通过机械通风将微生物散布到更多空间；屋顶暖通空调组件（如室外进气口和冷却塔）可能因积水而支持微生物生长；与低层住宅建筑相比，高层建筑室外风、暖空气的上升倾向（“烟囱效应”）和机械排气造成了更高的压差，进而增加了室外空气和微生物的进入及其在室内空间迁移的可能。

（三）室内环境条件对于室内微生物组成有显著影响

水分状况是影响室内真菌群落的重要因子。有潮湿问题的建筑室内的真菌群落与非潮湿建筑室内的真菌群落不同，定量 PCR 研究发现，淹过水的住宅中真菌丰度是未淹过水住宅的 3 倍，青霉菌是淹过水房屋中主要的真菌类群，依赖可培养的研究也得到了同样的结论。在建筑内部，卫生间微生物群落组成与其他居室通常有显著差异。

一项研究表明，新医院启用前后的微生物群落受到温度、湿度及光照的影响。另一项对办公室地板、墙壁、天花板三种表面材料微生物的研究显示，细菌群落组成与材料表面的平衡相对湿度、房间占用率、温度、相对湿度和照度等环境参数有关，真菌群落多样性与相对湿度相关。

（四）建筑设计和运行可影响室内微生物群落

多项研究表明，建筑设计和运行会影响室内微生物群落。室外通风空气的来源和交换速度对微生物群落影响最大。开窗进行自然通风时细菌多样性水平高于关窗使用空调等时。此外，室外空气通风率高的建筑中比室外空气通风率低的建筑更能减少对人类健康的影响。对细菌来说，居住人员多样的环境、空间上处于室内交通要塞区域的室内环境要比居住人员单一或者非交通要塞区域的环境中的细菌拥有更多的独特的细菌种群。对于真菌来说，空调使用频率越高的家庭，其环境中真菌越丰富。有研究表明，室内灰尘的真菌群落变化与邻近室内外的植物绿化程度及建筑物的已使用年限有关。

（五）室内环境生物污染物的热点区域

通过对室内环境微生物群落的分析发现，室内某些特定区域中生物污染物丰度明显高于其他区域。这些区域包括未妥善清洁的空调/加湿器/除湿器/暖气系统、没有通风口或窗户的浴室/厨房、未及时清理的冰箱等电器集水盘、无通风的洗衣烘衣机、不通风的阁楼、潮湿的地板/地毯、床上用品、老化或漏水的管道、潮湿的屋顶/地下室等。

第二节　室内环境生物污染的传播与人群暴露

一、室内环境生物污染的来源

室内空气、水、食物和各种表面是室内微生物的主要栖息环境。这些微生物的主要来源是居住人群、室内动物、植物、自来水和室外微生物。微生物进入室内环境主要通过三种途径：从居住人群、动物和土壤-植物系统排放进室内环境；通过空气、水和土壤灰尘等从室外被携带入室内；室内微生物本身的增殖和扩散。因此，室内微生物的来源主要包括居住人群、动物、土壤-植物系统、食物、给排水系统、空调系统、建筑材料、灰尘、室外环境等。

（一）居住人群

人类的呼吸作用和每天数以百万计的皮肤细胞脱落是建筑环境中微生物的主要来源。据统计，每人每小时排放近 300 万个微生物细胞进入周边环境中。尤其在通风不良或人口密集的室内环境中，人类微生物对室内环境微生物的贡献更为重要。这些影响主要表现在微生物总量和群落结构和组成等方面。人类居住在一定程度上改变了室内空气中的细菌群落。在有人居住的室内环境中，人类相关细菌的数量相比无人居住的环境可高两倍以上。对各种室内环境的研究表明，人类相关细菌常在室内表面细菌群落中占优势，因此人类居住状况的变化可显著影响室内空气和表面微生物。当居住人群离开后，与之相关的细菌类群迅速减少，但在其回来后又迅速增加。人类肠道和皮肤相关的微生物类群在卫生间的一些表面环境中可持续数周至数月。

此外，居住者性别对微生物群落也有影响。男性住户比例较高的家庭，棒状杆菌属、真皮杆菌属和玫瑰杆菌属的相对丰度较高，而女性住户比例较高的家庭，乳酸杆菌属的相对丰度较高。同时，与人类皮肤有关的真菌也会在皮肤脱落时作为生物气溶胶的组成部分。人类在呼吸道、唾液中和皮肤上可携带多种类型的致病菌和病毒，并在咳嗽、打喷嚏、说话，甚至呼吸时将微生物以气溶胶的形式排放到建筑环境中，比如流感患者每小时可呼出 2.6×10^5 个流感病毒，其中细小颗粒吸附的病毒量可以达到粗颗粒的 9 倍。

（二）动物

室内动物（如宠物、啮齿动物和蟑螂等无脊椎动物）是重要的室内微生物来源。宠物，尤其是猫和狗，不仅会影响室内空气中的微生物组成，还可能增加过敏原的含量，诱发哮喘和过敏性鼻炎等健康问题。不同动物携带的微生物菌群有所不同。例如，狗携带较高丰度的卟啉单胞菌属（*Porphyromonas*）、莫拉菌属（*Moraxella*）、拟杆菌属（*Bacteroides*）、节杆菌属（*Arthrobacter*）、布劳特氏菌属（*Blautia*）和奈瑟菌属（*Neisseria*）等，而猫则富含普氏菌属（*Prevotella*）、莫拉菌属、卟啉单胞菌属、海鲜球菌属（*Jeotgalicoccus*）、芽孢八叠球菌属（*Sporosarcina*）等。此外，宠物可能携带病原微生物，如引起皮肤癣病的真菌，这些病原体可传播给人类，引发头癣、体癣和面癣等皮肤疾病。宠物皮屑及其他生物活性物质也是室内生物污染物的重要组成部分。当室内有宠物时，空气中过敏原的含量会随之增加，可导致人类出现过敏反应，如哮喘、过敏性鼻炎等。

（三）土壤-植物系统

室内土壤-植物系统可能是室内生物污染的来源之一。土壤是微生物在自然界中的最大储藏库，包含了多种类群的微生物。这些微生物在土壤中形成了一个相对稳定的生态群落，对自然界的物质转化和循环起着重要作用。在土壤中，常存在一定种类和数量的病原菌。这些病原菌可能来自未经处理的粪便、垃圾、城市生活污水等，它们能够通过不同途径进入土壤，造成土壤污染。当土壤被带入室内，如用于室内植物种植时，其中的微生物也会随之进入室内环境。这些微生物可能包括病原菌，对室内空气质量和人体健康构成潜在威胁。此外，某些植物真菌会将孢子释放到空气中。

（四）给排水系统

室内给排水系统中的病原微生物种类多，其中细菌包括致病性大肠杆菌、沙门氏菌、志贺菌、军团菌等。给排水系统，是军团菌的主要传播和滋生场所。这些细菌通常以生物膜的形式存在于管道内壁，形成由微生物、微生物分泌物、微生物碎屑、附着体等的有机复合体。这些人工给排水系统提供了军团菌所需的温度和湿度条件，使其得以在其中生长和繁殖。当管道系统存在设计不合理、施工不规范、维护不及时等问题时，更容易导致军团菌的滋生和传播。病毒包括肠道病毒、肝炎病毒、轮状病毒等。其中，肠道病毒是水中最常见的病毒，存活时间久，抵抗力强。肝炎病毒对普通消毒剂有强大的抵抗性，能在干燥或冰冻环境中生存数月或数年。原生动物包括隐孢子虫和贾第鞭毛虫等常见的病原性原生动物，它们可通过饮用水感染人，导致严重腹泻等症状。排水系统如马桶冲水、排水立管跌水等过程可能产生气溶胶，其中含有病原微生物。这些气溶胶可能通过空气传播至室内其他区域，增加感染风险。粪便中超过一半的固体是细菌，每次厕所冲水产生的气溶胶粒子多达十几万个。肠道疾病患者每克粪便中有高达 10^5～10^9 个志贺菌、10^4～10^8 个沙门氏菌和 10^8～10^9 个诺如病毒颗粒，浴室墙壁、地板、马桶、手柄、水槽、橱柜等表面也因此而吸附更多细菌。

（五）空调系统

空调系统在进气口吸入室外空气和循环室内空气，但由于长期使用带来的污染积累，空调系统本身可能成为室内空气生物污染的来源。空调散热片是冷热空气交换的必经之地，冷凝水在此产生，形成了潮湿的环境。这种环境为细菌、霉菌、军团菌等微生物提供了生长和繁衍的条件。特别是军团菌，其是一种可引起肺炎、严重时危及生命的病原体。它在潮湿环境中易于生长，并通过空气传播，自呼吸道侵入人体。空调的风管、滤网等部件如果不经常清洗，容易积累灰尘和微生物。这些部件为细菌和病毒提供了生存和繁殖的场所，当空调运行时，这些微生物会随着冷风被吹送到室内，增加人体感染的风险。空调冷却塔位于室外，水温较高，容易滋生细菌和藻类。飘散的携带这些微生物的水雾可能通过新风口进入空调的送风系统，对室内空气造成污染。除了空调系统本身，室内还可能存在其他病原微生物的来源，如宠物、灰尘螨等。这些微生物也可能通过空气流动进入空调系统，进一步加剧室内空气的污染。比如，维护不当的空调系统中，青霉菌大量繁殖，导致其所在室内的真菌含量可达清洁空调系统室内的 50～80 倍。

（六）灰尘

室内灰尘主要由生物衍生物质（如人体皮屑、宠物毛发、真菌孢子等）、室内气溶胶沉积的颗粒物，以及人体从室外带入的土壤颗粒（如衣物、鞋底或快递上的尘土）组成，其中生物衍生物质等直接包含了大量的微生物，包括细菌和病毒。据估计，平均每个家庭每年收集的灰尘可多达 18 kg，普通家庭的灰尘中平均藏着 9000 种不同的微生物，这些微生物的种类和数量受到家庭成员、宠物、昆虫等多种因素的影响。例如，男性成员较多的家庭灰尘中可能含有更多的皮肤菌和与排泄物有关的细菌；而女性成员较多的家庭灰尘中则可能含有更多的阴道乳酸杆菌。灰尘中的许多微生物，包括细菌和病毒，可能是疾病的病原体或过敏原。室内灰尘因其复杂的组成和来源，成为室内病原微生物的一个重要载体。这些病原微生物可能通过空气传播、直接接触等多种途径进入人体，对人体健康产生不良影响。

（七）室外环境

室外环境中存在大量的微生物，包括细菌、真菌、病毒等。这些微生物可能附着在土壤、植物、动物等表面，并通过风、雨、动物活动等途径进入空气中。人类活动是室外空气中微生物的重要来源。例如，医院、兽医院及畜禽厩舍附近的空气中，常悬浮带有病原微生物的气溶胶。室外空气可通过门窗、通风系统等进入室内，从而将室外的微生物带入室内。特别是在没有有效过滤措施的通风系统中，这种传播更为直接。人群流动和动物进出室内时，也可能将室外的微生物带入室内。通常认为，良好的通风可改善室内空气生物污染状况，然而当室外空气污染严重或含有较多病原微生物的气溶胶时，病原微生物可通过空气流动和人员流动进入室内环境，影响室内空气质量，并对人类健康构成潜在风险。

二、室内环境生物污染的传播与影响因素

（一）通过室内空气传播

空气传播是室内环境生物污染物传播的主要途径之一。空气传播的方式主要有三种。①飞沫传播：当患者呼气、大声说话、咳嗽、打喷嚏时，可从鼻咽部喷出大量含有病原体的黏液飞沫。这些飞沫中的病原微生物会悬浮在空气中，形成气溶胶。飞沫传播的范围通常局限于患者或携带者周围的密切接触者。在拥挤的室内环境中，如病房、教室等，飞沫传播的风险更高。②飞沫核传播：飞沫在空气悬浮过程中失去水分，剩下的蛋白质和病原体组成的核称为飞沫核。飞沫核可以气溶胶的形式飘至远处。结核分枝杆菌等耐干燥的病原体可经飞沫核传播。这些飞沫核可以在空气中悬浮数小时甚至更长时间，从而增加了病原微生物在室内环境中的传播距离。③尘埃传播：含有病原体的飞沫或分泌物落在地面，干燥后形成尘埃。当易感者吸入这些尘埃时，就可能感染相应的病原微生物。凡对外界抵抗力较强的病原体，如结核分枝杆菌和炭疽杆菌芽孢，均可通过尘埃传播。

生物污染物的空气传播受到以下因素的影响。①人口密度和居住条件：室内环境中的人口密度越大，病原微生物通过空气传播的风险就越高。此外，居住条件的优劣也会影响空气传播的效率和范围。②患者和易感者在人群中所占的比例：在患者和易感者比例较高的室内环境中，病原微生物更容易通过空气传播并引发感染。③病原体的特性：不同的病原体在空气中的存活时间、传播距离等特性各不相同。这些特性会影响病原微生物在室内环境中的传播效率和范围。

（二）通过室内涉水系统传播

室内环境病原微生物通过水传播的方式是一个复杂且多途径的过程。人和动物的粪便、尿液等排泄物中含有大量病原微生物，如果室内存在水源（如马桶、浴缸、洗手池等），且这些水源接触到排泄物后未经充分清洁和消毒，病原微生物就可能通过水传播

到室内环境中；如果室内有动物死亡，或购买了动物食材，其体内的病原微生物会随着血液、组织流入水中，从而污染室内水源，特别是在室内环境处理不及时的情况下，这些病原微生物很容易成为室内的一种重要传染源；管道污染，室内水管、直饮水、净水器等系统如果受到污染，也可能成为病原微生物传播的途径。此外，给排水系统管道中生物膜也是重要的污染源。

室内涉水系统传播的具体方式包括两种。①飞沫和气溶胶形式：当室内涉水系统（如空调、新风系统、空气净化器等）运行时，如果其中的水受到病原微生物污染，那么这些微生物就可能以飞沫和气溶胶的形式通过空气传播到室内环境中。马桶冲水过程中也可形成大量携带有病原微生物的气溶胶。②粪口形式：在厨房、卫生间等区域，如果水源受到污染，人们在使用这些水源时（如洗菜、洗手、饮用等），就可能通过粪口途径摄入病原微生物，从而造成感染。

（三）通过室内动物传播

室内动物传播病原微生物涉及多种传播路径，主要包括4种。①空气传播：某些病原微生物可以通过空气飞沫传播。例如，患有呼吸系统疾病的宠物在呼吸、咳嗽或打喷嚏时，会释放含有病原体的飞沫，这些飞沫被其他宠物或人类吸入后，就可能导致感染。②接触传播：宠物之间的直接接触是传播病原微生物的主要方式之一。例如，当一只患有皮肤病的宠物与其他宠物接触时，就可能将病原体传播给其他宠物。此外，人类与宠物的密切接触，如亲吻、拥抱等，也可能导致病原微生物的传播。③媒介传播：一些病原微生物需要通过媒介才能传播，如寄生虫、跳蚤、螨虫等。这些媒介可能通过叮咬宠物或人类，将病原体传播给其他人或宠物。④间接传播：病原微生物还可以通过间接方式传播，如通过受污染的食物、水、玩具、衣物等。例如，宠物在玩耍时可能将受污染的物品带到室内，人类接触这些物品后就可能被感染。

（四）经室内环境表面传播

室内环境表面是微生物生长和传播的重要界面。表面可以作为病原微生物的媒介，通过多种方式传播病原微生物。室内环境表面传播病原微生物是一个常见的现象，涉及多个环节和因素。其传播方式包括直接接触传播和间接接触传播。①直接接触传播：人们通过手部触摸被病原微生物污染的室内表面（如门把手、桌面、开关等），随后触摸自己的口、鼻、眼等部位，从而将病原体带入体内。②间接接触传播：例如，当多人共用同一件物品（如玩具、电话、遥控器等）时，如果其中一人感染了病原微生物，其他人也可能通过接触这些物品而感染。

病原微生物经环境表面传播过程受到多种因素影响，主要包括三点。①室内环境状况如清洁度、湿度和温度：室内环境的清洁度直接影响病原微生物的存在和传播。如果室内环境长期未清洁或清洁不彻底，病原微生物容易在表面滋生和存活。适宜的湿度和温度有利于病原微生物的生长和繁殖。②人员密度和活动频率：室内环境中人口密度越高，人员接触和交叉污染的机会就越大，从而增加病原微生物传播的风险。人们在室内的活动频率也会影响病原微生物的传播。例如，在公共场所如学校、医院等，人员活动频繁，病原微生物传播的风险也相应增加。③病原微生物在环境表面中的存活能力。

（五）室内环境生物污染物传播的影响因素

除前面提到的影响因素外，室内建筑的设计及构建、室内环境条件等都可以影响室内环境病原微生物的传播（图 9-2）。

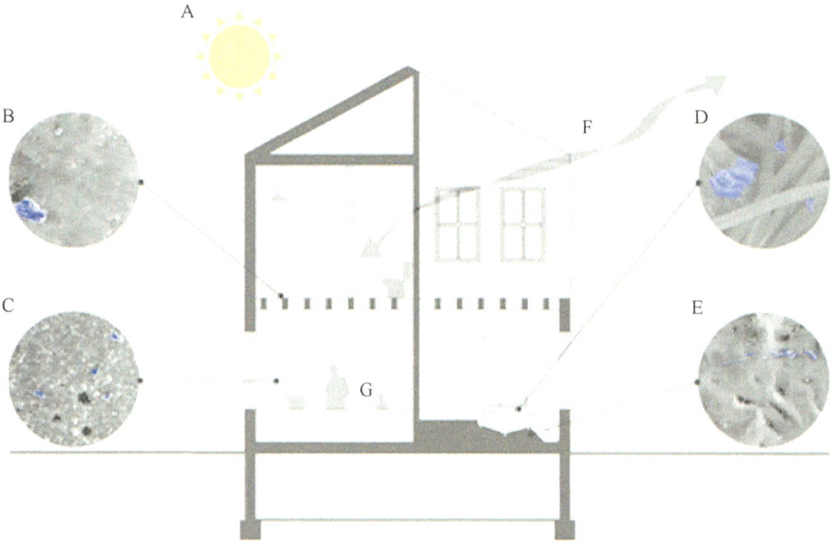

图 9-2　环境因素及其对室内环境微生物的影响

A. 阳光；B. 生物膜；C. 室内活动及环境；D. 室内用品；E. 地板等；F. 通风；G. 居住者及邻居

室内建筑设计影响人类或动物的行为。居住者密度、逗留时间、室内活动行为、室内空间的连通性、与表面介质的接触水平、通风条件，都可能影响疾病的传播。时间或空间上的隔离是减少微生物转移的主要途径，可以有效防止传染性病原体的传播。例如，图书馆和医院的设计就有明显差异，医院更注重空间的阻隔以限制病原体的传播。

水、温度、光照、养分等室内环境因子影响病原微生物的存活和传播。每一种微生物都有其独特的需求。例如，较高的相对湿度，有助于微生物在表面的生存和活动，甚至加速建筑材料的老化。不同波长的光对复杂微生物群落中的细菌存活影响不同，可见光或紫外线会减少灰尘中活细菌的数量；适宜的光照可杀死某些病原微生物，降低病毒毒力。因此，良好的采光方案不仅可以改善人类健康、生产力和舒适度，还有助于控制室内细菌数量。

第三节　室内环境生物污染监测与控制

一、室内环境生物污染监测

生物污染监测是室内环境质量监测的重要组成部分。通过监测，能够及时发现室内环境中的生物污染问题，并采取相应的措施进行预防和控制，为室内环境的改善和管理提供科学依据，使环境改善和管理更加科学、合理和有效，从而减少生物污染物对人体的危害，降低疾病的发生率和传播风险，保障人民健康。

室内环境生物污染的监测方法多种多样，包括采样方法和分析方法两大类。采样方法如沉降法、空气采样法和表面拭子法，分别适用于不同环境和条件下的微生物样本采集。分析方法主要包括培养法和分子生物学方法，提供了从微生物样本中提取信息的手段。传统的依赖培养的方法目前仍然是室内环境生物污染监测的金标准，此外，不依赖培养的分子生物学手段包括荧光定量 PCR、高通量测序、抗原抗体检测等方法。另外，微生物产物，如挥发物、毒素或其他微生物代谢物的检测也是室内生物污染监测的重要手段。同时，结合空气质量感知器、微生物检测仪等设备及相关的监测标准和法规，可以更全面、准确地了解室内环境生物污染的状况，为采取相应的控制措施提供科学依据。

目前对于对室内环境生物污染监测主要针对细菌和真菌总数，以及极少数病原微生物。与此有关的规范和标准等相对分散，应尽早让监管部门落实明确，以对该项研究进行指导。表 9-1 列出了我国与室内生物污染有关的部分指导文件及内容。随着人民健康需求的增长和监测手段的发展，应尽快制定详细的监测标准。

表 9-1 室内微生物控制标准相关政策

相关标准和规范名称	室内微生物相关的内容简介
公共场所卫生指标及限值要求（GB 37488—2019）	适用于七大类 22 种公共场所，其他公共场所也可参照使用。标准指出，细菌总数是表征室内空气微生物安全的主要指标。有睡眠、休憩需求的公共场所室内空气细菌总数不应大于 1500 cfu/m³ 或 20 cfu/皿。其他公共场所不应大于 4000 cfu/m³ 或 40 cfu/皿。对部分公共用品用具的金黄色葡萄球菌和真菌总数明确限制：如棉织品、美容美发工具、修脚工具不得检出金黄色葡萄球菌；鞋类、修脚工具的真菌总数应≤50 cfu/50 cm²
医院消毒卫生标准（GB 15982—2012）	规定了医院消毒卫生标准、医院消毒管理要求及检查方法。对医院不同区域的空气及物理表面的平均菌落数做出详细限制说明
室内空气质量标准（GB/T 18883—2002）	规定的控制项目包括化学性、物理性、生物性和放射性污染。其中要求菌落总数不高于 2500 cfu/m³
现场消毒评价标准（WS/T 797—2022）	对重大活动卫生保障和目标微生物明确的传染病疫源地、突发公共卫生事件进行现场消毒效果评价时，首选现场评价；对目标微生物无法检测、不明原因的传染病疫源地及突发公共卫生事件、风险等级较高的污染如炭疽杆菌、新冠病毒等进行消毒效果评价时选择现场模拟评价。对拟评价对象的物体表面、空气、水、污泥、呕吐物等的微生物种类（自然菌或者指示菌）在消毒后的杀灭率≥90%等
公共场所集中空调通风系统卫生规范（WS 10013—2023）	集中空调通风系统送风质量细菌总数及真菌总数均应≤500 cfu/m³，β-溶血性链球菌不应检出
办公室及公众场所室内空气质素检定计划指南（香港 2019 年）	8 h 平均细菌浓度小于 500 cfu/m³ 为卓越级，500～1000 cfu/m³ 为良好级
办公室及公众场所室内空气质素管理指引（香港 2019 年）	参考世界卫生组织发布的《世界卫生组织室内空气质量指南——潮湿及霉菌》
第 1010106229 号法规《室内空气品质标准》（台湾 2012 年）	目前还没有明确能引起不良健康效应的微生物浓度。细菌上限为 1500 cfu/m³；真菌上限为 1000 cfu/m³；因为室内真菌受室外影响较大，当室内外真菌浓度比小于 1.3 时，可以不受此限制

二、室内环境生物污染控制

与化学污染物的控制相似，对室内环境生物污染的控制可遵循源头控制、过程管控和末端处理的原则。

源头控制是指从污染产生的起始阶段就采取措施，减少或消除污染物的生成和释放。在室内生物污染控制中，这通常涉及对污染源的管理和控制。针对室内生物污染的主要来源，源头控制包括：①加强个人卫生，勤洗手，保持呼吸道卫生，尽量隔离患者；②加强宠物管理，定期清洁宠物，接种疫苗，妥善处理宠物排泄物；③定期清洗二次供水水塔，保持家庭干燥，关闭马桶盖冲水等；④定期清洗和消杀室内通风系统和空调系统，保持其良好的运行状态；⑤及时处理有机垃圾；⑥选用无污染的土壤种植绿植等。

过程管控是在污染产生的过程中采取措施，防止污染物扩散传播或污染程度加剧。针对室内环境生物污染的主要传播过程，应注意以下三点。①定期清洁与消毒：对室内表面、家具、设备等定期进行清洁和消毒，减少生物污染物的累积。②维护通风系统：定期检查和维护通风系统，确保其正常运行，防止污染物通过通风系统传播。③环境监控：使用空气质量监测设备，实时监测室内空气质量，发现污染问题及时采取措施。

末端处理是对已经产生的污染物进行治理和清除，降低其对室内环境的影响。可采取的措施包括三点。①空气净化技术：使用空气净化器，通过过滤、吸附、电离等手段去除空气中的生物污染物。例如，使用 HEPA 滤网可以有效去除空气中的颗粒物，包括细菌和病毒。②紫外线消毒：利用紫外线照射杀灭空气中的细菌和病毒。③湿式清洁：对于可清洁的表面，使用不同类型的消毒剂，采用湿式清洁方法可以有效去除生物污染物。

除此之外，还应维持健康的室内环境，主要是加强对建筑物及室内环境的管理，做到定期检查、维护和修缮。维持环境的相对湿度在较低水平，一般认为家庭环境相对湿度为 30%～50%时较为合适，必要时使用除湿器；定时通风，尤其增强浴室和厨房的通风，如使用排风机等；室内选用绿色环保的抗菌材料等措施。

（周艳艳　苏建强）

参考文献

张铭健, 曹国庆. 2019. 国内外室内空气微生物限值标准简介及对比分析. 暖通空调, 49(5): 40-45.

Baselt R. 2014. Encyclopedia of toxicology. Amsterdam • Boston • Heidelberg • London • New York • Oxford Paris • San Diego • San Francisco • Singapore • Sydney • Tokyo: Academic Press: 1003-1017.

Ben Maamar S, Hu J L, Hartmann E M. 2019. Implications of indoor microbial ecology and evolution on antibiotic resistance. Journal of Exposure Science & Environmental Epidemiology, 30(1): 1-15.

Flannigan B, Samson R A, Miller J D. 2002. Microorganisms in home and indoor work environments: diversity, health impacts, investigation and control. Boca Raton • London • New York: CRC Press: 25-45.

Gilbert J A, Stephens B. 2018. Microbiology of the built environment. Nature Reviews Microbiology, 16(11): 661-670.

Hoisington A J, Brenner L A, Kinney K A, et al. 2015. The microbiome of the built environment and mental

health. Microbiome, 3(1): 1-12.
Horve P F, Lloyd S, Mhuireach G A, et al. 2020. Building upon current knowledge and techniques of indoor microbiology to construct the next era of theory into microorganisms, health, and the built environment. Journal of Exposure Science & Environmental Epidemiology, 30(2): 219-235.
Kelley S T, Gilbert J A. 2013. Studying the microbiology of the indoor environment. Genome Biology, 14(2): 1-9.
Li B, Yang Y, Ma L P, et al. 2015. Metagenomic and network analysis reveal wide distribution and co-occurrence of environmental antibiotic resistance genes. The ISME Journal, 9(11): 2490-2502.
Mahnert A, Moissl-Eichinger C, Zojer M, et al. 2019. Man-made microbial resistances in built environments. Nature Communications, 10(1): 1-12.
National Academies of Sciences • Engineering • Medicine. 2017. Microbiomes of the built environment: a research agenda for indoor microbiology, human health, and buildings. Washington, DC: The National Academies Press: 95-128.
Prussin A J, Marr L C. 2015. Sources of airborne microorganisms in the built environment. Microbiome, 3(1): 1-10.
Stamper C E, Hoisington A J, Gomez O M, et al. 2016. The microbiome of the built environment and human behavior: implications for emotional health and well-being in postmodern western societies. International Review of Neurobiology, 131: 289-323.
Stephens B. 2016. What have we learned about the microbiomes of indoor environments? Msystems, 1(4): e00083-16.

第十章 新兴生物污染物与控制

生物污染物是指环境中的病原微生物及细菌、真菌、动物和植物等产生的有毒有害物质，该类生物来源有害物质统称为生源污染物。以抗生素抗性基因（antibiotic resistance gene，ARG）为代表的新兴生物污染物是“大健康”背景下关乎人类和环境健康的重要议题。本章第一节首先介绍了环境微生物抗生素耐药性的来源、产生机制和危害；其次详述了微生物耐药性的环境选择和传播机制与主要途径及其环境影响因素；最后介绍了环境微生物耐药性的检测与污染控制。第二节介绍了有毒有害生物污染物的种类、发生与危害，概述了目前生源污染物的检测方法，并以几种代表性生源污染物为例，探讨它们的环境影响因素与控制对策。

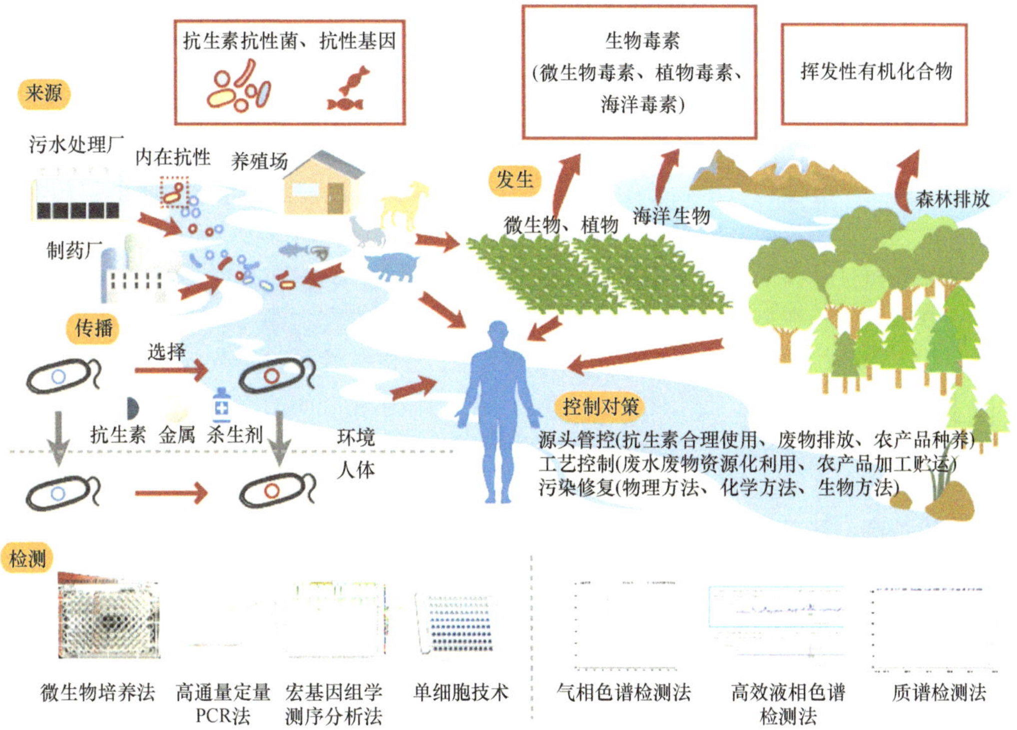

图 10-1 本章摘要图

第一节 环境微生物耐药性的发展与控制

一、环境微生物耐药性的来源与危害

抗生素耐药性是指微生物在抗生素的抑制和致死作用胁迫下仍然生长和繁殖的现

象。世界卫生组织已将抗生素耐药性问题列为21世纪全球最大公共卫生安全威胁之一。如果任其发展，预计到2050年全球因耐药菌感染导致的死亡人数将高达1000万，造成100万亿美元的经济损失（O'Neill，2016）。细菌耐药性的扩散不仅危及医疗健康，也是重要的全球性新兴环境污染问题。微生物耐药性在人类发现和广泛使用抗生素之前就已经存在，而抗生素的大量使用和人类活动造成的环境污染急速加剧了耐药性的发生和发展。

（一）抗生素耐药性的来源

尽管细菌、真菌和原生动物等都被发现具有耐药性，但是目前对抗生素耐药性的研究以细菌耐药性为主。细菌的抗生素耐药性可分为两种类型：内在抗性（intrinsic resistance）和获得性抗性（acquired resistance）。内在抗性是指细菌固有的抗生素耐药性，主要由位于细菌染色体上的抗性基因介导；而获得性抗性是指细菌通过水平基因转移等方式获得抗生素耐药性，大多与质粒有关。环境中除本土的耐药细菌之外，人或动物体内的耐药细菌与抗性基因会随粪便、尿液等排出体外，以外源输入的方式进入环境。由于人类活动影响产生与排放的抗生素耐药性污染物，既是环境中抗生素耐药性的重要来源，也是当前环境耐药性研究关注的重点。

1. 内在抗性

自20世纪40年代青霉素开始临床应用，科学家就已经注意到了抗生素的耐药性问题及其潜在的健康风险。事实上，抗生素是微生物的次级代谢产物，而微生物经过自然演化在某些抗性基因的作用下呈现对抗生素的抗性表型，即内在抗性。例如，β-内酰胺酶编码基因是一种在自然界广泛存在的抗生素抗性基因，在大约20亿年前就已存在，远远早于人类开始使用β-内酰胺类抗生素的历史。这些抗性基因起源于环境微生物，在环境中抗生素浓度远低于临床使用浓度条件下参与微生物之间的信号传递和代谢解毒，以加强微生物对环境的适应（Aminov，2009；Martínez，2008）。科学家在靠近北极的冻土中提取到距今3万年的古DNA，从中发现了多种β-内酰胺、四环素和糖肽类抗生素的抗性基因，而且发现万古霉素抗性蛋白具有与其现代变体相似的结构（D'Costa et al.，2011）。此外，研究还发现，地球上远离人类生活区域的洞穴中的微生物具有与临床常见病原菌中的激酶家族相似的大环内酯激酶（Bhullar et al.，2012），并且对多种不同结构的抗生素（包括半合成的大环内酯类抗生素）表现出耐药性。这些研究结果表明，抗生素耐药性可能来源于自然界，属于古老的细菌适应性机制。

2. 获得性抗性

我国是抗生素的生产和消费大国，抗生素在医疗和养殖业中被大量使用。调查研究显示，2013年我国抗生素生产量约为24万t，使用量约为16万t，其中约有48%为人用抗生素，剩余用于畜牧养殖业，远超其他国家。使用量最多的抗生素依次为大环内酯类（26%）、β-内酰胺类（21%）、氟喹诺酮类（17%）、四环素类（7%）和磺胺类（5%）（Zhang et al.，2015）。抗生素在人和动物体内大多不能被完全代谢和充分吸收，但会通过施加选择压力促进体内微生物耐药性的产生。之后残留的抗生素和耐药细菌随排泄物进入土壤和水体，从而导致抗性基因及宿主细菌在环境中大量传播和增殖（Lee et al.，2020）。自然环境中抗性基因的外源输入主要来源于污水处理厂、养殖场和制药厂等典型的重要点排放源，其排放的抗生素与抗性基因等新兴污染物值得重点关注与监控。

首先，医疗废水和生活污水中含有大量抗生素耐药细菌和抗性基因。在我国，医疗废水经过初步处理后即汇入市政污水管道，进入城市污水处理厂进行进一步处理。但是，抗生素和抗生素耐药细菌、抗性基因在传统城市污水处理过程中很难被有效消除。Ju 等（2019）对瑞士 12 家城市污水处理厂调查研究发现，在进水、反应池污泥和出水中，均有大量活跃表达的抗性基因，其宿主与人类致病细菌之间存在大量抗性基因的交换历史。抗生素耐药细菌和抗性基因随污水处理厂的出水进入受纳河流环境，可使受纳水体中的抗生素抗性基因和 I 类整合子整合酶基因的绝对丰度升高 1～2 个数量级（Lee et al.，2021）。此外，抗生素抗性基因也会随污水处理厂产生污泥的填埋、堆肥农用和露天堆放等处置方式进入土壤环境。Su 等（2015）在污水处理厂堆肥过程中检测到以四环素类、大环内酯类、氨基糖苷类和多重抗性为主的 156 种抗性基因和可移动基因元件，并发现抗性基因丰度随堆肥过程不断升高，极大提升了抗性基因在土壤中的富集与传播风险。

其次，养殖业产生的有机废弃物和污水的排放也会向环境中释放大量耐药细菌和抗性基因。从全球范围看，约有 50%的抗生素用于养殖行业，包括家禽、畜牧和水产养殖。导致动物肠道和粪便含有丰富的抗生素耐药细菌和抗性基因，养殖废弃物排放到环境中造成耐药性污染；而养殖业的废弃物处置管理和循环利用技术相对薄弱，进一步加剧了环境污染。动物粪便作为有机肥料施加是动物源抗性基因进入土壤环境的主要途径。Zhu 等（2013）对我国 3 个大型养猪场的猪粪堆肥及施用过程中涉及抗性基因的研究表明，从猪粪、猪粪堆肥和堆肥施用土壤中检出 149 种抗性基因，相较于无抗生素施加的对照组，其中 63 种抗性基因被显著富集（最高达 28 000 倍）。此外，抗性基因丰度和抗生素及重金属含量呈显著相关性，表明抗生素和重金属添加剂的过度使用可导致抗性基因的富集进而污染环境。水产养殖中抗生素滥用现象严重，在生物的肠道细菌和环境细菌内诱导产生耐药菌株，大大增加了养殖区域及周边环境中抗性病原菌的数量。Shah 等（2014）从三文鱼养殖场及附近海域分离出 200 株细菌，发现对四环素类、甲氧苄啶、磺胺类、β-内酰胺类和氨基糖苷类等抗生素具有耐药性的细菌比例高达 81%，并且实验表明部分菌株可将抗性基因传递给大肠杆菌，证实了渔业养殖对周边环境有抗生素耐药性污染风险。

此外，抗生素制药企业排放的废水和废渣也是环境中抗生素耐药性污染的主要来源。Liu 等（2014）研究了一种大环内酯类抗生素——螺旋霉素生产废水的处理系统中大环内酯类抗性基因的分布，结果表明，该处理系统活性污泥中的抗性基因比普通市政污水处理厂污泥中高出至少两个数量级，而且这些抗性基因可能与整合子基因关联，有助于抗性基因的水平转移传播，显示了相应的抗生素耐药性在污水处理系统和进入环境后的高传播风险。

（二）抗生素耐药性的机制

现有抗生素多数来源于环境中的细菌或真菌，而这些微生物皆具有抗性基因，其产生的抗生素耐药性，称为自抗性。环境中常见的抗生素耐药细菌包括大肠杆菌、肺炎克雷伯菌、产气单胞菌、铜绿假单胞菌和粪肠球菌等。细菌抗生素耐药性的主要机制有四类：①抗生素失活；②抗生素靶位点修饰；③降低细胞内抗生素浓度；④核心代谢适应。不同类别的抗生素对微生物的作用机制不同，其对应的细菌耐药性机制也有所不同（表 10-1）。

表 10-1　典型抗生素及对应的细菌耐药性主要机制

抗生素类别	举例	抗生素作用靶向过程	细菌耐药性机制
β-内酰胺类	青霉素、碳青霉烯类	肽聚糖合成	水解、外排、靶位点修饰
氨基糖苷类	链霉素	蛋白质翻译	磷酸化、乙酰化、核苷酸化、外排、靶位点修饰
糖肽类	万古霉素	肽聚糖合成	靶位点修饰
四环素类	替加环素	蛋白质翻译	单加氧化反应、外排、靶位点修饰
大环内酯类	红霉素	蛋白质翻译	水解、糖基化、磷酸化、外排、靶位点修饰
氯霉素类	氯霉素	蛋白质翻译	乙酰化、外排、靶位点修饰
氟喹诺酮类	环丙沙星	DNA 复制	乙酰化、外排、靶位点修饰
磺胺类	磺胺甲噁唑	一碳代谢	外排、靶位点修饰
甲氧苄啶	甲氧苄啶	一碳代谢	外排、靶位点修饰

1. 抗生素失活

细菌可通过降解抗生素或修饰其活性基团使抗生素失活。例如，备受临床重点关注的超广谱 β-内酰胺酶（extended-spectrum β-lactamase，ESBL）与碳青霉烯酶通过水解各种 β-内酰胺类抗生素使细菌具有耐药性。氨基糖苷类抗生素因其分子结构中有大量暴露的羟基和氨基，极易被修饰而失活，其修饰酶主要有三类：乙酰转移酶、磷酸转移酶和核苷酸转移酶。

2. 抗生素靶位点修饰

细菌通过突变或翻译后修饰等机制改变抗生素靶位点，使抗生素无法与之结合并发挥作用。例如，红霉素核糖体甲基化酶可使细菌 16S rRNA 甲基化，从而改变抗生素结合位点，进而阻止了大环内酯类抗生素的结合作用。例如，耐甲氧西林金黄色葡萄球菌（methicillin resistant *Staphylococcus aureus*，MRSA）的一种外源性青霉素结合蛋白 2a（PBP2a）与 β-内酰胺类抗生素结合能力很低，可替代与该类抗生素结合后失活的蛋白质的功能，进而维持细菌的生长。

3. 降低细胞内抗生素浓度

革兰氏阴性菌独有的外膜结构构成了细胞的渗透屏障，使亲水性抗生素难以进入胞内。通过孔蛋白编码基因突变或表达下调，革兰氏阴性菌能进一步阻碍抗生素扩散输入，从而表现出抗生素耐药性。此外，革兰氏阴性菌和革兰氏阳性菌均可通过外排泵将抗生素排出细胞以降低胞内抗生素浓度。大多数外排泵可传输多种抗生素，也称为多重耐药性外排泵，但也有部分外排泵具有抗生素特异性，如四环素外排泵。产抗生素菌也能通过外排机制实现自抗性，如波赛链霉菌。

4. 核心代谢适应

除上述三类经典的耐药机制外，2021 年发表于 *Science* 的一项研究报道了一种全新的细菌抗生素耐药途径，细菌核心代谢基因突变可导致抗生素耐药性的发生（Lopatkin et al.，2021）。例如，大肠杆菌中参与催化三羧酸循环的 *sucA* 基因突变能降低细胞基础呼吸作用，抑制抗生素对三羧酸循环代谢活性的诱导，从而避免代谢毒性和致死效应。这一发现是对已知抗生素耐药机制的重要补充。

（三）抗生素耐药性的危害

2006 年，Pruden 等提出将抗生素抗性基因视为一种新环境污染物，需引起足够重视，以应对渐趋缓慢的新型抗生素发现与研发和抗生素耐药性快速发展传播之间的强烈反差。诸多流行病病原菌在抗生素投入使用后进化出多重耐药性（MDR），成为“超级细菌”，极大提升了疾病发病率和死亡率。由于对这些“超级细菌”有效的抗生素种类减少，同时治疗周期延长，治疗成本也大幅提升，引发严峻的医疗和社会经济问题。以著名的结核分枝杆菌为例，在链霉素和异烟肼最初用于治疗肺结核后，结核分枝杆菌的耐药性迅速发展；随着混合药剂逐步成为主流治疗手段，多重耐药性的产生再次使治疗效果大打折扣。至 2010 年前后，结核分枝杆菌已发展出广泛传播的极端抗性菌株，甚至完全抗性菌株（Velayati et al.，2009）。再如，鲍曼不动杆菌是医院感染的重要病原菌，在 2017 年世界卫生组织（WHO）发布的迫切需要新型抗生素的细菌清单中被列为“极为重要”级别的第一名。多数鲍曼不动杆菌菌株能够主动摄取胞外 DNA，是其进化出多重耐药性和毒力的重要基础。此外，鲍曼不动杆菌还具有强大的环境生存能力和生物降解能力，进一步提高了其环境传播和感染风险。

据最新的研究报道，在 2019 年，细菌抗生素耐药性直接或间接导致了全球 495 万人死亡，其中有 357 万例源于大肠杆菌、金黄色葡萄球菌、肺炎克雷伯菌、肺炎链球菌、鲍曼不动杆菌和铜绿假单胞菌感染（Antimicrobial Resistance Collaborators，2022）。尤其在中低收入国家，由于抗生素使用缺乏监管、医疗卫生水平相对较低、养殖供应压力大、疾病感染率高，抗生素耐药性问题更为严峻（图 10-2A）。世界银行 2017 年发布的研究报告预测，如果不努力遏制这一问题，2050 年因抗生素耐药性将导致与 2008～2009 年金融危机相当的经济损失（World Bank，2017）。其中，中低收入国家由耐药性引发的国内生产总值（GDP）下降幅度将远超高收入国家（图 10-2B）。这些数据报道是对公众、政府权力机构和国际组织的警示，故急需加强对抗生素抗性基因这一类新污染物的重视、监管和研究，以减轻和控制其污染对生态环境和公共卫生健康造成的风险。

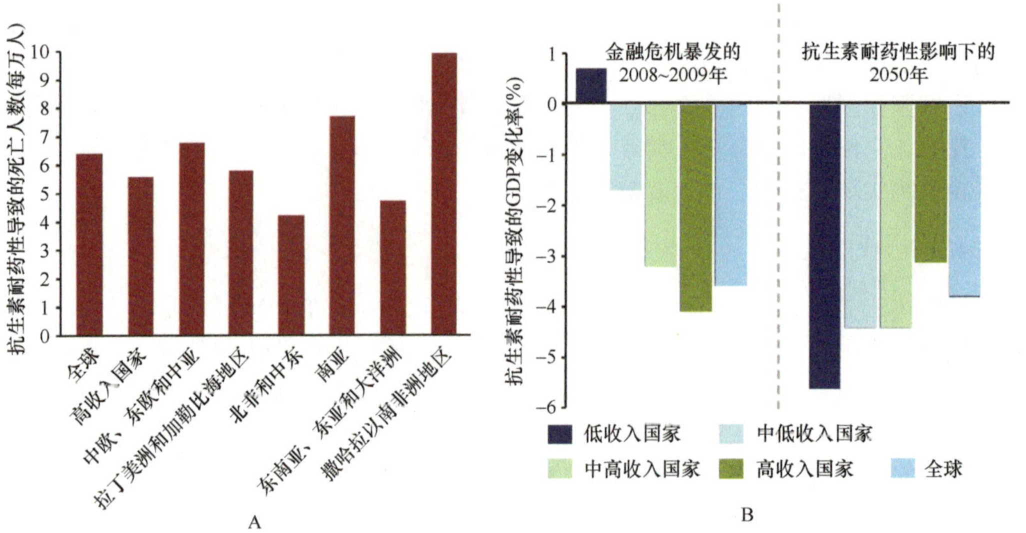

图 10-2　抗生素耐药性导致的死亡率及经济损失

可视化数据来自世界银行（World Bank，2017；Antimicrobial Resistance Collaborators，2022）

A. 2019 年全球和地区直接或间接因抗生素耐药性疾病导致的死亡人数比例。单位为每万人的死亡人数；B. 预测 2050 年因抗生素耐药细菌感染无药可医而导致的经济损失。对比显示，不同收入水平国家至 2050 年因抗生素耐药性引发的 GDP 下降将与 2008～2009 年金融危机期间的损失相当

2011 年世界卫生日的主题为“抗生素耐药性：如果今天不采取行动，明天将无药可用”。2015 年 5 月，世界卫生大会通过了抗微生物药物耐药性全球行动计划。同年 10 月，世界卫生组织启动了全球抗生素耐药性监测系统（GLASS）。迄今为止，已有 81 个国家加入了该监测系统，监测范围涉及 8 种病原菌和 4 种人体样本类型。在 2016 年联合国大会第 71 次会议期间，联合国抗微生物药物耐药性问题高级别会议通过政治宣言，设立了抗微生物药物耐药性问题特设机构间协调小组（IACG），以确保持续有效应对抗生素耐药性的国际行动。尽管在过去的几年中，国际社会在抗生素耐药性监测、国家行动计划制定和大健康策略共识方面取得了一定进展，但仍存在明显的国际行动计划、投入力度和政策制定执行等方面的不均衡问题，建立全球统一标准化的耐药性监测仍是迫切需要克服的挑战（Laxminarayan et al.，2020）。抗击抗生素耐药性需要全球各界的通力合作、长期持续投入并采取有效行动，以挽救生命，避免人类陷入“无药可用”的困境。

二、微生物耐药性的环境选择与传播

（一）抗生素耐药性的环境选择机制

1. 环境中的抗生素胁迫选择作用

抗生素的大量使用会导致水体、土壤和空气等环境中残留的抗生素不断累积。一般而言，环境中残留抗生素处于亚致死浓度水平（ng/L 至 μg/L 级别），远低于最低抑菌浓度（minimum inhibitory concentration，MIC）。然而，Gullberg 等（2011）发现环境中残留的亚致死浓度抗生素即可产生胁迫作用，选择并富集耐药细菌。这表明环境中残留的

抗生素可能是耐药细菌和抗生素抗性基因（antibiotic resistance gene，ARG）污染的主要驱动力。针对医院废水、城市生活污水、污水处理厂出水和受纳水体的研究表明，抗生素抗性基因的绝对丰度（拷贝/ml）和水体中对应的残留抗生素浓度呈显著正相关关系（Rodriguez-Mozaz et al.，2015）；针对我国温榆河及其支流的调查研究也发现，耐药大肠杆菌的数量与水体中受测抗生素浓度水平正相关（Zhang et al.，2014）。尽管如此，这些相关性可以简单地通过人类排泄物的不同污染程度来解释，但不能直接证明环境中的残留抗生素对耐药细菌或抗性基因的选择作用（Karkman et al.，2019）。但也有一些其他基于定量 PCR 的调研表明，来自河流、养殖场等环境样品中的抗生素水平与部分受测抗性基因的相对丰度无关（Hurst et al.，2019；Jia et al.，2018）。

目前关于环境中残留的痕量抗生素污染如何影响抗生素抗性基因的选择尚无定论。鉴于环境抗性基因多样性高、组成复杂，加上当前抗性基因研究在所考察的环境样品类型、受测抗性基因的种类与数量、抗性基因的检测方法（分离培养、定量 PCR、测序分析等）及定量方法（绝对定量与相对定量）等方法学层面存在诸多不一致，可能导致不同甚至截然相反的结论。针对 12 座城市污水处理厂抗生素耐药组的定量宏转录组学与宏基因组学研究表明，绝大部分检出 ARG 的相对丰度或绝对丰度与其对应抗生素的浓度通常并不存在显著相关性，污水中抗生素抗性的选择行为具备高度多维性与复杂性（Ju et al.，2019）。因此，环境中残留抗生素对耐药细菌和 ARG 的选择作用如何，还需要进一步探究。

2. 抗生素耐药性的协同选择机制

实验室研究证实，金属和杀生剂等抗菌化合物可协同选择（co-selection）抗生素耐药菌株（Baker-Austin et al.，2006；Wales and Davies，2015）。协同选择的机制主要包括协同抗性（co-resistance）机制、交叉抗性（cross-resistance）机制和协同调控（co-regulation）机制。

（1）协同抗性机制

协同抗性是指细菌携带的不同类型的抗性基因（如重金属抗性基因、杀生剂抗性基因、抗生素抗性基因）位于同一抗性遗传载体上，如质粒、整合子或者转座子等（Chapman，2003）。关于携带不同抗性基因质粒的研究已有许多报道。例如，Mchugh 等（1975）从 $AgNO_3$ 溶液处理过的烧伤皮肤表面分离得到鼠伤寒沙门氏菌，发现这些菌株对金属银和多种抗生素具有抗性，其抗性质粒同时携带有这两种抗性基因。Sandegren 等（2012）发现大肠杆菌携带的可转移 pUUH239.2 质粒同时编码四环素类抗性、β-内酰胺类抗性、甲氧苄啶类抗性、氨基糖苷类抗性、磺胺类抗性、大环内酯类抗性、季铵化合物类抗性和重金属离子（银、铜和砷[①]）抗性的基因。但也有研究指出，是抗生素的历史暴露而非重金属或杀生剂的暴露导致了目前在质粒上同时出现金属或杀生剂抗性基因和抗生素抗性基因（Pal et al.，2015）。金属和杀生剂可能在维持已经产生共抗性的菌株的已有抗性上具有重要作用（Larsson and Flach，2021）。

（2）交叉抗性机制

交叉抗性是指细菌可通过同一种抗性机制如外排泵，同时对抗生素、杀生剂和重金

① 砷为非金属，鉴于其化合物具有金属性，本书将其归入重金属一并统计

属等不同类型抗菌性化合物产生抗性（Baker-Austin et al.，2006）。例如，李斯特菌具有的多药外排泵不仅能外排抗生素，也能外排金属离子（Mata et al.，2000）。针对铜绿假单胞菌的研究表明，与缺乏 MexGHI-OpmD 外排泵的突变体相比，该外排泵增强了细菌对金属钒和抗生素替卡西林、克拉维酸的交叉抗性（Aendekerk et al.，2002）。针对伯克霍尔德氏菌的研究表明，DsbA-DsbB 二硫键形成系统对 Cd^{2+}、Zn^{2+}、十二烷基硫酸钠、β-内酰胺、卡那霉素、红霉素、新生霉素和氧氟沙星的交叉抗性具有重要作用（Pal et al.，2017）。

（3）协同调控机制

协同调控是指细菌在抗生素、重金属、杀生剂等环境选择压力下，会将一系列转录和翻译应答系统联系起来，通过应激协调反应产生抗性。例如，Harrison 等（2009）发现 SoxS 蛋白是大肠杆菌外排泵 AcrAB 系统的调控子。在重金属铬和铜离子引发的细胞氧化应激作用下，大肠杆菌的 SoxS 蛋白表达量增加，从而促进 AcrAB 外排系统的表达，使得细菌对氯霉素、新生霉素、四环素等抗生素的耐受性增强。还有研究表明，细菌应对抗生素、重金属、杀生剂的协同调控对菌群生物膜的形成有着重大影响（Baker-Austin et al.，2006；Flemming and Wingender，2010）。重金属或抗生素暴露容易刺激细菌产生胞外多糖，导致细胞黏附，最终形成生物膜，促使成膜细菌对周围抑菌物质的耐受性远远高于浮游细菌。

（二）微生物耐药性的传播途径

抗生素在医疗及禽畜水产养殖业中的大量使用，导致环境中出现了大量抗生素耐药性污染热点区，耐药细菌和抗性基因可以通过多种直接或间接的传播途径在这些热点区间扩散并最终进入水体和土壤等环境（图 10-3）。其中，城市污水处理厂和养殖场是最为关键和主要的传播途径与热点区（朱永官等，2015）。

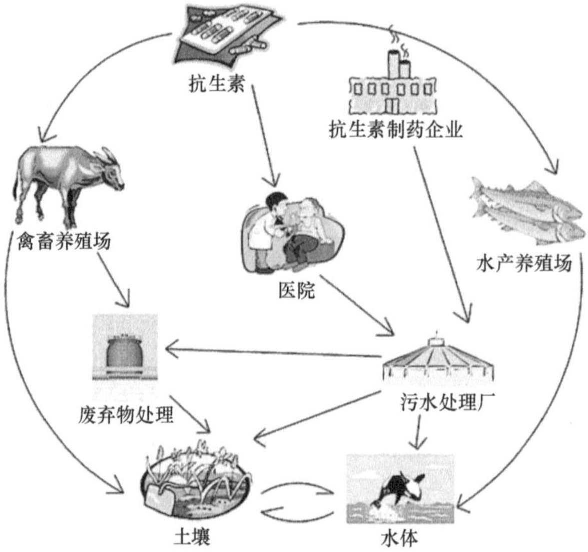

图 10-3 环境中抗生素耐药细菌和抗性基因主要传播途径示意图（朱永官等，2015）

污水处理厂是水体、土壤等环境中抗生素耐药细菌和抗性基因的重要源头。医疗废水、生活废水及工业废水中的抗生素、抗性基因很难在城市污水处理厂中被完全消除。研究表明，城市污水处理厂的进水、污泥和出水中均存在高丰度和极高多样性的抗生素抗性基因（Ju et al.，2019；Pärnänen et al.，2019），如我国污水处理厂的污泥及出水中检测到超过 200 种抗性基因（An et al.，2018）。这些耐药细菌及抗性基因随污水处理厂的出水排放到自然水体中，导致受纳水体环境中抗性水平的显著升高（Czekalski et al.，2014）；此外，污水处理厂的中水（农田灌溉和城市景观用水等）回用和污泥施用亦会导致土壤中抗性水平的升高。Wang 等（2014）在经再生水灌溉的公园土壤中检测出 147 种抗性基因，与未经再生水灌溉的对照土壤相比，抗性基因丰度增加了 99～8655 倍。施用污泥的农田土壤中也检测到较高丰度的抗性基因和高丰度的 I 类整合子整合酶基因 *intI1*（Wolters et al.，2019）。*intI1* 通常携带多个抗性基因，可能会通过水平基因转移将抗性基因传播至人类致病细菌中，进而危害人类健康。

集约化禽畜养殖业和水产养殖系统中有机废弃物和污水的排放也是环境中抗性因子的主要源头。研究表明，40%～90%的饲用抗生素以原型或次级代谢产物的形式随动物粪便排出（Sarmah et al.，2006）。此外，抗生素的施用会使动物肠道富集耐药细菌和抗性基因（Zhao et al.，2018），因此粪肥施用可能是抗生素和抗性基因进入土壤等环境的重要途径。Zhu 等（2013）采用高通量荧光定量 PCR 技术分析了北京、浙江和福建三个大型养猪场附近的土壤，发现 63 种抗性基因的相对丰度（抗性基因与 16S 基因定量 PCR 的阈值循环数之差，ΔC_T）在施粪肥的土壤中显著高于对照土壤，最高达两万多倍；还发现可移动基因元件（mobile genetic element，MGE）的丰度与抗性基因的总丰度呈显著正相关，说明由 MGE 介导的水平基因转移可能是施粪肥的土壤中抗生素抗性基因传播的重要机制。此外，土壤中的抗性基因还可能通过径流进一步传播到地下水中（Joy et al.，2013）。

空气也可能是传播耐药细菌和抗性基因的重要媒介。城市空气中含有较高多样性的抗性基因（Pal et al.，2016）。Li 等（2018a）调查了全球 19 个城市空气中的抗性基因分布情况，发现大环内酯类和喹诺酮类抗性基因是空气中含量最丰富的抗性基因，表明城市空气传播抗性基因的潜在风险。这些抗性基因和其他污染物可能会通过空气的流动进行长距离运输，甚至沉降到偏远地区的土壤和水体中，从而加剧环境中抗性基因的扩散。空气是抗性基因的载体，其赋存的耐药性的实际活性与传播能力目前还不清楚，有待进一步研究。

（三）微生物耐药性的环境影响因素

1. 环境污染物

环境中的污染物如重金属、杀生剂、纳米颗粒、微塑料可能通过协同选择作用和促进水平基因转移等途径增加耐药细菌和抗性基因的富集。在重金属污染地区，细菌不仅对重金属具备抗性，还能对多种抗生素产生抗性，且抗性基因水平与重金属的污染水平正相关（Zhao et al.，2019a）。例如，Wu 等（2015）调查了上海一个垃圾填埋场和两个垃圾中转站的多个渗滤液样品，发现 *sul1*、*sul2*、*tetQ*、*tetM*、*mefA* 及 *ermB* 等抗性基因丰度与 Cr、As、Ni 和 Cd 等重金属水平有着显著相关性。在污水处理中，氧化铝纳米颗粒的应用显著促进了由 RP4、RK2 和 pCF10 质粒编码的多药抗性基因的水平转移（Qiu et al.，2012）。研究发现，环境中的微塑料可吸附抗生素，并促进质粒的水平转移，从而增加抗性基因的污染（Arias-Andres et al.，2018；Li et al.，2018b）。因此，这些环境污染物不仅会造成选择压力，也为抗性基因的水平转移提供了载体。

2. 人类活动影响

人类活动如医疗、水产、禽畜业中抗生素的滥用导致环境中抗生素不断累积，是环境耐药性的关键选择压力。粪肥和污泥的施用、再生水回用等资源化利用手段加速了耐药细菌和抗性基因的传播和富集。人类活动排放的污染物如重金属、纳米颗粒、微塑料等也进一步协同选择了耐药细菌和抗性基因，促进了抗性基因的水平转移。此外，人类的迁徙和旅行也在耐药细菌的发展和传播中起着不可或缺的作用。全球化和人类迁徙让耐药细菌和抗性基因在不同地理区域之间的快速传输成为可能，从而极大地促进了耐药病原细菌和抗性基因的全球传播（Frost et al.，2019；Schwartz and Morris，2018）。

三、环境微生物耐药性的检测与污染控制

（一）环境抗生素耐药性的检测方法

抗生素抗性基因作为一种全球性新污染物，在自然条件和环境污染造成的选择压力下广泛传播，已在土壤、表层水、深层海水、沉积物、污泥、地下水，甚至空气等几乎所有环境介质中被检出。区别于传统环境污染物，抗生素抗性基因由于其生物学特性而具有独特的环境行为，能在不同细菌间传播和随宿主增殖富集。为充分掌握环境中抗生素耐药性的污染情况、深入理解抗性基因的环境行为、合理评估耐药性的健康风险，建立精准、高效和全面的检测方法十分必要。

1. 微生物培养法

传统培养法从环境中分离获得微生物的纯培养物，以检测菌株对抗生素的敏感性（即耐药程度）、耐药率和耐药谱（多重耐药性）。通过培养法直接获知菌株的抗性表型，结合对菌株的生理生化分析，如代谢特征、最适生长条件、运动能力和环境耐受能力等，还能预测耐药细菌在环境中的增殖趋势，评估其携带的抗性基因在环境中的传播风险。Li 等（2009）从处理青霉素生产废水的污水处理厂出水及受纳河流的上游和下游分离出 417 株细菌，对所有菌株进行了 18 种抗生素的药敏性测试，结果表明，从污水处理厂出水中分离出的菌株几乎对所有抗生素呈现高耐药率和高最低抑菌浓度（MIC），河流下游分离菌株的抗性水平也远高于上游，显示了污水排放对河流中细菌抗生素耐药性的影响。传统培养法的最大优势是能够提供细菌耐药表型的最直接证据，并可实现细菌的耐药行为和特征研究（表 10-2）。

表 10-2　抗生素耐药性表型与基因型的主要检测方法

检测技术	检测对象	方法优势	方法缺陷
微生物培养法	耐药细菌	1）操作标准化，检测结果可靠 2）耐药表型和活性宿主直接对应 3）测试成本低，操作简便	1）仅能检测可培养耐药细菌 2）筛菌工作量大，耗时长
高通量定量 PCR	抗性基因	1）灵敏度高，不依赖培养分离 2）可准确定量，检测通量高 3）同时检测几十至几百抗性基因	1）受引物偏好性限制，无法覆盖靶标以外的抗性基因 2）不易区分抗性基因宿主细胞的死活 3）无法获取基因组序列信息 4）检测成本相对较高
宏基因组学	抗性基因	1）高通量，同时检测所有具备参考序列的已知抗性基因 2）可预测新型抗性基因序列 3）可获取抗性基因上下游遗传信息，预测宿主关键功能信息 4）宏基因组数据还可用于其他类型功能基因的分析与研究	1）测序数据量大，生物信息学计算要求高 2）不易区分抗性基因宿主细胞的死活 3）测序与计算总成本高 4）检测灵敏度不及定量 PCR
单细胞技术	耐药细菌	1）耐药表型和宿主直接对应 2）快速检测 3）灵敏度高 4）可识别微生物细胞个体之间基因型和耐药表型的异质性	1）检测与设备成本高 2）流程复杂

2. 高通量定量 PCR

由于绝大部分环境中的细菌难以培养，环境抗生素耐药性检测相较临床检测，更多以抗性基因为监测对象。从环境样品中提取 DNA，通过传统荧光定量 PCR（quantitative PCR，qPCR）法可根据引物的特异性靶向分析某种抗性基因的环境丰度。但以单一抗性基因为分析对象的检测无法反映环境样品中抗性基因组成的全貌，而逐个分析效率低、成本高。高通量 qPCR 可对多达几百种抗生素抗性基因同时定量检测，可以实现对目标基因高通量、高精确性和高灵敏度的定量分析。Zhu 等（2017）为揭示河口抗生素抗性基因多样性和丰度的主要影响因素，在我国东部沿海 18 个河口湿地处采集沉积物，利用高通量 qPCR 研究了 285 种抗性基因的空间分布。研究检出了 248 种抗性基因，其中 18 种抗性基因存在于所有样品中。进一步对抗性基因和可移动基因元件进行相关性分析、共现网络分析及多参数统计分析，结果均指向人类活动是河口中这些抗性基因丰度和传播的重要驱动因素。Pärnänen 等（2019）在抗微生物药物耐药性全球行动计划的框架下，用高通量定量 PCR 分析了欧洲 7 个国家共 12 座城市污水处理厂进出水中的 229 种抗性基因和 25 种可移动基因元件。研究发现，污水中抗性基因的丰度和组成与各国临床抗生素耐药菌株的研究结果呈现一致性，抗性基因的丰度和传播与抗生素的使用、气温和污水处理厂的规模有关，因而合理建立长期耐药性监测系统和制定控制策略需要充分考虑地域因素。因此，高通量 qPCR 因具有高通量、定量准确的优势被广泛应用于环境抗生素抗性基因调研，但该方法无法获取抗性基因上下游遗传信息，也无法确定抗性基因宿主等关键信息（表 10-2）。

3. 宏基因组学

与定量 PCR 不同，宏基因组学分析环境样品中微生物的所有遗传信息，通过将测序数据与数据库中抗生素抗性基因参考序列比对识别与定量抗性基因。该法不依赖微生物培养，并有效规避了定量 PCR 引物选取与扩增过程带来的检测偏好性。随着二代测序技术的迅速发展及成本降低，宏基因组学测序分析逐渐被广泛应用于环境样品中抗生素耐药性的检测和研究中（Yang et al.，2013）。除数据库中已知的抗性基因外，宏基因组学分析还可基于隐马尔可夫模型和机器学习等算法工具识别抗性基因的变体和可能的新型抗性基因，这是宏基因组学研究环境抗生素耐药性的一大核心优势（表 10-2）。

通过对二代测序得到短序列的组装、分箱或直接通过三代测序得到长序列，宏基因组学分析能够获得与抗性基因关联的关键遗传信息，以用于解析抗性基因可移动性和宿主功能信息（如致病性、多重耐药性、生态位）（Ju et al.，2019；Yuan et al.，2021）。鉴别抗性基因的可移动性和宿主信息是目前国际上环境抗生素耐药性研究领域的两大难点和热点，对理解耐药性的进化历史和传播风险评估至关重要。Yuan 等（2021）从来自污水处理厂污水与活性污泥样品的 47 套宏基因组数据组装出 248 个细菌基因组草图，结合定量宏转录组学分析发现，污水处理厂中活跃表达抗生素抗性基因的宿主以潜在致病细菌和本土反硝化细菌为主。Dai 等（2022）采用 Nanopore 三代测序技术分析了分别位于印度、美国、瑞士、瑞典和中国香港的 5 座污水处理厂活性污泥中抗生素抗性基因的丰度、可移动性和细菌宿主，发现可移动（即位于质粒或其他可移动基因元件上）的抗性基因在活性污泥中的丰度明显低于污水处理厂进水，认为活性污泥污水处理过程不会促使抗生素抗性基因的增殖和传播。

目前传统宏基因组学分析的结果为抗性基因的相对丰度，不利于基因在不同样品之间的比较，但通过在核酸提取或测序过程中添加已知拷贝数的核酸内标物亦可实现抗性基因的广谱绝对定量（黄昕瑜等，2021）。Ju 等（2019）通过定量宏转录组学与宏基因组学技术的研发与应用，实现了对 12 座污水处理厂微生物组中 20 种主型抗生素抗性基因、65 种杀生剂抗性基因和 22 种重金属抗性基因的同步绝对定量与相对定量检测；还基于宏基因组 16S 核糖体 RNA 基因、细胞数等归一化手段，首次提出了 GP16S（基因拷贝/16S 基因拷贝）、GPC（基因拷贝/细胞）、TPC（转录本拷贝/细胞）、TPB（转录本拷贝/g 生物量）等一系列定量宏组学参数。另外，无法辨别检测到的抗性基因来源于活细胞或是死细胞是基于 DNA 的分子生物学检测方法的核心瓶颈（表 10-2），但目前已发展出一些技术可以克服这一问题，如利用叠氮溴化丙锭（propidium monoazide，PMA）区分活细胞和细胞膜受损的死细胞。胞外 DNA 或环境 DNA（eDNA）中的抗性基因近年来逐渐引发普遍关注。尽管其增殖和传播的可能性低于胞内抗性基因，但胞外抗性基因也是环境中抗生素抗性基因的重要存在形式（金亦豪等，2022），在进行抗生素耐药性的环境风险评估时需加以综合考虑（赵泽和鞠峰，2020）。

4. 单细胞技术

尽管基于主流二代与三代测序技术的宏基因组学分析方法都可以揭示抗生素抗性基因的多样性、组成和耐药机制等信息，但建立环境样品中抗性基因与微生物其他遗传信息的有效关联仍存在一定技术限制，对抗性基因宿主生理生态特征的深入研究仍需借助对微生物个体的鉴定分析与分离培养。近年来兴起的单细胞技术实现了单一菌落或复杂环境样品中单个细胞的分析和培养，能够高通量解析微生物细胞个体间遗传信息和功能表达的异质性，有望为环境微生物抗生素耐药性的研究提供新方法和新见解。目前，单细胞技术在抗生素耐药性检测方面的应用探索主要集中在临床研究。例如，Baltekin等（2017）开发了一种基于单细胞技术快速检测尿路感染抗生素耐药性的方法。该方法利用微流控芯片从样品中分离出大量单个细胞，通过显微成像观察计算细胞的平均生长速率，在加入9种尿路感染治疗用抗生素几分钟后即可检测到细胞生长速率的变化，而且这种方法在10 min内成功鉴别了49株病原大肠杆菌对环丙氟哌酸的敏感性或耐药性。在环境抗生素耐药性研究方面，Wei等（2021）改进了一种基于单细胞分离、融合PCR和巢式PCR的技术——epicPCR，成功追溯了活性污泥中*sul1*基因的宿主，并基于对*sul1*和16S rRNA基因的一致性系统发育分析发现，在城市污水处理厂中水平基因转移（54%）和垂直基因转移（46%）对*sul1*传播的贡献基本持平。因此，这种改进版的epicPCR技术可以作为量化抗生素抗性基因环境传播中两种途径相对贡献的有效工具。综上，单细胞技术具有高灵敏度和快速检测的优势，且能直接关联抗性基因与宿主个体（表10-2），在解决当前环境抗生素耐药性检测领域面临的诸多难题上具备广阔的拓展应用前景。

（二）环境抗生素耐药性的控制对策与方法

鉴于全球抗生素耐药性问题的紧迫性、污染的严重性和传播的广泛性，在“大健康”背景下如何应对抗生素耐药性的问题已经得到各国政府和国际机构的高度重视，已与全球变暖并列为最重大、迫切的全球性挑战。世界卫生大会在2015年通过的全球抗微生物耐药性行动计划中提出五大目标：①要提升对耐药性的认识和理解；②加强监测和研究；③降低疾病感染率；④优化抗微生物药物的使用；⑤确保可持续的资金投入。其中，在第四项关于药物使用的描述中，世界卫生组织提及，要制定规范标准和指南以控制环境，尤其是水体、污水和食品（包括养殖饲料）中抗微生物药物的含量。环境是巨大的抗生素耐药细菌和抗性基因库，也是抗生素抗性基因在微生物间传播、通过食物链和污染暴露进入人体的重要场所。政府、企业、科学家和公众需要共同行动起来，构建保护公共卫生健康和生态环境安全的有效屏障。

1. 源头管控

推动落实抗生素的合理使用是控制抗生素、抗生素耐药细菌和抗性基因进入环境的最直接有效的对策（Pruden et al.，2013）。2016年，国家卫生计生委（现为国家卫生健康委员会）等14部门联合制定了《遏制细菌耐药国家行动计划（2016-2020年）》，其中指出要“规范抗菌药物临床应用管理”和“加强兽用抗菌药物监督管理”。抗生素在1986年就已在瑞典被禁止作为生长促进剂使用，随后在丹麦和欧盟也被禁止。这些举措大幅降低了这些国家和地区畜牧养殖业产生的抗生素耐药性污染。改善养殖管理方式，如降低动物饲养密度、优化营养方案，可以提升动物健康水平，进而减少抗生素的使用。在政策方面，要鼓励生产行业主动制定医药废物标准、加大对合成抗生素和在环境中难以降解抗生素的限制、推动药物供应链公开透明化、强化生产行业的环境保护责任。

污水回用是实现城市水资源可持续利用的重要举措。但污水处理厂常规处理产生的回用水中仍可能含有大量抗生素与抗性基因等新污染物，对环境生物安全构成风险。因此，需根据污水回用用途，尤其对灌溉用水进行加强处理和安全管理，以降低抗生素耐药性的环境暴露和传播风险。污泥的土地利用也是资源回收的重要形式，其抗生素耐药性传播隐患同样需引起重视和合理管控。尽管堆肥能相对有效地去除抗生素，耐药细菌和抗性基因通常不会在堆肥过程中减少，因此有机肥施用可能促使土壤微生物组、植物微生物组和动物肠道微生物组获得耐药性，具有巨大的抗生素耐药性环境传播风险。阻断这一风险需要优化有机肥施用管理规定，加强抗生素抗性基因去除技术的发展和利用。此外，由于环境中的抗生素会通过胁迫选择，以及与金属和杀生剂等通过共选择作用富集抗生素耐药细菌和抗性基因，也会促使新的抗性基因出现及耐药性的传播，因此减少抗生素及协同选择化合物向环境中的排放也是控制环境抗生素耐药性的必要措施。

2. 工艺控制

常规污水处理工艺以去除传统污染物，如有机物、氮、磷等为目标，并不能有效减少抗生素或抗性基因，甚至有研究显示，经过处理的污水中的耐药细菌和抗性基因的相对丰度升高。鉴于城市污水与污泥中细菌生物量占绝对主导，采用絮凝或自然沉降、膜分离等物理化学方法，是快速削减污水耐药细菌和抗性基因赋存量的简单、高效策略（Ju et al.，2019）。此外，高温厌氧污泥消化（Yi et al.，2017）和臭氧处理针对部分抗性基因具备良好的去除效果。

畜牧养殖产生的有机废物经氧化塘或堆肥处理可去除部分抗性基因，厌氧消化也可用于降低养殖废物中病原细菌抗性基因水平。防止氧化塘渗漏、控制地面径流和阻止沉积物侵蚀流出养殖区域也有利于遏制抗性基因向环境中的排放。另外，焚烧可有效降低固体废弃物中的抗生素、耐药细菌和抗性基因。粪便分离技术（如过筛、过滤、沉降等）也能在降低养分含量、延长存放期限的同时降低废物的抗性基因污染风险。

对于制药厂产生的抗生素污染严重的高风险废水和废渣，在排入环境前一定要经过严格的无害化处理。例如，一种耦合升流式厌氧污泥床、厌氧-好氧池和芬顿-UV 高级氧化过程的技术可以同时去除医药废水中的抗生素和抗性基因（Hou et al.，2019）。

3. 污染修复

（1）物理化学修复

利用生物炭和纳米材料是目前研究较多的削减环境中抗生素耐药性污染的两种方法。生物炭因其孔隙结构和大比表面积可有效吸附抗生素，而且通常具有能水解、氧化或催化降解抗生素的官能团，从而降低环境中的抗生素浓度。施用生物炭主要通过改变微生物群落结构，提高微生物多样性而影响环境抗生素抗性基因的组成、降低抗性基因丰度（Chen et al.，2018）。纳米材料同样具有吸附抗生素和基于光催化和氧化等机制降解抗生素的特性。此外，纳米材料，如氧化石墨烯、氧化铜和氧化锌等，能通过释放金属离子抑制细菌生长，导致微生物 DNA 损伤，从而减少环境中的抗生素抗性基因。尽管纳米材料成本高、环境风险尚不明确，但其应用潜力正促使研究人员尝试设计和合成新的廉价环保纳米材料以用于抗生素抗性基因的污染修复。

（2）生物修复

基于生物降解或生态控制的生物学方法也在环境抗生素耐药性污染修复方面表现出巨大潜力。利用从环境中分离的抗生素降解菌或降解菌群可降低环境中的抗性基因和可移动基因元件丰度。由于这些降解菌来源于环境，其环境生物安全风险相对较低。噬菌体具有感染细菌的特性，在环境中广泛存在。利用噬菌体特异性感染、裂解宿主细菌细胞能靶向去除抗生素耐药细菌和抗性基因。而混合使用不同的噬菌体还能克服噬菌体宿主单一的问题，扩大目标细菌范围，进一步提升去除效果（Zhao et al.，2019b）。另外，Zhu 等（2021）研究发现，土壤中占据高营养级的蚯蚓的自身肠道中的抗生素抗性基因丰度始终低于周围土壤，可移动基因元件和抗性基因的潜在宿主细菌也更少，蚯蚓还使土壤中的抗性基因种类和丰度明显下降。由此，可能发展出一种基于土壤食物链的修复环境抗生素耐药性污染的新技术。

第二节　有毒有害生源污染物的发生与控制

有毒有害生源污染物是指生物在其生长繁殖过程中或在一定条件下产生的对其他生物物种或生态环境具有毒害作用的化学物质。这些有毒有害生源污染物广泛存在于陆地、海洋、湖泊等环境中，以及动植物和微生物中。近年来，随着对生源污染物研究的深入，人们越来越认识到它在生命化学、合成化学、生物学、医学、药物学及环境科学等诸多领域都具有十分重要的意义（Walker et al.，2012；Yao et al.，2021a）。

一、有毒有害生源污染物的种类与发生

（一）生物毒素的种类

1. 微生物毒素

微生物毒素种类繁多，可分为细菌毒素、真菌毒素和病毒毒素等。具有代表性的细菌毒素有霍乱毒素、肉毒毒素、白喉毒素、破伤风毒素及金黄色葡萄球菌毒素等；真菌毒素可分为曲霉毒素（如黄曲霉毒素和赭曲霉毒素等）、青霉毒素（如展青霉素和桔青霉素等）及镰刀菌毒素（如脱氧雪腐镰刀菌烯醇和玉米赤霉烯酮等）等几大类；目前已知的病毒毒素种类较少，自然界仅发现轮状病毒肠毒素。

2. 植物毒素

植物毒素主要包括五大类，即生物碱、蛋白质毒素、生氰糖苷类毒素、非蛋白质氨基酸及不含氮毒素等。某些植物毒素如蓖麻毒素和相思子毒素等有剧毒，并且这两种毒素都是生物武器核查清单中两种主要的植物蛋白毒素（Yin et al.，2012）。

3. 海洋毒素

海洋毒素是海洋生物产生的具有强烈毒性的一类天然有机化合物。根据中毒症状的不同，通常把海洋毒素分为麻痹性贝毒（paralytic shellfish poison，PSP）、腹泻性贝毒（diarrhetic shellfish poison，DSP）和神经性贝毒（neurotoxic shellfish poison，NSP）等（Walker et al.，2012）。

（二）生源挥发性有机化合物的种类

大气中的挥发性有机化合物（volatile organic compound，VOC）可来自人类活动和生物源的排放，其中生物源挥发性有机化合物（biogenic volatile organic compound，BVOC）是全球大气 VOC 的主要来源，年排放总量约占大气总 VOC 年排放量的 90%（Jullada et al.，2009）。这些化合物的高化学反应性，以及它们从生物体排放后持续进入大气，显著地影响着全球大气化学和碳循环、气候变化等过程，特别是大气二次污染物的生成和生物气溶胶的形成。因此，生物成因的挥发性有机化合物在生物圈与大气的关系中起着重要的作用。人类活动驱动的环境变化，包括全球气候变暖，可能扰乱这些相互作用的平衡，进而导致对地球系统不利的和难以预测的后果。陆地或海洋生物体产生的生物源挥发性有机化合物也能够参与生物的生长、发育、繁殖和防御，它们是生物群落内及生物之间交流的重要媒介，显著影响生物之间的相互作用关系。根据生物源挥发性有机化合物的分子量，可划分为高分子量 BVOC 和低分子量 BVOC 两大类。

1. 高分子量 BVOC

高分子量 BVOC 主要包括异戊二烯、单萜、倍半萜和二萜、茉莉酸甲酯及水杨酸甲酯等。BVOC 可以从地上和地下生物器官释放，一般来说，繁殖器官释放的 BVOC 种类最多，且在成熟时释放速率达到峰值。木本植物的营养部分更容易释放出不同的萜类混合物，包括异戊二烯、单萜、倍半萜和一些二萜，而草类释放出相对大量的含氧 BVOC 和一些单萜。生物和非生物胁迫可诱导某些 BVOC 的产生，如萜类、茉莉酸甲酯和水杨酸甲酯，其大小和质量取决于损害的类型（Jullada et al.，2009）。

2. 低分子量 BVOC

尽管异戊二烯占主导地位，但生物圈产生并排放了至少数百种活性 BVOC 到大气中。在这些物种中，可能有几十到百余个特定物种对大气有显著和可识别的低分子量 BVOC。植物或微生物等生物体都可以产生低分子量（$C<5$）的 BVOC，主要包括甲醇、乙烯、甲醛、乙醇、丙酮和乙醛等物质，影响生态环境或气候的变化（Jullada et al.，2009；Josep and Michael，2009）。

（三）有毒有害生源污染物的发生与危害

1. 生物毒素的发生与危害

有毒有害生源污染物特别是生物毒素对人和动物能够造成急慢性毒性，同时具有致癌、致畸和致突变性（通常说的“三致”效应）。生物毒素对人类或牲畜健康的危害主要体现在以下两方面：一是直接作用于生命体，造成急慢性中毒、突变，甚至死亡；二是能够严重破坏生态环境，影响种植业、养殖业、畜牧业及水产业的健康生产，给人类健康和生态环境带来巨大危害（Yao et al.，2021b）。

（1）造成人畜中毒或死亡

在中世纪，欧洲数以万计的人因大量食用麦角毒素污染的麦角而造成中毒或死亡，被称为“中世纪欧洲的恶魔”；19 世纪，西伯利亚地区居民因食用受到镰刀菌毒素污染的冬小麦造成数万人死亡；1960 年，英国发生了一起严重的群体死亡事件，即数十万只火鸡死亡，原因是食用了受真菌毒素污染的从南美洲巴西进口的花生饼饲料；1988 年，巴西水库因蓝藻毒素污染造成了近 2100 人中毒或死亡；2004 年，非洲暴发了历史上最大规模的真菌毒素污染事件，仅在肯尼亚就造成 1650 多人中毒或死亡。从全球每年发生的中毒死亡事件分析，每年因动植物毒素、海洋毒素和微生物毒素引起的中毒死亡人数占食源性疾病死亡人数的 50%以上，中毒率和死亡率远高于化学中毒造成的危害（Berthiller et al.，2009；Williams et al.，2004）。

（2）引发重大疾病

生物毒素对人畜或其他生物体能够造成严重的健康危害，甚至死亡。流行病学调查和动物实验发现，生物毒素的主要毒性作用为致癌作用、致畸作用、遗传毒性、肝细胞毒性、肾脏毒性、生殖紊乱和免疫抑制等（Williams et al.，2004；Stoev，2013）。此外，针对环境学的调查与毒理实验的研究表明，海洋毒素对人类的危害包括可引起短期内的急性中毒事件，以及其在体内长期积累可引发致癌性、致畸性和致突变性等相关的重大疾病，对人类健康具有巨大威胁。

（3）威胁水产养殖业

水华或赤潮能够严重破坏水生态环境，对海水养殖业或淡水养殖业造成重大损失，已成为全球湖泊和海洋等水域环境的公害。特别是有些赤潮和水华中的藻类能够产生多种生物毒素，当这些生物源毒素通过食物链进入人类或牲畜体后，极易对肝脏、肾脏、体细胞、心血管系统、神经系统和免疫系统等组织器官产生毒性作用，对人类或动物的身体健康和安全，以及水产养殖行业可持续发展造成严重的威胁。近几十年来，全球因海洋毒素引起的食物中毒或死亡事件在逐年递增。2018 年，世界卫生组织（WHO）估计全球每年有 5 万～50 万人因西加鱼毒中毒，在 1998～2008 年，太平洋岛国和地区报道了 39 677 例中毒案例。因此，深入了解湖泊和海洋生物毒素的种类、危害、影响因素、产生机制和解决办法，对保护水生生态环境和人类身体健康安全、保障水产养殖业绿色健康发展具有重要的意义（Bejarano et al.，2008）。

（4）威胁食品安全

从全球来看，生物毒素种类繁多、分布广且威胁大，几乎所有的植物源性产品、动物源产品和海洋源产品或食品都会受到生物毒素的污染和危害。据联合国粮食及农业组织（FAO）报道，全球每年收获的农作物中有近 25%的产品受到不同程度真菌毒素的污染，每年造成农业和工业领域范围内数百亿美元的经济损失。据国家粮食和物资储备局抽样调查发现，我国每年因真菌毒素污染造成的粮食损失约 400 亿 kg，占到全年粮食收获的 8%以上，造成极大的粮食损失，对我国粮食安全和食品安全构成了重大挑战和威胁（European Commission，2006）；美国农业部调查发现，仅 1971 年因石房蛤毒素污染就造成佛罗里达州鱼类中毒死亡超过 2200 万 kg，对美国的鱼类产业造成巨大损失，对水产养殖业造成极大的冲击。此外，频繁发生在全球范围内大规模的水华事件或赤潮事件，对淡水和海水等水体生态环境造成巨大破坏，给广大居民身体健康和全球食品安全带来严重危机（Bejarano et al.，2008）。

（5）具有被开发成生物毒素战剂的风险

多数真菌毒素或细菌毒素等生物毒素毒性高，具有发病急、危害重及影响力大等特点，并且能够通过水源、空气、农产品及食品等介质快速传播。因此，这些毒素对生态环境造成重大危害，对食品安全和人类健康构成巨大威胁，也对全球和平与安全带来重大挑战（Yao et al.，2021b）。目前，自然界中已知毒性最强的生物毒素为 A 型肉毒神经毒素（BONT/A），理论上 1 g A 型肉毒神经毒素可造成 100 万人或 2000 亿只老鼠死亡，这些潜在的生物毒素武器化后，将产生人类难以想象的巨大杀伤力和威慑力。因此，世界上许多国家把生物毒素用于制造生化武器，这对世界和平与安全及人类社会与文明可持续发展造成了巨大威胁和挑战。

2. 生源挥发性有机化合物的发生与危害

全球生源挥发性有机化合物（BVOC）总通量远远超过人为挥发性有机化合物通量，其危害主要体现在间接通过改变大气化学组成，对全球气候、空气污染、人体与环境健康等产生一系列不利影响，其影响程度与 BVOC 的种类与浓度有关。虽然已经从植物中鉴定出多种 BVOC，但其对大气的持续影响很大程度上是由相对较少的化合物造成的，其中异戊二烯和单萜家族最为重要。当 BVOC 被释放到大气中时，它们会与羟基自由基（·OH）发生氧化反应，BVOC 的氧化可能会影响对流层的氧化能力，从而影响其他微量气体的氧化速率、形成和浓度。自 Chameides 等（1988）的开创性工作以来，学术界已经认识到 BVOC 的排放可能是光化学烟雾和臭氧（O_3）产生的重要前提。此外，由于·OH 是空气甲烷的主要氧化剂，而甲烷是大气中第三重要的温室气体（仅次于水蒸气和二氧化碳），因此 BVOC 的排放可能会增加甲烷在大气中的寿命，从而间接影响地球的辐射平衡。BVOC 及其主要氧化产物（如异戊二烯甲基乙烯酮和甲基丙烯醛）在存在 NO_x（NO 和 NO_2）的情况下，可导致有机硝酸盐的形成，包括过氧乙酰硝酸酯（PAN）和过氧甲基丙烯酸硝酸酯（MPAN）。PAN 和 MPAN 在大气中的寿命比 NO_x 长，它们能够被运输到更远的地方，从而可以作为活性氮的载体。一旦在温暖的空气中进行热分解，它们就会释放 NO_x（Poisson et al.，2000），导致区域 NO_x 的浓度增加。这一过程可能显著改变大气成分和化学成分，并导致偏远地区 O_3 的形成。虽然一氧化碳（CO）主要是植物叶片直接排放的，但 BVOC 的氧化也向大气中贡献了大量的 CO（Griffin et al.，

2007)。CO 一旦产生可被远距离运输，因为其在大气中可稳定存在数月，所以，BVOC 也可以通过这种方式在全球范围内影响大气成分。

二、有毒有害生源污染物的检测方法

（一）生物毒素检测方法

1. 生物毒素快速检测法

（1）免疫分析法

免疫分析是基于抗体和抗原之间的特异性结合实现对目标物定量检测的技术，具有相对快速、简单、经济、高灵敏度和可选择性等优势。免疫分析法在许多方面与仪器检测方法互补，特别是更适用于处理较大数量样品的检测和现场分析。其中，酶联免疫吸附分析（enzyme-linked immunosorbent assay，ELISA）是一种非常流行的分析方法，已被用于检测生物毒素、农药、兽药、环境污染物、病原微生物和其他分析物。其原理是抗原抗体的特异性结合反应与酶的高效催化作用，使待测物和酶标抗原与固相载体表面的抗体反应产生抗原抗体复合物，而待测物含量与酶反应底物被催化为有色产物的量直接相关，所以可据此实现定性定量分析。该分析方法是基于酶的信号放大，故具有良好的灵敏度。此外，所选抗原和抗体之间存在特异性反应，因此该分析技术具有靶向性。在过去的几十年里，ELISA 由于比色产物定量不需要使用昂贵设备这一特点，引起了越来越多科研人员的关注。该法具有较好的重复性和准确性，但检测过程中需要大量的孵育时间，并且使用抗体作为识别元素存在一些局限性，如批量分析的成本和不稳定性问题（Skerritt et al.，2020）。另外，免疫分析法还包括以荧光物质作为标记物的荧光免疫分析（fluorescence immunoassay，FIA），其检测过程对环境因素敏感（Xu et al.，2012）；以层析试纸条为载体，将免疫技术和层析技术相结合的免疫亲和层析（immunoaffinity chromatography，ICA）法，具有体积小、便于携带、快速直观等优点，但精确度和灵敏度普遍较低，大多用于半定量或定性检测（Lan et al.，2019）；利用免疫磁珠（由磁性纳米粒子和免疫配基组成）与抗体、蛋白质等生物活性物质共价结合的免疫磁珠（immunomagnetic bead，IMB）法，具有磁化强度高和分散性好的特点（Du et al.，2015）。随着基因检测技术和分子印迹技术的快速发展，仿生免疫分析等技术也应运而生。

（2）生物传感器检测法

基于生物传感器的检测方法因其高灵敏度、低检测限及特异性等优势使其在生物毒素检测领域受到关注。表面等离子共振（surface plasmon resonance，SPR）技术是最有前途的生物传感器检测法之一。其原理是利用检测生物传感芯片上配位体与分析物之间的相互作用，在天然状态下进行实时跟踪，本质为一种光学现象。SPR 已被证明是检测食品中低水平污染物和毒素的成功平台，许多文献描述了其在生物毒素分析领域的适用性，这种技术对生物分子无损伤，基质效应对其检测过程影响较小，是一种灵敏度较高的实时监测分子相互作用的无标记技术。与免疫分析技术相比，SPR 的应用市场更加广阔，但在稳定性和检测效率方面还需要进行不断发展和完善（Campbell et al.，2011）。而纳米生物技术正在逐渐改变生物传感器的发展，目前许多生物传感和传导策略都包含了纳米生物技术的概念：定制的生物识别分子、纳米颗粒和量子点标签、碳纳米管、纳米结构支撑、磁颗粒、流系统分析设备和微阵列等，具有特异性高、灵敏度高、操作稳定性高、样品处理简单、分析时间短等优点。尽管这些设计看起来比较复杂，但这些新型分析设备最终目的是使检测分析操作变得更加高效简单（Hossain and Maragos，2017）。

（3）纳米技术检测法

纳米技术检测主要应用一种或多种纳米材料组合，利用它们的光学性质、导电性和磁性等对目标物进行高灵敏度检测。基于纳米材料的检测技术克服了传统检测方法检测时间长、样品预处理复杂、仪器昂贵等缺点，具有灵敏、快速、便携、高效等优点（Yin et al.，2012）。常用的纳米材料有金、银、磁性微粒、碳和半导体纳米颗粒。金纳米粒子（AuNP）因其优良的生物相容性和易在金表面偶联的化学性质而成为生物学领域研究最多的纳米材料之一。AuNP 还具有非常优越的等离子体耦合、荧光猝灭和高导电性。此外，最近的一些研究表明，由于其较高的表面与体积比，多个生物分子可以组装到一个 AuNP 上，由于磁性微粒具有良好的分散性和易修饰性，该混合体系可在磁场作用下实现有针对性地分离，在生物毒素检测中得到广泛应用。此外，利用纳米材料进行信号放大是建立超灵敏方法最流行的策略之一（Zhang et al.，2018）。

（4）分子生物学分析法

与抗体相比，DNA 具有保存时间较长、性质稳定、再生时无活性损失等优势，因此，可以基于编码生物毒素蛋白的基因，使用 PCR 技术等分子生物学分析法对生物毒素进行定量检测（Guo et al.，2018）。鉴于某些蛋白质类生物毒素具有亚型多和分子量大等特点，利用其 DNA 片段的差异可进行特异性和高灵敏度的 PCR 技术检测。与现阶段我国生物源毒素检测工作中的其他技术手段相比，PCR 具有检测时间短和灵敏度高等优点，但成本较高限制了其大规模应用（Fenicia et al.，2007）。

2. 生物毒素常规检测法

（1）高效液相色谱法

高效液相色谱法（high performance liquid chromatography，HPLC）具有高效、快速、定量准确、灵敏度高、重现性好及检测限低等特点，是植物源性产品或食品中霉菌毒素定性定量的常用检测方法。该方法的基本原理是依据生物毒素分子的物理化学性质的差异，选择合适的有机溶剂，对不同样品中的生物毒素进行提取及纯化，利用不同极性的单一溶剂或不同比例的混合溶剂进行分离，然后借助生物毒素能够产生荧光的特性，对生物毒素进行定量分析（Zhu et al.，2016）。在生物毒素检测的过程中，可根据毒素不同的理化性质来选择不同的检测器，常用到的检测器主要有荧光检测器（fluorescence detector，FLD）、紫外检测器（ultraviolet detector，UVD）和二极管阵列检测器（diode-array detector，DAD）（Gimat et al.，2020；Rahman et al.，2013；Ahmed et al.，2020）。Luci（2020）开发了一种基于分子印迹固相萃取柱进行提取和净化的高效方法，通过 HPLC 和 FLD 相结合的技术，用于高效检测猪肉中的赭曲霉毒素 A，检测限和定量限分别可达到 0.003 μg/kg 和 0.001 μg/kg。Wang 等（2018）通过 HPLC 结合 FLD 的方法同时定量检测了农产品中的 9 种真菌毒素，检测限和定量限分别达到 0.02～5.55 μg/kg 和 0.07～16.70 μg/kg，相对标准偏差可控制在 1.0%～5.6%。鉴于 HPLC 的这些优点，其在生物毒素检测中的应用越来越多，但是由于样品前处理较复杂，设备昂贵，操作时需专门人员等问题，难以满足快速检测的目的，限制了其应用。

（2）液相色谱-质谱法

液相色谱-质谱法（liquid chromatography-mass spectrometry，LC-MS）是生物毒素检测中经常用到的一种分析法，因其稳定、灵敏、高效和精准等特点而被广泛应用。该方法将液相色谱与质谱联合起来应用，将液相色谱作为前期分离系统，质谱作为检测系统，既具备了液相色谱的灵敏性强、精准度高等特点，又具备了质谱很强的结构解析及组分鉴定能力，实现了色谱高分离能力和质谱强鉴定性能的优势互补，故 LC-MS 技术广泛用于生物毒素的检测分析。一般情况下，生物毒素的 LC-MS 分析是在采用多反应监测（multiple reaction monitoring，MRM）模式运行下的三重四极杆质谱上进行的，由于其固有的选择性和高灵敏度，该方法非常适合于定量分析。然而，四极杆相对较低的分辨率使得该技术容易受到复杂样品中类似质量的其他离子的干扰。此外，该方法通常需要大量时间进行方法开发，因为 MRM 转换通常针对每种分析物进行优化。由于 MRM 的靶向性，仅能检测方法中指定的已知毒素，因此，即使在高丰度下，新的或经过改造的生物毒素也可能无法被检测到（Warth et al.，2012；Njumbe et al.，2011）。另外，LC-MS 检测设备相对昂贵，操作复杂，一般多应用于验证性的实验分析。

（二）生源挥发性有机化合物检测方法

1. 快速检测方法

（1）比色管检测法

通过比色管对生源挥发性有机化合物进行检测分析。其原理是通过抽气泵将待测 BVOC 抽入一个充满显色物质的检测管，被抽入的 BVOC 和显色物质发生化学反应，通过显色程度与气体浓度之间的线性关系，可得到 BVOC 的大致浓度（Chi et al.，2010）。比色管检测法存在一定的局限性，其检测范围较小且准确度较低，只适用于对 BVOC 粗略检测。

（2）电化学气体生物传感器检测法

电化学气体生物传感器是一种通过将 BVOC 和气体敏感材料（电解质溶液）相互作用后产生的电解电流作为传感器输出，将检测到的气体成分参量转换为电信号，得出 BVOC 浓度的装置。其优势在于结合了生物化学相互作用的高特异性、亲和力和电化学传导的内在敏感性，并且使用简单和成本低（Hou et al.，2016）。

2. 仪器检测分析

（1）气相色谱法

气相色谱法（gas chromatogram，GC）具有分析速度快、分离效率高、选择性强及应用范围广等优势。由于 BVOC 往往是成分复杂的多组分混合物，因此必须先对 BVOC 样本进行多组分分离，再利用检测器进行下一步分析，完成对 BVOC 的检测。

（2）气相色谱-质谱联用法

气相色谱-质谱（gas chromatogram-mass spectrometry，GC-MS）联用检测技术具有灵敏度高、分析速度快和应用范围广等优点，能够检测的化合物种类繁多。该方法利用气相色谱能够高效分离混合物的特点，将 BVOC 经色谱柱分离后以纯物质形式进入质谱仪进行质量分离，得到与色谱图相对应的各个流出部分的质谱图（Yan et al.，2012）。因此，GC-MS 被广泛应用于 BVOC 的检测中，并可以准确分析出 BVOC 的分子结构。随着对 BVOC 进行快速、简单、便携检测需求的增加，一些便携式的 GC-MS 检测仪器也陆续出现。

（3）质子转移反应质谱法

质子转移反应质谱（proton-transfer-reaction mass spectrometry，PTR-MS）在环境空气的实时分析和自然发生化合物浓度的测量（例如，来自热带雨林上方的植物和树木），以及城市地区的生源挥发性有机化合物污染研究方面有很大的作用。PTR-MS 技术利用快速流管或漂管反应器结合化学离子实时分析空气样品中的微量化合物，避免了样品采集和恒定校准，可以在 ppbv（按体积计算十亿分之一）及以下水平提供准确的定量。PTR-MS 对空气和环境中 BVOC 的实时动态分析范围非常广泛，当与气相色谱法相结合时，可适用于许多其他介质（Smith and Španěl，2011）。

三、有毒有害生源污染物的影响因素与控制

（一）有毒有害生源污染物的影响因素

1. 微生物毒素污染的影响因素

微生物毒素及产毒机制一直是领域探索的目标，但至今学术界对它的了解仍非常有限。从微生物自身来说，毒素的产生可能是微生物在适应环境时的一种生理反应，或者说是为了在生存竞争中占据优势而产生的“武器”。但作为一种次级代谢产物，也有学者认为毒素的产生可能是微生物正常的生理过程，产生毒素是其调节自身生长和生理状态的结果。从环境因素来说，微生物产生毒素时受到多方面因素的影响，如气候条件、环境条件、营养条件、生长状态及其他生物影响等。Yao 等（2021b）研究发现，生物毒素的产生受营养消耗、pH 变化、温度、湿度和培养周期等多种因素影响，特别是受温度和水的影响较大。最近的研究表明，CO_2 和光照等环境因子也对产毒微生物的活化、生长和毒素产生有显著影响。大量数据表明，虽然微生物生长和次级代谢产物产生的关键调节因素主要是湿度和温度相互作用的结果，但 CO_2 浓度的变化改变了微生物对水分和温度变化的反应。因此，需要综合考虑水分、温度和 CO_2 浓度的相互作用，这些因素增加了产毒微生物的定植及生物毒素的合成。目前发生的环境变化正缓慢但稳步地塑造寄主与相关产毒微生物之间的关系。与气候变化相关的相互作用条件在未来几十年将变得更加重要，其对粮食安全和食品安全具有巨大的潜在影响。目前关于环境条件和气候变化对产毒微生物影响的研究和预测还比较有限，主要是基于历史或当前的气候条件数据，并只考虑了水分有效性和温度之间的相互作用。探索这些已确定的环境和气候因素

（温度、水分和 CO_2）之间三方相互作用的影响，以及产毒微生物和生物毒素积累可能发生的生理生态变化的研究还比较少。因此，微生物产毒诱因及其产毒机制还有待进一步研究。

2. 植物毒素释放的影响因素

植物毒素是通过植物的次级代谢自然产生的化合物，它们也被称为植物毒药、植物化学物质和植物化感物质。这些毒素可以天然存在于有毒和无毒植物的叶子、果实、根、树皮和花朵中，它们或在植物组织中积累，或沉积在植物表面。植物合成的这些毒素是抵御生物和环境胁迫的防御剂。此外，植物毒素作为生长促进剂和防御蛋白支持植物生长和存活，大多数植物毒素在低浓度下对植物有刺激生长作用。与植物毒素的生长抑制作用相比，这种低浓度下的激素潜力具有更大的实用价值，因此在植物生物学领域获得了重大关注，可通过开发成为除草剂、生长促进剂和植物保护剂来提高作物产量和质量。

植物在其生长发育全过程中必须应对不同的环境压力，不同的非生物和生物胁迫会导致产量和生产力降低。一方面，植物（如农作物）会受到极端盐分、干旱、高温、pH、过量水分、养分、重金属和有害辐射等各种类型的环境因素胁迫。另一方面，植物也可能受到病原生物（如真菌、细菌、食草动物、线虫和害虫等）的攻击、其他植物竞争等生物因素影响而受到生物胁迫的损害。为了克服上述胁迫压力，植物已经进化出了维持其正常功能和代谢活动的自然机制。此外，部分研究报道植物毒素有助于在盐胁迫条件下提高作物产量，但该作用尚未得到充分验证，因此还需要更多的研究来进一步探索植物毒素在缓解高盐胁迫方面的潜力。

3. 海洋毒素的影响因素

据报道，氮和磷等营养元素的富集是影响水源蓝藻生长的最重要因素，而过量的藻华腐烂会导致水体溶解氧的减少，并释放氰化物毒素。值得注意的是，全世界氮肥的使用量正在逐步超过磷肥，这导致了水体中氮磷比的增加，而磷被认为是水生生态系统中限制浮游植物生长和毒素产生的关键因素（Poisson et al.，2000）。二氧化碳是有毒蓝藻光合作用和生长的先决条件。在藻华形成的过程中，水中溶解的二氧化碳浓度会降低，从而在空气-水界面间形成浓度梯度（De la Escalera et al.，2017）。在二氧化碳耗尽的条件下，具有高通量碳酸氢盐吸收系统的蓝藻具有更强的竞争优势。此外，通过实验室试验和数学模型推测，当二氧化碳浓度增加时，蓝藻藻华现象将会加剧。这些发现表明，上升的二氧化碳浓度能够促进富营养化和富营养化水体中蓝藻藻华的形成（Wang et al.，2013）。温度和风等天气条件已被证明与蓝藻的生长有关，温暖和平静的天气可促进蓝藻毒素的产生，而寒冷和多风的条件有利于其他物种的生长。在温带地区，蓝藻藻华通常仅出现在夏季，持续整个季节或更短时间。而在热带地区，蓝藻藻华可在一年中的任何时候出现，通常一次持续数周。有报告表明，全球变暖和温度梯度有助于蓝藻藻华的形成及随后蓝藻毒素的产生。盐度已被证明会影响蓝藻生长和随后藻华的形成。观察表明，不同蓝藻物种的耐盐性不同。在 0～20 g/L 的盐度水平下，各个蓝藻物种都能够生长，从而形成藻华。重金属是世界上最常见的污染物之一，对环境和公众健康造成严重危害。海洋中重金属的浓度已被证明会促进蓝藻物种种群扩大，并形成赤潮。Zeng 等（2012）比较了微囊藻对镉和锌的生物积累特性，发现微囊藻具有对重金属进行生物积累能力。据报道，较高的遮阴率（75%）对控制蓝藻平均生物量和总生物量非常有效，而 50%的遮阴率对控制浮游植物生物量峰值或推迟蓝藻发生非常有效。这些数据表明，不同的阳光密度可能会影响赤潮的出现。值得一提的是，这些因素的组合都会增加蓝藻毒素的形成和严重程度（Te et al.，2017）。因此，蓝藻毒素产生与形成的各种影响因素非常复杂，解析单因素及组合因素的影响对于海洋毒素的生物安全风险阻控非常重要。

4. 生源挥发性有机化合物的影响因素

（1）植物种类

植物/植被种类及其地域性差异是影响 BVOC 排放量与种类的重要因素。森林是 BVOC 排放的主体，贡献全球总 BVOC 年排放量的 70%以上。一般来讲，异戊二烯的排放常见于阔叶树种，单萜烯的排放常见于针叶树种，倍半萜烯的排放常见于橙子树和烟草。但也有研究指出，叶片表面有角质层的阔叶树所排放的 BVOC 也以单萜烯为主。相对于阔叶树的异戊二烯排放而言，针叶常绿树的异戊二烯排放比阔叶树约低 85%。同一种树在不同的气候带和季节的 BVOC 排放也表现出明显的差异，中国南方地区植被的 BVOC 排放速率普遍高于北方（Lerdau and Slobodkin，2002）。

（2）气象条件

温度和太阳辐射是影响 BVOC 排放最典型的气象参数。温度越高，植物排放单萜烯的速率越高，当温度超过 30℃，单萜烯的排放速率随温度的升高而急剧升高。温度变化对异戊二烯排放的影响较单萜烯的复杂。异戊二烯排放速率一般随着温度的升高而升高，并在 40℃附近达到最高值。当温度超过 40℃的时候，异戊二烯的排放速率随着温度的升高而显著下降，这可能与异戊二烯合成酶在高温环境下发生变性有关（Pegoraro et al.，2004）。异戊二烯和部分单萜烯的排放也依赖于太阳辐射，特别是光合有效辐射，排放速率随着光合有效辐射的升高而升高。异戊二烯排放对光合有效辐射的依赖性存在一个饱和点［约 1000 $\mu mol/(m^2 \cdot s)$］。当光合有效辐射超过该饱和点的时候，异戊二烯排放速率变化不明显。

（3）其他影响因素

叶片是植物排放 BVOC 的主要器官，不同发育状态的叶子的 BVOC 排放能力具有差异。成熟的叶片在适宜的光热环境中，能合成并排放出异戊二烯。年轻的叶子因仍处在生长阶段，不合成并排放异戊二烯，但具有很高的单萜烯排放能力（Possell et al.，2004）。湿度、养分、CO_2 和臭氧的环境浓度能不同程度地影响 BVOC 排放。Rosenstiel 等（2003）研究发现，干旱的环境能抑制植物异戊二烯排放。CO_2 浓度的升高可以促进 BVOC 的排放，但当环境中的 CO_2 浓度非常高（>600 ppm）或非常低（<100 ppm）时，会抑制如异戊二烯等部分 BVOC 的排放。

（二）有害生物污染物的控制策略与技术

1. 农产品微生物毒素污染的控制策略与技术

（1）农产品微生物毒素污染及其关键控制点

农产品微生物毒素污染可分为内源性微生物污染和外源性微生物污染。内源性微生物污染是农产品生物体在生长过程中沾染、蓄积和残留的微生物。例如，蔬菜果品在生长过程中植物性有害微生物通过根、茎、叶、花和果实等侵入植物体内部，导致农产品内部或表面发生病变（Yao et al.，2021a）。屠宰前的畜禽等动物活体生长期间，消化道、上呼吸道和体表都有大量的有害微生物，畜禽动物器官和组织内也有相应的病原微生物存在。外源性微生物污染主要是在农产品种养、收获、储藏、保鲜、运输、加工、流通、消费等环节因环境、设备、从业人员操作不当诱发所致。由于微生物广泛存在于环境中，外源性微生物污染是农产品生产加工中最主要的污染源，不仅微生物本身污染有害，而且有害微生物如真菌易产生生物毒素（如黄曲霉毒素、呕吐毒素），其毒性大，可致病、致癌和致畸（Yao et al.，2021a）。农产品生产加工中的真菌及生物毒素，如粮油产品和动物饲料感染霉菌和发霉所产生的黄曲霉毒素、呕吐毒素、玉米赤霉烯酮、T-2 毒素等是未来农产品质量安全、污染防控和科学研究的重中之重。

（2）加强种养环节污染源头控制

选育抗微生物污染的农产品品种，如选择抗侵染、抗产毒的植物品种或高抗有害微生物的动物品种，从品种生物学特性上提高抗有害微生物侵染的能力，从源头控制有害微生物侵染及生物毒素污染（Yao et al.，2021a）。采取农艺措施，如轮作栽培、隔离种植、土壤处理、病虫害防治，以及调整动物养殖密度、繁殖周期、养殖环境温湿度、饲料原料收获储藏质量安全控制等措施，可减少农产品种养环节的有害微生物感染和生物毒素的发生与污染；通过使用农药和兽药及其他相关的安全防霉脱毒制剂，可防治有害微生物引起的病害，同时减少生物毒素产生。例如，多菌灵、甲基托布津、福美双等农药可防治小麦赤霉病，从而避免或降低小麦脱氧雪腐镰刀菌烯醇的污染。利用有益生物或生防菌抑制有害微生物特别是产毒霉菌，是一种绿色防治方法。

（3）加强收获环节污染控制

农产品成熟后要及时收获，且避免在阴雨天收获，防止在收获时受损或破裂，可减少有害微生物尤其是霉菌侵染和生物毒素污染发生。农产品在收获后要尽可能及时晾晒，迅速脱干水分，将农产品的含水量降至安全水分以下，同时要防止农产品在烘干、晾晒过程中发霉变质和产生毒素，最好利用太阳光自然晾晒，太阳光中的紫外线具有天然的防霉杀菌作用，是传统有效、经济实惠又安全的防霉变和抑制毒素产生的好办法。规模化生产基地、集中连片种植的粮油等农产品，可借鉴欧美国家的成功做法，配备干燥机械设备和烤房，对新收获的农产品进行快速干燥，将农产品中的水分含量烘干至可入库储存的安全水平，防止农产品在储藏环节发霉产毒。小麦、玉米、稻谷、花生等粮油农产品，大多在大田生产过程中就有已感染霉菌和有发霉的籽粒，可采用风选或光选等办法，剔除已霉变籽粒，严防霉变籽粒在储运过程中扩散和产生霉菌毒素。动物类农产品在屠宰捕捞过程中，可采取清洗和干燥措施，避免病原性微生物污染和腐烂变质及产生生物毒素。

（4）加强储运加工环节污染控制

有害微生物对粮油及动物饲料产品的大量侵染、繁衍及产生毒素多集中在储藏运输环节。储运环节是粮油和饲料等植物性农产品防霉控毒的重点（Yao et al.，2021a）。农产品收获晾晒烘干后，应尽快储藏在低温干燥的库房里，保持含水量在安全线下。仓库应配备通风装置，定期通风换气，保持仓库清洁干燥，可有效防止霉菌生长和毒素产生；也可以采取气调储存，向农产品仓库填充对微生物繁衍有抑制作用的气体，调节储藏环境中的气体比例，抑制霉菌的繁衍和毒素产生。动物类农产品可在氮气等惰性气体条件下储存，抑制包括产毒嗜氧菌在内的细菌生长，同时也可抑制霉菌的繁殖。畜禽海鲜水产类动物性农产品、粮油小杂粮等植物性产品，最好采用真空包装进行储运，可有效防止病原微生物的滋生和繁衍及生物毒素的产生。冷藏和冷链运输对农产品的防腐保鲜和防霉变及生物毒素产生有很好的抑制作用，是欧洲、美国、日本、韩国等国家和地区鲜活农产品保鲜防霉和预防生物毒素污染的最主要储运方式。特别是新鲜果蔬和动物源农产品，采用冷链运输和冷冻储藏是最佳选择，同时保持农产品加工机械设备和包装材料清洁也很重要。加工前，要将加工机械设备清洁干净，加工过程中保持相对封闭和密闭，加工结束后要彻底清洗干净机械设备，严防残存加工原料和产品滋生和繁衍病原微生物、霉菌及生物毒素。

（5）农产品的除霉脱毒方法与技术

目前常用的除霉和脱毒策略以物理与化学技术为主。物理消减措施包括人工、光学影像设备或光电、风选机械等挑选出破损、皱皮、变色及虫蛀的籽粒和组织，以及被有害微生物污染破坏的动物组织器官，以降低产品中霉变成分和相关生物毒素含量；还可以采取高温高压处理，灭活霉菌和破坏生物毒素结构，从而实现消解的作用。此外，辐照也是控制和消减霉菌感染常用的经济实惠的消减措施，原理是紫外线或射线可杀死霉菌和破坏生物毒素结构，使其活性减弱或消退。化学消减措施包括使用强氧化剂（次氯酸钠、过氧化氢、二氧化氯等）和杀菌剂等，以灭活分解霉菌及破坏生物毒素的分子结构，使其失去生物活性和毒性。除了经典的物理与化学法，通过研制对霉菌和生物毒素具有抑制、拮抗、排异等消减功能的特定目标基因、阻抗蛋白等生物阻抗消解制剂，是未来消除和降解农产品有害微生物特别是控制霉菌及生物毒素的一个重要方向（Yao et al.，2021a）。

2. 海洋毒素污染的控制策略与技术

在超过 45 个国家的淡水和海洋环境中，已经报道了大量的产毒蓝藻种群，而我国海洋赤潮灾害非常严重，蓝藻毒素造成了严重的海洋污染（Antunes et al.，2015）。由于海洋水质是决定人类食品安全、水生动植物生存的重要因素，因此，我们应该积极采取措施以确保尽量减少蓝藻和蓝藻毒素的产生（Alosman et al.，2020）。观察表明，由于人为输入，在高浓度的氮、磷和有机化合物条件下，蓝藻往往在浮游植物群落中占主导地位。此外，城市、农业和工业发展造成营养物质，特别是氮和磷在水体中的过度富集，促进了富营养化，从而促进了蓝藻藻华的暴发。对于海洋中蓝藻菌群和毒素的长期风险管理，应控制水体富营养化，以减少蓝藻种群发展和毒素产生（Bakker and Hilt，2016）。因此，为了有效阻控富营养化，首先要控制污染源、减少排放；其次推广绿色、有机、生态农业技术；最后加强化肥和农药的管理力度，提高其使用效率，降低其总体的使用量和排放强度。

蓝藻细胞和毒素控制的有效风险管理需要生物学、化学、毒理学、医学、公共卫生、水工程等多个领域专家的协同攻关。蓝藻的一般治理可先进行机械除藻，有效清除浮藻层，为后续措施提供条件（Bormans et al.，2004）。化学治理方法主要是使用化学药剂（如杀藻剂、除草剂、金属盐等），通过氧化杀藻或金属离子的絮凝作用控制藻类的繁殖，以及抑制藻类的正常代谢，但这种方式容易导致蓝藻毒素大量溶出污染水源。从生物治理的角度，可采用噬藻体、溶藻细菌、溶藻真菌、原生动物和放线菌这五类微生物的溶解吞噬作用控制蓝藻种群密度。微生物制剂控藻的方法适合在赤潮发生初期使用，能在短期内有效控制藻类生物量，并减少二次污染。还可向水体投加复合微生物菌剂，促使其在利用和转化水中氮、磷及有机污染物的过程中大量繁殖，从而形成微生物-浮游生物-鱼类这一食物链为体系的微生态系统，抑制蓝藻生长。

除了海洋毒素污染的控制策略与技术，还应开展对海洋有毒动植物的宣传教育工作及海洋有毒动植物食物中毒的预防工作，加强对加工、销售的管理培训，正确加工、处理易发生食物中毒的海洋动植物。

3. 生源挥发性有机化合物的控制策略与技术

挥发性有机污染物的来源、种类、性质、浓度及具体的处理要求是选择其处理方法的主要参考依据，包括物理法、化学法与生物法。最主要的物理与化学方法与技术包括冷凝法、吸收法、吸附法、燃烧法（直接式/催化式燃烧）、膜分离法、光催化分解法、电晕法、等离子体分解法、臭氧分解法等。各种处理方法都具有其各自的适用范围和优缺点。生物法的主要工艺有生物过滤、生物滴滤、生物洗涤等，其中生物过滤以其启动运行容易、操作简单、运行费用低、适用范围广、不会产生二次污染等特点成为普遍采用的 BVOC 处理工艺（Chen et al.，2005）。真正将生物过滤法应用到处理 BVOC 始于 20 世纪 80 年代，相较于国外，我国生物过滤法处理废气研究起步较晚，于 20 世纪 90 年代初才开始这方面的研究（Hartmans，1994）。目前，国内外有关生物过滤处理 BVOC 的研究主要集中于生物过滤法在实际应用中最佳参数系统的筛选与影响因素的评价、高浓度或难生物降解 BVOC 处理、微生物菌落特征、动力学等方面（Delhoménie and Heitz，2003）。

（三）有毒有害生源污染物的“趋利避害”式应用

新兴有毒有害生源污染物种类繁多，其环境发生不但对环境生物安全与人类健康构成了不容忽视的威胁，而且对于污染防控与健康保护提出了更高的要求。因此，如何在该类有毒有害环境污染治理过程中“化害为利、变废为宝”至关重要。以生物毒素为例，可通过以下四个方面的基础研究实现对其“趋利避害”式的应用。

1. 作为深入探讨病因学的重要突破口

癌症目前已成为人类死亡的重要原因之一，但至今其发病机制尚未完全清楚。世界各国食物中毒情况居高不下，或许与现代化食品生产和饮食习惯密切相关。例如，煎、烤、烘、焙食物中含有的可能致癌的丙烯酸氨化物毒素，被世界卫生组织（WHO）认定是一种基因毒素，可诱导人体基因突变，从而致癌。科学家研究还发现，与人类食品有关的癌症中，30%以上同丙烯酸氨化物有关，是人类癌症患者数量直线上升的罪魁祸首。此外，尽管有些毒素本身并不致癌，但当同其他促癌物共同作用时就能产生新的致癌物，这种“间接致癌”的理论已得到实验结果证实。

2. 作为开发新药的重要资源库

目前生物毒素的应用研究已取得一系列重大突破和进展。我国科学研究人员发现，河鲀毒素可用于帮助海洛因成瘾者有效戒毒。国外研究发现，剧毒的蓖麻毒素可用于杀死肿瘤细胞。目前，肉毒杆菌毒素已被批准用于治疗神经肌肉痉挛疾病，因为其安全、有效与操作简单等优点，被不少美容医生用以消除患者脸上的皱纹。有些生物毒素本身是很好的药物，如蜂毒可用于治疗类风湿关节炎、紫杉醇可用于治疗癌症、芋螺毒素可用于治疗失眠症等。有些生物毒素中的多肽有很好的消炎镇痛作用，且对热及电刺激所引起的疼痛均比吗啡有更为持久和强大的镇痛效果。清栓酶的研制成功为蛇类凝血酶在医疗上的应用开辟了新的药源库，是目前临床上效果比较理想的药物之一。

3. 作为生命科学研究的重要工具

一些生物毒素可作用于细胞受体、离子通道和神经突触，目前已成为研究生理学、免疫学、神经生物学和生物化学的重要工具。生物毒素的产生是一种自然界重要的生命现象，是人们探讨生命现象的重要工具。生物毒素是自然界有特殊意义的进化结果，蕴涵有大量奇妙而复杂的重要生物学信息，是研究生物大分子结构、功能与组装的重要手段和技术。生物毒素常以特异性的方式作用于特定的靶分子，因此利用生物毒素可以高效地鉴定和分离这些物质，而且可以探索其作用方式与生理机制。

4. 作为开发新的绿色农药重要来源

日本大阪生物工程研究所的科研人员从大胡蜂的毒腺中提取出大胡蜂毒素，经过数万倍稀释后仍可杀灭多种农林害虫，且对鸟类、哺乳动物和人类无害，对环境友好，非常适合于生态环境保护，已成功开发成绿色农药。利用苏云金芽孢杆菌（Bt）开发成功的 Bt 杀虫剂因其对环境无污染、对人类友好而成为目前新型的生物农药之一。我国成功研发的生物毒素灭鼠制剂 C 型肉毒杀鼠素已在全国的草场和农田大面积推广，灭鼠效果显著，在一定程度上优于有机磷（氟）灭鼠剂。通过科研人员的努力，目前利用基因工程方法生产的 C 型肉毒杀鼠素纯度显著提升，减少了生产成本和应用投入。

（鞠　峰　张　璐　姚彦坡　吴林蔚）

参考文献

黄昕瑜, 张璐, 袁凌, 等. 2021. 微生物组的定量宏基因组学和定量宏转录组学方法. Bio-protocol, DOI: 10.21769/BioProtoc.2003693.

金亦豪, 刘子述, 胡宝兰. 2022. 环境中胞内胞外抗性基因的分离检测、分布与传播研究进展. 微生物学报, 62(4): 1247-1256.

赵泽, 鞠峰. 2020. 微生物群落胞内/胞外吸附/胞外游离水环境 DNA 的分离提取. Bio-protocol, DOI: 10.21769/BioProtoc.2003587.

朱永官, 欧阳纬莹, 吴楠, 等. 2015. 抗生素耐药性的来源与控制对策. 中国科学院院刊, 30(4): 509-516.

Aendekerk S, Ghysels B, Cornelis P, et al. 2002. Characterization of a new efflux pump, MexGHI-OpmD, from *Pseudomonas aeruginosa* that confers resistance to vanadium. Microbiology, 148(8): 2371-2381.

Ahmed H M, Belal T S, Shaalan R A, et al. 2020. Validated capillary zone electrophoretic method for simultaneous analysis of benazepril in combination with amlodipine besylate and hydrochlorothiazide. Acta Chromatographica, 32(4): 219-227.

Alosman M, Cao L H, Massey I Y, et al. 2020. The lethal effects and determinants of microcystin-LR on heart: a mini review. Toxin Reviews, 40(4): 1-10.

Aminov R I. 2009. The role of antibiotics and antibiotic resistance in nature. Environmental Microbiology, 11(12): 2970-2988.

An X L, Su J Q, Li B, et al. 2018. Tracking antibiotic resistome during wastewater treatment using high throughput quantitative PCR. Environment International, 117: 146-153.

Antimicrobial Resistance Collaborators. 2022. Global burden of bacterial antimicrobial resistance in 2019: a systematic analysis. Lancet, 399(10325): 629-655.

Antunes J T, Leao P N, Vasconcelos V M. 2015. *Cylindrospermopsis raciborskii*: review of the distribution, phylogeography, and ecophysiology of a global invasive species. Frontiers in Microbiology, 6: 473.

Arias-Andres M, Klümper U, Rojas-Jimenez K, et al. 2018. Microplastic pollution increases gene exchange in aquatic ecosystems. Environmental Pollution, 237: 253-261.

Baker-Austin C, Wright M S, Stepanauskas R, et al. 2006. Co-selection of antibiotic and metal resistance. Trends in Microbiology, 14(4): 176-182.

Bakker E S, Hilt S. 2016. Impact of water-level fluctuations on cyanobacterial blooms: options for management. Aquatic Ecology, 50(3): 485-498.

Baltekin O, Boucharin A, Tano E, et al. 2017. Antibiotic susceptibility testing in less than 30 min using direct single-cell imaging. Proceedings of the National Academy of Sciences of the United States of America, 114(34): 9170-9175.

Bejarano A C, VanDola F M, Gulland F M, et al. 2008. Production and toxicity of the marine biotoxin domoic acid and its effects on wildlife: A review. Human and Ecological Risk Assessment, 14: 544-567.

Berthiller F, Schuhmacher R, Adam G. 2009. Formation determination and significance of masked and other conjugated mycotoxins. Analytical and Bioanalytical Chemistry, 395: 1243-1252.

Bhullar K, Waglechner N, Pawlowski A, et al. 2012. Antibiotic resistance is prevalent in an isolated cave microbiome. PLoS One, 7(4): e34953.

Bormans M, Ford P W, Fabbro L. 2004. Spatial and temporal variability in cyanobacterial populations controlled by physical processes. Journal of Plankton Research, 27(1): 61-70.

Campbell K, Mcgrath T, Sjölander S, et al. 2011. Use of a novel micro-fluidic device to create arrays for multiplex analysis of large and small molecular weight compounds by surface plasmon resonance. Biosensors and Bioelectronics, 26(6): 3029-3036.

Chameides W L, Lindsay R W, Richardson J, et al. 1988. The role of biogenic hydrocarbons in urban photochemical smog: Atlanta as a case study. Science, 241: 1473-1475.

Chapman J S. 2003. Disinfectant resistance mechanisms, cross-resistance, and co-resistance. International Biodeterioration & Biodegradation, 51(4): 271-276.

Chen Q L, Fan X T, Zhu D, et al. 2018. Effect of biochar amendment on the alleviation of antibiotic resistance in soil and phyllosphere of *Brassica chinensis* L. Soil Biology and Biochemistry, 119: 74-82.

Chen Y X, Yin J, Wang K X. 2005. Long-term operation of biofilters for biological removal of ammonia. Chemosphere, 58(8): 1023-1030.

Chi H, Liu B H, Guan G J, et al. 2010. A simple, reliable and sensitive colorimetric visualization of melamine in milk by unmodified gold nanoparticles. Analyst, 135(5): 1070-1075.

Czekalski N, Díez G E, Bürgmann H. 2014. Wastewater as a point source of antibiotic-resistance genes in the sediment of a freshwater lake. The ISME Journal, 8(7): 1381-1390.

D'Costa V M, King C E, Kalan L, et al. 2011. Antibiotic resistance is ancient. Nature, 477(7365): 457-461.

Dai D, Brown C, Burgmann H, et al. 2022. Long-read metagenomic sequencing reveals shifts in associations of antibiotic resistance genes with mobile genetic elements from sewage to activated sludge. Microbiome, 10(1): 20.

De la Escalera G M, Kruk C, Segura A M, et al. 2017. Dynamics of toxic genotypes of *Microcystis aeruginosa* complex (MAC) through a wide freshwater to marine environmental gradient. Harmful Algae, 62: 73-83.

Delhoménie M C, Heitz M. 2003. Elimination of chlorobenzene vapors from air in a compost -based biofilter. Journal of Chemical Technology and Biotechnology, 78(5): 588-595.

Du P F, Jin M J, Yang L H, et al. 2015. A rapid immunomagnetic-bead-based immunoassay for triazophos analysis. RSC Advances, 5(99): 81046-81051.

European Commission. 2006. Commission Regulation 1881/2006 of 19 December. Setting maximum levels for certain contaminants in food stuffs. Official Journal of the European Union, 364: 5-24.

Fenicia L, Anniballi F, de Medici D, et al. 2007. SYBR green real-time PCR method to detect *Clostridium botulinum* type A. Appl Environ Microbiol, 73(9): 2891-2896.

Flemming H C, Wingender J. 2010. The biofilm matrix. Nature Reviews Microbiology, 8(9): 623-633.

Frost I, Van Boeckel T P, Pires J, et al. 2019. Global geographic trends in antimicrobial resistance: the role of international travel. Journal of Travel Medicine, 26(8): taz036.

Gettys L A, Thayer K L, Sigmon J W. 2022. Phytotoxic Effects of Acetic Acid and D-limonene on Four Aquatic Plants. Horttechnology, 32(2): 110-118.

Gimat A, Schoder S, Thoury M, et al. 2020. Short-and long-term effects of X-ray synchrotron radiation on cotton paper. Biomacromolecule, 21(7): 2795-2807.

Griffin R J, Chen J J, Carmody K, et al. 2007. Contribution of gas phase oxidation of volatile organic compounds to atmospheric carbon monoxide levels in two areas of the United States. Journal of Geophysical Research-Atmospheres, 112: D10S17.

Gullberg E, Cao S, Berg O G, et al. 2011. Selection of resistant bacteria at very low antibiotic concentrations. PLoS Pathogens, 7(7): e1002158.

Guo T, Lin X D, Liu Y Q, et al. 2018. Target-induced DNA machine amplification strategy for high sensitive and selective detection of biotoxin. Sensors and Actuators B: Chemical, (10): 145-152.

Harrison J J, Tremaroli V, Stan M A, et al. 2009. Chromosomal antioxidant genes have metal ion-specific roles as determinants of bacterial metal tolerance. Environmental Microbiology, 11(10): 2491-2509.

Hartmans S. 1994. Microbiological aspects of biological waste gas cleaning. VDI Berichte-Verien Deutscher Ingenieure, 1104: 1-12.

Hossain M Z, Maragos C M. 2017. Gold nanoparticle-enhanced multiplexed imaging surface plasmon resonance (iSPR) detection of *Fusarium* mycotoxins in wheat. Biosensors and Bioelectronics, (101): 245-251.

Hou J, Chen Z Y, Gao J, et al. 2019. Simultaneous removal of antibiotics and antibiotic resistance genes from pharmaceutical wastewater using the combinations of up-flow anaerobic sludge bed, anoxic-oxic tank, and advanced oxidation technologies. Water Research, 159: 511-520.

Hou L, Jiang L S, Song Y P, et al. 2016. Amperometric aptasensor for saxitoxin using a gold electrode modified with carbon nanotubes on a self-assembled monolayer, and methylene blue as an electrochemical indicator probe. Microchimica Acta, 183(6): 1971-1980.

Hurst J J, Oliver J P, Schueler J, et al. 2019. Trends in antimicrobial resistance genes in manure blend pits and long-term storage across dairy farms with comparisons to antimicrobial usage and residual concentrations. Environmental Science & Technology, 53(5): 2405-2415.

Jia J, Guan Y J, Cheng M Q, et al. 2018. Occurrence and distribution of antibiotics and antibiotic resistance genes in Ba River, China. Science of the Total Environment, 642: 1136-1144.

Josep P U, Michael S. 2009. BVOCs and global change. Trends in Plant Science, 15(3): 133-144.

Joy S R, Bartelt-Hunt S L, Snow D D, et al. 2013. Fate and transport of antimicrobials and antimicrobial resistance genes in soil and runoff following land application of swine manure slurry. Environmental Science & Technology, 47(21): 12081-12088.

Ju F, Beck K, Yin X L, et al. 2019. Wastewater treatment plant resistomes are shaped by bacterial composition, genetic exchange, and upregulated expression in the effluent microbiomes. The ISME Journal, 13(2): 346-360.

Ju F, Li B, Ma L P, et al. 2016. Antibiotic resistance genes and human bacterial pathogens: Co-occurrence, removal, and enrichment in municipal sewage sludge digesters. Water Research, 91: 1-10.

Jullada L, Jane E T, Nigel D, et al. 2009. Biogenic volatile organic compounds in the Earth system. New Phytologist, 183: 27-51.

Karkman A, Pärnänen K, Larsson D J. 2019. Fecal pollution can explain antibiotic resistance gene abundances in anthropogenically impacted environments. Nature Communications, 10(1): 1-8.

Lan J Q, Zhao H W, Jin X T, et al. 2019. Development of a monoclonal antibodybased immunoaffinity chromatography and a sensitive immunoassay for detection of spinosyn A in milk, fruits, and vegetables. Food Control, 95: 196-205.

Larsson D, Flach C F. 2021. Antibiotic resistance in the environment. Nature Reviews Microbiology,20(5): 257-269.

Laxminarayan R, Van Boeckel T, Frost I, et al. 2020. The Lancet Infectious Diseases Commission on antimicrobial resistance: 6 years later. The Lancet Infectious Diseases, 20(4): e51-e60.

Lee J, Ju F, Maile-Moskowitz A, et al. 2021. Unraveling the riverine antibiotic resistome: The downstream fate of anthropogenic inputs. Water Research, 197: 117050.

Lee K, Kim D W, Lee D H, et al. 2020. Mobile resistome of human gut and pathogen drives anthropogenic bloom of antibiotic resistance. Microbiome, 8(1): 2.

Lerdau M, Slobodkin L. 2002. Trace gas emissions and species-dependent ecosystem services. Trends in Ecology & Evolution, 17: 309-312.

Li D, Yang M, Hu J Y, et al. 2009. Antibiotic-resistance profile in environmental bacteria isolated from penicillin production wastewater treatment plant and the receiving river. Environmental Microbiology, 11(6): 1506-1517.

Li J, Cao J J, Zhu Y G, et al. 2018a. Global survey of antibiotic resistance genes in air. Environmental Science & Technology, 52(19): 10975-10984.

Li J, Zhang K N, Zhang H. 2018b. Adsorption of antibiotics on microplastics. Environmental Pollution, 237: 460-467.

Liu M, Ding R, Zhang Y, et al. 2014. Abundance and distribution of Macrolide-Lincosamide-Streptogramin resistance genes in an anaerobic-aerobic system treating spiramycin production wastewater. Water Research, 63: 33-41.

Lopatkin A J, Bening S C, Manson A L, et al. 2021. Clinically relevant mutations in core metabolic genes confer antibiotic resistance. Science, 371(6531): eaba0862.

Luci G. 2020. A rapid HPLC-FLD method for ochratoxin A detection in pig muscle, kidney, liver by using enzymatic digestion with MISPE extraction. Method X, 7(1): 100868-100874.

Martínez J L. 2008. Antibiotics and antibiotic resistance genes in natural environments. Science, 321(5887): 365-367.

Mata M, Baquero F, Perez-Diaz J. 2000. A multidrug efflux transporter in *Listeria monocytogenes*. FEMS Microbiology Letters, 187(2): 185-188.

Mchugh G L, Moellering R, Hopkins C, et al. 1975. *Salmonella typhimurium* resistant to silver nitrate,

chloramphenicol, and ampicillin: A new threat in burn units? The Lancet, 305(7901): 235-240.
Njumbe E E, Diana D M J, Monbaliu S, et al. 2011. A validated multianalyte LC-MS/MS method for quantification of 25 mycotoxins in cassava flour, peanut cake and maize samples. Journal of Agricultural and Food Chemistry, 59(10): 5173-5180.
O'Neill J. 2016. Tackling drug-resistant infections globally: Final report and recommendations. https: // apo.org.au/node/63983[2024-5-9].
Pal C, Asiani K, Arya S, et al. 2017. Metal resistance and its association with antibiotic resistance. Advances in Microbial Physiology, 70: 261-313.
Pal C, Bengtsson-Palme J, Kristiansson E, et al. 2015. Co-occurrence of resistance genes to antibiotics, biocides and metals reveals novel insights into their co-selection potential. BMC Genomics, 16(1): 1-14.
Pal C, Bengtsson-Palme J, Kristiansson E, et al. 2016. The structure and diversity of human, animal and environmental resistomes. Microbiome, 4(1): 1-15.
Pärnänen K M M, Narciso-da-Rocha C, Kneis D, et al. 2019. Antibiotic resistance in European wastewater treatment plants mirrors the pattern of clinical antibiotic resistance prevalence. Science Advances, 5(3): eaau9124.
Pegoraro E, Rey A, Greenberg J, et al. 2004. Effect of drought on isoprene emission rates from leaves of *Quercus virginiana* Mill. Atmospheric Environment, 38: 6149-6156.
Poisson N, Kanakidou M, Crutzen P J. 2000. Impact of non-methane hydrocarbons on tropospheric chemistry and the oxidizing power of the global troposphere: 3-dimensional modelling results. Journal of Atmospheric Chemistry, 36: 157-230.
Possell M, Heath J, Nicholas Hewitt C, et al. 2004. Interactive effects of elevated CO_2 and soil fertility on isoprene emissions from *Quercus robur*. Global Change Biology, 10: 1835-1843.
Pruden A, Larsson D G J, Amézquita A, et al. 2013. Management Options for Reducing the Release of Antibiotics and Antibiotic Resistance Genes to the Environment. Environmental Health Perspectives, 121(8): 878-885.
Pruden A, Pei R T, Storteboom H, et al. 2006. Antibiotic resistance genes as emerging contaminants: studies in northern Colorado. Environmental Science & Technology, 40(23): 7445-7450.
Qiu Z G, Yu Y M, Chen Z L, et al. 2012. Nanoalumina promotes the horizontal transfer of multiresistance genes mediated by plasmids across genera. Proceedings of the National Academy of Sciences of the United States of America, 109(13): 4944-4949.
Rahman M M, Park J H, Abd E M, et al. 2013. Feasibility and application of an HPLC/UVD to determine dinotefuran and its shorter wavelength metabolites residues in melon with tandem mass confirmation. Food Chemistry, 136(2): 1038-1046.
Rodriguez-Mozaz S, Chamorro S, Marti E, et al. 2015. Occurrence of antibiotics and antibiotic resistance genes in hospital and urban wastewaters and their impact on the receiving river. Water Research, 69: 234-242.
Rosenstiel T N, Potosnak M J, Griffin K L, et al. 2003. Increased CO_2 uncouples growth from isoprene emission in an agriforest ecosystem. Nature, 421: 256-259.
Sandegren L, Linkevicius M, Lytsy B, et al. 2012. Transfer of an *Escherichia coli* ST131 multiresistance cassette has created a *Klebsiella pneumoniae*-specific plasmid associated with a major nosocomial outbreak. Journal of Antimicrobial Chemotherapy, 67(1): 74-83.
Sarmah A K, Meyer M T, Boxall A B. 2006. A global perspective on the use, sales, exposure pathways, occurrence, fate and effects of veterinary antibiotics (VAs) in the environment. Chemosphere, 65(5): 725-759.
Schwartz K L, Morris S K. 2018. Travel and the spread of drug-resistant bacteria. Current Infectious Disease Reports, 20(9): 1-10.
Shah S Q, Cabello F C, L'Abee-Lund T M, et al. 2014. Antimicrobial resistance and antimicrobial resistance genes in marine bacteria from salmon aquaculture and non-aquaculture sites. Environmental Microbiology, 16(5): 1310-1320.
Skerritt J H, Hill A S, Beasley H L, et al. 2020. Enzyme-Linked Immunosorbent Assay for Quantitation of

Organophosphate Pesticides: Fenitrothion, Chlorpyrifos-methyl, and Pirimiphosmethyl in Wheat Grain and Flour-Milling Fractions. Journal of AOAC International, 75(3): 519-528.

Smith D, Španěl P. 2011. Direct, rapid quantitative analyses of BVOCs using SIFT-MS and PTR-MS obviating sample collection. Trends in Analytical Chemistry, 30(7): 945-959.

Stoev S D. 2013. Food safety and increasing hazard of mycotoxin occurrence in foods and feeds. Critical Reviews in Food Science and Nutrition, 53: 887-901.

Su J Q, Wei B, Ou-Yang W Y, et al. 2015. Antibiotic resistome and its association with bacterial communities during sewage sludge composting. Environmental Science & Technology, 49(12): 7356-7363.

Te S H, Tan B F, Thompson J R, et al. 2017. Relationship of microbiota and cyanobacterial secondary metabolites in planktothricoides-dominated bloom. Environmental Science & Technology, 51(8): 4199-4209.

Velayati A A, Masjedi M R, Farnia P, et al. 2009. Emergence of New Forms of Totally Drug-Resistant Tuberculosis Bacilli: Super Extensively Drug-Resistant Tuberculosis or Totally Drug-Resistant Strains in Iran. Chest, 136(2): 420-425.

Wales A D, Davies R H. 2015. Co-selection of resistance to antibiotics, biocides and heavy metals, and its relevance to foodborne pathogens. Antibiotics, 4(4): 567-604.

Walker J R, Novick P A, Parsons W H, et al. 2012. Marked difference in saxitoxin and tetrodoxin affinity for the human nociceptive voltage-gated sodium. Proceedings of the National Academy of Sciences of the United States of America, 109: 18102-18107.

Wang F H, Qiao M, Lv Z E, et al. 2014. Impact of reclaimed water irrigation on antibiotic resistance in public parks, Beijing, China. Environmental Pollution, 184: 247-253.

Wang L P, Liu L S, Zheng B H. 2013. Eutrophication development and its key regulating factors in a watersupply reservoir in North China. Journal of Environmental Sciences, 25(5): 962-970.

Wang W G, Qiang M, Duan L Q. 2018. Simultaneous determination of nine mycotoxins in cereal and cereal products by high performance liquid chromatography with composite immunoaffinity clean-up column. Chinese Journal of Chromatography, 36(12): 1330-1336.

Warth B, Parich A, Atehnkeng J, et al. 2012. Quantitation of mycotoxins in food and feed from Burkina Faso and Mozambique using a modern LC-MS/MS multitoxin method. Journal of Agricultural and Food Chemistry, 60(36): 9352-9363.

Wei Z Y, Feng K, Wang Z J, et al. 2021. High-throughput single-cell technology reveals the contribution of horizontal gene transfer to typical antibiotic resistance gene dissemination in wastewater treatment plants. Environmental Science & Technology, 55(17): 11824-11834.

Williams J H, Phillips T D, Jolly P E, et al. 2004. Human aflatoxicosis in developing countries: a review of toxicology, exposure, potential health consequences, and interventions. American Journal of Clinical Nutrition, 80: 1106-1122.

Wolters B, Fornefeld E, Jechalke S, et al. 2019. Soil amendment with sewage sludge affects soil prokaryotic community composition, mobilome and resistome. FEMS Microbiology Ecology, 95(1): fiy193.

World Bank. 2017. Drug-Resistant Infections: A Threat to Our Economic Future. Washington, DC: World Bank.

Wu D, Huang Z T, Yang K, et al. 2015. Relationships between antibiotics and antibiotic resistance gene levels in municipal solid waste leachates in Shanghai, China. Environmental Science & Technology, 49(7): 4122-4128.

Xu Z L, Dong J X, Yang J Y, et al. 2012. Development of a sensitive timeresolved fluoroimmunoassay for organophosphorus pesticides in environmental water samples. Analytical Methods, 4(10): 3484-3490.

Yan X J, He H, Peng Y, et al. 2012.Determination of organophosphorus flame retardants in surface water by solid phase extraction coupled with gas chromatography-mass spectrometry. Chinese Journal of Analytical Chemistry, 40(11): 1693-1696.

Yang Y, Li B, Ju F, et al. 2013. Exploring variation of antibiotic resistance genes in activated sludge over a four-year period through a metagenomic approach. Environmental Science & Technology, 47(18):

10197-10205.

Yao Y P, Gao S Y, Ding X X, et al. 2021a. The microbial population structure and function of peanut peanut and their effects on aflatoxin contamination. LWT-Food Science and Technology, 2: 1-10.

Yao Y P, Gao S Y, Ding X X, et al. 2021b. Topography effect on *Aspergillus flavus* occurrence and aflatoxin B1 contamination associated with peanut. Current Research in Microbial Sciences, 2: 1-10.

Yi Q Z, Zhang Y, Gao Y X, et al. 2017. Anaerobic treatment of antibiotic production wastewater pretreated with enhanced hydrolysis: Simultaneous reduction of COD and ARGs. Water Research, 110: 211-217.

Yin H Q, Jia M X, Yang S, et al. 2012. A nanoparticle-based bio-barcode assay for ultrasensitive detection of ricin toxin. Toxicon Official Journal of the International Society on Toxinology, 59(1): 12-16.

Yuan L, Wang Y B, Zhang L, et al. 2021. Pathogenic and indigenous denitrifying bacteria are transcriptionally active and key multi-antibiotic-resistant players in wastewater treatment plants. Environmental Science & Technology, 55(15): 10862-10874.

Zeng J, Zhao D Y, Ji Y B, et al. 2012. Comparison of heavy metal accumulation by a bloom-forming cyanobacterium, *Microcystis aeruginosa*. Chinese Science Bulletin, 57(28-29): 3790-3797.

Zhang M, Huo B Y, Yuan S, et al. 2018. Ultrasensitive detection of T-2 toxin in food based on bio-barcode and rolling circle amplification. Analytica Chimica Acta, (3): 110-121.

Zhang Q Q, Jia A, Wan Y, et al. 2014. Occurrences of three classes of antibiotics in a natural river basin: association with antibiotic-resistant *Escherichia coli*. Environmental Science & Technology, 48(24): 14317-14325.

Zhang Q Q, Ying G G, Pan C G, et al. 2015. Comprehensive evaluation of antibiotics emission and fate in the river basins of China: source analysis, multimedia modeling, and linkage to bacterial resistance. Environmental Science & Technology, 49(11): 6772-6782.

Zhao Y, Cocerva T, Cox S, et al. 2019a. Evidence for co-selection of antibiotic resistance genes and mobile genetic elements in metal polluted urban soils. Science of the Total Environment, 656: 512-520.

Zhao Y, Su J Q, An X L, et al. 2018. Feed additives shift gut microbiota and enrich antibiotic resistance in swine gut. Science of the Total Environment, 621: 1224-1232.

Zhao Y C, Ye M, Zhang X T, et al. 2019b. Comparing polyvalent bacteriophage and bacteriophage cocktails for controlling antibiotic-resistant bacteria in soil-plant system. Science of the Total Environment, 657: 918-925.

Zhu D, Delgado-Baquerizo M, Su J Q, et al. 2021. Deciphering Potential Roles of Earthworms in Mitigation of Antibiotic Resistance in the Soils from Diverse Ecosystems. Environmental Science & Technology, 55(11): 7445-7455.

Zhu J, Li P, Zhang Q, et al. 2016. Simultaneous determination of seven mycotoxins in vegetable oils by multi-component immunoaffinity column purification-high performance liquid chromatography tandem mass spectrometry. Oil Crop Science, 38(5): 658-665.

Zhu Y G, Johnson T A, Su J Q, et al. 2013. Diverse and abundant antibiotic resistance genes in Chinese swine farms. Proceedings of the National Academy of Sciences of the United States of America, 110(9): 3435-3440.

Zhu Y G, Zhao Y, Li B, et al. 2017. Continental-scale pollution of estuaries with antibiotic resistance genes. Nature Microbiology, 2(4): 16270.

第十一章　环境中有害生物的溢出与防控

由于人类活动和气候变化，新发、突发传染病疫情加剧。根据 2007 年世界卫生组织（WHO）的数据，人类致病菌中有 61%是人兽共患致病菌，而 75%的新发传染病来自野生动物。近年出现的严重急性呼吸综合征（severe acute respiratory syndrome，SARS）、高致病性禽流感（highly pathogenic avian influenza，HPAI）、埃博拉出血热（Ebola hemorrhagic fever，EHF）及寨卡病毒病（Zika virus disease）等疫情明确说明动物或媒介跨物种传播的病原体成为新发、突发、再发传染疫情的重要来源。因此，在大健康框架下，明确人类、家畜、野生动物、媒介生物和植物及气候变化之间的关联，对保护全球人类健康具有重要意义。由于人口增长、资源需求增大、气候快速变化，环境中的有害生物向人类社会的溢出风险加剧。原始生态系统是人类与自然环境病原体的天然屏障，但现在人与自然的边界正变得模糊，丛林、原始森林等生态系统的生态屏障作用变得愈加薄弱，而人类的探险与拓荒活动增大了环境病原体的感染风险，同时现代交通和运输活动使病原体快速扩散与传播，将区域疫情发展为全球疫情。本章介绍了重要人兽共患病及其环境自然宿主和传播途径、生态屏障与环境病原体的溢出机制、气候变化与人类活动对生态屏障的影响。

图 11-1　本章摘要图

第一节　重要人兽共患病及其环境自然宿主和传播途径

人兽共患病是指能够从非人类动物源跨越到人源的传染病，其病原体可能是病毒、细菌、真菌或寄生虫。根据世界卫生组织的数据，目前有超过 200 种已知的人兽共患病。人兽共患病贯穿了人类历史，但在过去的几百年中，由于人口急剧增长，自然环境大幅退化，两者相互作用引发了一系列连锁反应，促使新型人兽共患疾病出现并扩散。根据2007年世界卫生组织（WHO）的数据，目前人类致病菌中有61%是人兽共患致病菌，而75%的新发传染病来自野生动物。在气候变化等多种复杂背景下，新型人兽共患病的暴发风险急剧增加。本节将简单介绍不同类型的主要人兽共患病，明确其自然野生宿主及其跨宿主传播的途径及机制，从而为阻断传播链并预防下一次大流行病提供研究基础。

一、病毒类病原体

病毒是一种个体微小，以在活细胞内复制方式增殖的非细胞型生物。根据其核酸类型可分为DNA及RNA病毒，而根据其感染的宿主差异，可分为动物病毒、植物病毒、真菌病毒和细菌病毒等。病毒类病原体是指能够感染人类细胞，进行复制并造成疾病的病毒。截至2012年，已知能感染人类的病毒已超过200种（Woolhouse et al.，2012），随着近年新冠疫情的暴发，社会对病毒类病原体感染的认识有了极大提高。

登革病毒（dengue virus）是单股正链RNA病毒，属于黄病毒科黄病毒属，存在四种不同但密切相关的病毒血清型（DENV-1、DENV-2、DENV-3和DENV-4）（赵卫等，2006）。每年全球登革病毒感染估计可达1亿～4亿例，其最常见的症状包括类似感冒的急性高热，但严重者可能导致登革出血热（dengue hemorrhagic fever，DHF），甚至是以循环衰竭为特征的登革休克综合征（dengue shock syndrome，DSS）。人类是登革病毒的主要宿主，而伊蚊是主要的传播媒介。在亚洲已证实存在森林循环过程，自然环境中的猕猴和叶猴可被登革病毒感染，伊蚊属的蚊虫为主要媒介；而在非洲的森林循环过程中的自然宿主则主要为赤猴，媒介包括 *Aedes furcifer*、*Ae. luteocephalus*、*Ae. taylori* 等。因此，人登革病毒可能进化自猴类病毒，通过种间传递转移到人类。通过重构登革病毒进化的分子时钟，发现登革病毒从猴至人类的种间传递大约发生于320年（DENV-2血清型）和120年（DENV-1血清型）前。因此，登革病毒一开始可能仅存在于森林地区，但由于森林开发扩散至城市，并开始在人群中暴发疫情。

西尼罗病毒（West Nile virus）是单股正链RNA病毒，属于黄病毒科黄病毒属，因1937年首次从乌干达西尼罗地区的一位女性发热患者体内分离而得名（张久松等，2004；任军，2005；靳寿华和张海林，2009；Hadfield et al.，2019）。该病毒于1999年首次在美国大陆被检测到，现在已经成为全美最常见的病毒脑炎病原体。约80%的西尼罗病毒感染者没有任何症状，约20%可能出现发热、头痛等流感样症状（西尼罗热），老人和免疫抑制人群可能出现中枢神经系统症状（西尼罗脑炎），甚至死亡。西尼罗病毒目前有2个基因型，其中基因型1是人及鸟类的主要致病基因型；基因型2仅在非洲撒哈拉以南地区和少数地区分布，且感染后无明显的疾病症状。西尼罗病毒在自然界中主要在蚊子-鸟-蚊子间循环，人和马偶然会被感染，其他动物如狗、猫、猪、骆驼及爬行动物也可能被感染，但症状较轻。库蚊是西尼罗病毒的主要传播媒介，蜱体内也曾检测到西尼罗病毒，但其在病毒传播中的作用还不清晰。最初的传播途径未知，但美国的西尼罗病毒可能来自于中东地区，通过商业运输或者旅客所携带的鸟类（或蚊虫）进入美国。

寨卡病毒（Zika virus，ZIKV）是单股正链 RNA 病毒，属于黄病毒科黄病毒属，寨卡病毒于 1947 年首次从乌干达寨卡森林中分离获得，存在非洲型和亚洲型两个亚型（张硕和李德新，2016）。寨卡病毒的宿主目前尚不明确，但灵长类动物极有可能是其主要宿主，由伊蚊叮咬传播。此外，ZIKV 还可以通过母婴传播、血液传播和性传播等途径发生传播。2007 年以来，该病毒在全球加快流行，已波及 84 个国家，导致几百万人感染（安静等，2021）。寨卡病毒有明显的神经嗜性，可引起复杂多样的临床表现。寨卡病毒感染与成人吉兰-巴雷综合征和胎儿小头畸形的发生密切相关，还对神经发育、大脑认知及神经内分泌系统具有影响。此外，寨卡病毒可以通过性途径传播并引起男性生殖系统损害（王培刚等，2021）。

基萨那森林病病毒（Kyasanur forest disease virus）是单股正链 RNA 病毒，属于黄毒病科黄病毒属（Gupta et al.，2020）。基萨那森林病病毒于 1957 年首次在印度卡纳塔克邦的基萨那森林中发现，该地区报告黑脸叶猴（长叶猴）和红脸帽猴（猕猴）大量死亡，这与当地社区发热疾病的报告规律一致，由此产生了俗称“猴病”的说法。该病毒的主要传播媒介是刺血蜱和土耳其角蜱，可在猴子、人类及一些其他哺乳动物中进行跨物种传播（Chakraborty et al.，2021）。31%～65%的基萨那森林病暴发地区同时观察到了猴子死亡，但目前尚无证据表明其可在人与人之间传播。这种疾病现在主要在印度南部的五个州流行，近年来其传染面积有扩大趋势。该疾病易在旱季发生，蜱虫的若虫形态（负责传播）在这一时期最为活跃，此外由于村民更喜欢在这个旱季去森林采集木材，导致人类接触蜱虫的机会进一步增加。基萨那森林病病毒感染的主要临床症状包括发热、肌痛和胃肠道出血，个别感染者的第二阶段可能包括神经症状和发热。

汉坦病毒（hantavirus）是单股负链 RNA 病毒，属于布尼亚病毒科（姚智慧和董关木，1999；Guo et al.，2013）。汉坦病毒至少分为八种分型且具有不同宿主，但一般不引起宿主动物发病。汉坦病毒的宿主动物和传染源是啮齿类，主要传播媒介为携带病毒的排泄物和分泌物如唾液等，并可以气溶胶的方式传播，接触携带病毒的动物亦可感染。汉坦病毒感染能引起“汉坦病毒肺综合征”或“肾综合征出血热”。欧洲和亚洲主要流行肾综合征出血热，较早的报道可追溯到俄罗斯在 1913 年的疫情暴发；而美洲则主要流行汉坦病毒肺综合征，首次发生于 1993 年。汉坦病毒的环境宿主包括啮齿目、鼩形目和翼手目（蝙蝠），而翼手目与鼩形目动物携带的汉坦病毒在进化树上处于祖先位置，显示汉坦病毒可能最早在蝙蝠或鼩形目动物中出现，然后通过中间传递转移至啮齿类动物，进而导致啮齿类动物间，以及啮齿类动物到人的传播。

基孔肯亚病毒（Chikungunya virus）是单股正链 RNA 病毒，属于披膜病毒科甲病毒属（田德桥和陈薇，2016）。基孔肯亚病毒于 1952 年 7 月在非洲的坦桑尼亚首次被确认，目前主要分为 4 个基因型：西非型、亚洲型、东中南非型及印度洋型（李佳等，2019）。近年来，100 多个国家和地区有基孔肯亚病毒流行，已成为全球主要公共卫生问题之一。基孔肯亚病毒感染具有三个典型症状：发热、皮疹和关节痛，最近的一些研究表明还有眼膜充血、眼部红斑的临床表现（程美慧等，2019），也有脑膜炎症状，主要是在新生儿中发生。该病毒的主要宿主为非人灵长类动物，主要通过蚊媒来进行传播（田德桥和陈薇，2016），埃及伊蚊（*Ae. aegypti*）、白纹伊蚊（*Ae. albopictus*）、*Ae. africanus* 和 *Ae.*

furcifer-taylori 为主要传播媒介，也是病毒的储存宿主（邵惠训，2011）。新生儿可在围产期通过垂直传播感染基孔肯亚病毒，患病率高达 50%（李佳等，2019）；在人群流行期间，基孔肯亚病毒可在人与人之间传播，不需动物宿主。

马尔堡病毒（Marberg virus）是单股负链 RNA 病毒，属于丝状病毒科马尔堡病毒属（薛庆於和于智勇，2012；李拓等，2016）。马尔堡病毒是马尔堡出血热的致病源，源于 1967 年在德国马尔堡、法兰克福和塞尔维亚贝尔格莱德的几所医学实验室同时暴发的一种严重出血热，有 31 人发病，其中 25 人直接感染、7 人死亡。从乌干达输入的非洲绿猴，导致了首次马尔堡疫情的人间感染。研究证实，马尔堡病毒的自然宿主为狐蝠科的埃及果蝠（*Rousettus aegyptiacus*），在野外传播给非人灵长类动物（如绿猴），进而传染给人类，并在人与人之间传播。马尔堡病毒的传染性极强，潜伏期为 2～21 天，患者症状为发高热、腹泻、呕吐，身体各孔穴严重出血。通常病发后一周死亡；病发死亡为 24%～88%，平均死亡率约为 50%。该病毒主要经密切接触传播，即接触病死动物和患者的尸体，以及感染动物和患者的血液、分泌物、排泄物、呕吐物、飞沫等，以及经黏膜和破损的皮肤传播。此外，通过使用被污染的注射器、气溶胶感染的案例也有报道。

埃博拉病毒（Ebola virus）是单股负链 RNA 病毒，属于丝状病毒科埃博拉病毒属。埃博拉病毒是一种能引起人类和其他灵长类动物产生埃博拉出血热（EHF）的烈性传染病病毒，具有高致病率及高致死率（李光霞和赵玉霞，2015；李国华和夏咸柱，2016）。埃博拉病毒包括 5 个亚型：扎伊尔埃博拉病毒、苏丹埃博拉病毒、塔伊森林埃博拉病毒、本迪布焦埃博拉病毒和雷斯顿埃博拉病毒。其中，扎伊尔埃博拉病毒毒性最强，致死率高达 90%，是引起 2014 年西非埃博拉疫情的病原体。埃博拉病毒从 1976 年第一次在非洲刚果（金）被发现，现已造成数次大规模的流行，尤以 2014～2016 年西非出现的疫情最为严重且复杂。感染者症状与同为丝状病毒科的马尔堡病毒极为相似，包括恶心、呕吐、腹泻、肤色改变、全身酸痛、体内出血、体外出血、发热等，致死原因主要为中风、心肌梗死、低血容量休克或多发性器官衰竭。目前埃博拉病毒的来源尚未明确，狐蝠科果蝠是目前被认为最有可能的埃博拉病毒的天然原始宿主，由此推测病毒来源于森林深处。埃博拉病毒主要通过动物、人与人之间体液接触传播，在人类中传播的主要途径是人密切接触感染动物的血液、分泌物、器官或其他体液等，比如接触了在热带雨林中发现的患病或者死亡的黑猩猩、大猩猩、果蝠、猴子、森林羚羊和豪猪等。

亨德拉病毒（Hendra virus）是单股负链 RNA 病毒，属于副黏病毒科亨尼帕病毒属。亨德拉病毒，旧称马科麻疹病毒（equine morbilli virus），是一种严重的人兽共患病毒，可引起马、人类和其他哺乳动物的感染（龙贵伟等，2007；于慧娜等，2008；陈琦等，2012）。该病毒于 1994 年在澳大利亚东岸昆士兰州布里斯班郊区的亨德拉镇赛马场的一起赛马急性呼吸综合征疾病中首次被发现。亨德拉病毒能引起严重的呼吸道疾病，这种病毒造成的疾病的典型特征是严重的呼吸困难和高死亡率，还表现为人接触性感染。受其感染的病马会出现发热、呼吸困难、面部肿胀、行动迟缓等症状，有的口鼻出现分泌物乃至出血，几天之内死亡。人感染主要表现为脑炎、神经系统紊乱，伴随显著的呼吸道症状和发热、肌痛等，长时间感染会因呼吸衰竭和肾功能衰竭而导致死亡。狐蝠科果蝠是其自然宿主，可被亨德拉病毒感染，并呈血清学阳性，但不发病。一般认为马在摄入病毒粒子含量高的食物（如被狐蝠的粪便、胎儿组织污染后的饲料）后会感染亨德拉病毒。而人类在接触感染马的口鼻腔、生殖道分泌物或尿液后可被感染。

尼帕病毒（Nipah virus）是单股负链 RNA 病毒，属于为副黏病毒科亨尼帕病毒属（袁军龙等，2021）。由尼帕病毒导致的尼帕病毒病（Nipah virus disease，NVD）于 1998 年首次暴发于东南亚地区的马来西亚霹雳州 Nipah 村，1999 年毒株被首次分离。尼帕病毒是一种烈性人兽共患病原体，可通过直接接触或气溶胶的形式传播，具有宿主范围广、致死率高的特点。尼帕病毒的自然宿主是果蝠，主要中间宿主有猪和马等。接触病猪的养殖者和饮用被果蝠污染的枣棕榈汁及其制品者是尼帕病毒的易感人群，也有研究表明尼帕病毒也可在人与人之间直接传播（Clayton，2017）。该病的男性患者多于女性，主要症状为发热，而后出现头痛、昏睡等脑炎症状，或出现咳嗽、呕吐、肌痛、呼吸困难等非典型肺炎症状，神经症状主要有：肌肉痉挛、自主神经失调、反射减弱等，严重的患者可产生败血症和肾功能亏损等并发症（李小成，2022）。新加坡、孟加拉国、印度等国曾多次暴发该病，虽然我国至今未有人兽感染该病毒的报道，但已有研究人员在自然界的果蝠中检测到该病毒（Reynes et al.，2005）。

冠状病毒（coronavirus）是单股正链 RNA 病毒，属于冠状病毒科冠状病毒属（傅掌璠和艾静文，2021）。冠状病毒科包含 α、β、γ 和 δ 四个属。严重急性呼吸综合征冠状病毒（severe acute respiratory syndrome coronavirus，SARS-CoV）、中东呼吸综合征冠状病毒（Middle East respiratory syndrome coronavirus，MERS-CoV）和严重急性呼吸综合征冠状病毒-2（又名新型冠状病毒 SARS-CoV-2）皆属于 β 冠状病毒属。1937 年，冠状病毒首次于鸡的感染组织中被分离，1965 年人类冠状病毒首次被分离出。冠状病毒可通过呼吸道或消化道的分泌物排出，经喷嚏、唾液或直接接触进行传染，引发慢性或急性传染病。目前造成较大影响的冠状病毒疫情有 SARS、MERS 和 COVID-19 三起，多于成年人中发生，临床特征相似，感染初期表现发热、咳嗽、腹泻、肌痛等，病情恶化后患者出现呼吸衰竭（王洪娜和张悦凤，2021）。2002 年 11 月，中国广东地区暴发了一种以发热、肺部感染为特征的呼吸系统传染病，被称为传染性非典型肺炎（非典）。2003 年 WHO 将其命名为 SARS，并将其病原体命名为 SARS 冠状病毒（SARS-CoV）。MERS-CoV 首次于 2012 年 7 月在一名沙特阿拉伯患者中被发现。MERS 与 SARS 病症相似，但更易引发其他并发症，如肝或肾衰竭等，故其病死率远高于 SARS。COVID-19 于 2019 年在中国武汉被首次发现，并在世界范围内迅速蔓延，其病原体被命名为 SARS-CoV-2。根据 WHO 统计，截至 2023 年 8 月，全球受感染人群已接近 7.6 亿人（https://www.who.int/zh/news-room/fact-sheets/detail/coronavirus-disease-(covid-19)），死亡人数达到 680 万以上。冠状病毒的自然宿主广泛存在于自然界，SARS-CoV、MERS-CoV 和 SARS-CoV-2 三者的自然宿主很可能是蝙蝠，并可感染狗、猫、猪、马、骆驼、鸡、火鸡、鹅等多种动物和人（Mahdy et al.，2020）。最新的研究表明穿山甲所携带的冠状病毒（MjHKU4r-CoV）可感染猪、羊、猫、兔、猕猴、骆驼、猸狨和牛等广泛宿主类型，并可通过人体呼吸道和肠道器官造成感染（Chen et al.，2023）。

禽流感病毒（avian influenza virus，AIV）是分节段的单股负链 RNA 病毒，属于正黏病毒科甲型流感病毒属。禽流感在 1878 年首次被发现于意大利，其会导致鸡的大量死亡，故又称为“鸡瘟”，1981 年被正式命名为禽流感病毒。该病毒根据其病毒表面两种糖蛋白 HA 和 NA 的不同，分为 16 个 H 亚型和 9 个 N 亚型，其中 H5N1、H7N7、H9N2 等可感染人。目前，H5N1 主要出现在亚洲地区，美洲和欧洲比较流行 H7N7 与 H9N2（吉雅图和许国洋，2022）。禽流感病毒的主要宿主为鸡、鸭、鹅、鸽子等禽类和天鹅、大雁等野生鸟类，但不断变异的病毒使其致病性逐渐增强，部分高致病性的病毒在猪、马、犬等哺乳动物甚至人中先后被发现（Webster et al.，1992）。禽流感病毒大量存在于病禽的尸体、排泄物和养殖过程产生的污水中，健康宿主与之接触后通过呼吸道和消化道被感染。禽流感病毒感染禽类可使其呼吸系统产生病变，发生急性出血性传染病，严重的可导致全身败血症和多器官功能衰竭，甚至死亡。

二、细菌类病原体

截至 2021 年，已发现细菌病原体 1513 种，主要属于 γ 变形菌和放线菌（Bartlett et al.，2022）。这些致病细菌大多数属于机会病原体，如大肠杆菌、克雷伯菌及铜绿假单胞菌等，即在人体免疫功能正常时不致病，当机体免疫功能紊乱时可引起不同程度的疾病。但与机会病原体不同，一些细菌感染会直接导致宿主疾病（专性病原体，obligate pathogen），下面以立克次体、鼠疫耶尔森菌、钩端螺旋体为例，着重介绍虫媒和鼠媒的常见细菌类绝对病原体。

立克次体属（*Rickettsia*）是一类严格的细胞内寄生的原核细胞微生物，专性寄生于真核细胞内。其宿主动物种类繁多，目前已从多种野生动物、啮齿动物、家畜和鸟类中检测到立克次体的存在，人类可因被携带这种病原体的媒介叮咬或接触而引起感染。因此，由该类病原体引起的立克次体病是一种重要的人兽共患病（Nyholm and Graf，2012；刁丹红等，2022），多发生于热带与亚热带国家和地区，在世界范围内呈散发性和季节性流行。由于其可以与宿主（节肢动物）长期共存、共同进化，因此具有一定的遗传保守性（Azad and Beard，1998）。对人类致病的立克次体主要包括 5 个属，即立克次体科的东方体属和立克次体属，无形体科的埃里克体属，柯克斯体科的柯克斯体属，以及巴尔通体科的巴尔通体属。其中，立克次体属中的两个群（斑点热群和斑疹伤寒群）是我国研究人员从患者病原体及基因检测中发现的最主要的致病群（Fournier and Raoult，2007）。斑点热群的立克次体主要通过蜱类叮咬传播，受环境湿度和温度、自然植被与野生动物、人类活动及杀虫剂的使用等多种因素的影响，呈现地域流行性特征，而斑疹伤寒群的立克次体致病菌则主要通过虱类和蚤类叮咬传播，柯克斯体属立克次体则主要从呼吸道进入体内而使人体受到感染。

鼠疫耶尔森菌（*Yersinia pestis*）俗称鼠疫杆菌，属于肠杆菌科的耶尔森菌属细菌，鼠疫耶尔森菌最早由日本和法国两名科学家于 1984 年从病死者体内分离出来（Prentice and Rahalison，2007）。鼠疫耶尔森菌感染所引起的鼠疫（又称“黑死病”）是疫源性人兽共患病，分为鼠间鼠疫和人间鼠疫两种。由于其传播迅猛（可通过呼吸道传播）、繁殖快、毒性大、病死率高，被列为甲型传染病。鼠间鼠疫主要在啮齿动物间循环传播流行，鼠类、旱獭等为鼠疫耶尔森菌的自然宿主。人间鼠疫的传染源主要为黄鼠和褐家鼠，此外，各型鼠疫患者及肺鼠疫患者痰中排出的大量鼠疫耶尔森菌均可成为重要的传染源。鼠蚤是鼠疫耶尔森菌的主要传播媒介，其传播途径为“鼠-鼠蚤-人”，可以通过鼠蚤叮咬、直接接触及呼吸道飞沫传播的方式进行传播（Koch et al.，2019）。鼠疫耶尔森菌通过其合成的鼠毒素和内毒素引发宿主机体损害甚至导致宿主死亡。鼠毒素是一种以可溶性蛋白质为主的外毒素，存在于细胞核内；而内毒素主要存在于细胞壁，属于类脂多糖。人群一般对鼠疫耶尔森菌易感，患者在感染后一般可以获得持久免疫力，故可通过接种疫苗降低易感性。

钩端螺旋体（*Leptospira* sp.）属于螺旋体目钩端螺旋体科钩端螺旋体属。根据基因组信息，钩端螺旋体属包括 22 个基因种，包括 10 个致病性的、7 个非致病性的及 5 个介于致病性和非致病性中间的（Marquez et al.，2017）。钩端螺旋体病是由致病性钩端螺旋体引起的一种人兽共患的自然疫源性传染病，包括犬钩端螺旋体病、猪犬钩端螺旋体病、人犬钩端螺旋体病等多种类型。1886 年，德国首次报道该病。钩端螺旋体的动物宿主十分广泛，几乎所有的哺乳动物都是致病性钩端螺旋体的易感类群，如鼠类动物（黑线姬鼠、黄毛鼠、黄胸鼠、褐家鼠等）和家畜（猪、犬、牛等）（Wang et al.，2011），其中以啮齿目的鼠类是最主要的储存宿主。钩端螺旋体可以在宿主体内定居、繁殖，并不断通过尿液、唾液等途径经宿主排出体外，污染环境（夏俊花等，2017）。排出体外的钩端螺旋体在适宜条件下可以继续存活一段时间（如在潮湿环境中可以存活数月，在停滞的微碱性水或者淤泥中也可长期存活），等待合适的机会感染新的宿主，形成自然疫源地。鼠类与人类生存环境最为接近，人类接触被感染的鼠类唾液或者尿液污染的水和土壤后，可通过黏膜或者破损的皮肤而被钩端螺旋体感染，临床症状主要表现为头痛、发冷或发热等症状，严重者甚至出现肝损伤和黄疸、肾功能衰竭及内出血等，甚至死亡。

三、真菌类病原体

地球上赋存了 1.5 万～500 万种真菌。其中，只有数百种会导致人类疾病（O'Brien et al.，2005）。真菌必须具备以下四个基本条件才能感染人类：①必须能够在 37℃或以上的高温下生长；②必须能够穿透或绕过宿主的组织屏障；③必须能够消化吸收人体组织的成分；④必须能够抵抗人体免疫系统。因此，侵袭性真菌感染在健康个体中很少见，主要发生于免疫功能低下的个体当中。

虫霉门（Entomophthoromycota）真菌包含多种昆虫致病真菌，但在热带和亚热带地区也是导致人类感染的重要病原体。其中对人类致病的担子菌属（*Basidiobolus*）和分生孢子属（*Conidium*）真菌广泛存在于雨季的植物残骸和土壤中（Bittencourt，1988）。昆虫是担子菌的天然宿主，可通过昆虫叮咬传播至人类，当被担子菌感染的昆虫被两栖动物吃掉时，担子菌孢子可随爬行动物粪便排出体外并黏附于植物表面，而被污染的植物刺和叶所造成的伤口也可能导致担子菌感染。担子菌感染主要发生在热带和亚热带非洲、亚洲和美洲的儿童群体当中。但由于其耐热性低，37℃可能是其最高生长温度，感染人体后的症状较温和，且不会入侵深层器官（Ribes et al.，2000）。分生孢子属真菌在野外可感染螨虫和蜘蛛等节肢动物，通过分泌弹性蛋白酶、胶原酶和脂肪酶麻痹并杀死宿主，这些酶也可分解人体组织，进入呼吸道后可导致感染，引起鼻子、鼻窦和面部中央的黏膜下层疾病。在大多数情况下，感染会导致黏膜下和皮下组织肿胀、毁容、呼吸困难和慢性细菌感染等症状。

子囊菌门（Ascomycota）真菌下的爪甲团囊菌目（Onygenales）可以感染哺乳动物，并引起全身感染（Bagagli et al.，2008）。这些真菌引起肺部感染，开始并无任何症状，之后会发展为流感样疾病或明显的肺炎。不同真菌具有不同的器官偏好：副球孢子菌（*Paracoccidioides*）偏好口腔和呼吸道黏膜（Marques，2012），芽生菌（*Blastomyces*）偏好骨骼、关节和皮肤，组织胞浆菌（*Histoplasma*）偏好包括胃肠道和肾上腺等多个器官及骨骼和皮肤（Kauffman，2007）。荚膜组织胞浆菌（*Histoplasma capsulatum*）所导致的组织胞浆菌病（histoplasmosis）是目前研究最彻底的真菌病原体传染模型。自然环境中的荚膜组织胞浆菌主要存在于富含鸟类和蝙蝠粪便的土壤中，在北美洲和南美洲最为常见，但在欧亚大陆很少见。蝙蝠是荚膜组织胞浆菌的主要宿主，在其扩散中发挥了重要作用。荚膜组织胞浆菌以菌丝体形式生长在蝙蝠栖息地（如洞穴）的粪便中，它的分生孢子可被释放到空气中，并再次被蝙蝠吸入导致感染（Taylor et al.，1999）。有研究表明，在某些蝙蝠物种中，荚膜组织胞浆菌的自然暴露可能会导致慢性、可控的感染，这使得蝙蝠能够长期通过排泄物传播真菌（Hoff and Bigler，1981）。组织胞浆菌还可感染许多其他哺乳动物，如猫、狗、海獭和獾等。锈腐假裸囊子菌（*Pseudogymnoascus destructans*）是子囊菌门的病原体，主要感染穴居蝙蝠，导致白鼻综合征。该病于2006年首次在美国被发现，并进一步扩散至整个北美地区。2006～2009年，至少100万只蝙蝠因患上“白鼻综合征”而死去。锈腐假裸囊子菌在蝙蝠间的传播机制还不清楚，但有证据表明岩穴探索和采矿的人类参与了其传播。在保加利亚洞穴的研究表明，锈腐假裸囊子菌的孢子出现在科考结束后的服装及设备的概率为100%。这些孢子可在环境中生存25天以上而不影响其出芽率。这些服装和设备可能进一步将锈腐假裸囊子菌扩散至其他国家和大陆（Zhelyazkova et al.，2020）。

担子菌门（Basidipmycota）中的致病酵母菌在世界范围广泛分布。隐球菌（*Cryptococci*）在过去的一个世纪中很少感染人类（Molez，1998），然而自1950以来，中非的隐球菌性脑膜脑炎快速增加，可能与刚果河流域的艾滋病感染率增加有关。2006年，估计有957 900例与艾滋病相关的隐球菌性脑膜脑炎病例，导致624 700人死亡（Park et al.，2009）。此外，温哥华岛和美国西北部暴发的具有显著死亡率的隐球菌感染引起了人们的关注，说明这种真菌可能正在进化为对人类具有毒性的菌株（Springer et al.，2012）。致病性隐球菌——新隐球菌及其姊妹种加特隐球菌可通过呼吸道进入人体，在易感宿主中导致肺炎感染，并且可随血液传播到所有器官。隐球菌可感染中枢神经系统，引起亚急性脑膜脑炎，如果治疗不及时可致命。这种真菌可以在肺部或曾被感染的部位持续存在数年，并且在免疫系统削弱时被重新激活。有研究表明，隐球菌对动物宿主侵染能力的进化可能与侵染昆虫的能力有关联。该研究发现人类致病性隐球菌可杀死蜡螟（*Galleria mellonella*）幼虫，而不具备人类致病性的银耳目相关真菌则不具备侵染昆虫的能力（Findley et al.，2009）。隐球菌中的格特隐球菌（*C. gattii*）可感染陆地和海洋哺乳动物和鸟类，并造成死亡（McGill et al.，2009）。基因研究表明，*C. gattii* 可能起源于南美洲亚马孙丛林（Fortes et al.，2001），并通过鸟类活动扩散至全球（Litvintseva and Mitchell，2012）。此外，*C. gattii* 可在淡水和海水中存活至少 1 年，这表明它可能随海洋传播。

四、寄生虫类病原体

超过 300 种蠕虫和 100 种原生动物可能感染人类，这些寄生虫类病原体与人类的关系可追溯到5000BC～5900BC。目前造成大面积感染的寄生虫疾病的病原体主要为虫媒，主要发生在热带和亚热带地区，如疟疾、夏格氏病（美洲锥虫病）、非洲锥虫病等。其中，疟疾的病原体疟原虫可能是感染全球人数最多的蚊传寄生虫类病原体，根据 2023 年世界卫生组织的数据，仅 2021 年估算就有近 2.5 亿人感染，造成近 26 万人死亡。黑热病（又称内脏利什曼病）曾流行于长江以北地区，甚至包括新疆、甘肃和内蒙古等温度较低的温带地区，其病原体杜氏利什曼原虫是非蚊类宿主的重要病原体类型。除蚊虫类宿主外，自然环境中的其他生物也可作为寄生虫类病原体的自然宿主。例如，血吸虫作为血吸虫病的病原体，可将淡水螺作为自然宿主，其释放出的寄生虫尾蚴可侵入人体皮肤，进而造成感染。以下将对这三种不同类型自然宿主的寄生虫类病原体进行简单介绍。

疟疾（malaria）是疟原虫引起的寄生虫疾病，疟原虫属于疟原虫科疟原虫属，包含数百种疟原虫，但只有六种会寄生人体并导致疟疾，分别是恶性疟原虫（*Plasmodium falciparum*）、间日疟原虫（*P. vivax*）、卵形疟原虫（*P. ovale*）、柯氏疟原虫（*P. ovale curtisi*）、三日疟原虫（*P. malariae*）和诺氏疟原虫（*P. knowlesi*）（Milner，2018）。法国军医 Alphonse Laveran 于 1880 年从血液中首次发现疟原虫。1897 年，英国军医 Ronald Ross 在按蚊体内发现恶性疟原虫虫卵，证实了按蚊通过吸食患者血液来传播疟原虫。患者在被按蚊叮咬感染疟原虫后，会经过一段时间的潜伏期，然后才会出现临床症状。这些临床症状包括：发热、发冷、贫血、黄疸等，如果不能及时治疗，可能导致肾功能衰竭、昏迷和死亡，所有的临床症状都是由寄生虫代谢物或寄生虫入侵红细胞引起的。疟原虫会从肝脏转移到红细胞，在红细胞中疟原虫会释放毒力因子破坏红细胞或引起免疫反应，此时患者出现临床症状。疟原虫在自然界中的宿主包括鸟类、爬行动物及哺乳动物。但由于疟原虫在寄生过程中需要入侵宿主的红细胞，而不同物种的红细胞表面蛋白差异大，因此自然界中很少观察到疟原虫跨物种传播。现有报道，恶性疟原虫、诺氏疟原虫和间日疟原虫这三种疟原虫，可能发生从猿猴传播到人，造成已经消灭疟疾的地区重新暴发疟疾（Scully et al.，2017）。

利什曼病（leishmaniasis）是一种由利什曼原虫感染引起的人兽共患寄生虫病。利什曼原虫属于锥虫科利什曼属，广泛分布在全球除大洋洲和南极的各个大陆。在分类学上可以按照新（原殖民地国家，如南北美洲和大洋洲）旧（亚洲、欧洲和非洲）世界分为两大类群。利什曼原虫通过受感染的白蛉叮咬传播，感染人体后有几种不同形式的利什曼病：皮肤利什曼病、内脏利什曼病和皮肤黏膜利什曼病，也有些人感染后没有任何症状或体征。皮肤利什曼病是利什曼病最常见的形式，表现形式为皮肤溃烂，通常被白蛉叮咬后几周或几个月内由疮发展成皮肤溃疡。另一种主要形式是内脏利什曼病，被白蛉叮咬后会长时间（几个月，甚至长达几年）影响多个内脏器官（通常是脾脏、肝脏和骨髓），并可能危及生命。黏膜利什曼病是一种不太常见的感染形式，某些类型的利什曼原虫感染可能导致黏膜溃疡。早在公元 930 年，博物学家 Rhazes 就记录了发生在巴格达的皮肤利什曼病症状。但直到 1900 年，苏格兰病理学家 William Boog Leishman 才在印度首次分离出利什曼原虫。1903 年，William Boog Leishman 和爱尔兰医生 Charles Donovan 分别报道了各自从印度分离到的利什曼原虫。利什曼原虫的哺乳动物宿主有很多，除人以外还包括犬科动物、啮齿动物、有袋动物和蹄兔。白蛉叮咬被利什曼原虫寄生的动物或患者后，再叮咬健康人群即可传播利什曼原虫。因此，利什曼病可能具有人兽共患或人间传播模式。以内脏利什曼病为例，在我国分为三种流行病学类型：人源型、山地人兽共患型和沙漠人兽共患型。人源型是通过人与人之间传播，基本没有动物宿主参与传播。山地人兽共患型主要发生在中国西部山区，以家犬或者野生犬科动物为寄生虫的来源。沙漠人兽共患型主要发生在中国新疆、甘肃等地的沙漠地区，寄生虫的野外哺乳动物宿主为沙漠中的野兔，比如塔克拉玛干沙漠特有的塔里木兔（Lun et al., 2015）。

血吸虫病（schistosomiasis）是由裂体吸虫属（*Schistosoma*）血吸虫引起的一种急、慢性寄生虫病。根据 WHO 数据，全球血吸虫感染者可达到 2 亿人，导致 153 万人某种程度残疾。血吸虫病流行于全球 78 个国家和地区，主要分为日本血吸虫病、埃及血吸虫病、曼氏血吸虫病、间插血吸虫病和湄公血吸虫病，其中日本血吸虫病、曼氏血吸虫病及埃及血吸虫病对人类健康具有较大影响。血吸虫病是一种人兽共患病，可感染牛、狗、猪和啮齿动物等多种动物（Colley et al., 2014）。血吸虫的自然宿主为钉螺（*Oncomelania*），受感染钉螺宿主向水中释放寄生虫尾蚴，进而可侵入人体皮肤，并发生感染。在人体内部，尾蚴发育成成虫，寄生在膀胱周或肠系膜静脉丛中。雌性每日可产生数百至数千个卵，随尿液或粪便排出体外。在与水接触后，卵会释放纤毛幼虫并感染中间宿主钉螺，并发育成尾蚴幼虫。血吸虫病与人类的关系历史悠久，长沙马王堆西汉古尸体内发现有日本血吸虫虫卵（胡本骄等，2020），说明血吸虫病至少在我国流行超过 2000 年。血吸虫与螺类宿主之间的关系可追溯至泛大陆地裂发生之前，起源于冈瓦纳古陆（陈登和闻礼永，2017）。血吸虫及其宿主分布受水热条件影响，其中洪涝灾害直接增加灾区急性血吸虫病发病率，且在随后的 3～5 年导致血吸虫宿主钉螺分布的扩散（胡雪军等，2015）。由于钉螺不耐低温，中国大陆钉螺分布最北界位于北纬 33°15′（陈登和闻礼永，2017），但随着全球气候变暖，钉螺分布有向北扩散的趋势，需要加以警惕。

第二节　生态屏障与环境病原体的溢出机制

一、自然环境中的病原体库及其自然宿主

据 2007 年 WHO 数据，人类致病菌中有 61%是人兽共患致病菌，而 75%的新发传染病来自野生动物。因此，自然环境中的野生动物和媒介生物是巨大的潜在病原体库。

啮齿动物是新兴人兽共患病病原体的重要宿主，其可能携带包括钩端螺旋体病、鼠疫等多种人兽共患病病原体。在马来西亚的沙捞越（Sarawak）和加里曼丹岛，曾有洞穴探险者被钩端螺旋体属细菌感染的报道（Waitkins，1986）。在美国加利福尼亚州熔岩层国家保护区（Lava Beds National Monument）的啮齿动物种群中发现了鼠疫耶尔森菌（Nelson and Smith，1976）。森林砍伐和城市化导致啮齿动物栖息地的扩大和种群动态的改变，进而增加了啮齿动物所传播的疾病在人类社会中再次出现的风险（Duplantier et al.，2005）。

非人类灵长类动物可能携带多种病毒和寄生虫感染，并向人类发生自然传播（Salyer et al.，2012）。例如，由于森林破碎化（Moyes et al.，2016），日本郊区的猕猴具有较高的疟原虫、食道口线虫和鞭虫的感染率并导致向人类的传播（Arizono et al.，2012）。其他非人灵长动物所携带的痘病毒、马尔堡病毒和埃博拉病毒，也可直接或者间接通过昆虫媒介或啮齿动物间接传播给人类（Taku et al.，2007）。

蝙蝠是人兽共患病病原体的重要宿主。蝙蝠具有多样化和独特的生活史特征，除了狂犬病毒及其所属的狂犬病毒属，其他几乎所有的病毒在感染蝙蝠后都无明显临床症状（冷培恩和高强，2020），而长距离迁移的能力，以及它们在拥挤的栖息地中聚集的倾向促进了病原体的种间传播和种内传播（Hayman et al.，2013）。蝙蝠是 200 多种病毒、细菌和真菌的自然宿主（Allocati et al.，2016）。人类活动会影响蝙蝠携带的病原体的流行，例如，城市化会影响皮肤黏膜利什曼病和寄生虫的传播（Shapiro et al.，2013；Nunes et al.，2017），森林砍伐会影响亨尼帕病毒的传播（Pernet et al.，2014）。

其他哺乳动物宿主可能携带如伯氏疏螺旋体和嗜吞噬细胞无形体等病原（Millins et al.，2017）。例如，灰海豹可协助弯曲杆菌在欧洲的传播，而鼠兔参与了多房棘球绦虫在亚洲的传播（Marston et al.，2014）。非洲野牛是口蹄疫病毒的自然宿主和保存库。对乌干达国家公园的研究表明，85%的非洲野牛具有口蹄疫病毒感染历史（Ayebazibwe et al.，2010；Jolles et al.，2021），并成为病毒传播的媒介。1995 年，南非克鲁格（Kruger）国家公园口蹄疫疫情暴发可能导致病毒从非洲野牛传播到黑斑羚群体（Bastos et al.，2000）。1991 年，津巴布韦被疫苗免疫的牛群暴发口蹄疫，该疫情被认为是由从同一河流取水的非洲野牛将口蹄疫传播给了豢养的动物所致（Dawe et al.，1994）。

自然环境虫媒病毒的重要媒介包括蚊虫、蜱虫、白蛉、蠓和螨虫在内的多种嗜血昆虫（Medeiros and Vasconcelos，2019）。虫媒病毒广泛分布于自然环境，如亚马孙地区丛林的蚊虫可携带奥罗普切病毒（Oropouche virus）、马雅罗病毒（Mayaro virus）、登革病毒（dengue virus）和黄热病毒（yellow fever virus）；墨西哥洞穴中发现的蜱虫体内存在立克次体病原体；一份泰国洞穴的研究发现，超过 24 种不同沙蝇携带了可导致利什曼病的利什曼原虫（Polseela et al.，2011）。这些自然环境中的潜在病原体库对周边居民及开展探险活动的人群具有潜在风险。

二、生态屏障的突破机制

生态屏障是在某特定区域，生物、土壤、地质、水分和大气相互作用、相互影响，形成具有一定结构和功能并对人类不利环境问题具有阻截、缓冲、过滤、固定、消除、净化和稳定作用的复合生态系统，阻碍病原体在不同宿主间传播，是防止人兽共患病病原体从环境和自然宿主向人类社会传播的关键。生态屏障中的四个关键因素在病毒通过分子屏障或地方性屏障的传播中发挥着关键作用，即传播途径、接触概率、接触频率和病原体特征（Zhang et al.，2022）。

传播途径是指原宿主与新宿主之间存在密切接触的机制，是病原体实现跨物种传播的前提。有生物活性的病原体只有通过直接接触新宿主才能够实现跨物种传播。自然条件下，由于分布地理环境或生存环境的差异，不同宿主间通常存在某种空间的隔离。但人类活动能使不同宿主密切接触，从而导致病毒实现跨物种传播，如野生动物资源的开发、人口扩张、动物栖息地的破坏、全球变暖等。

接触概率是指自然病原体宿主与人类在特定区域内接触的概率。人类活动的范围和强度是传播可能性的关键因素，尤其是在人类和野生动物使用的重叠区域。全球和区域气候变化驱动的野生动物栖息地变化可能导致野生动物入侵人类居住区，增加人类与携带病毒的自然宿主直接接触的可能性（Gould and Higgs，2009）。在野生动物和人类都活跃的碎片化地区，与封闭的野生动物栖息地相比，病毒自然宿主的动态数量和地理分布导致接触概率更高（Rulli et al.，2017）。此外，快速的城市化进程产生了大量的人口聚集区，促进了城市地区家畜的高密度繁殖和活动，无意中增加了通过养殖、运输、屠宰和销售的传播可能性（Pearce-Duvet，2006）。

接触频率是指在一段时间内与人类接触自然宿主所携带的病原体数量。接触频率与野生动物栖息地碎片化地区的人口密度和活动强度密切相关（Rulli et al.，2017），对于大多数人兽共患病来说，家畜与人类的接触频率与生活习惯和城市化水平密切相关（Eaton et al.，2005）。

病原体特征是指病原体致病能力的强弱，包括存活时间、载量和传染性等。不同类型的病原体在环境介质和条件下具有不同的存活时间和衰变模式，许多研究报告了经典病原体在固体表面或生活用水、污水、空气和土壤中的存活时间和影响因素。温度是影响病原体活性的关键因素，通常与病原体存活时间成反比。野生动物栖息地的破坏会对野生动物造成额外的环境压力，并引发压力反应，从而增加尿液和唾液分泌物中的病原体含量（Plowright et al.，2015）。此外，病原体在其他宿主中的传染性和致病性是新发传染病频发的关键因素。存活时间较长或传播途径较多的病原体，从其自然宿主传播到其他宿主的可能性更大。

三、物种屏障的突破机制

物种屏障是生态屏障的一部分，大多数病原体的传播和感染通常发生在有限的物种中，因此要实现其跨物种感染必须打破物种障碍。跨物种屏障的有效突破——即溢出感染进入替代宿主——主要归因于病原体的基因突变或重组，从而使病原体逐渐适应新的宿主细胞。例如，冠状病毒一直存在于全球不同地区的野生动物种群中（Klempner and Shapiro，2004），其自然宿主包括果子狸、菊头蝠等。冠状病毒通过其刺突糖蛋白的突变，扩大了宿主范围，使其能够附着在人类细胞上并感染直接接触到这些动物的人类。

有些突变会极大增强病原体的毒性，如 1918 年造成超过 2000 万人感染的 H1N1 型流感病毒中的血凝素基因发生过重组，导致其毒力的增加。尽管尚不清楚这些病毒种群之间发生重组事件的确切地点或宿主物种，但人类和禽类禽流感病毒之间的基因重组导致了 1957 年亚洲流感（H2N2）大流行和 1968 年我国香港流感（H3N2）大流行。

人类免疫缺陷病毒（human immunodeficiency virus，HIV）的进化过程反映了基因突变与重组如何协助病原体突破物种屏障。分子系统发育研究表明，造成大范围传播的 HIV-1 至少在三个不同的场合从黑猩猩（*Pan troglodytes*）的猴免疫缺陷病毒（simian immunodeficiency virus，SIV）进化而来。SIVcpz 本身也是一种重组病毒，它是由白领白眉猴（*Cercocebus torquatus*）的慢病毒（SIVrcm）和大白鼻长尾猴（*Cercopithecus nictitans*）的慢病毒（SIVgsn）重组而来。这两种或多种慢病毒的重组发生在受感染的黑猩猩体内，从而产生了 SIVcpz 的共同祖先。根据其生物学特性，HIV/SIV 病毒的传播是通过皮肤或黏膜接触受感染的猿类血液和/或体液而发生的。这种暴露最常发生在丛林狩猎情况下（Peeters et al.，2002）。有证据表明非洲中西部的人类与猿类的相遇使 HIV 祖先病毒发生了四次独立从黑猩猩向人类的跨物种传播事件。其中，HIV 的 M 组和 O 组流行的发生时间确定为 20 世纪初（Worobey et al.，2008）；而 N 组和 P 组的流行时间则要更晚。

部分真菌具有跨越植物和动物生物屏障的机制（Gauthier and Keller，2013）。真菌有 150 万～510 万种，其中约 27 万种为植物病原体，325 种已知可感染人类，但只有 45 种为较常见的跨域感染真菌。这些跨域感染真菌需要满足 3 个条件才能实现植物和动物的跨域感染，分别为：宿主获得感染源、真菌分生孢子在宿主体内萌发和真菌侵入与破坏组织。为了引发人类感染，分生孢子必须被内化吸入或直接穿透表皮，但上下呼吸系统的结构限制有效地限制了进入肺泡空间的颗粒大小（Mullins and Seaton，1978）。由于表皮对真菌入侵具有抵抗力，因此分生孢子或菌丝体碎片必须通过外伤或医源性接种的皮肤裂口进入。在人类感染过程中，真菌分生孢子必须具有耐热性（37℃）、抑制宿主免疫防御并逃避免疫细胞的能力。有研究表明，从 30℃开始，温度每升高 1℃，可生长的真菌数量就会逐渐减少（Robert and Casadevall，2009）。因此，人类保持体温高于周围环境的能力创造了一个“热禁区”，可以抑制或阻碍绝大多数真菌的发芽和生长（Casadevall，2012）。核心体温会影响宿主对真菌感染的易感性这一概念不是仅限于人类，也适用于其他哺乳动物、昆虫和两栖动物。例如，蝙蝠冬眠期间，由于体温降低，更易感染锈腐假裸囊子菌（*Pseudogymnoascus destructans*）（Blehert，2012）。感染植物和人类细胞的真菌会通过表达一系列与角质、纤维素、半纤维素和果胶降解有关的碳水化合物活性酶，从而分解宿主细胞结构以获得养分。此外，真菌可能通过分解一系列次级代谢产物基因来改变或削弱宿主对感染的反应，以促进入侵和生物营养性生长（O’Connell et al.，2012）。

第三节　气候变化与人类活动对生态屏障的影响

近几十年来，人类活动导致了全球尺度的气候变化，显著改变了野生动物的栖息地和运动轨迹（Wuethrich，2000）。气候变化可以扩大携带病毒的自然宿主和中间宿主的生存区域，使病毒能传播更远的距离；此外，快速的城市化进程增加了人类对土地资源的需求，导致土地利用方式的频繁变化和野生动物栖息地的大规模破坏（Tian et al.，2018）。森林、草原等生态系统逐渐被侵蚀，野生动物的生存空间被明显压缩。此外，人类生活水平的提高和农牧业的发展，增加了家畜种群的数量和分布（Kuiken et al.，2005），不经意间为人兽共患病跨越生态屏障提供了新的繁殖栖息地和途径。这些人为因素，增加了新兴病毒从自然环境传播进入人类社会的途径。

一、气候变化改变病原体分布范围与宿主活动范围

全球变暖扩大了病原体及其自然宿主或载体的数量和分布，增加了与人类接触的可能性和频率，使其更易突破生态屏障影响人类社会。地球经历了多个温暖和低温时期，历史记录表明组织胞浆菌于 3.2 万～1300 万年前出现在南美洲，之后快速传播到除欧亚大陆之外的所有区域，但 180 万年前的一段严寒时期限制了其进一步扩张，并将其限制在地球最温暖的赤道地区。但随着地球再次变暖，组织胞浆菌扩张到了温带地区（Kasuga et al.，1999，2003）。自工业革命以来，地球表面温度已增加 1℃，导致生物栖息地环境和生物活动范围的迁移（吴建国，2008）。西尼罗病毒、基孔肯亚病毒、寨卡病毒和登革病毒均是以蚊为传播媒介的虫媒病毒。由于气候变暖，蚊虫活动范围变大，自 1950 年以来传播登革热的埃及伊蚊和白纹伊蚊的数量分别增加了 9.4%和 11.1%（Watts et al.，2018）。全球变暖还会驱使蚊子的活动范围向高纬度和高海拔地区扩张（Reiter，2008）。气候变暖被认为将进一步加剧寨卡病毒的暴发频率和影响范围。2000 年以前，寨卡病毒只存在于亚洲和非洲，但 2007 年后逐渐扩散到美洲大陆。最近一次大规模疫情于 2015～2016 年暴发于巴西，有症状感染者超过 13 万人，个别省份超过 60%的人群可能被感染（Lowe et al.，2018），被世界卫生组织宣布为国际关注的公共卫生紧急事件。根据预测，在 RCP4.5 和 RCP8.5（RCP 指“代表浓度路径”，是衡量大气中温室气体浓度的指标）情景下（巴西年平均温度分别升高 1℃和 2℃），寨卡病毒的感染总人数可能增加 1.5 倍，疫情影响时间最多将增加 18%（Sadeghieh et al.，2021）。因此，全球气候变化可通过扩大病原体自然宿主或载体的栖息地，增加病原体与人类的接触概率和频率，对公众健康构成严重威胁。

洪水对病原体传播的影响是多方面的，如动物宿主和人类之间更加密切的接触、饮用水受到污染、水和卫生网络受到破坏。现有研究表明，洪水事件增加了蚊媒疾病（如日本脑炎或登革热）的发生率。2017 年初，秘鲁北部的大洪水与登革热和基孔肯亚热的大规模暴发有关，报告了 19 000 例以上的登革热疑似病例（Yavarian et al.，2019）。苏丹的一项研究表明，2013 年遭受洪灾的人群的疟疾发病率明显高于 2011 年未遭受洪灾时的发病率；博茨瓦纳的研究也表明，临床疟疾病例的发病率与洪水密切相关。乌干达较高比例的季节性洪水提供了有利于蚊和舌蝇的发育和生存条件，进而显著增加了非洲锥虫病的发病率（Suhr and Steinert，2022）。钩端螺旋体感染也与洪水有关，1995 年 10 月，洪水导致尼加拉瓜暴发了一场高死亡率的钩端螺旋体病疫情。感染钩端螺旋体的狗所污染的地下水被认为是污染源（Trevejo et al.，1998）。与之类似，2005 年，印度孟买

下了一场 24 h 内近 1000 mm 的大雨，在接下来的 3 个月内，根据血清学筛查诊断出超过 400 例钩端螺旋体病病例（Paterson et al.，2018）。降水也与啮齿类宿主所传播的疾病相关，新墨西哥州的人类鼠疫病例更容易出现在降雨量高于平均水平的冬春季之后。1993 年，美国南部汉坦病毒肺综合征的出现与当地啮齿动物种群规模的增加有关（Parmenter et al.，1999）。

随着人类活动和气候变化的影响，全球温度和洪水强度及频率可能进一步提高，进一步增加病原体溢出风险。厄尔尼诺-南方涛动（El Niño-southern oscillation，ENSO）是发生于赤道东太平洋地区的风场和海面温度振荡现象，对全球气候和生态环境有重要影响。在海洋方面表现为厄尔尼诺-拉尼娜的转变。厄尔尼诺是指赤道东太平洋海表温度周期性升高的现象，而拉尼娜则是指赤道东太平洋出现海表温度偏冷的现象。厄尔尼诺和拉尼娜现象导致全球降水和气温格局发生变化，增加了极端气象事件（如洪水和干旱）的频率（Monti，1998），极大改变了病原体自然宿主及载体的分布范围，增加了蚊和鼠类媒介病原体疾病的暴发风险。在高原地区，厄尔尼诺现象相关的气温升高，可能会增加疟疾的传播。这种影响在 1981～1991 年在巴基斯坦北部得到了证明（Bouma and Van Der Kaay，1996；Sokolow et al.，2019）。高于往常的气温和强降雨也与卢旺达（Loevinsohn，1994）和乌干达高原（Lindblade et al.，1999）疟疾的短期增加有关。1997 年，厄尔尼诺事件导致坦桑尼亚高原地区的降雨量增加，强降水可能冲走了蚊虫的繁殖地并降低了疟疾病例的数量（Lindsay et al.，2000）。与厄尔尼诺现象相关的干旱与斯里兰卡（Bouma and Van Der Kaay，1996）、哥伦比亚（Poveda et al.，2001）和印度尼西亚（Bangs and Subianto，1999）的疟疾暴发有关。与厄尔尼诺事件相关的降雨增加之后，干旱事件增加了啮齿动物与啮齿动物之间，以及啮齿动物与人类之间的相互作用（Wenzel，1994）。1997～1998 年的厄尔尼诺现象导致啮齿动物数量增加了 10～20 倍，汉坦病毒肺综合征病例增加了 5 倍（Hjelle and Glass，2000）。此外，与厄尔尼诺有关的干旱可能会通过增加人口流动性来增加流行病的风险（Bangs and Subianto，1999）。由此进一步表明气候因素可影响该地区汉坦病毒传播的机制（Mills et al.，1999）。

二、人类活动增加接触概率和传播概率

人类驱动的土地利用方式转换会导致生物自然栖息地的丧失，农业集约化和城市化进程将连续的自然栖息地转变为镶嵌在人类社会间的更小、不连续的斑块（Forman，1995）。土地利用方式转换会影响传染病在动物物种内部和动物物种之间的传播方式，进而导致野生动物种群减小、流行病暴发及病原体溢出（Berger et al.，1998；Li et al.，2005；Calvignac-Spencer et al.，2012；Faust et al.，2018）。有研究表明，栖息地丧失的时间及土地转换的速度和规模，可能会推动传染病传播的动态变化。在这些经过土地利用方式改造的栖息地中，之前没有疾病区域的人群受到影响的风险更高；同时与快速广泛的土地转换（如商业农业发展）相比，缓慢的土地转换（如选择性伐木）所增加的溢出风险更高。例如，在 5 km 半径内有森林被砍伐

的地区，由诺氏疟原虫引起的人兽共患疟疾风险显著增加（Fornace et al.，2016）。这是因为诺氏疟原虫宿主（食蟹猴）丧失栖息地并迁出，留下受感染的蚊虫改为叮咬人类，进而造成病原体溢出。在喀麦隆开展的亨尼帕病毒抗体流行率调查显示，同样存在病毒自然宿主的地区中，森林被砍伐地区的病原体溢出风险显著增加，而雨林相对完整的地区的风险较低（Pernet et al.，2014）。巴西图库鲁伊（Tucuruí）水电站的建立导致大片热带雨林被淹没，进而导致包括 37 种新病毒在内的上百种病毒被发现（Medeiros and Vasconcelos，2019）。因此，人类对自然环境的开发直接影响病原体跨越生态屏障，进而造成病原体溢出风险增加。

人类活动的强度决定了人类入侵野生动物栖息地的程度、病毒自然宿主中的病毒载量（Zhang et al.，2022）。野生动物栖息地的人类活动增加了人类与携带病毒的野生动物的接触频率，缩短了有效接触时间，从而显著增加了病毒跨生态屏障传播的风险。除了直接接触野生动物，人类感染还可能通过接触野生动物栖息地中含有病毒的环境介质而发生。病毒自然宿主可以通过多种方式将病毒释放到周围的环境介质中，如水果上的唾液、动物尸体，以及水或土壤中的粪便或尿液。病毒可以在环境介质中存活很长时间，等待感染动物和人类的机会，并导致新发传染病的暴发。在合适的条件下，病毒可以在环境基质中存活数百甚至数千天。猪细小病毒可以在土壤中存活超过 43 周（Bøtner and Belsham，2012），而人类诺如病毒在地下水中经过 1266 天后仍保持至少 10%的活性（Seitz et al.，2011）。这些残留的病毒可能通过降雨污染地表水，并通过渗透污染地下水。在这些野生动物栖息地，直接接触这些媒介、食用受污染的水果或饮用受污染的水为病毒突破生态屏障提供了机会。基萨那森林病是通过直接接触含有病毒的环境介质从而传播的一个很好的例子。猴子和啮齿动物是基萨那森林病病毒的天然宿主，蜱是它的野生载体（Mackenzie and Williams，2009）。患者或易感人群（如农牧民和林业工人）在日常工作中经常进入野生动物栖息地，导致与病毒中间宿主的接触增加，大大增加了其被感染的机会（Ajesh et al.，2017；Mansfield et al.，2017）。

人类活动引起的环境压力可能会导致野生动物产生免疫反应，从而改变病毒天然或中间宿主的病毒载量。环境压力可导致野生动物的应激反应，影响免疫功能，并改变野生动物、家畜和人类之间的传播和感染模式（Hing et al.，2016）。目前有两个假设来解释这种现象，“意外溢出”假说认为，正常情况下病毒宿主的免疫反应抑制了持续感染，病毒的复制和周期性排出只有在免疫反应因内部或外部压力减弱时才会发生（Apanius，1998；Dietrich et al.，2015）。这一假设解释了亨德拉病毒的驱动机制之一，即人为压力引起的果蝠免疫反应（Bradley and Altizer，2007；Plowright et al.，2015）。相比之下，“暂时流行”假说则认为正常情况下宿主体内病毒的清除和重新定植之间呈动态平衡。但随着时间的推移，整个群体的免疫力下降，病毒载量随之增加，导致疫情的暴发。在首次报告的 11 例埃博拉病毒感染病例中，有 8 例发生在森林破坏程度高的地区（Rulli et al.，2017）。这些地区都是携带埃博拉病毒的蝙蝠栖息地，但蝙蝠体内的病毒载量只有在埃博拉疫情暴发期间才能被检测到。

居民的生活习惯也影响病毒的传播途径和传染性，食用野生动物、豢养家畜和进行农业活动等行为会有效协助环境病原菌的溢出并加速其跨物种传播。东亚和非洲的一些居民认为野生动物是维持健康的营养食品，因此吃野生动物是一些国家的常见行为（Leroy et al.，2005）。这种习惯建立了一条野生动物偷猎、饲养和屠宰的产业链，并增加了病毒从自然宿主或中间宿主传播到人类社会的风险。在所有病毒自然宿主中，蝙蝠是冠状病毒的重要宿主（Tang et al.，2020）。野生动物食品市场的厨师和员工可能由于经常与 SARS-CoV 病毒的中间宿主接触而更易感染此类病毒（Chen et al.，2005）。在餐馆吃野生动物进一步延长了整个供应链，加剧了携带病毒的野生动物与猎人、饲养者、屠夫或消费者直接或间接接触的可能性，并为病毒进化和人类感染提供了额外的机会。

畜牧混养加速了病毒突变和种间传播，并使驯化的动物成为许多人兽共患病的关键中间宿主（Pearce-Duvet，2006）。这些病毒可以在家养动物种群中传播，并通过饲养、销售和食用过程直接进入人类社会。因此，育种者、运输者、农民和海鲜市场销售者极易感染新出现的传染病，包括亨德拉病毒、中东呼吸综合征冠状病毒和流感病毒（H1N1、H5N1 等）。例如，亨德拉病毒在 1994 年造成 22 匹马和 3 人死亡。作为此次疫情源头的果蝠（Murray et al.，1995）在马群繁殖场建立了栖息地，进而使马匹有更多机会接触果蝠的尿液或分泌物，从而使亨德拉病毒在马，以及与马密切接触的农场工作人员造成感染（O'Sullivan et al.，1997）。中东呼吸综合征的暴发归因于中东单峰骆驼的繁殖。充分的证据表明，与骆驼密切接触的饲养人员的 MERS-CoV 感染率远高于其他人，而且血清学研究表明，养殖和屠宰场的工作人员的 MERS-CoV 抗体率分别比一般人群高 15 倍和 23 倍（Al-Tawfiq et al.，2014）。

国际贸易为病毒或病原体的远距离传播提供了新机会。人类的迁移在历史上多次造成致病菌分布范围的扩大。例如，球孢子菌（*Coccidioides* spp.）在 2.5 万～350 万年前出现在北美大陆（Fisher et al.，2001），源自现今得克萨斯州的南美洲类群在 8940 年至 13.4 万年前随着人类从北美洲迁移到南美洲，进而形成了目前的分布区域。现代频繁的国际或跨国贸易进一步增加了病毒在野生动物和家畜中的扩散，从而增加了全球疫情暴发的可能性（Bondad-Reantaso et al.，2005）。例如，2003 年美国暴发的猴痘疫情源于跨国宠物贸易（Hutson et al.，2007）。此外，一些农作物病原体可以通过国际贸易传播，并可以感染其他国家的人和动物（Schikora et al.，2012），这种传播途径解释了许多食源性疾病的暴发。一个重要的案例是 1998～2003 年美国的沙门氏菌感染，其与从巴西进口的芒果有关（Strawn et al.，2011）。

三、防止生态屏障被突破的干预方法与应用

禽流感、埃博拉病毒和亨德拉病毒等一系列备受瞩目的病原体外溢事件发生之后，其生态驱动因素已成为人们关注的焦点。常规干预，如消毒、疫苗接种等手段，已被公共卫生界广泛使用（Sokolow et al.，2019）。常规干预主要关注人类或家畜或其直接环境风险的医疗或化学管理，不考虑更复杂的生态相互作用。而生态干预，即针对溢出过程发生的生态环境的行动，通过更好地理解疾病生态学，进而设计出新颖的、可操作的解决方案来管理或减少溢出。

病原体溢出的生态过程可以描述为病原体必须克服的一系列障碍，以最终在特定地点和时间造成病原体与宿主的暴露（Plowright et al.，2017）。因此，可以通过减少或阻止病原体穿过一个或多个潜在障碍来预防或限制溢出。在这一过程中，生态和传统干预措施的主要区别在于如何管理病原体传播过程。传统的管理措施手段相对直接，但其效果通常是暂时的。例如，疫苗接种（减少了易感个体数目）、环境宿主剔除（暂时降低了环境宿主的密度）短时间内降低了易感人群的感染概率，然而其防护效果随着时间的推移而减弱。此外，扑杀等剔除病原体宿主的手段通常会产生不可接受的经济或生态成本，或导致意想不到的负面后果（Bielby et al.，2014）。例如，尼帕病毒暴发后，大量宰杀病猪可以有效地控制人类感染疾病的风险；然而，这带来了巨大的直接的经济影响，并损失了大约 36 000 个工作岗位（Daszak et al.，2000）。生态干预角度的管理方法则从根本上降低了病原体和潜在宿主的暴露风险，更具有可持续性。例如，一项旨在减少从蝙蝠到猪的传播生态干预措施中，通过制定果树与猪圈的最小距离，减少了食果蝙蝠粪便对猪饲料的污染，有效防止了自 1998 年以来马来西亚尼帕病毒的暴发（Pulliam et al.，2012）。

除传播过程外，还可针对病原体环境宿主栖息地、传播媒介和生态系统进行管理。例如，化学农药控制病媒一直是降低病媒传播疾病风险的主要方法，但这种常规干预容易受到限制，如抗性进化、非目标效应和环境破坏（Thomas and Read，2016）。从生态干预角度，化学控制可以通过在蚊子繁殖栖息地释放蚊子捕食者来代替，这种策略已被用于各种栖息地来控制携带疾病的蚊子媒介，包括池塘、蓄水池、灌溉渠和稻田，并取得了不同程度的成功（Walshe et al.，2017）。针对阻断病原体宿主栖息地与宿主的暴露风险，可通过阻止马在夜间接触牧场中的树木，并阻止马接触到被蝙蝠尿液污染的草，从而作为防止亨德拉病毒外溢的生态干预管理手段（Martin et al.，2015）。通过操纵自然栖息地以持续性减少病原体的方案较少，但可能是很有前景的方法。例如，通过释放秃鹰这样的食腐动物与病原体竞争宿主组织。在印度和巴基斯坦，由于抗炎药双氯芬酸的致死作用，秃鹫种群数量下降，导致未食用尸体的数量增加，从而增加了各种人兽共患病原体（包括炭疽、布鲁氏菌病）的溢出风险（Ogada et al.，2012）。此外，由于尸体增加，野狗的数量也有所增加，增加了人类狂犬病毒的外溢风险（Markandya et al.，2008）。

针对环境病原体库和宿主接触媒介的管理措施。人类对自然环境的改变，比如侵占自然栖息地、农业扩张和道路建设，增加了环境病原体库和宿主的接触频率和风险，进而增加了病原体的溢出风险（Faust et al.，2018）。降低环境病原体库和宿主的接触界面可有效降低其溢出风险。例如，使用蚊帐遏制疟疾是控制蚊子与人之间接触的典型例子。防止马和狐蝠尿液之间的接触（如覆盖食物和水，让马远离果树），降低了亨德拉病毒在澳大利亚的溢出风险（Martin et al.，2015）。孟加拉国的尼帕病毒的传播途径包括饮用受到果蝠排泄物污染的枣椰树汁（Luby et al.，2006；Rahman et al.，2012），故通过遮盖枣椰树汁采集器，阻止蝙蝠接触收集在陶罐中过夜的树液，有效减少了病毒污染（Khan et al.，2010，2012）。同样，农业和城市发展的土地清理导致关键花蜜资源的损失，澳大利亚的琉球狐蝠（*Pteropus dasymallus*）的生活方式发生了变化（Kessler et al.，

2018）。由于食物欠缺，狐蝠群落分裂成许多较小的种群，在城市中获取食物资源。针对这一问题，提出的栖息地解决方案之一是恢复本地冬季花蜜和狐蝠栖息地，将狐蝠吸引出城市地区，远离马和人，使其转而依赖自然食物资源，从而减少了与人类和其他中间宿主的接触（Plowright et al.，2016）。

（计慕侃 刘勇勤 吴志强）

参考文献

安静, 宋正然, 甄自达, 等. 2021. 寨卡病毒感染与疾病. 山东大学学报(医学版), 59: 22-29.

陈登, 闻礼永. 2017. 长江流域钉螺起源分布及扩散的时空变化. 中国血吸虫病防治杂志, 29(6): 802-806.

陈琦, 夏炉明, 刘佩红, 等. 2012. 亨德拉病毒研究进展. 动物医学进展, 33: 90-92.

程美慧, 陶玉芬, 刘建生, 等. 2019. 基孔肯雅病毒研究进展. 中国医药导报, 16: 70-73, 186.

刁丹红, 王蒋丽, 郭文平, 等. 2022. 河北省野鼠立克次体感染调查. 中国人兽共患病学报, 38: 84-88.

傅掌璠, 艾静文. 2021. 严重急性呼吸综合征、中东呼吸综合征和 2019 冠状病毒病治疗研究进展. 微生物与感染, 16: 214-220.

胡本骄, 李胜明, 周杰, 等. 2020. 洞庭湖区血吸虫病防治历程. 中国血吸虫病防治杂志, 32(3): 320-322, 327.

胡雪军, 董罡, 鱼敏. 2015. 洪涝灾害对血吸虫病流行的影响. 中华灾害救援医学, 3(12): 701-704.

吉雅图, 许国洋. 2022. 禽流感致病机理及防控技术研究进展. 畜禽业, (3): 14-16.

靳寿华, 张海林. 2009. 西尼罗病毒的研究进展. 中国病原生物学杂志, 4: 623-625.

冷培恩, 高强. 2020. 蝙蝠的生态学特点及传播人兽共患病的风险与危害. 中华卫生杀虫药械, 26: 497-505.

李光霞, 赵玉霞. 2015. 埃博拉病毒的病原学研究进展. 山东医学高等专科学校学报, 37: 316-318.

李国华, 夏咸柱. 2016. 埃博拉病毒研究进展. 石河子大学学报(自然科学版), 34: 265-269.

李佳, 张晓敏, 万成松, 等. 2019. 基孔肯雅病毒的流行概况. 热带医学杂志, 19: 1309-1312, 1317.

李拓, 刘珠果, 戴秋云. 2016. 马尔堡病毒疫苗研究进展. 军事医学, 40: 261-264.

李小成. 2022. 尼帕病毒的研究进展. 养猪, (1): 125-126.

龙贵伟, 宋桂强, 聂福平, 等. 2007. 亨德拉病毒概况. 中国畜牧兽医, 34(4): 96-98.

任军. 2005. 西尼罗病毒研究进展. 生命科学, 17: 445-448.

邵惠训. 2011. 基孔肯雅病毒与基孔肯雅热. 临床医学工程, 18: 626-628.

田德桥, 陈薇. 2016. 基孔肯雅病毒与基孔肯雅热. 微生物与感染, 11: 194-206.

王洪娜, 张悦凤. 2021. 3 种冠状病毒感染后的肾脏损伤研究概述. 现代临床医学, 47: 430-432.

王培刚, 高娜, 范东瀛, 等. 2021. 寨卡病毒, 不仅仅是小头畸形. 病毒学报, 37: 243-251.

吴建国. 2008. 气候变化对陆地生物多样性影响研究的若干进展. 中国工程科学, 10: 60-68.

夏俊花, 韩浩月, Lunn K F, 等 2017. 钩端螺旋体病(综述). 国外畜牧学: 猪与禽, 37(3): 1-5.

薛庆於, 于智勇. 2012. 马尔堡病毒研究进展. 科技创新导报, 9(2): 10-11.

姚智慧, 董关木. 1999. 汉坦病毒(Hantavirus)研究进展. 中国人兽共患病杂志, 15(5): 75-79.

于慧娜, 蒋铭敏, 王磊. 2008. 亨德拉病毒感染. 预防医学情报杂志, 24(8): 626-628.

袁军龙, 袁东波, 尹念春. 2021. 尼帕病毒病病原及防治概述. 中国动物保健, 23: 114-115.

张久松, 曹务春, 李承毅. 2004. 一种新发传染病: 西尼罗病毒感染. 基础医学与临床, 24: 113-120.

张硕, 李德新. 2016. 寨卡病毒和寨卡病毒病. 病毒学报, 32: 121-127.

赵卫, 曹虹, 张文炳. 2006. 登革病毒与登革热的起源研究. 中国人兽共患病学报, 22: 170-171.
Ajesh K, Nagaraja B, Sreejith K. 2017. Kyasanur forest disease virus breaking the endemic barrier: An investigation into ecological effects on disease emergence and future outlook. Zoonoses and Public Health, 64: e73-e80.
Allocati N, Petrucci A G, Di Giovanni P, et al. 2016. Bat-man disease transmission: zoonotic pathogens from wildlife reservoirs to human populations. Cell Death Discovery, 2: 16048.
Al-Tawfiq J A, Zumla A, Memish Z A. 2014. Travel implications of emerging coronaviruses: SARS and MERS-CoV. Travel Med Infect Dis, 12: 422-428.
Apanius V. 1998. Stress and immune defense. Adv Study Behav, 27: 133-153.
Arizono N, Yamada M, Tegoshi T, et al. 2012. Molecular identification of *Oesophagostomum* and *Trichuris* eggs isolated from wild Japanese macaques. Korean Journal of Parasitology, 50(3): 253-257.
Ayebazibwe C, Mwiine F N, Tjørnehøj K, et al. 2010. The role of African buffalos (*Syncerus caffer*) in the maintenance of foot-and-mouth disease in Uganda. BMC Vet Res, 6: 54.
Azad A F, Beard C B. 1998. Rickettsial pathogens and their arthropod vectors. Emerg Infect Dis, 4: 179-186.
Bagagli E, Theodoro R C, Bosco S M, et al. 2008. *Paracoccidioides brasiliensis*: phylogenetic and ecological aspects. Mycopathologia, 165: 197-207.
Baily J L, Méric G, Bayliss S, et al. 2015. Evidence of land-sea transfer of the zoonotic pathogen *Campylobacter* to a wildlife marine sentinel species. Molecular Ecology, 24: 208-221.
Bangs M J, Subianto D B. 1999. El Nino and associated outbreaks of severe malaria in highland populations in Irian Jaya, Indonesia: a review and epidemiological perspective. The Southeast Asian Journal of Tropical Medicine and Public Health, 30: 608-619.
Bartlett A, Padfield D, Lear L, et al. 2022. A comprehensive list of bacterial pathogens infecting humans. Microbiology, 168(12): 001269.
Bastos A D S, Boshoff C I, Keet D F, et al. 2000. Natural transmission of foot-and-mouth disease virus between African buffalo (*Syncerus caffer*) and impala (*Aepyceros melampus*) in the Kruger National Park, South Africa. Epidemiol Infect, 124: 591-598.
Berger L, Speare R, Daszak P, et al. 1998. *Chytridiomycosis* causes amphibian mortality associated with population declines in the rain forests of Australia and Central America. Proceedings of the National Academy of Sciences of the United States of America, 95: 9031-9036.
Bielby J, Donnelly C A, Pope L C, et al. 2014. Badger responses to small-scale culling may compromise targeted control of bovine tuberculosis. Proceedings of the National Academy of Sciences of the United States of America, 111: 9193-9198.
Bittencourt A L. 1988. Entomophthoromycosis. Medicina Cutanea Ibero-Latino-Americana, 16: 93-100.
Blehert D S. 2012. Fungal disease and the developing story of bat white-nose syndrome. PLoS Pathog, 8: e1002779.
Bondad-Reantaso M G, Subasinghe R P, Arthur J R, et al. 2005. Disease and health management in Asian aquaculture. Vet Parasitol, 132: 249-272.
Bøtner A, Belsham G J. 2012. Virus survival in slurry: analysis of the stability of foot-and-mouth disease, classical swine fever, bovine viral diarrhoea and swine influenza viruses. Vet Microbiol, 157: 41-49.
Bouma M J, Van Der Kaay H J. 1996. The EI Niño Southern Oscillation and the historic malaria epidemics on the Indian subcontinent and Sri Lanka: an early warning system for future epidemics? Trop Med Int Health, 1: 86-96.
Bradley C A, Altizer S. 2007. Urbanization and the ecology of wildlife diseases. Trends Ecol Evol, 22: 95-102.
Calvignac-Spencer S, Leendertz S A J, Gillespie T R, et al. 2012. Wild great apes as sentinels and sources of infectious disease. Clin Microbiol Infect, 18: 521-527.
Casadevall A. 2012. Fungi and the rise of mammals. PLoS Pathog, 8: e1002808.
Chakraborty S, Sander W E, Allan B F, et al. 2021. Retrospective Study of Kyasanur Forest Disease and Deaths among Nonhuman Primates, India, 1957-2020. Emerg Infect Dis, 27: 1969-1973.
Chen J, Yang X L, Si H R, et al. 2023. A bat MERS-like coronavirus circulates in pangolins and utilizes

human DPP4 and host proteases for cell entry. Cell, 186(4): 850-863.
Chen W J, Yan M H, Yang L, et al. 2005. SARS-associated coronavirus transmitted from human to pig. Emerg Infect Dis, 11: 446.
Clayton B A. 2017. Nipah virus: transmission of a zoonotic paramyxovirus. Current Opinion in Virology, 22: 97-104.
Colley D G, Bustinduy A L, Secor W E, et al. 2014. Human schistosomiasis. Lancet, 383(9936): 2253-2264.
Daszak P, Cunningham A A, Hyatt A D. 2000. Emerging infectious diseases of wildlife-threats to biodiversity and human health. Science, 287: 443-449.
Dawe P S, Flanagan F O, Madekurozwa R L, et al. 1994. Natural transmission of foot-and-mouth disease virus from African buffalo (*Syncerus caffer*) to cattle in a wildlife area of Zimbabwe. Epidemiol Infect, 134: 230-232.
Dietrich M O, Zimmer M R, Bober J, et al. 2015. Hypothalamic Agrp neurons drive stereotypic behaviors beyond feeding. Cell, 160: 1222-1232.
Duplantier J M, Duchemin J B, Chanteau S, et al. 2005. From the recent lessons of the Malagasy foci towards a global understanding of the factors involved in plague reemergence. Veterinary Research, 36: 437-453.
Eaton B T, Broder C C, Wang L F. 2005. Hendra and Nipah viruses: pathogenesis and therapeutics. Curr Mol Med, 5: 805-816.
Faust C L, McCallum H I, Bloomfield L S P, et al. 2018. Pathogen spillover during land conversion. Ecol Lett, 21: 471-483.
Findley K, Rodriguez-Carres M, Metin B, et al. 2009. Phylogeny and phenotypic characterization of pathogenic *Cryptococcus* species and closely related saprobic taxa in the Tremellales. Eukaryotic Cell, 8: 353-361.
Fisher M C, Koenig G L, White T J, et al. 2001. Biogeographic range expansion into South America by *Coccidioides immitis* mirrors New World patterns of human migration. Proceedings of the National Academy of Sciences of the United States of America, 98: 4558-4562.
Forman R T. 1995. Some general principles of landscape and regional ecology. Landsc Ecol, 10: 133-142.
Fornace K M, Abidin T R, Alexander N, et al. 2016. Association between landscape factors and spatial patterns of *Plasmodium knowlesi* infections in Sabah, Malaysia. Emerg Infect Dis, 22: 201-208.
Fortes S T, Lazéra M S, Nishikawa M M, et al. 2001. First isolation of *Cryptococcus neoformans* var. *gattii* from a native jungle tree in the Brazilian Amazon rainforest. Mycoses, 44: 137-140.
Fournier P E, Raoult D. 2007. Identification of rickettsial isolates at the species level using multi-spacer typing. BMC microbiology, 7: 72.
Gauthier G M, Keller N P. 2013. Crossover fungal pathogens: The biology and pathogenesis of fungi capable of crossing kingdoms to infect plants and humans. Fungal Genet Biol, 61: 146-157.
Gould E A, Higgs S. 2009. Impact of climate change and other factors on emerging arbovirus diseases. Trans R Soc Trop Med Hyg, 103: 109-121.
Guo W P, Lin X D, Wang W, et al. 2013. Phylogeny and Origins of Hantaviruses Harbored by Bats, Insectivores, and Rodents. PLoS Pathog, 9: e1003159.
Gupta N, Wilson W, Neumayr A, et al. 2020. Kyasanur forest disease: a state-of-the-art review. QJM, 115(6): 351-358.
Hadfield J, Brito A F, Swetnam D M, et al. 2019. Twenty years of West Nile virus spread and evolution in the Americas visualized by Nextstrain. PLoS Pathog, 15: e1008042.
Hayman D T S, Bowen R A, Cryan P M, et al. 2013. Ecology of zoonotic infectious diseases in bats: current knowledge and future directions. Zoonoses and Public Health, 60(1): 2-21.
Hing S, Narayan E J, Thompson R A, et al. 2016. The relationship between physiological stress and wildlife disease: consequences for health and conservation. Wildl Res, 43: 51-60.
Hjelle B, Glass G E. 2000. Outbreak of hantavirus infection in the Four Corners region of the United States in the wake of the 1997–1998 El Nino—Southern Oscillation. The Journal of Infectious Diseases, 181: 1569-1573.
Hoff G L, Bigler W J. 1981. The role of bats in the propagation and spread of histoplasmosis: a review.

Journal of Wildlife Diseases, 17: 191-196.

Hutson C L, Lee K N, Abel J, et al. 2007. Monkeypox zoonotic associations: insights from laboratory evaluation of animals associated with the multi-state US outbreak. The American Journal of Tropical Medicine and Hygiene, 76: 757-768.

Jolles A, Gorsich E, Gubbins S, et al. 2021. Endemic persistence of a highly contagious pathogen: Foot-and-mouth disease in its wildlife host. Science, 374: 104-109.

Kasuga T, Taylor J W, White T J. 1999. Phylogenetic relationships of varieties and geographical groups of the human pathogenic fungus *Histoplasma capsulatum* Darling. J Clin Microbiol, 37: 653-663.

Kasuga T, White T J, Koenig G, et al. 2003. Phylogeography of the fungal pathogen *Histoplasma capsulatum*. Molecular Ecology, 12: 3383-3401.

Kauffman C A. 2007. Histoplasmosis: a clinical and laboratory update. Clin Microbiol Rev, 20: 115-132.

Kessler M K, Becker D J, Peel A J, et al. 2018. Changing resource landscapes and spillover of henipaviruses. Annals of the New York Academy of Sciences, 1429: 78-99.

Khan S U, Gurley E S, Hossain M J, et al. 2012. A randomized controlled trial of interventions to impede date palm sap contamination by bats to prevent Nipah virus transmission in Bangladesh. PLoS One, 7: e42689.

Khan S U, Hossain J, Gurley E S, et al. 2010. Use of infrared camera to understand bats' access to date palm sap: implications for preventing Nipah virus transmission. EcoHealth, 7: 517-525.

Klempner M S, Shapiro D S. 2004. Crossing the species barrier—one small step to man, one giant leap to mankind. N Engl J Med, 350: 1171-1172.

Koch L, Poyot T, Schnetterle M, et al. 2019. Transcriptomic studies and assessment of *Yersinia* pestis reference genes in various conditions. Scientific Reports, 9: 2501.

Kuiken T, Leighton F A, Fouchier R A, et al. 2005. Pathogen surveillance in animals. Science, 309: 1680-1681.

Leroy E M, Kumulungui B, Pourrut X, et al. 2005. Fruit bats as reservoirs of Ebola virus. Nature, 438: 575-576.

Li W D, Shi Z L, Yu M, et al. 2005. Bats are natural reservoirs of SARS-like coronaviruses. Science, 310: 676-679.

Lindblade K A, Walker E D, Onapa A W, et al. 1999. Highland malaria in Uganda: prospective analysis of an epidemic associated with El Nino. Trans R Soc Trop Med Hyg, 93: 480-487.

Lindsay S W, Bødker R, Malima R, et al. 2000. Effect of 1997–98 EI Niño on highland malaria in Tanzania. Lancet (London, England), 355: 989-990.

Litvintseva A P, Mitchell T G. 2012. Population genetic analyses reveal the African origin and strain variation of *Cryptococcus neoformans* var. *grubii*. PLoS Pathog, 8: e1002495.

Loevinsohn M E. 1994. Climatic warming and increased malaria incidence in Rwanda. Lancet (London, England), 343: 714-718.

Lowe R, Barcellos C, Brasil P, et al. 2018. The Zika Virus epidemic in Brazil: from discovery to future implications. Int J Environ Res Public Health, 15: 96.

Luby S P, Rahman M, Hossain M J, et al. 2006. Foodborne transmission of Nipah virus, Bangladesh. Emerg Infect Dis, 12: 1888.

Lun Z R, Wu M S, Chen Y F, et al. 2015. Visceral leishmaniasis in China: an endemic disease under control. Clin Microbiol Rev, 28: 987-1004.

Mackenzie J, Williams D. 2009. The zoonotic flaviviruses of Southern, South - Eastern and Eastern Asia, and australasia: the potential for emergent viruses. Zoonoses and Public Health, 56: 338-356.

Mahdy M A A, Younis W, Ewaida Z. 2020. An Overview of SARS-CoV-2 and Animal Infection. Front Vet Sci, 7: 596391.

Mansfield K L, Lv J Z, Phipps L P, et al. 2017. Emerging tick-borne viruses in the twenty-first century. Front Cell Infect Microbiol, 7: 298.

Markandya A, Taylor T, Longo A, et al. 2008. Counting the cost of vulture decline—an appraisal of the human health and other benefits of vultures in India. Ecol Econ, 67: 194-204.

Marques S A. 2012. Paracoccidioidomycosis. Clinics in Dermatology, 30: 610-615.

Marquez A, Djelouadji Z, Lattard V, et al. 2017. Overview of laboratory methods to diagnose *Leptospirosis* and to identify and to type leptospires. International Microbiology: the Official Journal of the Spanish Society for Microbiology, 20: 184-193.

Marston C G, Danson F M, Armitage R P, et al. 2014. A random forest approach for predicting the presence of *Echinococcus multilocularis* intermediate host *Ochotona* spp. presence in relation to landscape characteristics in western China. Applied Geography (Sevenoaks, England), 55: 176-183.

Martin G, Plowright R, Chen C, et al. 2015. Hendra virus survival does not explain spillover patterns and implicates relatively direct transmission routes from flying foxes to horses. J Gen Virol, 96: 1229.

McGill S, Malik R, Saul N, et al. 2009. *Cryptococcosis* in domestic animals in Western Australia: a retrospective study from 1995-2006. Medical Mycology, 47: 625-639.

Medeiros D B A, Vasconcelos P F C. 2019. Is the brazilian diverse environment is a crib for the emergence and maintenance of exotic arboviruses? Anais da Academia Brasileira de Ciencias, 91: e20190407.

Millins C, Gilbert L, Medlock J, et al. 2017. Effects of conservation management of landscapes and vertebrate communities on Lyme borreliosis risk in the United Kingdom. Philosophical Transactions of the Royal Society of London Series B, Biological Sciences, 372: 20160123.

Mills J N, Yates T L, Ksiazek T G, et al. 1999. Long-term studies of hantavirus reservoir populations in the southwestern United States: a synthesis. Emerg Infect Dis, 5: 135.

Milner D A Jr. 2018. Malaria Pathogenesis. Cold Spring Harb Perspect Med, 8: 1878-1883.

Molez J F. 1998. The historical question of acquired immunodeficiency syndrome in the 1960s in the Congo River basin area in relation to cryptococcal meningitis. The American Journal of Tropical Medicine and Hygiene, 58: 273-276.

Monti D J. 1998. Plague cases escalate again in New Mexico. Journal of the American Veterinary Medical Association, 213: 192-193.

Moyes C L, Shearer F M, Huang Z, et al. 2016. Predicting the geographical distributions of the macaque hosts and mosquito vectors of *Plasmodium knowlesi* malaria in forested and non-forested areas. Parasites & Vectors, 9: 242.

Mullins J, Seaton A. 1978. Fungal spores in lung and sputum. Clinical Allergy, 8: 525-533.

Murray K, Selleck P, Hooper P, et al. 1995. A Morbillivirus that caused fatal disease in horses and humans. Science, 268: 94-97.

Nelson B C, Smith C R. 1976. Ecological effects of a plague epizootic on the activities of rodents inhabiting caves at Lava Beds National Monument, California. Journal of Medical Entomology, 13: 51-61.

Nunes H, Rocha F L, Cordeiro-Estrela P. 2017. Bats in urban areas of Brazil: roosts, food resources and parasites in disturbed environments. Urban Ecosystems, 20: 953-969.

Nyholm S V, Graf J. 2012. Knowing your friends: invertebrate innate immunity fosters beneficial bacterial symbioses. Nat Rev Microbiol, 10: 815-827.

O'Brien H E, Parrent J L, Jackson J A, et al. 2005. Fungal community analysis by large-scale sequencing of environmental samples. Appl Environ Microbiol, 71: 5544-5550.

O'Connell R J, Thon M R, Hacquard S, et al. 2012. Lifestyle transitions in plant pathogenic *Colletotrichum fungi* deciphered by genome and transcriptome analyses. Nature Genetics, 44: 1060-1065.

O'Sullivan J, Allworth A, Paterson D, et al. 1997. Fatal encephalitis due to novel paramyxovirus transmitted from horses. Lancet (London, England), 349: 93-95.

Ogada D L, Keesing F, Virani M Z. 2012. Dropping dead: causes and consequences of vulture population declines worldwide. Annals of the New York Academy of Sciences, 1249: 57-71.

Park B J, Wannemuehler K A, Marston B J, et al. 2009. Estimation of the current global burden of cryptococcal meningitis among persons living with HIV/AIDS. AIDS (London, England), 23: 525-530.

Parmenter R R, Yadav E P, Parmenter C A, et al. 1999. Incidence of plague associated with increased winter-spring precipitation in New Mexico. The American Journal of Tropical Medicine and Hygiene, 61: 814-821.

Paterson D L, Wright H, Harris P N A. 2018. Health risks of flood disasters. Clinical Infectious Diseases: an

Official Publication of the Infectious Diseases Society of America, 67: 1450-1454.
Pearce-Duvet J M. 2006. The origin of human pathogens: evaluating the role of agriculture and domestic animals in the evolution of human disease. Biol Rev, 81: 369-382.
Peeters M, Courgnaud V, Abela B, et al. 2002. Risk to human health from a plethora of simian immunodeficiency viruses in primate bushmeat. Emerg Infect Dis, 8: 451-457.
Pernet O, Schneider B S, Beaty S M, et al. 2014. Evidence for henipavirus spillover into human populations in Africa. Nature Communications, 5: 5342.
Plowright R K, Eby P, Hudson P J, et al. 2015. Ecological dynamics of emerging bat virus spillover. Proc Royal Soc B, 282: 20142124.
Plowright R K, Parrish C R, McCallum H, et al. 2017. Pathways to zoonotic spillover. Nat Rev Microbiol, 15: 502-510.
Plowright R K, Peel A J, Streicker D G, et al. 2016. Transmission or within-host dynamics driving pulses of zoonotic viruses in reservoir—host populations. PLoS Neglected Tropical Diseases, 10: e0004796.
Polseela R, Vitta A, Nateeworanart S, et al. 2011. Distribution of cave-dwelling phlebotomine sand flies and their nocturnal and diurnal activity in Phitsanulok Province, Thailand. The Southeast Asian Journal of Tropical Medicine and Public Health, 42: 1395-1404.
Poveda G, Rojas W, Quiñones M L, et al. 2001. Coupling between annual and ENSO timescales in the malaria-climate association in Colombia. Environ Health Perspect, 109: 489-493.
Prentice M B, Rahalison L. 2007. Plague. Lancet (London, England), 369: 1196-1207.
Pulliam J R, Epstein J H, Dushoff J, et al. 2012. Agricultural intensification, priming for persistence and the emergence of Nipah virus: a lethal bat-borne zoonosis. J R Soc Interface, 9: 89-101.
Rahman M A, Hossain M J, Sultana S, et al. 2012. Date palm sap linked to Nipah virus outbreak in Bangladesh, 2008. Vector-Borne and Zoonotic Dis, 12: 65-72.
Reiter P. 2008. Global warming and malaria: knowing the horse before hitching the cart. Malar J, 7: S3.
Reynes J M, Counor D, Ong S, et al. 2005. Nipah virus in Lyle's flying foxes, Cambodia. Emerg Infect Dis, 11: 1042-1047.
Ribes J A, Vanover-Sams C L, Baker D J. 2000. Zygomycetes in human disease. Clin Microbiol Rev, 13: 236-301.
Robert V A, Casadevall A. 2009. Vertebrate endothermy restricts most fungi as potential pathogens. The Journal of Infectious Diseases, 200: 1623-1626.
Rulli M C, Santini M, Hayman D T, et al. 2017. The nexus between forest fragmentation in Africa and Ebola virus disease outbreaks. Scientific Reports, 7: 41613.
Sadeghieh T, Sargeant J M, Greer A L, et al. 2021. Zika virus outbreak in Brazil under current and future climate. Epidemics, 37: 100491.
Salyer S J, Gillespie T R, Rwego I B, et al. 2012. Epidemiology and molecular relationships of *Cryptosporidium* spp. in people, primates, and livestock from Western Uganda. PLoS Neglected Tropical Diseases, 6: e1597.
Schikora A, Garcia A V, Hirt H. 2012. Plants as alternative hosts for *Salmonella*. Trends Plant Sci, 17: 245-249.
Scully E J, Kanjee U, Duraisingh M T. 2017. Molecular interactions governing host-specificity of blood stage malaria parasites. Current Opinion in Microbiology, 40: 21-31.
Seitz S R, Leon J S, Schwab K J, et al. 2011. Norovirus infectivity in humans and persistence in water. Appl Environ Microbiol, 77: 6884-6888.
Shapiro J T, da Costa Lima Junior M S, Dorval M E, et al. 2013. First record of *Leishmania braziliensis* presence detected in bats, Mato Grosso do Sul, southwest Brazil. Acta Tropica, 128: 171-174.
Sokolow S H, Nova N, Pepin K M, et al. 2019. Ecological interventions to prevent and manage zoonotic pathogen spillover. Philosophical Transactions of the Royal Society of London Series B, Biological Sciences, 374: 20180342.
Springer D J, Phadke S, Billmyre B, et al. 2012. *Cryptococcus gattii*, no longer an accidental pathogen? Curr Fungal Infect Rep, 6: 245-256.

Strawn L K, Schneider K R, Danyluk M D. 2011. Microbial safety of tropical fruits. Crit Rev Food Sci Nutr, 51: 132-145.

Suhr F, Steinert J I. 2022. Epidemiology of floods in sub-Saharan Africa: a systematic review of health outcomes. BMC Public Health, 22: 268.

Taku A, Bhat M, Dutta T, et al. 2007. Viral diseases transmissible from non-human primates to man. Indian J Virol, 18: 47-56.

Tang X L, Wu C C, Li X, et al. 2020. On the origin and continuing evolution of SARS-CoV-2. Natl Sci Rev, 7: 1012-1023.

Taylor M L, Chávez-Tapia C B, Vargas-Yañez R, et al. 1999. Environmental conditions favoring bat infection with *Histoplasma capsulatum* in Mexican shelters. The American Journal of Tropical Medicine and Hygiene, 61: 914-919.

Thomas M B, Read A F. 2016. The threat (or not) of insecticide resistance for malaria control. Proceedings of the National Academy of Sciences of the United States of America, 113: 8900-8902.

Tian H, Hu S, Cazelles B, et al. 2018. Urbanization prolongs hantavirus epidemics in cities. Proceedings of the National Academy of Sciences of the United States of America, 115: 4707-4712.

Trevejo R T, Rigau-Pérez J G, Ashford D A, et al. 1998. Epidemic leptospirosis associated with pulmonary hemorrhage-Nicaragua, 1995. The Journal of Infectious Diseases, 178: 1457-1463.

Waitkins S A. 1986. Leptospirosis in man, British Isles: 1984. Br Med J (Clin Res Ed), 292: 1324.

Walshe D P, Garner P, Adeel A A, et al. 2017. Larvivorous fish for preventing malaria transmission. Cochrane Database Syst Rev, 12(12): CD008090.

Wang Y L, Zeng L B, Yang H L, et al. 2011. High prevalence of pathogenic *Leptospira* in wild and domesticated animals in an endemic area of China. Asian Pacific Journal of Tropical Medicine, 4: 841-845.

Watts N, Amann M, Ayeb-Karlsson S, et al. 2018. Countdown on health and climate change: from 25 years of inaction to a global transformation for public health. Lancet (London, England), 391: 581-630.

Webster R G, Bean W J, Gorman O T, et al. 1992. Evolution and ecology of influenza A viruses. Microbiological Reviews, 56: 152-179.

Wenzel R P. 1994. A new hantavirus infection in North America. N Engl J Med, 330: 1004-1005.

Woolhouse M E J, Scott F, Hudson Z, et al. 2012. Human viruses: discovery and emergence. Philos Trans R Soc Lond B Biol Sci, 367(1604): 2864-2871.

Worobey M, Gemmel M, Teuwen D E, et al. 2008. Direct evidence of extensive diversity of HIV-1 in Kinshasa by 1960. Nature, 455: 661-664.

Wuethrich B. 2000. How climate change alters rhythms of the wild. Science, 287: 793-795.

Yavarian J, Shafiei-Jandaghi N Z, Mokhtari-Azad T. 2019. Possible viral infections in flood disasters: a review considering 2019 spring floods in Iran. Iran J Microbiol, 11: 85-89.

Zhang D y, Yang Y f, Li M, et al. 2022. Ecological barrier deterioration driven by human activities poses fatal threats to public health due to emerging infectious diseases. Engineering, 10: 155-166.

Zhelyazkova V, Hubancheva A, Radoslavov G, et al. 2020. Did you wash your caving suit? Cavers' role in the potential spread of *Pseudogymnoascus destructans*, the causative agent of White-Nose Disease. Int J Speleol, 49: 149-159.

第十二章　环境生物的主要研究技术

分离和纯培养是研究环境微生物最直接的方法，然而传统培养方法已经达到瓶颈。目前，以高效性和高通量为特点的新兴分离培养技术和分子生物学技术正被越来越多地应用于环境微生物研究中，主要包括病原菌及其耐药性和毒力基因的检测。同样，在大数据背景下，如何有效地利用组学大数据评估、描述和破译环境微生物多样性是人类研究面临的新难题，而发展与大数据的存储、处理和挖掘相关的生物信息技术，可为这一难题提供有效的解决方案。

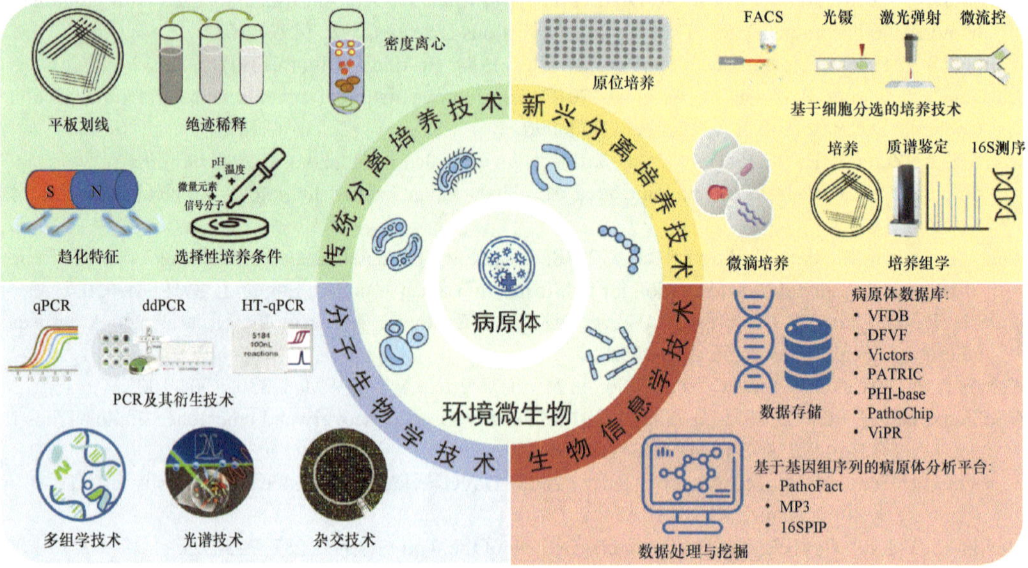

图 12-1　本章摘要图

第一节　环境生物的分离培养技术

一、传统分离培养技术

众所周知，微生物在环境中的分布不仅取决于环境的选择性作用，同时取决于生物体在特定环境中的定植能力及自身特性。鉴定识别新物种及其新功能仍然是所有微生物学家的重要任务，因此，各种培养基和方法被开发出来用于微生物的分离和培养。其中，我们最常使用的方法包括平板划线、单克隆挑选、生物体大小分选及密度离心和选择性富集培养等。

（一）基于稀释的培养方法

划线分离法是将微生物样品在固体培养基表面多次做“由点到线”的分区划线而达到分离微生物的一种方法，当培养基上出现单克隆菌落后将单菌落转移至新的培养基上进行多次纯化可获得该细菌的纯培养。稀释涂布法是将菌液或待培养样品进行一系列的梯度稀释，然后将不同稀释度的菌液分别涂布到琼脂固体培养基的表面进行培养计数。梯度稀释的目的是按一定的稀释倍数降低原始细胞浓度，最终通过对一系列稀释样品形成的菌落形成单位（colony-forming-unit，cfu）进行计数，从而推算出原始样品的细胞浓度。

除了在固体培养基表面进行分离，细胞还可在液体培养基中进行稀释分离。例如，使用无菌海水作为培养基的绝迹稀释法（dilution-to-extinction，DTE），最先用于培养寡营养细菌。该方法通过将样品进行系列梯度稀释，使最终稀释液中的微生物浓度降至每孔仅含单个或极少数细胞，随后将其分配至微量滴定板的独立孔中进行培养。有效防止生长缓慢、专一性寡营养的浮游细菌被生长较快的生物竞争。DTE 是一种单细胞分离技术，它具有易于扩展和自动化的可行性，通过增加接种孔数量，并减少检测生长所需时间，可以实现高通量的 DTE 培养。

（二）基于选择性培养条件

任何微生物的生长都需要能量、营养和适当的物理化学来源，其水平因物种而异。因此，设计适合不同微生物生长的培养基对微生物学家来说是一项艰巨的任务和真正的挑战。调整培养基配方中的成分和浓度配比可以提高某些未培养微生物的可培养性。例如，福赛斯坦纳菌（*Tannerella forsythia*）需要 *N*-乙酰基胞壁酸才能生长，而贫养菌属（*Abiotrophia*）和颗粒链菌属（*Granulicatella*）则需要吡哆醛或 L-半胱氨酸才能生长（Vartoukian et al.，2010）。另外，为了研究微生物的呼吸和代谢过程，微生物学家考虑了不同的电子供体、电子受体和碳源，并且它们的效率已经在培养方法中得到证实。向培养基中添加腐殖酸和信号分子（用于诱导休眠形态如孢子或包囊向生长形态转变）、酶（应对活性氧）和抑制剂（去除不需要的微生物）等提高了未培养细菌的可培养性。此外，研究者也通过计算模拟的方法来提高物种的可培养性，如开发能够设计培养基的算法 SMART（Kawanishi et al.，2011），用于设计高选择性培养基。

（三）基于生物运动表型

大多数微生物是具有运动能力的，而趋向运动是微生物适应环境变化而生存的一种基本属性，使得它们具有寻找食源和逃避毒性环境的能力，因而在生存上具有竞争优势。根据其趋向的环境因子，可以分为趋化、趋光、趋磁等特性。趋磁细菌因其细胞内含有磁小体而具有沿着磁力线泳动的能力。细菌趋化性是指有运动能力的细菌对环境化学物质梯度产生响应，趋向某些化学诱导剂或避开某些化学驱避剂的移动行为，如肠杆菌显示出对有限种类的化合物如氨基酸、有机酸和糖的趋化性。微生物的趋化性可以帮助尚未培养微生物确定后续分离培养的潜在基质，也可被当作一种提高生物修复的策略，这种特性能够使微生物感知污染物的化学梯度，并优先向污染物移动，从而提高生物降解率。趋化分析的优点包括：①快速和简单，允许对大量化合物进行平行测试；②趋化性分析在水生栖息地可以很容易地实现原位实验；③趋化是一种收集活微生物作为后续培养尝试的接种物的方法。传统上，细菌的趋化性分析采用群平板法和毛细管法，但这些测试大多是定性和半定量的分析，耗时长。近年来，微流控技术在生物研究中得到了迅速发展和广泛应用，基于微流体的趋化系统可以产生精确控制的梯度，使细菌趋化的动态观察和定量研究成为可能（Chen et al.，2019）。微生物趋向运动是一种主动的分选过程，与之相对的全被动的分选过程包括过滤或离心，利用细胞大小和质量的差异通过膜过滤或离心的方法进行细胞分选。

二、新兴分离培养技术

虽然传统培养技术在新物种鉴定中发挥了重要作用，但其通量低，培养过程耗时耗力、可分离培养物种少。受限于实验室培养微生物的能力，绝大多数微生物物种仍不能在实验室条件下生长。近年来一些模拟自然环境条件的高通量、原位培养技术被研发使用，在新物种及其新功能的鉴定方面发挥了重要作用。此外，伴随着测序技术的不断成熟，通过分子生物学手段辅助挖掘某一环境样本中的所有可培养物种使得微生物培养进入了一个全新阶段。

（一）原位培养技术

有些微生物无法单独生长，因此富集培养和共培养对了解这些微生物很有价值。富集培养是通过设计特定的生长条件，优先刺激特定微生物的生长来提高样品中特定微生物类群的丰度。有时微生物的不可培养性不能简单地用特定物种不适合某些培养条件来解释，如果目标微生物的生长依赖于其他微生物，如交叉喂养（一种微生物的代谢产物作为另一种微生物生长的底物），则需要将两种或多种微生物进行共培养。因此，存在一些重要但未知的，或者人工无法模拟的因素严重影响着未培养微生物的生长（Jung et al.，2021）。对此，一个简单的解决办法就是在它们的原生环境中培养微生物。将这一概念应用于微生物培养，促进了原位培养技术的发展。

膜扩散室系统是最先被开发的原位培养体系，旨在更好地模拟自然条件（Kaeberlein et al.，2002）。在原位培养期间，扩散室上的膜允许在自然栖息地和琼脂之间交换生长因子和营养物质。扩散室已被用于来自不同环境（如沉积物、土壤和海绵）的样本，并已被证明在微生物恢复和分离新物种方面具有更高的效率。从这项技术开始，许多原位培养方法已经被开发出来，用于分离以前未培养的新微生物，如放线菌的丝状细菌和真菌。为了将膜扩散室系统拓展为高通量系统，“iChip”被开发了出来（Nichols et al.，2010），它是一组微型扩散室，能同时支持在一个设备上使用数百个单独的扩散室进行纯培养。iChip 后来被继续优化成一个更简单的形式。该技术已成功地应用于高通量挖掘新的抗生素，并且分离出一种具有独特抗菌活性和新型作用机制的化合物“teixobactin（泰斯巴汀）”。它是几十年来从细菌中发现的第一种新型抗生素。后来，科学家开发出了一种用于分离未培养土壤细菌的扩散生物反应器（Chaudhary et al.，2019）。这种新的培养技术与扩散室具有相似的基本原理，但在生物反应器的大小、膜孔径大小和液体富集介质的使用方面与前者有所不同。该扩散生物反应器不仅在原位培养过程中可获得丰富的细菌物种多样性，也能提高细菌在琼脂平板上的可培养性。

除了上述的原位培养方法，还有许多其他的创新原位培养技术促成了新的微生物物种的分离，如聚砜膜包裹的琼脂糖球的双重封装技术（Ben-Dov et al.，2009），这种技术允许从自然环境中获得必要的生长因子来刺激被捕获细菌的生长，而含有琼脂糖球的环境微生物通过原位培养，可以实现以前未培养的细菌和单细胞真核生物的分离。大多数原位培养设备在表面平坦的环境中工作良好，如水生沉积物和土壤，但很难在表面不规则的水生无脊椎动物中使用，而吸头原位培养法（*in situ* cultivation by tip，简称 I-tip）可以对水生无脊椎动物的共生微生物进行原位分离培养（Jung et al.，2014）。

（二）基于细胞分选的培养技术

1. 基于流式细胞法分选的培养

流式细胞术（flow cytometry）可以根据细胞的大小和质量差异将液体中不同的细胞进行分类，针对环境微生物，常用一些具有明显形态特征的菌株进行分选与培养，而近年来也逐渐用于未培养微生物的分离培养。例如，*Science* 上发表了一种高速成像的细胞分选技术（high-speed fluorescence image-enabled cell sorting）（Schraivogel et al.，2022），它将传统流式细胞分选和高速成像结合起来，能对具有复杂表型的细胞进行高速分选，在数据量（1000 多倍的数据量）和分选速度（根据图像以每秒 15 000 个的速度对细胞进行分选）方面较传统的流式细胞仪有明显优势。

2. 基于荧光激活细胞分选的培养

荧光原位杂交（fluorescence *in situ* hybridization，FISH）标记的样品可以利用荧光激活细胞分选（fluorescence-activated cell sorting，FACS）进行分类以富集被标记的细胞，因此可利用宏基因组序列信息对目标微生物设计探针，从而实现目标微生物的富集分离培养。然而，传统的 FISH 需要对样品进行固定，导致微生物失去活性无法进行分离培养。为了保留微生物的活性，发展了新的 live-FISH（Batani et al.，2019），其减少了传统 FISH 操作中的固定步骤，改进后的技术与 FACS 结合便于后续的分离培养实验。

3. 基于光镊分选的培养

自 20 世纪 70 年代美国科学家 Arthur Ashikin 发现光镊（optical tweezers）以来，经过几十年的发展，光镊已经成为物理学和生物学研究的有力工具。2018 年，Arthur Ashikin 和其他两位科学家同时被授予诺贝尔物理学奖，以表彰他们在激光物理领域的突破性贡献。光镊，主要采用高度聚焦的激光来引导，操控微米甚至纳米尺度的目标对象。高聚集的激光可以达到细胞内部，对细胞液和结构进行力学特性的研究。由于实验是在没有物理接触的情况下进行，可以有效地避免细胞损伤。从操作荧光纳米尺度物质到染色体、细胞、细菌和病毒等病原体，光镊技术在生物学研究领域已经有了相当广泛的应用。拉曼镊是将拉曼光谱与光镊结合用来诊断和捕获单细胞的技术。此外，拉曼光谱仪与外部光镊相结合，实现了单一功能细胞的共振拉曼光谱法（resonance Raman spectrometry）分析，其优势是两束激光分别用于捕获和拉曼光谱成像，互不干涉。通过标记所产生的拉曼光谱位移来识别微生物，然后通过光镊移动微生物进行基因测序和微生物培养。此外，应用到光镊的技术还有光镊-荧光共振能量转移光谱技术和表面增强拉曼光谱术。

4. 基于激光诱导前向转移技术分选的培养

激光诱导前向转移（laser induced forward transfer，LIFT）技术是一种基于光与物质作用的新型可视化微生物细胞分离技术。通过成像物镜观察锁定目标细胞，利用弹射物镜将激光聚焦到目标细胞进行弹射分选，控制接收装置配合实现目标细胞的接收。与荧光激活细胞分选等分离技术相比，LIFT 细胞分选技术在镜下分选，有着更高的显微分辨率，可实现根据目标微生物细胞的形态、尺寸、荧光及拉曼分子指纹等多种特征进行分选，分选后的细胞能够直接用于扩大培养或全基因组扩增及测序等，单细胞获得率高、适用范围广泛。

5. 基于微流控技术分选的培养

微流控技术（microfluidic technique）是一种利用微米级的微管道来操控纳升甚至皮升级流体的技术。微流控技术的优势在于操作灵活、集成化、速度快等，但也存在分选时容易发生管道堵塞等问题，目前已经应用于单细胞基因组学、转录组学分析。基于微流控技术可以实现 2 种微生物的高通量共培养，以及探索不同理化性质下微生物的状态、微生物间的相互作用、微生物拮抗关系等。此外，很多实验室也开发出多样化微流控芯片设备用于特定研究，比如中国科学院微生物研究所通过微流控设备与传统培养平皿相结合的方法，实现了微生物细胞的高通量分离与培养，并将其应用于土壤微生物样本，发现了多种能够高效降解多环芳烃的微生物。微流控仪还可以与荧光显微镜、拉曼光谱仪等仪器配合使用，有团队利用微流控进行单细胞分选，结合拉曼技术对肠道微生物进行耐药性的有关研究，很好地建立了肠道微生物耐药菌的基因型与表型之间的联系（Wang et al.，2020）。

6. 基于微滴的培养

微滴培养法或单细胞封装培养法最早在 2001～2002 年提出（Manome et al.，2001；Zengler et al.，2002），主要利用凝胶包埋环境中的单个微生物细胞，形成凝胶微滴（gel microdroplet），再通过流式细胞仪进行高通量分离培养。一般来说，需要利用琼脂糖与稀释后的样品乳化形成尺寸为 30～50 μm 的微滴，然后将其装入双层滤膜（0.1 μm 及 8 μm）封口灭菌的凝胶层析柱中，利用补充少量微量元素的低浓度培养液进行连续流态培养。再结合流式细胞仪分选将包裹单个菌落的胶囊分选至含有丰富培养基的 96 孔板中继续培养，最终获得纯培养微生物。

（三）后基因组时代的环境生物培养

1. 培养组学

近年发展起来的培养组技术，在多培养条件的基础上，借助当今多种技术如基质辅助激光解吸电离飞行时间质谱法（matrix-assisted laser desorption ionization time-of-flight mass spectrometry，MALDI-TOF MS）、16S rRNA 基因的扩增和高通量测序，在组合条件下实现对特定微生物的培养和纯化。对于利用传统方法未成功培养的微生物，通过组学数据的支持，也可实现培养上的突破。培养组学已经在多个微生态研究领域，如在肠道和植物根际的物种分离培养中起到重要支撑作用。例如，基于多培养条件和 MALDI-TOF MS，2015～2018 年从人体中分离的原核物种从 2172 种增加到 2776 种，在 400 种新分离的人病原菌或共生菌中，培养组学贡献了 66.2%（Bilen et al.，2018）。中国科学院遗传与发育生物学研究所白洋组开发了将高通量测序和培养结合起来分离鉴定植物根系细菌的新技术，该技术从新鲜植物根系中高通量分离培养细菌，使用梯度稀释的方法增加获得单一细菌的比例，采用双侧标签（一侧标记培养板，一侧标记培养孔）PCR 扩增法经高通量测序鉴定分离培养细菌的 16S rRNA 基因的物种信息，并有配套的数据处理流程 Culturome。

2. 靶向微生物培养策略

微生物生长的自然环境通常是复杂的，不同微生物物种生长的最适 pH、温度、压力及未知生长因子等参数各不相同，因此很难模拟其营养需求。有些微生物在自然界中以休眠状态存在，有些微生物需要交叉喂养或与宿主及其他群落成员进行相互作用，有些生长缓慢，有些生活在厌氧或其他极端环境中，导致在实验室中难以分离培养，需要其他更合适的筛选和分析方法。宏基因组数据和单细胞测序数据可以用来重建微生物基因组及其代谢途径，将宏基因组组装基因组（metagenome-assembled genome，MAG）和单细胞基因组（single-amplified genome，SAG）预测的基因进行功能注释，重建微生物代谢途径，通过解析这些数据，提供微生物代谢、底物利用、氧需求、抗生素耐药性、与宿主互作等信息，设计分离未培养微生物的方法或策略，实现靶向微生物培养，与传统分离培养、高通量培养方法如培养组学、原位培养等技术互为补充（Liu et al.，2022）。

基因组数据指导靶向微生物分离培养的策略主要有五点：①优化培养基；②获得抗生素抗性表型；③基于 MAG 或 SAG 信息设计特定的培养基，结合稳定同位素标记辅助拉曼活细胞分选技术分离靶标细菌；④反向基因组指导分离培养，即基于基因组信息设计和制备特异性抗体的分离方法，通过荧光标记的特异性抗体结合细胞分选技术可从复杂微生物群落中分离新的微生物；⑤靶向功能基因分离策略，即基于高可变区域序列信息设计的探针可鉴定到菌株水平，结合 live-FISH，可以分离培养靶标微生物。以上基于基因组数据的目标微生物分离培养策略也有其局限性，比如 DNA 提取的效率和质量会严重影响某些物种在宏基因组数据中的代表性。

除了基因组数据，16S rRNA 基因数据也可以用来预测物种所需的培养条件，如在线数据库 KOMODO（Known Media Database），可以根据细菌或古菌 16S rDNA 的序列来预测培养该菌的培养基配方，它的最大优势在于将基于 16S rDNA 的微生物多样性数据与目标菌株的分离培养有机衔接起来，大大加速了从生态研究到微生物资源挖掘的进程。此外，有研究人员利用 16S rRNA 基因高通量测序及共现网络分析，发现稀有物种 *Tepidimonas* sp. SYSU G00190W 作为核心节点对未培养的高丰度绿弯菌有促生作用，基于此物种互作关系成功从热泉生物席中定向分离得到绿弯菌（Xian et al.，2020）。

需要特别注意的是，对于厌氧微生物培养，首先需要保证分离和培养过程中的无氧条件，目前上面提到的培养方法有些应用于厌氧微生物的培养还存在一定困难，因为厌氧微生物的培养需要特殊的设备，如厌氧操作手套箱（glove box）和用于精确调控厌氧微生物培养瓶中最终气体环境的气体交换工作站（gas exchange station）。以荧光细胞分选为例，目前的细胞分选仪器较大，很难放入厌氧手套箱，所以难以利用细胞分选方法分离靶标厌氧微生物，未来急需开发适合在厌氧条件下使用的荧光细胞分选仪器。

第二节　环境生物的分子生物学技术

一、PCR 及其衍生技术

聚合酶链反应（polymerase chain reaction，PCR）是历史最为悠久的不基于培养的分子生物学技术，其基于 DNA 复制原理，可在体外实现特异性 DNA 序列的扩增。以常规 PCR 技术为基础衍生出一系列新的 PCR 检测技术，大部分已经被广泛应用于环境病原体的检测中，而对于新兴的尚未普及的技术相信未来也有很好的应用前景。

（一）早期 PCR 及其衍生技术

PCR 使目的 DNA 片段以指数形式扩增，早期的衍生技术包括逆转录聚合酶链反应（reverse transcription PCR，RT-PCR）、半巢式聚合酶链反应（seminested PCR）、巢式聚合酶链反应（nested PCR）、多重聚合酶链式反应（multiplex PCR）、实时聚合酶链反应（real-time PCR）、环介导等温扩增（loop-mediated isothermal amplification，LAMP）技术。

RT-PCR 首先在逆转录酶作用下以 RNA 作为模板合成 cDNA，再以 cDNA 作为模板进行 PCR 扩增，最后将扩增产物进行电泳分析或者测序分析。巢式 PCR 是通过两轮 PCR 反应，使用两套引物扩增特异性的 DNA 片段，它的应用可以提高检测的敏感性和特异性。该方法在最新开发的细胞内基因融合 PCR（emulsion，paired isolation，and concatenation PCR，epicPCR）技术中依然被广泛应用。多重 PCR 在同一个常规 PCR 反应体系中加入一对以上引物，分别扩增不同的模板，得到不同的目的片段，这种方法可以在同一反应中检测多种病原体的特异基因。基于多重 PCR 开发出了多重巢式 PCR、逆转录多重 PCR、基于桥联技术的双启动寡核苷酸引物（dual priming oligonucleotide，DPO）多重 PCR 等方法，分别在特异性、敏感性、控制假阳性等方面各有优势。

（二）新兴 PCR 衍生技术

1. 基于扩增的高通量测序技术

高通量测序技术的广泛应用是环境微生物学研究的革命性转折点，使学者能够全面了解微生物群落结构的多样性及深入解析其生态功能，其中应用最广泛的基于扩增的高通量测序技术包括扩增子测序（amplicon sequencing）与环境 DNA 宏条形码（eDNA metabarcoding）技术。扩增子测序是指对微生物的特定基因进行测序，如 16S rRNA 基因、18S rRNA 基因或 ITS（内在转录间隔区，internal transcribed spacer）基因。扩增子测序技术凭借测序与分析成本较低的优点，目前成为环境微生物组学研究的主要手段。而宏条形码技术为我们提供了一种全新的监测生物多样的手段，可以灵敏地嗅探到各类生物在环境中留下的 DNA 指纹。宏条形码技术在生态学、保护生物学和入侵生物学等方面应用广泛，且在土壤、水体和海洋等各种环境的生物监测中都发挥着重要作用。

二代测序技术是目前环境生物研究的主要测序方法，而近年来三代测序技术正在兴起。以典型的二代测序平台 Illumina Hiseq 为例，其测序原理都是基于桥式 PCR 的边合成边测序原理。它的特点是读长短，通常为 100～300 bp，准确性高，和一代测序（Frederick Sanger 的 DNA 双脱氧链终止法）相比具有测序速度快、准确性高及成本低的优良特性。三代测序技术均采用了单分子测序原理，最大的特点是 DNA 样本无须经过 PCR 扩增，避免了 PCR 反应对于 DNA 样本本身偏好性的影响。目前最典型的两个三代测序平台分别是 Pacific Biosciences 公司推出的单分子实时测序（single molecule real time sequencing，SMRT）和 Oxford Nanopore Technologies 公司开发的纳米孔单分子测序技术，前者基于光信号判断碱基类型，后者则根据电信号来判断碱基类型。三代测序在对二代测序的一些缺点进行改进的同时，也有测序错误率相对较高、通量较低且成本高等问题。值得注意的是，虽然扩增子测序可以满足检测微生物群落多样性的需求，但这种方法很难准确鉴定到属以下的分类等级，也无法深入探究物种的功能信息。

2. 微滴式数字 PCR 技术

微滴式数字 PCR（droplet digital PCR，ddPCR）技术是一种对核酸分子进行绝对定量的方法，其原理是在 PCR 扩增前对样品进行微滴化处理，即将含有核酸分子的反应体系分成成千上万个纳升级的微滴，其中每个微滴或不含待检核酸靶分子，或者含有一个至数个待检核酸靶分子。经 PCR 扩增后，逐个对微滴进行检测，有荧光信号的微滴判读为 1，没有荧光信号的微滴判读为 0，根据泊松分布原理及阳性微滴的个数与比例即可得出靶分子的起始拷贝数或浓度。相比于传统荧光定量 PCR，其优势在于：灵敏度更高（达 0.001%）；只需要很少的模板量，尤其适用于痕量、稀有样本中核酸的精确检测；真正意义上的绝对定量，可统计突变率，无须标准曲线，检测下限可低至单拷贝，不依赖 C_t 值，不依赖扩增效率，能克服 PCR 抑制剂的影响，在医学和环境领域受到广泛关注。

3. 高通量定量 PCR 技术

高通量定量 PCR（high-throughput quantitative polymerase chain reaction，HT-qPCR）技术与传统单基因 qPCR 技术的原理相同，但在其基础上引入了高通量反应平台、纳克升级自动加样设备和高密度实时定量 PCR 仪，使其在一次 PCR 反应中能同时检测成百上千个功能基因。美国 WaferGen Biosystems 公司开发的高通量、高密度、纳升级别的 SmartChip 实时荧光定量 PCR 系统可一次性完成高达 5184 个独立的扩增反应。基于这套系统，国内朱永官院士研究团队开发了针对抗生素抗性基因（含 285 个抗性基因、8 个转座酶基因、2 个整合子基因）、微生物砷循环功能基因（19 个基因）和人体病原菌（33 个人体病原菌的 68 个标记基因和来自 10 种宿主的 23 个粪便标记基因）的 HT-qPCR 技术（An et al.，2020），在土壤、水体、粪便、气溶胶等各类环境样本的功能基因定量中被广泛应用。该方法表现出极高的特异性和灵敏度，有望成为快速鉴定微生物污染的有效手段。

4. 细胞内基因融合 PCR（epicPCR）技术

2016 年，epicPCR 技术被研发并应用于硫酸盐还原菌（sulfate-reducing bacteria，SRB）的系统发育多样性的研究。epicPCR 技术是单细胞分离技术、融合 PCR、巢式 PCR 和测序技术的结合。首先，通过稀释和涡旋将样品分散成单细胞体系，然后对系统发育标记基因和特定的功能标记基因进行融合扩增，随后进行巢式 PCR，建库并进行二代测序。该技术最大的优势是能够同时获得特定功能基因的分类信息（通过 16S rRNA 基因）和功能多样性（通过目标功能基因），其成本远低于普通单细胞全基因组测序，单次实验通量高，分辨率高。此外，该技术针对特定的功能基因有很好的拓展性，目前已经被发展应用于抗生素抗性基因-宿主关系、病毒-宿主关系的研究中。国内邓晔研究团队利用该技术发现了青藏高原盐湖沉积物中特有的硫酸盐还原原核生物（sulfate reducing prokaryote，SRP）（Qin et al.，2019）。随后，团队将 epicPCR 技术用于污水处理系统中抗性基因及其宿主的研究，发现除了水平基因转移，垂直基因传递也发挥着重要作用（Wei et al.，2021）。该技术降低了样品复杂性，同时具有传统宏基因组测序所不具备的单细胞分辨率，与单细胞技术相比又提高了测序通量，非常适用于环境低丰度物种的研究。

二、新兴组学技术

组学技术从 DNA、RNA、蛋白质和代谢产物等分子水平对各类生境中的生物及其功能进行检测与分析，为了解生物群落全貌提供了有效的途径。典型的环境宏组学通常包括宏基因组、宏转录组、宏蛋白质组、宏代谢组等，不同于以往仅研究有限几个基因、蛋白质或生化通路的分子生物学方法，宏组学技术侧重于生物群落各物种间的关系、群落结构与生态系统结构和功能关联等宏观科学问题。

（一）宏基因组技术

宏基因组测序，通常是指鸟枪法测序（shotgun sequencing），是对样本中存在的所有微生物基因组的非靶向测序，与扩增子测序的靶向测序存在显著区别。鸟枪法测序可用于分析微生物群落的分类组成和功能潜力，并恢复全基因组序列。然而该方法容易忽视某些稀有种，且对于高复杂性样品来说，测序结果的组装也始终是一大难题，需要计算方法来克服基于组装和基于比对的宏基因组分析带来的挑战。2017 年，*Nature Biotechnology* 发表了题为“Shotgun metagenomics，from sampling to analysis”的综述，提供了详细的宏基因组学从样品采集到数据分析的解决方案。

（二）宏转录组技术

宏转录组（metatranscriptome）主要从群体水平上研究微生物的全部转录本（即 mRNA）的表达水平及其在不同条件下的转录调控规律。2006 年，研究人员首次使用 454 测序技术对土壤微生物群落的宏转录组进行了研究（Leininger et al.，2006），其后越来越多的研究使用该技术对微生物群落的基因表达与环境条件的相互关系开展深入研究（马述等，2012）。然而，环境 RNA 在提取、运输和保存中都相对困难，且 mRNA 在总 RNA 中的量占比极小，这些都成为其应用过程的主要瓶颈。

（三）宏蛋白质组技术

宏蛋白质组（metaproteomics）是指环境中所有生物的蛋白质的总和，由 Rodriguez-Valera 于 2004 年提出（Rodriguez-Valera，2004）。宏蛋白质组能够从蛋白质水平揭示环境宏基因组的翻译状况，连接群落结构与功能，显示出其独特的优势。宏蛋白质组技术一般包括样本总蛋白质提取、纯化、分离、鉴定和数据对比等步骤。其中蛋白质分离的主要方法包括 2D 电泳分离和色谱分离等，而鉴定更需要用到高分辨质谱［MALDI-TOF MS、四极杆飞行时间串联质谱（quadrupole time-of-flight mass spectrometry，Q-ToF MS）］等相关技术。除了设备和技术上的难度，蛋白质的最终鉴定主要依赖已知微生物的蛋白质数据库，这也是宏蛋白质组目前面临的重大挑战。

（四）宏代谢组技术

宏代谢组（metabolome）通常与代谢组不作区分，是指生物体内源性代谢物质的动态整体，而在环境生物学中特指群落在环境扰动下宏基因组代谢产物（内源性代谢物质）种类、数量及其变化规律的研究。由于微生物的代谢物不光涉及物质的降解和合成，还包含细胞信号传递、激素调节、能量传递的中间或终产物，因此，基因组学和蛋白组学揭示环境微生物群落可能发生什么，而代谢组学则用于解析微生物群落中已经发生了什么，并提供其相互交流的相关信息。与宏蛋白质组技术类似，代谢组检测通常也需要使用高分辨气相、液相和质谱联用仪器或者核磁共振，非靶标的检测结果通过与已知标准物质数据库作对比进行物质的解析，因此谱峰识别的准确性与标准品数据库的完整性密切相关，这也限制了该技术的广泛应用。微生物代谢组学在功能基因研究、微生物鉴定、代谢途径、抗生素耐药性、工业生物技术、合成生物学和酶发现等方面有着广泛的应用。此外，它在发现天体生物学相关生物标记物和探索地外生物方面的应用也开始引起科学家的注意。

（五）单细胞基因组测序

如果说宏基因组数据集是捕获整个群落信息的一张巨网，那么单细胞测序方法则是分离目标基因组的“手术刀”和深入探究目标群落的“放大镜”。单细胞分离与全基因组扩增是单细胞基因组测序最为关键的步骤，单细胞分离的方法在前面新兴分离培养技术有详细阐述，其中微流控技术因其较低的成本、较高的通量和理想的分离效果在近十年发展迅速，成为细胞分离技术的主流方向。单细胞分离之后需要通过单细胞基因扩增技术使单个细胞内极微量的DNA放大至纳克或微克水平，同时也将较长DNA片段化，满足下一步测序的需要。目前常用的方法包括简并寡核苷酸引物PCR、多重置换扩增技术、多次退火环状循环扩增技术、Tn5转座酶技术等。由于单细胞测序的成本依然较高且能够同时检测的细胞数量也较为有限，领域内有专家对单细胞测序方法进行了一系列优化，如结合单细胞测序技术将复杂群落分割成多个微型亚群再进行宏基因组测序的微型宏基因组（mini-metagenome）技术（Nurk et al.，2013），以及前面提到的epicPCR技术。

三、基于光谱的技术

光谱技术具有快速、高效、非接触性、实时监测、无须培养、可重复性高等优点，且光谱技术分辨率高，可获得微生物细胞中基本生化物质如蛋白质、脂质、核酸及糖类等分子的振动和转动信息，因此不同的微生物可以形成特定的指纹图谱，在微生物学快速检测领域得到广泛应用。

（一）拉曼光谱及其衍生技术

近年来，拉曼光谱技术在微生物的物种和亚种水平鉴定上被认为是一种强有力的新技术。拉曼光谱对于检测构成体内的基本生化物质非常灵敏，生成的特征峰被称为“全生物指纹图谱”。因此，不同的病原微生物可以基于拉曼光谱被检测和鉴定。同时，拉曼光谱与红外光谱不同，由于水对其的干扰比较小，因而能直接用于水相样品的测量，这也是拉曼光谱用于生物样品分析的检测优势。单细胞拉曼光谱通常包括普通拉曼光谱、共振拉曼光谱和表面增强拉曼光谱术（surface-enhanced Raman spectroscopy，SERS）。SERS具有比常规和共振拉曼光谱更高的检测灵敏度，利用纳米银或纳米金的巨大电磁场增强效应来实现对吸附或靠近纳米粒子表面物质的拉曼信号的百万倍以上的增强。

共聚焦显微拉曼光谱（confocal Raman microspectroscopy，CRM）技术是将共聚焦光学显微技术与拉曼光谱技术相结合，与传统的拉曼光谱技术相比较，共聚焦显微拉曼光谱技术的横向和轴向的空间分辨率都显著增高，能明确地反映单个细胞的组成成分的多维信息。

拉曼光谱还可与稳定同位素探针（stable isotope probing，SIP）结合，通过微生物同化SIP标记底物引起蛋白质、脂类、色素的特征峰偏移，实现单细胞水平上的环境功能菌的检测。目前针对氮循环功能菌，国内朱永官院士团队率先研发了针对土壤固氮菌的拉曼光谱与 $^{15}N_2$ SIP 联用技术（Cui et al.，2018），后续开发了针对其他氮循环功能菌的相关技术，并通过单细胞拉曼和重水标记实现了纯培养体系中无机/有机解磷菌鉴别的新方法。

（二）红外光谱技术

红外吸收光谱是指当一束连续波长的红光通过物质时，如果物质中某个基团的振动频率或转动频率与红外光子的频率相同，物质就对该频率的红光产生共振吸收，从而获得该物质中分子振动和转动能级信息的特异性吸收图谱。红外光谱被称为“光谱指纹”，目前已广泛应用于物质鉴定、成分分析、质量控制（谷物、中药）和疾病诊断。大量研究表明，该技术还是一种重要的病原微生物种属鉴定工具。目前常用于微生物甄别检测的技术为傅里叶变换红外光谱（Fourier transform infrared spectroscopy，FTIR），其分辨率高，可以获得微生物中细胞壁、细胞膜、细胞质甚至细胞核中的核酸、蛋白质、脂类、糖类等混合成分的分子振动与转动信息。

四、基于杂交、同位素标记和显微成像的技术

基因芯片技术针对不同微生物的特征基因设计核酸杂交探针，以其高通量、高灵敏度和高定量性等优势，在检测复杂环境微生物物种组成的同时，实现了对复杂微生物群落的准确定量。然而，基因的可检测性并不代表其在当前环境执行功能，需结合其他方法如 FISH 和 SIP 技术来验证基因产物的功能或直接针对物种进行代谢活力的检测和量化，真正实现生命-地球化学过程相关联。

（一）基因芯片

基因芯片最具代表性的是系统发育芯片（PhyloChip）和功能基因芯片（GeoChip）。PhyloChip 用于物种多样性分析，可识别微生物及微生物之间的系统发育关系；GeoChip 用于功能多样性分析，可测定微生物与碳氮硫磷等生源要素循环、污染物降解、重金属和抗生素抗性、压力响应等相关的功能基因多样性和丰富度。经过不断升级，最新版本的 GeoChip 5.0 包含 161 961 个探针，覆盖 1447 个基因家族的超过 365 000 个基因，已被广泛地应用于土壤、海洋、森林、农田、湖泊、肠道等各类环境微生物群落及其生态功能的研究中。而针对病原菌，周集中团队利用细菌毒力因子基因研发了针对性的病原菌功能基因芯片 PathoChip，涵盖 1397 种病原菌，可以用来检测并定量土壤、海水和人体环境等多种环境中病原菌致病因子的多样性和多度（Lee et al.，2013）。但是相比于二代测序，近年来单独使用基于探针的分析技术进行微生物群落的研究较少，因为特异性的探针只针对已知微生物，无法对未知的新菌进行研究，但是在一些研究中依然选择芯片技术，并且表明 PhyloChip 技术可以更灵敏地检测微生物物种丰度的差异且比测序具有更高的重现性（Berendsen et al.，2018）。

（二）FISH 及其衍生技术

FISH 技术的特色在于其可以同时获得物种信息和其空间分布特征。其原理是根据核酸碱基互补配对原则，用有荧光标记的特异性 DNA 或者 RNA 探针与细胞内经过变性的单链核酸序列互补配对，探测其中所有的同源核酸序列，其结果可直接在激光共聚焦显微镜或荧光显微镜下观察，无须单独分离 DNA 或 RNA。然而，FISH 也存在着检测易受背景干扰、探针杂交效率低等问题。催化报告沉积荧光原位杂交技术（catalyzed reporter deposition-FISH，CARD-FISH）是 FISH 技术的升级，增加荧光信号强度的同时减少了背景干扰。live-FISH 则去除了固定的步骤，保证了细胞活性，可以更好地与培养技术相结合。

FISH 技术具有良好的延伸性，与其他技术手段相结合可以在单细胞水平上研究特定物种对放射性标记物质的代谢能力，如显微放射自显影（microautoradiography）、纳米级二次离子质谱（nanoscale secondary ion mass spectroscopy，NanoSIMS）技术、拉曼光谱（Raman spectroscopy）技术和扩展 X 射线吸收精细结构（X-ray absorption fine structure，XAFS）分析。

（三）稳定同位素探针技术

稳定同位素探针（stable isotope probing，SIP）技术是最常用的用来验证功能类群或系统发育类群在特定生物地球化学过程中所发挥作用的同位素标记技术。其原理是添加稳定同位素（如 ^{13}C、^{15}N 和 ^{18}O 等）标记底物来培养环境样品，在细胞不断分裂、生长、繁殖的过程中合成含有稳定同位素的细胞物质。然后提取总标记物，如 DNA、RNA 和磷脂脂肪酸（phospholipid fatty acid，PLFA）等，经过超高速密度梯度离心将“重”的（如被 ^{13}C 标记的）和“轻”的（如被 ^{12}C 标记的）细胞物质分离，进一步采用分子生物学技术对含有重的同位素标记的细胞物质进行分析。

SIP 技术可以与前面提到的大部分技术联用（如拉曼光谱、宏基因组、宏转录组等）来解析复杂环境样品中代谢活跃的微生物细胞及其系统分类信息，对于认识微生物介导的元素生物地球化学循环机制具有重要意义。

（四）超分辨率显微成像技术

为了更好地理解生命过程和疾病发病机制，研究者迫切需要在纳米量级尺度上观察细胞内 DNA、蛋白质等细微结构的精确定位和分布，蛋白质等生物大分子的基本结构，以及细胞内的活性因子等。传统光学显微镜（如激光共聚焦显微镜）已经不能满足科研需求，超分辨率显微成像技术的诞生突破了生命科学研究遇到的瓶颈。2014 年，诺贝尔奖授予发明超分辨率显微成像技术的几位科学家，更是将此项技术发展到极致，把超分辨率显微镜成像技术与 SIP 联用形成纳米级二次离子质谱（NanoSIMS）技术，其具有较高的灵敏度和空间分辨率（<50 nm），代表着当今离子探针成像技术的最高水平。NanoSIMS 通常与透射电子显微镜（transmission electron microscope，TEM）、扫描电子显微镜（scanning electron microscope，SEM）、酶联荧光原位杂交（catalyzed reporter deposition fluorescence in situ hybridization，CARD-FISH）等联合使用来识别微生物的种类和功能，在灵敏度和准确性方面比其他的单细胞研究手段更具优势。我国徐涛院士团队近年来聚焦于显微成像仪器设备和技术方法的开发（Gu et al.，2021），提出了一系列新的超分辨率显微成像算法、探针和技术，并广泛应用于细胞生物学研究。该团队先后突破单分子定位显微镜侧向分辨率（3 nm）和轴向分辨率的极限，并研制出新型干涉定位显微镜（ROSE-Z），从而实现了超高分辨率的三维单分子定位及纳米结构解析能力。

第三节 环境生物的生物信息学技术

一、大数据存储

随着高通量测序技术的发展，微生物组学数据的获得变得容易，但随之而来的是数据存储的规范化及数据共享的需求，构建数据库是一种有效的解决途径。在国际上，为了推动全球生物多样性及健康大数据的开放共享，成立了国际生物多样性与健康大数据联盟（BHBD）。为了响应国际社会呼声同时面向我国人类健康和社会可持续发展的重大战略需求，国家基因组科学数据中心（NGDC）应运而生，类似的综合型数据库还有由美国政府机构管理与维护的国家生物技术信息中心（National Center for Biotechnology Information，NCBI）数据库，该库包含了数十个子库。

除了综合型数据库，与疾病直接相关的各类病原体也有专门的数据库，大部分数据库配套在线分析工具供研究者做进一步分析（王尚等，2024）。例如，由中国医学科学院研发的 VFDB（http://www.mgc.ac.cn/VFs/main.htm）是国际上最全面的细菌毒力因子知识库。其他数据库还有 Victors（https://phidias.us/victors/），主要用于分析导致人类和动物传染病的病原体的毒力因子，目前平台上包含 5304 个毒力因子和 127 种病原菌；美国细菌和病毒生物信息学资源中心（Bacterial and Viral Bioinformatics Resource Center，BV-BRC，https://www.bv-brc.org），整合了此前著名的 PATRIC（细菌基因组数据库）和 IRD/ViPR（病毒基因组数据库）的资源，包含多组学数据（基因组、蛋白质组、转录组等），支持比较基因组学和系统生物学研究。PHI-base（http://www.phi-base.org/），是一个病原菌-宿主互作数据库，目前的版本中提供了 279 种病原菌的 8411 种基因，被证实对 228 种宿主的 18 190 种相互作用关系产生影响，致病种类达 533 种；DFVF（http://sysbio.unl.edu/DFVF/），是一个真菌毒力因子数据库，共包含了 85 个属的 228 个真菌菌株的 2058 个致病基因。

二、大数据处理

在环境微生物组研究中，最常面对的数据是核酸序列，国内外科研人员不断开发实用且优秀的平台，用于分析处理高通量测序数据（王尚等，2024），下面将分别介绍通用的扩增子和宏基因组数据的分析流程和工具，列举一些专门针对病原体的数据分析平台，最后强调基于组学大数据开发病原体环境风险评估工具的必要性。

（一）扩增子数据分析流程和工具

微生物扩增子测序的分析方法多样，分析流程却大同小异，目前常用的扩增子分析平台包括 QIIME、QIIME 2、USEARCH、VSEARCH、EasyAmplicon 和 Mothur 等。随着测序技术的更迭，Illumina 测序平台逐渐占据着微生物扩增子测序的大部分市场，目前以双端 250 bp 测序策略居多。原始下机数据需要根据不同样品对应的条形码标签进行样本拆分，去除条形码及引物序列。针对低质量序列和模糊碱基，对数据进行质量控制。之后，通过 FLASH 等软件对双端序列进行拼接。拼接完成的序列可以作为挑选代表序列的起始文件。目前可操作分类单元（operational taxonomic unit，OTU）与扩增子序列变异（amplicon sequence variant，ASV）是两种主要的代表序列形式。主流的挑选代表序列的工具有 UPARSE、DADA2、UNOISE3 与 Deblur 等。得到样品-物种丰度表就可以进行常规的多样性分析、系统发育分析及物种分类组成分析等，也可以进行物种互作网络、群落构建机制等深度挖掘。

（二）组学数据分析流程和工具

以鸟枪法宏基因组测序为例，虽然二代与三代测序原理不同，但其后续的数据处理策略却很相似。宏基因组测序数据的数据量大，相比于扩增子分析来说需要更加专门的算法与软件来处理与分析。宏基因组数据产出后，首先需要进行质量控制与去除宿主污染，通过去除低质量序列、引物、Adaptor 和宿主序列，输出高质量序列，常用软件有 FastQC、Trimmomatic 和 Bowtie 2 等。至此，对于宏基因组的数据分析可分为两个水平，即基于 reads 的分析与基于组装的分析。前者直接利用测序产生的读取片段（即 reads）挖掘其中的信息，其中部分分析方法与扩增子分析类似，如从宏基因组测序 reads 中提取 mOTU（molecular operational taxonomic unit）的分析；而后者则需要通过后续步骤将 reads 拼接为更长的结构进行分析，其中，组装是其中的关键一环。序列组装是将短的高质量序列拼接为更长的序列，即重叠群（contig）或基因组支架（scaffold），常用工具有 MEGAHIT 和 metaSPAdes 等。之后可基于 reads 或重叠群进行分箱（binning），分箱是根据不同序列的四核苷酸频率模式或丰度频率规律将不同序列进行分类，获得的是高质量的基因组草图，主要工具有 metaBAT2 和 metaWRAP 等。根据重叠群信息，在去除冗余基因后，就可用于基因预测。常用的物种注释工具有 MetaPhlAn4、Kraken2、Kaiju 和 MMseqs2 等。在获取分箱及物种功能注释数据后，便可以进行组成分析、差异分析或根据研究目的设计个性化分析。

对短 reads 进行分箱是利用鸟枪法宏基因组测序数据来解码物种水平微生物功能的关键一步。分箱根据是否依赖参考基因组主要分为两类：基于参考数据的方法是直接将 reads 比对到已有的微生物数据库，因此它的主要缺点是无法识别未知微生物基因组；不依赖参考数据的方法是一种无监督的方法，在没有任何参考数据库下将重叠群直接分箱。近年来，人们也评估了宏基因组分箱的各种工具，发现大多数基因组分箱工具虽然在独特菌株上表现良好，但在重构常见菌株上，所有基因组分箱工具仍然面临重大挑战。这可能是因为常见菌株具有相似的基因组，不易区分，而长读长测序如 PacBio 和纳米孔三代测序的发展将极大优化从头分箱的精确度。

（三）病原体数据分析工具

为了明晰气候环境变化引发的潜在环境病原微生物传播风险，需要借助专门针对病原体大数据的分析平台和工具深入挖掘病原微生物的致病机制。目前主流的分析平台和工具有：由 VFDB 团队开发的 VFanalyzer（http://www.mgc.ac.cn/ cgi-bin/VFs/v5/main.cgi?func=VFanalyzer），其是一个从海量的大数据中快速精准识别细菌毒力因子的多功能分析平台；由美国国家过敏和传染病研究所构建的生物信息分析和工作系统 BV-BRC，该平台将细菌和病毒数据整合到统一平台，并配备用户友好的分析工具，特别适合传染病研究和公共卫生领域的应用；PathoFact（https://pathofact.lcsb. uni.lu/）构建了针对毒素、毒力因子和耐药性进行宏基因组数据分析的模块化分析流程，整合了这些致病因子的预测和移动基因元件的识别。

（四）基于组学大数据的病原体环境风险评估工具的开发

得益于病原体数据库和分析平台的逐步完善，基于组学大数据进行病原体环境风险的评估正在受到环境生物安全研究的关注。例如，青岛大学苏晓泉团队开发了生物信息工具——条件致病菌指数 MIP 来评估环境微生物风险（Sun et al.，2022），能同时兼顾多种功能：评估菌群的总体风险程度、推断疾病和人体易感器官等信息、揭示室内条件致病菌以环境为中介的“人-环境-人”传播途径。中国科学院生态环境研究中心曲久辉团队提出了基于宏基因组数据的潜在耐药性致病菌（PARB）环境风险评估指标，并以此评估了污水处理系统中 PARB 的健康风险水平（Liang et al.，2020）。

三、大数据挖掘

由于微生物数据特有的特征，传统的统计计算方法及数据分析方法已经面临着巨大挑战，只有不断地更新算法、开发新的分析方法才能在海量微生物组数据中挖掘出有用的信息。

（一）新算法解析群落多样性

β 多样性是菌群的基本特性，常用的 β 多样性指数有 Bray-Curtis 和 UniFrac 等。UniFrac 算法也在不断改进，为了应对微生物组大数据，UniFrac 算法的发明人 Rob Knight 于 2018 年在 *Nature Method* 上发布了改进版的 UniFrac 算法——Striped UniFrac，旨在极大地降低内存和时间消耗，如计算地球微生物组项目 EMP 的 2 万个样本的时间可由几个月缩短至 1 天内。同理，国内青岛大学苏晓泉团队开发的基于加权系统发育树（进化树）来计算两个微生物组相似性的 Meta-Storms 和 Dynamic Meta-Storms 算法，采用了非递归转换和内存回收等优化方式，以提高计算效率和节约内存资源，从而实现了更大范围的 β 多样性分析（Su，2021）。此外，该团队聚焦由小部分特定物种引起的差异（如 1 型糖尿病和孤独症中发挥关键作用的目标物种），提出了 β 多样性“局部比对”概念，

区别于常规的 β 多样性对比的“全局比对”（针对群落中的大多数成员或至少是丰度较高的成员）。

（二）新方法探明微生物组与疾病关联

机器学习是大数据驱动下传统统计学方法的自然延伸，目前已被广泛地应用于微生物组研究中，其优点在于自动根据数据完成任务做出决策，无须预设程序，可直接从原始数据中建立准确的模型，但需要海量数据训练模型以捕捉微生物的真实变化细节。许多药物会改变菌群结构和功能，从而产生有害或有益作用，聚类分析、随机森林等机器学习算法能用于阐释和预测药物与菌群的互作，为个性化用药提供指导（McCoubrey et al.，2022）。

基于相关性的网络分析方法（皮尔逊和斯皮尔曼）在当前成为主流并被广泛用于微生物组-疾病互作、物种互作、核心物种挖掘等研究中，主要原因是这些方法计算过程简单，且具有噪声容忍度高的特性。最近，一种名为 iDIRECT（基于有效 Copula 传递性的直接和间接关系的推断）的通用工具被开发出来用于区分共现网络中的直接交互，它可以消除虚假连接（Xiao et al.，2022）。网络分析给研究者提供了新的视野和思路。例如，Hu 等（2020）通过网络分析结果发现，烟草青枯病的暴发是茄科雷尔氏菌在根瘤菌的帮助下成功入侵所导致，这种互作关系在另一研究中通过培养得到了证实（Li et al.，2022）。

微生物基因组功能预测是大数据挖掘的另一重要方向，可获得与生态系统功能和人类健康及疾病发生密切相关的生物学信息。基于扩增子的标记基因（如 16S rRNA），研究人员已经开发出了一些功能预测工具，如 PICRUSt2、Tax4Fun2、BugBase 和 Piphillin 等。此外，鸟枪法宏基因组/宏转录组测序产生的大量测序序列通过和注释良好的数据库直接比对，可对肠道微生物功能进行更精准的预测，该类的功能预测工具主要包括 HUMAnN3、MEGAN、ShotMAP 和 gutSMASH。

（邓 晔 王 尚 杜雄峰 冯 凯 彭 玺）

参考文献

马述, 刘虎虎, 田云, 等. 2012. 宏转录组技术及其研究进展. 生物技术通报, 28(12): 46-50.

王尚, 冯凯, 李曈, 等. 2024. 环境病原微生物研究数据库及数据挖掘方法. 生物技术通报, 40(10): 221-232.

An X L, Wang J Y, Pu Q, et al. 2020. High-throughput diagnosis of human pathogens and fecal contamination in marine recreational water. Environ Res, 190: 109982.

Batani G, Bayer K, Boge J, et al. 2019. Fluorescence *in situ* hybridization (FISH) and cell sorting of living bacteria. Sci Rep, 9(1): 18618.

Ben-Dov E, Kramarsky-Winter E, Kushmaro A. 2009. An *in situ* method for cultivating microorganisms using a double encapsulation technique. FEMS Microbiology Ecology, 68(3): 363-371.

Berendsen R L, Vismans G, Yu K, et al. 2018. Disease-induced assemblage of a plant-beneficial bacterial consortium. ISME J, 12(6): 1496-1507.

Bilen M, Dufour J C, Lagier J C, et al. 2018. The contribution of culturomics to the repertoire of isolated human bacterial and archaeal species. Microbiome, 6(1): 94.

Chaudhary D K, Khulan A, Kim J. 2019. Development of a novel cultivation technique for uncultured soil bacteria. Sci Rep, 9(1): 6666.

Chen D W, Liu S J, Du W. B. 2019. Chemotactic screening of imidazolinone-degrading bacteria by microfluidic SlipChip. J Hazard Mater, 366: 512-519.

Cui L, Yang K, Li H Z, et al. 2018. Functional Single-Cell Approach to Probing Nitrogen-Fixing Bacteria in Soil Communities by Resonance Raman Spectroscopy with $^{15}N_2$ Labeling. Anal Chem, 90(8): 5082-5089.

Davis J J, Wattam A R, Aziz R K, et al. 2020. The PATRIC Bioinformatics Resource Center: expanding data and analysis capabilities. Nucleic Acids Res, 48(D1): D606-D612.

Gardner T S, Jeremiah J F. 2005. Reverse-engineering transcription control networks. Physics of Life Reviews, 2(1): 65-88.

Gu L S, Li Y Y, Zhang S W, et al. 2021. Molecular-scale axial localization by repetitive optical selective exposure. Nat Methods, 18(4): 369-373.

Hu Q L, Tan L, Gu S S, et al. 2020. Network analysis infers the wilt pathogen invasion associated with non-detrimental bacteria. NPJ Biofilms Microbi, 6(1): 8.

Jung D, Liu L W, He S. 2021. Application of in situ cultivation in marine microbial resource mining. Mar Life Sci Tech, 3(2): 148-161.

Jung D, Seo E Y, Epstein S S, et al. 2014. Application of a new cultivation technology, I-tip, for studying microbial diversity in freshwater sponges of Lake Baikal, Russia. FEMS Microbiol Ecol, 90(2): 417-423.

Kaeberlein T, Lewis K, Epstein S S. 2002. Isolating "uncultivable" microorganisms in pure culture in a simulated natural environment. Science, 296(5570): 1127-1129.

Kawanishi T, Shiraishi T, Okano Y, et al. 2011. New Detection Systems of Bacteria Using Highly Selective Media Designed by SMART: Selective Medium-Design Algorithm Restricted by Two Constraints. PLoS One, 6(1): e16512.

Laura D N, Sara L, Susheel B B, et al. 2021. PathoFact: A pipeline for the prediction of virulence factors and antimicrobial resistance genes in metagenomic data. Microbiome, 9(1): 49.

Lee Y J, Van Nostrand J D, Tu Q C, et al. 2013. The PathoChip, a functional gene array for assessing pathogenic properties of diverse microbial communities. ISME J, 7(10): 1974-1984.

Leininger S, Urich T, Schloter M, et al. 2006. Archaea predominate among ammonia-oxidizing prokaryotes in soils. Nature, 442(7104): 806-809.

Li M, Pommier T, Yin Y, et al. 2022. Indirect reduction of *Ralstonia solanacearum* via pathogen helper inhibition. ISME J, 16(3): 868-875.

Liang J S, Mao G N, Yin X L, et al. 2020. Identification and quantification of bacterial genomes carrying antibiotic resistance genes and virulence factor genes for aquatic microbiological risk assessment. Water Res, 168: 115160.

Liu B, Zheng D D, Zhou S Y, et al. 2022. VFDB 2022: A general classification scheme for bacterial virulence factors. Nucleic Acids Res, 50(D1): D912-D917.

Liu S J, Moon C D, Zheng N, et al. 2022. Opportunities and challenges of using metagenomic data to bring uncultured microbes into cultivation. Microbiome, 10(1): 76.

Lu T, Yao B, Zhang C. 2012. DFVF: Database of fungal virulence factors. Database, 2012: bas032.

Manome A, Zhang H, Tani Y, et al. 2001. Application of gel microdroplet and flow cytometry techniques to selective enrichment of non-growing bacterial cells. FEMS Microbiol Lett, 197(1): 29-33.

Mao C H, Abraham D, Wattam A R, et al. 2015. Curation, integration and visualization of bacterial virulence factors in PATRIC. Bioinformatics, 31(2): 252-258.

McCoubrey L E, Gaisford S, Orlu M, et al. 2022. Predicting drug-microbiome interactions with machine learning. Biotechnol Adv, 54: 107797.

Nichols D, Cahoon N, Trakhtenberg E M, et al. 2010. Use of iChip for High-Throughput *In Situ* Cultivation of Uncultivable Microbial Species. Appl Environ Microbiol, 76(8): 2445-2450.

Nurk S, Bankevich A, Antipov D, et al. 2013. Assembling single-cell genomes and mini-metagenomes from chimeric MDA products. J Comput Biol, 20(10): 714-737.

Pickett B E, Sadat E L, Zhang Y, et al. 2012. ViPR: an open bioinformatics database and analysis resource for virology research. Nucleic Acids Res, 40(D1): D593-D598.

Qin H Y, Wang S, Feng K, et al. 2019. Unraveling the diversity of sedimentary sulfate-reducing prokaryotes (SRP) across Tibetan saline lakes using epicPCR. Microbiome, 7(1): 71.

Rodriguez-Valera F. 2004. Environmental genomics, the big picture? FEMS Microbiol Lett, 231(2): 153-158.

Sayers S, Li L, Ong E, et al. 2019. Victors: a web-based knowledge base of virulence factors in human and animal pathogens. Nucleic Acids Research, 47(D1): D693-D700.

Schraivogel D, Kuhn T M, Rauscher B, et al. 2022. High-speed fluorescence image-enabled cell sorting. Science, 375(6578): 315-320.

Spencer S J, Tamminen M V, Preheim S P, et al. 2016. Massively parallel sequencing of single cells by epicPCR links functional genes with phylogenetic markers. ISME J, 10(2): 427-436.

Su X Q. 2021. Elucidating the Beta-Diversity of the Microbiome: From Global Alignment to Local Alignment. mSystems, 6(4): e0036321.

Sun Z, Liu X D, Jing G C, et al. 2022. Comprehensive understanding to the public health risk of environmental microbes via a microbiome-based index. J Genet Genomics, 49(7): 685-688.

Urban M, Cuzick A, Seager J, et al. 2020. PHI-base: the pathogen—host interactions database. Nucleic Acids Res, 48(D1): D613-D620.

Vartoukian S R, Palmer R M, Wade W G. 2010. Strategies for culture of 'unculturable' bacteria. FEMS Microbiol Lett, 309(1): 1-7.

Wang Y, Xu J B, Kong L C, et al. 2020. Raman-activated sorting of antibiotic-resistant bacteria in human gut microbiota. Environ Microbiol, 22(7): 2613-2624.

Wei Z Y, Feng K, Wang Z J, et al. 2021. High-Throughput Single-Cell Technology Reveals the Contribution of Horizontal Gene Transfer to Typical Antibiotic Resistance Gene Dissemination in Wastewater Treatment Plants. Environ Sci Technol, 55(17): 11824-11834.

Xian W D, Salam N, Li M M, et al. 2020. Network-directed efficient isolation of previously uncultivated Chloroflexi and related bacteria in hot spring microbial mats. NPJ Biofilms Microbi, 6(1): 20.

Xiao N J, Zhou A F, Kempher M L, et al. 2022. Disentangling direct from indirect relationships in association networks. Proc Natl Acad Sci USA, 119(2): e2109995119.

Zengler K, Toledo G, Rappe M, et al. 2002. Cultivating the uncultured. Proc Natl Acad Sci USA, 99(24): 15681-15686.

第十三章　环境生物安全的监测与诊断

环境微生物与人类健康和生活息息相关，其引发的安全问题对生态环境和人体健康造成巨大的潜在威胁。那么环境微生物主要是研究什么的呢？举例来说，2020年初新冠疫情的暴发引起了人们对全球大流行疾病的关注。在短期无法生产出安全有效的疫苗的背景下，病毒的监测和诊断对于有效控制疾病蔓延意义巨大。显然，在新的大规模流行性病毒的肆虐风险下，环境微生物安全领域的研究迫在眉睫。因此，对于环境微生物安全的监测和有效诊断，进而采取适当适时的环境控制手段是一项必要的工作。

科学技术的进步使得环境微生物的监测和诊断方法不断更迭。例如，培养法是传统的微生物检测方法，实时荧光定量 PCR（real time fluorogenic quantitative PCR，qPCR）技术能够完成几乎实时的致病微生物检测工作，而传感器的研发和进步正在帮助水质安全工作者实时检测水体污染；又如，微生物示踪技术能够准确帮助人们定位分辨粪便微生物污染源，而分型溯源技术是研究致病微生物暴发、分析暴发源头的重要方法。此外，微生物定量风险评估（quantitative microbial risk assessment，QMRA）技术能够帮助人们确定病原微生物风险的大小，以及权衡和改进病原风险控制措施。综上所述，本章将介绍环境生物安全监测和诊断涉及的重要技术与方法，主要包括环境微生物的检测与定量方法、示踪与溯源方法和微生物定量风险评估技术（图 13-1）。

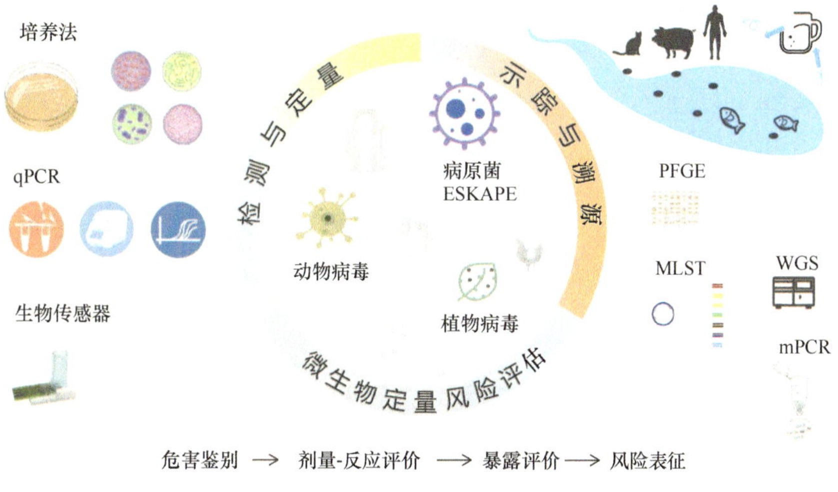

图 13-1　本章摘要图

qPCR：定量 PCR；mPCR：多重 PCR；ESKAPE：一类临床上常见的致病菌；WGS：全基因组测序；MLST：多点位序列分型；PFGE：脉冲场凝胶电泳分型

第一节　环境微生物的检测与定量

一、培养法

培养分离和计数微生物方法被广泛应用于评估微生物群落多样性和定量研究某一特定微生物。由于每种微生物对培养基和生长条件的要求多变且苛刻，环境中的大部分微生物无法在实验室条件下培养，只有少数能在特定培养基生长的已知微生物能够实现纯培养。微生物培养基的种类多种多样，一般包括液体和固体培养基。培养基的核心营养成分包括：糖（提供异养细菌碳源）或 CO_2（自养细菌）；氨、氨基酸、蛋白质或肉汤提取物提供的氮源；pH 缓冲液及其他金属离子和微量元素。从环境中“抽取”某一种目标微生物进行培养时，对环境样品的稀释是十分必要的，稀释好的溶液更有利于后续物理或化学分散。常用的稀释液主要包括无菌水、生理盐水及 PBS 缓冲液等。一般土壤颗粒附着多达百万的微生物，因此从土壤颗粒培养微生物的第一步为培养液的稀释。与土壤样品相比，水中所含微生物浓度低，因此通常采用过滤的方法将微生物截留在滤膜上。

涂布培养（spread plate method）是最常用的培养和计数方法之一，是指将含有微生物的培养液倾倒在固体培养基平板后均匀涂布微生物的方法。在适当条件下，细菌或真菌利用培养基培养一段时间后会形成菌落形成单位（colony forming unit，cfu），所谓计数指的就是对某一稀释浓度下 cfu 的统计。与细菌和真菌不同，目前在环境微生物学科中病毒检测和培养所使用的主要方法为细胞培养和噬菌斑形成单位（plaque forming unit，pfu）法。细胞培养法的原理是为病毒生长和复制提供细胞。pfu 法中则提供细菌作为病毒复制所需的营养。诸如肠道病毒（enterovirus）会在培养基上形成噬菌斑。噬菌斑的成因源于病毒的活动，一般用 pfu 来计数，概念上类似 cfu。

与涂布培养相似的另一技术为稀释培养计数法（most probable number，MPN）。此方法所基于的原理是对培养溶液进行极限稀释（原理上要求稀释到不含有目标微生物为止）。一般对每一个稀释梯度的菌液都需要 5～10 个重复样品，在适当培养条件下培养后对每一结果进行二元信息统计（针对某一特定生理结果，如产气、培养基变浑浊等）。MPN 的优点是根据细菌功能和生化特性计数，但缺点为需消耗大量人力和财力。

培养法常应用于对细菌、真菌、病毒这类致病微生物的诊断。致病细菌的种类繁多，多数为革兰氏阴性；致病细菌的培养与一般细菌培养方法相同，涂布培养为主要手段。但针对不同致病细菌的理化特点，培养基的成分存在较大差异。常见致病菌的培养基成分总结见表 13-1。值得注意的是有些致病细菌培养时间较长，因此需快速鉴定结果的培养法不适用。自然界存在的致病真菌有上百种，且自然环境中的真菌通过人或动物的活动进而对宿主进行感染是其中较为重要的传播途径（鲁莎等，2007）。例如，暗色丝孢霉病被发现是由吸入土壤中的真菌孢子从而引发的感染；另外，申克孢子丝菌也可经由土壤传播（鲁莎等，2007）。除土壤外，以空气为媒介的真菌传播也不容轻视，特别是在医院环境中的真菌感染会严重危害病患健康（Li et al.，2021）。培养真菌时常使用抗生素，目的是抑制环境中细菌的生长。由于肉眼难以区分相近的真菌种类，真菌的检测与鉴定工作一般在培养之后进行，通过分子生物学的方法来确认真菌种类。病毒培养的难点并不在于形态学或其生理生化特征，而是其难以在实验室条件下培养。上述 pfu 也只适用于几种细菌的噬菌体（phage），而大部分致病病毒的培养工作还是依赖细胞培养的方法为病毒提供“能源”。例如，人类的诺如病毒可在人肠道干细胞衍生的肠溶素中被培养，但针对来源不同的诺如病毒，所需培养液还需不断优化（Ettayebi et al.，2021）。另外，由于致病病毒的培养通常伴随着一定的健康风险，因此病毒的鉴定通常使用分子生物学方法。

表 13-1　致病细菌培养基

致病细菌	培养基	温度（℃）	培养时间	是否需氧	营养方式	革兰氏性状	参考文献
不动杆菌属	羊血琼脂	37		需氧	异养	阴性	Alsan and Klompas，2010
洋葱伯克霍尔德氏菌	胰蛋白酶大豆琼脂	28			异养	阴性	Mendes et al.，2007
耳念珠菌	血液和巧克力				异养	阴性	Larkin et al.，2017
肠杆菌	脑心浸液肉汤	37			异养	阴性	Lerner et al.，2013
铜绿假单胞菌	LB 培养基	37	16～24 h	需氧	异养	阴性	LaBauve and Wargo，2012
金黄色葡萄球菌	胰蛋白酶大豆琼脂（TSA）、脑心浸液琼脂和 LB 琼脂	15～45		兼性厌氧	异养	阳性	Missiakas and Schneewind，2013
大肠杆菌	LB	37	8～16 天	兼性厌氧	异养	阴性	Soini et al.，2008
肠球菌	基本培养基（6.5%氯化钠），肉汤，琼脂	10～45	24 h	兼性需氧	异养	阳性	García-Solache and Rice，2019
肺炎克雷伯菌	含有 1%肌醇的西蒙斯柠檬酸盐琼脂	37	48 h	兼性厌氧	异养	阴性	Jackson et al.，2005
幽门螺杆菌	添加 7%马血清的脑心灌注培养皿	37	2～3 天	微需氧	异养	阴性	Jiang and Doyle，2000
沙门氏菌属	氯化镁孔雀绿大豆胨（RVS）	40.5～42.5	18～24 h	需氧	异养	阴性	Taskila et al.，2012
军团菌	缓冲木炭酵母提取物琼脂	37	3～4 天	需氧	异养	阴性	Chatfield and Cianciotto，2013
霍乱弧菌	LB，分离可采用琼脂	37	16～24 h	兼性厌氧	异养	阴性	Martínez et al.，2010
志贺菌	刚果红琼脂平板，TSB 或 LB	37		兼性厌氧	异养	阴性	Payne，2019
弯曲杆菌属	非选择性 5%血琼脂平板	37		微需氧	异养	阴性	Kirk et al.，2016

二、qPCR 方法

qPCR 是一种 PCR 的衍生技术，qPCR 技术能通过荧光标记探针或双链 DNA 染料（如 SYBR Green）巧妙地把核酸扩增、杂交、光谱分析和实时检测计算技术结合起来，然后借助荧光信号实时检测每一循环反应产物。荧光标记物与扩增产物结合后，被激发的荧光强度就与扩增产物量成正比，从而可以实现精确、实时定量。

由于具有灵敏度高、分析周期相对较短等优点，qPCR 在环境致病微生物检测领域中使用广泛。随着测序技术的不断发展及测序数据的不断积累，理论上为每种微生物设计特定的 qPCR 引物是可能的。另外，在引入适当的对照条件下，可实现每次反应可检测多个目标片段的多重 qPCR（Janse et al.，2013）。qPCR 的检测范围比较广（10～10^7 基因拷贝/μl）。检测限（limit of detection，LOD）和扩增效率（efficiency，*E*）是 qPCR 的重要参数。检测限通常是指对样品的最大稀释倍数。扩增效率一般通过标准曲线的斜率进行计算。一般情况下，*E*=1 指的是每次 qPCR 反应产生的 DNA 量为之前的 2 倍，*E* 值为 0.9～1.1 表示 qPCR 反应体系工作良好。基于实际使用情况（试剂、仪器和操作等）的不同，qPCR 实验的重复性和复制性尤其重要。因此，美国国家环境保护署（United States Environmental Protection Agency，USEPA）一直致力于标准化方法的研发工作，并已在实际水质检测工作中应用标准化 qPCR 方法（Li et al.，2019）。

目前已报道多种致病微生物的 qPCR 方法。如表 13-2 所示，研发人员所展示的最小检测限并不统一：有的检测限所针对的是 cfu，而有的则以基因拷贝或其他浓度单位表示。因此，如需选择灵敏度高的 qPCR 反应，需仔细研读不同方法的适用条件。qPCR 方法也应用于致病病毒。需要注意的是，除需关注不同检测限外，根据病毒遗传信息的不同，qPCR 所针对的目标也不同。

表 13-2　常见的致病细菌与病毒的 qPCR 检测

致病微生物	疾病	qPCR 检测限（每个反应）	PCR 类型	参考文献
肠道沙门氏菌	伤寒、胃肠炎	40 个拷贝	TaqMan PCR	González-Escalona et al.，2009
小肠结肠炎耶尔森菌	败血症	1 cfu	TaqMan PCR	Sen，2000
创伤弧菌	坏死性筋膜炎、胃肠炎、败血症	10 cfu/ml	TaqMan PCR	Takahashi et al.，2005
鸟型结核分枝杆菌	肺部感染	<1 个细胞/ml	qPCR	Jacobs et al.，2009
嗜肺军团菌	军团病	80 个拷贝/L	qPCR	Merault et al.，2011
大肠杆菌 O157:H7	胃肠炎、溶血性尿毒综合征	7 cfu 或 1 个拷贝	RT-qPCR	Liu et al.，2010
单核细胞增生李斯特菌	李斯特菌病	1 个拷贝或 3 cfu	二重 RT-PCR	Chen et al.，2017
霍乱弧菌	霍乱	2.6 个拷贝	多重 RT-PCR	Gubala，2006
空肠弯曲杆菌	胃肠炎	10 个拷贝	qPCR	Leblanc-Maridor et al.，2011

续表

致病微生物	疾病	qPCR 检测限（每个反应）	PCR 类型	参考文献
幽门螺杆菌	慢性胃炎	2～3 个拷贝	qPCR	Janzon et al.，2009
志贺菌属	志贺菌病	1～3 cfu	mRT-PCR	Deer and Lampel，2010
副溶血性弧菌	肠胃疾病	15 cfu/ml	ddPCR	Lei et al.，2020
腺病毒	胃肠炎、呼吸道疾病、结膜炎	8 个拷贝	RT-PCR	Damen et al.，2008
诺如病毒	胃肠炎	<10 个拷贝	TaqMan RT-PCR	Jothikumar et al.，2005
肠道病毒	瘫痪、脑膜炎、心肌炎、胃肠炎	0.08 pfu	RT-qPCR	Gregory et al.，2006
甲肝病毒	传染性肝炎	10 个拷贝	RT-PCR	Costafreda et al.，2006
戊型肝炎病毒	传染性肝炎	4 个拷贝	TaqMan RT-PCR	Jothikumar et al.，2006

三、生物传感器

在公共卫生和健康安全领域，上述小节所提到的方法在病原菌的检测及定性工作中通常被称为传统方法，传统实验室方法虽较为准确但需消耗大量人力、财力且需要专业的设备和具备专业技能的科研工作者才能完成相关检测工作。与传统方法对应的快速检测方法为生物传感器法，一般是指利用抗体蛋白的特点而设计的快速且敏感的低耗和易操作的方法。生物传感器根据信号转导方式一般可分为光学传感器、机械传感器和电化学生物传感器。若根据反应类型分类，生物传感器可分为抗体传感器、核酸适配体传感器及噬菌体传感器。表 13-3 总结了常见的用于检测全细菌细胞的生物传感器。

表 13-3　用于检测全细菌细胞的生物传感器

细菌	传感器性质	表面处理化合物	生物受体	最低检测限	样品类型	参考文献
大肠杆菌	黄金	SAM-生物素-中性亲和素	生物素抗体	10 cfu/ml	提取的全细菌蛋白溶液	Maalouf et al.，2007
金黄色葡萄球菌	纳米多孔氧化铝	环氧硅烷	抗体	10^2 cfu/ml	细菌悬浊液	Tan et al.，2011
空肠弯曲杆菌	玻璃碳	*O*-羧甲基壳聚糖表面修饰的 Fe_3O_4 纳米颗粒	单克隆抗体	1.0×10^3～1.0×10^7 cfu/ml	悬浮在 PBS 中的细菌悬浊液	Huang et al.，2010
硫酸盐还原菌	玻璃碳	用壳聚糖加 1%戊二醛还原的石墨烯片	抗体	1.8×10^1～1.8×10^7 cfu/ml	生理盐水悬浮菌体	Wan et al.，2011
鼠伤寒沙门氏菌	黄金	SAM-戊二醛	抗体	NA	牛奶	Mantzila et al.，2008
诺如病毒	金纳米颗粒改性的丝网印刷碳电极	5′位修饰的 6-羟基己基二硫化物	AG3 适体	180 病毒颗粒	病毒悬浮在缓冲液中，实验室条件	Giamberardino et al.，2013

续表

细菌	传感器性质	表面处理化合物	生物受体	最低检测限	样品类型	参考文献
不动杆菌属	光学（荧光）	CRISPR-Cas12a的荧光检测方法	Aci49 适体	3 cfu/ml	血清	Li et al.，2020a
气单胞菌属	光学（荧光）	氧化石墨烯	Apt1 适体	1.5 cfu/ml	缓冲液中的悬浮菌体	Zhu et al.，2019
铜绿假单胞菌	光学（荧光）	荧光素标记	氨基修饰的铜绿假单胞菌适体	1 cfu/ml	细菌悬浊液水、橙子、冰棍	Zhong et al.，2018
沙门氏菌	电化学传感器	修饰电极	硫醇化适体ssDNA	3 cfu/ml	生理盐水细菌悬浊液	Ma et al.，2014
志贺菌	电化学传感器	修饰电极	金纳米粒子修饰的阻抗型适体	1 cfu/ml	磷酸盐缓冲溶液悬浮细菌	Zarei et al.，2018
霍乱弧菌	高亲和力ELASA 系统	基于 ELASA 的系统中识别霍乱弧菌O1	V.ch47 适体	10^4 cfu/ml	含有 1%牛血清白蛋白（BSA）的洗涤缓冲液中的悬浮细菌	Mojarad and Gargaria，2020

注：NA 表示数据不可得。本章余同

光学传感器主要利用抗体与抗原反应后传感器表面的光学性质改变来检测和监控致病菌。此种传感器的核心原理是通过传感器表面荧光标记的抗体来产生光学信号，光学信号的强弱与被检测传感器表面的致病菌浓度正相关。作为应用较为成功的生物传感器，光学传感器已被成功应用在大肠杆菌的快速检测中。光学传感器一个最主要的优势是能够只检出具有活性的大肠杆菌，从而真正地反映出致病菌的数量而非总微生物负荷（bulk bacteria）。另一个应用广泛的传感器为电化学生物传感器（electrochemical biosensor），特别是阻抗式电化学生物传感器（impedimetric electrochemical biosensor），它的基本原理是根据电子氧化还原介体（redox mediator）的存在与否检测微生物的数量多少。微生物检测的生物传感器方法与酶测方法相比具有更高的灵敏性和特异性，且不需要添加额外的试剂，操作简单，适用于很多致病菌快速检出。

生物传感器的生物受体大多是抗体，而核酸适配体的生物传感器是除抗体传感器外另一受到广泛重视的生物传感器。核酸适配体是指短的 DNA 或 RNA 核苷酸片段。这些特殊的短片段能够折叠插入到特定的核酸结构从而主动选择并结合待分析的目标。传统 qPCR 方法的局限性在于不能够区分死亡的细菌，从而高估了致病菌的实际浓度。此外，qPCR 对实验操作水平有着较高的要求，且环境中的多种化学物质都能干预反应，从而增加了检测的困难（Gentry-Shields et al.，2013）。为了应对这些问题，核酸适配体传感器的方法被引入进来，与传统方法结合使用（Ahmed et al.，2014）。核酸适配体传感器设计的核心是能够稳定被识别的生物底物受体（Kumar et al.，2018）。核酸适配体这段单链DNA或RNA能够折叠进入复杂的结构中并通过氢键或静电作用力等与受体紧密结合（McKeague et al.，2015）。核酸适配体方法的优点是价格较低且易对其表面特性进行修饰（Strehlitz et al.，2012）。此外，核酸适配体通常通过指数富集的配体系统进化（systematic evolution of ligands by exponential enrichment，SELEX）技术筛选获得。

第二节 环境微生物的示踪和溯源

一、微生物示踪

水质安全对人类健康至关重要。作为重要的点污染源（point source pollution，PSP），污水厂的监控受到水质安全相关工作人员和政府部门持续多年的关注。微生物污染源主要来自人和动物粪便（Frick et al.，2020）。水质微生物污染检测方法为粪便污染指示菌（fecal indicator microorganism，FIB）法。FIB 主要通过对指示菌浓度的测量推断水体中所存有的微生物浓度。粪便污染指示菌法的最大缺点在于不能溯源污染源头，因此微生物源示踪（microbial source tracking，MST）技术应运而生且在近年来被广泛使用。MST 技术包括生物、化学及物理追踪等方法，但最常见和广泛使用的是分子生物学方法。MST 主要优点在于能够通过特定的针对不同动物宿主肠道的微生物的检测定位粪便污染源，污染源头的确定能够指导开展修复工作。目前，筛选出的 MST 微生物包括大肠菌群（coliform）、粪大肠菌群（fecal coliform）、大肠杆菌（*Escherichia coli*）和肠球菌（*Enterococcus*）这类温血动物肠道及粪便中普遍存在的细菌，研究与应用最多的当属大肠杆菌和肠球菌，这类细菌的检测结果可以作为环境样品是否受到生物源污染的判别依据（郭萍等，2016）。

除水体检测外，MST 还可以用于揭示动物的行为。现有研究已成功地将人类（Qin et al.，2010；Wang et al.，2012）、小鼠（Zhang et al.，2010）、猕猴（McKenna et al.，2008）、鸡（Lan et al.，2005；Torok et al.，2008）的肠道微生物群落与宿主的生理行为联系起来。20 世纪 70 年代，亚洲鲤鱼逃脱圈养并入侵美国密西西比河大部分流域，与本地鱼类竞争食物资源，这种生物入侵将有可能导致不可逆的生态变化。为了控制亚洲鲤鱼的种群数量，有必要了解本土和入侵鱼类的行为，而鱼的肠道菌群和排入水中的粪便可以很好地反映它们的饮食偏好、生理行为和在河流中的存在。研究人员调查和比较了来自密西西比河流域中部地区的亚洲鲤鱼和本土鱼类的肠道菌群，揭示了其肠道微生物群落的复杂性和多样性，这些信息有助于监测和管理亚洲鲤鱼种群。例如，通过肠道微生物信息可以发现和设计宿主特异性生物标记物，开发潜在的宿主特异性分子监测分析，以确定淡水中亚洲鲤鱼和本地鱼类的存在与数量，并控制亚洲鲤鱼的种群数量（Ye et al.，2014）。

根据采样地微生物组成特点，可将 MST 分为文库依赖（library dependent method）和文库非依赖（library independent method）两种方法。具体来说，文库依赖法是指通过培养方法，对采样地区域和样品可能存在的不同动物粪便中微生物群落进行整体分析。该方法通过比较文库和环境分离物之间的相似性，来评估粪便污染的程度，并推断粪便细菌的潜在来源。尽管文库依赖法比较费时费力，但该法的地域特异性和时效性较强。文库非依赖性法更为常用，它不需要构建文库，而是使用特定的遗传标记来识别特定来源的微生物。文库非依赖性法的一大优点在于它不容易出现假阳性或重叠结果，因为它们只寻找环境中特定信号的存在（Edge et al.，2010）。下面将介绍两种典型的文库非依赖型 MST 和文库依赖型 MST。

（一）qPCR 非依赖型 MST 法

qPCR 是一种典型的文库非依赖型 MST 方法，它依托于对动物肠道微生物的深入探究，针对高特异和高丰度的微生物设计引物及探针。表 13-4 总结了现阶段针对人、牛、猪、狗和鸟类等的 MST 标记。目前 USEPA 一直致力于标准化方法的研究工作。所谓标准化方法是指对环境微生物 DNA 提取、qPCR 和数据分析等有一套完整的操作流程和常见问题解答及数据标准化处理。从表 13-4 可以看出，拟杆菌属（*Bacteroides*）这种厌氧革兰氏阴性菌被研究者广泛使用，因其是肠道中的主要厌氧菌群，数量众多且在环境中不可繁殖，同时具有较高分类水平的宿主特异性基因标记。王显贵等（2013）建立了 qPCR 定量检测水体中猪源拟杆菌特异性生物标记的方法，以宿主特异性引物定量识别检测水体中猪源拟杆菌 16S rRNA 基因拷贝数，从而明确水体受猪场废水污染的程度。该方法在混合菌群中表现出了很好的特异性，能够排除其他寄主来源拟杆菌的干扰。尽管拟杆菌属使用广泛，但科研人员对找寻新型示踪标记的脚步从未停止。随着测序技术和相关研究不断进步，标记特异性的工作不断得到深入探究。

表 13-4 微生物示踪标记方法总结

标记名称	体系类型	目标微生物	宿主	是否标准化*
HF183/BacR287	TaqMan	*Bacteroides* spp.（拟杆菌属）	人	是
HumM2	TaqMan	*Bacteroides* spp.（拟杆菌属）	人	是
HF183	TaqMan	*Bacteroides* spp.（拟杆菌属）	人	否
CPQ_056	NA	crAssphage（交叉组装噬菌体）	人	是
CPQ_064	NA	crAssphage（交叉组装噬菌体）	人	是
ESP	NA	*Enterococcus*（肠球菌属）	人	否
VTB4-Fph	NA	coliphage（肠噬菌体）	人	否
PMMV	NA	Pepper Mild Mottle Virus（辣椒轻斑驳病毒）	人	否
SM2-P6	NA	Polyomaviruses（多瘤病毒属）	人	否
Rum2Bac	TaqMan	*Prevotella* spp.（普氏菌属）	反刍动物	是
Pig2Bac	NA	*Bacteroides* spp.（拟杆菌属）	猪	是
CowM2	TaqMan	*Bacteroides* spp.（拟杆菌属）	牛	是
CowM3	TaqMan	*Bacteroides* spp.（拟杆菌属）	牛	是
DG3	TaqMan	*Bacteroides* spp.（拟杆菌属）	狗	是
DG37	TaqMan	*Bacteroides* spp.（拟杆菌属）	狗	是
GFD	SYBR Green	*Helicobacter* spp.（幽门螺杆菌属）	鸟	否
EC23S857	NA	*Escherichia coli*（大肠杆菌）	全部粪便	否

*标准化是指被 USEPA 按照标准化流程写入操作手册中

（二）宏基因组 MST 法

MST 在复杂环境宏基因组样本中的应用是一项具有挑战性的任务。尽管如此，宏基因组 MST 方法对于识别宿主特异性粪便标记物及其与环境的关联可能非常有用。宏基因组 MST 方法通常是文库依赖型 MST，即通过对不同来源动物粪便 16S rRNA 基因进行宏基因组测序，构建出粪便源的微生物文库，然后与水样中的微生物群落进行对比，最终识别出微生物污染来源及相对贡献量。宏基因组摆脱了耗时耗力的纯培养方法而一次性地获取整个群落的信息，同时也摆脱 PCR 的偏好性。当碎片化的 DNA 信息被重新组装和整合之后，可通过 NCBI、KEGG 和 MG-RAST 等数据库从基因组和分子水平了解微生物群落的功能和效用。在基于宏基因组的 MST 分析中，crAssphage（交叉组装噬菌体）是最常用的人类粪便指标。这是一个从人类肠道中分离出的噬菌体，能感染肠道拟杆菌，并且 crAssphage 病毒和细菌宿主可长期稳定地共存，使其成为人类粪便污染追踪的主要标记物（Ballesté et al.，2019）。

宏基因组数据集的分析会消耗大量的时间和计算资源。机器学习方法提供了对大型宏基因组数据集的统计分析。机器学习方法经常用于疫情调查（Zhang et al.，2015）、疾病预测（Myszczynska et al.，2020）、疾病诊断（Hemedan et al.，2020）和个性化医疗（Xia et al.，2017）。一般来说，机器学习方法需要对参考标记集进行分类，称为训练数据集，随后在查询数据集中进行搜索（Tarca et al.，2007）。目前常用的机器学习方法是 SourceTracker（Knights et al.，2011）。SourceTracker 作为一种基于贝叶斯算法的机器学习方法，从微生物群落的角度全面解析污染源看，可一次识别并分析出多个污染源所占比例，同时可以排除由于标记物差异性较差而产生的假阳性结果。如表 13-5 所示，面对高通量测序的大量数据，SourceTracker 具有完成多领域溯源工作的能力，如识别盗窃犯罪嫌疑人、抗生素抗性基因（antibiotic resistance gene，ARG）溯源等。这为识别不同污染来源提供了便利，但 SourceTracker 的分析时间较长，还有待算法的进一步优化。

表 13-5 SourceTracker 用于微生物示踪

应用领域	样品类型	分析内容	性能指标	相对贡献量	参考文献
粪便溯源	冲浪区水	微生物群落结构	NA	山地土壤（44%）、污水（20%）	Li et al.，2020b
粪便溯源	河流水样	微生物群落结构	识别污染源的准确率为 91%	NA	Staley et al.，2018
粪便溯源	城市河流水	微生物群落结构	NA	雨水排放口（75%～91%）	Baral et al.，2018
粪便溯源	河流水样	微生物群落结构	NA	污水处理厂（25%～52%），奶牛（18%～49%）	Sun et al.，2017
粪便溯源	污水处理厂出水	微生物群落结构	NA	污水处理厂进水（9%～61%）	Ahmed et al.，2017
粪便溯源	海滩水	微生物群落结构	NA	处理后的污水（主要），未经处理的污水	Henry et al.，2016
粪便溯源	河流水样	微生物群落结构	NA	人类 1%～13%	Ahmed et al.，2015
粪便溯源	污水厂处理厂进水	微生物群落结构	NA	粪便 4%～29%	Shanks et al.，2013
粪便溯源	污水厂处理厂进水	微生物群落结构	NA	人类 10%	Newton et al.，2013
法医溯源	地板、门把、桌面和其他表面的样本	微生物群落结构	与家庭表面匹配的准确率为 77%，与公共表面匹配的准确率为 42%	NA	Wilkins et al.，2021
法医溯源	门把手上的皮肤残留	微生物群落结构	准确检测的概率为 20%～25%	NA	Hampton-Marcell et al.，2020

续表

应用领域	样品类型	分析内容	性能指标	相对贡献量	参考文献
ARG 溯源	河流沉积物、雨水管内水样、污水处理厂出水和进水	ARG	NA	污水处理厂（81.6%～92.1%）	Chen et al.，2019
ARG 溯源	人类粪便、动物粪便、活性污泥、自然环境样品污水处理厂的进出水	ARG	预测 ARG 所在样品类型的准确率：在人类粪便中 92%，在动物粪便中 88%，在污水中 95%，在自然环境样品中 84%	污水处理厂 16%～47%，人类粪便 2%～3%，动物粪便 3%～4%	Li et al.，2018

二、致病微生物的分型和溯源

致病微生物的分型和溯源是现代公共卫生传染病监测领域的重要组成部分。

致病微生物感染的发病机制涉及病原体向宿主的传播、宿主定植、宿主存活和组织损伤多个步骤。目前，抗生素的大量使用导致耐药细菌的出现，大大地降低了有效治疗细菌感染的可能性。微生物的分型可将致病菌精确区分，属同种但不同型别微生物之间的生物学特性具有一定差异，这将导致其防治措施不同。通过对致病微生物的分型和溯源研究，可以确定引起感染的细菌菌株种类和来源，从而制定正确的治疗及预防方案，防止疾病的暴发。最早的致病微生物溯源分型方法包括血清分型、噬菌体分型、脉冲场凝胶电泳（pulsed field gel electrophoresis，PFGE）分型等。随着现代分子生物学及测序技术的发展，进一步衍生出了多种现代化致病微生物分型溯源技术，包括多位点序列分型（multilocus sequence typing，MLST）、全基因组测序（whole genome sequencing，WGS）、核心基因组多位点序列分型（core-genome MLST，cgMLST）、多重 PCR（multiplex PCR，mPCR）等方法，已在致病微生物鉴定分型领域得到广泛应用。本小节将介绍不同分型方法的原理、分型能力及适用范围，以期为致病微生物溯源分型方法的选择提供依据。

（一）脉冲场凝胶电泳法

脉冲场凝胶电泳（PFGE）是由 Schwarz 和 Cantor（1984）开发的一种通过比较基因型特征来区分物种内不同菌株的方法。PFGE 方法使用的限制性内切酶，如 *Xba* Ⅰ、*Spe* Ⅰ、*Not* Ⅰ等，能识别染色体 DNA 上的少数位点，并将其随机切断并产生 10～30 个 10～800 kb 的限制性片段。这些大的 DNA 片段无法通过常规电泳分离，可以使用脉冲场凝胶电泳通过周期性改变电流方向被有效分离（Fang et al.，2010）。尽管 PFGE 提供的遗传信息（如致病性、毒力或抗生素耐药性基因）不如全基因组测序那么详细，但由于这项技术具有高辨别力、低成本和高可重复性的优点，它仍然是识别和追踪病原体最广泛使用的方法之一（Wattiau et al.，2011；Zou et al.，2010）。PFGE 被认为是鉴别沙门氏菌的“金标准”，用于人类、食物和食用动物等样品中的沙门氏菌的分型示踪已有 20 余年（Wattiau et al.，2011；Zou et al.，2010）。PFGE 的成功应用促进了 PulseNet 数据库的开发，该数据库存储了自 1996 年以来美国和欧洲本土人群的 500 多种血清型的 35 万多种 PFGE 模式（Zou et al.，2013）。如表 13-6 所示，截至目前，除了沙门氏菌，PFGE 技术已在李斯特菌、鲍曼不动杆菌、克雷伯菌、肠球菌、黄杆菌、金黄色葡萄球菌及马氏伯克霍尔德氏菌等多个菌种的流行病溯源中得到广泛应用。

表 13-6　PFGE 在流行病溯源中的应用

年份	菌种	样品	应用	参考文献
1990	沙门氏菌	分离物	沙门氏菌鉴定、分型、指纹识别、流行病学分型	Threlfall and Frost，1990
2005	李斯特菌	分离物	疫情暴发分型	Jang et al.，2005
2009	鲍曼不动杆菌、大肠杆菌和克雷伯菌属	临床分离株	识别暴发并监测医院感染的传播率，比较来自不同环境的分离株的 PFGE 指纹图谱	Durmaz et al.，2009
2010	肠沙门氏菌	食用动物、生产设施和临床诊断	疫情暴发分型	Zou et al.，2010
2014	粪肠球菌	沿海水	粪便污染源追踪	Furukawa and Suzuki，2013
2020	金黄色葡萄球菌	分离物	全球跟踪金黄色葡萄球菌感染源并确定菌株的遗传相关性	He and Reed，2020
2021	马氏伯克霍尔德氏菌	分离物	分子分型、暴发检测、病原体系统发育、分子流行病学研究	Dashtipour et al.，2021
2021	黄单胞菌属	番茄品种和杂草	流行病学研究	Dashtipour et al.，2021

（二）多位点序列分型法

多位点序列分型（MLST）是一种通过测序细菌管家基因的内部片段来进行细菌分型的方法。MLST 的最大优点是序列数据明确，分离株的等位基因谱可以很容易地通过互联网与大型数据库进行比较。此外，MLST 可以减少运输活细菌的需要，因为 PCR 产物的核苷酸序列测定可以从杀死的细胞悬液、纯化的 DNA 或临床材料中获取（Dingle et al.，2001）。随着测序通量增加和成本的降低，MLST 逐渐成为细菌的常规分型方法。

MLST 基因编码的蛋白质处于稳定选择状态，代谢功能保守。然而，由于不同细菌之间管家基因的可变性，没有一组普遍适用于广泛的细菌病原体的 MLST 基因。目前，大多数 MLST 基因的设计方案是通过评估它们在全基因组序列中的注释信息，然后选择达到所需分辨率的最小基因数（Maiden，2006）。通常采用的管家基因数是 7 个。实际运用中，对于已有的成熟 MLST 方案的细菌，可直接从 MLST 数据库（http://pubmlst.org/）中获取分型方案。常见病原菌和病毒的 MLST 基因总结见表 13-7。MLST 通常使用长度为 400～600 bp 的管家基因片段。片段长度的选择始于 20 世纪 90 年代中期，这一选择基于凝胶的测序仪单次运行中能够读取的核苷酸序列长度。这种选择在提高速度和降低成本方面具有明显的优势。

表 13-7 常见致病菌的 MLST 方案

细菌	MLST 基因及其对应酶的名称	参考文献
金黄色葡萄球菌	*arcC*（氨基甲酸激酶）、*aroE*（莽草酸脱氢酶）、*glp*（甘油激酶）、*gmk*（鸟苷酸激酶）、*pta*（磷酸乙酰转移酶）、*tpi*（磷酸丙糖异构酶）和 *yqiL*（乙酰辅酶 A 乙酰转移酶）	Enright et al.，2000
空肠弯曲杆菌	*aspA*（天冬氨酸酶 A）、*glnA*（谷氨酰胺合成酶）、*gltA*（柠檬酸合成酶）、*glyA*（丝氨酸羟甲基转移酶）、*pgm*（磷酸葡萄糖变位酶）、*tkt*（转酮醇酶）和 *uncA*（ATP 合酶，α 亚基）	Dingle et al.，2001
流感嗜血杆菌	*adk*（腺苷酸激酶）、*atpG*（ATP 合酶 F1 亚基 γ）、*frdB*（富马酸还原酶铁硫蛋白）、*fucK*（岩藻糖激酶）、*mdh*（苹果酸脱氢酶）、*pgi*（葡萄糖-6-磷酸异构酶）、*recA*（recA 蛋白）	Meats et al.，2003
奈瑟菌属	*abcZ*（假定的 ABC 转运蛋白）、*adk*（腺苷酸激酶）、*aroE*（莽草酸脱氢酶）、*fumC*（富马酸水合酶）、*gdh*（葡萄糖 6-磷酸脱氢酶）、*pdhC*（丙酮酸脱氢酶亚基）、*pgm*（磷酸葡萄糖变位酶）	Maiden et al.，1998
无乳链球菌	*adhP*（乙醇脱氢酶）、*PheS*（苯丙氨酰 tRNA 合成酶）、*atr*（谷氨酰胺转运蛋白）、*glnA*（谷氨酰胺合成酶）、*sdhA*（丝氨酸脱水酶）、*glcK*（葡萄糖激酶）和 *tkt*（转酮酶的内部片段，400～500 bp）	Jones et al.，2003
肺炎链球菌	*aroE*（莽草酸脱氢酶）、*gdh*（葡萄糖 6-磷酸脱氢酶）、*glcK*（葡萄糖激酶）、*recP*（转酮酶）、*spi*（信号肽酶 I）、*xpt*（黄嘌呤磷酸核糖基转移酶）、*ddl*（D-丙氨酸-D-丙氨酸连接酶）	Enright and Spratt，1998
鲍曼不动杆菌	*gltA*（柠檬酸合成酶）、*gyrB*（DNA 促旋酶亚基 B）、*gdhB*（葡萄糖脱氢酶 B）、*recA*（同源重组因子）、*cpn60*（60 kDa 伴侣蛋白）、*gpi*（葡萄糖 6-磷酸异构酶）、*rpoD*（RNA 聚合酶 σ 因子）	Bartual et al.，2005
铜绿假单胞菌	*acsA*（乙酰辅酶 A 合成酶）、*aroE*（莽草酸脱氢酶）、*guaA*（GMP 合成酶）、*mutL*（DNA 错配修复蛋白）、*nuoD*（NADH 脱氢酶 I 链 C、D）、*ppsA*（磷酸烯醇丙酮酸合成酶）、*trpE*（无烟煤合成酶组分 I）	Curran et al.，2004
粪肠球菌	*adk*（腺苷酸激酶）、*atpA*（ATP 合酶，α 亚基）、*ddl*（D-丙氨酸-D-丙氨酸连接酶）、*gyd*（甘油醛-3-磷酸脱氢酶）、*gdh*（葡萄糖 6-磷酸脱氢酶）、*purK*（磷酸核糖氨基咪唑羧化酶 ATP 酶亚基）和 *pstS*（磷酸 ATP 结合盒转运蛋白）	Homan et al.，2002
霍乱弧菌	*adk*（腺苷酸激酶）、*gyrB*（DNA 旋转酶亚基 B）、*metE*（蛋氨酸合酶）、*mdh*（苹果酸脱氢酶）、*pntA*（吡啶核苷酸转氢酶）、*purM*（磷酸核糖甲酰基甘氨酰胺环连接酶）、*pyrC*（二氢乳清酸酶）	Octavia et al.，2013

MLST 采用通用的命名方案来存储和解释核苷酸序列数据。对于每个基因座（locus），每个等位基因片段（allele fragment）按发现顺序分配一个唯一编号，例如，*adk-1* 是 *adk* 基因座识别的第一个 MLST 等位基因。而对于由 MLST 检查的每个细菌分离物样本，都会有一个由该方案中包含的每个基因座及其编号组成的代码。这些代码被称为等位基因谱或序列类型（sequence type，ST），每个 ST 代表一个独特的核苷酸序列，其中总结了大量的核苷酸序列数据信息。通过 MLST 工具（https://github.com/tseemann/mlst），将测序所得的内部片段序列与每个基因座的已知等位基因进行比较，即可得到分离物的等位基因谱。MLST 技术针对管家基因设计引物对其进行 PCR 扩增和测序，得出每个菌株各个位点的等位基因数值，然后进行等位基因图谱或序列类型鉴定，再根据 MLST 基因之间的序列比对结果，使用最大似然法构建系统发育树图进行聚类分析。

由于 MLST 具有速度快、解释度高、实验室间可比性强和百分之百可重复的优势，常被用作致病菌和病毒的分型和环境溯源方法。例如，2017 年的一项研究中，MLST 用于调查耐甲氧西林金黄色葡萄球菌（methicillin-resistant *Staphylococcus aureus*，MRSA）

的暴发和追踪传播途径。研究人员从印度喀拉拉邦筛选的海鲜和水生环境样品中回收了65株MRSA分离株，表明MRSA菌株在海产品和水生环境中的高度多样性，这提醒人们需要改善海产品生产和加工区域的卫生，以避免交叉污染并限制MRSA通过海产品传播（Murugadas et al.，2017）。

（三）全基因组测序

全基因组测序（WGS）可提供有关生物多样性和进化的大量信息，被广泛应用于病原细菌的分型、溯源和进化分析中。随着基因组测序成本的降低和生物信息分析技术的进步，WGS也逐渐应用于流行病预防控制领域的前沿阵地。目前，全基因组测序基本是基于下一代测序（next generation sequencing，NGS）或者高通量测序（high-throughput sequencing）技术获得。与基于Sanger方法的第一代测序技术相比，NGS提高了测序通量，大幅降低了测序成本和测序时间，且保持了较高的准确性。在基于WGS的病原细菌分子分型方法中，目前应用较为广泛的两种技术是全基因组多位点序列分型（whole genome multilocus sequence typing，wgMLST）和基于全基因组测序的单核苷酸多态性分型（whole genome-based single-nucleotide polymorphism，wgSNP）。这两种方法由于是在全基因组的水平上基于序列多态性进行分型，比传统分子分型方法（PFGE、MLST等）具有更高的分辨力，且具有很好的重复性和实验室间可比性，便于建立公共数据库、实现标准化和网络化应用。

wgSNP是在全基因组序列的水平上选择一定数目的单核苷酸，比较不同基因组中单核苷酸多态性（single nucleotide polymorphism，SNP）信息，从而将同一个种内的不同菌株进行分型。wgSNP基于基因组重测序的方法进行，可以根据参考序列进行比对搜索SNP，也可以在样本之间进行两两或者多重比对搜索SNP。不同的病原菌由于其基因组成分不同，SNP的数量和分布存在差异。目前已有报道的病原细菌wgSNP方法见表13-8。wgSNP已被用于多起传染病暴发事件中分离菌株的分型和分子流行病学分析。

表13-8　常见病原菌的wgSNP方案及评价（周海健和阚飙，2016）

菌种	使用的全基因组序列数量	SNP数目	暴发菌株SNP数目	分辨力评价（与其他方法比较评价）	参考文献
霍乱弧菌	34	752	1～2	高于PFGE	Hendriksen et al.，2011
大肠埃希菌O104:H4	17	21	2～19	高于PFGE	Grad et al.，2012
结核分枝杆菌	36	204	未给出	高于MIRU-VNTRs	Gardy et al.，2011
MRSA	10	449	1～51	高于MLST	Köser et al.，2012
肺炎克雷伯菌	319	未给出	20	高于MLST	Onori et al.，2015
肠炎沙门菌	52	2 353	未给出	高于PFGE、MLVA和CRISPR-MVLST分型	Deng et al.，2015
猪链球菌	85	58 501	未给出	未比较	Chen et al.，2013
酿脓链球菌	6	186	未给出	高于PFGE和emm分型	Ben et al.，2012
嗜肺军团菌	53	9 165	未给出	未比较	Qin et al.，2016

2010 年 1 月 12 日，海地发生里氏 7.0 级地震。震后重建之际，海地暴发了霍乱疫情，疫情可能与被污染的食物和水有关。PFGE 将海地暴发菌株与南亚菌株和其他一些地区的菌株分为相同或者极其相似的带型。Hendriksen 等（2011）对 2010 年分离自尼泊尔的 24 株霍乱弧菌进行了全基因组测序，并与 3 株海地暴发菌株和已公布全基因组序列的全球其他地区分离的 7 株霍乱弧菌进行比对分析，在 34 株霍乱弧菌中筛选出 752 个 SNP。结果显示，海地暴发菌株和尼泊尔菌株聚集成簇，两者之间只存在 1～2 个 SNP 的差异，而与其他菌株的差异较大，表明海地霍乱暴发的菌株来源于尼泊尔。因此，全基因组测序分型对霍乱暴发菌株的分辨力高于 PFGE。

wgMLST 方法使用核心基因组序列，适用于具有封闭基因组的单克隆病原体的密切相关变体的分型，所以也叫核心基因组多位点序列分型（core genome multilocus sequence typing，cgMLST）。wgMLST 与传统的 MLST 分型的不同之处在于：MLST 检测和比对 7 个基因位点的序列差异，而 cgMLST 检测和比对成百上千个基因位点的序列差异。在 cgMLST 中，沿用传统 MLST 的数据分析方法，以基因比对的方式在核心基因组中搜寻等位基因差异，赋予每个菌株一组等位基因编号来进行分型（Maiden et al.，2013）。这种以基因为单元的比对和分型方法，比传统的 MLST 方法具有更高的分辨力，与 wgSNP 分型相比则降低了对生物信息分析的要求，在结核分枝杆菌、金黄色葡萄球菌、嗜肺军团菌等多种病原菌的分型和分子流行病学研究中已经得到了应用（周海健和阚飙，2016）。

（四）多重 PCR

尽管流行病溯源调查的传统方法以基于培养的全基因组测序（WGS）为代表，然而由于病原菌培养困难、生长缓慢且危险，许多病原菌的 WGS 仍然有限。为了避免培养，可以直接对样本进行宏基因组测序，但表征低频生物体所需的测序工作可能很昂贵。为了克服以上问题，以多重 PCR 为基础的测序技术逐渐发展起来。

多重 PCR（mPCR）是在一个反应体系中进行两种及以上 PCR 片段特异性扩增的技术，由 Chambehian 等（1988）提出，其反应原理、操作过程及仪器均与常规 PCR 相同，优势在于可以对不同的模板实现一次性同时扩增，检测通量有所提升，同时在引入定量内参的情况下，还可指征模板的数量情况。多重 PCR 的难点在于，若想在一个体系中实现上百、上千甚至上万个片段的特异性扩增，并非简单地将引物混合扩增就行。不同引物的特异性、不同扩增片段本身的特异性及扩增条件均为需要综合考虑的内容。设计多重 PCR 时，至少需要综合考虑以下几点因素。

（1）目的基因片段的选择

需要扩增的目的基因片段需要具有足够的特异性，否则容易在退火阶段出现不同基因片段之间的非特异性配对，导致 PCR 效率降低。

（2）引物设计

引物设计要具有特异性，即多对引物之间不能互补，尤其需要避免 3′端互补。长度：引物需要具有一定的长度实现其特异性，但较长的引物更容易引起引物二聚体形成，降低引物有效浓度。退火温度：引物 T_m 值需要相对高一些以提高退火温度，在后续多重

PCR 中选用最低退火温度以增加扩增特异性。

（3）反应体系

反应体系中各组分需满足每对引物对应靶点扩增量的需求。比如 dNTP 能够结合 Mg^{2+}，但 DNA 聚合酶发挥活性有赖于游离的 Mg^{2+}，因此 dNTP 和 Mg^{2+}的浓度需要有所平衡；DNA 聚合酶含量过低造成扩增产物的降低，含量过高容易导致不同浓度模板的不均匀扩增及背景扩增升高等问题。

测序前的 PCR 扩增有助于提高检测的灵敏度，促进从具有低细菌负荷的环境样品中获得序列数据。该方法在流行病学分型中得到了广泛的应用。在物种分型中，首先用多重 PCR 技术扩增多位点序列的基因，接着再进行测序鉴定获得相应的位点序列以识别菌株的分型种类。在溯源中，物种分型可以评估病例之间的密切程度，将分离物分类为不相关或足够密切相关以代表流行病的传播情况。该方法越来越多地被运用于流行病暴发时病毒的追踪和风险调查。由于病毒的序列较短，感染样品中病毒的全基因组可由多重 PCR 扩增获得。Kim 等（2016，2018）、Quick 等（2017）、Stubbs 等（2020）、Kentaro 等（2020）、Tyson 等（2020）、Lin 等（2021）、Park 等（2021）、Liu 等（2022）曾应用多重 PCR 测序的技术，获得了汉坦病毒、寨卡病毒、登革热病毒，以及新冠病毒的全基因组序列。然而，由于细菌基因组较大，多重 PCR 测序技术在细菌溯源中的应用较少。目前，只有 Zhang 等（2021）运用该技术在尿液样品中获得了 11 个淋球菌靶向基因的序列，从而获得了淋球菌的分型。

第三节　环境生物安全的微生物定量风险评估

一、微生物定量风险评估

微生物定量风险评估（quantitative microbial risk assessment，QMRA）是指以数学方式定量评估病原微生物引起人类感染、致病或致死风险的概率。定量风险评估有助于我们理解和管理病原危害，特别是对经过环境迁移等各因素传播的病原微生物有较好的风险评估效果。经评估后获得的定量信息能更好地确定病原微生物风险的大小，以及权衡和改进病原风险控制措施。微生物定量风险评估在中英美法等很多国家已逐步成为一种评估和控制病原微生物风险的有效方法，如地表水和自来水病原风险预测、海洋雨水病原风险管理、废水处理和利用过程中病原风险预测等，我国在微生物风险评估方面的研究处于很稳健的发展阶段，已经应用到众多环境污染问题中。

微生物风险评估始于 20 世纪 90 年代，早期的微生物风险评估源于化学风险评估框架。随着微生物风险评估领域的发展，目前已逐渐形成了一套专门用于进行微生物风险评估的方案。微生物风险分析是指对可能存在病原及其有毒因子的危害预测，并在此基础上采取规避或降低危害影响的措施，由风险评估、风险管理和风险交流共同构成风险分析体系，其最终目标是保护生态环境，维护安全健康。

NAS 四步法是 1983 年由美国国家环境保护署（USEPA）提出的一种针对事故、空气、水和土壤等介质污染造成人体健康风险的评估方法。该方法既可以对地下水污染进行定性分析，也可以进行定量分析、定性定量相结合，有利于风险表征结果的量化和分析，能够为风险管理决策者提供更加翔实的参考，同时也能够为污染防治和修复工作提供数据支持。NAS 四步法由以下这四个方面的内容组成。

（一）危害鉴别

在微生物定量风险评估中，首先是对病原因子（细菌、病毒、酵母、霉菌、藻类、寄生性原虫和蠕虫及其毒素或代谢产物）进行危害识别，即对可能存在于水、土壤、食品和空气中的能够对人体健康造成不良后果的可疑风险源（即病原及其毒素）进行鉴定和识别。其目的是利用流行病学、监测、临床、病原微生物和环境或文献资料等信息来鉴定或确认风险，并尽可能量化风险，将风险危害进行表征。危害表征是指定量评估因危害引起的不良结果及其性质。危害表征关注的是特定微生物、微生物与宿主之间潜在或已知的致病机制，以及微生物的毒力和致病性。在微生物定量风险评估中，根据目的和病原特性，采用传统鉴定方法或者分子生物学方法将病原鉴定到适当的水平（如属、种或型），并获得病原的定量信息（如水、食品中的具体浓度）。通过危害识别和危害表征识别并量化病原因子，进而确定病原与其危害之间的定量关系。由于宿主和环境因素也会影响到微生物及因子在环境中的持久性、传播性和潜在暴露水平，因此宿主和环境因素也是危害识别和表征所涉及的内容。

（二）剂量-反应评价

剂量-反应评价（dose-response assessment）是确定病原及其毒素的暴露水平（剂量）与相应健康不良效果的严重程度和发生频度之间的关系。在微生物定量风险评估中，剂量-反应评价的目标是建立个体或特定人群暴露于一定剂量病原与引起健康不良反应（如感染、发病或死亡）可能性之间的定量关系，提供因暴露病原及其毒素而发生健康不良结果的可能性、严重性和持续时间的定量描述，一般可用剂量-反应数学模型进行计算。剂量-反应模型是用数学关系描述当个人或人群暴露特定剂量病原时，个人或人群发生健康不良结果或在人群中产生不良后果的概率。用于建立剂量-反应模型的数据通常来自健康成人志愿者的临床试验，也可用传染病暴发时的流行病学数据建立动态剂量-反应模型。但是，同一剂量可能引起感染、致病或死亡的不同结果，除取决于微生物的毒力、感染性等因素外，还取决于宿主及环境因素。因此，同一病原可能出现不同的剂量-反应模型和参数值。而剂量水平可用传统方法获得微生物具体数量，如隐孢子虫的孢子数、病菌的菌落形成单位、病毒的噬菌斑，也可通过分子生物学等其他方法来测量病原剂量水平，如病原的基因拷贝数或等价细胞数，或半数感染量。在微生物定量风险评估中最普遍常用的剂量-反应模型为指数模型（exponential model）和 β-泊松模型（β-Poisson model）。一般来说，β-泊松模型要比指数模型平缓一些，指数模型简单方便，但得到的结果并不细致。原生动物和病毒多选用指数模型、贝叶斯层次模型、双参数模型（如对数正态模型、对数逻辑斯蒂模型和极值模型）和三参数模型（如韦布尔模型）等进行微生物定量风险评估。由于感染到发病的条件模型很难被确定，以上大多数剂量-反应模型评价的是剂量与感染之间的可能性。表 13-9 总结了对常见病原体的微生物定量风险评估中所用到的模型。

表 13-9 在不同环境介质中常见病原体的微生物定量风险评估模型

环境介质	样品来源	检测指标	模型母体公式
饮用水	污水处理厂	弯曲杆菌、诺如病毒和隐孢子虫、大肠杆菌和产气荚膜梭菌	β-泊松模型 $P_{\inf}=1-(1+d/\beta)^{-\alpha}$
牙科诊室	医护人员和患者	嗜肺军团菌	指数模型 $P_{\inf}=1-e-rd$
垃圾填埋场	生物气溶胶	产肠毒素大肠杆菌、福氏志贺菌和空肠弯曲杆菌	终点风险评价 $P_{\text{ann}}=1-\prod_{i=1}^{n}(1-P_{\inf})_i$
农业环境	土壤	大肠菌群和肠球菌	指数模型 $P_{\inf}=1-e-rd$
降雨迁流	动物粪便微生物	总大肠菌群、大肠杆菌和肠球菌	指数模型 $P_{\inf}=1-e-rd$ 终点风险评价 $P_{\text{ann}}=1-\prod_{i=1}^{n}(1-P_{\inf})_i$
污水处理厂	废水	新型冠状病毒	β-泊松模型 $P_{\inf}=1-(1+d/\beta)^{-\alpha}$
废水系统、固体废物填埋场及医疗环境	生物气溶胶	腺病毒	指数模型 $P_{\inf}=1-e-rd$

（三）暴露评价

暴露评价（exposure assessment）是指测量或估计暴露强度、频率和持续时间的整个过程，同时也涉及暴露个体的数量和特性。在暴露评价时，除了要考虑接触介质、接触途径、接触浓度和频率、接触持续时间等因素，环境条件的潜在影响，以及暴露人群的种类、社会经济状态、人群大小、区域差异、免疫状态、接触人群的分布、社会/行为习惯等也是暴露评价应考虑的因素。

暴露评价分为定性暴露评价和定量暴露评价，定性暴露评价是对暴露进行定性描述，定量暴露评价是定量估计不同微生物剂量的可能性和量度评估的可信度。在定量暴露评价中，涉及接触、摄入或潜在暴露剂量的量化，包括传播媒介中的微生物浓度（如某一消费点自来水中具有感染性的活隐孢子虫孢囊浓度）、接触程度（大小、频率和持续时间）、受体的量化生物特征（如暴露人群的种类、人群大小、对微生物病原体的免疫水平）等。

（四）风险表征

风险表征（risk characterization）是危害鉴定、暴露评价和剂量-反应关系 3 个步骤的综合，同时也是连接微生物健康风险评估和微生物风险管理的桥梁。风险表征利用上一步骤的剂量-反应模型，结合暴露研究，确定有害结果发生的概率，可接受的风险水平及评价结果的不确定性等，并进行表述，为风险管理者提供详细而准确的评价结果。因为病原微生物进入新的宿主后，宿主可能成为新的传染源，所以病原微生物除了“环境-人”的传播途径，还可以通过“人-人”或“人-环境-人”等二级传播方式感染。基于此，又可将微生物定量风险评估分为动态 QMRA 和静态 QMRA。动态 QMRA 考虑了人群的动态水平，模型参数涉及所有的传播路径。静态 QMRA 聚焦于“环境-人”的单一暴露途径，并认为多重暴露或循环暴露的情况是相互独立的事件，这种评估方式隐含的前提是二级传播途径可忽略不计。动态 QMRA 虽然结果更精确，却过于复杂，评价成本高、难度大，目前多以静态 QMRA 为主。考虑到评价终点与不确定性分析的方法的不同，风险表征有多种形式。

终点风险评价最常用的母公式是 P_{ann} 结果公式，表示个体在一年时间受到的感染风险。假设每次暴露条件下，宿主抵抗感染的能力都不变化，那么以 P_{ann} 表征年感染风险的计算可表示为

$$P_{\text{ann}} = 1 - \prod_{i=1}^{n}(1 - P_{\text{inf}})_i$$

式中，n 为 1 年内的暴露次数，P_{inf} 表示 1 次暴露感染病原微生物的概率。这种以感染风险为评价终点的方式受到了学者的广泛质疑，因为不是所有的感染都会致病，P_{ann} 描述的感染风险并不能很好地反映出真实的致病风险。不同病原体感染不同免疫状况的人群也可能导致不同的疾病，不同疾病对人体的健康产生不同影响，这些信息在 P_{ann} 中都难以获取。

整个微生物定量风险评估过程的每一步都存在着一定的不确定性，主要集中在暴露评价和剂量-反应模型两个环节。风险评估中的不确定性主要分为三类：参数不确定性、模型不确定性和评价方案不确定性，因此在实际风险评估的过程中应结合各自不确定性分析对最终的风险评估结果进行一定的修正。

二、微生物定量风险评估在跨介质传播中的具体应用

（一）微生物在水介质中的传播风险评估

微生物定量风险评估常常应用于水介质的传播中，通常采用几种典型水体污染源如弯曲杆菌、诺如病毒和隐孢子虫作为参考病原体的水传播媒介，可有效评估出微生物在水介质传播的风险。研究表明，以弯曲杆菌和诺如病毒作为参考病原体，在水厂安装超滤膜可有效改善饮用水的质量，同时还可有效降低病原体在饮用水中的传播（Sköld et al.，2022）。此外，相关研究通过加拿大魁北克的两个饮用水处理厂各处理过程实施数据监控，以评估不同水源条件下全面处理过程的微生物所带来的风险。在混凝、絮凝、过滤和紫外线消毒过程的流入和流出处收集大量水样（50～1500 L），实时地自动监测水源中的 β-D-葡萄糖醛酸酶活性并分析两种天然存在的替代生物：大肠杆菌和产气荚膜梭菌。将水源中隐孢子虫和产气荚膜梭菌丰度变化数据输入到微生物定量风险评估模型，以估计与通过饮用处理过的饮用水接触隐孢子虫相关的每日感染风险。结果发现，水源中的每日平均大肠杆菌和隐孢子虫的丰度在这些饮用水处理厂全年均位于前 5%（农业区）或前 15%（城市区）。微生物定量

风险评估结果表明对于这两个饮用水处理厂，混凝/絮凝/沉淀过程有效增强了对细菌和细菌孢子的去除性能，此外通过絮凝层澄清、压载澄清和快速砂滤对大肠杆菌和产气荚膜梭菌的减少并未反弹（Sylvestre et al.，2021）。动物粪便中常常含有大量微生物，对人类健康构成潜在的生物威胁，在导致径流的偶发性降雨事件中，固体废物和土壤中的微生物可能会迁移到地表径流中，从而污染地表水资源。相关微生物定量风险评估发现在草地上施用生物基肥料后对粪便污染指示菌的暴露评价：总大肠菌群、大肠杆菌和肠球菌，结合实验现场结果，巴氏杀菌消化物在所有施肥条件下都显示出非常低的风险。如果在施用肥料后 48 h 内预报有降雨，应限制施用生物基肥料，以防止微生物传播（Nag et al.，2021）。

（二）微生物在固定场所之间的传播风险评估

一些微生物在医院、污水处理厂等固定场所具有很高的传播风险。当微生物在这些区域内容易对相关居民造成传染病时，通常需要进行传播风险评估。嗜肺军团菌是一种典型的细菌性呼吸道病原体，常感染于各大牙科诊所内。由于牙科设备水线的高表面积与体积比，牙科诊所存在吸入嗜肺军团菌的潜在风险，同时还有利于细菌生物膜的生长。由于牙科设备（如超声波洁牙机）会在呼吸区内产生细小气溶胶，牙科诊所存在吸入嗜肺军团菌的潜在风险。通过构建牙科应用中嗜肺军团菌的微生物定量风险评估（QMRA）模型，发现在仪器清洗（即冲洗）和每小时换气 1～2 次的情况下，牙科医护人员和患者的平均每次接触感染概率超过了万分之一的感染风险基准。清洗期间工人的每次接触风险和佩戴 N95 口罩的工人的年度风险均未超过感染风险基准。将治疗室的换气率从每小时 1～2 次增加到 10 次，可将风险降低约 85%，而使用 N95 口罩可将风险降低约 95%。风险评估工作和微生物控制的改进将受益于扩大牙科应用中嗜肺军团菌的有效防控（Hamilton et al.，2021）。新型冠状病毒（SARS-CoV-2）因其高度的传染性和致病性而引起全球关注，污水处理厂中废水内 SARS-CoV-2 的水平传播风险很严重，尤其是当污水处理厂需要大量使用消毒剂、处理污泥等操作时易对工人人身安全造成潜在二次污染。基于污水处理厂的流行病学和微生物定量风险评估可有效对新型冠状病毒在废水中的传播风险进行评估，中国火神山医院污水处理厂的成功运行，可作为其他存在病毒风险的污水处理系统的示例和参考。火神山医院运行前开展的微生物风险评估工作，为全球提供了确保污水安全并及时应对 COVID-19 大流行的有效范例（Meng et al.，2021）。有机肥料是从农业场所向人类传播微生物疾病的重要中间者，通过微生物定量风险评估可有效调查在经农田环境后人类对病原体的潜在暴露。从农场到餐桌这一途径中，土壤中微生物指标（总大肠菌群和肠球菌）和食源性病原体在人类食用时可能会受到微生物的污染。因此，相关的检查过程应包括中温厌氧消化期间的病原体灭活、巴氏杀菌、储存、扩散时稀释、土壤腐烂、收获后洗涤等过程，以及最后监测超市零售冷藏储存期间潜在生长的病原体。相关研究中微生物定量风险评估表明产气荚膜梭菌、诺如病毒和纽波特沙门氏菌的年度风险概率非常低，巴氏杀菌更大程度上降低了人体被污染的年度风险概率（Nag et al.，2022）。

（三）病原体在气体环境中的传播风险评估

在对开放式废物填埋场的生物气溶胶对公共卫生的潜在风险研究中，选择了三种参考病原体进行评估：产肠毒素大肠杆菌、福氏志贺菌和空肠弯曲杆菌。空气中的细菌通量是对风险影响最大的因素，结果表明，来自生物气溶胶的粪便细菌在当地存在不可忽视的感染风险，最严重的空肠弯曲杆菌的年感染个数中位数为 18。由此可见，气溶胶内传染微生物的风险很大，不可轻易忽视（Rocha-Melogno et al.，2022）。腺病毒（adenovirus）污染的生物气溶胶往往携带着相关的微生物风险，经常发现于包括废水系统、固体废物填埋场及医疗环境和办公室的厕所，不同场所下分别具有不同的暴露时间。相关监测显示，在所有场所下的评估都存在腺病毒，从而证实腺病毒广泛传播，但腺病毒的平均浓度不同。基于这些浓度的 QMRA 结果表明，厕所感染病毒的可能性最高，其次是污水处理厂和城市固体废物填埋场（Carducci et al.，2016）。

（夏　雨）

参 考 文 献

郭萍, 李红娜, 李峰. 2016. MST 与水环境生物源污染定量化溯源. 农业环境科学学报, 35(2): 205-211.

鲁莎, 席丽艳, 鲁长明. 2007. 病原真菌生态学研究现状及方法. 中国真菌学杂志, 2(5): 304-307.

王显贵, 郭萍, 田云龙, 等. 2013. 利用 qPCR 定量检测水体中猪源拟杆菌特异性生物标记的研究. 农业环境科学学报, 32(11): 2302-2308.

周海健, 阚飙. 2016. 细菌基因组分型方法的应用研究进展. 疾病监测, 31(8): 668-675.

Ahmed A, Rushworth J V, Hirst N A, et al. 2014. Biosensors for whole-cell bacterial detection. Clinical Microbiology Reviews, 27(3): 631-646.

Ahmed W, Staley C, Sadowsky M J, et al. 2015. Toolbox approaches using molecular markers and 16S rRNA gene amplicon data sets for identification of fecal pollution in surface water. Applied and Environmental Microbiology, 81(20): 7067-7077.

Ahmed W, Staley C, Sidhu J, et al. 2017. Amplicon-based profiling of bacteria in raw and secondary treated wastewater from treatment plants across Australia. Applied Microbiology and Biotechnology, 101(3): 1253-1266.

Alsan M, Klompas M. 2010. *Acinetobacter baumannii*: An emerging and important pathogen. Journal of Clinical Outcomes Management, 17(8): 363-369.

Ballesté E, Pascual-Benito M, Martín-Díaz J, et al. 2019. Dynamics of crAssphage as a human source tracking marker in potentially faecally polluted environments. Water Research, 155: 233-244.

Baral D, Speicher A, Dvorak B, et al. 2018. Quantifying the relative contributions of environmental sources to the microbial community in an urban stream under dry and wet weather conditions. Applied and Environmental Microbiology, 84(15): e00896-18.

Bartual S G, Seifert H, Hippler C, et al. 2005. Development of a multilocus sequence typing scheme for characterization of clinical isolates of *Acinetobacter baumannii*. Journal of Clinical Microbiology, 43(9): 4382-4390.

Ben Z N L, Venturini C, Beatson S A, et al. 2012. Analysis of a *Streptococcus pyogenes* puerperal sepsis cluster by use of whole-genome sequencing. J Clin Microbiol, 50(7): 2224-2228.

Carducci A, Donzelli G, Cioni L, et al. 2016. Quantitative microbial risk assessment in occupational settings applied to the airborne human adenovirus infection. International Journal of Environmental Research and Public Health, 13(7): 733.

Chamberlain J S, Gibbs R A, Rainer J E, et al. 1988. Deletion screening of the Duchenne muscular dystrophy locus via multiplex DNA amplification. Nucleic Acids Research, 16(23): 11141-11156.

Chatfield C H, Cianciotto N P. 2013. Culturing, media, and handling of *Legionella*. Methods in Molecular Biology, 954: 151-162.

Chen C, Zhang W, Zheng H, et al. 2013. Minimum core genome sequence typing of bacterial pathogens: A unified approach for clinical and public health microbiology. Journal of Clinical Microbiology, 51(8): 2582-2591.

Chen H Y, Bai X M, Li Y Z, et al. 2019. Source identification of antibiotic resistance genes in a peri-urban river using novel crAssphage marker genes and metagenomic signatures. Water Research, 167: 115098.

Chen J Q, Healey S, Regan P, et al. 2017. PCR-based methodologies for detection and characterization of *Listeria monocytogenes* and *Listeria ivanovii* in foods and environmental sources. Food Science and Human Wellness, 6(2): 39-59.

Costafreda M I, Bosch A, Pintó R M. 2006. Development, evaluation, and standardization of a real-time TaqMan reverse transcription-PCR assay for quantification of hepatitis A virus in clinical and shellfish samples. Applied and Environmental Microbiology, 72(6): 3846-3855.

Curran B, Jonas D, Grundmann H, et al. 2004. Development of a multilocus sequence typing scheme for the opportunistic pathogen *Pseudomonas aeruginosa*. Journal of Clinical Microbiology, 42(12): 5644-5649.

Damen M, Minnaar R, Glasius P, et al. 2008. Real-time PCR with an internal control for detection of all known human adenovirus serotypes. Journal of Clinical Microbiology, 46(12): 3997-4003.

Dashtipour S, Tadayon K, Yazdansetad S, et al. 2021. Genomic pattern analysis of *Burkholderia mallei* field isolates by pulsed-field gel electrophoresis (PFGE) discriminatory typing. Iranian Journal of Microbiology, 13(5): 574-582.

De L R R, Baldi A, Fernández-Sánchez C, et al. 2009. Selective detection of live pathogens via surface-confined electric field perturbation on interdigitated silicon transducers. Analytical Chemistry, 81(10): 3830-3835.

Deer D M, Lampel K A. 2010. Development of a multiplex real-time PCR assay with internal amplification control for the detection of *Shigella* species and enteroinvasive *Escherichia coli*. Journal of Food Protection, 73(9): 1618-1625.

Deng X Y, Shariat N, Driebe E M, et al. 2015. Comparative analysis of subtyping methods against a whole-genome-sequencing standard for *Salmonella enterica* serotype Enteritidis. Journal of Clinical Microbiology, 53(1): 212-218.

Dingle K E, Colles F M, Wareing D R A, et al. 2001. Multilocus sequence typing system for *Campylobacter jejuni*. Journal of Clinical Microbiology, 39(1): 14-23.

Durmaz R, Otlu B, Koksal F, et al. 2009. The optimization of a rapid pulsed-field gel electrophoresis protocol for the typing of *Acinetobacter baumannii*, *Escherichia coli* and *Klebsiella* spp. Jpn J Infect Dis, 62(5): 372-377.

Edge T A, Hill S, Seto P, et al. 2010. Library-dependent and library-independent microbial source tracking to identify spatial variation in faecal contamination sources along a Lake Ontario beach (Ontario, Canada). Water Science and Technology, 62(3): 719-727.

Enright M C, Day N P J, Davies C E, et al. 2000. Multilocus sequence typing for characterization of methicillin-resistant and methicillin-susceptible clones of *Staphylococcus aureus*. Journal of Clinical Microbiology, 38(3): 1008-1015.

Enright M C, Spratt B G. 1998. A multilocus sequence typing scheme for *Streptococcus pneumoniae*: identification of clones associated with serious invasive disease. Microbiology, 144(11): 3049-3060.

Ettayebi K, Tenge V R, Cortes-Penfield N W, et al. 2021. New insights and enhanced human norovirus cultivation in human intestinal enteroids. Msphere, 6(1): e01136-20.

Fang H, Xu J, Ding D, et al. 2010. An FDA bioinformatics tool for microbial genomics research on molecular characterization of bacterial foodborne pathogens using microarrays. BMC bioinformatics. BioMed Central, 11(6): 1-11.

Frick C, Vierheilig J, Nadiotis-Tsaka T, et al. 2020. Elucidating fecal pollution patterns in alluvial water resources by linking standard fecal indicator bacteria to river connectivity and genetic microbial source tracking. Water Research, 184: 116132.

Furukawa T, Suzuki Y. 2013. A proposal for source tracking of fecal pollution in recreational waters by pulsed-field gel electrophoresis. Microbes and Environments, 28(4): 444-449.

García-Solache M, Rice L B. 2019. The *Enterococcus*: A model of adaptability to its environment. Clinical Microbiology Reviews, 32(2): e00058-18.

Gardy J L, Johnston J C, Ho Sui S J, et al. 2011. Whole-genome sequencing and social-network analysis of a tuberculosis outbreak. New England Journal of Medicine, 364(8): 730-739.

Gentry-Shields J, Wang A, Cory R M, et al. 2013. Determination of specific types and relative levels of QPCR inhibitors in environmental water samples using excitation-emission matrix spectroscopy and PARAFAC. Water Research, 47(10): 3467-3476.

Giamberardino A, Labib M, Hassan E M, et al. 2013. Ultrasensitive norovirus detection using DNA aptasensor technology. PLoS One, 8(11): e79087.

González-Escalona N, Hammack T S, Russell M, et al. 2009. Detection of live *Salmonella* sp. cells in produce by a TaqMan-based quantitative reverse transcriptase real-time PCR targeting *invA* mRNA. Applied and Environmental Microbiology, 75(11): 3714-3720.

Grad Y H, Lipsitch M, Feldgarden M, et al. 2012. Genomic epidemiology of the *Escherichia coli* O104:H4 outbreaks in Europe, 2011. Proc Natl Acad Sci USA, 109(8): 3065-3070.

Gregory J B, Litaker R W, Noble R T. 2006. Rapid one-step quantitative reverse transcriptase PCR assay with competitive internal positive control for detection of enteroviruses in environmental samples. Applied and Environmental Microbiology, 72(6): 3960-3967.

Gubala A J. 2006. Multiplex real-time PCR detection of *Vibrio cholerae*. Journal of Microbiological Methods, 65(2): 278-293.

Hamilton K A, Kuppravalli A, Heida A, et al. 2021. Legionnaires' disease in dental offices: Quantifying aerosol risks to dental workers and patients. Journal of Occupational and Environmental Hygiene, 18(8): 378-393.

He Y P, Reed S. 2020. Pulsed-field gel electrophoresis typing of *Staphylococcus aureus* strains. Methods in Molecular Biology, 2069: 79-88.

Hemedan A A, Abd Elaziz M, Jiao P C, et al. 2020. Prediction of the vaccine-derived poliovirus outbreak incidence: A hybrid machine learning approach. Scientific Reports, 10(1): 1-12.

Hendriksen R S, Price L B, Schupp J M, et al. 2011. Population genetics of *Vibrio cholerae* from Nepal in 2010: Evidence on the origin of the Haitian outbreak. mBio, 2(4): e00157-11.

Henry R, Schang C, Coutts S, et al. 2016. Into the deep: evaluation of SourceTracker for assessment of faecal contamination of coastal waters. Water Research, 93: 242-253.

Homan W L, Tribe D, Poznanski S, et al. 2002. Multilocus sequence typing scheme for *Enterococcus faecium*. Journal of Clinical Microbiology, 40(6): 1963-1971.

Huang J L, Yang G J, Meng W J, et al. 2010. An electrochemical impedimetric immunosensor for label-free detection of *Campylobacter jejuni* in diarrhea patients' stool based on *O*-carboxymethylchitosan surface modified Fe_3O_4 nanoparticles. Biosensors and Bioelectronics, 25(5): 1204-1211.

Jackson C R, Fedorka-Cray P J, Jackson-Hall M C, et al. 2005. Effect of media, temperature and culture conditions on the species population and antibiotic resistance of *Enterococci* from broiler chickens. Letters in Applied Microbiology, 41(3): 262-268.

Jacobs J, Rhodes M, Sturgis B, et al. 2009. Influence of environmental gradients on the abundance and distribution of *Mycobacterium* spp. in a coastal lagoon estuary. Applied and Environmental Microbiology, 75(23): 7378-7384.

Jang S S, Fleet G H, Cox J M. 2005. Pulsed Field Gel Electrophoresis for Subtyping of *Listeria monocytogenes*. Journal of Applied Biological Chemistry, 48(2): 58-64.

Janse I, Hamidjaja R A, Hendriks A C A, et al. 2013. Multiplex qPCR for reliable detection and differentiation of *Burkholderia mallei* and *Burkholderia pseudomallei*. BMC Infectious Diseases, 13(1): 1-8.

Janzon A, Sjöling Å, Lothigius Å, et al. 2009. Failure to detect *Helicobacter pylori* DNA in drinking and environmental water in Dhaka, Bangladesh, using highly sensitive real-time PCR assays. Applied and Environmental Microbiology, 75(10): 3039-3044.

Jiang X, Doyle M P. 2000. Growth supplements for *Helicobacter pylori*. Journal of Clinical Microbiology, 38(5): 1984-1987.

Jones N, Bohnsack J F, Takahashi S, et al. 2003. Multilocus sequence typing system for group B *streptococcus*. Journal of Clinical Microbiology, 41(6): 2530-2536.

Jothikumar N, Cromeans T L, Robertson B H, et al. 2006. A broadly reactive one-step real-time RT-PCR assay for rapid and sensitive detection of hepatitis E virus. Journal of Virological Methods, 131(1): 65-71.

Jothikumar N, Lowther J A, Henshilwood K, et al. 2005. Rapid and sensitive detection of noroviruses by using TaqMan-based one-step reverse transcription-PCR assays and application to naturally contaminated shellfish samples. Applied and Environmental Microbiology, 71(4): 1870-1875.

Kentaro I, Tsuyoshi S, Masanori H, et al. 2020. Aproposal of an alternative primer for the ARTIC Network's multiplex PCR to improve coverage of SARS-CoV-2 genome sequencing. PLoS One, 15(9): e0239403.

Kim W K, Kim J A, Song D H, et al. 2016. Phylogeographic analysis of hemorrhagic fever with renal syndrome patients using multiplex PCR-based next generation sequencing. Scientific Reports, 6(1): 1-8.

Kim W K, No J S, Lee S H, et al. 2018. Multiplex PCR-based next-generation sequencing and global diversity of seoul virus in humans and rats. Emerging Infectious Diseases, 24(2): 249-257.

Kirk K F, Nielsen H L, Thorlacius-Ussing O, et al. 2016. Optimized cultivation of *Campylobacter concisus* from gut mucosal biopsies in inflammatory bowel disease. Gut Pathogens, 8(1): 1-6.

Knights D, Kuczynski J, Charlson E S, et al. 2011. Bayesian community-wide culture-independent microbial source tracking. Nat Methods, 8(9): 761-763.

Köser C U, Holden M T G, Ellington M J, et al. 2012. Rapid whole-genome sequencing for investigation of a neonatal MRSA outbreak. New England Journal of Medicine, 366(24): 2267-2275.

Kumar N, Hu Y, Singh S, et al. 2018. Emerging biosensor platforms for the assessment of water-borne pathogens. Analyst, 143(2): 359-373.

LaBauve A E, Wargo M J. 2012. Growth and laboratory maintenance of *Pseudomonas aeruginosa*. Current Protocols in Microbiology, 25(1): 6E.1.1-6E.1.8.

Lan Y, Verstegen M W A, Tamminga S, et al. 2005. The role of the commensal gut microbial community in broiler chickens. World's Poultry Science Journal, 61(1): 95-104.

Larkin E, Hager C, Chandra J, et al. 2017. The emerging pathogen *Candida auris*: Growth phenotype, virulence factors, activity of antifungals, and effect of SCY-078, a novel glucan synthesis inhibitor, on growth morphology and biofilm formation. Antimicrobial Agents and Chemotherapy, 61(5): e02396-16.

Leblanc-Maridor M, Beaudeau F, Seegers H, et al. 2011. Rapid identification and quantification of *Campylobacter coli* and *Campylobacter jejuni* by real-time PCR in pure cultures and in complex samples. BMC Microbiology, 11(1): 1-16.

Lei S W, Gu X K, Zhong Q P, et al. 2020. Absolute quantification of *Vibrio parahaemolyticus* by multiplex droplet digital PCR for simultaneous detection of *tlh*, *tdh* and *ureR* based on single intact cell. Food Control, 114: 107207.

Lerner A, Adler A, Abu-Hanna J, et al. 2013. Environmental contamination by carbapenem-resistant *Enterobacteriaceae*. Journal of Clinical Microbiology, 51(1): 177-181.

Li D, Van De Werfhorst L C, Dunne T, et al. 2020b. Surf zone microbiological water quality following emergency beach nourishment using sediments from a catastrophic debris flow. Water Research, 176:

115733.
Li J J, Yang S S, Zuo C, et al. 2020a. Applying CRISPR-Cas12a as a signal amplifier to construct biosensors for non-DNA targets in ultralow concentrations. Acs Sensors, 5(4): 970-977.
Li L G, Yin X L, Zhang T. 2018. Tracking antibiotic resistance gene pollution from different sources using machine-learning classification. Microbiome, 6(1): 1-12.
Li X, Sivaganesan M, Kelty C A, et al. 2019. Large-scale implementation of standardized quantitative real-time PCR fecal source identification procedures in the Tillamook Bay Watershed. PLoS One, 14(6): e0216827.
Li X, Wu Z Q, Dang C Y, et al. 2021. A metagenomic-based method to study hospital air dust resistome. Chemical Engineering Journal, 406: 126854.
Lin X, Glier M, Kuchinski K, et al. 2021. Assessing multiplex tiling PCR sequencing approaches for detecting genomic variants of SARS-CoV-2 in municipal wastewater. Msystems, 6(5): e0106821.
Liu H J, Li J H, Lin Y F, et al. 2022. Assessment of two-pool multiplex long-amplicon nanopore sequencing of SARS-CoV-2. Journal of Medical Virology, 94(1): 327-334.
Liu Y M, Wang C, Fung C, et al. 2010. Quantification of viable but nonculturable *Escherichia coli* O157:H7 by targeting the rpoS mRNA. Analytical Chemistry, 82(7): 2612-2615.
Ma X Y, Jiang Y H, Jia F, et al. 2014. An aptamer-based electrochemical biosensor for the detection of *Salmonella*. Journal of Microbiological Methods, 98: 94-98.
Maalouf R, Fournier-Wirth C, Coste J, et al. 2007. Label-free detection of bacteria by electrochemical impedance spectroscopy: comparison to surface plasmon resonance. Analytical Chemistry, 79(13): 4879-4886.
Maiden M C J, Bygraves J A, Feil E, et al. 1998. Multilocus sequence typing: a portable approach to the identification of clones within populations of pathogenic microorganisms. Proceedings of the National Academy of Sciences of the United States of America, 95(6): 3140-3145.
Maiden M C J. 2006. Multilocus sequence typing of bacteria. Annual Review of Microbiology, 60: 561-588.
Maiden M C J, van Rensburg M J J, Bray J E, et al. 2013. MLST revisited: the gene-by-gene approach to bacterial genomics. Nature Reviews Microbiology, 11(10): 728-736.
Mantzila A G, Maipa V, Prodromidis M I. 2008. Development of a faradic impedimetric immunosensor for the detection of *Salmonella typhimurium* in milk. Analytical Chemistry, 80(4): 1169-1175.
Martínez R M, Megli C J, Taylor R K. 2010. Growth and laboratory maintenance of *Vibrio cholerae*. Current Protocols in Microbiology, 17(1): 6A.1.1-6A.1.7.
McKeague M, McConnell E M, Cruz-Toledo J, et al. 2015. Analysis of *in vitro* aptamer selection parameters. Journal of Molecular Evolution, 81(5): 150-161.
McKenna P, Hoffmann C, Minkah N, et al. 2008. The macaque gut microbiome in health, lentiviral infection, and chronic enterocolitis. PLoS Pathogens, 4(2): e20.
Meats E, Feil E J, Stringer S, et al. 2003. Characterization of encapsulated and noncapsulated *Haemophilus* influenzae and determination of phylogenetic relationships by multilocus sequence typing. Journal of Clinical Microbiology, 41(4): 1623-1636.
Mendes R, Pizzirani-Kleiner A A, Araujo W L, et al. 2007. Diversity of cultivated endophytic bacteria from sugarcane: genetic and biochemical characterization of *Burkholderia cepacia* complex isolates. Applied and Environmental Microbiology, 73(22): 7259-7267.
Meng X H, Wang X Y, Meng S J, et al. 2021. A Global Overview of SARS-CoV-2 in Wastewater: Detection, Treatment, and Prevention. Acs Es&T Water, 1(10): 2174-2185.
Merault N, Rusniok C, Jarraud S, et al. 2011. Specific real-time PCR for simultaneous detection and identification of *Legionella pneumophila* serogroup 1 in water and clinical samples. Applied and Environmental Microbiology, 77(5): 1708-1717.
Missiakas D M, Schneewind O. 2013. Growth and laboratory maintenance of *Staphylococcus aureus*. Current Protocols in Microbiology, 28(1): 9C.1.1-9C.1.9.
Mojarad A E, Gargaria S L M. 2020. Aptamer-nanobody based ELASA for detection of *Vibrio cholerae* O1.

Iranian Journal of Microbiology, 12(4): 263.
Murugadas V, Toms C J, Reethu S A, et al. 2017. Multilocus sequence typing and staphylococcal protein a typing revealed novel and diverse clones of methicillin-resistant *Staphylococcus aureus* in seafood and the aquatic environment. Journal of Food Protection, 80(3): 476-481.
Myszczynska M A, Ojamies P N, Lacoste A, et al. 2020. Applications of machine learning to diagnosis and treatment of neurodegenerative diseases. Nature Reviews Neurology, 16(8): 440-456.
Nag R, Nolan S, O'Flaherty V, et al. 2021. Quantitative microbial human exposure model for faecal indicator bacteria and risk assessment of pathogenic *Escherichia coli* in surface runoff following application of dairy cattle slurry and co-digestate to grassland. Journal of Environmental Management, 299: 113627.
Nag R, Russell L, Nolan S, et al. 2022. Quantitative microbial risk assessment associated with ready-to-eat salads following the application of farmyard manure and slurry or anaerobic digestate to arable lands. Science of The Total Environment, 806: 151227.
Newton R J, Bootsma M J, Morrison H G, et al. 2013. A microbial signature approach to identify fecal pollution in the waters off an urbanized coast of Lake Michigan. Microbial Ecology, 65(4): 1011-1023.
Octavia S, Salim A, Kurniawan J, et al. 2013. Population structure and evolution of non-O1/non-O139 *Vibrio cholerae* by multilocus sequence typing. PLoS One, 8(6): e65342.
Onori R, Gaiarsa S, Comandatore F, et al. 2015. Tracking nosocomial *Klebsiella pneumoniae* infections and outbreaks by whole-genome analysis: small-scale Italian scenario within a single hospital. Journal of Clinical Microbiology, 53(9): 2861-2868.
Park K, Lee S H, Kim J, et al. 2021. Multiplex PCR-based nanopore sequencing and epidemiological surveillance of hantaan orthohantavirus in *Apodemus agrarius*, Republic of Korea. Viruses, 13(5): 847.
Payne S M. 2019. Laboratory Cultivation and Storage of *Shigella*. Current Protocols in Microbiology, 55(1): e93.
Qin J J, Li R Q, Raes J, et al. 2010. A human gut microbial gene catalogue established by metagenomic sequencing. Nature, 464(7285): 59-65.
Qin T, Zhang W, Liu W B, et al. 2016. Population structure and minimum core genome typing of *Legionella pneumophila*. Scientific Reports, 6: 21356.
Quick J, Grubaugh N D, Pullan S T, et al. 2017. Multiplex PCR method for MinION and Illumina sequencing of Zika and other virus genomes directly from clinical samples. Nature Protocols, 12(6): 1261-1276.
Rocha-Melogno L, Crank K C, Ginn O, et al. 2022. Quantitative microbial risk assessment of outdoor aerosolized pathogens in cities with poor sanitation. Science of The Total Environment, 827: 154233.
Schwartz D C, Cantor C R. 1984. Separation of yeast chromosome-sized DNAs by pulsed field gradient gel electrophoresis. Cell, 37(1): 67-75.
Sen K. 2000. Rapid identification of *Yersinia enterocolitica* in blood by the 5′ nuclease PCR assay. Journal of Clinical Microbiology, 38(5): 1953-1958.
Shanks O C, Newton R J, Kelty C A, et al. 2013. Comparison of the microbial community structures of untreated wastewaters from different geographic locales. Applied and Environmental Microbiology, 79(9): 2906-2913.
Sköld N P, Bergion V, Lindhe A, et al. 2022. Risk-based evaluation of improvements in drinking water treatment using cost-benefit analysis. Water, 14(5): 782.
Soini J, Ukkonen K, Neubauer P. 2008. High cell density media for *Escherichia coli* are generally designed for aerobic cultivations-consequences for large-scale bioprocesses and shake flask cultures. Microbial Cell Factories, 7(1): 1-11.
Staley C, Kaiser T, Lobos A, et al. 2018. Application of SourceTracker for accurate identification of fecal pollution in recreational freshwater: a double-blinded study. Environmental Science & Technology, 52(7): 4207-4217.
Strehlitz B, Reinemann C, Linkorn S, et al. 2012. Aptamers for pharmaceuticals and their application in environmental analytics. Bioanalytical Reviews, 4(1): 1-30.
Stubbs S C B, Blacklaws B A, Yohan B, et al. 2020. Assessment of a multiplex PCR and Nanopore-based

method for dengue virus sequencing in Indonesia. Virology Journal, 17(1): 1-13.

Sun H H, He X W, Ye L, et al. 2017. Diversity, abundance, and possible sources of fecal bacteria in the Yangtze River. Applied Microbiology and Biotechnology, 101(5): 2143-2152.

Sylvestre É, Prévost M, Burnet J B, et al. 2021. Using surrogate data to assess risks associated with microbial peak events in source water at drinking water treatment plants. Water Research, 200: 117296.

Takahashi H, Hara-Kudo Y, Miyasaka J, et al. 2005. Development of a quantitative real-time polymerase chain reaction targeted to the *toxR* for detection of *Vibrio vulnificus*. Journal of Microbiological Methods, 61(1): 77-85.

Tan F, Leung P H M, Liu Z B, et al. 2011. A PDMS microfluidic impedance immunosensor for *E. coli* O157: H7 and *Staphylococcus aureus* detection via antibody-immobilized nanoporous membrane. Sensors and Actuators B: Chemical, 159(1): 328-335.

Tarca A L, Carey V J, Chen X W, et al. 2007. Machine learning and its applications to biology. PLoS Computational Biology, 3(6): e116.

Taskila S, Tuomola M, Ojamo H. 2012. Enrichment cultivation in detection of food-borne *Salmonella*. Food Control, 26(2): 369-377.

Threlfall E J, Frost J A. 1990. The identification, typing and fingerprinting of *Salmonella*: laboratory aspects and epidemiological applications. Journal of Applied Bacteriology, 68(1): 5-16.

Torok V A, Ophel-Keller K, Loo M, et al. 2008. Application of methods for identifying broiler chicken gut bacterial species linked with increased energy metabolism. Applied and Environmental Microbiology, 74(3): 783-791.

Tyson J R, James P, Stoddart D, et al. 2020. Improvements to the ARTIC multiplex PCR method for SARS-CoV-2 genome sequencing using nanopore. BioRxiv, DOI: 10.1101/2020.09.04.283077.

Wan Y, Lin Z F, Zhang D, et al. 2011. Impedimetric immunosensor doped with reduced graphene sheets fabricated by controllable electrodeposition for the non-labelled detection of bacteria. Biosensors and Bioelectronics, 26(5): 1959-1964.

Wang T T, Cai G X, Qiu Y P, et al. 2012. Structural segregation of gut microbiota between colorectal cancer patients and healthy volunteers. The ISME Journal, 6(2): 320-329.

Wattiau P, Boland C, Bertrand S. 2011. Methodologies for *Salmonella enterica* subsp. *enterica* subtyping: Gold standards and alternatives. Applied and Environmental Microbiology, 77(22): 7877-7885.

Wilkins D, Tong X Z, Leung M H Y, et al. 2021. Diurnal variation in the human skin microbiome affects accuracy of forensic microbiome matching. Microbiome, 9(1): 1-12.

Xia E Y, Mei J, Xie G T, et al. 2017. Learning doctors' medicine prescription pattern for chronic disease treatment by mining electronic health records: A multi-task learning approach. AMIA Annual Symposium Proceedings. American Medical Informatics Association, 2017: 1828.

Ye L, Amberg J, Chapman D, et al. 2014. Fish gut microbiota analysis differentiates physiology and behavior of invasive Asian carp and indigenous American fish. The ISME Journal, 8(3): 541-551.

Zarei S S, Soleimanian-Zad S, Ensafi A A. 2018. An impedimetric aptasensor for *Shigella dysenteriae* using a gold nanoparticle-modified glassy carbon electrode. Microchimica Acta, 185(12): 1-9.

Zhang C, Xiu L S, Li Y M, et al. 2021. Multiplex PCR and nanopore sequencing of genes associated with antimicrobial resistance in *Neisseria gonorrhoeae* directly from clinical samples. Clinical Chemistry, 67(4): 610-620.

Zhang C H, Zhang M H, Wang S Y, et al. 2010. Interactions between gut microbiota, host genetics and diet relevant to development of metabolic syndromes in mice. The ISME Journal, 4(2): 232-241.

Zhang P, Chen B, Ma L, et al. 2015. The large scale machine learning in an artificial society: Prediction of the Ebola outbreak in Beijing. Computational Intelligence and Neuroscience, 2015(6): 6.

Zhong Z T, Gao X M, Gao R, et al. 2018. Selective capture and sensitive fluorometric determination of *Pseudomonas aeruginosa* by using aptamer modified magnetic nanoparticles. Microchimica Acta, 185(8): 1-8.

Zhu Q Y, Zhang F R, Du Y, et al. 2019. Graphene-based steganographically aptasensing system for information computing, encryption and hiding, fluorescence sensing and *in vivo* imaging of fish pathogens. ACS Applied Materials & Interfaces, 11(9): 8904-8914.

Zou W, Lin W J, Foley S L, et al. 2010. Evaluation of pulsed-field gel electrophoresis profiles for identification of *Salmonella serotypes*. Journal of Clinical Microbiology, 48(9): 3122-3126.

Zou W, Tang H L, Zhao W Z, et al. 2013. Data mining tools for *Salmonella* characterization: application to gel-based fingerprinting analysis. BMC bioinformatics. BioMed Central, 14(14): 1-9.

第十四章　环境生物安全风险评价

随着新冠疫情的全球大流行，人们对于环境生物安全的担忧与日俱增。生态系统维持着人类生产生活和自然环境的正常运转，其服务功能主要包括：支撑、供应、文化和调节作用。为了量化环境生物安全风险，有效解决环境生物安全问题，保障人类生产生活和生态系统服务功能正常维持，对环境生物安全风险进行评价和管理尤为重要。基于现有研究，可总结生态环境中三类常见的生物安全问题，即环境致病微生物安全风险、外来物种入侵安全风险和生物技术安全风险。本章将回顾不同环境生物安全问题风险评估的理论框架，明确环境生物安全风险评价的基本原则，列出可供参考的环境生物安全评价指标，建立环境生物安全风险评价的技术流程，并阐述环境生物安全对生态系统影响的风险评价现状。对环境生物安全风险评价相关问题的深入理解，将揭示有害生物对人类健康和生态系统的影响，提高对风险生物的认识水平，使人类能够准确追踪其扩散传播过程并采取有效预防和处置措施。

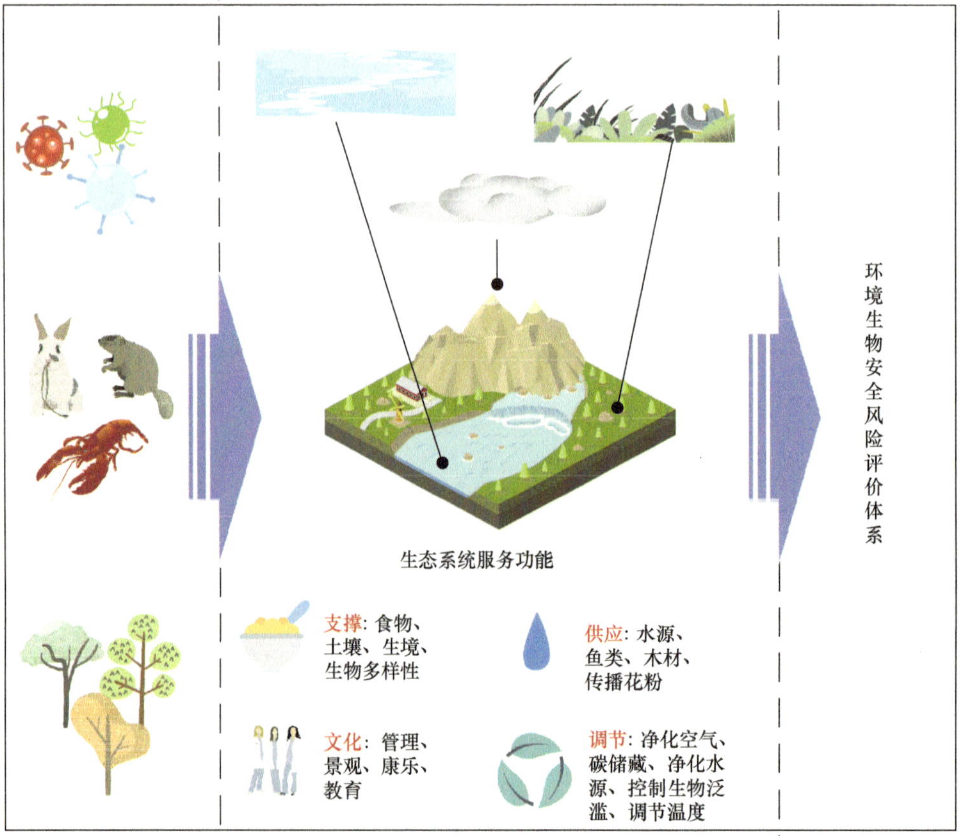

图 14-1　本章摘要图

第一节　环境生物安全的风险评价原则

对于环境生物安全风险进行评价的目的是确定其导致环境和生物安全危害的概率及危害的程度，并采取相应的措施将潜在的危害性降至最低水平。由于环境条件涉及因子较多、变化幅度较大、影响范围较广、获得可靠的评价结果所需时间较长，因而环境生物安全风险评价的挑战较大。明确风险评价的基本原则可为正确认识风险和提供正确的风险评价奠定基础。环境生物安全的风险评价原则包括以下九点。

1. 科学性和透明性

风险评价应以科学合理和透明的方式进行，并考虑国家法律规定和国际公约的准则。基于目前人类健康和环境安全风险评价理论框架，风险评价指标体系应客观、真实地描述风险生物特性及其造成的潜在影响和影响过程，对各指标参数的选择应科学合理，计算和评价的过程应科学规范，方法应合理恰当。

2. 科学上的不确定性

《卡塔赫纳生物安全议定书》（Eggers and Mackenzie，2000）明确承认风险评价存在科学上的不确定性，必须在认识到这些不确定性可能无法解决的前提下进行风险评估，进而做出风险管理。尽管研究人员认识到了不确定性的重要性，但生物安全风险评价中处理不确定性的方法并未如其他领域一样成熟。实际工作中，面对大量的数据和复杂的环境因素，科研人员通常很难快速准确量化风险生物和生态环境之间的关系。虽然统计方法能帮助识别统计上的关系，但是在真实环境中的相互作用强度可能很低。对于管理者来说，了解统计学上的关系意义并不大，考虑真实的关系更为重要。

3. 系统性

应整合各项指标、全面反映风险，使评价目标与指标间形成层次分明的有机整体。鉴于环境生物安全风险问题的不确定性很大，需要整合所有可能的数据源（例如，因意外接触造成疾病传染的流行病学数据、非人为原因造成物种入侵的入侵种数据、因非人为操纵造成转基因逃逸或水平转移到其他生物的数据）进行评价。同时，可以整合来自实验室研究的数据，作为风险评价的重要补充证据。鉴于生态系统风险评价存在显著不确定性，科学家需要采用多源证据整合的研究方法。例如，将针对个体的毒性暴露实验与物种丰度和群落结构数据结合。美国国家环境保护署的风险评价指南也强调了考虑所有证据的重要性，并且基于多数据源证据进行加权评价。

4. 问题导向

根据评价内容确立评价的目的、范围、信息收集和风险评价的总体规划。收集的信息将指导评价过程的各个阶段。清晰的问题导向能提升信息筛选与收集效率，其核心应聚焦于“风险评价对象”和“风险应对措施”两方面。对问题的精准描述直接影响所需数据的数量和质量。在“风险评价”的过程中，随着认知深化，需持续迭代问题识别框架，逐步修正或扩展初始问题边界。对风险的认识越清晰，对风险的应对就越合理。

5. 合理选择指标

指标适应性是准确进行风险评价和科学风险管理的基石。评价指标选择应注意重要性和代表性，指标间应相对独立，避免重叠和内容意义上交叉，否则会加重某一指标的评价权重。风险评价中选择的任何指标或参数应该适应不同环境条件的变化，包括基础环境的背景变化或者做出决策的背景变化。选择指标时应注意利用现有信息，分析和挖掘现有信息有助于快速开始风险评价。例如，对历史资料的查询有助于快速界定风险阈值、影响规模和影响途径。

6. 可操作性

应充分考虑评价指标在现有方法和途径下的可获得性、指标获取的成本、指标获取的安全性，确保评价实施过程较强的可操作性。

7. 灵活性

根据评价对象不同，可对指标体系进行特异性调整。环境生物安全风险评价的历史研究显示，由于无法预先判断评估结果是否需要简化排除风险或深入详细评价，因此很难在评价前确定完整的指标体系。《卡塔赫纳生物安全议定书》（Eggers and Mackenzie，2000）提到，任何特定风险评估所需信息的性质和详细程度都取决于许多因素。重要的不是一个预先确定的、详细的评价框架，而是风险评估者对要评价的问题了解详细，然后结合已有知识，利用现有框架对具体问题进行灵活分析。分析中可根据生物和环境的不同属性特征，对底层指标进行针对性调整，获得更真实的风险评价结果。

8. 统一性

统一性即加强不同学科、行业间沟通协调，做到统一规范、统一标准。虽然商业和管理、保险业、渔业管理和保护生物学等各种学科中都包含风险评估方法，但是，评估环境生物安全相关的潜在风险还是一个全新的领域，是涵盖了对生态系统和人类健康安全相关的一系列复杂的风险评估。所以，应对环境生物安全问题不是一个学科、一个行业的工作，而是需要多学科协作制定统一的评价框架。指标体系的选择与构建应结合包括科研人员、管理者在内不同行业人群的意见。

9. 累积效应

累积效应是指多种胁迫对人类或生态系统健康的综合影响。例如，我们不仅要了解人类暴露于致病微生物的直接后果，还要了解在致病微生物暴露风险下，多重胁迫的联合作用。累积效应很重要，原因是即使一个胁迫的单独影响很小，许多胁迫的联合效应仍有可能是灾难性的。

第二节 环境生物安全的风险评价方法

一、环境生物安全风险评价的理论框架

环境生物安全问题造成的危害伴随着整个人类社会发展历程，当前呈现出危害程度复杂化、频率增加、防范难度日益增加的趋势。环境生物安全风险评价的主要任务包括鉴定、描述和预测潜在有害生物对人类健康，以及对环境中其他生物或生态系统的危害。识别具有潜在安全风险的生物对人类健康和环境或生态系统造成的危害，主要是根据其发生的可能性及其造成后果的严重程度进行预测，并通过综合目标生物对所有生物的危害来确定其对总体的危害。环境风险评价包括定性和定量因素，风险等级可以描述为高风险、中风险、低风险和可忽略的风险。在全面确定风险后，进一步考察是否需要实施风险管理措施，以减少发生不利影响的可能。如果没有发现不良影响，则不需要风险管理。

环境生物安全风险评价的理论框架提供了风险生物和人类健康或环境安全之间的联系。理论框架包括暴露途径、环境影响和被影响生物之间的关系，涵盖了三者间的自然过程。概念框架中包括一系列的风险假设，用于描述风险生物、暴露、风险阈值之间的预测关系。风险假设是基于广义科学意义上的假设，不一定涉及特定的分析方法。风险假设可以预测风险生物的影响，或者可以假设哪些风险生物造成了所观测到的环境影响。理论框架是确定影响途径和识别不确定性因素来源的重要工具。理论框架的复杂性与实际问题的复杂性、关注的风险生物、造成影响的性质成正比。对于简单的风险生物和简单的环境条件，风险评价的理论框架可以相对简单；面对复杂的环境条件和多个不同的风险生物，则需要多个次级框架来共同描述。

随着环境生物安全概念的不断完善，环境生物安全风险评价的理论框架也逐步在发展。环境生物安全风险评价理论框架是在风险评价管理框架的基础上发展起来的，在应对环境生物暴露与风险等问题中至关重要，不仅为科学家和管理者提供了共同的知识基础，还有助于将有限的科研和管理资源聚焦到更重要的问题上。许多现存框架适用于对人类健康或生态系统有潜在威胁的一系列风险生物的风险评价。目前，关于环境生物安全风险评价的理论框架主要包括：环境致病微生物安全风险评价、外来物种入侵安全风险评价、生物技术安全风险评价三方面。环境致病微生物安全风险评价主要是对环境致病微生物对人员及环境造成的伤害进行评价。外来物种入侵安全风险评价包括因外来物种入侵造成的生态系统退化和生态系统服务功能减弱（丧失）等情况。相比之下，生物技术安全风险评价研究较为广泛，主要聚焦于转基因技术的发展带来的环境生物安全风险问题，重点是非人为故意产生的转基因生物体安全问题。

二、环境致病微生物暴露风险评价方法

环境致病微生物暴露风险评价理论框架主要包括六个步骤（图 14-2）。第一，结合致病微生物的感染强度，以及其与人或其他生物相互作用模式，评价人和其他生物在环

境中致病微生物暴露可能性；第二，结合致病微生物在实验条件和自然条件下的易感染性，评价人和其他生物在暴露后的易感染性；第三，结合宿主的密度和行为，以及在物种内和物种间的传播证据，评价病毒在物种内维持和继续传播的可能性；第四，综合以上，评价致病微生物在环境中的风险；第五，结合公共卫生数据和其他生物暴露感染数据对风险评价形成反馈证据；第六，依据反馈证据重新进行环境致病微生物风险评价。

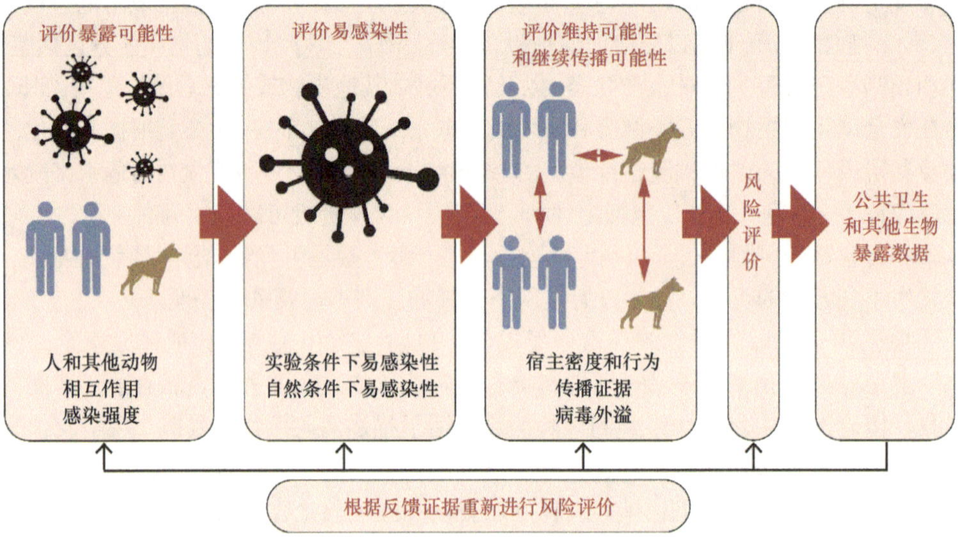

图 14-2　环境致病微生物风险评价理论框架

在分析环境致病微生物暴露风险时，通常会参考实验室测得的暴露数据。尽管在实验室研究中有一些微生物是确定感染的，但是在自然环境中可能会通过偶然事件传播。因此，使用实验室暴露数据时，需要注意其在自然环境中适用性的限制。具体包括：首先，它们没有考虑到易感染宿主之间的接触率或传播途径的细微差别。也就是说，虽然有些物种是相似的，但它们在自然环境中的感染机会不均等。其次，通常实验室研究使用的暴露量较大，但在自然环境中出现的概率较小。再次，实验生物类群和自然生物类群在免疫上具有差异。例如，有研究表明实验室小鼠被重新引入自然环境后，免疫系统和体内微生物群落发生了变化，改变了小鼠的免疫力（Bar et al.，2020；Leung et al.，2018）。基于实验室数据，小鼠可以被认为是特定病原体的潜在宿主，而野生小鼠种群的感染率则很低。最后，实验室方法仅限于可以安全处理持续进行的潜在宿主生物，以及可以培养和容易处理的病原体，并不涵盖全部的宿主和病原体微生物。

随着新冠疫情的全球流行，病原体从人类传播到野生动物群落中的风险也被公共卫生学科关注。2002 年发现首例 SARS 病例后又发现了 5 例人兽共患病，SARS-CoV 的出现预示着严重呼吸道疾病跨物种传播的新发现，验证了病原体从人类传播到动物群带来的重要影响（Wang et al.，2005）。已有研究表明，SARS-CoV-2 会从人类传播到各种动物间，包括家养的猫、狗，以及野外大型猫科动物、大猩猩等（Fagre et al.，2022）。对于病原体宿主的成功变化及随后病患的出现，必须满足以下两个条件：首先是感染新宿主细胞的能力，这取决于宿主细胞中相适应受体的存在。SARS-CoV-2 可以感染多种哺乳动物宿主细胞，主要是由于宿主细胞血管紧张素转换酶 2（angiotensin converting enzyme 2，ACE2）的保守性而表现出人畜间病原体传播。其次是能否在新宿主的种群内有效传播，不能有效地进一步传播病原体的宿主感染后可能会迅速导致该种群内的病原体灭绝（Tan et al.，2022）。

病原体从人传播向动物和从动物传播向人的外界影响因素是相同还是具有方向特异性，目前仍没有明确结论。然而，研究人员更关注的是哪些病原体更可能发生外溢，哪些宿主最易感染人类？同时，病原体从人类向野生动物传播对野生动物种群和生态系统构成的威胁程度也有待观察。相关研究提出了对病毒经过人向野生动物群落传播扩散风险进行评价的理论框架，评价了病毒经过人类二次溢出的风险。这些理论框架的提出也有助于科研人员评估人类对野生动物中新的或者已有的病原体传播的风险。

三、外来物种入侵安全风险评价方法

外来物种入侵安全风险评价可以定义为，外来物种入侵过程中对生态环境造成的潜在风险进行识别、评价、防控和处理。外来物种入侵会造成当地生态系统结构失衡、生态系统服务功能减弱、造成经济损失，甚至危及人类生命健康。其作用方式复杂，随机性较大，有时不易早期察觉。尽管在人为或非人为故意情况下会存在外来物种入侵性，但是科研人员和管理者还是可以通过风险评价尽量规避或减少此类风险，避免造成不必要的损失。外来物种入侵环境风险评价结合了自身生物属性，借鉴了传统环境风险评价（environmental risk assessment，ERA），形成了独特的风险评价框架系。外来物种入侵环境风险评价一般包括三个重要环节：入侵种的识别、入侵种的风险评价和入侵种的风险管理（图 14-3）。

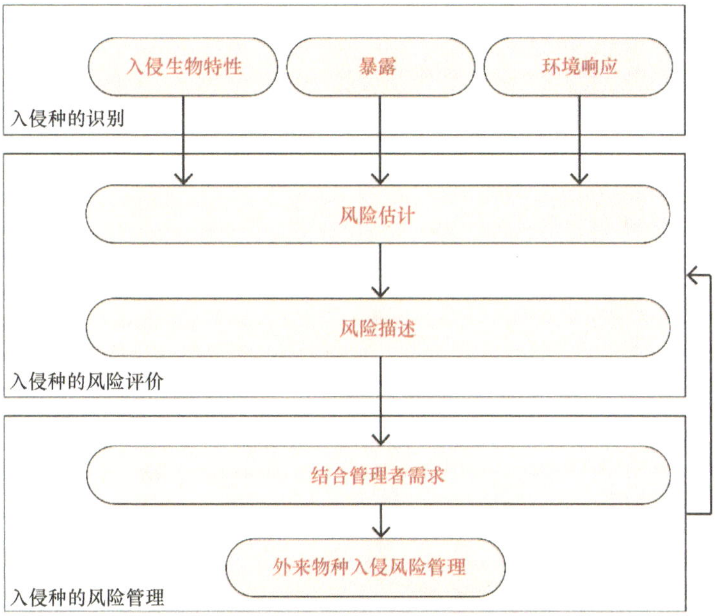

图 14-3　外来物种入侵风险评价与管理

入侵种的识别主要是确定入侵物种，收集物种生理生态等信息。入侵种的风险评价包括对物种入侵的各个阶段对当地生态系统或人类社会的潜在影响进行的定性和定量预测。入侵种的风险管理是根据入侵种风险评价的结果确定对影响的应对措施。鉴于现在研究中还没有一整套完备的外来物种入侵的风险评价体系，实际操作中更多是参考有害生物风险评价进行。但是，有害生物风险评价仅仅是外来生物入侵环境风险评价的一个组成部分，仅针对性地评价了外来物种入侵在检疫中的风险，所以有害生物评价的工作方案仅为外来物种入侵造成的环境风险评价工作提供了一些有价值的参考。在外来物种入侵环境风险评价工作的发展中，人们借鉴了有害生物评价的分级评价和层次分析等方法，先后确定了不同层次评价指标，建立了权重评价体系，开展了外来物种的入侵环境风险评价。在后续研究中，也有学者结合气候模型和地理信息系统等，针对外来物种入侵风险评价问题在农业、生态系统和保护生物学方面进行了相关研究。

四、转基因等生物技术安全风险评价

转基因等生物技术发展造成的转基因逃逸一直是有争议的、重要的生物安全问题。对转基因造成的环境生物安全问题进行风险评价是规范和评估转基因技术应用的重要环节。正确认识转基因问题造成的环境安全风险，采取有效措施将转基因技术应用造成的风险降到最低，是保护环境生物安全中必须面对的问题。根据前人研究，转基因生物造成的环境生物安全风险是关于暴露率和危害的函数：

$$风险（\%）=暴露率\times危害$$

式中，危害是指转基因生物给自然环境造成的负面影响，暴露率是指危害发生的可能性。转基因技术的环境生物安全风险评价包括 3 个关键步骤（图 14-4）：①转基因向近缘物种逃逸的频率；②转基因在近缘物种中的表达量；③转基因造成近缘物种的适合度变化。

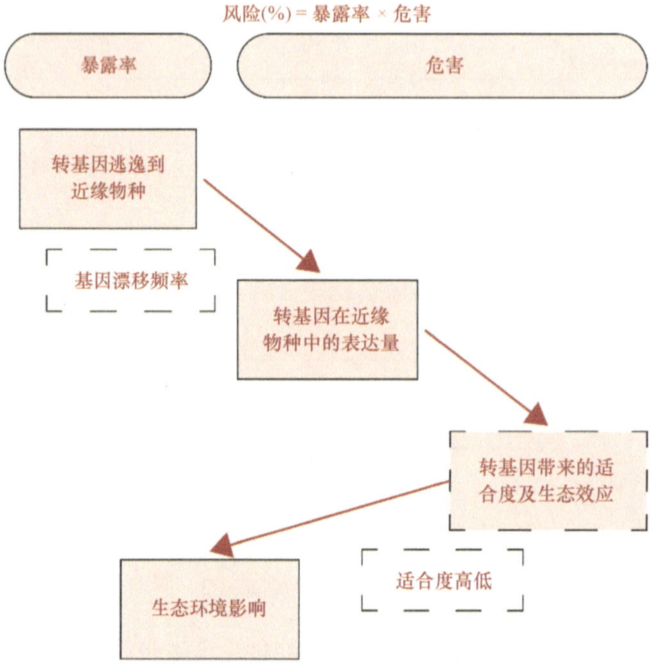

图 14-4 转基因技术潜在环境风险评价（改自卢宝荣，2015）

第三节 环境生物安全的风险评价技术体系

一、环境生物安全风险评价指标选择

数据是环境生物安全风险评价的基础，选择合适的指标体系是风险评价的决定性因素。有三类评价指标可供选择：第一类，反映影响的评价指标，用来直接评估风险生物对环境安全的影响；第二类，暴露的评价指标，衡量风险生物在环境中如何扩散传播；第三类，环境的评价指标，包括环境特征、环境特征在风险胁迫下的响应。随着环境生物安全风险评估的复杂性增加，方法和不同指标选择的重要性也在增加。环境对风险生物的敏感性也受空间尺度影响，评价所考虑的空间尺度越小，对风险生物的响应越敏感，风险生物对环境安全的影响越大。同时，风险生物引起危害所需的时间也随着生物组织尺度的增加而增加。

在环境生物安全风险评价的实际操作中，能否实现有效评估的关键在于对风险本身造成的环境危害性及其可能性的客观确定，包括确定环境致病微生物对人类、其他生物和环境的影响，入侵种对本地物种生态适合度的影响，转基因生物对环境的直接影响及其向非转基因生物逃逸的影响。

按照环境生物安全风险评价的原则，在环境中评价致病微生物的风险涉及多个指标，包括人类接触感染的可能性、宿主的易感染性、继续传播和持续蔓延的可能性等。致病微生物感染人类并在人群中传播，甚至引起跨物种传播的可能性很大，但是不同物种间的易感染性和持续可能性存在差异。致病微生物暴露感染人类或其他生物的可能性可由现有的易感染性数据确定。有暴露风险的易感染人群和物种将被视为潜在的监测重点。宿主的数量和行为，以及病毒的传播能力是造成进一步传播和流行的潜在关键因素。同时，密度和感染动态间的关系可能会受宿主行为和间接传播等因素影响。因此，在风险评价时需要仔细考虑潜在宿主的种群特征。此外，次级风险生物的产生也会显著影响风险评价。次级风险生物可以通过生物或非生物的转化过程形成，相对于关注的风险生物可能对环境造成正效应影响，也可能造成负效应影响。

对外来物种入侵的风险评价进行定性定量分析的方法很多，其中包括基于背景知识的分类名录法、基于模型预测的定量评估，以及结合入侵物种性状和自然环境的多指标综合评价。以多指标综合评价为例，可以根据评价原则构建自上而下三级评价体系（表 14-1）。多指标综合评价需要考虑入侵种的性状、生活史、不同入侵阶段特征、入侵史、入侵区域的环境特征、人为干扰造成的主要影响或危害等。依据入侵种不同，可以调整一级指标中的入侵史和物种特性，并在三级指标的设置中涵盖定性或定量的具体因子。评价指标的选择和描述应尽量详细具体，从而增强风险评价过程的可操作性。

表 14-1 外来物种入侵风险评价三级指标体系及权重

外来物种入侵风险评价					
一级指标及权重（%）		二级指标及权重（%）		三级指标及权重（%）	
入侵初期风险	15	入侵途径	11	人为造成入侵	6
				自然途径入侵	2
				入侵种群落结构	3
		入侵是否受控	4	入侵受控	1
				入侵非受控	3
入侵种定植期风险	15	生态系统适宜程度	5	非生物环境适宜程度	2
				生物环境适宜程度	3
		入侵种生理学优势	10	繁殖方式	3
				繁殖成功率	2
				生长速率	2
				抗逆性	3
扩散期风险	15	扩散方式	8	非生物途径	4
				生物携带	4
		扩散能力	3	强扩散能力	2
				弱扩散能力	1
		扩散限制	4	非生物环境限制	2
				生物限制	2
入侵史和物种特性	20	其他区域入侵史	10	相似环境区域入侵史	6
				非相似环境区域入侵史	4
		入侵范围和丰度	6	入侵范围	4
				入侵种丰度	2
		入侵影响程度	4	造成生态系统退化	3
				融入生态系统	1
入侵种潜在危害	20	危害生态系统程度	6	危害生态系统物质循环、能量流动和信息传递	3
				危害生态系统服务功能	2
				不危害生态系统过程	1
		危害生物多样性	8	形成竞争优势	4
				影响其他营养级	2
				与其他危害生物协作	2
		其他方面危害	6	人类生产	4
				人类健康	2
防控难易	15	防控措施和预期效果	11	人力去除	6
				生物防治去除	3
				协同防治去除	2
		防治成本	4	投入成本	2
				防止产生次级影响	2
总评价分值					100

转基因生物造成的环境生物安全风险是结合暴露率和危害来评价的，其关键在于准确确定转基因生物的实际危害和暴露率。转基因生物造成的环境生物安全风险包括：转基因向自然环境中生物逃逸的概率（暴露率），以及转基因生物对其他生物的适合度的影响（危害）。量化暴露率和危害需要参考被影响对象、暴露途径、暴露强度、暴露的

时空范围等信息。以转基因植物种植为例，转基因可能通过杂交向近缘物种逃逸。转基因向近缘物种逃逸的可能性依据实验室实验或者野外种植实测数据进行估计。转基因向近缘物种逃逸受空间和环境条件限制，在建立合适的基因逃逸模型后可以进行计算和定量估计。转基因植物对其他生物的危害，包括在近缘物种中的表达量，以及带来的对其他物种适合度的影响，都可以通过观测数据进行估计。

二、环境生物安全风险评价技术流程

在广泛的风险评价中，有一些共同的关键步骤。主要包括：识别和描述评价对象、个体暴露于风险下的评价、暴露程度和相关影响程度之间关系的评价、从影响的可能性和程度两方面全面评价风险（Eduljee，2000）。风险评价框架在具体步骤的数量和定义，以及用于描述这些步骤的术语方面差异很大。简而言之，任何风险评价都是从识别和描述评价对象开始的。风险的概念有两方面，一方面是潜在不利影响的可能性或概率，另一方面是这些影响的程度和后果。

通常，对环境生物安全风险进行评价包括以下几个关键步骤（图 14-5）。

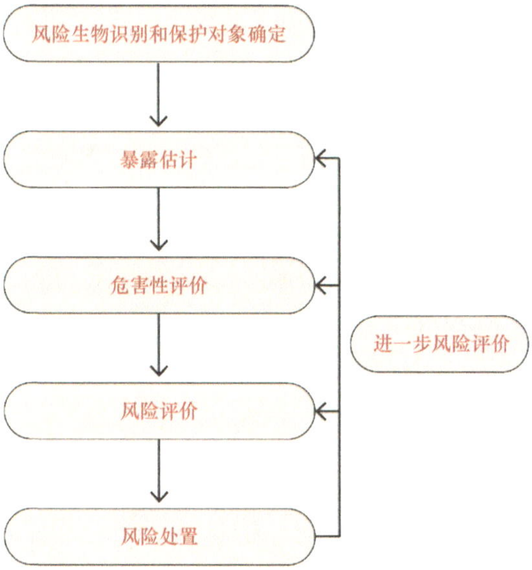

图 14-5　环境生物安全风险评价技术流程

1. 确定风险生物和保护目标，并收集相关数据信息

风险生物识别是整个风险评价过程的基础，主要内容包括收集要进行风险评价的风险生物和保护目标的相关资料，分析风险生物及其来源，通过监测调查等手段确定保护目标，形成风险评价指标体系。根据联合国粮农组织（FAO）和世界卫生组织（WHO）联合发布的《食品中化学品的风险评估原则和方法》中的描述，风险生物识别是指确定可能对人类健康或环境生物多样性造成影响的任何活体生物，包括其不同的基因型和表现型。

2. 对暴露进行科学估计

总结现有资料，环境生物安全风险评价可以采用不同评价指标体系来确定危害发生的概率。根据风险生物的主要性状、传播特征和影响设定相关问题，有针对性地构建评价指标体系，判断危害发生的概率。生物安全风险不同于化学安全风险的特点是其运动性，即生物的传播和扩散。因为生活史和偏好的时空环境不同，风险生物的扩散方式（缓慢扩散或跳跃式扩散）和程度也是不同的。对生物风险进行估计的情况更复杂，很大程度上受到生物自身生存和繁殖的影响。风险生物的传播扩散还是一个多阶段的过程，每个阶段都受到不同环境因子的影响。

3. 对危害性造成的影响进行评价

在对风险有效估计后，在综合现有信息的基础上，对其危害性作最终评价。在信息不足时，需要综合多条证据进行比较估计，确定对生态环境的危害。通过分析确定风险生物与保护目标之间的响应关系（暴露-响应）。暴露-响应评价的目的在于通过经验证据，确定保护目标暴露在不同程度风险生物条件下的响应，从而确定安全阈值。此过程可以根据实验室实验、实地监测或计算模型计算结合判断获得。

4. 风险的确定及其评价

对风险的描述和确定风险的评价主要分为定性、定量、定性和定量结合三种。根据风险生物对人或生态系统的影响程度，可以定性划分为可忽略的风险、风险较低和风险较高三种。根据风险评价指标，对风险生物的定量风险评价可以分为不同等级，每个等级对应不同程度的危害影响。在确定和评价风险时，有五个方面需要认真考虑。分别是：影响的性质、影响的强度、影响的时间尺度、影响的空间尺度和再次影响的可能性。风险评价的复杂性和范围决定着对这五个方面进行评价的深入程度。不论是简单评价，还是复杂的评价，都需要对这五个方面进行最低程度的评估。

5. 应对措施

面对生物安全风险，按照措施性质可以分为 4 类，包括：物理性措施，采用物理手段对风险生物进行隔离管控；化学性措施，通过化学方法进行处理，对风险生物进行消杀灭活，限制风险生物在环境中扩散传播；生物性措施，采取生物措施限制风险生物向其他生物转移，消除其对环境危害；环境措施，通过环境条件改变，限制风险生物在本地环境中生长繁殖和传播扩散。

6. 依据反馈数据进行进一步风险评价

进一步风险评估通常需要结合决策者的管理需求。新数据和信息的补充可能会重新改变风险评价的结果，对于新的风险状态需要采取新的管理应对措施。

环境生物安全风险评价未来的研究重点是在人类干扰日增和人为操纵生物技术日益成熟的前提下，综合已有的研究成果，解决日益突显的生物对人类健康或环境安全造成的影响。

第四节　环境生物安全的风险评价研究进展

一、环境生物安全对人类健康影响的风险评价研究进展

不少传染病事件反映了生物安全对人类健康的风险很大。新冠疫情的暴发凸显了生物安全问题已经成为全世界、全人类面临的重大生存和发展威胁。2019 年之前，也不缺少生物安全给人类健康带来的风险案例。“9·11”事件后，“生物防控”这个关键词在国家安全、生物武器管制、实验室安全、公众健康及农业安全方面出现得越来越频繁。以往人们对冠状病毒还十分陌生，然而 2003 年出现的 SARS 在极短的时间内传播到全球 30 多个国家，夺去了近 10%感染者的生命，冠状病毒开始被普遍关注。2012 年，冠状病毒 MERS 肆虐中东地区，两年时间内就从发源地传播到欧洲、美洲、北非、东南亚等地，致死率高达 30%，并在 2016 年发生人与人之间传播的恶性变异。中国疾病预防控制中心监测显示，2014 年在我国多地相继出现的“冬季呕吐病”疫情（诺如病毒）连续肆虐近两年，近年集中暴发的次数显著增加。2013 年至今，西非埃博拉疫情在两年内感染病例呈指数级增长，死亡人数近 7000 人，上述事件均迅速引起了世界性恐慌。

2019 年以来，在全球暴发的新冠病毒严重威胁着人类的健康，美国新冠疫情死亡人数已超 100 万。但目前尚无针对新冠病毒的特效药物，临床主要采取对症治疗和支持治疗。可喜的是，中国已经有应对新型冠状病毒感染（COVID-19）的系统诊疗方案和评价指标。目前的评价指标主要分为 8 个方面，即临床症状、理化检查、病原学检测、重大事件、生活质量、疾病转归、中医证候、安全性（金鑫瑶等，2020）。最新研究显示，新冠病毒极有可能存在粪口感染的风险。所以一些学者认为，应建立“畜禽养殖过程新型冠状病毒诊断技术开发与研究”，建立新型冠状病毒人畜感染的危险评价体系。然而，在这方面研究尚不多。因此，应加强新型冠状病毒感染病原学研究，分析病毒在畜禽和人类之间的遗传变异情况，根据大数据云平台分析对人畜感染情况进行预警和危险评估，建立相关的人畜感染危险评估体系。

自 COVID-19 流行以来，尽管科学家和相关研究人员对于基因组学技术的应用存在争议，但基因组学确实在 COVID-19 研究和临床护理中迅速发挥了关键作用。例如，对 RNA 进行测序诊断、病毒分离物追踪和环境监测；使用合成核酸技术研究 SARS-CoV-2 毒力和促进疫苗开发；检查人类基因组变异如何影响传染性、疾病严重程度、疫苗效力和治疗反应。我们倡议，应坚持与开放科学、数据共享和基于联盟的合作相关的原则和价值观，利用基因组数据科学工具研究 COVID-19 病理生理学。全球在应对 SARS-CoV-2 大流行中越来越多地采用基因组学方法和技术，这是基因组学在现代研究和医学中发挥不可或缺且至关重要作用的案例（Green et al.，2020）。

人类在生物安全领域一直在不断努力，不少国家先后出台了相应的政策，如美国的《21 世纪的生物防御》《应对生物威胁的国家战略》，欧盟的《转基因生物封闭使用法令》，中国的《中华人民共和国生物安全法》等。然而，这些与生物安全风险评价相关的科学研究与政策法规多是在发达国家开展的，其中最有代表性的是美国。在药品生产质量管理规范

（good manu-facturing practice，GMP）领域，中国的多个法规文件明确提出了“生物安全”的要求，如《中华人民共和国疫苗管理法》《药品生产监督管理办法》、2023 版 GMP 附录 3 “生物制品”和 2023 版 GMP 附录 4 “血液制品”等。但在其他发展中国家，生物安全的风险评价研究几乎还停留在起步阶段。由于我国从事生物防御方面的研究与管理人员大多只具有生物学、医学等专业背景，缺乏信息与计算机技术等风险管理的科学训练，因此生物危害的风险管理与预测一直是薄弱点。不仅如此，相比其他国家，我国面临的生物安全风险因素更多、挑战巨大。正如中国科学院原院长白春礼院士所认为的，在中国开展生物安全治理是一件难事。主要原因是：第一，随着城市人口不断上升，再加上基数本身较大，导致的生物安全风险发生概率高。第二，国内缺乏高科技的影响生物安全的关键核心技术、产品和装备，阻碍了人口健康、生物安全领域科技创新能力的发展。第三，新兴生物技术可能存在滥用的风险。因此，我国在生物安全的风险管控、预防预测体系建设中，需要高度重视与计算机科学、信息科学的结合。这需要我们加快推进国家生物安全治理体系和治理能力现代化，保护人民生命健康、保障国家核心利益、维护国家安全和社会稳定。

二、对生态系统结构影响的风险评价研究进展

生态系统结构是生态系统各种组分在空间上和时间上呈现的相对有序的稳定状态。生态系统结构包括生态系统的组成成分和生态系统的营养结构（食物链和食物网）。生态系统的组成主要由两大部分组成：生物群落和无机环境，包括四种基本成分：生产者、消费者、分解者及无机物和能量。它们的关系如图 14-6 所示。

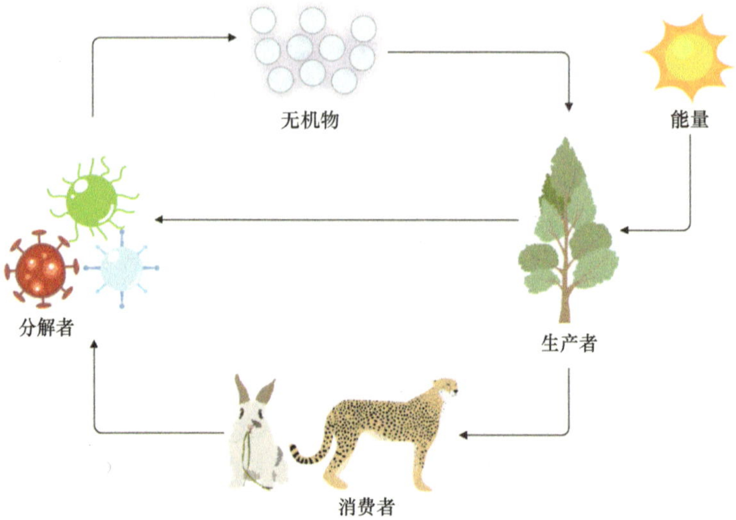

图 14-6 生态系统结构

外来生物入侵加剧引起的生态安全、粮食安全和人口健康等问题日益加重。人民网曾在 2013 年报道，我国几乎所有生态系统均遭受过入侵，已确认 544 种外来入侵生物，其中大面积发生、危害严重的达 100 多种。《科技日报》根据 2024 年统计结果，认为我国外来

入侵生物已达660种；20世纪90年代以来，新入侵我国的外来生物至少有100多种，平均每年递增4～5种。大部分外来物种成功入侵后呈现大爆发，其生长难以控制，甚至对生态系统造成不可逆转的破坏，加快了物种多样性的丧失，造成一些本土物种的遗传漂变，对农林业生产和人类健康构成巨大危害。目前，很多单位和个人对外来物种可能导致的生态和环境后果缺乏足够的认识，外来物种的引进存在一定程度的盲目性。在检疫方面也存在很多薄弱环节，使得许多外来入侵微生物伴随引进的原木、幼树、苗木、花钵、土壤而无意传入。据估计，76.3%的外来入侵动物是由于检查不严，随贸易物品或运输工具传入我国；25%的外来入侵动物是用于养殖、观赏、生物防治的引种。另外，只重引进、疏于管理，也可能导致外来物种逃逸到自然环境中，造成潜在的环境灾害；有50%的外来入侵植物是作为牧草或饲料、观赏植物、纤维植物、药用植物、蔬菜、草坪植物而引进的。

1997年，世界上发起“全球入侵物种计划”，掀起了全世界范围内的交流和共享外来入侵物种的知识、信息和防治措施热潮，从而针对外来入侵物种管理策略，以及外来入侵物种的现状评价、入侵途径、入侵生态学、风险评价等方面内容进行不断优化。例如，《生物多样性公约》中对进口国家的生物多样性的风险做了一定要求，具体内容为：要求进口缔约方为保护本国的生物多样性和人体健康，应对拟进口的改性活生物体按照公认的风险评估技术进行风险评估。

在早期，一些学者也致力于构建生物安全对生态风险评估的体系，大部分是针对外来入侵植物、动物等构建评价指标，对微生物入侵种的风险评价较少。此外，在构建方法上也有很高的一致性，大多是选取部分因子构建一个或几个评价指标，再利用国际通用公式进行定性，或对部分指标进行量化。然而，这样的评价方法有很大的局限性，不仅存在指标体系的片面化，也很难推广到一般情况去解决实际问题。目前，生物安全的风险评价体系构建是利用生物学、生态学、地理学、水文学、计算机科学等多学科的综合知识，采用数学算法、概率论、信息科学等先进的技术手段来进行评价的。对于生物安全对生态风险评估体系，国内基本还是处于起步和发展阶段，评价的理论和技术还是局限于早期版本。因此，要尽快加强生物安全对生态系统的风险评价体系建设。

除了入侵种的影响，生态系统结构的生物安全还受到本地环境因素、气象条件变化、人为干扰的变化影响。近年来，国内外研究人员也逐渐认识到环境变化对微生物组成结构影响的风险。在中国的河流、湖库等水体开展了针对浮游植物（水华藻类）的风险评价体系研究。目前，国际上已有一些常用的水生物种（包括藻类、无脊椎动物和鱼类）的生态评价方法与模型。例如，相对风险模型（relative risk model，RRM）目前多用于水域、海域和陆地等风险评价，其基于四个基本假设：①对任意风险区，风险源密度越大，与生态终点相联系的生境的密度越大，其暴露于风险的可能性就越高；②生态终点的类型、种群密度与其相联系的生境密切相关；③风险受体对风险源的敏感程度与生境类型相关，受体对风险源越敏感，则对风险的响应程度就越高；④作用于生态终点的多个风险可以按其相对风险等级进行累加。在国内，该模型的应用和研究较少，仅见于海岛生态系统。在日本的东京湾，有研究人员开发了一种名为RAMTB的简化软件包，这是一个结合化学归趋模型、季节性流场和有机物质分布数据库的水动力生态模型，被用于评价日本短颈蛤在物种水平上的风险。此外，一些常见的数学算法也在近年来相继被应用于生态风险评价，如贝叶斯模型、分类树等。在中国太湖，有学者利用风险商法和概率风险评估法研究了地表水中的有机氯农药残留，对甲壳类动物、昆虫、鱼、浮游植物等进行了风险评价。

现代生物技术也可能对生态系统的结构产生不利影响。具体而言，在现代生物技术的研究、开发和应用过程中可能会对生物多样性、生态环境和人体健康产生潜在的不利影响，特别是各类转基因生物大面积释放到环境中可能对生物多样性构成潜在风险。

三、对生态系统功能和服务影响的风险评价研究进展

生态系统功能涵盖了生态系统的属性、生态系统的商品和生态系统的服务。生态系统商品是指那些具有直接市场价值的生态系统属性，包括食品、建筑材料、药物、用于动植物育种的野生种、生物技术、旅游娱乐和生物技术中基因产物的基因。生态系统服务是生态系统直接或间接有利于人类生存和发展的特性，如维持水文循环、调节气候、净化空气和水、维持大气组成、授粉、土壤及营养物质的储存和循环。

生物安全在生态系统的支撑、供应、文化、调节方面起着重要作用。在生态系统的支撑方面，主要涉及食物、土壤、生境及生物多样性等；在生态系统的供应方面，主要涉及水源、鱼类、木材、传播花粉等；在生态系统的文化方面，主要涉及管理、景观、康乐、教育方面；在生态系统的调节方面，主要涉及空气净化、碳储藏、净化水源、控制生物泛滥等。生物安全对生态系统的安全和生态系统的风险评估而言，一直是生态学领域中的重要研究内容，然而，生态系统的功能与服务安全风险评价的发展十分缓慢，大部分还是沿用 20 世纪末 21 世纪初国外提出的一些技术体系，还没有形成一个新的、系统的理论体系。这种旧的评价体系也呈现出一些弱点，如评价方法单一、指标体系复杂、理论框架有待优化等。在过去的半个世纪，生态系统生态学研究了大量的生物如何影响生态系统属性，然而，生物安全对生态系统功能和服务的风险评价方面的研究相对较少。随着全球人口数量的增长，人类活动对全球气候、自然环境造成了不可忽视的影响。当全球或区域的气候和环境条件改变时，生态群落的生物结构和组成也会受到影响，生物多样性被改变，造成了物种消失或者外来物种入侵。生态系统的工作方式也可能因此受到影响。在过去 30 年，生物多样性的丧失或群落组成的变化对生态系统功能的影响一直是陆地和水域生态学研究的重点内容。

民以食为天，粮食安全是民生的基础，也是国家稳定、社会发展的基础。目前，粮食安全分为四个维度（表 14-2）：粮食供应水平、粮食可获得性、粮食利用水平，以及一段时间内的稳定性，每个维度都有具体指标（唐丽霞等，2020）。在全球粮农治理主体多元化背景下的粮食安全评价体系主要有三方面，分别是联合国粮食及农业组织的评价体系、国际食物政策研究所的评价体系、《全球营养报告》评价体系。目前粮食安全评价的方法主要有粮食趋势产量增长率计价法、粮食供求预警系统评价法、景气分析法、粮食安全系数评价法等。

新冠疫情给人类带来了粮食安全问题，全球地区正常的粮食生产活动被打断，粮食产量下降导致供给减少。非洲尤为突出，新冠疫情进一步加重了非洲粮食不安全的问题，2019 年撒哈拉以南非洲地区小麦缺口为 249 万 t，水稻缺口为 1460 万 t。对非洲国家而

表 14-2　粮食安全的四个维度及其评价指标

类别	指标
粮食供应水平	平均膳食供应充足水平；粮食生产指数；谷物、块根和块茎衍生营养供应水平；平均蛋白质供应水平；动物性蛋白供应水平
粮食可获得性	食品价格指数；贫困人口的食品支出；食物不足发生率；公路线密度；铁路线密度；获得可饮用水源的水平
粮食利用水平	5 岁以下儿童发育不良发生率；成人体重过轻发生率；5 岁以下儿童体重过轻发生率；5 岁以下儿童食物不足发生率
稳定性	国内粮食价格波动水平；人均粮食产量的变化；人均粮食供应的变化；政治稳定与无暴力；进口粮食占出口货物总额的百分比；可灌溉耕地比例；谷物进口依赖率；进口谷物量占总消耗谷物类食物的比例

言，需要依赖粮食进口弥补粮食产需缺口。在新冠疫情的影响下，非洲粮食缺口将由于粮食生产的停滞而进一步扩大。疫情发生后，非洲本土的防控措施影响农业生产，造成粮食产量大幅下降。同样地，我国粮食安全也面临着国内和国际的一系列挑战，不容乐观。因此，中国政府及学者也积极探讨“粮食安全”问题。1992 年，国内对粮食安全强调的是数量、质量及结构等方面；1996 年，《中国的粮食问题》白皮书提出粮食基本自给等 14 字方针；2014 年，提出新形势下的国家粮食安全战略增加了“适度进口、科技支撑”等新发展目标。同时，有学者也从数量、质量、资源、生态、健康等维度，不断丰富和发展粮食安全内涵，表 14-3 列出了近十年来部分中国学者构建的具有代表性的

表 14-3　近十年中国学者构建的粮食安全评价体系及其指标

作者	指标
马述忠和屈艺，2013	生产指标：粮食生产变动率、粮食生产成灾率 贸易指标：粮食进口占商品出口总额比率、粮食进口占世界粮食出口总量比率、国际粮食价格变动率 流通与储备指标：国内粮食价格波动率、零售层面损耗率、粮食库存-消费比 消费与营养指标：恩格尔系数、营养不足发生率
杨建利和雷永阔，2014	粮食数量安全：粮食总产量、人均占有量 粮食质量安全：农药残留量 粮食生态安全：单位面积农药施用量、单位面积化肥施用量、单位面积地膜施用量 粮食资源安全：单位粮食水资源消耗、单位粮食占用耕地面积
张元红等，2015	供给：人均粮食产量、人均肉类产量、人均粮食供应量 分配：人均国内生产总值、贫困发生率、粮食价格指数、粮食与能源价格比、粮食相对价格、道路密度、贫困相对标准、低保相对标准、恩格尔系数 消费：动物性蛋白比 利用效率：损耗率保障结果、营养不良发生率 稳定性或脆弱性：储备率、谷物自给率、粮食自给率、总产波动率、国内价格波动率 可持续性：化肥使用量、人均耕地面积、农业投入产出相对价格变化 政府调控力：人均财政支农水平、财政支农占农业产值比例
唐石等，2016	均衡性指标：人均粮食占有量、粮食种植比例、恩格尔系数、人口增长率 适应性指标：人均耕地面积、化肥施用强度、有效灌溉率、农业机械化率 稳定性指标：农作物受灾面积、水土流失治理面积、除涝面积、城镇化率 流畅性指标：农产品生产价格指数、农业生产资料价格指数、出口对外依存度、进口对外依存度
高延雷等，2019	供给侧：粮食自给率、粮食播种面积 获得性：人均粮食占有量、道路网密度 稳定性：粮食储备水平、粮食生产波动系数 持续性：化肥施用量、农药施用量

粮食安全评价体系（唐丽霞等，2020）。也有学者认为，粮食安全的概念及目标应该随着时间和空间的变化进行动态调整。中国在长期政策实践和学术研究中形成了多种粮食安全评价体系，但这些评价体系重点关注粮食的生产和供给，对粮食问题产生的结果关注较少，并且学术界制定的评价体系在国际上缺乏影响力。总体而言，粮食安全评价的效用尚未得到有效发挥，新的全球治理体系亟待确立，而中国等发展中国家的话语和经验应在全球治理体系中受到更多重视。

新兴生物技术的崛起和广泛应用也可能通过影响生态系统影响到粮食安全。随着转基因作物的大面积种植，转基因作物的生态安全性受到政府、科学家及民间的热切关注。美国国家环境保护署将转基因作物对土壤生态系统的影响列为风险评价的重要组成部分。转基因作物对土壤生物的影响有多方面，十分复杂。土壤是农业生产的基础，而土壤微生物在物质循环、能量转化过程中起着重要的作用，土壤微生物的多样性与活性的保持是农业生态系统健康和稳定的基础。例如，它所产生的特有蛋白是否会对其他生物产生毒害作用，发生毒害作用所需要的积累时间有多长，为了适应转基因作物而改变的生产劳动方式对原有的生物产生的负面影响有多大等，都是重要的科学问题。在评价转基因抗虫作物的作用时必须与现在的各种防治措施进行比较，包括频繁使用化学药剂、少用或根本不用化学药剂等情况。在食品安全领域，生物技术的发展不能使食品系统的任何环节处于更脆弱的状态，而是要增加对食品安全相关事件的风险预警的能力，因此必须提出相应的食品生物安全治理框架。

随着环境生物安全对生态系统安全风险的研究不断深入，针对单个个体或者是小区域的研究越来越不能满足人们对相关研究的需求，对数据的数量、质量要求也不断提高。目前普遍倾向于从生态系统的质量、结构和服务三个方面来描述生态系统的状态及变化过程。卫星遥感数据已逐渐发挥了重要作用，遥感数据可以提供与生态相关的长期数据集，可用于分析与生态安全和风险评估相关的、时空尺度的生态系统服务功能的变化（如植被、土壤状况、动物迁徙等）。其中，与生态系统结构评价中单纯的空间变化相比，遥感数据能够更完善地体现生态系统的群落、斑块等在空间上的面积、规模、分布，以及连通等形式的变化。更重要的是，随着生态系统服务研究的开展，生物安全在生态系统的功能评价方面拥有了一个相对便利的途径，为此已开发了一些新的生态系统服务评估模型。

第五节　本 章 小 结

环境生物安全是全球性的问题，也是国家安全的重要组成部分，对人民健康、社会经济发展及生态环境具有不可估量的影响。尽管国内外科学家在该领域已开展了较多的研究，在生物技术方法如构建发展基因安全、新型冠状病毒安全、粮食安全等概念和原理方面取得了迅速进展，但仍然没有一个相对完善的评价体系。为了构建或改善生物安全风险评价体系，科学家必须总结其他领域的经验教训，并使这些工具和框架适应生命科学中的生物安全。未来，如何管理生物风险，也将成为人类在生命科学中面临的问题。

（金　磊　罗安琪　杨　军）

参考文献

高延雷, 张正岩, 王志刚. 2019. 基于熵权 TOPSIS 方法的粮食安全评价: 从粮食主产区切入. 农林经济管理学报, 18(2): 135-142.

金鑫瑶, 庞博, 王辉, 等. 2020. 新型冠状病毒肺炎临床试验评价指标及相关问题. 天津中医药, 37(10): 1109-1113.

卢宝荣. 2015. 适合度分析对转基因逃逸潜在环境风险评价的意义. 生物技术通报, 31(4): 7-16.

马述忠, 屈艺. 2013. 全球化背景下的中国粮食安全评价. 云南师范大学学报(哲学社会科学版), 45(5): 120-130.

唐丽霞, 赵文杰, 李小云. 2020. 全球粮食安全评价体系的深层逻辑分析. 华中农业大学学报, (5): 151-159.

唐石, 张继承, 李林凤. 2016. 复合系统视角下的我国粮食安全问题识别及评价. 统计与决策, (7): 42-46.

杨建利, 雷永阔. 2014. 我国粮食安全评价指标体系的建构、测度及政策建议. 农村经济, (5): 23-27.

张元红, 刘长全, 国鲁来. 2015. 中国粮食安全状况评价与战略思考. 中国农村观察, (1): 2-14.

Bar J, Leung J M, Hansen C, et al. 2020. Strong effects of lab-to-field environmental transitions on the bacterial intestinal microbiota of *Mus musculus* are modulated by *Trichuris muris* infection. FEMS Microbiology Ecology, 96: fiaa167.

Eduljee G H. 2000. Trends in risk assessment and risk management. Science of the Total Environment, 249: 13-23.

Eggers B, Mackenzie R. 2000. The Cartagena Protocol on biosafety. Journal of International Economic Law, 3: 525-543.

Fagre A C, Cohen L E, Eskew E A, et al. 2022. Spillback in the Anthropocene: the risk of human-to-wildlife pathogen transmission for conservation and public health. Ecology Letters, 25: 1534-1549.

Green E D, Gunter C, Biesecker L G, et al. 2020. Strategic vision for improving human health at the forefront of genomics. Nature, 586: 683-692.

Leung J M, Budischak S A, Chung T H, et al. 2018. Rapid environmental effects on gut nematode susceptibility in rewilded mice. PLoS Biology, 16: e2004108.

Tan C C S, Lam S D, Richard D, et al. 2022. Transmission of SARS-CoV-2 from humans to animals and potential host adaptation. Nature Communications, 13: 2988.

Wang M, Yan M Y, Xu H F, et al. 2005. SARS-CoV infection in a restaurant from palm civet. Emerging Infectious Diseases, 11: 1860-1865.

第十五章　环境生物安全管理与风险防控

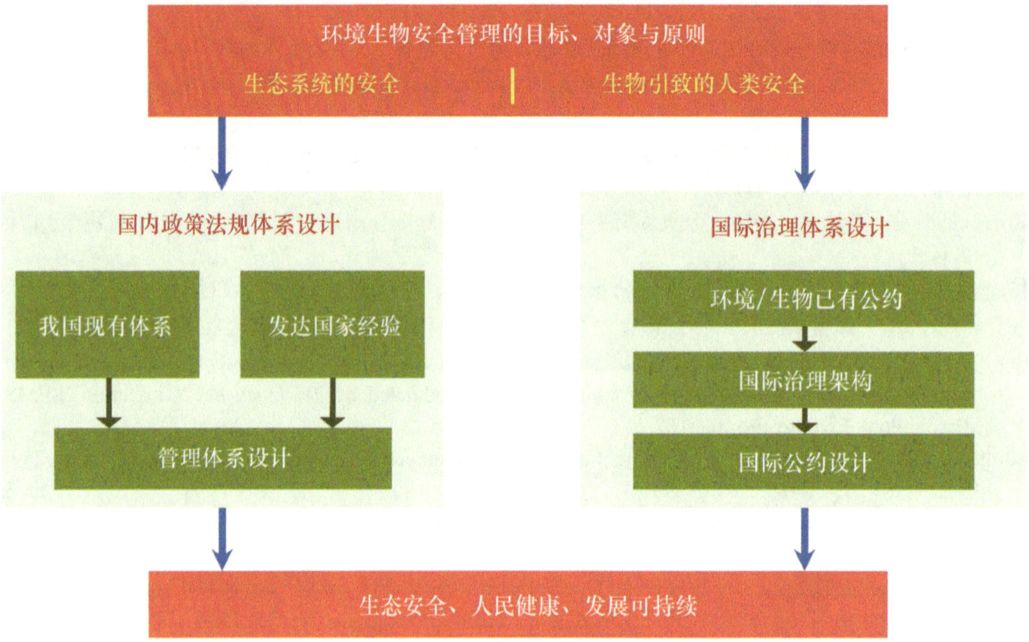

图 15-1　本章摘要图

第一节　环境生物安全管理的目标、对象与基本原则

一、环境生物安全管理的目标、对象

根据《中华人民共和国生物安全法》（简称《生物安全法》），生物安全是指国家有效防范和应对危险生物因子及相关因素威胁，生物技术能够稳定健康发展，人民生命健康和生态系统相对处于没有危险和不受威胁的状态，生物领域具备维护国家安全和持续发展的能力。环境生物安全管理是指特定管理者通过采取一系列活动，实现预防、最小化或消除可能对人类健康和安全产生影响的危害，并保护环境免受研究、贸易活动中使用的生物药剂/生物体影响的活动过程（FAO，2011）。具体目标包括以下三点。

1）防范和应对生物安全风险，完全消除生物武器、生物恐怖袭击、传染病威胁，保障人民生命健康和安全。

2）重视和完善生物管理（生物技术、外来物种入侵、生物武器等），保护生物资源和生态环境，促进生物技术健康发展，实现人与自然和谐共生。

3）推动和加强国际合作与支持，建立全球生物安全的预防、控制、管理体系，维护全球环境生物安全，推动构建人类命运共同体。

环境生物安全的管理对象包括生物武器、生物恐怖袭击、生物技术滥用、传染病、生物遗传资源与生物多样性及生物实验室安全，分别介绍如下。

（一）生物武器

生物武器是指类型和数量不属于预防、保护或其他和平用途所正当需要的微生物剂、其他生物剂及生物毒素；也包括将上述生物剂、生物毒素用于敌对目的或武装冲突而设计的武器、设备或者运载工具（郑涛，2014）。生物武器包括立克次体、毒素（肉毒杆菌毒素、葡萄球菌肠毒素）、病毒（天花病毒、热病毒等）、真菌（球孢子菌、组织胞浆菌等）、细菌（鼠疫杆菌、霍乱弧菌等）、衣原体等，具有致病性强、污染面积大、危害时间长、传染性强且途径多、成本低、制备方法简单、难以防治、受影响因素复杂等基本特点。

近年来，国际社会普遍认为生物武器的潜在威胁大大增加，其主要原因包括：当前国际公约存在的局限性（未明确生物战剂清单和阈值、缺乏常设履约执行机构或组织、不反对以防御为目的的生物武器研究等）使得少数国家仍秘密发展大杀伤力的生物武器；生物技术的快速发展和滥用显著增强了生物武器的潜在威胁；当前已发生的生物武器事件已证明其对国际安全可造成的现实威胁等。

（二）生物恐怖袭击

20 世纪中后期以来，恐怖活动日益活跃，生物恐怖袭击已成为世界上最大的恐怖威胁。作为“分水岭”的美国“炭疽事件”，证明生物恐怖袭击已严重威胁人类安全。目前公认的应用于生物恐怖袭击的制剂包括炭疽杆菌（*Bacillus anthracis*）、鼠疫杆菌（*Yersinia pestis*）、天花病毒（variola virus）、出血热病毒（hemorrhagic fever virus）、土拉弗氏菌（*Francisella tularensis*）及肉毒杆菌毒素（botulinum toxin）等（奇云，2012）。

生物恐怖袭击不同于生物武器，其袭击目标广泛、心理影响深远、影响效应广泛、资源动用巨大、损失惨重及后续综合效应大，可通过气溶胶释放、食品和水污染、媒介传播、人与人之间的传播等途径对人类、动植物进行袭击。近 10 余年内已知的生物恐怖袭击事件所带来的严重影响（包括社会效应和心理影响）使得全球掀起了应对生物恐怖袭击、强化生物防御能力、全面发展生物安全的热潮。

（三）生物技术滥用

生物技术作为 21 世纪的朝阳技术，正在迅速发展并渗透融合到工业、农牧业、医药、环保等其他学科领域。生物技术的快速发展推动了科学的进步、促进了经济的发展、改变了人们的生活，并且影响了人类社会的发展进程。理性设计和高效 DNA 合成组装技术赋予了新合成生命体新的生物学功能，如植物天然成分在微生物中的合成、人工设计合成全基因组来获得人造生命、肿瘤的人工合成细胞治疗等，将对环境、人体生命健康、国家安全等领域产生长远影响。

然而，生物技术作为一把双刃剑，具有两用性特点。以合成生物学和基因编辑为典型代表的生物技术在给人类社会带来诸多福祉的同时，其日益降低的技术门槛、逐渐便利的实验操作、愈加低廉的成本使得其易于被误用或滥用进而造成危害，最终为国家生物安全管理与防御体系带来严峻挑战。在当前公开发布的遗传信息、日益透明化的合成生物和基因编辑技术，以及逐渐降低成本的情况下，部分不法分子更容易利用人为制造病毒（如人工合成天花病毒和马痘病毒）或具有更大杀伤力的生物武器，导致世界生物安全形势日趋复杂与严峻（宋馨宇等，2018）。

（四）传染病

疫情频发意味着人类进入传染病高发时期。传染病由各类病原体引起，能在人与人、动物与动物、人与动物之间通过空气传染、食物传染、接触传染、母体传染、血液传染等途径进行传播，具有流行性和传染性的特点。自 2003 年以来国内外陆续暴发了严重急性呼吸综合征（severe acute respiratory syndrome，SARS）、H5N1 禽流感、霍乱、手足口病（hand-feet-mouth disease）、艾滋病（acquired immuno deficiency syndrome，AIDS）、疟疾等传染病。

当前各国在传染病防控上虽已取得长足进步，但仍面临诸多挑战，如缺乏特异性疫苗、特效药储备与更新代价较高、非药物干预能力较大、耐药性问题突出等。因此，传染病的暴发可造成人类和动植物的大量死亡、国家医疗基础设施瘫痪、社会动荡不安等深刻且广泛的社会经济影响，威胁国家的安全稳定，甚至可能导致物种灭绝和影响人类文明进程，因而有必要对此类疾病进行监管与防控。

（五）生物遗传资源与生物多样性

生物多样性是人类赖以生存的条件，是经济社会可持续发展的基础，是生态安全和粮食安全的保障。生物多样性保护和资源保护也是生物安全的重要内容。近年来，随着转基因生物环境释放、外来物种入侵等问题的出现，生物多样性保护日益受到国际社会的高度重视。

从生物安全的角度来看，此类威胁主要来自外来物种入侵，如紫茎泽兰（*Ageratina adenophora*）、空心莲子草（*Alternanthera philoxeroides*）、水葫芦（*Eichhornia crassipes*）、毒麦（*Lolium temulentum*）、美国白蛾（*Hyphantria cunea*）、马铃薯叶甲（*Leptinotarsa decemlineata*）等。此外，生物遗传资源流失（如野生大豆资源流失）而导致的损害，以及遗传修饰生物环境释放所引发的安全问题也是造成此类威胁的原因。

（六）生物实验室安全

实验室是进行科学技术研究活动的基本场所，也是进行实验室生物技术操作的主要场所。人类在对抗传染病及防御生物武器和生物恐怖袭击的科学技术研究活动中，需要接触、操作、处理微生物甚至病原微生物，开展转基因动植物研究。生物实验室在管理上的疏漏和意外事件轻则导致实验室工作及在场人员感染，重则造成大范围环境污染和人群感染。其具体可分为对实验人员造成的直间接危害和对环境造成的污染、病原微生物的实验室外环境泄漏两大类。

实验室防护技术与管理水平虽已有很大提升，但因运行管理失误、仪器设备故障、人为疏忽大意等方面造成的实验室暴露感染问题仍然存在。除实验室内的暴露风险外，因内部人员操作不当、设备设施故障、自然因素、人为因素等因素引发实验室生物泄漏的事件也时有发生，进而极大可能危害周围人群及环境，严重时甚至会大范围扩散并造成灾难性后果。鉴于上述实验室生物安全所造成的危害程度，国家加强了对病原微生物实验室生物安全的管理，制定了统一的实验室生物安全标准（见 2020 年发布的《生物安全法》），具体如下：

病原微生物实验室应当符合生物安全国家标准和要求；

国家根据病原微生物的传染性、感染后对人和动物的个体或者群体的危害程度，对病原微生物实行分类管理；

设立病原微生物实验室，应当依法取得批准或者进行备案；

国家根据对病原微生物的生物安全防护水平，对病原微生物实验室实行分等级管理；

高等级病原微生物实验室从事高致病性或者疑似高致病性病原微生物实验活动，应当经省级以上人民政府卫生健康或者农业农村主管部门批准，并将实验活动情况向批准部门报告；

病原微生物实验室应当采取措施，加强对实验动物的管理，防止实验动物逃逸，对使用后的实验动物按照国家规定进行无害化处理，实现实验动物可追溯。禁止将使用后的实验动物流入市场；

病原微生物实验室的设立单位负责实验室的生物安全管理，制定科学、严格的管理制度，定期对有关生物安全规定的落实情况进行检查，对实验室设施、设备、材料等进行检查、维护和更新，确保其符合国家标准；

病原微生物实验室的设立单位应当建立和完善安全保卫制度，采取安全保卫措施，保障实验室及其病原微生物的安全；

病原微生物实验室的设立单位应当制定生物安全事件应急预案，定期组织开展人员培训和应急演练。发生高致病性病原微生物泄漏、丢失和被盗、被抢或者其他生物安全风险的，应当按照应急预案的规定及时采取控制措施，并按照国家规定报告；

病原微生物实验室所在地省级人民政府及其卫生健康主管部门应当加强实验室所在地感染性疾病医疗资源配置，提高感染性疾病医疗救治能力；

企业对涉及病原微生物操作的生产车间的生物安全管理，依照有关病原微生物实验室的规定和其他生物安全管理规范进行。

二、环境生物安全管理的基本原则

环境生物安全管理的基本原则反映了国家生物安全相关事项的基本立场，是在实践中从事各种生物安全法律规制活动的行动指针。原则的制定应在考察各国生物安全的管理需求和相关要素的基础上进行综合考虑，本小节主要总结出了风险预防、协同配合、无害利用、谨慎发展、透明、全程控制、分级管控和国家主权八种基本原则。未来随着科学理解及社会共识的深入，也可再增列其他基本原则。

（一）风险预防原则

风险预防原则（precautionary principle）是指当现代生物技术研发应用和生态环境开发利用活动有可能对人体健康构成危害或者有可能对生态环境造成严重的、不可逆转的危害，甚至有可能威胁国家安全时，即使没有科学上确实的证据证明该危害必然发生，也应采取必要的预防措施的根本准则（Cooney，2004）。该原则作为各国环境生物安全管理最主要和基本的原则是由生物安全问题巨大的风险性及其后果的严重性所决定的。生物安全与生物最本质的性质、物种的生存和繁衍甚至与人类的生存发展密切相关，环境危害一旦发生，往往是严重的、不可逆转的巨大损失（于文轩，2020），所以对于生物安全风险的应对必须基于其严重的后果性进行超前的风险研判和应对（秦天宝和段帷帷，2023）。该原则在国际法和国内法都有所体现，如《生物多样性公约》（以下简称《公约》）《卡塔赫纳生物安全议定书》《实施卫生与植物卫生协议措施协定》《国际植物保护公约》《关于环境保护的南极条约议定书》《农业转基因生物安全管理条例》及《中华人民共和国生物安全法》等。

（二）协同配合原则

协同配合原则（cooperative principle）是指国内各部门合作和国际合作两层含义。在国内各部门合作方面，一国在对生物安全问题进行管制过程中，生物技术的特殊性决定了对其安全监管需要多部门协同开展，这就必然涉及各部门合作问题，因此，需要保证政府相关各部门、利益相关者，以及普通公众之间通过法定程序和机制进行协作、配合与合作，以实现保护人体健康、生态环境和国土安全并兼顾生物技术及产业发展的目的。在国际合作方面，国际生物安全面临着复杂的形势，各国应本着平等互利原则与其他国家开展广泛的沟通与合作。国际合作原则的实质在于，有关各国应基于生物安全跨国保护的客观需要开展必要的合作，而不是单纯地强调一般性的国际环境法国家主权原则。该原则体现在诸多国际法文件中，如在外来入侵物种方面，加强国际合作对于减少外来入侵物种对生物多样性、生态系统服务和人类生计的影响至关重要（Pyšek et al.，2020），且在《关于环境与发展的里约热内卢宣言》《生物多样性公约》《21 世纪议程》等文件中也有所体现。

（三）无害利用原则

无害利用原则（principle of harmless utilization）是指各国在引进外来物种、生物技术研究和开发、生物技术产品的生产和贸易过程中，应尽量避免对当地物种、生态系统及人类健康造成危害，同时亦应尽量避免人类活动对生物安全产生威胁和有害影响。无害利用原则主要体现在两个方面：一是避免人类活动（如国际贸易等）对特定地域（包括主权国家、地区和两极地区）的生物安全可能造成的危害；二是避免有关生物技术及其产品对特定地域的生态系统及人类健康可能造成的危害。目前，出台的法律文件也在贯彻这一原则，如《国际生物技术安全技术准则》《关于环境保护的南极条约议定书》《实施卫生与植物卫生协议》等。

（四）谨慎发展原则

谨慎发展原则（prudent development principle）是指各国在发展生物技术、进行生物技术的应用和市场化时，不应仅基于该技术在未来可能带来的经济效益而确定该技术的发展和应用策略，同时应充分考虑该技术可能带来的一系列负面影响，其中包括生物技术及其产品本身的缺陷、可能带来的环境风险及对人类健康的威胁等（于文轩，2020）。谨慎发展原则以发展（即满足人类的需要）为中心，同时以谨慎的态度对其限制（世界环境与发展委员会，1989），最终引导生物技术及相关活动向可持续的方向发展。在国际法中，谨慎发展原则在生物多样性保护和利用、植物卫生保护、生物技术产品，以及特定生物的处理、运输和标志、极地生态环境的保护等方面均有体现；国内法主要在转基因食品安全上有所规定。

（五）透明原则

透明原则（transparent principle）是指确保信息公开，允许公众访问和参与决策过程（United States Department of Agriculture，2017）。主要包含如下内涵：①公开信息，相关信息应当公开发布，并以易于获取的方式提供给公众和利益相关方，包括病原体特性、疫情数据、防控措施、风险评估结果等重要信息；②允许公众参与，公众应该有机会参与决策过程，包括表达其意见和关注点；③透明的决策过程，以便公众可以理解评估和决策的基础，包括确定评估和决策的准则和标准，以及解释决策如何与这些标准和准则相符合；④科学数据和证据的公开和共享，以便其他人可以验证和重复研究结果；⑤评估和决策过程应明确责任和问责，以确保决策是基于科学和公正的评估，并符合社会和环境的利益。透明原则可以提高环境生物安全决策的科学性、合法性和可接受性，保护公众利益，并促进生物安全的可持续发展。

（六）全程控制原则

全程控制（whole-process control）是线性系统控制，是对从危险因素的出现到最后归宿的宏观控制手段（秦天宝，2020）。全程控制原则最早出现在美国1965年《固体废物处置法》（Solid Waste Disposal Act）中（陈明义和李启家，1991），后逐步为各国固废法及其他类似领域立法所接受，如我国的“三同时”制度（唐绍均和蒋云飞，2018），成为危险因素管理的重要原则。全程控制原则的原理在于，生物技术的开发利用相关活动从源头到末端的每一个环节或者相关环节的叠加，都可能对生物安全造成影响甚至带来危害，为此有必要开展全过程的系统控制，即需要将科研立项审批、研究实施、成果传播、科技普及、国际交流等环节全都纳入监管范围。总的来说，全程控制原则强调的是对生物安全相关活动的过程控制与系统控制，它是系统分析和生命周期原理在生物安全领域的具体体现。

（七）分级管控原则

分级管控原则（classification principle）是指根据安全风险等级的不同，对生物技术的风险评估、事故报告、科研诚信记录等采取有区别的监管对策。在生物安全风险从起源到最终结果产生的整个生命周期过程中，不同类型的生物技术及生物安全风险的不同根源都会对人体健康、生态环境和国土安全产生不同程度和范围的风险和危害。因此，为了实现精细化的科学管理，需要针对不同类型的生物技术、根源和风险等对象及相关活动，分别制定不同类别的管控措施。生物安全风险控制的对象主要是生物技术，即对实验室进行安全等级划分。在生物实验室开展的活动和项目一般划分为基本生物安全 1 级（biosafety level 1，BSL-1）、基本生物安全 2 级（BSL-2）、限制性生物安全 3 级（BSL-3）及最高限制性生物安全 4 级（BSL-4）这四个等级，其中 BSL-4 是最高管控级别（Chosewood and Wilson，2009），风险越大，管控级别越高。在我国《生物安全法》中，分级管控原则覆盖了技术等级、生物等级和场所等级，分类管理措施应用于生物技术、病原微生物及其实验室等方面（秦天宝，2021），其中，第三十六条第一款：国家对生物技术研究、开发活动实行分类管理。根据对公众健康、工业农业、生态环境等造成危害的风险程度，将生物技术研究、开发活动分为高风险、中风险、低风险三类。第四十三条第一款：国家根据病原微生物的传染性、感染后对人和动物的个体或者群体的危害程度，对病原微生物实行分类管理。第四十五条第一款：国家根据对病原微生物的生物安全防护水平，对病原微生物实验室实行分等级管理。

（八）国家主权原则

国家主权原则（the principle of sovereign equality of states）是指任何物种或遗传资源都是有国家主权的，任何物种只要查明原产地的就要接受这个国家的主权管辖，任何人来开发利用均需事先跟原产国商议。该原则保证了遗传资源主权国家拥有遗传资源所有权及对研发成果、知识产权和经济利益的分享权，因此受到了国际社会的广泛接受。《联合国宪章》已将国家主权原则作为其基本原则（杨泽伟，2002），该宪章承认各国的主权平等，强调国家的独立和自主权利，每个成员国都有权利在国际事务中保护自己的主权和领土完整，平等参与国际事务。国家主权原则是《生物多样性公约》的核心原则之一（刘哲，2021），该公约承认国家对本国生物资源的主权，并强调各国在保护和管理生物多样性方面的主导地位。公约还鼓励各国制定国家战略、政策和法律，以保护生物多样性，并鼓励国际合作和技术转让。国家主权原则也在不同国家的生物安全法和国际生物安全法中得到重要体现（王灿发和于文轩，2003），其强调国家对本国领土内的生物资源和生物安全的主权，以及对生物入侵、疫病传播和生物恐怖主义等问题的管理和控制。

第二节　环境生物安全管理的政策法规

一、域外管理政策与法规体系

环境生物安全问题给人类带来的挑战日益严峻，尤其是自美国“9·11”事件和炭疽事件发生后，各国纷纷加强对恐怖主义、大规模杀伤性能武器、生物技术发展、传染病传播、生物资源和实验室安全的重视。为应对此威胁，世界各国积极设立相关部门，以期制定出符合本国国情、高效、全面的生物安全管理政策和法规条例。

（一）美国

美国针对存在潜在危及环境生物安全管理的问题制定了一系列生物安全战略、生物安全法律法规和管理机制、重大生物安全项目计划，设立了生物安全领域主要研究机构和主要生物安全实验室，以致力于本国和国际生物安全管理。针对具体生物安全问题采取了以下一系列举措。

1. 生物武器和生物恐怖袭击

为应对生物武器和生物恐怖袭击带来的威胁，美国在多年努力下已逐渐建立起比较成熟的生物安全战略，以下为不同时期所发布的政策方针及法规。

（1）小布什政府（2001～2008 年）

早于 2001～2002 年，小布什政府依次公布和签署了《四年防务评估报告》（Quadrennial Defense Review Report）、《国家安全战略》（National Security Strategy of the United State of America），大致确定了美国当前安全战略建立在三项前提之下：采取一切手段反对、制止并打击恐怖主义分子和任何形式的恐怖活动；对大规模杀伤武器和导弹技术的发展采取更为严厉的政策，必要时采取军事行动；支持并致力于与世界各大国建立良好、稳定、有序的合作关系；努力在全球推广自由和共同繁荣（杨洁勉，2002）。此外，美国于 2003 年成立了海关与边境保护局（U. S. Customs and Border Protection，CBP），其首要职责是防范恐怖袭击分子和恐怖武器进入美国。紧接着，于 2004 年 4 月，小布什政府正式发布了《21 世纪生物国防计划》（Biodefense for the 21st Century），提出 21 世纪美国生物防御计划的核心为威胁预警、预防和保护、监控和检测，以及反应和恢复等方面。2006 年 3 月，小布什政府进一步完善《国家安全战略报告》，纳入了“全球化带来的机遇与挑战”主题，对艾滋病、禽流感、跨国贩卖人口等新型威胁进行了描述，并强调了国家合作应对此类威胁的重要性。

在针对生物恐怖袭击设立的法律上，小布什政府期间相继出台了一系列相关法律法规和计划，如 2001 年的《爱国者法案》（Uniting and Strengthening America by Providing Appropriate Tools Required to Intercept and Obstruct Terrorism（USA PATRIOT）Act of 2001）、2002 年的《公共卫生安全与生物恐怖主义防范应对法》（Public Health Security and Bioterrorism Preparedness and Response Act）、《国土安全法》（Homeland Security Act of 2002，HSA）等，部分法规和计划的主要内容说明如下。

1）《爱国者法案》：2001 年 10 月，小布什政府签署了《爱国者法案》，该法律的目的在于防止恐怖主义。该法案赋予了美国警察机关更多的侦查和搜查权，警察有权查阅电话、电子邮件、医疗、财务等信息记录；减少了对本土外国情报单位的限制；扩张了美国财政部长在控制和管理金融方面流通活动的权限；加强了警察机关和移民单位管理怀疑与恐怖主义相关的外籍人士的权利。该法案的颁布引发了不同立场人群的争论，引起人们特别关注的是公共和私营组织需要提供用户的隐私信息，而该做法被认为践踏和侵犯了隐私权。对于民权主义者而言，媒体广泛披露的案件使得其认为该法案是对民主自由的直接伤害。对于部分法案支持者来说，他们认为公民自由干预可以接受，以协助国家采取一切必要措施保护美国公民不受恐怖分子伤害。

2)《公共卫生安全与生物恐怖主义防范应对法》：2002 年 6 月，小布什政府签署了《公共卫生安全与生物恐怖主义防范应对法》，这是美国第一部生物国防法，为美国政府推行生物国防计划提供了法律基础。该法案由五部分组成，分别包括国家应对生物恐怖主义和其他公共卫生紧急情况的相关条例；对危险性生物制剂和毒素的管理条例；维护食品和药品的生产、运输和储备情况的条例；保障饮用水安全的条例；关于食品、药品价格相关的附加条款。

3)《国土安全法》：2002 年 11 月，小布什政府签署了《国土安全法》。该法案主要成立了国土安全部（United States Department of Homeland Security，DHS），该部门全权负责美国境内的边境管制、情报统筹、紧急应变、恐怖袭击应对和移民事务管理等。其他部分则是对公共信息获取、分析与管理权限进行设定，对科学与技术对国土安全上的支持进行说明；对关键基础设施进行重新定义与识别；对联邦紧急事务管理体系进行完善，对相关部门的功能和责任进行规定等。

4)《预测生物攻击与灾害的生物监视计划》(BioWatch)：BioWatch 是一项由国土安全部、环境保护署、疾病控制与预防中心一起制定的计划，旨在对潜在生物威胁进行预警。基于美国疾病控制与预防中心开列的危险病原体清单，全美 30 个城市共设立了 4000 多个大气监测站，监测大气样本是否含有此类物质（王萍，2022）。

（2）奥巴马政府（2009～2016 年）

奥巴马政府于 2009 年发布了《应对生物威胁的国家战略》(National Strategy for Countering Biological Threats)，分析了美国当前面临的生物威胁，并提出了应对生物威胁的 7 个目标（促进全球卫生安全、加强安全和负责任的行为规范、及时准确地了解当前和新型风险、采取合理措施减少剥削的可能性、提高国家的预防/分析和应对能力、与所有利益相关者进行有效沟通、推进反恐行动的国际合作）；并于 2010 年 5 月发布了新版《国家安全战略报告》，将经济危机和“本土恐怖分子”视作美国国内的安全威胁，除此之外还强调了包括公共卫生、全球贫困、气候变化、环境问题、网络攻击、核扩散等在内的传统安全威胁。随后在生物安全方面发布的报告还包括 2012 年的《生物监测国家战略》(National Strategy for Biosurveillance)、2013 年的《国家生物监测科技路线图》(National Biosurveillance Science and Technology Roadmap）和《国家生物恢复科技路线图》(Biological Response and Recovery Science and Technology Roadmap)。

在针对生物恐怖袭击设立的法律上，奥巴马政府于 2010 年出台了《优化管理布萨特行动法案》(Optimizing the Security of Biological Select Agents and Toxins in the United States)，该法案的目的在于保护美国国土安全，并提出三点内容：①相关部门须在 6 个月内制定一份监管布萨特行动实施的方案；②卫生及公共服务部和农业部应在 18 个月内制定出一份一级特定生物制剂和毒素列表，且根据其相应的特殊性制定预防方案；③建立联邦专家安保咨询组（Federal Experts Security Advisory Panel)，为法案的实施提供技术指导。

（3）特朗普政府（2017～2020 年）

特朗普政府于 2017 年发布了其总统任期内的第一份《国家安全战略报告》，将大国竞争和对抗调整为美国国家安全的首要目标，且将恐怖主义假想为中国、俄罗斯、朝鲜、伊朗等国家。报告内容指出美国需采取切实行动从源头上解决生物事件的暴发与发展问题；应从源头识别和应对生物威胁，提前发现和减轻疫情，以降低传染病对人类健康的影响。2018 年 9 月，特朗普政府推出了一项旨在应对国家生物威胁和推动美国生物国防安全发展的战略，并通过签署《国家安全总统备忘录》（National Security Presidential Memorandum，NSPM）来将此战略上升为国家意志。此战略的创新点在于将生物威胁的范畴扩大化，通过成立内阁级生物防御指导委员会以增强对多部门的集中领导和权力协调，强化卫生及公共服务部在生物安全方面的地位。特朗普政府旨在通过以上制度创新来建立更具协调能力、更富有灵活性的生物安全防御体系。

（4）拜登政府（2021～2024 年）

拜登政府在认知和实践层面延续了过去历届政府的生物安全战略建设，力求完善原有生物安全法律体系。其所提出的法律法规明确了生物防御在国家安全中的重要性和地位，规定了生物防御能力体系建设的目标和实现途径，使生物防御能力建设有法可依、有章可循。

2. 生物技术滥用和生物遗传资源管理

美国着眼于对技术应用结果进行监管，其最早的生物技术管理规范为 1976 年的《重组 DNA 分子研究准则》，用于生物技术研究的风险管控。另外，美国总统办公厅科技政策办公室（Office of Science and Technology Policy，OSTP）于 1986 年正式实施了《生物技术监管管理协调框架》（Coordinated Framework for Regulation of Biotechnology），明确了转基因生物安全管理的基本原则、法规框架和部门之间的分工。该框架指出不需要针对转基因生物重新制定法规，而应当在现有法规框架下制定相应法规。在此框架下成立了由美国农业部（United States Department of Agriculture，US DA）、美国国家环境保护署（United States Environmental Protection Agency，US EPA）、美国食品和药物监督管理局（United States Food and Drug Administration，US FDA）三个机构共同负责的国家生物技术科学协调委员会。在后续的政策发展中，该办公室还于 2000 年提出一项新建议，认为基因改造作物在田间试验期间也需接受相关部门的安全评估，标志着美国基因改造生物规则政策的新趋势（王康，2016）。

生物技术发展所衍生出的转基因食品安全性问题也使美国建立了完善的以食品安全法律法规、食品安全管理机构、食品检查制度、进口食品入境口岸监管为组成部分的食品安全管理体系。美国最为重要的食品安全法令之一为《联邦食品药品和化妆品法案》（Federal Food，Drug，and Cosmetic Act，FFDCA），其自 1938 年颁布以来经过数次修改后，现已成为美国食品方面的基本法、食品安全法律的核心及食品安全管理的基本框架。该法规定 USFDA 负责对肉、禽和蛋类以外的国产和进口食品的生产、加工、包装、储存等工作，以及对新型动物药品、加药饲料和部分食品添加剂的销售许可和监督。1998 年，美国政府成立了“总统食品安全管理委员会”来协调全国的食品安全工作。另外，美国政府于 2002 年 6 月颁布了《2002 年公众健康安全与生物恐怖主义预防应对法》。为辅助执行该法，于 2003 年 10 月 10 日，USFDA 正式发布了《食品企业注册法规》和《进口食品提前通报法规》。2009 年 7 月 30 日，美国众议院一致通过《2009 年食品安全加强法案》，其是对 FFDCA 的一次重大修订，极大扩充了 USFDA 的权限。2011 年 1 月 4 日，奥巴马政府签署的《FDA 食品安全现代化法案》是对 FFDCA 进行的一次重大修订，在对国内和进口食品安全监督管理权限、构建更加积极和富有战略性的现代化食品安全多维保护体系、确保美国国家食品供应安全持续处于世界领先等方面均有较大提升。其间通过至少 35 部涉及食品安全管理的法律，主要包括《婴儿配方食品法》（Infant Formula Act，IFA，1980）、《食品安全现代化法案》（Food Safety Modernization Act，FSMA）等。

在与生物技术相关的法律法规上，美国尚未制定关于基因改造生物的专门立法，而是在现有法规中补充有关基因改造生物的内容。除此之外，美国食品和药物监督管理局也发布了一系列与生物技术相关的指南：2011 年以来，USFDA 公布了针对生物仿制药产品研发的指南，包括美国发明法上授予相关的实质性专利改革举措、重新授权对生物技术公司的资本支持，以及处方药使用者收费法等。另外，USFDA 于该年共批准了 30 多种新药，成为自 2004 年来最多的一年，其中生物技术公司表现抢眼。

在对动植物资源管理上，美国所做的努力包括对入侵物种、物种资源与遗传修饰生物进行管理，其中对生物入侵的管理强调机构之间的协调、明确各方责任及注重公众参与，在物种资源管理上主要集中在植物遗传资源领域，针对遗传修饰生物管理成立了农业部动植物卫生检疫局（USDA Animal and Plant Health Inspection Service，APHIS）、USFDA 和 USEPA。为维护本土农业健康，USDA APHIS 的使命是维护美国农业、自然资源的卫生、福利和价值。同时建立了现有关于转基因生物安全管理的法律法规，其主要内容如下。

1）《病毒，血清，毒素法案》（Virus-Serum-Toxin Act，VSTA）：美国在 1913 年第 430 号公共法令通过此法案，旨在通过监管疫苗质量和及时诊断牲畜来保护农民和饲养者生命健康。该法案规定任何个人、公司从事“无价值的、受污染的、危险的”的病毒、血清、毒素或类似动物生物制品的制备、销售、交换或运输都是非法的。该法案于 1985 年进行了修订，以强调工业化和现代化进步对农业领域的影响。此修订版本授权 USDA 进行州内和州际生物制品运输的监管权力、扩大 USDA 部长发布法规的权力，以及加强执法等。

2）《有毒物质控制法》（Toxic Substances Control Act，TSCA）：美国国会于 1976 年生效此法案，由 USEPA 负责实施。该法案旨在综合考虑美国境内存在的化学物质对社会、经济和环境的影响，以预防其对人体健康和环境的负面风险，进而保护美国农业生态和环境安全。TSCA 的使用对象包括有机物、无机物、聚合物、微生物、混合物等，截至 2023 年，其名录共收录 86 000 多种化学物质。

3）《植物保护法案》（Plant Protection Act，PPA）：为防范植物害虫对美国的农业、环境、经济和商业产生重大影响，历经长达 17 年制定过程的《植物保护法案》最终于 2000 年 6 月正式生效，成为农业风险保护法的一部分。PPA 将美国农业部现有的十项植物健康法合并为一部综合性法律，包括对植物本身、植物产品、有害生物及杂草的监管等，以此来评价转基因生物成为有害生物的风险。

4）《联邦杀虫剂、杀菌剂和灭鼠剂法》（Federal Insecticide，Fungicide and Rodenticide Act，FIFRA）：该法案于 2012 年正式通过，对农药的生产、分配、销售和使用方面进行监管，在美国销售的农药均须符合此全面的农药监督法案。在美国国家环境保护署注册之前，行政机关须审查该产品的风险性和收益信息（吴纪树，2017）。

在实施野生动植物监管方面，美国所做的努力包括制定野生动植物保护的主要法规、成立鱼类及野生动植物管理局、进行野生动植物进出口管理。与动植物卫生检疫、野生动植物保护、入侵物种、物种资源与遗传修饰生物管理相关的主要政策、法律法规包括以下内容。

1）《联邦种子法案》（Federal Seed Act）：1939 年颁布的《联邦种子法案》规定，对用于商业用途的种子（农用种子和蔬菜种子）需进行标签设置，并判定其纯度标准，同时禁止进口或运输掺假或贴错标签的种子。对从事种子生产、运输、销售环节的用户，须对每一批次种子的记录保存 3 年。该法案是美国种业发展史上一部重要的综合性立法。在 2020 年的修订版中，将某些种子种类添加到管辖种子清单中，更新了清单中有关种子质量、发芽、纯度标准及种子测试方法的规定说明等，使法案与当前的行业规范保持一致。

2）《动物福利法案》（Animal Welfare Act，AWA）：美国于 1966 年颁布了《动物福利法案》，旨在通过保护动物，对人应该为动物提供什么样的日常生存环境、动物的交易、医疗均出具了详细规定。该法案的颁布对动物福利的违法行为做了较清晰的界定，也为后续其他国家推出保护动物福利的相关法案举措提供了法律参考。1985 年，美国国会再次修订了该法案，确立了对待动物的四项要求，仅允许在适当情况下对动物使用麻醉药、镇静药、镇静剂及无痛死亡手术等。

3）《雷斯法案》（Lacey Act）：《雷斯法案》是美国的一项保护法，其禁止对非法获取、拥有、运输或出售的野生动物、鱼类和植物进行贸易，成为美国打击野生动植物犯罪极有力的法案。该法案随着野生动物非法贸易情况的不断变化下经历了多次修订，其中最为重要的修订时期为 1969 年、1981 年、1989 年和 2008 年。1969 年的《雷斯法案》修正案中将野生动物的定义涵盖至两栖动物、爬行动物、软体动物和甲壳类动物；将罚款和监禁上限分别提至 10 000 美元和 1 年。1981 年的修正案与《黑鲈法案》（Black Bass Act）相合并，把鸟类、部分本土植物重新纳入保护范围；将重罪的民事和刑事处罚提升至 2 万美元和 5 年，轻罪则为 1 万美元和 1 年。1989 年的修正案进一步扩展了法案适用范围，旨在保护执法官员免受不公正民事侵权的指控。2008 年的修正案扩大了保护范围、涵盖了制品在内，以及增列了进口申报，以有效禁止在美国市场上对采伐木材进行非法贸易，对全球向美国供应林产品的国家影响深远（刘春兴等，2013）。

4）《国家入侵物种法案》（National Invasive Species Act，NISA）：1996 年的《国家入侵物种法案》与 1912 年的《植物检疫法》、1999 年克林顿总统签署的第 13122 号总统行政命令等一系列法律共同构成了美国生物入侵防范体系的骨干框架（秦红霞，2010），旨在防止外来水生入侵物种通过海洋船舶的压载水箱进入境内水域。主要内容包括授权相关部门对压载水箱进行监管、对研究经费进行控制、设立水生公害物种工作组，以及促进遵守新法规的教育和技术援助计划等。该法案为之后全世界生物入侵立法提供立法精神和基本原则的指导作用。

5）《国家生物工程食品信息披露标准》（National Bioengineered Food Disclosure Standard，NBFDS）：2016 年的《国家生物工程食品信息披露标准》旨在结合美国的粮食安全投入计划，以改善全球粮食安全框架、可持续发展和食品营养。该法案中授权 USDA 就生物工程食品确定强制性披露标准、实施方式和规程，并要求食品生产商在包装上标注转基因成分的部分，以满足消费者对食品属性的了解需求。该法案标志着美国转基因食品标准制度的重大改变（由自愿标签转为强制标签）。

3. 传染病

针对传染病防治，美国政府于 1942 年成立了疾病控制与预防中心，目标是预防、控制疾病、伤害和残疾，以保证人群健康和生命质量。美国卫生部（United States Department of Health and Human Services，HHS）作为美国公共卫生体系的中枢，负责维护公民健康和提供公共服务；美国国防部（United States Department of Defense，DOD）的重点目标是通过开展医学防护研究等方式来应对新发的设计生物工程改造的生物威胁；2005 年，美国组建了国家生物安全科学顾问委员会（National Science Advisory Board for Biosecurity，NSABB）来协助政策制定者和研究人员评估生命科学研究的危险性，并针对相应生物安全问题提出建议。相关的主要政策法规如下。

1）《公共卫生服务法》（The Public Health Service Act）：罗斯福总统于 1944 年 7 月签署了《公共卫生服务法》（又称《美国检疫法》），这是美国公共卫生服务 146 年历史上的又一里程碑。该法律首次明确了联邦政府的检疫权，明确说明了国家在传染病防治上的职责，并要求建立检疫机构，详细规定了移民接受公共卫生、传染病检疫等相关治疗的途径、费用及支付方式（王竞波等，2008）。该法案消除了许多过时的规定，并根据操作经验进行了一系列修订，简化了公共卫生服务的管理；扩大了已建立的公共卫生服务职能范围，赋予了美国公共卫生服务部门防止传染病从外国传入美国而采取相应措施的权力，授权了可向研究机构提供资助以研究各类型疾病的权力。

2）《生物盾牌计划》（Project BioShield）：此法案是美国于 2004 年针对传染病而制定的计划，主要规定：①通过合同授权，鼓励开发和采购如疫苗、药物和诊断器械在内的未来医疗对策；②授权国家卫生研究所通过过敏症和传染病研究相关试剂的医疗对策；③为特定未获批使用的疗法制定新的应急使用授权。

3）《生物监测计划》（BioWatch Program）：生物监测计划是一项由国土安全部、国家环境保护署、疾病控制与预防中心组成的计划，旨在对潜在生物威胁进行预警。基于美国疾病控制与预防中心开列的危险病原体清单，全美 30 个城市共设立了 4000 多个大气监测站，监测大气样本是否含有此类物质。

4）《生物传感计划》（BioSense Initiative）：该计划与《生物监测计划》相辅相成，旨在缩短从探测潜在生物制剂到做出适当反应的滞后时间。疾病控制与预防中心的生物情报中心将结合监测参数（包括来自《生物监测计划》的环境数据、由 DOD 和退伍军人管理局管理的医院发出的流行病信息、全国药店的报告等）进行分析。

5）《应对新冠疫情和防范大流行国家战略》（National Strategy for the COVID-19 Response and Pandemic Preparedness）：拜登政府于 2021 年发布了《应对新冠疫情和防范大流行国家战略》，明确说明了抗击疫情的七大目标（让美国人民重拾对政府的信任、开展安全/有效/全面的疫苗接种行动、完善公共卫生标准以减轻传染病传播、扩大紧急救治并实施《国防生产法》、重新开放学校/企业/旅行、保护弱势人群、恢复美国在全球的领导地位），为疫情防控提供了法律框架。

4. 生物实验室安全

实验室作为高校实践科学与教学研究的重要基地和人才培养的重要平台，已受到全社会的广泛关注。环境、安全与健康管理体系（Environment，Health and Safety，EHS）在美国各大高校运行已久，该体系中的生物安全计划（Biosafty Program，BSP）可为高校提供全面的安全服务和指导。美国生物实验室安全管理体系主要以预防为基本宗旨，涉及培训及准入制度、实验室安全设施及药品管理、废弃物管理及档案管理等方面，各方面详细说明如下（林欣娅和胡雪峰，2021）。

1）培训及准入制度：高校及相关人员需要依照其实际情况进行安全入职培训，培训内容包括学习实验室安全常识、了解实验室潜在的隐患危害和相应解决措施、学习实验室手册、了解生物类实验用品的规范使用、了解实验室中特定仪器的使用等，并在培训后附带相应的考核以确保参与培训人员对实验室安全具备系统性的了解。

2）实验室安全设施及药品管理：美国生物实验室考虑实验室本身的工程设计、预防措施、设备构造和实验内容的危险程度等因素，将实验室分为基本生物安全 1 级（biosafety level 1，BSL-1）、基本生物安全 2 级（BSL-2）、限制性生物安全 3 级（BSL-3）及最高限制性生物安全 4 级（BSL-4）。美国目前拥有世界上最先进、最多的高等级生物安全实验室，目前正在运行的生物安全设施如表 15-1 所示（中国科学院武汉文献情报中心和生物安全战略情报研究中心，2014）。

表 15-1　正在运行的生物安全设施

实验室名称	隶属机构	所在位置	经费来源
佐治亚州立大学 BSL-4	佐治亚州立大学	亚特兰大	NIH、佐治亚研究联盟、私人基金
西南生物医学研究基金会（SFBR）	得克萨斯生物医学研究所	圣安东尼奥	DOD、NIH、DHS、私营企业、个人捐赠
美国陆军传染病医学研究所实验室	美国陆军传染病医学研究所（USAMRIID）	弗雷德里克	DOD
新型传染病实验室	美国疾病控制与预防中心（CDC）	亚特兰大	DHS、HHS、USEPA、政府部门
洛矶山实验室	美国国家卫生研究院（NIH）	蒙大拿州哈密尔顿	HHS
Robert E. Shope BSL-4	得克萨斯大学医学部	得克萨斯州加尔维斯顿	NIH、HHS、DOD、USDA、大学、制药企业、私立基金
弗吉尼亚部综合实验室	弗吉尼亚州总务部	弗吉尼亚州里士满	CDC、USDA、USEPA 等
国家生物防御分析与应对中心（NBACC）	美国国土安全部科技署	德特里克堡	DHS

3）废弃物管理：废弃物管理措施旨在最大化地减少生物废弃物数量，具体包括高效追踪废弃物痕迹、提供用于放置废弃物的设备和场所、隔离和消毒混合型废弃物、保障收纳废弃物包装材料的隔绝性能等。

4）档案管理：完备的文件管理是实验室管理的重要保障和实验室准入制度的关键依据。美国生物实验室中的安全档案主要分为对人员的安全档案（实验员的考核信息、培训信息、人员会议记录等）和对实验室机器、材料的安全档案（仪器的购买、检查、安全事故记录、报废情况等）。

（二）欧盟

为保障生物安全和应对生物威胁，欧盟在规范生物技术开发与生物实验室安全、基因资源和农业生物安全的管理等方面均制定了多个战略及重大计划，并成立了一系列组织机构，包括欧盟卫生与食品安全总司（Directorate-General for Health and Food Safety，DG SANTE），欧盟委员会税务和海关同盟总司（Directorate-General for Taxation and Customs Union，DG TAXUD），欧盟委员会环境总司（European Commission Directorate-General for Environment，DG ENV），植物、动物、食品和饲料常设委员会（Standing Committee on Plants，Animals，Food and Feed，PAFF Committee），欧洲疾病预防控制中心（European Centre for Disease Prevention and Control，ECDC），欧洲食品安全局（European Food Safety Authority，EFSA）等。其针对具体生物安全问题采取了以下一系列举措（尹志欣和朱姝，2021）。

1. 生物武器和生物恐怖袭击

为应对生物武器和生物恐怖袭击带来的威胁，欧盟在 2003 年通过了首个关于应对生物武器扩散的安全战略文件“更美好世界中的欧洲安全”（A Secure Europe in A Better World），首先分析了冷战结束后欧洲生物安全的现况，其次详细说明了欧洲在当前形势下所面临的新挑战，具体包括恐怖主义、杀伤性武器扩散、犯罪和地区冲突等，并进一步指出了三个战略目标，即应对生物安全威胁与挑战、维护周边安全、建立以多边框架为基础的国际环境与秩序。2009 年 6 月，欧盟委员会一致通过了与化学、生物、放射性和核安全的一系列政策，以保护欧盟公民免受此类威胁。

1）《里斯本条约》（Treaty of Lisbon）：《里斯本条约》是欧盟用以取代《欧盟宪法条约》的新条约，于 2007 年 12 月由所有欧盟成员国共同签署，并于 2009 年正式生效。该条约旨在针对欧盟当前面临的困境，对内需面对因宪法危机所带来的困局，对外需应对大国崛起、恐怖主义、能源问题等带来的挑战，不断调整当前欧盟在全球的角色定位、决策机构效率、人权保障等方面提高全球竞争力。

2）《打击恐怖主义指令》（Directive on Combating Terrorism）：《打击恐怖主义指令》是欧盟用以取代 2002 年的《打击恐怖主义框架决定》（Council Framework Decision 2002/475/JHA）的新条约，是欧盟的一项重要法律文件，旨在加强成员国在打击恐怖主义方面的合作和法律框架。该指令将一系列新的恐怖主义相关行为定为刑事犯罪（如网络攻击、基于恐怖目的的旅行、接受恐怖主义训练等）。

3）针对打击恐怖主义的融资政策：《反洗钱指令》（Fifth Anti-money Laundering Directive）补充了欧盟现有的打击洗钱和恐怖主义融资框架，其目的是提高金融交易系统的透明度、建立集中式银行账户登记册以识别持有人身份，并杜绝与虚拟货币和匿名预付卡相关活动带来的风险。此外，另外三项立法的出台补充了该项法令：《刑法反洗钱指令》（The Directive on Combating Money Laundering by Criminal Law）就刑事犯罪的定义和制裁制定了最低规则；《现金进出欧盟管制条例》（The Regulation on Controls on Cash Entering or Leaving the Union）更新了现金的定义，将虚拟货币等纳入其中；《关于资产冻结和没收的条例》（The Regulation on the Mutual Recognition of Feezing and Confiscation Orders）有利于欧盟相关执法单位冻结或没收犯罪资产。

4）《欧盟反恐议程》（A Counter-Terrorism Agenda for the EU：Anticipate，Prevent，Protect，Respond）：欧盟委员会于 2021 年发布了《欧盟反恐议程》，这是对欧盟现有反恐政策的升级和补充。该议程在反恐策略上更加注重识别漏洞、预测风险、开展边境管控，结合了安全、社会、文化、教育、反歧视等多个方面，涉及了众多利益相关方，以期有效应对欧盟区域的生物武器和生物恐怖袭击（方莹馨，2021）。

2. 生物技术滥用和生物遗传资源管理

欧盟在对生物技术和生物遗传资源的管理上，实施了植物卫生与生物安全管理，分别对欧盟内外的植物和植物产品贸易进行管理；同时进行了动物疫病管制，包括兽医边境管制、动物疫情控制、宠物移动要求等；实行了由相关法规、许可证、边境控制组成的野生生物进出口管理；通过制定法规条例、开发数据信息系统和在线平台等方式进行入侵物种、物种资源与遗传修饰生物管理。欧盟生物技术和资源管理方面的法规共分为两类：一为横向系列法规（Horizontal Legislation），如基因修饰微生物的封闭使用指令、基因修饰微生物的有意释放指令，以及基因工程工作人员的劳动保护指令等；另一类法规则是产品类法规（Product Legislation），包括基因修饰生物进入市场的准入指令、运输的指令、饲料添加剂指令、新食品指令等（尹志欣和朱姝，2021）。与生物技术和生物遗传资源相关的法律法规如下。

1）用于动物疫情管制的指令，如 82/894/EEC 和 91/496/EEC，1982 年 12 月的理事会指令主要关于欧盟共同体内动物疾病的通报，随后于 1991 年 7 月欧盟理事会规定了对从第三国进入欧盟共同体的动物须进行兽医检查的组织原则。

2）《欧盟通用食品法》[（EC）178/2002]：主要任务为协调各国食品安全方面的法规。其中包含的内容为食品的追溯性研究、防止有害人体健康食品及有害物质上市、要求标识不符合安全标准的产品下架等。通过此法，以推动各国合作方应保证产品在生产、加工制造和储存运输等阶段食品及饲料的合法性。

3）与植物及植物产品贸易相关的指令，如 95/44/EC 和 EC/1756/2004，1995 年的指令规定了在将某些有害生物、植物、植物产品等引入社区或保护区时，以及开展实验性或科学研究用途的植物研究工作时所需遵守的条件。2004 年第 1756/2004 号委员会条例通过明确减少植物健康检查频率的条件和标准，旨在提高植物健康检查的效率和科学性。

4）《欧盟野生动物贸易条例应采取的措施的条例》[（EC）No.338/97]：1996 年 12 月，欧盟理事会第 338/97 号文件指出，须规范贸易来保护野生动植物物种。该文件是贯彻《濒危野生动植物种国际贸易公约》（Convention on International Trade in Endangered Species of Wild and Flora，CITES）的辅助文件。

5）《关于植物有害生物防护措施的条例》[（EU）2016/2031]：是植物检疫方面的主要法规，规范了有害生物、植物及其产品、其他检疫产品的管理，以及保护欧洲境内免受植物疫情风险所需的检疫要求等 14 个附录。欧盟委员会会按照境外植物疫情情况、进口物种截获情况等高灵活度地调整相关指令。

6）《规范外来入侵物种和遗传修饰生物管理的执行法规》[（EU）2017/1263]：通过对物种进行风险评估，最终在 2017 年 7 月实施的条例中更新了外来入侵物种清单。

欧盟已建立由贸易控制与专家系统、欧盟植物卫生截获通报系统、食品与饲料快速警报系统等组成的生物安全管理信息系统。相关的法律法规如《食品卫生条例》[（EC）852/2004] 旨在调和欧盟各成员国各自的食品卫生法，以推动食品在各阶段的卫生安全，初级生产者（如养殖、鱼群捕捞、畜产）和加工业者均须遵守前述的食品卫生法。

3. 传染病

针对传染病防治，自 14 世纪以来欧洲便开始逐步完善港口隔离防疫制度，用来隔离和限制人的活动，通常施用于接触过传染病的人，于 2011 年和 2016 年分别成立了欧洲对外行动署和发布了欧盟新安全战略，旨在协助外交和安全政策、对外行动的协调和执行工作。欧盟于 2007 年实施了《第七个研发框架计划》（European R&D Networks：A Snapshot From the 7th EU Framework Programme），将卫生和健康列为两大主题，提出了合作、思想、人员、能力共四大计划，旨在实现四大战略目标。该计划制定的优先领域集中在九大领域（健康、农业和生物技术、信息和通信技术、新生产工艺、能源、环境、运输、社会经济学和人类学、安全和空间研究），其特点之一是“发展地区知识”，即结合同地区的研究合作机构，共同促进当地研究能力；其二是“风险分担”，即推动欧洲投资银行对研究、技术和开发活动的贷款（曹霞等，2006）。欧盟至今已于 2021 年实施了第九期研发框架计划“地平线欧洲”，其在设计理念、框架结构、关注领域、实施方式、管理方法、国际合作等多方面相对于过去均有较大调整。民用研究是该计划的主题，包括三大支柱（“卓越科学”支柱、“全球挑战与欧洲产业竞争力”支柱、“创新型欧洲”支柱）和一个横向支撑板块（“广泛参与研发框架计划及加强欧洲研究区建设”）（贾无志和王艳，2022）。

2011 年 8 月，欧盟委员会启动了《预测全球新型流行病暴发》（ANTIGONE）项目，重点在于开发可用于预防未来流行病的方法，以及时应对未知的、全新的疾病暴发。除此之外，欧盟还建立了传染病管控机制，重点关注监控、快速检测、快速反应方面。进行进口产品官方管制，旨在确保进口产品（非动物源性食品和饲料、动物和动物源性产品、植物产品、网售食品等）符合欧盟标准。相关的主要政策法规包括《动物源食品的具体卫生规则》[（EC）No.853/2004]、《对用于人类消费的动物源性食品进行官方控制的组织的特定规则》[（EC）No.854/2004] 和《跨界卫生威胁决议》等。

4. 生物实验室安全

BSL-4 为目前处理高致病性病原体及感染性动植物的最高等级生物实验室，截至 2013 年，欧盟境内共有 8 所 BSL-4 获得国际批准认证。欧盟在高等级生物安全实验室的建造、运营、管理上均积累了相当丰富的经验并累积了宝贵经验。另外，2011 年欧洲标准化委员会（European Committee for Standardization）发布了规范实验室安全专业人员能力要求的指导性文件——《生物安全专业人员能力》（裴杰等，2019）

（三）澳大利亚

目前，澳大利亚正逐步形成中央部门和地方部门相结合、不同形式的法律法规和政策互动、跨部门跨区域的生物安全管理联动机制，其在生物武器和生物恐怖袭击、生物技术滥用和生物遗传资源管理、传染病、生物实验室安全方面的举措如下。

1. 生物武器和生物恐怖袭击

自 2001 年 9 月 11 日的恐怖袭击发生后，澳大利亚于 2002 年制定了专门的反恐怖主义法，即《2002 刑法典修正案（反欺骗和其他措施）》[Criminal Code Amendment（Anti-hoax and Other Measures）Bill]，标志着正式反恐进程的开始。自 2002 年 10 月巴厘岛发生爆炸后，澳大利亚议会分别通过了《2004 年反恐怖主义法》《2004 年第 2 号反恐怖主义法》《2004 年第 3 号反恐怖主义法》《2005 年反恐怖主义法》等。2013 年，澳大利亚发布了首个《国家安全战略》（National Security Strategy），指出需将国家安全工作重点聚焦于周边地区变化所带来的风险和挑战。该战略全面阐述了对澳大利亚的国际地位、国家安全转型进程，以及未来可能面临的挑战与机遇。为进一步防范外部势力对澳大利亚国家安全的干涉，澳大利亚议会于 2018 年通过了包括《国家安全修正案（间谍和外国干涉）》（National Security Legislation Amendment（Espionage and Foreign Interference）Act 2018）、《外国影响透明度计划》（Foreign Influence Transparency Scheme）及《外国政治捐款禁令》（Coalition Bill to Ban Foreign Political Donations）。主要法规如下。

1）《2002 刑法典修正案（反欺骗和其他措施）》：在 1995 年《刑法》内容基础上增加了与通过邮寄或类似服务发送危险、威胁或恶作剧材料有关的新罪行，另外废除了 1914 年《犯罪法》中有关邮政犯罪的现有规定。

2）《反恐怖主义法》：法案涉及外国旅行材料及证件、恐怖主义、控制措施和预防性拘留措施、增加了澳大利亚安全情报组织的权力等。

3）《国家安全修正案（间谍和外国干涉）》：在《刑法》内容基础上规定了与外国影响透明度计划有关的具体事项，该法案废除了现有的四项间谍罪，但以 27 项新罪名取而代之，罪名范围更广且处罚力度更大（Kendall，2019）。

4）《生物安全法》（Biosecurity Act）：澳大利亚政府于 2015 年通过了《生物安全法》，该法案解释了如何管理澳大利亚及其外部领土对植物、动物和人体健康的生物安全威胁，旨在灵活应对技术和生物安全挑战变化，同时强调各区政府在生物安全管理上承担共同责任和进行共同努力的重要性，进而确保澳大利亚在未来拥有高效和可持续的生物安全系统。

2. 生物技术滥用和生物遗传资源管理

针对生物技术和生物遗传资源管理，以及野生生物进出境管理，澳大利亚成立了能源环境部，严格控制野生动植物及其标本、产品的国际移动；通过制定若干法规条例进行入侵物种、物种资源与遗传修饰生物管理，颁布了多部旨在保护自然资源与野生动植物环境的法规和框架，如1974年的《环境保护法》（Environmental Protection Act）、1973年的《国家公园与野生生物保护法》（National Parks and Wildlife Conservation Act）、1992年的《濒危物种法案》（Endangered Species Act）、1999年的《环境保护与生物多样性保护法》（Environment Protection and Biodiversity Conservation Act，EPBC）、《澳大利亚生物多样性保护战略（2010—2030）》[Australian Biodiversity Conservation Strategy (2010–2030)]等；在遗传修饰生物管理方面于2000年实施了《基因技术法2000》（Gene Technology Act 2000）等法规，用以评估基因技术所造成的风险。另外成立了一系列非营利性组织，包括动物健康协会（Animal Health Australia，AHA）和植物卫生协会（Plant Health Australia，PHA）等。

在食品安全管理方面，澳大利亚于1991年与新西兰共同成立了食品标准局（Food Standards Australia New Zealand，FSANZ），负责制定与管理《澳大利亚和新西兰食品标准法典》（Australia and New Zealand Food Standards Code）和食品包装的标准管理；于1993年成立澳大利亚农药和兽药管理局（Australian Pesticides and Veterinary Medicine Authority，APVMA），负责与对进入澳大利亚市场的农业及兽医用化学产品进行管理；于1995年成立澳大利亚竞争与消费者委员会（The Australian Competition and Consumer Commission，ACCC），负责处理关于竞争和消费者保护事务；于2011年与新西兰共同成立了食品监管部长级论坛，主要职责是对国家内部食品法规和食品标准的发展情况和政策进行指导；于2015年组建了澳大利亚农业部，负责制定和实施与农林牧渔业相关的政策和措施。

3. 传染病

为防控传染病的传播，澳大利亚早在1908年就颁布了《检疫法》(Quarantine Act)，构建了世界上最为严格的检疫体系；之后于1921年成立了国家卫生部，负责公共卫生、医院事务、健康研究、国家药物战略等事务；紧接着于2015年将海关与边境保护局、移民与边境保护部合并成立了边境执法局（Australian Border Force，ABF），负责边境事务并为海关提供服务，构建了由法律和机构构成的世界上最为严格的检疫体系。

4. 生物实验室安全

澳大利亚目前设有三个BSL-4实验室，截至2015年，作为世界上最先进的生物安全实验室之一的澳大利亚动物健康实验室(Australian Animal Health Laboratory，AAHL)，主要从事科研课题合作、生物防护培训和应用生物安全微复制设施为主的工作。

（四）评述与启示

国际上，环境生物安全管理政策和法规在保护生物多样性、转基因生物管理、传染病防控、预防生物入侵和生物实验室安全等方面起着重要作用。当前，国际生物安全形势动荡，生物威胁日益复杂化、多样化，风险加剧，生物安全问题日益突出，生物安全领域已成为大国博弈制高点。美国、英国等已将生物安全置于国家战略的高度，分别发布了美国《国家生物防御战略》和《英国生物安全战略》，进一步完善了各自的生物安全治理架构，步步走实、走深。相较下，中国环境生物安全管理尚处于起步阶段并保持快速发展态势，通过借鉴先行国家的经验，可为我国的环境生物安全建设提供以下启示。

1）在生物多样性保护方面，发达国家制定了许多政策和法规致力于保护自然生态系统和物种多样性，包括建立自然保护区、限制非法野生动植物贸易、推动可持续利用等。这些政策和法规促进了生态系统的保护和修复，并在推动可持续发展方面发挥了重要作用。中国十分重视国家的生态修复和生态保护工作，建立了一系列自然保护地，实施了一系列生态修复和生态保护工程，以恢复生态系统功能，保护和改善生物多样性。但中国仍需加强对生物多样性保护法律和政策的实施与执法力度，以及对生物多样性的监测和评估工作。

2）在转基因生物管理方面，发达国家制定的相关政策和法规旨在确保转基因生物的安全性和可追溯性，并保障公众对转基因食品的知情权。这些政策和法规要求进行风险评估、标识和监管，以平衡农业发展和环境保护的需要。中国的《农业转基因生物安全管理条例》规定了转基因生物的安全评价、审批和监管程序，建立了严格的转基因生物安全评估和审批制度。但在加强公众教育和沟通、促进生物多样性的保护和农业可持续发展、国际合作与经验交流等方面仍需加强。

3）在传染病防控方面，各国法规和政策通常规定了传染病的报告和监测、隔离和检疫、流行病调查和应急响应、疫苗接种和药物管理等方面的要求。这些法规的制定和实施对于确保公众健康和防控传染病具有重要意义。我国在 2003 年 SARS 之后，虽然针对重大新发突发传染病疫情的处置和相应的生物安全支撑能力取得了长足的进步（Lu et al.，2020），但与发达国家相比，我国针对重大新发突发传染病的监测预警网络还不够健全，尚未建立能够互联互通的全息监测体系，尤其是针对高致病性病原微生物检测技术，我国的短板十分明显，战略储备不足。

4）在生物入侵管理方面，许多国家和国际组织制定了生物入侵管理政策和法规，包括早期预警和监测机制、控制和消除入侵物种、促进国际合作等。中国也制定了一系列法律法规来管理生物入侵物种，如《中华人民共和国进出境动植物检疫法》（以下简称《进出境动植物检疫法》）和《外来入侵物种防控管理办法》等，同时也建立了生物入侵物种的监测与预警体系，加强了对潜在入侵物种的风险评估与防控。但生物入侵管理仍然面临一些挑战，例如，加强边境检疫、推动生物入侵物种的防治技术研发与应用、加强生态系统修复与保护等，同时，需加强国际合作与交流，共同应对跨境生物入侵问题。

5）在生物安全实验室管理方面，国际上的相关政策和法规要求实验室遵守严格的安全标准和操作程序，确保生物材料的安全处理和运输，并加强人员培训和监管，这些政策和法规对保护工作人员、环境和社会的安全起到了重要作用。中国采取了一系列措施来确保实验室的安全性和操作规范，并制定了《生物安全法》和《病原微生物实验室生物安全管理条例》等；根据实验室的功能和风险级别对实验室进行分类管理等；且自COVID-19 后，一大批生物安全二级、三级实验室开始建设并投入使用。但中国仍需适应形势要求，积极创造条件，加强对高级别生物安全实验室建设的投入，多渠道、多层次、多形式筹集资金，形成多元化投入格局和多方联合建设机制。

总的来说，面对生物安全在各领域存在的风险和挑战，按照二十大报告中推进其现代化的部署，我国需要通过持续加强自身能力建设来加以应对。例如，进一步优化完善生物安全科技布局和顶层设计，增加研究基础资源，加强大数据的底层技术研发及相关数据库建设，增强专业队伍建设，增加高等级生物安全实验室等（刘培培等，2023）。

二、我国现有的管理政策与法规及其不足

自新中国成立以来，在管理政策和机构建立方面，我国在国门生物安全管理方面分别做了以下努力：①于 1949 年正式成立了中华人民共和国海关；②成立了若干国门生物安全管理机构，包括海关总署、国家濒危物种进出口管理办公室等；③建立了由人员卫生检疫、交通工具卫生检疫、货物卫生检疫、突发公共卫生事件应急管理、口岸卫生监督、媒介生物监测与控制、卫生处理、国际履行医学服务等组成的国境卫生检疫管理制度；④建立了完备的进出境动植物检疫管理体系（疫控标准化制度、无害化处置制度等）、进出口食品安全管理体系、濒危物种进出口管理体系（如引种管理制度、名录管理制度、监测预警制度、风险评估制度、生态重建与修复制度、安全性评价制度、生产经营许可制度、进口安全管理制度等）、入侵物种、物种资源与遗传修饰生物管理制度（生物遗传资源的惠益分享制度、生物入侵防范机制等）、病原微生物实验室生物安全管理体系［动物病原微生物实验室设立与备案管理制度、动物病原微生物实验活动监管制度、动物病原微生物菌（毒）种保藏保存管理制度、动物病料采集和使用监管制度等］。

生物安全是国家安全体系的重要部分。法治化是实现国家生物安全治理现代化的重要方向，是提高生物安全治理能力的重要途径。为保护生物多样性，维护农林牧渔业可持续发展，防范应对生物风险，改革开放以来，我国先后制定了《中华人民共和国生物安全法》（以下简称《生物安全法》）、《中华人民共和国野生动物保护法》（以下简称《野生动物保护法》）、《进出境动植物检疫法》、《中华人民共和国野生植物保护条例》（以下简称《野生植物保护条例》）、《中华人民共和国自然保护区条例》（以下简称《自然保护区条例》）等法律法规，主要涉及国家生物安全、检验检疫、食品安全、传染病防控、外来有害生物、动植物疫病、转基因食品、生物资源与遗传资源等方面，具体法律法规如下。

（一）国家安全和生物安全相关法规

在 2015 年召开的第十二届全国人民代表大会常务委员会第十五次会议上，一致通

过了《中华人民共和国国家安全法》。该法律明确规定了维护国家安全的任务与职责、国家安全制度、国家安全保障、公民和组织的权利与义务等。法律明确指出国家安全工作应统筹内部安全和外部安全、国土安全和国民安全、传统安全和非传统安全、自身安全和共同安全。并设定每年4月15日为全民国家安全教育日。该法律共包含7章84条，自2015年7月1日正式施行。

《生物安全法》于2020年10月17日第十三届全国人民代表大会常务委员会第二十二次会议通过，旨在防范和应对生物安全风险，保障人民生命健康，保护生物资源和生态环境，促进生物技术健康发展，推动构建人类命运共同体，实现人与自然和谐共生。该法规定了生物安全的主要领域：①防控重大新发突发传染病、动植物疫情；②生物技术研究、开发与应用；③病原微生物实验室生物安全管理；④人类遗传资源与生物资源安全管理；⑤防范外来物种入侵与保护生物多样性；⑥应对微生物耐药；⑦防范生物恐怖袭击与防御生物武器威胁；⑧其他与生物安全相关的活动。

（二）国境卫生检疫

1986年12月2日，第六届全国人民代表大会常务委员会第十八次会议通过《中华人民共和国国境卫生检疫法》（简称《国境卫生检疫法》），并于1987年正式施行。随后于2007年、2009年、2018年分别进行三次修正，该法共包括总则、检疫查验、传染病监测、卫生监督、应急处理、保障措施、法律责任和附则共8章57条。

自《国境卫生检疫法》颁布后，1989年卫生部经国务院批准，发布了《中华人民共和国国境卫生检疫法实施细则》（简称《国境卫生检疫法实施细则》），并于2010年、2016年、2019年共进行三次修订，该实施细则共分一般规定、疫情通报、卫生检疫机关、海港检疫、航空检疫、陆地边境检疫、卫生处理、检疫传染病管理、传染病监测、卫生监督、罚则和附则共12章113条，并于发布之日施行。

（三）进出境动植物检疫

1991年10月30日，第七届全国人民代表大会常务委员会第二十二次会议通过《进出境动植物检疫法》，并于1992年正式施行。随后于2009年进行一次修正，该法共包括总则，进境检疫，出境检疫，过境检疫，携带、邮寄物检疫，运输工具检疫，法律责任和附则共8章50条。

自《进出境动植物检疫法》颁布后，1996年国务院公布了《中华人民共和国进出境动植物检疫法实施条例》（简称《进出境动植物检疫法实施条例》），该实施细则共分总则，检疫审批，进境检疫，出境检疫，过境检疫，携带、邮寄物检疫，运输工具检疫，检疫监督、法律责任和附则共10章68条，自1997年起施行。

（四）食品安全

2009年2月28日，第十一届全国人民代表大会常务委员会第七次会议通过《中华人民共和国食品安全法》（简称《食品安全法》），随后于2015年、2018年、2021年进行三次修订，该法共包括总则、食品安全风险监测和评估、食品安全标准、食品生产经营、食品检验、食品进出口、食品安全事故处置、监督管理、法律责任和附则共 10 章 154 条，于 2015 年施行。

自《食品安全法》颁布后，2009 年国务院公布了《中华人民共和国食品安全法实施条例》（简称《食品安全法实施条例》），随后于 2016 年、2019 年进行两次修订，该实施细则共分总则、食品安全风险监测和评估、食品安全标准、食品生产经营、食品检验、食品进出口、食品安全事故处置、监督管理、法律责任和附则共 10 章 86 条，于 2009 年施行。

除上述法规条例外，我国针对食品安全的专门性法律法规还包括：

2000 年 2 月 22 日国家检验检疫局令第 20 号公布并根据 2018 年 4 月 28 日海关总署令第 238 号修改的《出口蜂蜜检验检疫管理办法》；

2011 年 9 月 13 日国家质量监督检验检疫总局令第 144 号公布并根据 2016 年 10 月 18 日国家质量监督检验检疫总局令第 184 号及 2018 年 11 月 23 日海关总署令第 243 号修改的《进出口食品安全管理办法》；

2011 年 1 月 4 日国家质量监督检验检疫总局令第 135 号公布并根据 2018 年 11 月 23 日海关总署令第 243 号修改的《进出口水产品检验检疫监督管理办法》；

2011 年 1 月 4 日国家质量监督检验检疫总局令第 136 号公布并根据 2018 年 11 月 23 日海关总署令第 243 号修改的《进出口肉类产品检验检疫监督管理办法》；

2013 年 1 月 24 日国家质量监督检验检疫总局令第 152 号公布并根据 2018 年 11 月 23 日海关总署令第 243 号修改的《进出口乳品检验检疫监督管理办法》等。

（五）传染病防控

当前，我国针对传染病防控的专门性法律法规包括 1989 年施行的《中华人民共和国传染病防治法》（以下简称《传染病防治法》）、1991 年施行的《中华人民共和国传染病防治实施办法》、2003 年施行的《传染性非典型肺炎防治管理办法》和《突发公共卫生事件与传染病疫情监测信息报告管理办法》、2005 年施行的《医疗机构传染病预检分诊管理办法》、2017 年施行的《出入境尸体骸骨卫生检疫管理办法》、2017 年施行的《出入境邮轮检疫管理办法》及 2020 年发布的《新型冠状病毒防控指南》等。

（六）外来入侵物种防控

当前，我国已经建立了“法律—法规—规章”多层级的外来入侵物种防控法律体系。在法律法规层面，外来物种管理相关法律规定散见于《生物安全法》、《动植物检疫法》、《中华人民共和国渔业法》（以下简称《渔业法》）、《中华人民共和国种子法》（以下简称《种子法》）等 22 部法律法规中。其中，《动植物检疫法》、《农作物病虫害防治条例》、《种子法》、《渔业法》、《中华人民共和国湿地保护法》、《中华人民共和国动物防疫法》（以下简称《动物防疫法》）、《国境卫生检疫法》、《中华人民共和国对外贸易法》（以下简称《对外贸易法》）、《中华人民共和国海洋环境保护法》（以下简称《海洋环境保护法》）、《野生动物保护法》、《中华人民共和国畜牧法》（以下简称《畜牧法》）、《中华人民共和国农业法》（以下简称《农业法》）、《中华人民共和国环境保护法》（以下简称《环境保护法》）、

《农业转基因生物安全管理条例》、《中华人民共和国水土保持法》（以下简称《水土保持法》）、《中华人民共和国环境影响评价法》、《中华人民共和国刑法》（以下简称《刑法》）等 20 部法律，在动植物检疫、病虫害防治、卫生检疫、引种、交通运输、水土保持、环境评价、野生动物保护、种苗管理、畜禽管理、转基因管理、对外贸易管理，以及海洋、森林、草原、湿地等生态系统保护中，都涉及了外来物种管理的法律规定。在规章方面，依据《生物安全法》授权，2022 年 5 月，农业农村部会同自然资源部等四部门，联合颁布了《外来入侵物种管理办法》，根据《生物安全法》，国家林草局、农业农村部、自然资源部、生态环境部、住房和城乡建设部、海关总署组织发布了《重点管理外来入侵物种名录》，自 2023 年 1 月 1 日起施行。外来入侵物种防控法律体系基本健全。

（七）动植物疫病防控

针对动植物疫病、新发病日益增多的现实，加强动植物疫病防控工作势在必行。我国关于动植物疫病防控的法律政策主要规定于《生物安全法》《动物防疫法》《进出境动植物检疫法》《畜牧法》《野生动物保护法》《国境卫生检疫法》《植物检疫条例》《进出境动植物检疫法实施条例》等，并且散见于《种子法》《渔业法》《农业法》《对外贸易法》《刑法》《中华人民共和国濒危野生动植物进出口管理条例》《农业转基因生物安全管理条例》《农作物病虫害防治条例》等相关法律法规中。为了加强对动植物疫病防控，从而预防、控制、净化、消灭动植物疫病，以上近 20 部法律法规从疫病的预防、疫情的通报、疫病的控制、动植物产品的检疫、无害化处理、监督管理、法律责任等方面做出了规定。

（八）转基因食品安全

转基因技术是 21 世纪世界经济发展的新引擎。在缓解资源短缺、环境恶化、保障粮食安全、拓展农业功能等方面显现出巨大的潜力，但可能带来的、潜在的、目前还难以预测的风险也引起了国际科学界和各国政府的普遍重视（刘谦，2001）。1986 年，美国内阁科技政策办公室发布的《生物技术管理协调框架》指出，转基因产品和常规产品没有本质区别，转基因生物以产品而不是过程进行管理，转基因生物以个案为原则审查，不需要针对转基因生物重新制定法律，而应当在现有法律框架下制定实施法规（刘培磊等，2009）。我国农业农村部曾多次明确发展转基因是党中央、国务院做出的重大战略决策。我国涉及转基因食品安全的法律政策主要包括：《食品安全法》《渔业法》《种子法》《畜牧法》《农业法》《农业转基因生物安全管理条例》。我国对转基因食品的监管基本是集中在整个产业链的前端，也就是对农业转基因生物的监管。对农业转基因生物的研究、试验、生产、加工、经营和进口活动实施安全性评价，要求取得农业转基因生物安全证书、生产许可证和经营许可证后才能进行相应的生产经营、进口等活动。同时在整个流通环节实施严格的标识制度，包括广告用语。对进口农业转基因生物实施严格的进口前审批和进口时检验检疫制度，确保了国内转基因食品市场的安全。

（九）生物资源与遗传资源

为了保障国家生物资源与遗传资源的合理利用，保护珍贵资源，我国制定了一些与生物资源与遗传资源保护相关的法律政策，禁止任何组织和个人利用任何手段侵占或者破坏自然资源。这些法规政策主要包括：《生物安全法》《环境保护法》《海洋环境保护法》《中华人民共和国森林法》《中华人民共和国草原法》《渔业法》《野生动物保护法》《水土保持法》《种子法》《人类遗传资源管理条例》《自然保护区条例》《野生植物保护条例》《种畜禽管理条例》等。上述法规主要是从资源的采集、保藏、利用、对外提供、监督等方面予以规定，上述法规的颁布和实施，对我国遗传资源的收集、保存、交换和利用等方面起到了重要的促进作用，有利于有效地保护和合理利用我国生物资源和遗传资源。

（十）病原微生物实验室生物安全

病原微生物实验室生物安全是国家生物安全的重要组成部分，事关生产安全、食品安全和公共卫生安全。近年来，各地持续加强管理，病原微生物实验室生物安全水平明显提高，但问题仍时有发生。对病原微生物实验室生物安全管理的法律政策主要包括：《生物安全法》《动物防疫法》《传染病防治法》《刑法》《病原微生物实验室生物安全管理条例》《医疗废物管理条例》等。为了保护实验室工作人员和公众的健康，上述法规主要是从病原微生物的分类和管理、实验室的设立与管理、实验室感染控制、监督管理等方面对病原微生物实验室生物安全予以规定。

（十一）评述与建议

除《生物安全法》外，随着形势的发展，当前法律政策虽然起到一定的作用，但是基于我国的现实管理出现了一些新情况、新问题，也存在着法律规定过于简单、科学研究制度有待进一步完善、管理办法规范不足、法律责任不够完备、监管措施有待提高等问题。

根据我国生物安全面临的复杂形势和艰巨任务，在完善立法和批准国际条约的同时，应当从《生物安全法》的综合法、基本法定位出发，权衡生物安全法益这种面向人类生命健康安全的集体性法益，考虑生物种类的特殊性，针对外来入侵物种防控、遗传资源保护与利用、基因技术等生物技术研发、实验室生物安全防范等风险热点，将与生物安全有关的、分散在各个部门法中的法律规定，按照潜在风险预防与监测、风险阻断、风险评估、生物安全事件应对、危害评估、损害鉴定、生态修复等环节归纳整合，以推动形成结构统一、层次清晰、内容完备的法律体系。强化相关责任人生物安全法律责任。生物安全事件造成生态环境损害的，要根据“谁损害，谁担责”的原则，纳入国家生态环境损害赔偿制度，开展对生态环境及资源环境要素损害的鉴定评估，追究相关责任主体的法律责任，倒逼相关管理者、所有者、使用者切实履行保护义务和职责，威慑潜在违法行为人，从源头杜绝环境生物安全隐患。具体到环境生物安全立法，应将生物安全、生态安全作为立法目的之一，通过法律手段防范外来有害生物入侵、生物遗传资源保护与利用、规范农业转基因产品，防控农业动植物疫病，开展农业生态系统恢复与重建，引导环境生物资源合理利用、环境要素的可持续利用，威慑过渡性利用或剥夺性利用行为，防范生物资源利用与生态环境保护中的安全风险（王伟，2022）。

为了提高我国的法治化建设和综合治理能力，应该分析现有法律制度存在的缺陷，针对缺陷改善其中的不足。在《生物安全法》的指导下，积极健全我国的法规政策。具体有：一是构建更完备的法律框架。在法律的形式化过程中，立法是最主要的手段，法典化是最高形式（薛克鹏，2016）。生物安全领域法治化建设亦不例外。建议以总体国家安全观为指导思想，坚持全领域、全过程、全方位思路，按照生物安全的层次性、关联性和整体性，遵循风险预防、风险评估、调查监测、风险控制、生物安全事件应对、危害清除、损害鉴定、生态修复与重建等防控策略，将《生物安全法》的基本法律制度作为总则，设置生物检疫、外来物种防控、遗传资源保护与利用、生物技术研发、实验室生物安全防范等篇章，将分散在各个部门法中有关生物安全的法律规定，研究分析、修改完善、归纳整合，形成综合性基本法和各种相关的单行法内部协调、外部统一的法律框架。综合性基本法应该居于主导地位，对所有涉及的其他法律法规具有立法指导意义。由一部综合性基本法统率其下不同内容、位阶的单行法，从而形成统一、全面的法律体系。各种单行法的内容不得与综合性基本法相抵触，而应遵循综合性基本法中所确立的基本原则，针对其特殊的保护对象做出专门规定。二是及时修订和清理原有的法律规范。各级立法机关需时刻关注社会的发展变化，及时地修改现行法律。转变以往只注重制定新法的观念，定期检查已有的法律规范，做好对旧法的解释和清理工作，统一行政强制手段的适用范围及行政强制措施的实施主体，尤其是要杜绝法律制度内部上下位法之间的自相矛盾，避免因为术语的不同而在使用时产生歧义。三是健全监督机制。主管机关内部应当建立相应的监督机制，加强内部监督，还应健全公众监督和司法监督制度。同时，还应提高管理能力，为了解决主管机关不作为、慢作为的问题，还应建立相应的责任制和考核制度，对违法失职人员追究责任。其余仍有待完善的方面还包括：生物安全科技布局和顶层设计的进一步优化、生物安全研究相关基础资源的储备问题、生物安全大数据及数据中心的发展与建设、生物安全领域专业人才队伍的培养与建立、高等级生物安全实验室数量的不足与分布不均等（刘培培等，2023）。

第三节　环境生物安全保护的国际治理

一、《生物多样性公约》

（一）出台背景

1972 年，联合国人类环境大会在斯德哥尔摩举行。会议决定成立联合国环境规划署（UNEP），各国政府签署了若干地区性和国际协议以处理如保护湿地、管理国际濒危物种贸易等议题，这些协议或议题的出台，尽管未能彻底扭转生物资源退化的趋势，但起到了积极作用，也为后来的工作打下了基础。例如，其中关于捕猎、挖掘和倒卖动植物的国际禁令和限制现已成功遏制了滥猎、滥挖和偷猎行为。虽然当时并未使用“生物多样性”一词，但也为后来《生物多样性公约》的诞生打下了一定的基础。

自斯德哥尔摩人类环境大会之后，国际社会对环境与发展问题日益关注，如何解决经济社会发展与自然生态可持续性之间的紧张关系，真正走上可持续发展之路，已成为迫切需要回答的问题。1987 年世界环境和发展委员会发表了《我们共同的未来》的报告，该报告加深了国际社会对可持续发展这一概念及其内涵的认识，推动了国际社会在环境和发展领域，特别是针对包括生物多样性锐减在内的几个重大全球性环境问题采取行动的步伐。

从 1988 年 11 月至 1990 年 7 月，UNEP 召开了三次生物多样性专家特设工作组会议，探讨达成一项关于生物多样性保护的国际法律文书的必要性和可能的形式。1990～1991 年又召开了两次生物多样性法律和技术专家特设工作组会议，开始《生物多样性公约》文本的谈判。从 1991 年 6 月至 1992 年 5 月，UNEP 又召开了五次政府间谈判委员会，对《生物多样性公约》的文本进行深入谈判。1992 年 5 月 22 日，商定公约文本的外交大会在肯尼亚内罗毕召开，会议通过了《生物多样性公约》的文本。《生物多样性公约》于 1992 年 6 月 5 日在巴西里约热内卢召开的联合国环境和发展大会上开放签字，中国政府是最早签字加入公约的国家之一。随着缔约方逐渐增多并达到法定要求，《生物多样性公约》于 1993 年 12 月 29 日正式生效。

（二）主要内容

《生物多样性公约》第 1 条就开宗明义地提出其目标是“保护生物多样性、可持续利用其组成部分，以及公平合理分享由利用遗传资源而产生的惠益”。该公约作为一项国际公约，认同了共同的困难，设定了完整的目标、政策和普遍的义务，同时组织开展技术和财政上的合作。私营公司、土地所有者、渔民和农场主从事了大量影响生物多样性的活动，政府需要通过制定指导其利用自然资源的法规、保护国有土地和水域生物多样性等措施来发挥领导职责。根据公约，政府承担保护和可持续利用生物多样性的义务，政府必须发展国家生物多样性战略和行动计划，并将这些战略和计划纳入更广泛的国家环境和发展计划中，这对林业、农业、渔业、能源、交通和城市规划尤为重要。除了规定义务，公约的主要条款主要涉及以下几个方面（吴军，2011）。

1. 国家战略和行动计划

公约要求每一个缔约方都应制定生物多样性保护的战略、计划和方案，并将生物多样性保护和可持续利用纳入有关部门或跨部门的计划、方案和政策中（第 6 条）。战略和行动计划是生物多样性保护的纲领性文件，制定和实施战略和行动计划对于生物多样性保护和可持续利用至关重要。战略和行动计划不仅是国家层面的，也可以是地区层面的，或者是部门层面的。生物多样性的保护和利用往往涉及很多部门，需要把战略和行动计划的要求纳入到各部门或跨部门的计划、方案和政策内，才能保证战略和行动计划的有效实施。

2. 调查和监测

公约要求每一个缔约方都应查明至关重要的生物多样性组成部分，并通过抽样等技术开展生物多样性监测，查明对生物多样性产生重大不利影响的过程和活动（第 7 条）。开展生物多样性调查是了解生物多样性本底，并有针对性地制定保护和持续利用策略的一个基础工作。在调查的基础上，要对重要的生物多样性组成部分进行监测，从而掌握其动态变化，及时地制定政策或调整相关措施；另外，要监测生物多样性的威胁因素，控制和消除其不利影响。

3. 就地保护

公约要求每一个缔约方都应建立保护区系统，制定保护区选定、建立和管理的标准，保护重要的生物资源，并且在保护区邻近区域促进无害环境的可持续发展[第 8 条(a)～(e）款]。进行就地保护是保护生物多样性的最科学也是最重要的手段，就地保护的主要形式是建立自然保护区，当然还可以有多种形式，比如国家公园、森林公园、湿地公园等；最重要的是要制定相关的标准和技术，使保护区的选定、建设和管理更具科学性，并使保护区成为一个网络体系。另外，保护区之外的环境保护同样非常重要，因为这会对保护区产生直接的影响。

4. 移地保护

为了辅助就地保护，公约要求每一个缔约方最好在生物多样性或遗传资源的原产国建立动物、植物、微生物等的移地保护措施。为了实现移地保护的目的，在自然生境中收集生物资源要实施管制和管理，以免威胁到生态系统和当地的物种群体（第 9 条）。移地保护主要是作为就地保护的补充途径，其有多种形式，包括种子库、植物园、树木园、动物园等。直接从自然生境中采集生物资源要秉承无害性原则，特别是对珍稀濒危物种。移地保护需要较高的技术和设施条件，因此公约特别提出要进行合作，为发展中国家提供财务和其他援助。

5. 可持续利用

在国家决策中，公约要求每一个缔约方都要考虑到生物资源的可持续利用，避免或尽量减少对生物多样性的不利影响，保障和鼓励有助于保护生物多样性的传统使用方式，并和企业合作制定生物资源可持续利用的方法（第 10 条）。在当今国际社会，可持续发展已成为全球共识。公约特别提出了生物多样性的可持续利用，并将其列为三大目标之一，因为在很多国家特别是发展中国家，对生物资源利用的依赖性很大。但对生物多样性的利用不能采取“涸泽而渔”“焚林而猎”的破坏性利用方式，要保持可更新的能力，使其为经济和社会发展提供持续的动力。

6. 生物安全

公约要求每一个缔约方管制，即管理或控制由生物技术改变的活生物体（转基因生物）在使用和释放时可能产生的危险，包括对环境、生物多样性和人类健康产生的影响

[第 8 条（g）款]，缔约方应考虑是否需要制定一项议定书，以规定适当程序，特别是应包括事先知情协议，且适用于可能对生物多样性的保护和持续使用产生不利影响的由生物技术改变的任何活生物体的安全转让、处理和使用 [第 19 条（c）～（d）款]。转基因生物安全在公约的谈判之初就引起了广泛的重视，并且达成了《卡塔赫纳生物安全议定书》。

7. 研究和培训

公约要求制定有关生物多样性调查、保护和持续利用的教育及培训计划，并为发展中国家的培训需要提供资助，特别在发展中国家，促进和鼓励有助于保护和持续利用生物多样性的研究（第 12 条）。实际上无论在发展中国家还是发达国家，研究和培训的需求都很大，而发展中国家的研究水平受到资金和技术的限制，因此公约要求为发展中国家提供资助。为使有限的财务资源得到有效的利用，公约要求优先促进有助于保护和持续利用生物多样性的研究。

8. 宣传教育

公约要求缔约方应制定有关保护和持续利用生物多样性的公众宣传教育方案，开展公众宣传教育，提高公众对保护生物多样性重要性的认识（第 13 条）。宣传教育对生物多样性保护和持续利用非常重要，在很多发展中国家，正是由于公众认识度比较低，才造成了生物多样性的破坏和过度利用。公约还提到了正规教育（学校教育）和非正规教育方式（大众传播等），以及与国际组织合作的重要性。

9. 环境影响评价和减轻不利影响

公约要求每一个缔约方都应采取适当程序，对可能对生物多样性产生严重不利影响的项目进行环境影响评价，并酌情允许公众参与此种程序。如果其管辖范围内的活动对其他国家或国家管辖范围以外地区生物多样性可能产生严重不利影响，应将此种影响通知可能受影响的国家，并采取行动预防或尽量减轻这种危害（第 14 条）。环境影响评价是一项非常有力的预防和控制手段，公约非常明确地提出了应用环境影响评价制度来保护生物多样性免遭建设项目的破坏，并且强调公众参与的重要性。对于跨境可能造成的损害，缔约方也有通报信息和磋商程序的义务。

10. 遗传资源的获取与惠益分享

公约确认各国对其自然资源拥有主权，可否取得遗传资源的决定权属于国家政府，并依照国家法律行使。遗传资源的获取须经提供这种资源的缔约方事先知情同意，并按照共同商定的条件进行。每一个缔约方都应酌情采取立法、行政或政策性措施，以期与提供遗传资源的缔约方公平分享研究和开发遗传资源的成果，以及商业等方面利用所获得的惠益（第 1519 条）。公约肯定了遗传资源的国家主权，并强调其获取服从国家立法，在遗传资源获取时要建立事先知情同意制度，并共同商定条件。对于遗传资源利用产生的惠益，制定惠益分享的程序。经过多年的艰难谈判，于 2010 年 10 月在日本名古屋召开的公约第十次缔约方大会上达成了《关于获取遗传资源和公正和公平分享其利用所产生惠益的名古屋议定书》。

11. 技术的取得和转让

公约规定，每一个缔约方都有义务向他国转让有关生物多样性保护和可持续利用的技术，以及利用遗传资源而不对环境造成重大损害的技术。在向发展中国家转让相关技术时，应以公平和最有利条件，同时应承认且符合知识产权的有效保护。对于使用遗传资源的缔约方，应根据共同商定的条件向提供遗传资源的缔约方，特别是其中的发展中国家提供或转让此种技术。在涉及专利和知识产权等方面的问题时，应遵照国家立法和国际法的准则进行合作（第 16 条）。这是公约中最有争议的条款，它体现了发达国家和发展中国家之间普遍存在的技术转让问题上的博弈和妥协。技术转让问题非常复杂，虽然发展中国家有很多需求，但是发达国家却无足够意愿；另外，知识产权在当今社会越来越受到重视，这将是技术转让的一个重大障碍。

12. 资金来源与机制

公约要求每一个缔约方都应根据其能力为实现公约的目标提供资金资助和鼓励。发达国家缔约方应提供“新的”“额外的”资金，以支付发展中国家缔约方因执行公约义务而承担的全部增加的费用。应建立一个机制向发展中国家提供资金（第 20、21 条）。资金是发展中国家履行公约的主要瓶颈，发展中国家缔约方履行公约义务的程度，将取决于发达国家缔约方是否有效地履行其根据公约就财政资源做出的承诺。“新的、额外的”意指在现有双边和多边资金之外的资金，“新的、额外的”资金主要通过建立新机制，或通过双边、区域或其他多边渠道向发展中国家提供。

13. 国家报告

公约要求，每一个缔约方都应按缔约方大会决定的间隔时间，向缔约方大会提交国家报告（第 26 条）。编写国家报告的目的一方面是阐述缔约方履行公约所取得的进展，总结经验，明确存在的不足和限制因素；另一方面也能从区域和全球层面掌握生物多样性及其保护和可持续利用的状况和变化趋势，这对于成功实现公约的三大目标具有非常重要的意义和作用。提交国家报告是缔约方履行公约的重要义务之一。

（三）履约情况

截至 2022 年，《公约》设立了理事机构、协助附属机构、特设附属机构。其中，缔约方大会（COP）是《公约》的理事机构，每 2 年或根据需要召开 1 次会议，审查《公约》的实施进展，通过工作计划，以实现其目标，并提供政策引导。《公约》历年会议及关键事件如表 15-2 所示。

2012 年，日本《国家生物多样性战略与行动计划》（NBSAP）由首相批准并实施，包括 13 个国家目标、48 项关键行动和 81 个监测指标及大约 700 项具体措施（赵阳和王宇飞，2021）。其关键在于强化实施《战略环境评价》和《环境影响评估》，鼓励和支持地方政府编制及公开发布本行政区域的《生物物种红色名录》。为推进 NBSAP 的落实，日本开展了35个生态系统修复和127个野生动物保护的具体项目；成立了“部级协调委员会”，采取了多项提升公众意识、促进多方参与的措施来提高政策执行效率，包括在全国范围内组织市政厅会议并邀请公众听政议政、举办与学术界和非政府组织沟通会等。

表15-2 《生物多样性公约》历年会议及关键事件（周炜钰等，2023）

会议	关键事件	具体内容
COP 1	缔约国会议中期工作方案	缔约方大会1995～1997年中期工作方案
COP 2	生物安全问题特设工作组	拟订一项安全处理和转让改性活生物体议定书
COP 3	科学技术合作和信息交换机制	强调试点阶段运作框架的主要特点：信息链接和组织，可视化，决策支持功能
COP 4	长期工作计划，规划至COP 7	5项重大议题：进一步发展扩大现有最佳科学和技术知识的必要性；改进和加强与其他机构和进程之间的合作；《公约》下属各机构有效发挥职能和对之进行审查；科学和技术合作在《公约》实施工作中的重要性；与世界其他地区进行交流，包括非政府组织、私营部门、科学机构和广大公众
EXCOP 1	《生物多样性公约卡塔赫纳生物安全议定书》	改性活生物体；预先知情协议程序
COP 6	波恩准则	旨在帮助各缔约方制定一项可成为其国家生物多样性战略和行动计划一部分的全国获取和惠益分享战略，并协助其确定在获取遗传资源和分享惠益的过程中应采取的步骤
COP 10	《名古屋议定书》	爱知生物多样性目标
COP 15	《2020年后全球生物多样性框架》《昆明宣言》	阐明成功实现《2020年后全球生物多样性框架》所需的关键要素；将生物多样性纳入所有政策决策；逐步取消和改变有害补贴；加强法治建设；确认当地人民和地方社区的充分、有效参与，并确保建立有效的机制来监测和审查进展情况等

韩国在1997年首次编制了NBSAP，随后在2012年颁布《生物多样性保护和利用法》。该文件由生物多样性国家委员会审议通过后，经总理批准施行。韩国NBSAP每五年更新一次，并且在2014年以后越来越关注可持续利用生物遗传资源获取与惠益分享。并在国内设立了24个保护项目，采取了扩大保护地面积、建立信息系统和指标体系、促进跨部门数据共享和归口管理等手段。环境部成立“国家生物资源研究所”（NIBR），并下设“国家生物多样性中心”，统一管理包括“爱知目标”和后期《名古屋议定书》等公约履约事务。

中国作为COP15主席国，在争取发展中国家利益的同时，也在全力促成《2020年后全球生物多样性框架》达成，承担着多重责任。中国也在WG2020-4会上表示，将致力于达成平衡且有雄心的“框架”。自2017年始，中国生物多样性相关的财政资金投入每年超过2600亿元人民币，是为数不多的在部门预算中安排生物多样性专项经费的国家之一，然而面对上述“框架”对各缔约方履约工作的新要求，中国也需要采取相应措施（王也等，2022）。例如，制定国家生物多样性资源调动计划，加大资金投入、加强跨部门资金协同管理；利用各类投融资工具，撬动社会资本的生物多样性投入；降低生物多样性损害风险，加强生物多样性信息披露；充分发挥昆明生物多样性基金撬动作用，利用市场机制创新融资路径。

二、《名古屋议定书》

（一）相关背景

生物遗传资源是国家战略资源，是生物产业的物质基础。由于各国遗传资源禀赋存在巨大差异，发达国家生物产业的发展主要依赖从发展中国家获取的遗传资源。长期以来，发达国家往往打着生物勘探的旗号，未经批准和许可，肆意收集和利用发展中国家的遗传资源，研究和开发出创新性药品、保健品、化妆品等生物产品，再借助知识产权制度垄断市场、技术和商业利润，侵害了发展中国家的利益。发展中国家纷纷要求建立一个规范的生物勘探、公平分享因利用遗传资源所产生惠益的国际制度。

2014 年，为进一步实施《生物多样性公约》的第 3 项目标，《关于获取遗传资源和公正和公平分享其利用所产生惠益的名古屋议定书》（The Nagoya Protocol on Access to Genetic Resources and the Fair and Equitable Sharing of Benefits Arising from their Utilization to the Convention on Biological Diversity）（简称《名古屋议定书》）获得通过，其目标是公平合理地分享利用遗传资源所产生的惠益，从而促进对生物多样性的保护和可持续利用。

（二）主要内容

《名古屋议定书》包括目标、范围、惠益分享、获取、监测与检查及能力建设等 6 个方面，共 36 条，以及 1 个附件。其适用范围是生物遗传资源、衍生物及与生物遗传资源相关的传统知识，并明确规定：各国对其生物遗传资源享有主权权利，能否获取生物遗传资源取决于各缔约方政府；获取生物遗传资源须经原产国或已经遵照《公约》要求取得生物遗传资源的提供的事先知情同意；在共同商定条件下，公平分享因利用生物遗传资源所产生的惠益。《名古屋议定书》的执行在很大程度上取决于国家立法。

总体来看，《名古屋议定书》进一步确立了各缔约方的遗传资源主权权利，把《公约》制定的“事先知情同意”“共同商定条件”“公平分享惠益”等原则，发展成为具体的国际法规则，极大地促进了《公约》三大目标的全面实现，奠定了生物经济时代遗传资源丰富国家和生物技术发达国家之间的利益分配格局。《名古屋议定书》使遗传资源提供国（主要是发展中国家）和使用国（主要是发达国家）的利益基本达到平衡，总体上兼顾了双方利益，但在焦点问题上，主要侧重于体现遗传资源提供国的利益。

第一，从适用范围看，《公约》相关条款仅要求遗传资源和遗传资源相关传统知识的惠益分享，而衍生物被纳入《名古屋议定书》则超越了《公约》。衍生物是制药、个人护理用品、食品等诸多产业的重要原料，也是生物海盗行为“窃取”的主要目标。衍生物适用于获取与惠益分享制度，满足了遗传资源提供国的诉求，符合发展中国家的利益。《名古屋议定书》实质上拓展了遗传资源的概念，使其延展至“生物或遗传资源的遗传表达或新陈代谢产生的、自然生成的生物化学化合物。”另外，《名古屋议定书》有关遗传资源相关传统知识的规定较《公约》而言有所进步，充分体现了对知识创造者、传承者和发展者——土著和地方社区——的尊重和承认，符合遗传资源相关传统知识大国如中国等的利益。

第二，从实质性内容看，获取制度和惠益分享制度分别都有较为明确的规定，基本上满足了发展中国家的诉求。一是强制性的“事先知情同意”程序，即遗传资源（包括衍生物）的获取，必须经过遗传资源提供国政府的审批或许可，传统知识的获取还须得到土著和当地社区的许可。二是强制性的惠益分享，即遗传资源使用方应当和提供方依照共同商定的条件公平合理地分享相关惠益，应当和提供遗传资源相关传统知识的土著和地方社区公平分享相关惠益，包括货币惠益和非货币惠益。

第三，从履约前景看，《名古屋议定书》包含诸多弹性条款，各缔约方政府可以结合自身国情灵活制定监管措施。例如，《名古屋议定书》一方面提出采用国际证书和检查点等措施监测遗传资源的利用情况，但另一方面又将其功能限定于搜集和处理信息，也没有明确回应发展中国家关心的“遗传资源来源披露”问题。从目前各国立法实践来看，《名古屋议定书》的这一规定恰恰增强了各国立法的选择余地。此外，《名古屋议定书》的许多条款都要求缔约方政府“酌情采取立法、行政或政策措施”，因此遗传资源的获取与惠益分享问题将更为依赖缔约方政府国内法律制度的建立和完善。《名古屋议定书》的弹性条款无疑为缔约方政府在制定履约和国内监管措施上预留了广阔空间，可以采取更加切合自身国情和需求的监管措施。

（三）履约情况

《名古屋议定书》自生效后计划每隔两年召开一次缔约方大会。我国于 2016 年 9 月 6 日加入《名古屋议定书》，成为《名古屋议定书》的缔约方，具有履行《名古屋议定书》的国际义务。2017 年 3 月，生态环境部发布《生物遗传资源获取与惠益分享管理条例（草案）》，公开征求公众意见。2021 年 4 月 15 日《生物安全法》正式施行，明确了研发、应用生物技术，保障我国生物资源和人类遗传资源的安全，防范外来物种入侵与保护生物多样性等相应的责任及处罚，填补了这方面的法律空白。

在地方层面，2019 年 1 月 1 日起实施的《云南省生物多样性保护条例》是全国第一部生物多样性保护的地方性法规，开创了我国生物多样性立法的先河。该条例倡导遵循保护优先、持续利用、公众参与、惠益分享、保护受益、损害担责的原则，包括 7 章 40 条，分别为总则、监督管理、物种和基因多样性保护、生态系统多样性保护、公众参与和惠益分享、法律责任和附则。2020 年 10 月 1 日，《湖南省湘西土家族苗族自治州生物多样性保护条例》正式施行。此外，2020 年 10 月，《西双版纳傣族自治州生物遗传资源获取与惠益分享管理办法（草案）》已通过西双版纳傣族自治州人民代表大会常务委员会审议，广泛征求公众意见；《广西壮族自治区生物遗传资源及相关传统知识获取与惠益分享管理办法（试行）》目前已经制定。

此外，我国已有很多法律法规涉及 ABS。例如，《中华人民共和国宪法》第九条规定，国家保障自然资源的合理利用，保护珍贵的动物和植物。《畜牧法》第十七条规定：国家对畜禽遗传资源享有主权。向境外输出或者在境内与境外机构、个人合作研究利用列入保护名录的畜禽遗传资源的，应当向省、自治区、直辖市人民政府农业农村主管部门提出申请，同时提出国家共享惠益的方案；受理申请的农业农村主管部门经审核，报国务院农业农村主管部门批准。《种子法》第十条规定：国务院农业、林业主管部门应当建立种质资源库、种质资源保护区或者种质资源保护地。省、自治区、直辖市人民政府农业、林业主管部门可以根据需要建立种质资源库、种质资源保护区、种质资源保护地。种质资源库、种质资源保护区、种质资源保护地的种质资源属公共资源，依法开放利用。《中华人民共和国专利法》第五条规定：对违反法律、行政法规的规定获取或者利用遗传资源，并依赖该遗传资源完成的发明创造，不授予专利权。除了上述法律法规，我国还陆续颁布了《全国生物物种资源保护与利用规划纲要》《国家知识产权战略纲要》《关于加强对外合作与交流中生物遗传资源利用与惠益分享管理的通知》等多个政策文件，编制了《生物遗传资源采集技术规范（试行）》（HJ 628—2011）、《生物遗传资源经济价值评价技术导则》（HJ 627—2011）、《生物多样性相关传统知识分类、调查与编目技术规定（试行）》等多项技术规范。

三、《实施动植物卫生检疫措施协议》

（一）出台背景

1947 年关税及贸易总协定（General Agreement on Tariffs and Trade，GATT）允许缔约方采取卫生与植物卫生措施，前提是这些措施不得对情形相同的成员构成任意或不合理的歧视，也不得构成对国际贸易的变相限制。但在实践中，一些缔约方滥用卫生与植物卫生措施，阻碍了正常的国际贸易。而 1947 年 GATT 有关规定过于笼统，难以操作，不能有效约束缔约方滥用卫生与植物卫生措施。因此，国际贸易的发展客观上要求制定一个明确和便于执行的具体规则。

在乌拉圭回合中，实施卫生与植物卫生措施问题起初作为农业协议谈判内容的一部分。但许多缔约方担心，在农产品非关税措施被转换成关税以后，某些缔约方可能会更多地、不合理地使用卫生与植物卫生措施来进行保护。为消除这种威胁，乌拉圭回合单独达成了《实施动植物卫生检疫措施协议》（Agreement on the Application of Sanitary and Phytosanitary Measures，SPS）（简称《SPS 协定》），来支持各成员国采取或执行必要的措施来保护人类、动物或植物的生命或健康，规范动植物安全管理的运行规则以减少其对贸易活动的负面影响。

（二）主要内容

《SPS 协定》由 14 个条款和 3 个附件组成。主要内容包括含义与内容、基本权利与义务、应遵循的主要规则（协调、等效、风险评估、非疫区、透明度、程序、技术援助、发展中成员所享有的特殊和差别待遇、磋商与争端解决、卫生与植物卫生措施委员会的职能）等。

1. 含义与内容

卫生与植物卫生措施是指成员方为保护人类、动植物的生命或健康，实现下列具体目的而采取的任何措施。

1）保护成员方领土内人的生命免受食品和饮料中的添加剂、污染物、毒素及外来动植物病虫害传入危害。

2）保护成员方领土内动物的生命免受饲料中的添加剂、污染物、毒素及外来病虫害传入危害。

3）保护成员方领土内植物的生命免受外来病虫害传入危害。

4）防止外来病虫害传入成员方领土内造成危害。

卫生与植物卫生措施包括：所有相关的法律、法规、要求和程序，特别是最终产品标准；工序和生产方法；检测、检验、出证和审批程序；各种检疫处理；有关统计方法、抽样程序和风险评估方法的规定；与食品安全直接有关的包装和标签要求等。

2. 基本权利与义务

成员国的权利与义务如下。

1）成员方有权采取必要的卫生和植物检疫措施保护人类、动物或植物的生命或健康，前提是此类措施不违反本协定的规定。

2）成员方应确保任何卫生或植物检疫措施仅在保护人类、动物或植物生命或健康所必需的范围内实施，以科学原则为基础，并且在没有充分科学证据的情况下不得维持。

3）成员方应确保其卫生和植物检疫措施不会任意或不合理地歧视普遍存在相同或相似条件的成员，包括在他们自己的领土和其他成员的领土之间。卫生和植物检疫措施的实施方式不得构成对国际贸易的变相限制。

4）符合本协定相关规定的卫生或植物检疫措施应被推定为符合1994年关贸总协定有关卫生或植物检疫措施的规定。

3. 应遵循的主要规则

协议规定，成员在制定和实施卫生与植物卫生措施时，应遵循以下规则。

（1）协调——以国际标准为基础制定卫生与植物卫生措施

为广泛协调成员方所实施的卫生与植物卫生措施，各成员应根据现行的国际标准制定本国的卫生与植物卫生措施。这些国际组织有食品法典委员会、世界动物卫生组织和国际植物保护公约秘书处。而在没有相关国际标准的情况下，成员方采取的卫生与植物卫生措施必须根据有害生物风险分析的结果。但实施前要及早向出口方发出通知，并做出解释。

（2）等效——等同对待出口成员达到要求的卫生与植物卫生措施

如果出口成员对出口产品所采取的卫生与植物卫生措施，客观上达到了进口成员适当的卫生与植物卫生保护水平，进口成员就应接受这种卫生与植物卫生措施，并允许该种产品进口。为此，鼓励各成员就这些问题进行磋商，并达成双边或多边协议。

（3）风险评估——根据有害生物风险分析确定适当的保护水平

成员在制定卫生与植物卫生措施时应以有害生物风险分析为基础。进口方的专家在进口前对进口产品可能带入的病虫害的定居、传播、危害和经济影响，或者对进口食品、饮料、饲料中可能存在添加剂、污染物、毒素或致病有机体可能产生的潜在不利影响，做出科学的分析报告。在进行有害生物风险分析时，应考虑有关国际组织制定的有害生物风险分析技术。

（4）非疫区——接受“病虫害非疫区”和“病虫害低度流行区”的概念

病虫害非疫区是指没有发生检疫性病虫害，并经有关国家主管机关确认的地区，例如，疯牛病在某国的某地区没有发生，并经该国有关主管部门确认，该地区就是疯牛病非疫区。病虫害低度流行区是指检疫性病虫害发生水平低，已采取有效监测、控制或根除措施，并经有关国家主管机关确认的地区。

如果出口方声明，在充分考虑基于地理、生态系统、流行病学监测，以及动植物建议控制有效性等因素后，结果证实其关税领土内全部或部分地区是病虫害非疫区或病虫害低度流行区，该出口方就应向进口方提供必要的证据。同时，应进口方请求，出口方应为进口方提供检验、检测和其他有关程序的合理机会。

（5）透明度——保持有关法规的透明度

成员方应确保及时公布所有有关卫生与植物卫生措施的法律和法规，并指定一个中央政府机构负责履行通知义务，将计划实施的、缺乏国际标准或与国际标准有实质不同，并对其他成员的贸易有重大影响的卫生与植物卫生措施通知世界贸易组织（World Trade Organization，WTO）。

成员方采取有关卫生与植物卫生措施，应允许其他成员方提出书面意见，并进行商讨，同时考虑这些书面意见和商讨的结果。如有成员方要求提供有关法规草案，该成员方应给予提供，并尽可能标明与国际标准有实质性偏离的部分。此外，成员方还应设立一个咨询点，答复其他成员所提出的合理问题，并提供有关文件。

（6）发展中成员所享有的特殊和差别待遇

成员方在制定和实施卫生与植物卫生措施时，应考虑发展中成员的特殊需要。如果分阶段采用新的卫生与植物卫生措施，应给予发展中成员更长的准备时间。

成员方同意以双边的形式，或通过适当的国际组织，向发展中成员提供技术援助。此类援助可特别针对加工技术、科研和基础设施等领域，当发展中成员为满足进口方的卫生与植物卫生措施要求，需要大量投资时，该进口方应提供技术援助。

发展中成员可推迟 2 年，执行《实施动植物卫生检疫措施协议》。此后，如有发展中成员提出请求，可有时限地免除他们该协议项下的全部或部分义务。

（7）磋商与争端解决

成员间有关实施卫生与植物卫生措施问题的争端，应通过世界贸易组织的争端解决机制解决。如涉及科学或技术问题，则可咨询技术专家或有关的国际组织。

（8）卫生与植物卫生措施委员会的职能

为监督成员执行本协议，并为成员提供一个经常性的磋商场所或论坛，设立了卫生与植物卫生措施委员会。该委员会对协议的运用和实施情况进行审议，还要加强与主管标准的国际组织的联系与合作，并制定相应程序，监督和协调国际标准的使用。

（三）履约情况

SPS 委员会负责监督各成员方对《SPS 协定》的实施情况，每年举行 3 次会议，为讨论影响贸易的动植物健康和食品安全措施提供平台，并讨论《SPS 协定》的实施情况，包括分享经验、提出对其他成员活动的担忧及制定实施《SPS 协定》的进一步指南等。

当前各成员方的相关部门负责该协定在各国的制定和实施，如澳大利亚由农业、渔业和林业部及外交和贸易部共同负责澳大利亚的《SPS 协定》相关事务，通过维护和改善技术市场准入来监管澳大利亚的出口及共同参与 SPS 委员会会议；美国农业事务办公室负责就 SPS 委员会提出的问题进行谈判和政策协调，其支持各国政府采取的 SPS 措施，以保护其人民、动植物免受健康风险。但仍存在部分较烦琐或不基于证据的措施，其对美国农产品出口造成了重大障碍；中国自加入世界贸易组织以来逐步完善了出入境动植物检验检疫法规和技术标准，进而使我国 SPS 措施在立法形式上与国际《SPS 协定》保持一致。然而面对复杂的 SPS 措施，我国仍需采取相应对策（如统一立法与执法、建立科学支撑体系和风险评估机制、关注和应对 SPS 通报评议等）以确保我国农产品出口占据有利地位。

四、《国际植物保护公约》

（一）出台背景

国际植物保护公约（International Plant Protection Convention，以下简称 IPPC 或国际植保公约），是全球广为认可的植物检疫多边协议，也是世界贸易组织《实施卫生与植物卫生措施协议》（WTO/SPS）认可的国际植物检疫措施标准（ISPM）的制定机构，在保护植物资源免受有害生物侵害、促进贸易等方面发挥着极为重要的作用。该条约萌芽于 1881 年的《葡萄根瘤蚜公约》，先后经历了 1914 年的《罗马国际植物病害公约》和 1929 年的《国际植物保护公约》。1950 年，海牙国际会议原则通过了由联合国粮食及农业组织（FAO）提交的《国际植物保护公约》草案。1951 年，FAO 第六届大会根据《联合国粮食及农业组织章程》第十四条的规定批准了《国际植物保护公约》。1952 年 4 月 3 日，《国际植物保护公约》由 34 个签署国政府批准而立即生效，同时废除和代替了有关缔约方于 1881 年、1889 年、1914 年和 1929 年分别签署的《葡萄根瘤蚜公约》《补充公约》《罗马国际植物病害公约》《国际植物保护公约》。截至 2020 年 4 月，《国际植物保护公约》已有 184 个缔约方，中国于 2005 年加入，是第 141 个缔约方。

（二）主要内容

1. 管理机构

《国际植物保护公约》的管理机构是植物检疫措施委员会（Commission on Phytosanitary Measures，CPM）（以下简称植检委），主席团由选举产生的 7 名成员组成，负责向《国际植物保护公约》秘书处和植检委提供战略发展方向、开展合作、财务和运作管理的意见。《国际植物保护公约》秘书处设在联合国粮食及农业组织，负责工作规划中主要活动的协调。每年召开一次缔约方代表大会，行使公约最高管理职能。植检委具有多个具体负责国际植物保护事务的附属机构。

标准委员会（Standards Committee，SC）：标准委员会是经植检委第一届（CPM-1，2006）决议通过建立的。标准委员会由来自联合国粮农组织（FAO）的25名代表组成。其主要负责：①审查《国际植物保护公约》检疫标准制定程序；②管理国际植物检疫标准措施的制定；③指导和审查国际植物检疫标准技术小组和专家组工作。

争端解决附属机构（Subsidiary Body for Dispute Settlement，SBDS）：由来自FAO的7名代表组成。成立目的是通过植检委争端解决系统来帮助缔约方处理植物检疫矛盾。但是自2005年成立以来因IPPC资金和人员不足，且主权国家通常会通过世界贸易组织或双边谈判解决相关问题，该机构并未处理过检疫争端事务。

实施工作与能力发展委员会（Implementation and Capacity Development Committee，IC）：该委员会是经植检委第十二届会议（CPM-12，2017）决议通过建立的，由来自FAO的14名代表组成。成立目的是实施IPPC国家能力建设策略并使之可持续发展，帮助缔约方提升实施IPPC和国际植物检疫措施标准（International Standards for Phytosanitary Measures，ISPMs）的能力。其工作范畴和基本职责包括：①确定并审查缔约方实施《国际植物保护公约》所需的基准能力；②分析制约有效实施《国际植物保护公约》的问题，并发掘解决障碍的创新方式方法；③制定并促进支持计划的实施，以使缔约方能够达到并超过基准能力；④监测和评估实施活动的效力和影响，并报告进展情况，以明确世界植物保护状况；⑤监督避免纠纷和解决流程；⑥监督国家报告义务流程；⑦与秘书处、潜在的捐助者和植检委合作，为IPPC活动争取可持续的资金。

国家报告义务咨询小组（National Reporting Obligations Advisory Group，NROAG）：由来自FAO、IPPC法定区域及IPPC秘书处的11名代表构成。成立目的为审查和管理IPPC的国家报告义务计划，进而提供相关建议和规划。

2. 常务机构

IPPC秘书处作为《国际植物保护公约》的常务机构，由FAO管理，主要负责组织开展ISPM的制定并推进其实施。现任秘书长为来自中国的夏敬源，秘书处分3个工作组：标准制定组主要服务于标准委员会制定ISPM；履约建导组主要服务于能力发展委员会，通过实施项目提升缔约方的履约能力；综合支持组主要服务于国家报告义务咨询小组，负责IPPC门户网站的维护、国家报告义务等相关工作。

3. 区域植物保护组织

区域植物保护组织应在所包括地区发挥协调机构的作用，IPPC已经建立了9个区域植保组织，分别是：①亚洲和太平洋区域植物保护委员会（Asian and Pacific Plant Protection Commission，APPPC）；②安第斯共同体（Comunidad Andina，CAN）；③南锥体区域检疫委员会（Comité de Sanidad Vegetal del Cono Sur，COSAVE）；④欧洲和地中海区域植物保护委员会（European and Mediterranean Plant Protection Organization，

EPPO）；⑤非洲植物检疫理事会（Inter-African Phytosanitary Council，AU-IAPSC）；⑥近东植物保护组织（Near East Plant Protection Organization，NEPPO）；⑦北美植物保护组织（North American Plant Protection Organization，NAPPO）；⑧国际植物和动物卫生区域组织（International Regional Organization for Plant and Animal Health，OIRSA）；⑨太平洋植物保护组织（Pacific Plant Protection Organization，PPPO）。

根据 IPPC 条例，各缔约方都应成立一个官方的国际植物保护组织。责任包括：颁布植物检疫证书、监测植物疫情、检查植物及其产品、保护受威胁区域、有害生物风险分析、确保输出货物的检疫安全等。

4. 国际植物检疫措施标准

国际植物检疫措施标准是由植检委通过的国际标准。截至 2024 年 4 月，共计 46 部国际植物检疫标准，33 部诊断指南（Diagnostic Protocols）和 46 部检疫处理（Phytosanitary Treatments）。这些标准主要的目的是：保护可持续农业和提高全球食品安全；保护环境、森林和生物多样性；促进经济和贸易发展。

5. 实施工作与能力发展主要活动

海运集装箱规划（Sea Containers Programme）：为了评估研判海运集装箱带来的植物检疫风险，海运集装箱工作小组主要在两方面开展活动，一是通过收集来自行业和国家数据、衡量国际海事组织（International Maritime Organization，IMO）、国际劳工组织（International Labour Organization，ILO）、联合国欧洲经济委员会（United Nations Economic Commission for Europe，UNECE）制定的《货物运输单位包装实务守则》（CTU 装运代码）（Code of Practice for Packing of Cargo Transport Units CTU Code）的影响；二是通过编制宣传材料，提升对海运集装箱带来的有害生物传播风险的认识。

电子商务规划（e-Commerce Programme）：日益普及的电子商务，将贸易从传统的企业对企业（B2B）向企业对消费者（B2C）和消费者对消费者（C2C）转变，电子商务规划主要针对这种贸易方式的转变带来的有害生物传播扩散的风险。电子商务指南计划于 2022 年初发布。

国家报告义务规划（National Reporting Obligations Programme）：加入《国际植物保护公约》的缔约方必须履行提交报告的义务。报告类型共计 13 项目。秘书处为提高缔约方履约能力，已连续多年针对不同区域组织召开国家报告义务培训班，2019 年发布国家报告义务网络课程。2020 年 4 月，秘书处发布有害生物报告公报，实时更新有害生物情况，并进行月度汇总。

其他活动包括争端解决机制；实施审核和支持系统；实施和能力清单；指南和培训材料制定；植物检疫能力评估等。

（三）履约情况

组织机构方面，发达国家均建立了完备的国家植物保护组织；欠发达国家的国家植物保护组织缺乏。国家报告义务方面，亚洲地区仅 7 个缔约方提交了有害生物报告，12

个缔约方提交了检疫处理要求的报告，11 个缔约方提交了植物及植物产品的禁止进境点，8 个缔约方提交了限制性有害生物名单，不足整个亚洲地区缔约方的半数。

我国连续多年参加 IPPC 相关会议，主要履约情况如下（王晓亮等，2017）。①参会履约：我国于 1998 年起就参与植检委临时委员会会议。由农业农村部、国家市场监督管理总局、国家林业和草原局专家领导和香港澳门特别行政区植检部门负责人组成履约团队，代表国家行使表决权。②标准制定：赵文霞、王跃进参与制定种子国际运输（2009-003）和木材国际运输（2006-029）；王跃进作为处理方法负责人参与柠檬地中海实蝇冷处理（2007-206A）制定、余道坚作为处理方法负责人参与脐橙地中海实蝇冷处理（2007-206A）制定；谢辉作为合著者参与水稻干尖线虫、菊花叶芽线虫及草莓芽线虫（2006-025）诊断规程制定；强盛、印丽萍及周永红等 6 名专家参与石茅（2006-027）诊断规程制定。③国际合作：农业农村部《国际植物保护公约》履约办公室按要求报告我国植物保护相关信息，积极完成国家报告义务。农业农村部等单位承办 IPPC 有关研讨会近 10 次，2016 年成功承办植检委主席团和财务委员会会议，这也是主席团和财务委员会成立以来首次在罗马 FAO 总部以外的地方举办会议。2017 年 2 月设立了中国-FAO 南南合作《国际植物保护公约》区域项目，旨在提高发展中国家实施 IPPC 及其标准的能力，预计将提高来自超过 100 个国家的 230 名发展中国家代表对 IPPC 的理解力，促进 40 个发展中国家围绕我国“一带一路”倡议开展区域间合作。

五、《技术性贸易壁垒协议》

（一）出台背景

20 世纪 60～70 年代，随着科学技术的发展，特别是新技术革命的蓬勃兴起，工业制成品的技术含量越来越高，技术要求和技术标准的不同，越来越明显地对国际贸易产生了阻碍作用。肯尼迪回合（1964～1967 年）结束时，已经认识到技术法规、技术标准和合格评定程序给贸易造成的问题，各成员方在新的贸易回合中就此进行谈判的要求越来越强烈。

东京回合（1973～1979 年）开始了限制技术性贸易壁垒措施的谈判。率先提出进行谈判的是美国，协定于 1979 年 4 月签署，1980 年 1 月 1 日正式生效。直到 1991 年乌拉圭回合中对之进行了全面修订，其间经过了十年。这十年间，国际社会认识到技术壁垒对国际贸易的严重负面影响，积极开展了削弱技术壁垒的工作，一方面大力推动国际标准化运动，另一方面采取各种措施来抑制各国任意设置技术壁垒的行为。

（二）基本原则

《技术性贸易壁垒协议》（Agreement on Technical Barriers to Trade），简称 TBT 协议，是世界贸易组织管辖的一项多边贸易协议，是在关贸总协定东京回合同名协议的基础上修改和补充的。基本原则大致可归纳：一是无论技术法规、标准，还是合格评定程序，都应以国际标准化机构制定的相应国际标准、准则或建议为基础；标准的制定、采纳和实施均不应给国际贸易造成不必要障碍。二是在涉及国家安全、防止欺诈行为、保护人类健康和安全、保护动植物生命和健康，以及保护环境等情况下，允许各成员方实施与上述国际标准、准则或建议不一致的技术法规标准和合格评定程序，予以事先通报。三是实现各国认证制度相互认可的前提，应以国际标准化机构颁布的有关导则或建议作为其制定评定程序的基础。四是在市场准入方面 TBT 要求实施最惠国待遇和国民待遇原则。五是在贸易争端进行磋商和仲裁方面，TBT 要求遵照执行此次“乌拉圭回合”。六是为了解答其他成员方的合理询问和提供有关文件资料，TBT 要求每一成员方确保设立一个查询处。

（三）主要内容

《技术性贸易壁垒协议》由前言和 15 条及 3 个附件组成。主要条款有：总则、技术法规和标准、符合技术法规和标准、信息和援助、机构、磋商和争端解决、最后条款。其宗旨是，规范各成员实施技术性贸易法规与措施的行为，指导成员制定、采用和实施合理的技术性贸易措施，鼓励采用国际标准和合格评定程序，保证包括包装、标记和标签在内的各项技术法规、标准和是否符合技术法规和标准的评定程序不会对国际贸易造成不必要的障碍，减少和消除贸易中的技术性贸易壁垒。附件 1 为《本协议下的术语及其定义》，对技术法规、标准、合格评定程序、国际机构或体系、区域机构或体系、中央政府机构、地方政府机构、非政府机构等 8 个术语做了定义。附件 2 是《技术专家小组》。附件 3 是《关于制定、采用和实施标准的良好行为规范》，要求世界贸易组织成员的中央政府、地方政府和非政府机构的标准化机构，以及区域性标准化机构接受该《规范》，并且使其行为符合该规范。

（四）履约情况

美国建立了一系列机制，以确保该协议的执行情况，如监测和报告系统，以及通过 WTO 争端解决机制解决纠纷等。欧盟通过加强协调机制和国际合作，确保其对协议的履约，还将 TBT 协议纳入了其与第三国家的贸易协议中，以扩大其实施范围。日本也是 TBT 协议的有效履约者，采取了多种措施。例如，制定了相应的国内法规，加强了技术标准协调机制，并定期向 WTO 提交实施报告。中国也是 TBT 协议的缔约方之一，已经采取了一系列措施来消除技术壁垒，但其标准化体系和质量监管机制仍需进一步完善。

六、《世界粮食安全国际约定》

（一）出台背景

1973 年，世界处于粮食危机、油价飙升、各国通货膨胀压力急剧恶化的恶劣环境之中。为应对粮食供应安全、缩小发达国家与发展中国家差距这两大急迫需求，联合国于 1974 年召开了世界粮食大会。在大会上，各国政府对全球粮食的生产与消费问题进行了深入研究，并一致建议通过《世界粮食安全国际约定》（International Undertaking on World

Food Security）（简称《约定》），共同倡议："免于饥饿和营养不良，促使身体和智力得到发育，是每个男人、妇女和儿童均享有的不可剥夺的权利。"

（二）主要内容

《约定》针对各国所规定的主要内容如下。

1. 含义与内容

各参与国应努力做到如下几点。

1）增加粮食生产。主要产粮国应保证能够随时供应充足的基本食品以避免粮食短缺现象。

2）保持合适库存。各国需确保世界谷物库存量能够保持在最低安全水平线之上（即全世界至少两个月的谷物消耗量）。

3）提供定向援助。为发展中国家增加农业产量提供技术等帮助，并在其歉收时期提供必要的粮食援助。

4）建立情报系统。基于各国政府的支持，收集并分析全球农业生产与粮食供需关系情报，以便于精准地对粮食短缺的国家/地区提供救济。

2. 应运而生的"粮食安全"概念

1974 年，联合国粮食及农业组织将"粮食安全"定义为：粮食安全从本质上来说是全世界人类的一种基本权利，应充分保证任何人在任何地方均能获得支撑其未来生存和保持健康所需的食品。1983 年，FAO 进一步定义"粮食安全"为：确保任何人在任何时候均能买得到且买得起所需的基本食品。

作为粮食生产大国，中国的粮食安全问题同样不容忽视。受人口因素、气候变化因素（温度升高、农业用水急剧减少、耕地面积下降、病虫害流行等）、偶然性因素（全球金融危机）、政策因素（农业补贴、贸易壁垒等）等影响，我国粮食安全问题空前严峻。

（三）履约情况

根据此《约定》，各成员国有义务采取一切适当措施，尽最大可能利用现有资源，逐步实现所有人的食物权。各国提交的报告显示，虽未有充分证据表明国际或国内用于农业发展的资源分配有所增加，但令人鼓舞的是，国际社会已形成广泛共识，即将发展援助的重点放在减少贫困方面。例如，美国国际开发署正积极通过帮助家庭和个人满足他们对可靠的优质食品来源和充足资源来生产或购买食品的需求，进而推进全球食品安全。这反过来又支持全球稳定与繁荣。为了从根本上解决饥饿，美国国际开发署正在增加脆弱社区的经济机会和增长。中国作为全世界在粮食安全领域的合作伙伴和维护世界粮食安全的积极力量，已开展多项实际行动（保障国内粮食自给、积极开展对外支持与援助、推动治理体系改革等），并于 2021 年提出全球发展倡议，其中粮食安全为八大重点合作领域之一。

七、“全球物种行动计划”（GSAP）

（一）出台背景

随着全球化的不断推进，跨境贸易、旅行和货物运输发展迅速，在极大地推动世界经济发展的同时，也促进了外来入侵物种（alien invasive species，IAS）的传播，直接或间接造成了极大的生态、经济和社会负面影响。IAS 包括病毒、真菌、藻类、苔藓、蕨类植物、高等植物、无脊椎动物、鱼类、两栖动物、爬行动物、鸟类和哺乳动物，这些物种不仅会破坏当地生态系统的平衡，影响当地农业和渔业的可持续发展，还会威胁人类健康和社会安全。在这种背景下，人们逐渐认识到，生物多样性保护对于维护地球的生态平衡和人类的生存至关重要，各国也纷纷出台了相关的政策和法规。而全球物种行动计划的出现，则是对国际社会这种关注度的回应和延伸。

全球物种行动计划（Global Species Action Plan，GSAP）是一个由多个国家和地区组成的联盟，致力于解决全球物种入侵问题。全球入侵物种计划（The Global Invasive Species Programme，GISP）成立于 1997 年，旨在提高公众对入侵物种的认识，促进各国间的信息共享、技术交流和合作，推动全球范围内的入侵物种管理和应对措施的实施，为保护生态系统和社会经济发展做出贡献。GISP 的创始成员包括世界自然保护联盟（International Union for Conservation of Nature and Natural Resources，IUCN）、CAB 国际（CAB International，CABI）、大自然保护协会（The Nature Conservancy，TNC）、南非国家生物多样性研究所（The South African National Biodiversity Institute，SANBI）。GISP 根据《生物多样性公约》承担任务，通过其成员组织之间的合作，促进入侵物种预防和管理。

（二）主要内容

GISP 的使命是通过最大限度地减少外来入侵物种的传播和影响来保护生物多样性和维持人类生计。为了实现这一目标，GISP 将履行如下几点。

1）防止外来入侵物种的国际传播。促进国际合作以规范物种引进的途径，包括制定国际法律文件；确保政府承诺实施预防措施；开发和传播边境风险评估工具；开发和传播在气候变化下评估 IAS 危害增加程度的评估工具；促进边境和其他相关当局在对 IAS 检测、增加评估和预防系统方面的培训；为起草国际、区域和国家 IAS 战略和行动计划提供技术支持。

2）尽量减少外来入侵物种对自然生态系统和人类生计的影响，包括：传播 IAS 最佳管理实践知识；为识别 IAS 优先级，制定和实施管理计划提供技术支持；开发经济工具、政策和法律框架，以帮助评估和控制外来入侵；支持《生物多样性公约》和其他机构下的举措；将 IAS 问题纳入所有相关部门的重点工作；促进对高优先级入侵物种的控制。

3）为改善外来入侵物种管理创造有利环境，包括：提高各级对 IAS 及其影响的认识；建设 IAS 管理和研究能力；通过 IT 平台和其他渠道促进 IAS 信息交流；建立 IAS 专家和管理人员网络。

（三）履约情况

美国一直是全球物种计划的重要成员国之一，积极参与并支持该计划的各项工作。自 1997 年起，已向全球物种计划提供了超过 800 万美元的资金援助，支持该计划在全球范围内的生物多样性研究、保护和管理等方面开展工作。欧盟也是全球物种计划的积极参与者之一，欧盟委员会于 2006 年发布了《欧盟生物多样性战略》，旨在推动欧洲及全球的生物多样性保护工作。欧盟还与“全球物种行动计划”等多个国际组织合作，共同推动生物多样性保护和可持续管理。日本一直致力于推动全球生物多样性的保护和管理，积极参与全球物种计划的工作。日本政府也为该计划提供了资金援助，并在日本国内开展了大量的生物多样性研究和保护工作。中国也是全球物种计划的成员国之一，积极参与该计划的工作。中国政府已经将生物多样性保护纳入国家发展战略和生态文明建设的重要议程，并制定了一系列相关政策和措施，推动生物多样性的保护和管理。同时，中国还在国内开展了大量的生物多样性研究和保护工作，并为全球物种计划提供了资金和人力支持。

第四节 本章小结

本章围绕“环境生物安全管理与风险防控”这一核心主题，从环境生物安全管理的目标、对象与基本原则，到政策法规的制定与实施，再到国际层面的环境生物安全保护治理体系，进行了全面而深入的探讨。

在“环境生物安全管理的目标、对象与基本原则”一节中，我们明确了环境生物安全管理的核心目标是保障生态系统的健康与稳定，防范生物技术及其应用可能带来的潜在风险，保护生物多样性，以及促进生物技术的可持续发展。同时，我们也指出了环境生物安全管理的主要对象，包括生物武器、生物恐怖袭击、生物技术滥用、传染病、生物遗传资源与生物多样性及生物实验室安全等。在此基础上，我们进一步阐述了环境生物安全管理的基本原则，即风险预防、协同配合、无害利用、谨慎发展、透明、全程控制、分级管控和国家主权，这些原则为环境生物安全管理提供了基本的指导思想和行动准则。

“环境生物安全管理的政策法规”一节则从国内外两个层面，对环境生物安全管理的政策法规进行了梳理和分析。我们介绍了域外国家在环境生物安全管理方面的政策法规体系，并总结了其先进的经验和做法。同时，我们也深入剖析了我国现有的环境生物安全管理政策法规及其存在的不足之处，如政策法规体系尚不完善，监管机制有待健全等。这些问题的存在，对我国环境生物安全管理的有效实施构成了一定的挑战。

在“环境生物安全保护的国际治理”一节中，我们重点介绍了七个具有代表性的国际环境生物安全保护协议和计划，包括《生物多样性公约》、《名古屋议定书》、《实施动植物卫生检疫措施协议》、《国际植物保护公约》、《技术性贸易壁垒协议》、《世界粮食安全国际约定》及“全球物种行动计划”（GSAP）。这些协议和计划在国际环境生物安全保护领域发挥着重要作用，它们共同构成了国际环境生物安全保护的法律框架和行动指南。通过参与这些国际协议和计划，我国可以与其他国家共同应对环境生物安全挑战，推动全球环境生物安全治理体系的完善和发展。

综上所述，本章对环境生物安全管理与风险防控进行了全面而深入的探讨，从理论到实践、从国内到国际，为我们理解和应对环境生物安全问题提供了丰富的知识和视角。未来，我们需要进一步加强环境生物安全管理的研究和实践，不断完善政策法规体系，提高监管能力和水平，加强国际合作与交流，共同推动全球环境生物安全事业的发展。

（王　伟　党梦园　陈晗施　梅承芳　柳燕贞　陈伟强）

参考文献

曹霞, 孙成权, 吴新年. 2006. 发达国家科学与技术发展的新战略新特点. 科技导报, 24(9): 88-92.

陈明义, 李启家. 1991. 固体废弃物的法律控制. 西安: 陕西人民出版社: 101.

方莹馨. 2021. 欧盟不断强化打击恐怖主义力度(国际视点). http: //world.people.com.cn/n1/2021/0120/c1002-32005255.html[2021-1-20].

贾无志, 王艳. 2022. 欧盟第九期研发框架计划“地平线欧洲”概况及分析. 全球科技经济瞭望, 37(2): 1-7.

林欣娅, 胡雪峰. 2021. 美国生物实验室管理及借鉴. 实验室科学, 24(3): 159-165.

刘春兴, 侯雅芹, 宋冀莹, 等. 2013. 国外森林生物灾害立法探析: 以美国、日本、德国和新西兰为例. 北京林业大学学报(社会科学版), 12(1): 1-5.

刘培磊, 李宁, 周云龙. 2009. 美国转基因生物安全管理体系及其对我国的启示. 中国农业科技导报, (5): 49-53.

刘培培, 江佳富, 路浩, 等. 2023. 加快推进生物安全能力建设, 全力保障国家生物安全. 中国科学院院刊, 38(3): 414-423.

刘谦. 2001. 生物安全. 北京: 科学出版社: 21-29.

刘哲. 2021.《生物多样性公约》谈判形势及其影响. 国际经济评论, 153(3): 155-176.

裴杰, 王秋灵, 薛庆节, 等. 2019. 实验室生物安全发展现状分析. 实验室研究与探索, 38(9): 289-292.

奇云. 2012. 生物恐怖主义 世界和平和人类健康的新威胁. 城市与减灾, (4): 19-25.

秦红霞. 2010. 论美国《雷斯法案》的制定与修改. 湖北经济学院学报(人文社会科学版), 7(10): 106-108.

秦天宝. 2020. 《生物安全法》的立法定位及其展开. 社会科学辑刊, 248(3): 134-147.

秦天宝. 2021. 论风险预防原则在环境法中的展开: 结合《生物安全法》的考察. 中国法律评论, 38(2): 65-79.

秦天宝, 段帷帷. 2023. 整体性治理视域下生物安全风险防控的法治进路. 理论月刊, 494(2): 123-133.

世界环境与发展委员会. 1989. 我们共同的未来. 国家环境保护局外事办公室译. 北京: 世界知识出版社: 19.

宋馨宇, 刁进进, 张卫文. 2018. 对两用生物技术发展现状与生物安全的思考. 微生物与感染, 13(6): 323-329.

唐绍均, 蒋云飞. 2018. 论环境保护“三同时”义务的履行障碍与相对豁免. 现代法学, 40(2): 169-181.

王灿发, 于文轩. 2003. 生物安全的国际法原则. 现代法学, (4): 128-139.

王竞波, 何倩, 傅鸿鹏. 2008. 国外流动人口公共卫生管理的模式、经验与启示. 中国卫生政策研究, 1(2): 48-51.

王康. 2016. 欧美基因污染损害防范的法律经验及其借鉴. 兰州学刊, (6): 115-123.
王萍. 2022. 美国生物监视计划: 发展、现状与启示. 世界科技研究与发展. 44(4): 567-577.
王伟. 2022. 环境生物安全的法治化应对. 农业环境科学学报, 41(12): 2642-2647.
王晓亮, 李潇楠, 陈雪, 等. 2017.国际植物保护公约运作现状及我国履约情况概述, 中国植保导刊, (7): 78-81.
王也, 张风春, 南希等. 2022. 《生物多样性公约》资金问题分析及对我国履约的启示. 生物多样性, 30(11): 42-48.
魏启文, 杨明升, 奚朝鸾, 等. 2003. 国际植物保护公约的由来及发展, 农业标准与质量, (3): 44.
吴纪树. 2017. 美国农业环境治理法治化实践及其启示. 重庆理工大学学报(社会科学), 31(6): 84-89.
吴军. 2011.《生物多样性公约》的产生背景和主要内容. 绿叶, (9): 47-54.
徐辉. 2007.《贸易技术壁垒协议》与我国科技创新. 上海企业, (2): 21-23.
薛克鹏. 2016. 法典化背景下的经济法体系构造: 兼论经济法的法典化. 北方法学, 10(5): 107-116.
杨洁勉. 2002.《美国国家安全战略》报告和大国关系. 美国研究, 16(4): 7-20, 3.
杨泽伟. 2002. 国家主权平等原则的法律效果. 法商研究, (5): 109-115.
尹志欣, 朱姝. 2021. 欧盟保障生物安全措施对我国的启示. 科技中国, (2): 26-28.
于文轩. 2020. 生物安全法的基本原则. 中国生态文明, 37(1): 45-48.
赵阳, 王宇飞. 2021. 日本与韩国履行《生物多样性公约》比较研究及对我国的借鉴. 环境保护, 49(21): 64-67.
郑涛. 2014. 生物安全学. 北京: 科学出版社: 3-258.
中国科学院武汉文献情报中心, 生物安全战略情报研究中心. 2014. 生物安全发展报告: 科技保障安全. 北京: 科学出版社.
周炜钰, 关百初, 陆一涵. 2023.《生物多样性公约》与《名古屋议定书》的历史发展及其公共卫生借鉴. 中国公共卫生, 39(1): 132-136.
Chosewood L C, Wilson D E. 2009. Biosafety in Microbiological and Biomedical Laboratories. 5th Edition. Centers for Disease Control and Prevention and National Institutes of Health. U.S. Government Printing Office.
Cooney R. 2004. The Precautionary Principle in Biodiversity Conservation and Natural Resource Management: An issues paper for policy-makers, researchers and practitioners. IUCN, Gland, Switzerland and Cambridge, UK: xi + 51 pp.
European Commission. 2002. General Food Law Regulation. https://eur-lex.europa.eu/eli/reg/2002/ 178/oj/eng[2024-9-8].
FAO. 2011. Biosafety Resource Book. Rome: Food and Agriculture Organization of the United Nations. https: //www.fao.org/4/i1905e/i1905e04.pdf[2024-9-8].
Kendall S. 2019. Australia's New Espionage Laws: Another Case of Hyper-Legislation and Over-Criminalisation. University of Queensland Law Journal, 38(1): 125-161.
Lu R J, Zhao X, Li J, et al. 2020. Genomic characterisation and epidemiology of 2019 novel coronavirus: Implications for virus origins and receptor binding. Lancet, 395(10224): 565-574.
Pyšek P, Hulme P E, Simberloff D, et al. 2020. Scientists' warning on invasive alien species. Biological Reviews, 95(6): 1511-1534.
United States Department of Agriculture. 2017. Task Force on Agriculture and Rural Prosperity Report. https: //www.usda.gov/sites/default/files/documents/rural-prosperity-report.pdf[2024-9-10].